SOLIDWORKS 2024 中文版标准实例教程

胡仁喜　刘昌丽　等编著

机械工业出版社
CHINA MACHINE PRESS

本书介绍了当今广泛应用的CAD/CAM软件SOLIDWORKS在机械零件设计、零件装配、工程图等方面的具体功能、使用方法、操作技巧和相应的文件管理。通过细致的讲解和丰富的实例相结合的方式，着重介绍了完成某一特定设计任务的操作过程和步骤，具有极强的参考性，读者通过本书的学习，能够快速掌握三维机械设计的基本操作过程、方法和技巧，达到事半功倍、举一反三的效果。

本书可供从事CAD技术的工程技术人员使用，也可作为机械类学生学习三维机械设计的教材。

图书在版编目（CIP）数据

SOLIDWORKS 2024中文版标准实例教程 / 胡仁喜等编著. -- 北京：机械工业出版社，2024. 11. -- ISBN 978-7-111-76891-3

Ⅰ. TH122

中国国家版本馆CIP数据核字第2024JF0056号

机械工业出版社（北京市百万庄大街22号　邮政编码100037）

策划编辑：黄丽梅　　责任编辑：黄丽梅　李含杨

责任校对：张亚楠　张　薇　　责任印制：任维东

北京中兴印刷有限公司印刷

2024年11月第1版第1次印刷

184mm×260mm · 26.75印张 · 678千字

标准书号：ISBN 978-7-111-76891-3

定价：99.00元

电话服务　　网络服务

客服电话：010-88361066　　机　工　官　网：www.cmpbook.com

010-88379833　　机　工　官　博：weibo.com/cmp1952

010-68326294　　金　书　网：www.golden-book.com

封底无防伪标均为盗版　　机工教育服务网：www.cmpedu.com

前　言

SOLIDWORKS 是基于 Windows 原创的三维设计软件，全面支持微软的 OLE 技术。它支持 OLE 2.0 的 API 后继开发工具，并且改变了 CAD/CAE/CAM 领域传统的集成方式，使不同的应用软件能集成到同一个窗口，共享同一数据信息，以相同的方式操作，没有文件传输的烦恼，将"基于 Windows 的 CAD/CAE/CAM/PDM 桌面集成系统"贯穿于设计、分析、加工和数据管理整个过程。SOLIDWORKS 因其在关键技术的突破、深层功能的开发和工程应用的不断拓展而成为 CAD 市场中的主流产品。SOLIDWORKS 基本涉及了平面工程制图、三维造型、求逆运算、加工制造、工业标准交互传输、模拟加工过程、电缆布线和电子线路等应用领域。

SOLIDWORKS 是在总结和继承了大型机械 CAD 软件的基础上，第一个基于 Windows 开发的三维系统 CAD 软件。它在 API 应用方面的创举带动了整个工业发展，使微软的技术在 CAD/CAE/CAM 的集成上跨越了障碍，各个专业领域的精英能在极短的时间里集中到同一环境的同一个模型数据上。其用户界面友好，运行环境大众化，可以十分方便地实现复杂的三维零件实体造型、装配和生成工程图。

SOLIDWORKS 产品具有以下特色：

- 超友好的用户界面和独到的特征管理树。
- 智能化的装配，进行大型装配表现更佳。
- 动态的运动模拟，直观的干涉检查。
- 照片级的产品处理效果。
- 小型的图形文件，E-mail 传送工具 eDrawing。

本书共 10 章。第 1 章简要介绍了 SOLIDWORKS 的基础知识、界面、设计思想等，并通过一个简单实例进行了具体说明，为读者尽快上手创造了良好的条件；第 2 章 ~ 第 5 章详细介绍了实体建模的内容，通过讲解与实例相结合的方式，让读者可以尽快掌握实体建模的方法；第 6 章介绍了曲线与曲面的相关内容；第 7 章介绍了方程式驱动尺寸、系列零件设计表、模型计算等内容；第 8 章介绍了定位零部件、装配体检查和爆炸视图等装配体知识；第 9 章介绍了生成工程图的基本知识，并对图纸格式、各种常见视图的生成、注解的标注等内容进行了讲解；第 10 章介绍了减速器零件和装配体的创建过程。

本书编者长期从事 SOLIDWORKS 专业设计实践与教学工作，对 SOLIDWORKS 有很深入的了解。书中的每个实例都是编者独立设计的真实零件，每一章都提供了独立、完整的零件制作过程，每个操作步骤都有简洁的文字说明和精美的图例展示。本书的实例安排本着"由浅入深，循序渐进"的原则，力求使读者"用得上，学得会，看得懂"，并能够学以致用，尽快掌握 SOLIDWORKS 在设计中的诀窍。

编者根据自己多年的实践经验，从易于上手和快速掌握的实用角度出发，侧重于介绍具体的建模方法，以及在建模过程中可能遇到的一些疑难问题的解决方法与技巧。本书在各个章节中先就内容进行讲解，然后配合实际的操作实例介绍各个部分的重要功能。书中从零部件的设计要求进行分析，不但介绍了三维模型的建模过程，而且从不同角度介绍了建模的思考方式，使读者在学习 SOLIDWORKS 时能够举一反三、触类旁通。

为了配合学校师生利用本书进行教学的需要，随书配赠了电子资料包，其中包含了全书实例操作过程 AVI 文件和实例源文件，可以帮助读者更加形象直观地学习本书。读者可以登录网盘 https://pan.baidu.com/s/1E1wSgOEbhEGX0PT6v2ykZg 下载，提取码 swsw，也可以扫描下面二维码下载：

本书由河北工程技术学院的胡仁喜博士和石家庄三维书屋文化传播有限公司的刘昌丽老师编写，其中胡仁喜执笔编写了第 1~5 章，刘昌丽执笔编写了第 6~10 章。虽然编者几易其稿，但由于水平有限，书中纰漏与失误在所难免，恳请广大读者联系 714491436@qq.com 批评指正。也欢迎加入三维书屋图书学习交流群（QQ：668483375）交流探讨。

编　者

目　录

前言

第1章　SOLIDWORKS 2024 概述 …… 1
1.1　初识 SOLIDWORKS 2024 …… 2
1.2　SOLIDWORKS 2024 界面 …… 2
1.2.1　界面简介 …… 2
1.2.2　工具栏的设置 …… 4
1.3　设置系统属性 …… 5
1.3.1　设置系统选项 …… 6
1.3.2　设置文档属性 …… 11
1.4　SOLIDWORKS 的设计思想 …… 13
1.4.1　设计过程 …… 13
1.4.2　设计方法 …… 14
1.4.3　综合实例——凸台 …… 16
1.5　SOLIDWORKS 术语 …… 17
1.6　参考几何体 …… 19
1.6.1　基准面 …… 19
1.6.2　基准轴 …… 20
1.6.3　坐标系 …… 20
1.7　零件的显示 …… 21
1.7.1　设置零件的颜色 …… 21
1.7.2　设置零件的透明度 …… 23
1.8　训练实例——大闷盖 …… 24
1.8.1　文件的基本操作 …… 24
1.8.2　生成基体特征 …… 27
1.8.3　零件工程图的生成 …… 33
1.9　思考练习 …… 38

第2章　草图绘制 …… 39
2.1　草图的创建 …… 40
2.1.1　新建一个二维草图 …… 40
2.1.2　在零件的面上绘制草图 …… 41
2.1.3　从已有的草图派生新的草图 …… 41
2.2　基本图形绘制 …… 42
2.2.1　“草图”控制面板 …… 43

2.2.2 直线的绘制 …… 44
2.2.3 圆的绘制 …… 44
2.2.4 圆弧的绘制 …… 45
2.2.5 矩形的绘制 …… 47
2.2.6 平行四边形的绘制 …… 47
2.2.7 多边形的绘制 …… 48
2.2.8 椭圆和椭圆弧的绘制 …… 48
2.2.9 抛物线的绘制 …… 49
2.2.10 样条曲线的绘制 …… 50
2.2.11 实例——挡圈草图 …… 52
2.2.12 分割实体 …… 52
2.2.13 在模型面上插入文字 …… 53
2.2.14 圆角的绘制 …… 54
2.2.15 倒角的绘制 …… 54
2.2.16 实例——角铁草图 …… 55
2.3 对草图实体的操作 …… 56
2.3.1 转换实体引用 …… 56
2.3.2 草图镜向 …… 57
2.3.3 延伸和剪裁实体 …… 57
2.3.4 等距实体 …… 58
2.3.5 构造几何线的生成 …… 58
2.3.6 线性阵列 …… 59
2.3.7 圆周阵列 …… 60
2.3.8 修改草图工具的使用 …… 62
2.3.9 伸展实体 …… 63
2.4 智能标注 …… 63
2.4.1 度量单位 …… 63
2.4.2 线性尺寸的标注 …… 64
2.4.3 直径和半径尺寸的标注 …… 65
2.4.4 角度尺寸的标注 …… 65
2.5 添加几何关系 …… 66
2.5.1 手动添加几何关系 …… 67
2.5.2 自动添加几何关系 …… 68
2.5.3 显示 / 删除几何关系 …… 69
2.5.4 实例——链子盒草图 …… 70
2.6 检查草图 …… 72
2.7 综合实例——压盖草图 …… 72
2.8 思考练习 …… 74

第 3 章　零件建模的草绘特征 …… 75
3.1　零件建模的基本概念 …… 76
3.2　零件特征分析 …… 76
3.3　零件三维建模的基本过程 …… 78
3.4　拉伸特征 …… 78
3.4.1　拉伸 …… 78
3.4.2　拉伸薄壁特征 …… 80
3.4.3　拉伸切除特征 …… 81
3.4.4　实例——销钉 …… 82
3.5　旋转特征 …… 85
3.5.1　旋转凸台 / 基体 …… 85
3.5.2　旋转切除 …… 86
3.5.3　实例——轴 …… 87
3.6　扫描特征 …… 91
3.6.1　凸台 / 基体扫描 …… 91
3.6.2　扫描切除 …… 92
3.6.3　实例——螺栓 M20 …… 93
3.6.4　引导线扫描 …… 99
3.6.5　实例——扫描件 …… 101
3.7　放样特征 …… 103
3.7.1　设置基准面 …… 103
3.7.2　凸台放样 …… 103
3.7.3　引导线放样 …… 104
3.7.4　中心线放样 …… 106
3.7.5　分割线放样 …… 106
3.7.6　实例——杯子 …… 109
3.8　加强筋特征 …… 113
3.8.1　创建筋特征 …… 114
3.8.2　实例——导流盖 …… 115
3.9　综合实例——支撑架 …… 118
3.10　思考练习 …… 126

第 4 章　零件建模的放置特征 …… 127
4.1　放置特征的基础知识 …… 128
4.2　孔特征 …… 128
4.2.1　简单直孔 …… 128
4.2.2　柱形沉孔 …… 130
4.2.3　锥形沉孔 …… 133

4.2.4 通用孔 …… 134
4.2.5 螺纹孔 …… 135
4.2.6 旧制孔 …… 136
4.2.7 柱孔槽口 …… 137
4.2.8 锥孔槽口 …… 138
4.2.9 槽口 …… 139
4.2.10 在基准面上生成孔 …… 140
4.2.11 实例——异型孔特征 …… 141
4.3 圆角特征 …… 144
4.3.1 等半径圆角特征 …… 144
4.3.2 多半径圆角特征 …… 146
4.3.3 圆形角圆角特征 …… 147
4.3.4 逆转圆角特征 …… 147
4.3.5 变半径圆角特征 …… 148
4.3.6 混合面圆角特征 …… 150
4.4 倒角特征 …… 151
4.4.1 创建倒角特征 …… 151
4.4.2 实例——三通管 …… 153
4.5 抽壳特征 …… 159
4.5.1 创建抽壳特征 …… 159
4.5.2 实例——烟灰缸 …… 160
4.6 拔模特征 …… 165
4.7 圆顶特征 …… 168
4.7.1 创建圆顶特征 …… 168
4.7.2 实例——球棒 …… 169
4.8 综合实例——水龙头 …… 172
4.9 思考练习 …… 181

第 5 章 特征操作 …… 183
5.1 基本概念 …… 184
5.2 特征重定义 …… 184
5.3 更改特征属性 …… 185
5.4 特征的压缩与恢复 …… 186
5.5 动态修改特征 (Instant3D) …… 186
5.6 特征的复制与删除 …… 188
5.6.1 同一零件模型中复制特征 …… 188
5.6.2 不同零件之间复制特征 …… 189
5.6.3 实例——摇臂 …… 189
5.7 特征阵列 …… 193

5.7.1 线性阵列 …… 194
5.7.2 圆周阵列 …… 196
5.7.3 草图驱动的阵列 …… 197
5.7.4 曲线驱动的阵列 …… 198
5.8 特征镜向 …… 200
5.8.1 镜向特征 …… 200
5.8.2 实例——对称件 …… 201
5.9 库特征 …… 205
5.9.1 库特征的生成与编辑 …… 205
5.9.2 将库特征添加到零件中 …… 206
5.9.3 实例——安装盒 …… 207
5.10 综合实例——叶轮 …… 210
5.11 思考练习 …… 215

第 *6* 章 曲线与曲面 …… 217

6.1 三维曲线 …… 218
6.2 三维草图的绘制 …… 218
6.3 曲线的生成 …… 220
6.3.1 投影曲线 …… 220
6.3.2 三维样条曲线 …… 221
6.3.3 实例——扇叶 …… 222
6.3.4 组合曲线 …… 226
6.3.5 螺旋线和涡状线 …… 226
6.3.6 实例——螺栓 …… 228
6.4 曲面的生成 …… 231
6.4.1 拉伸曲面 …… 232
6.4.2 旋转曲面 …… 233
6.4.3 扫描曲面 …… 234
6.4.4 放样曲面 …… 235
6.4.5 等距曲面 …… 235
6.4.6 延展曲面 …… 236
6.5 曲面编辑 …… 237
6.5.1 缝合曲面 …… 237
6.5.2 延伸曲面 …… 237
6.5.3 实例——花盆 …… 238
6.5.4 剪裁曲面 …… 242
6.5.5 移动 / 复制 / 旋转曲面 …… 243
6.5.6 删除曲面 …… 244
6.5.7 曲面切除 …… 245

6.6 综合实例——音量控制器 ……245
6.7 思考练习 ……252

第7章 零件建模的复杂功能 ……253

7.1 方程式驱动尺寸 ……254
7.2 系列零件设计表 ……257
7.3 模型计算 ……259
7.4 输入与输出 ……262
7.5 综合实例——底座 ……264
7.6 思考练习 ……270

第8章 装配零件 ……271

8.1 基本概念 ……272
8.1.1 设计方法 ……272
8.1.2 零件装配步骤 ……272
8.2 建立装配体 ……273
8.2.1 添加零部件 ……273
8.2.2 删除零部件 ……274
8.2.3 替换零部件 ……275
8.3 定位零部件 ……275
8.3.1 固定零部件 ……275
8.3.2 移动零部件 ……276
8.3.3 旋转零部件 ……277
8.3.4 添加配合关系 ……277
8.3.5 删除配合关系 ……279
8.3.6 修改配合关系 ……279
8.3.7 实例——盒子 ……279
8.4 智慧组装配合方式 ……282
8.5 装配体检查 ……283
8.5.1 干涉检查 ……283
8.5.2 碰撞检查 ……283
8.5.3 物理动力学 ……284
8.5.4 动态间隙的检测 ……285
8.5.5 装配体性能评估 ……286
8.6 爆炸视图 ……287
8.6.1 生成爆炸视图 ……287
8.6.2 编辑爆炸视图 ……288
8.7 子装配体 ……288

8.8 动画制作 ……289
8.8.1 运动算例 ……289
8.8.2 动画向导 ……291
8.8.3 动画 ……292
8.8.4 基本运动 ……296
8.8.5 保存动画 ……296
8.9 综合实例——轴承 6315 装配体 ……297
8.9.1 创建轴承 6315 的内圈和外圈 ……297
8.9.2 创建轴承 6315 的保持架 ……300
8.9.3 创建轴承 6315 的滚珠 ……304
8.9.4 创建滚珠装配体 ……305
8.9.5 轴承 6315 的装配 ……307
8.10 思考练习 ……312

第 9 章 生成工程图 ……313
9.1 工程图的生成方法 ……314
9.2 定义图纸格式 ……316
9.3 标准三视图的生成 ……318
9.4 模型视图的生成 ……319
9.5 派生视图的生成 ……320
9.5.1 剖视图 ……320
9.5.2 投影视图 ……322
9.5.3 辅助视图 ……322
9.5.4 局部视图 ……323
9.5.5 断裂视图 ……325
9.5.6 实例——底座工程图 ……325
9.6 操作视图 ……330
9.6.1 移动和旋转视图 ……330
9.6.2 显示和隐藏视图 ……331
9.6.3 更改零部件的线型 ……331
9.6.4 图层 ……332
9.7 注解的标注 ……333
9.7.1 注释 ……333
9.7.2 表面粗糙度 ……333
9.7.3 几何公差 ……334
9.7.4 基准特征符号 ……335
9.8 综合实例——液压缸前盖工程图 ……336
9.9 思考练习 ……341

第 10 章 综合实例——减速器 …… 342
10.1 大透盖 …… 343
10.2 大齿轮 …… 345
10.3 低速轴 …… 352
10.4 通气螺塞 …… 358
10.5 减速器下箱体 …… 364
10.5.1 创建下箱体外形 …… 365
10.5.2 创建装配凸缘 …… 366
10.5.3 创建下箱体底座 …… 368
10.5.4 创建箱体底座槽 …… 369
10.5.5 创建轴承安装孔凸台 …… 370
10.5.6 创建轴承安装孔 …… 372
10.5.7 创建与上箱盖的装配孔 …… 372
10.5.8 创建大轴承盖安装孔 …… 375
10.5.9 创建小轴承盖安装孔 …… 376
10.5.10 创建箱体底座安装孔 …… 378
10.5.11 创建下箱体加强筋 …… 379
10.5.12 创建泄油孔 …… 381
10.6 减速器上箱盖 …… 384
10.6.1 创建上箱盖外形 …… 385
10.6.2 创建装配凸缘 …… 386
10.6.3 创建轴承安装孔凸台 …… 388
10.6.4 创建上箱盖装配凸缘 …… 389
10.6.5 绘制上箱盖轴承安装孔 …… 390
10.6.6 创建上箱盖装配孔 …… 391
10.6.7 创建轴承盖螺纹孔 …… 393
10.6.8 创建上箱盖加强筋 …… 394
10.6.9 创建通气螺塞安装孔 …… 395
10.7 减速器装配 …… 399
10.7.1 低速轴组件 …… 399
10.7.2 高速轴组件 …… 404
10.7.3 下箱体 - 低速轴组件装配 …… 404
10.7.4 下箱体 - 高速轴组件装配 …… 407
10.7.5 上箱盖 - 下箱体装配 …… 408
10.7.6 轴承盖装配 …… 409
10.7.7 紧固件装配 …… 410
10.7.8 油塞和通气螺塞的安装 …… 413

第 1 章

SOLIDWORKS 2024 概述

本章主要介绍了 SOLIDWORKS 2024 的界面、系统设置以及基本应用，并通过大闷盖实例的讲解，使读者能够对 SOLIDWORKS 2024 有个初步了解。

学习要点

- SOLIDWORKS 2024 界面
- 设置系统属性
- SOLIDWORKS 的设计思想
- 参考几何体

1.1 初识 SOLIDWORKS 2024

SOLIDWORKS 软件是 Windows 原创软件的典型代表，是在总结和继承大型机械 CAD 软件的基础上，在 Windows 环境下实现的第一个机械 CAD 软件。SOLIDWORKS 软件是面向产品级的机械设计工具，它全面采用非全约束的特征建模技术，为设计师提供了极强的设计灵活性。其设计过程的全相关性，使设计师可以在设计过程的任何阶段修改设计，同时牵动相关部分的改变。SOLIDWORKS 软件完整的机械设计软件包包括了设计师必备的设计工具:零件设计、装配设计、工程制图。

机械工程师使用三维 CAD 技术进行产品设计只是一种手段，而不是产品的终结阶段。使三维实体能够直接用于工程分析和数控加工，并直接进入电子仓库存档，才是三维 CAD 建模的目的。SOLIDWORKS 在分析、制造和产品数据管理领域采用全面开放、战略联合的策略，能够将各个专业领域中的优秀应用软件直接集成到 SOLIDWORKS 统一的界面下实现了三维设计、工程分析、数控加工、产品数据管理的全相关性。

SOLIDWORKS 不仅是设计部门的设计工具，也是企业各个部门产品信息交流的核心。三维数据从设计工程部门延伸到市场营销、生产制造、供货商、客户以及产品维修等各个部门，在整个产品的生命周期中，所有的工作人员都将从三维设计中获益。

1.2 SOLIDWORKS 2024 界面

由于 SOLIDWORKS 是在 Windows 环境下重新开发的，因此它能够充分利用 Windows 的优秀界面，为设计师提供简便的工作界面。SOLIDWORKS 首创的特征管理器能够将设计过程的每一步记录下来，并形成 Feature Manager 设计树，放在屏幕的左侧。设计师可以随时选取任意一个特征进行修改，还可以随意调整 Feature Manager 设计树的顺序，以改变零件的形状。由于 SOLIDWORKS 全面采用了 Windows 的技术，因此在设计零件时可以对零件的特征进行剪切、复制和粘贴等操作。SOLIDWORKS 中每个零件都带有一个拖动手柄，能够实时动态地改变零件的形状和大小。

1.2.1 界面简介

当用户初次启动 SOLIDWORKS 2024 时，首先映入眼帘的是一个启动界面，如图 1-1 所示。

通过 SOLIDWORKS 2024 可以建立 3 种不同的文件形式——零件图、工程图和装配体，所以针对这 3 种文件在创建中的不同，SOLIDWORKS 2024 提供了对应的界面（这样方便用户的编辑）。零件图编辑状态下的 SOLIDWORKS 2024 界面如图 1-2 所示。

SOLIDWORKS 2024 的工具栏也有很多。在本节中只介绍部分常用的工具栏，其他的专业工具栏将在以后的章节中逐步介绍。

（1）菜单栏　菜单栏中包含了 SOLIDWORKS 所有的操作命令。

（2）快速访问工具栏　同其他标准的 Windows 程序一样，快速访问工具栏中的工具按钮可用来对文件执行最基本的操作，如“新建”“打开”“保存”“打印”等。其中，以下几个工具为 SOLIDWORKS 2024 所特有：

图 1-1　启动界面

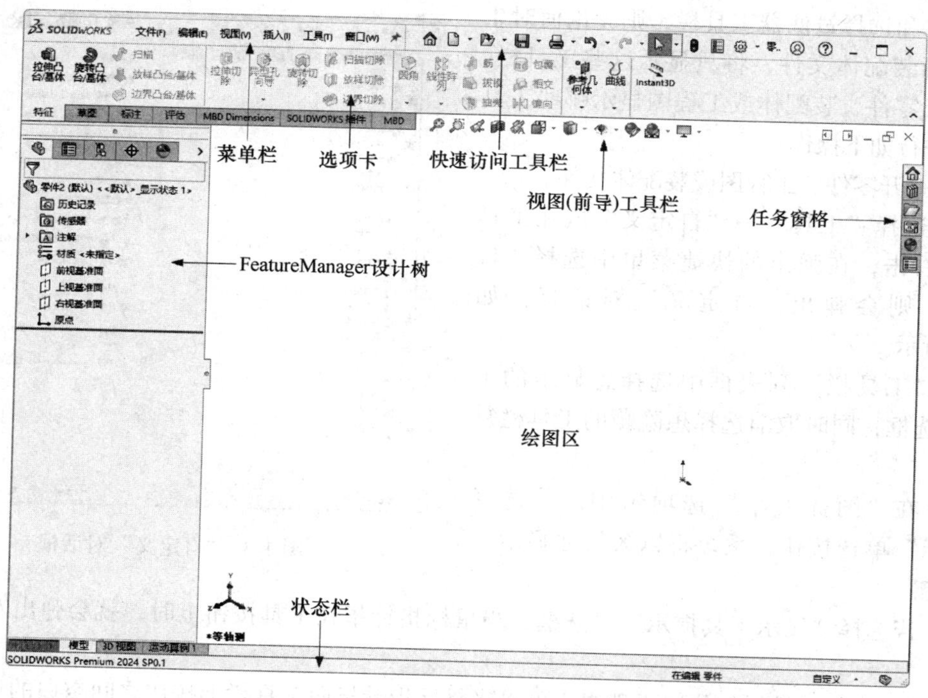

图 1-2　SOLIDWORKS 2024 界面

（重建模型工具）：单击该按钮，可以根据所进行的更改重建模型。

（文件属性工具）：单击该按钮，可以显示激活文档的摘要信息。

（3）FeatureManager 设计树　对于不同的操作类型（零件设计、工程图、装配图），FeatureManager 设计树的内容是不同的，但基本上在这个设计树里都真实地记录了操作中所做的每一步（如添加一个特征、加入一个视图或插入一个零件等）。通过对设计树的管理，可以方便地对三维模型进行修改和设计。

（4）绘图区　进行零件设计、制作工程图和装配的主要操作窗口。后面提到的草图绘制、零件装配和工程图的绘制等操作均在这个区域中完成。

（5）状态栏　标明了目前操作的状态。

1.2.2　工具栏的设置

工具栏按钮是常用菜单命令的快捷方式。通过使用工具栏，大大提高了 SOLIDWORKS 的设计效率。SOLIDWORKS 2024 的工具栏异常多，为了便于操作，用户可以根据个人的习惯自己定义工具栏，同时还可以定义单个工具栏中的按钮。

1. 自定义工具栏

可根据文件类型（零件、装配体或工程图文件）来设定工具栏的放置和显示状态。此外，还可设定哪些工具栏在没有文件打开时可显示。SOLIDWORKS 可记住显示哪些工具栏，以及每个文件类型在什么地方显示。例如，在零件文件打开状态下可选择只显示标准和特征工具栏，则无论何时生成或打开任何零件文件，将只显示这些工具栏；对于装配体文件，可选择只显示装配体和选择过滤器工具栏，则无论何时生成或打开装配体文件，将只显示这些工具栏。要自定义零件、装配体或工程图显示哪些工具栏，可进行如下操作：

1）打开零件、工程图或装配体文件。

2）选择“工具”→“自定义”或在工具栏区域右击，在弹出的快捷菜单中选择“自定义”，则会弹出“自定义”对话框，如图 1-3 所示。

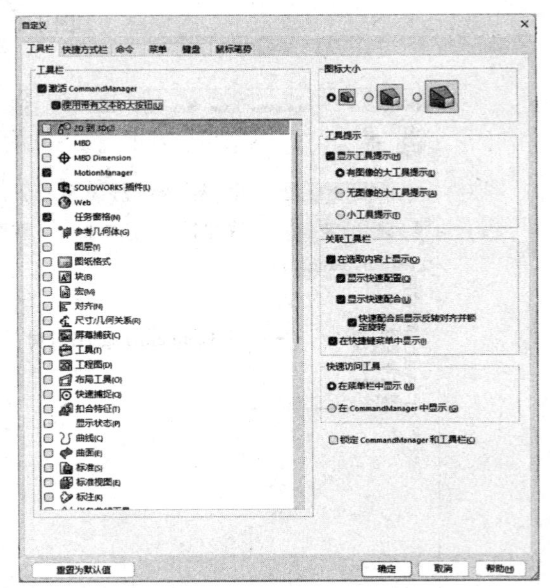

图 1-3　“自定义”对话框

在“工具栏”列表框中选择想显示的工具栏复选框，同时取消选择想隐藏的工具栏复选框。

3）在“图标大小”选项组中，若选择“大图标”单选按钮，系统将以大尺寸显示工具栏按钮。

4）若选择“显示工具提示”复选框，当鼠标指针指在工具按钮上时，就会弹出对此工具的说明。

如果显示的工具栏的位置不理想，可以将鼠标指针指向工具栏上按钮之间空白的地方，然后拖动工具栏到想要的位置。如果将工具栏拖动到 SOLIDWORKS 窗口的边缘，工具栏就会自动定位在该边缘。

2. 自定义工具栏中的按钮

通过 SOLIDWORKS 2024 提供的自定义命令，还可以对工具栏中的按钮进行重新安排，可以将按钮从一个工具栏移到另一个工具栏，将不用的按钮从工具栏中删除等。如果要自定义工具栏中的按钮，可做如下操作：

1）选择“工具”→“自定义”命令，或者在工具栏区域右击，在弹出的快捷菜单中选择“自定义”，打开“自定义”对话框。

2）单击“命令”标签，打开“命令”选项卡，如图 1-4 所示。

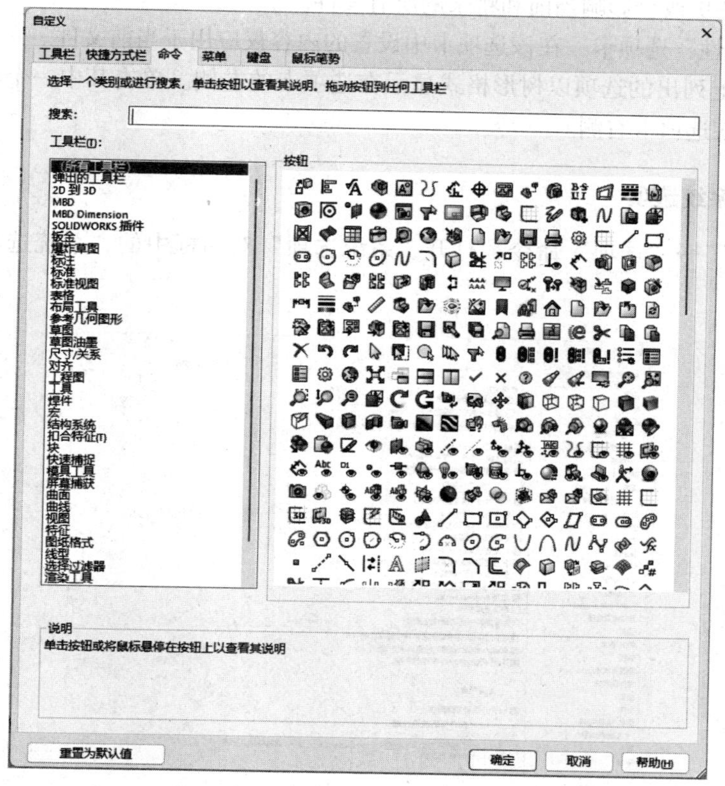

图 1-4　“自定义”对话框中的“命令”选项卡

3）在“工具栏”列表框中选择要改变的工具栏。

4）在“按钮”列表框中选择要改变的按钮，同时在“说明”列表框内可以看到对该按钮的功能说明。

5）在“按钮”列表框内单击要使用的图标按钮，将其拖动放置到工具栏上的新位置，从而实现重新安排工具栏上按钮的目的。

6）在“按钮”列表框内单击要使用的图标按钮，将其拖动放置到不同的工具栏上，就实现了将按钮从一个工具栏移到另一个工具栏的目的。

7）若要删除工具栏上的按钮，只要单击要删除的按钮并将其从工具栏拖动放回绘图区中即可。

8）更改结束后，单击“确定”按钮。

1.3 设置系统属性

要设置系统的属性，可选择“工具”→“选项”命令，打开“系统选项”对话框。

SOLIDWORKS 2024 的“系统选项”对话框强调了系统选项和文件属性之间的不同，该对话框有两个选项卡：

（1）“系统选项”选项卡　在该选项卡中设置的内容都将保存在注册表中。它不是文件的一部分，因此这些更改会影响当前和将来的所有文件。

（2）“文档属性”选项卡　在该选项卡中设置的内容仅应用于当前文件。

每个选项卡上列出的选项以树形格式显示在选项卡的左侧。单击其中一个项目时，该项目的选项就会出现在选项卡右侧。

1.3.1　设置系统选项

选择“工具”→“选项”命令，打开“系统选项”对话框中的“系统选项”选项卡，如图 1-5 所示。

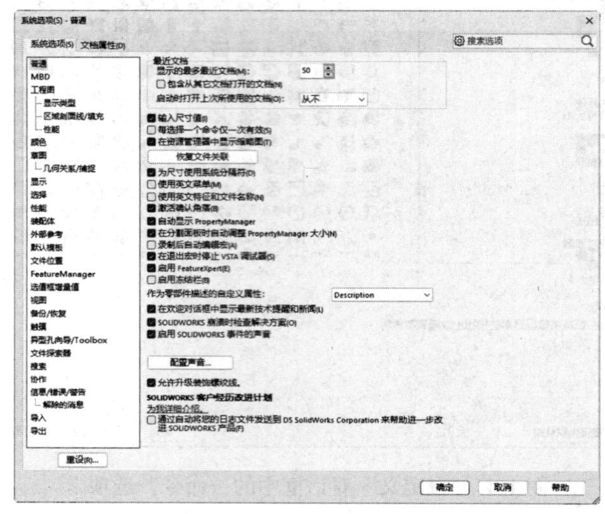

图 1-5　“系统选项”选项卡

“系统选项”选项卡中有很多项目，它们以树形格式显示在选项卡的左侧，对应的选项出现在右侧。下面介绍几个常用的项目。

1.“普通”项目的设定

部分选项如下所述。

1）“启动时打开上次所使用的文档”：如果希望在打开 SOLIDWORKS 时自动打开最近使用的文件，则在其下拉列表中选择“始终”，否则选择“从不”。

2）“输入尺寸值”：建议选择该复选框。选择该复选框后，当对一个新的尺寸进行标注后，会自动显示尺寸值修改框；否则，必须在双击标注尺寸后才会显示该框。

3）“每选择一个命令仅一次有效”：选择该复选框后，当每次使用草图绘制或尺寸标注工具进行操作之后，系统会自动取消其选择状态，从而避免了该命令的连续执行。双击某工具，可使其保持为选择状态以继续使用。

4）“在资源管理器中显示缩略图”：在建立装配体文件时，经常会遇到只知其名，不知何物的尴尬情况，如果选择该复选框，则在 Windows 资源管理器中会显示每个 SOLIDWORKS 零件或装配体文件的缩略图，而不是图标。该缩略图将以文件保存时的模型视图为基础，并使用 16 色的调色板，如果其中没有模型使用的颜色，则用相似的颜色代替。此外，该缩略图也可以在“打开”对话框中使用。

5）“为尺寸使用系统分隔符”：选择该复选框后，系统将使用默认的系统小数点分隔符来显示小数数值。如果要使用不同于系统默认的小数分隔符，可取消选择该复选框，此时其右侧的文本框便被激活，可以在其中输入作为小数分隔符的符号。

6）“使用英文菜单”：SOLIDWORKS 支持多种语言（如中文、俄文和西班牙语等）。如果在安装 SOLIDWORKS 时已指定使用其他语言，通过选择此复选框可以改为使用英文版本。

注意

必须退出并重新启动 SOLIDWORKS 后，此更改才会生效。

7）“激活确认角落”：选择该复选框后，当进行某些需要进行确认的操作时，在图形窗口的右上方将会显示确认角落，如图 1-6 所示。

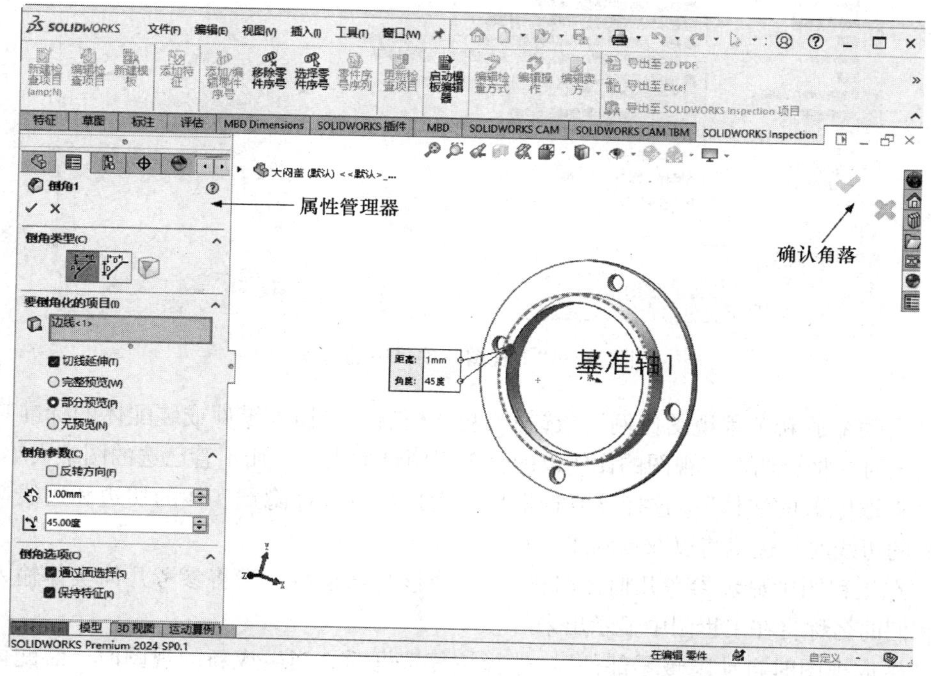

图 1-6 确认角落

8）“自动显示 PropertyManager”：选择该复选框后，在对特征进行编辑时，系统将自动显示该特征的属性管理器。例如，如果选择了一个草图特征进行编辑，则所选草图特征的属性管理器将自动出现。

2.“工程图”项目的设定

SOLIDWORKS 是一个基于造型的三维机械设计软件，它的基本设计思路是：实体造型—虚拟装配—二维图样。

SOLIDWORKS 2024 推出了更加省事的二维转换工具，通过它能够在保留原有数据的基础上，让用户方便地将二维图样转换到 SOLIDWORKS 的环境中，从而完成详细的工程图。此外，利用它独有的快速制图功能，可迅速生成与三维零件和装配体暂时脱开的二维工程图，但依然保持与三维的全相关性。这样的功能使得从三维到二维转换的瓶颈问题得以彻底解决。

"工程图"项目中的选项如图 1-7 所示。部分选项如下所述。

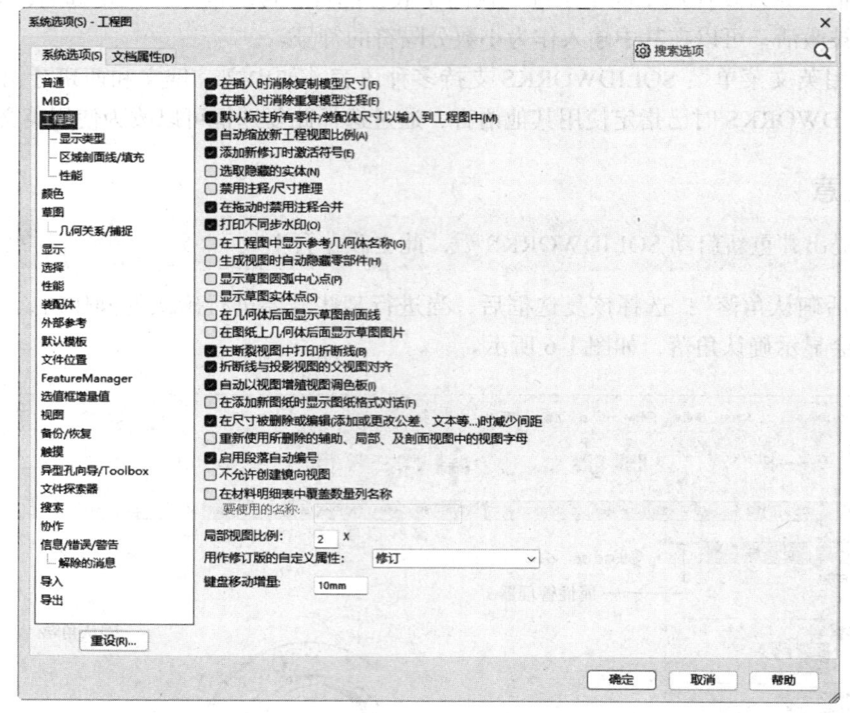

图 1-7 "工程图"项目中的选项

1）"自动缩放新工程视图比例"：选择该复选框后，当插入零件或装配体的标准三视图转换为工程图时，将会调整三视图的比例以配合工程图纸的大小，而不管已选的图纸大小。

2）"选取隐藏的实体"：选择该复选框后，用户可以选择隐藏实体的切边和边线。当光标经过隐藏的边线时，边线将以双点画线显示。

3）"在工程图中显示参考几何体名称"：选择该复选框后，当将参考几何实体输入工程图中时，它们的名称将在工程图中显示出来。

4）"生成视图时自动隐藏零部件"：选择该复选框后，当生成新的视图时，装配体的任何隐藏零部件将自动列举在"工程视图属性"对话框中的"隐藏 / 显示零部件"选项卡上。

5）"显示草图圆弧中心点"：选择该复选框后，将在工程图中显示模型中草图圆弧的中心点。

6）"显示草图实体点"：选择该复选框后，草图中的实体点将在工程图中一同显示。

7）"局部视图比例"：局部视图比例是局部视图相对于原工程图的比例，在其右侧的文本框中指定该比例。

3."草图"项目的设定

SOLIDWORKS 所有的零件都是建立在草图基础上的，大部分 SOLIDWORKS 的特征也都是由二维草图绘制开始的。

"草图"项目中的选项如图 1-8 所示。部分选项如下所述。

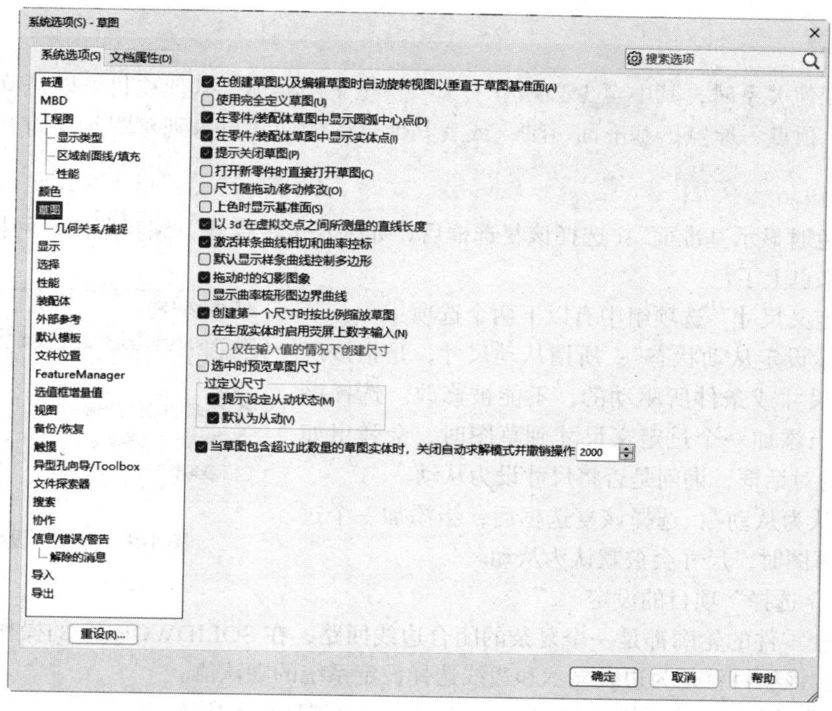

图 1-8 “草图”项目中的选项

1）“使用完全定义草图”：完全定义草图是草图中所有的直线和曲线及其位置均由尺寸或几何关系或两者说明。选择该复选框后，草图用来生成特征之前必须是完全定义的。

2）“在零件 / 装配体草图中显示圆弧中心点”：选择该复选框后，草图中所有的圆弧中心点都将显示在草图中。

3）“在零件 / 装配体草图中显示实体点”：选择该复选框后，草图中实体的端点将以实心圆点的方式显示。

注意

该圆点的颜色反映草图中该实体的状态，颜色的含义如下：黑色表示该实体是完全定义的；蓝色表示该实体是欠定义的，即草图中实体的一些尺寸或几何关系未定义，可以随意改变；红色表示该实体是过定义的，即草图中的实体中有些尺寸或几何关系，或者两者处于冲突中或是多余的。

4）“提示关闭草图”：选择该复选框后，当利用具有开环轮廓的草图来生成凸台时，如果此草图可以用模型的边线来封闭，系统就会显示“封闭草图到模型边线”对话框。选择“是”，即选择用模型的边线来封闭草图轮廓，同时还可选择封闭草图的方向。

5）“打开新零件时直接打开草图”：选择该复选框后，新建零件时可以直接使用草图绘制区域和草图绘制工具。

6）“尺寸随拖动 / 移动修改”：选择该复选框后，可以通过拖动草图中的实体或在“移动 / 复制 属性管理器”选项卡中移动实体来修改尺寸值。拖动完成后，尺寸会自动更新。

注意

生成几何关系时，其中至少必须有一个项目是草图实体，其他项目可以是草图实体或边线、面、顶点、原点、基准面、轴，或者其他草图的曲线投射到草图基准面上形成的直线或圆弧。

7）“上色时显示基准面”：选择该复选框后，如果在上色模式下编辑草图，网格线会显示，基准面看起来也上了色。

在“过定义尺寸”选项组中有以下两个选项：

1）“提示设定从动状态”：所谓从动尺寸，是指该尺寸是由其他尺寸或条件所驱动的，不能被修改。选择该复选框后，当添加一个过定义尺寸到草图时，会弹出如图 1-9 所示的对话框，询问是否将尺寸设为从动。

2）“默认为从动”：选择该复选框后，当添加一个过定义尺寸到草图时，尺寸会被默认为从动。

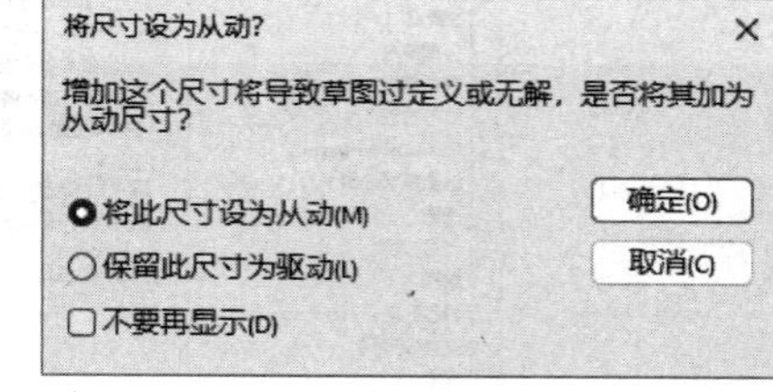

图 1-9　将尺寸设为从动

4.“显示 / 选择”项目的设定

任何一个零件的轮廓都是一个复杂的闭合边线回路，在 SOLIDWORKS 的操作中离不开对边线的操作。该项目就是为边线显示和边线选择设定系统的默认值。

“显示 / 选择”项目中的选项如图 1-10 所示。部分选项如下所述。

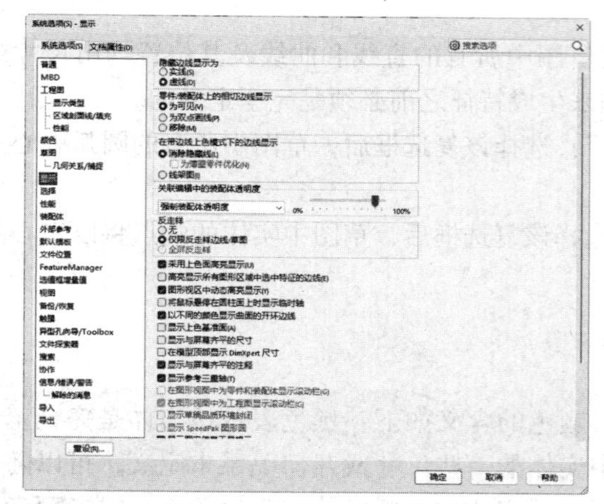

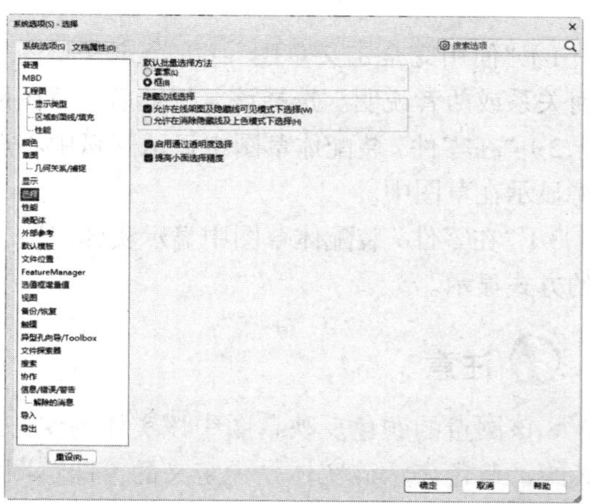

图 1-10　“显示 / 选择”项目中的选项

1）“隐藏边线显示为”：这组单选按钮只有在隐藏线变暗模式下才有效。选择“实线”，则将零件或装配体中的隐藏线以实线显示。所谓“虚线”，是指以浅灰色线显示视图中不可见的边线，而可见的边线仍正常显示。

2）“隐藏边线选择”选项组有两个复选框：

①“允许在线架图及隐藏线可见模式下选择”：选择该复选框，则在这两种模式下可以选择隐藏的边线或顶点。“线架图”模式是指显示零件或装配体的所有边线。

②“允许在消除隐藏线及上色模式下选择”：选择该复选框，则在这两种模式下可以选择隐藏的边线或顶点。消除隐藏线模式是指系统仅显示在模型旋转到的角度下可见的线条，不可见

的线条将被消除。上色模式是指系统将对模型使用颜色渲染。

3）“零件 / 装配体上的相切边线显示”：这组单选按钮用来控制在消除隐藏线和隐藏线变暗模式下模型切边的显示状态。

4）“在带边线上色模式下的边线显示”：这组单选按钮用来控制在上色模式下模型边线的显示状态。

5）“关联编辑中的装配体透明度”：该下拉列表框用来设置在关联中编辑装配体的透明度，可以选择“保持装配体透明度”和“强制装配体透明度”，其右侧的移动滑块用来设置透明度的值。所谓关联，是指在装配体中，在零部件中生成一个参考其他零部件几何特征的关联特征，此关联特征对其他零部件进行了外部参考。如果改变了参考零部件的几何特征，则相关的关联特征也会相应改变。

6）“高亮显示所有图形区域中选中特征的边线”：选择该复选框后，在单击模型特征时，所选特征的所有边线会以高亮显示。

7）“图形视区中动态高亮显示”：选择该复选框后，当移动光标经过草图、模型或工程图时，系统将以高亮度显示模型的边线、面及顶点。

8）“以不同的颜色显示曲面的开环边线”：选择该复选框后，系统将以不同的颜色显示曲面的开环边线，这样可以更容易地区分曲面开环边线和任何相切边线或侧影轮廓边线。

9）“显示上色基准面”：选择该复选框后，系统将显示上色基准面。

10）“启用通过透明度选择”：选择该复选框后，就可以通过装配体中零部件透明度的不同进行选择了。

11）“显示参考三重轴”：选择该复选框后，在绘图区中显示参考三重轴。

1.3.2 设置文档属性

“文档属性”选项卡中设置的内容仅应用于当前的文件，该选项卡仅在文件打开时可用。对于新建文件，如果没有特别指定该文档属性，将使用建立该文件的模板中的文件设置（如网格线、边线显示和单位等）。

选择“工具”→“选项”命令，打开“系统选项”对话框，单击“文档属性”标签，在“文档属性”选项卡中设置文档属性，如图 1-11 所示。

该选项卡中列出的项目以树形格式显示在选项卡的左侧。单击其中一个项目时，该项目的选项就会出现在右侧。下面介绍两个常用的项目。

1.“尺寸”项目的设定

单击“尺寸”项目后，该项目的选项就会出现在选项卡右侧，如图 1-11 所示。部分选项如下所述。

1）“主要精度”：用来设置主要尺寸、角度尺寸，以及替换单位的尺寸精度和公差值。

2）“水平折线”：“引线长度”是指在工程图中如果尺寸界线彼此交叉，需要穿越其他尺寸界线时，可折断的尺寸界线。

3）“添加默认括号”：选择该复选框后，将添加默认括号，并在括号中显示工程图的参考尺寸。

4）“置中于延伸线之间”：选择该复选框后，标注的尺寸文字将被置于尺寸界线的中间位置。

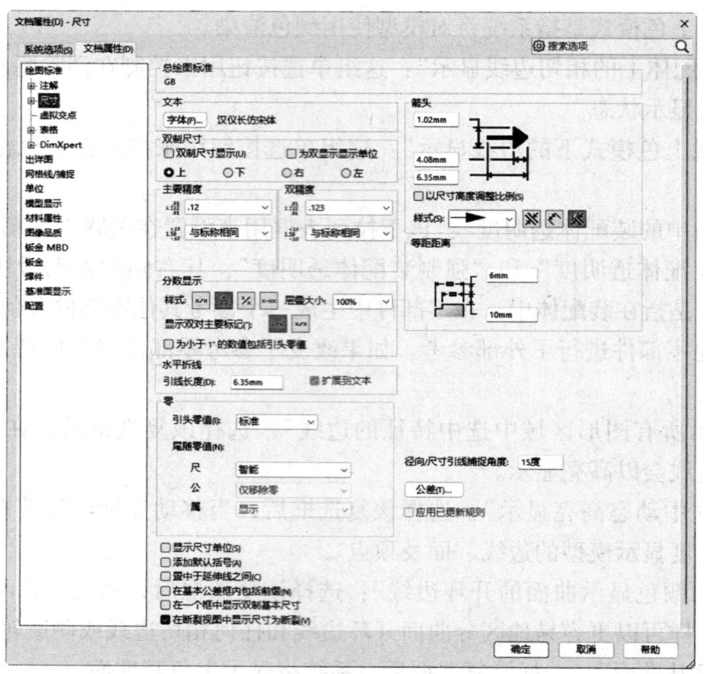

图 1-11 “文档属性”选项卡

5）“箭头”：该选项组用来指定标注尺寸中箭头的显示状态。

6）“等距距离”：该选项组用来设置标准尺寸间的距离。

2.“单位”项目的设定

该项目用来指定激活的零件、装配体或工程图文件中所使用的线性单位类型和角度单位类型，如图 1-12 所示。部分选项如下所述。

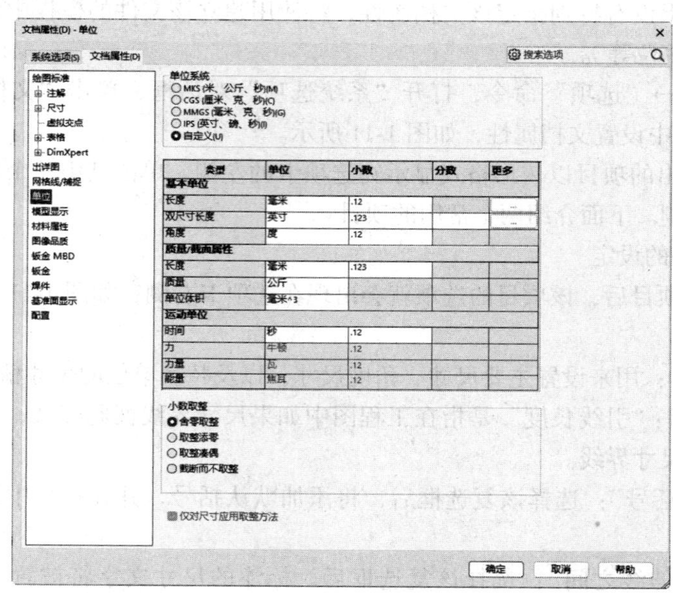

图 1-12 “单位”项目

1）“单位系统”：该选项组用来设置文件的单位系统。如果选择了“自定义”单选按钮，则激活了其余的选项。

2）“双尺寸长度”：用来指定系统的第二种长度单位。

3）“角度”：用来设置角度单位的类型。其中可选择的单位有度、度 / 分、度 / 分 / 秒或弧度。只有在选择单位为度或弧度时，才可以选择“小数位数”。

1.4 SOLIDWORKS 的设计思想

SOLIDWORKS 2024 是一套机械设计自动化软件，它采用了大家所熟悉的 Microsoft Windows® 图形用户界面。使用这套简单易学的工具，机械设计师能快速地按照其设计思想绘制出草图，尝试运用特征、尺寸及制作模型和详细的工程图。

利用 SOLIDWORKS 2024 不仅可以生成二维工程图，而且可以生成三维零件，并可以利用这些三维零件来生成二维工程图及三维装配体，如图 1-13 所示。

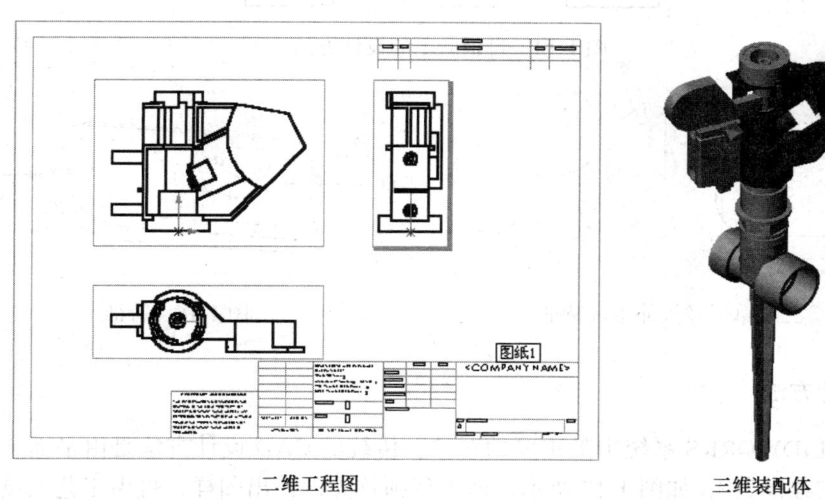

图 1-13 SOLIDWORKS 实例

1.4.1 设计过程

在 SOLIDWORKS 系统中，零件、装配体和工程图都属于对象，SOLIDWORKS 采用了自顶向下的设计方法创建对象，如图 1-14 所示。

图 1-14 中所表示的层次关系充分说明，在 SOLIDWORKS 系统中，零件设计是核心，特征设计是关键，草图设计是基础。

草图指的是二维轮廓或横截面。对草图进行拉伸、旋转、放样或沿某一路径扫描等操作后即生成特征，如图 1-15 所示。

特征是指可以通过组合生成零件的各种形状（如凸台、切除、孔等）及操作（如圆角、倒角、抽壳等），如图 1-16 所示。

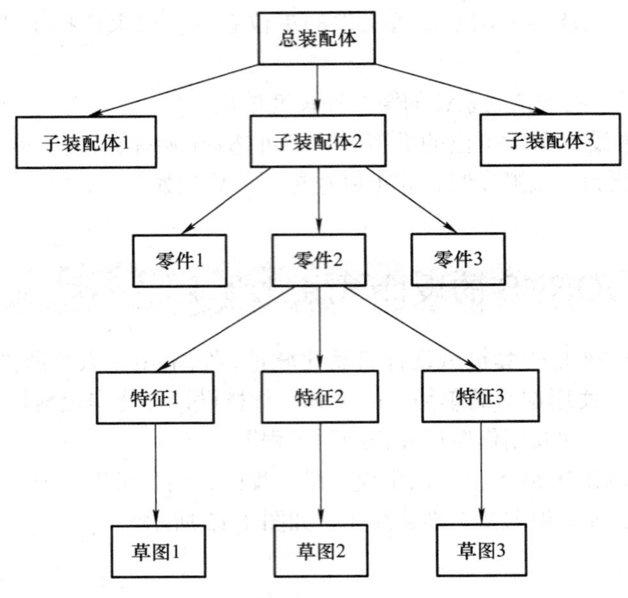

图 1-14　自顶向下的设计方法

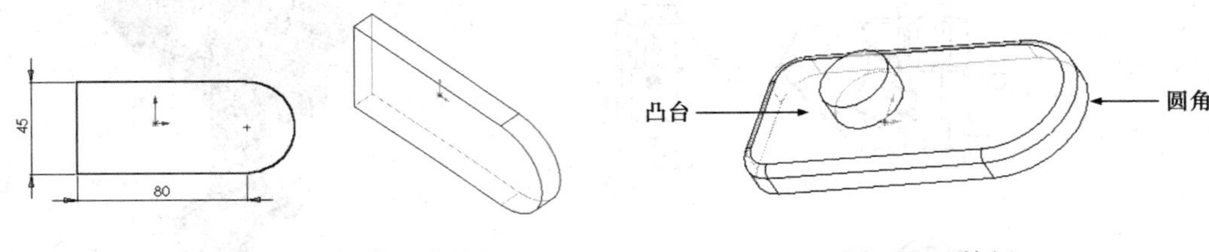

图 1-15　二维草图经拉伸生成特征

图 1-16　特征

1.4.2　设计方法

零件是 SOLIDWORKS 系统中最主要的对象。传统的 CAD 设计方法是由平面（二维工程图）到立体（三维模型），如图 1-17 所示，即工程师首先设计出图样，再由工艺人员或加工人员根据图样生产出实际零件。然而，在 SOLIDWORKS 系统中却是由工程师直接设计出三维模型，然后根据需要生成相关的工程图，如图 1-18 所示。

图 1-17　传统的 CAD 设计方法

图 1-18　SOLIDWORKS 的设计方法

此外，SOLIDWORKS 系统零件设计的构造过程类似于真实制造环境下的生产过程，如图 1-19 所示。

装配体是若干零件的组合，是 SOLIDWORKS 系统中的对象，通常用来实现一定的设计功能。在 SOLIDWORKS 系统中，用户先设计好所需的零件，然后根据配合关系和约束条件将零件组装在一起，生成装配体。使用配合关系，可相对于其他零部件来精确地定位零部件，还可

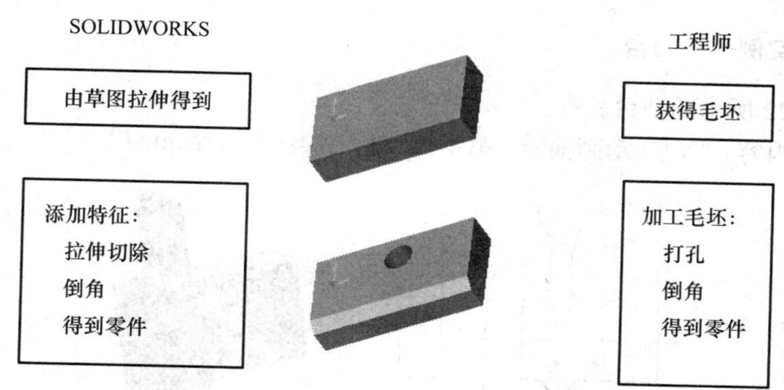

图 1-19　在 SOLIDWORKS 中生成零件

定义零部件如何相对于其他的零部件移动和旋转。通过继续添加配合关系，还可以将零部件移到所需的位置。配合会在零部件之间建立几何关系，如共点、垂直和相切等。每种配合关系对于特定的几何实体组合有效。

图 1-20 所示为在 SOLIDWORKS 中生成的装配体。该装配体由顶盖和底座两个零件组成，设计、装配过程如下：

1）设计出两个零件。

2）新建一个装配体文件。

3）将两个零件分别拖入新建的装配体文件中。

4）使顶盖底面和底座顶面“重合”，顶盖底一个侧面和底座对应的侧面“重合”，将顶盖和底座装配在一起，从而完成装配工作。

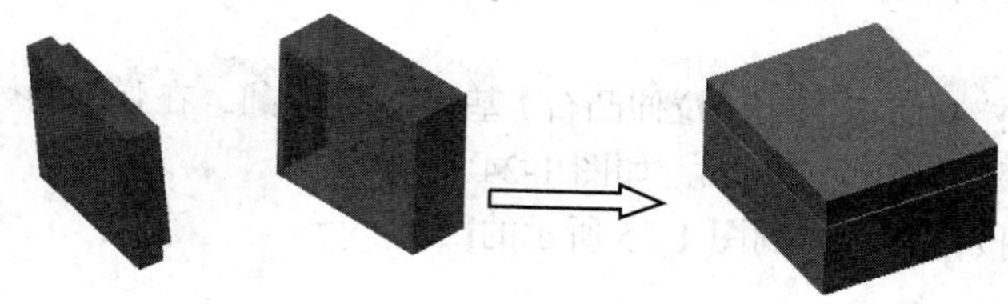

图 1-20　在 SOLIDWORKS 中生成的装配体

用户由设计好的零件和装配体，按照图样的表达需要，通过 SOLIDWORKS 系统中的命令，可生成各种视图、剖面图和轴测图等，然后添加尺寸说明，得到最终的工程图。图 1-21 所示为一个零件的多个视图。它们都是由实体零件自动生成的，无须进行二维绘图设计，这也体现了三维设计的优越性。此外，当对零件或装配体进行修改时，对应的工程图文件也会相应地修改。

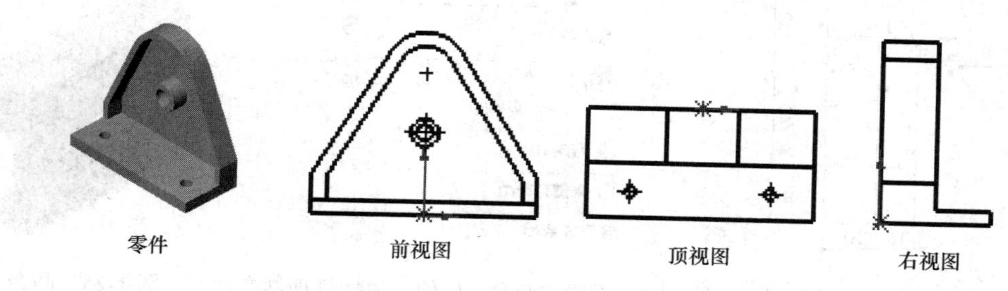

图 1-21　一个零件的多个视图

1.4.3 综合实例——凸台

绘制如图 1-22 所示的凸台。

本案例视频内容："X：\ 动画演示 \ 第 1 章 \ 上机操作 \ 凸台 .mp4"。

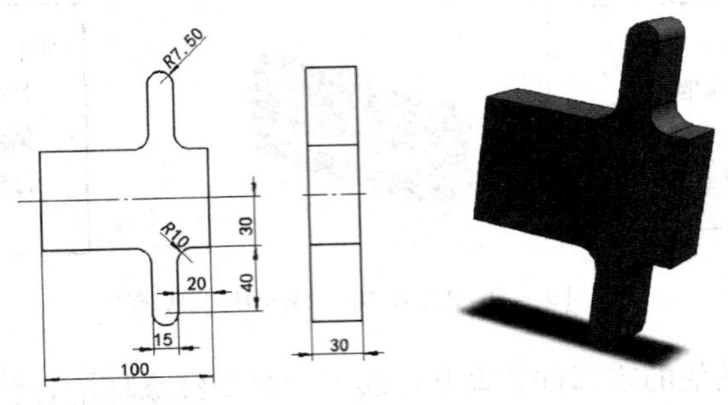

图 1-22 凸台

1. 建立新的零件文件

单击快速访问工具栏中的"新建"按钮，或选择"文件"→"新建"命令，新建一个零件文件。

2. 绘制草图

1）创建草图。在 FeatureManager 设计树中选择"前视基准面"作为绘图基准面，单击"草图"控制面板上的"草图绘制"按钮，此时在"前视基准面"上打开一张草图。

2）绘制草图。单击"草图"控制面板上的"矩形"按钮、"3 点圆弧"按钮、"绘制圆角"按钮和"剪裁实体"按钮，绘制草图并标注尺寸，如图 1-23 所示。

3. 拉伸凸台

1）单击"特征"控制面板上的"拉伸凸台 / 基体"按钮，在弹出的"凸台 - 拉伸"属性管理器中设置拉伸"深度"为 30mm，如图 1-24 所示。

2）单击"确定"按钮，得到图 1-25 所示的凸台。

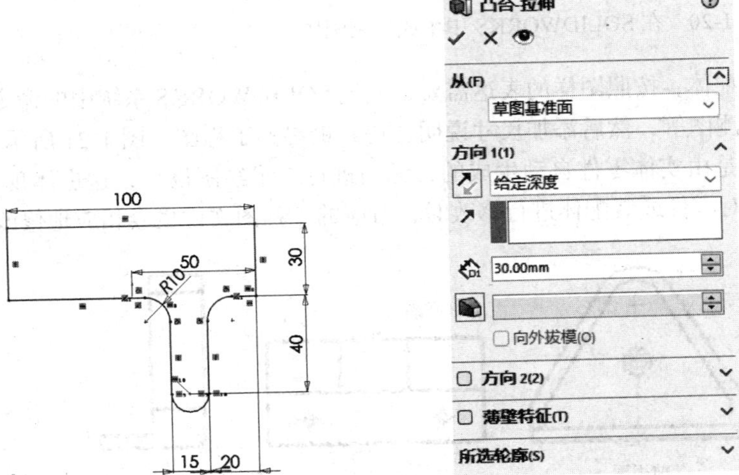

图 1-23 绘制草图并标注尺寸　图 1-24 设置"凸台 - 拉伸"属性管理器参数　图 1-25 凸台

4. 镜向[㊀] 实体

1）单击“特征”控制面板上的“镜向”按钮。弹出“镜向”属性管理器。

2）在“镜向面 / 基准面”栏中选择图 1-25 所示图形的上表面，在“要镜向的特征”栏中选择“凸台 - 拉伸 1”，如图 1-26 所示。

3）单击“确定”按钮，得到图 1-22 所示的图形。

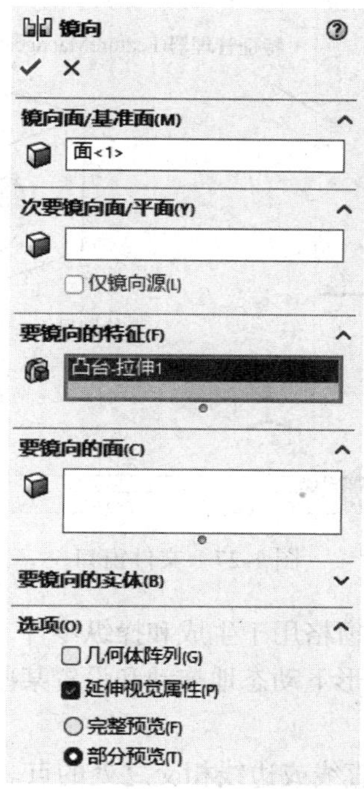

图 1-26　设置“镜向”属性管理器参数

1.5 SOLIDWORKS 术语

在学习使用一个软件之前，需要对这个软件中常用的一些术语进行简单的了解，从而避免一些对语言理解的歧义。

1. 文件窗口

SOLIDWORKS 文件窗口（见图 1-27）有两个窗格。

窗口的左侧窗格包含以下项目：

1）特征管理器（FeatureManager）设计树列出零件、装配体或工程图的结构。

2）属性管理器（PropertyManager）提供了绘制草图及与 SOLIDWORKS 2024 应用程序交互的另一种方法。

3）配置管理器（ConfigurationManager）提供了在文件中生成、选择和查看零件及装配体的多种配置的方法。

㊀ “镜向”的标准术语为“镜像”，由于软件汉化为“镜向”，为了图文一致，本书采用“镜向”。

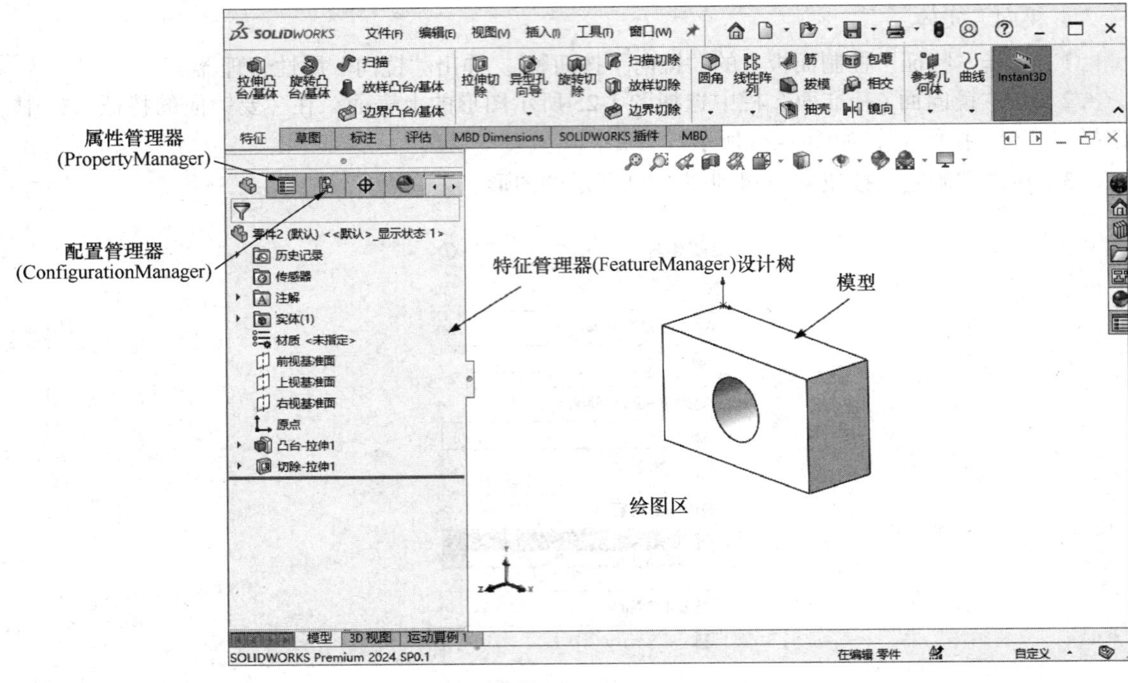

图 1-27　文件窗口

窗口的右侧窗格为绘图区，此窗格用于生成和操纵零件、装配体或工程图。

控标允许在不退出绘图区的情形下动态地拖动和设置某些参数，如图 1-28 所示。

2. 常用模型术语（见图 1-29）

1）顶点：顶点为两个或多个直线或边线相交之处的点。顶点可选作绘制草图、标注尺寸，以及用于许多其他用途。

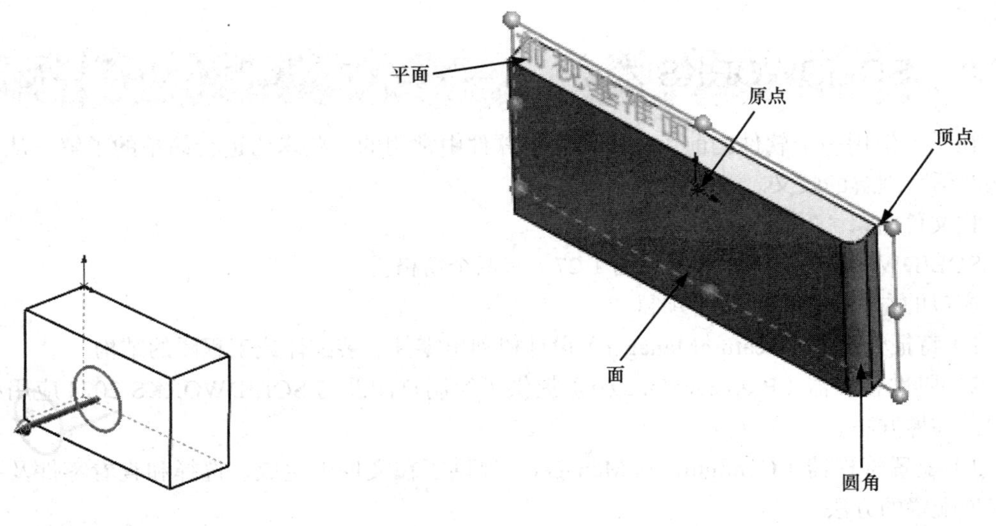

图 1-28　控标

图 1-29　常用模型术语（部分）

2）面：面为模型或曲面的所选区域（平面或曲面），模型或曲面带有边界，可帮助定义模型或曲面的形状。例如，矩形实体有 6 个面。

3）原点：模型原点显示为灰色，代表模型的（0，0，0）坐标。当激活草图时，草图原点显示为红色，代表草图的（0，0，0）坐标。尺寸和几何关系可以加入到模型原点，但不能加入到草图原点。

4）平面：平面是平的构造几何体。平面可用于绘制草图、生成模型的剖视图，以及用于拔模特征中的中性面等。

5）轴：轴为穿过圆锥面、圆柱体或圆周阵列中心的直线。插入轴有助于建造模型特征或阵列。

6）圆角：圆角为草图内、曲面或实体上的角或边的内部圆形。

7）特征：特征为单个形状，如果与其他特征结合则构成零件。有些特征，如凸台和切除，由草图生成。有些特征，如抽壳和圆角，则为修改特征而成的几何体。

8）几何关系：几何关系为草图、实体之间或草图、实体与基准面、基准轴、边线或顶点之间的几何约束，可以自动或手动添加这些项目。

9）模型：模型为零件或装配体文件中的三维实体几何体。

10）自由度：没有由尺寸或几何关系定义的几何体可自由移动。在二维草图中有 3 种自由度：沿 X 轴和 Y 轴移动，以及绕 Z 轴旋转（垂直于草图平面的轴）。在三维草图中有 6 种自由度：沿 X 轴、Y 轴和 Z 轴移动，以及绕 X 轴、Y 轴和 Z 轴旋转。

11）坐标系：坐标系为平面系统，用来给特征、零件和装配体指定笛卡儿坐标。零件和装配体文件包含默认坐标系；其他坐标系可以用参考几何体定义，用于测量工具，以及将文件输出到其他文件格式。

1.6 参考几何体

“参考几何体”工具栏如图 1-30 所示。常用的几种介绍如下。

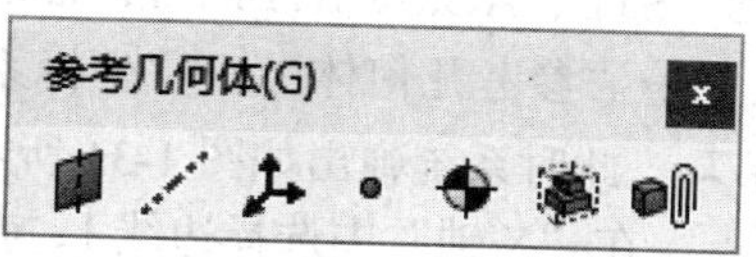

图 1-30 “参考几何体”工具栏

1.6.1 基准面

基准面 主要应用于零件图和装配图中。可以利用基准面来绘制草图，生成模型的剖视图，用于拔模特征中的中性面等。

SOLIDWORKS 提供了前视基准面、上视基准面和右视基准面三个默认的相互垂直的基准面。通常情况下，用户在这三个基准面上绘制草图，然后使用特征命令创建实体模型，即可绘制需要的图形。但是，对于一些特殊的特征，如创建扫描和放样特征，需要在不同的基准面上绘制草图，才能完成模型的构建，这就需要创建新的基准面。

创建基准面有 6 种方式：

1）通过直线和点方式：用于创建一个通过边线、轴或草图线及点，或者通过三点的基准面。

2）平行方式：用于创建一个平行于基准面或面的基准面。

3）两面夹角方式：用于创建一个通过一条边线、轴线或草图线，并与一个面或者基准面成一定角度的基准面。

4）等距距离方式：用于创建一个平行于一个基准面或面，并等距指定距离的基准面。

5）垂直于曲线方式：用于创建一个通过一个点且垂直于一条边线或曲线的基准面。

6）曲面切平面方式：用于创建一个与空间面或圆形曲面相切于一点的基准面。

1.6.2 基准轴

基准轴 通常用在生成草图几何体时或圆周阵列中使用。每一个圆柱和圆锥面都有一条轴线。临时轴是由模型中的圆锥和圆柱隐含生成的，可以选择菜单栏中的“视图”→“隐藏/显示”→“临时轴”命令来隐藏或显示所有临时轴。

创建基准轴有 5 种方式：

1）一直线/边线/轴方式：选择一草图的直线、实体的边线或轴，创建所选直线所在的轴线。

2）两平面方式：将所选两平面的交线作为基准轴。

3）两点/顶点方式：将两个点或两个顶点的连线作为基准轴。

4）圆柱/圆锥面方式：选择圆柱面或者圆锥面，将其临时轴确定为基准轴。

5）点和面/基准面方式：选择一曲面或者基准面，以及顶点、点或者中点，创建一个通过所选点且垂直于所选面的基准轴。

1.6.3 坐标系

用户可以定义零件或装配体的坐标系。此坐标系与测量和质量属性工具一同使用，可将 SOLIDWORKS 文件输出至 IGES、STL、ACIS、STEP、Parasolid、VRML 和 VDA 文件。

1）选择菜单栏中的“插入”→“参考几何体”→“坐标系”命令，或者单击“参考几何体”工具栏中的“坐标系”图标，此时系统弹出如图 1-31 所示的“坐标系”属性管理器。

2）在“原点”中选择顶点，在“X 轴”中选择边线 1，在“Y 轴”中选择边线 2，在“Z 轴”中选择边线 3。

3）单击“确定”按钮，创建一个新的坐标系。此时所创建的坐标系也会出现在 FeatureManager 设计树中，如图 1-32 所示。

注意

在“坐标系”属性管理器中，每一步设置都可以形成一个新的坐标系，并可以单击方向图标按钮调整坐标轴的方向。

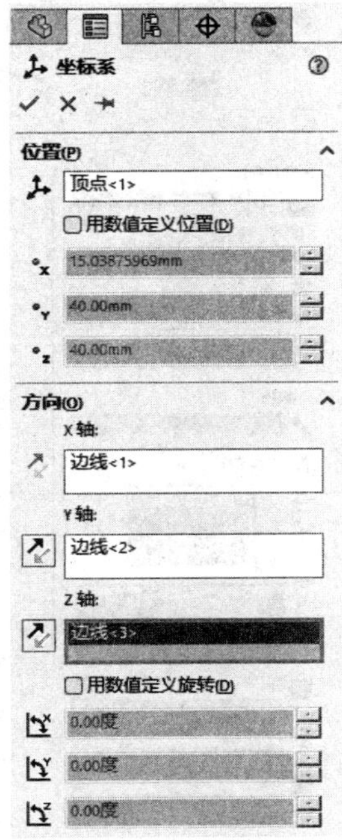

图 1-31　“坐标系”属性管理器

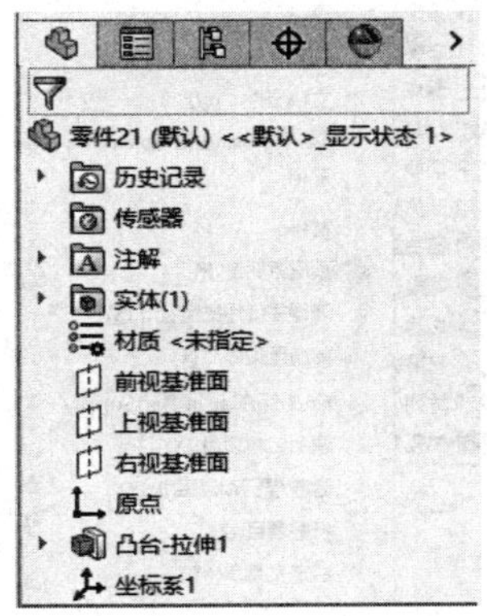

图 1-32　FeatureManager 设计树

1.7 零件的显示

零件建模时，SOLIDWORKS 提供了默认的颜色、材质及光源等外观显示。还可以根据实际需要设置零件的颜色、纹理及透明度，使设计的零件更加接近实际情况。

1.7.1 设置零件的颜色

设置零件的颜色包括设置整个零件的颜色属性、设置所选特征的颜色属性以及设置所选面的颜色属性。

1. 设置零件的颜色属性

1）右击 FeatureManager 设计树中的文件名称“烟灰缸”，在弹出的快捷菜单中选择“外观”图标→“烟灰缸”选项，如图 1-33 所示。

2）系统弹出如图 1-34 所示的“颜色”属性管理器，在“颜色”栏中选择需要的颜色，然后单击“确定”图标✔。此时整个零件以设置的颜色显示。

2. 设置所选特征的颜色属性

1）选择需要修改的特征。在 FeatureManager 设计树中选择需要改变颜色的特征，可以按住 Ctrl 键选择多个特征。

2）执行命令。右击所选特征，在弹出的快捷菜单中选择“外观”图标→“切除 - 拉伸 2”选项，如图 1-35 所示。系统弹出如图 1-34 所示的“颜色”属性管理器。

3）设置属性管理器。在“颜色”栏中选择需要的颜色，然后单击“确定”按钮✔。接着设置其他特征的颜色，此时的图形如图 1-36 所示。

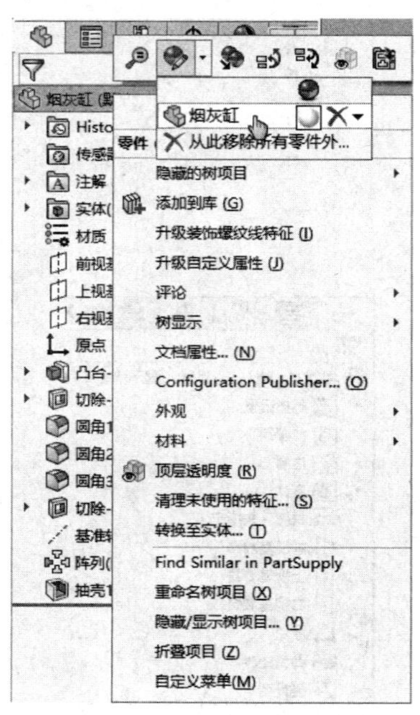

图 1-33　设置“烟灰缸”快捷菜单

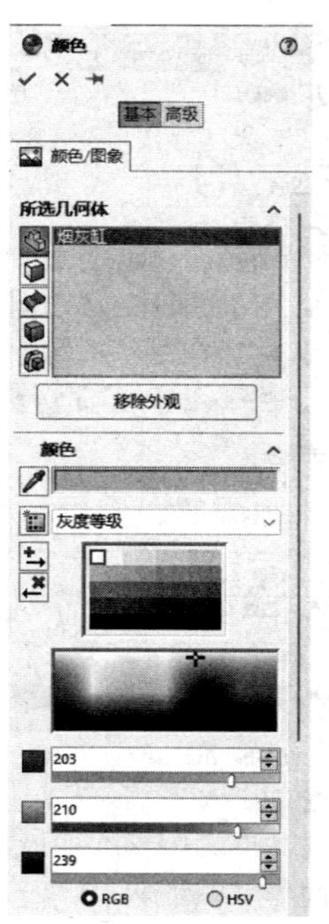

图 1-34　“颜色”属性管理器

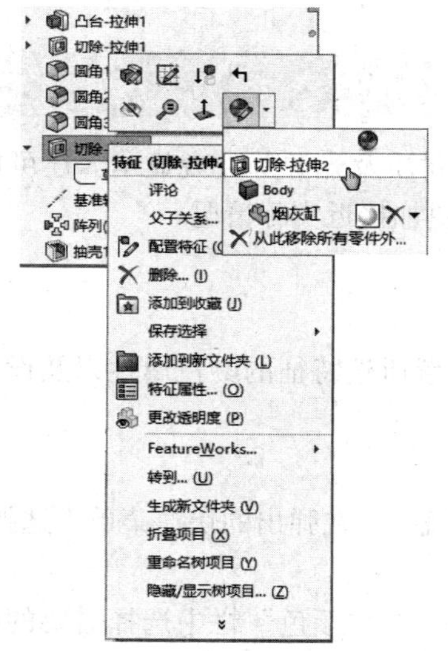

图 1-35　设置特征快捷菜单

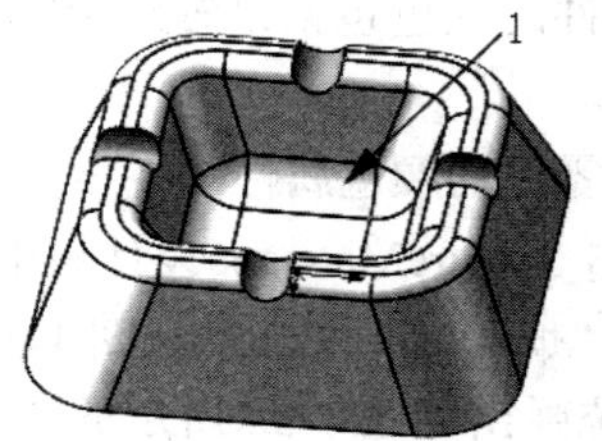

图 1-36　设置颜色后的图形

3. 设置所选面的颜色属性

1）选择修改面。右击图 1-36 中的面 1，此时系统弹出如图 1-37 所示的快捷菜单。

2）执行命令。在快捷菜单的“面”中选择“外观”图标→“面 <1>@ 切除”选项，此时系统弹出如图 1-34 所示的“颜色”属性管理器。

3）设置属性管理器。在“颜色”栏中选择需要的颜色，然后单击属性管理器中的“确定”按钮，此时的图形如图 1-38 所示。

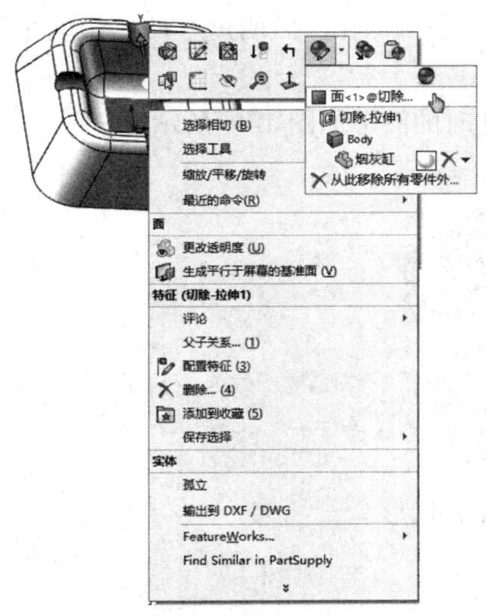

图 1-37　设置面快捷菜单

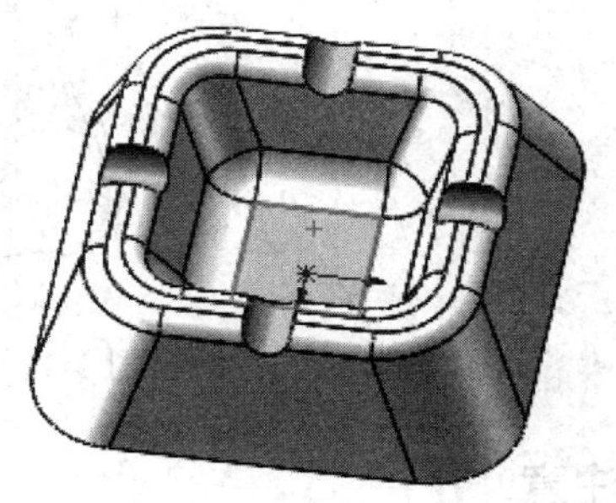

图 1-38　设置颜色后的图形

1.7.2　设置零件的透明度

在装配体中，外面的零件遮挡内部的零件，给零件的选择造成困难。设置零件的透明度后，可以透过透明零件选择非透明对象。

1）执行命令。右击 FeatureManager 设计树中的文件名称“烟灰缸”，此时系统弹出如图 1-39 所示的快捷菜单。在“烟灰缸”一栏中选择“外观”图标→“烟灰缸”选项。系统弹出“颜色”属性管理器，如图 1-40 所示。

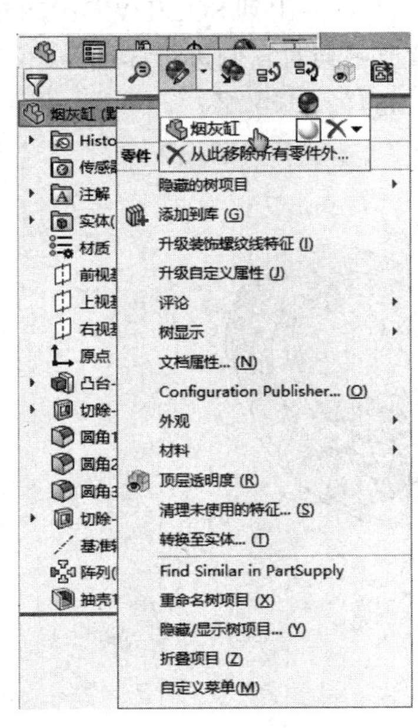

图 1-39　“烟灰缸”快捷菜单

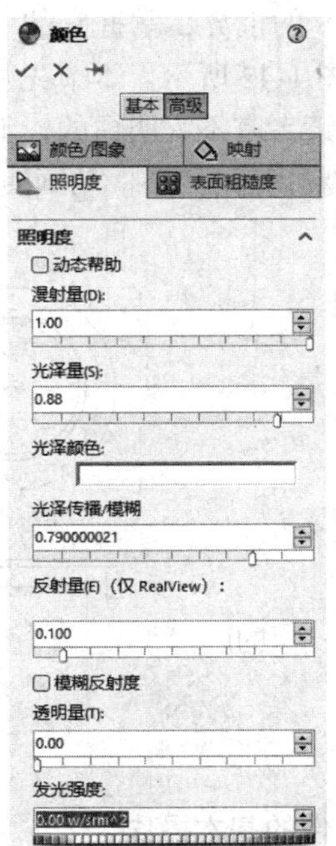

图 1-40　“颜色”属性管理器

2）设置透明度。在该属性管理器中单击“高级”按钮，在“照明度”的“透明量”选项中调节所选零件的透明度。

3）确认设置的透明度，单击“确定”按钮✔，此时的图形如图 1-41 所示。

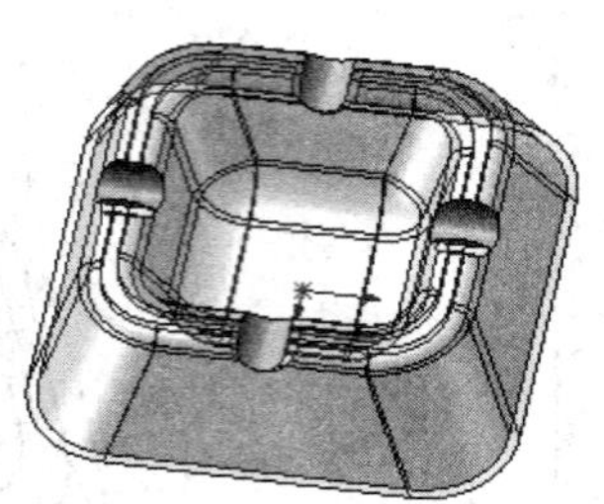

图 1-41　设置透明度后的图形

注意

在“颜色”属性管理器中，除了可以设置零件的颜色和透明度，还可以设置其他光学属性，如环境光源、反射度、光泽度、明暗度和发射率等。通过设置以上参数，可以把零件渲染为真实实体的效果。

1.8 训练实例——大闷盖

为了使读者能够更好地理解 SOLIDWORKS 强大的三维实体造型功能，能够迅速地进入 SOLIDWORKS 的世界，掌握它的一般绘制过程，本章将创建一个实体零件——大闷盖（无孔轴承盖），如图 1-42 所示。本节先从最基础的操作讲起，中间会用到 SOLIDWORKS 的许多基本功能，如果读者有不太明白的，不要担心，在以后的章节中会对它们进行详细介绍。

本案例视频内容：“X：\动画演示\第 1 章\大闷盖 .mp4”。

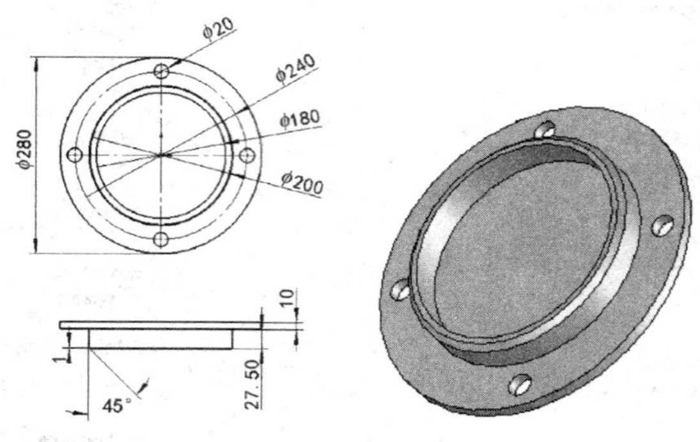

图 1-42　大闷盖

1.8.1　文件的基本操作

开始一项新工作时，用户必须学会文件的建立、打开、保存和存储等最基本的操作。由于

SOLIDWORKS 是在 Windows 环境下开发的，故它能够充分利用 Windows 的优点，为设计师提供简便的工作界面。

1. 启动 SOLIDWORKS 2024

1）单击 Windows 任务栏上的“开始”按钮。

2）选择“程序”→“SOLIDWORKS 2024”→“SOLIDWORKS 2024”命令。

3）弹出 SOLIDWORKS 的主窗口，如图 1-43 所示。

图 1-43 SOLIDWORKS 的主窗口

2. 建立新的零件文件

1）单击快速访问工具栏中的“新建”按钮，或选择“文件”→“新建”命令。

2）在弹出的“新建 SOLIDWORKS 文件”对话框（见图 1-44）中单击“零件”按钮，然后单击“确定”按钮，创建一个新的零件文件。

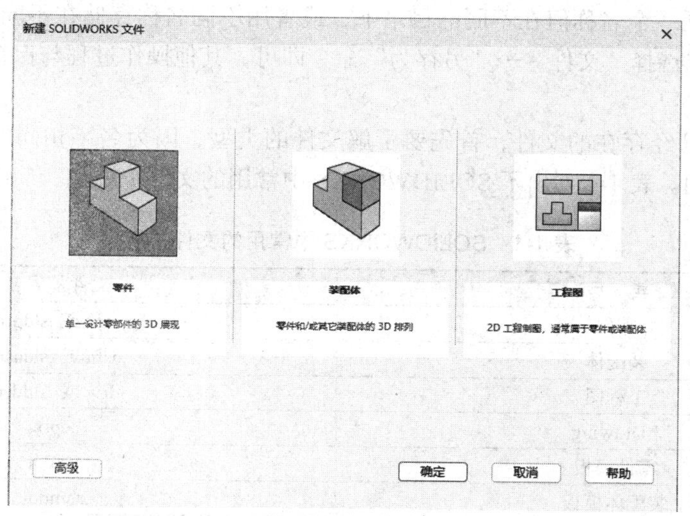

图 1-44 “新建 SOLIDWORKS 文件”对话框

3. 保存文件

设计工作完成后应及时存盘，以防由于各种原因而丢失数据，造成不必要的损失。保存操作主要针对当前活动窗口中的文件。

1）单击快速访问工具栏中的“保存”按钮，或选择“文件”→“保存”命令。

2）在弹出的“另存为”对话框（见图 1-45）中选择保存的路径和文件名。

3）单击“保存”按钮，文件即可被保存。

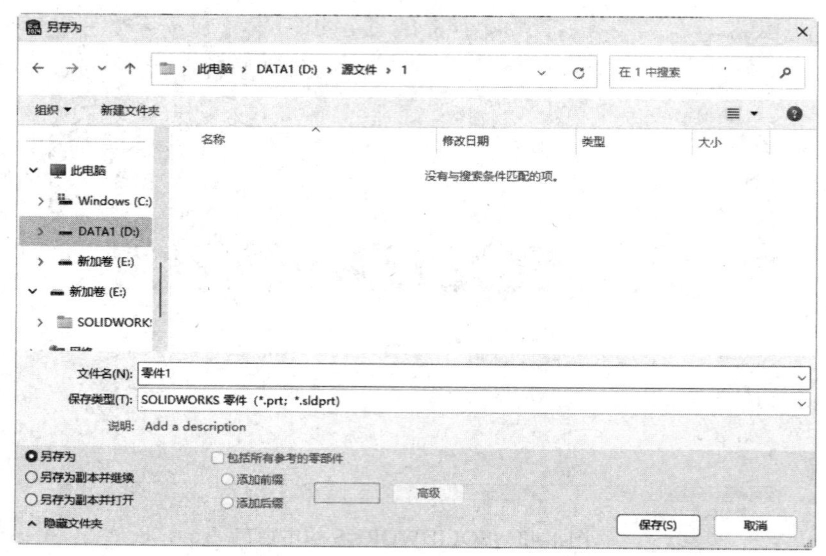

图 1-45 “另存为”对话框

4）如果选择了“另存为副本并继续”单选按钮，则以新名称或路径保存零件文档副本，而不替换活动文档，用户将继续在原来的零件文件中工作。

有时为了安全起见，用户需要将一个文件进行备份，通常是将文件存储为一个新的名称，或是将其存储为同一个名称但在不同的目录下，或者用不同名称存储在不同的目录下。要将一个文件进行备份，选择“文件”→“另存为”命令即可，其他操作过程与保存文件类似。

4. 打开文件

要打开一个已经存在的文件，首先要了解文件的类型，因为名字相同的文件扩展名不同，表示的文件也不同。表 1-1 列出了 SOLIDWORKS 中常用的文件扩展名。

表 1-1 SOLIDWORKS 中常用的文件扩展名

类　型	文件扩展名
零件	.prt 或 .sldprt
装配体	.asm 或 .sldasm
工程图	.drw 或 .slddrw
EDrawing	.eprt
零件模板	.prtdot
装配体模板	.asmdot
工程图模板	.drwdot

了解文件的扩展名含义后，便可以打开一个已经存在的文件了。

1）单击快速访问工具栏中的“打开”按钮，或选择“文件”→“打开”命令。

2）在弹出的“打开”对话框（见图 1-46）中设定正确的文件存储目录，并在文件列表区域中选择欲打开的文件。

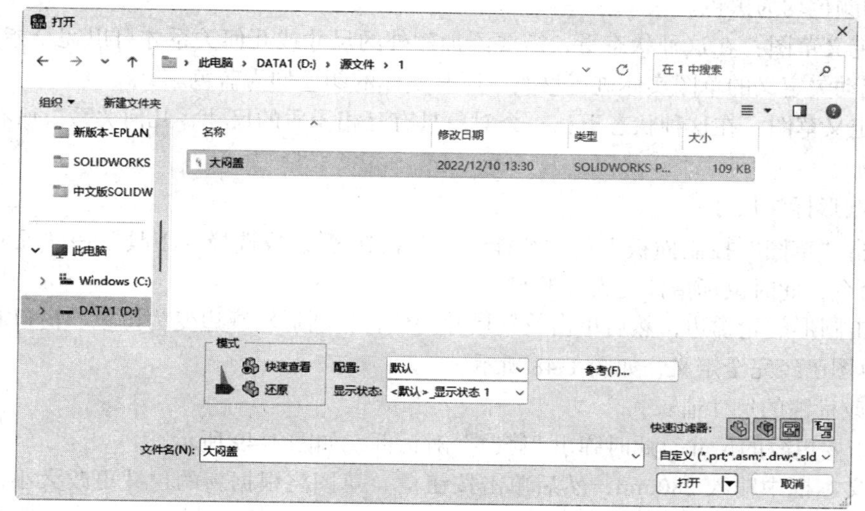

图 1-46　“打开”对话框

3）单击“打开”按钮，便打开该文件了。

1.8.2　生成基体特征

创建零件的第一步是创建基体特征，也就是零件的“理想化毛坯”，或者说是零件的雏形、基体。

1. 绘制第一张二维草图

大部分 SOLIDWORKS 的特征都是从二维草图绘制开始的，所以能够熟练地使用草图绘制工具绘制草图非常重要。二维草图为一组基准面或面上的直线和其他二维物体，它们可形成像基体或凸台这样特征的基础。

1）在 FeatureManager 设计树中选择“前视基准面”作为绘图基准面，单击“草图”控制面板上的“草图绘制”按钮，此时在“前视基准面”上打开一张草图。

2）单击“草图”控制面板上的“圆”按钮，以系统坐标原点为圆心绘制大闷盖实体的草图轮廓。

3）将鼠标指针移到草图原点处，当鼠标指针变为形状时，表示指针正位于原点上。单击并移动鼠标指针以生成圆形。当移动鼠标时，鼠标指针处会显示该圆形的尺寸。

4）单击完成草图 1 的绘制，如图 1-47 所示。

5）单击并拖动蓝色边线，即可调整圆形的大小。

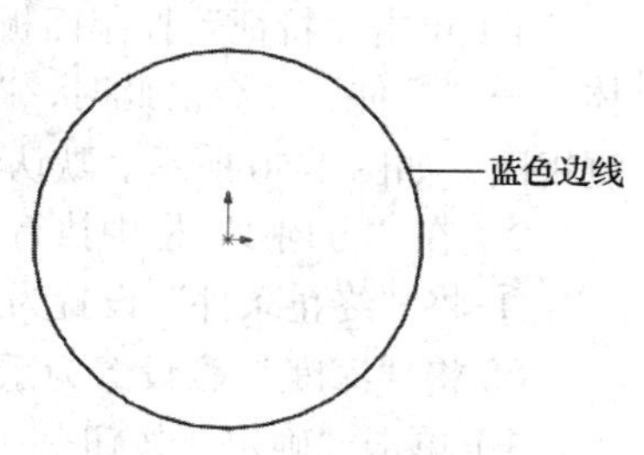

图 1-47　绘制草图 1

虽然在上面的步骤中调整了圆形的尺寸，而且 SOLIDWORKS 不要求在使用草图生成特征之前预先标注草图尺寸，但在此例中为了说明标准尺寸的操作，将添加尺寸以完全定义草图。

当给草图添加尺寸时，状态栏中将显示草图的状态。任何 SOLIDWORKS 草图均处于以下 3 种状态之一：

① 完全定义草图：在这种状态下，所有实体的位置均由尺寸、几何关系或二者充分说明。所有实体的颜色均为黑色。

② 欠定义草图：在这种状态下，需要添加额外的尺寸或几何关系才可以完全指定几何体。用户可以拖动欠定义的草图实体进行修改。所有实体的颜色均为蓝色。

③ 过定义草图：在这种状态下，一个对象具有互相矛盾的尺寸、几何关系。所有实体的颜色均为红色。

6）为圆形标注尺寸：

① 单击“草图”控制面板上的“智能尺寸”按钮，或选择“工具”→“尺寸”→“智能尺寸”命令，此时鼠标指针变为形状。

② 单击圆形的轮廓边，然后单击放置尺寸的位置，圆形轮廓边变为黑色。窗口右下方的状态栏显示草图已经完全定义，如图 1-48 所示。

7）更改标注的尺寸值：

① 双击要更改的尺寸，此时弹出“修改”对话框，如图 1-49 所示。

② 在文本框中输入 280mm，然后单击按钮，草图将根据新的尺寸更改大小，即尺寸数值更改为 280mm。

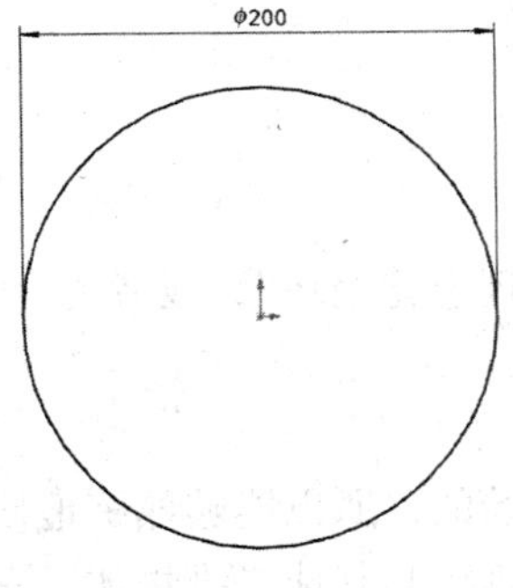

图 1-48　完全定义后的草图

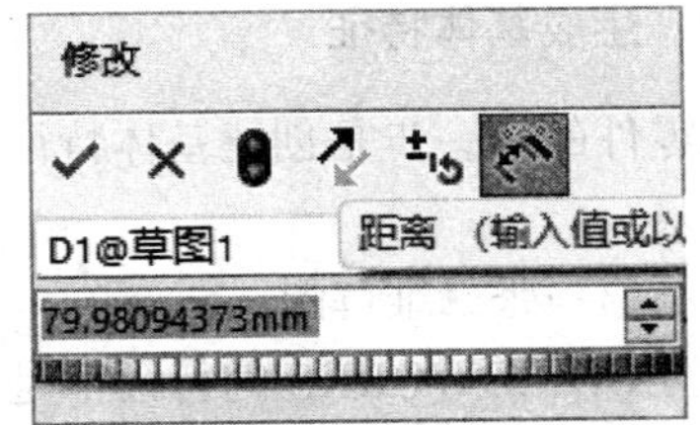

图 1-49　“修改”对话框

2. 创建基体拉伸特征

在任何零件中，第一个特征称为基体特征。下面通过拉伸所绘制的矩形来生成大闷盖的基体特征。

1）单击“特征”控制面板上的“拉伸凸台 / 基体”按钮，或选择“插入”→“凸台 / 基体”→“拉伸”命令。此时，“凸台 - 拉伸”属性管理器出现在左侧面板上，草图视图变为等轴测视图，如图 1-50 所示。默认情况下，拉伸“深度”被设定为 10.00mm。

2）在“方向 1”栏中执行如下操作：

① 将“终止条件”设置为“给定深度”。

② 将“深度”设置为系统默认的 10.00mm。

3）单击“确定”按钮，生成拉伸特征。新特征“凸台 - 拉伸 1”出现在 FeatureManager 设计树中。

4）单击 FeatureManager 设计树中“凸台 - 拉伸 1”旁的三角形按钮，将看到用于拉伸特征的“草图 1”已经列于此特征之下，如图 1-51 所示。

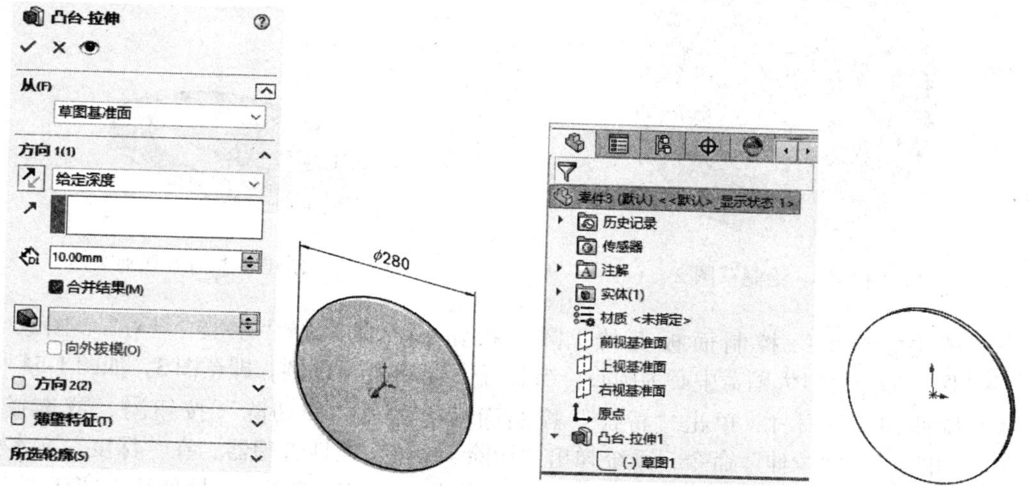

图 1-50 “凸台 - 拉伸”属性管理器和等轴测视图　图 1-51 FeatureManager 设计树和生成的拉伸特征

3. 添加拉伸特征

要在零件上生成新的特征（如切除或凸台），可以在模型的面或基准面上绘制草图，然后加以拉伸或切除。

注意

SOLIDWORKS 允许每次在一个面或基准面上绘制草图，然后基于一个或多个草图生成特征。

下面继续在基体的平面上添加一个拉伸特征。

1）选择上一步中创建的实体上表面为草图绘制平面，然后单击“视图（前导）”工具栏“视图定向”下拉菜单中的“正视于”按钮，将该表面作为绘制图形的基准面。

2）单击“草图”控制面板上的“圆”按钮，或选择“工具”→“草图绘制实体”→“圆”命令，以系统坐标原点为圆心，绘制直径为 200mm 的圆，即草图 2，如图 1-52 所示。

3）单击“特征”控制面板上的“拉伸凸台 / 基体”按钮，或选择“插入”→“凸台 / 基体”→“拉伸”命令，在弹出的“凸台 - 拉伸”属性管理器中设置拉伸“终止条件”为“给定深度”，在“深度”文本框中输入 27.50mm，单击“确定”按钮，完成大闷盖基础实体的创建，如图 1-53 所示。

4. 添加切除特征

1）设置基准面。单击大闷盖基础实体小端面，然后单击“视图（前导）”工具栏“视图定向”下拉菜单中的“正视于”按钮，将该表面作为绘制图形的基准面。

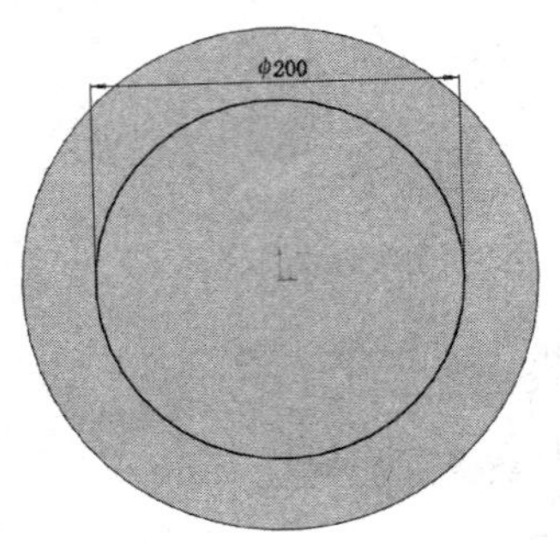

图 1-52　绘制草图 2

图 1-53　创建的大闷盖基础实体

2）单击“草图”控制面板上的“圆”按钮，或选择“工具”→“草图绘制实体”→“圆”命令，以大闷盖中心为圆心，绘制直径为 180mm 的圆，即草图 3，如图 1-54 所示。

3）拉伸切除实体 1。单击“特征”控制面板上的“拉伸切除”按钮，或选择“插入”→“切除”→“拉伸”命令，系统弹出“切除 - 拉伸”属性管理器；在“深度”文本框中输入 27.5.0mm，其他选项保持系统默认设置，单击“确定”按钮，拉伸切除实体 1，完成切除特征的创建，如图 1-55 所示。

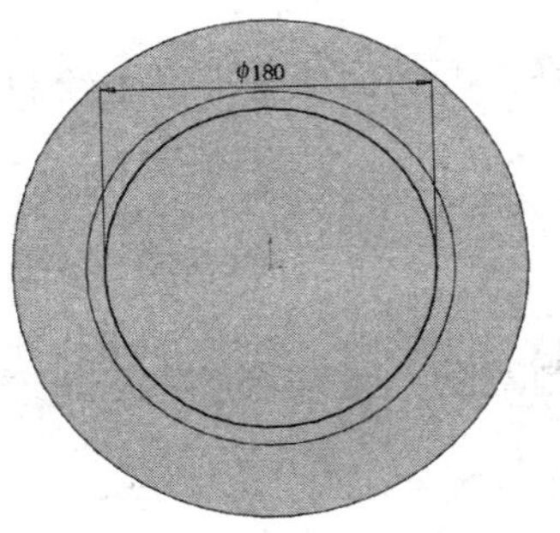

图 1-54　绘制草图 3

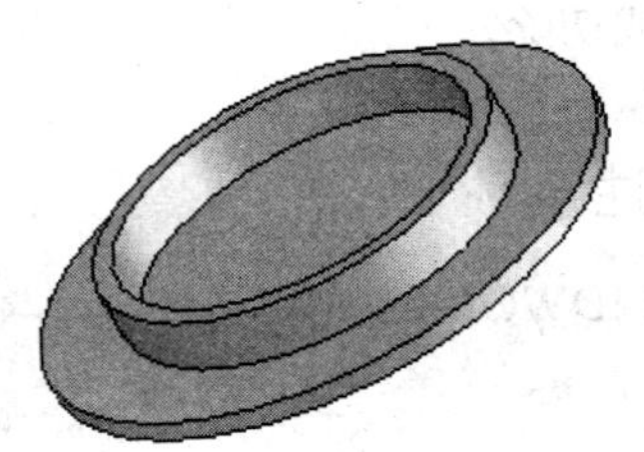

图 1-55　拉伸切除实体 1

4）在实体的大端面再添加一个圆形切除。

① 设置基准面。单击大闷盖基础实体大端面，然后单击“视图（前导）”工具栏“视图定向”下拉菜单中的“正视于”按钮，将该表面作为绘制图形的基准面，新建一张草图。

② 绘制草图 4。单击“草图”控制面板上的“圆”按钮，或选择“工具”→“草图绘制实体”→“圆”命令，在大闷盖基础实体大端面上绘制端盖安装孔，即草图 4，并设置孔的直径为 20mm，如图 1-56 所示。

③ 拉伸切除实体 2。单击“特征”控制面板上的“拉伸切除”按钮，或选择“插入”→“切除”→“拉伸”命令，系统弹出“切除 - 拉伸”属性管理器；设置拉伸切除的终止条件为“完全贯穿”，其他选项保持系统默认设置，单击“确定”按钮，拉伸切除，实体 2 生成端盖安装孔特征，如图 1-57 所示。

5. 阵列特征

在零件的基本形状确定之后，将要对零件的某一特征进行圆周阵列。

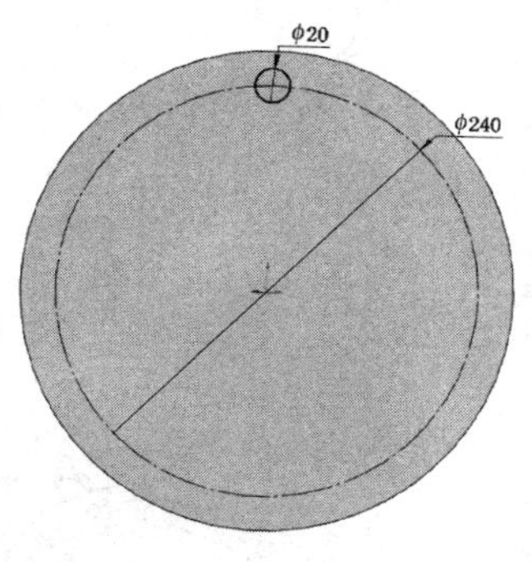

图 1-56　绘制草图 4

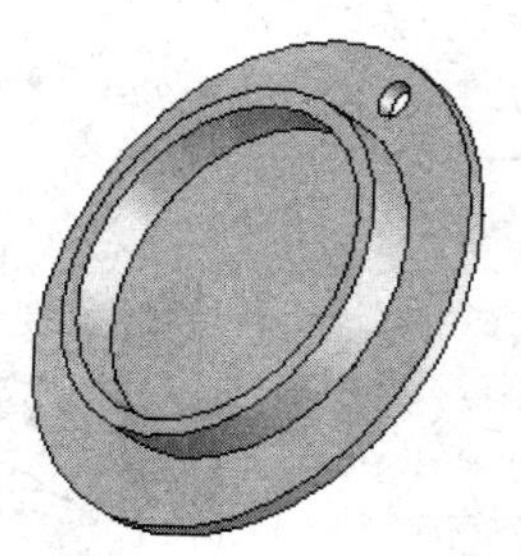

图 1-57　拉伸切除实体 2

1）创建基准轴。选择菜单栏中的“插入”→“参考几何体”→“基准轴”命令，系统弹出“基准轴”属性管理器，如图 1-58 左图所示；在“基准轴”属性管理器中单击“圆柱 / 圆锥面”按钮，在绘图区中选择大闷盖凸缘的外圆柱面，如图 1-58 中右图所示，创建基准轴为外圆柱面的轴线；单击“确定”按钮，完成基准轴的创建，如图 1-59 所示。

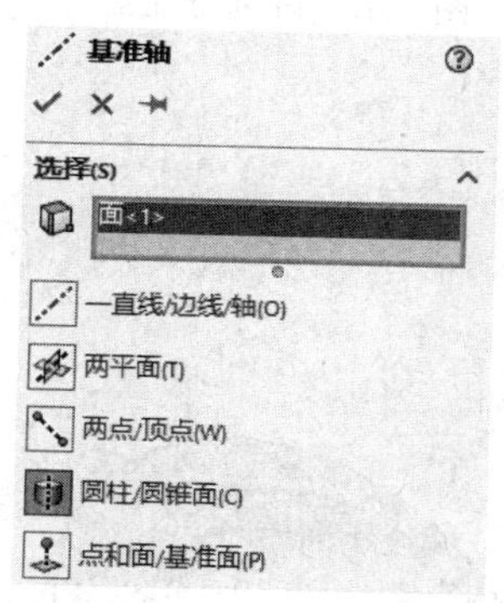

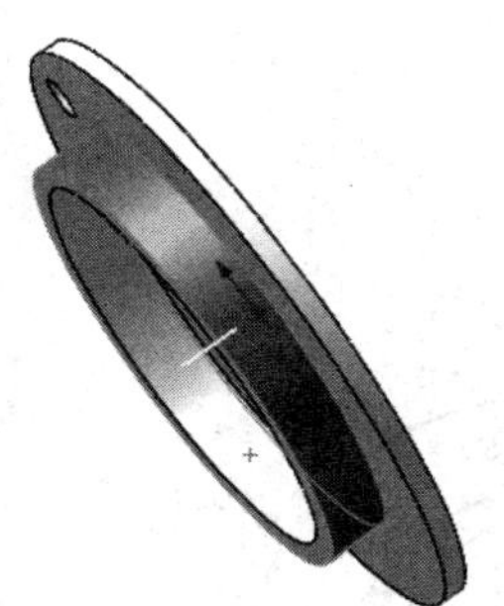

图 1-58　“基准轴”属性管理器和选择圆柱面

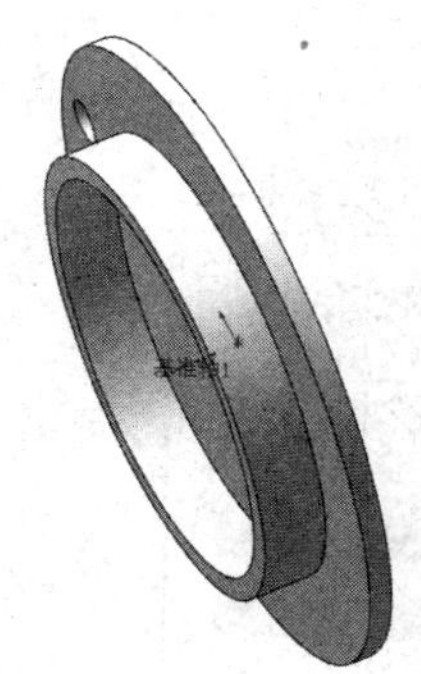

图 1-59　创建基准轴

2）阵列特征。单击“特征”控制面板上的“圆周阵列”按钮，或选择“插入”→“阵列 / 镜向”→“圆周阵列”命令，弹出“阵列（圆周）1”属性管理器。在“阵列轴”显示框中选择创建的基准轴，输入“角度”为 360.00 度、“实例数”4，选择“等间距”单选按钮，在“要阵列的特征”显示框中，通过 FeatureManager 设计树选择安装孔特征，其他选项保持系统默认设置，如图 1-60 所示。单击“确定”按钮，完成特征的阵列，如图 1-61 所示。

6. 为零件添加倒角

在零件的基本形状确定之后，下面将要对零件进行细微的修饰。在这里，将为零件添加倒角特征。因为这些倒角的距离相同（1mm），所以可以将其作为单个特征生成。

1）单击“特征”控制面板上的“倒角”按钮，或选择“插入”→“特征”→“倒角”命令，系统弹出“倒角”属性管理器。设置“倒角类型”为“角度距离”。

2）在“距离”文本框中输入倒角的距离为 1.00mm，在“角度”文本框中输入角度值为 45.00 度，选择生成倒角特征的大闷盖小端外棱边，如图 1-62 所示。

3）其他选项保持系统默认设置；单击“确定”按钮，完成倒角特征的创建，如图 1-63 所示。

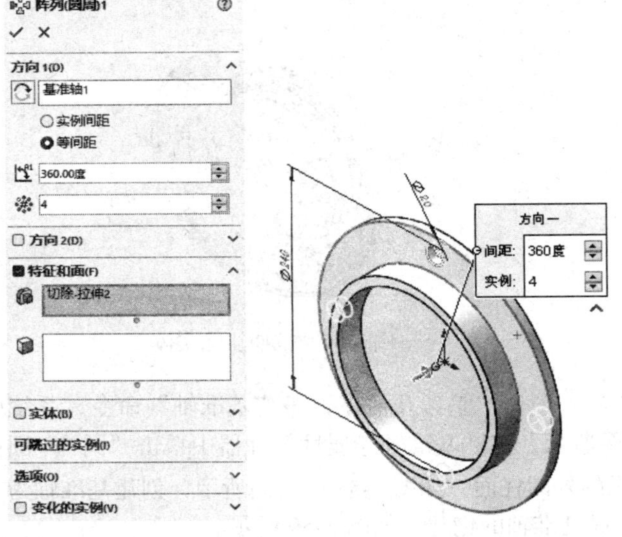

图 1-60　设置阵列参数

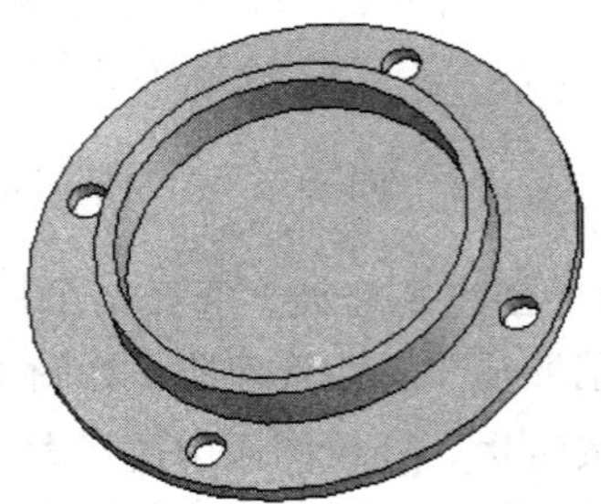

图 1-61　阵列特征

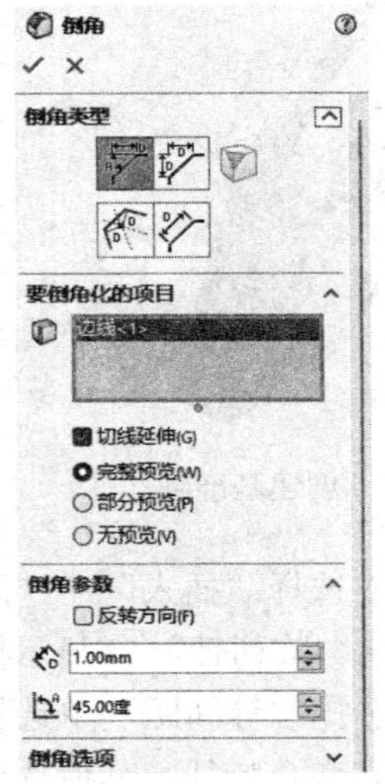

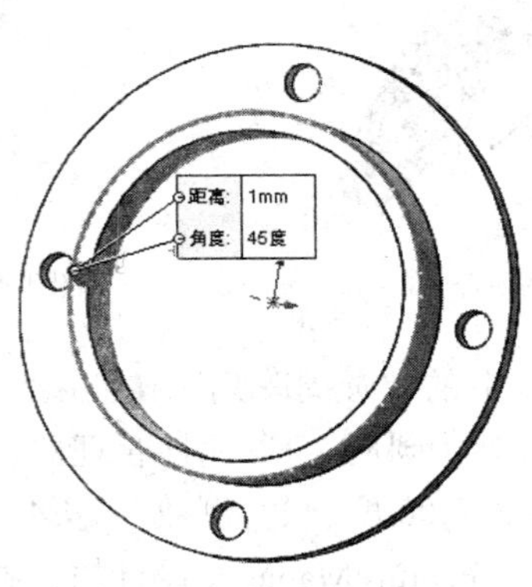

图 1-62　设置倒角参数

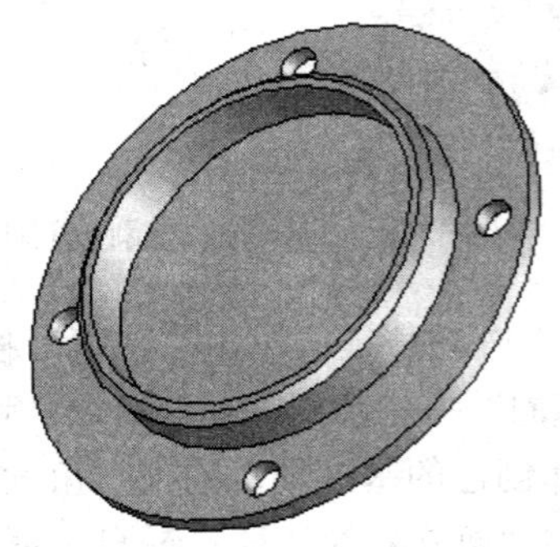

图 1-63　创建倒角特征

7. 显示剖视图

使用 SOLIDWORKS 可以随时显示模型的三维剖视图。可以利用模型的面或基准面指定剖切平面。在本例中将使用右视基准面来切割模型视图。

1）单击“视图（前导）”工具栏“视图定向”下拉菜单中的“等轴测”按钮，然后单击“带边线上色”按钮。

2）单击 FeatureManager 设计树中的“右视基准面”选项，则右视基准面高亮度显示。

3）单击“视图（前导）”工具栏中的“剖视”按钮，或选择“视图”→“显示”“剖面视图”命令。

4）在弹出的“剖面视图”属性管理器中单击“右视”按钮，将剖面基准面设置为右视，如图 1-64 所示。

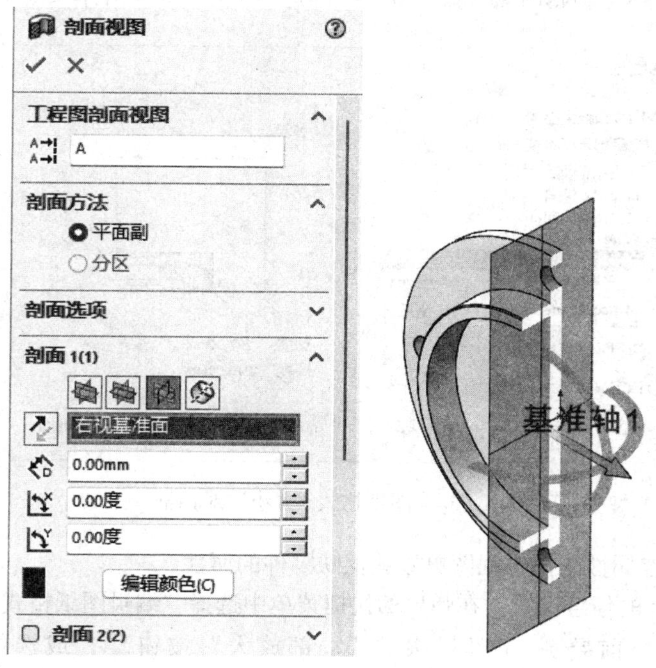

图 1-64 设置剖面视图

5）单击“确定”按钮，出现零件的剖视图，但显示的只是零件外观的被剖切面而非模型本身。如果更改视图模式、方向或缩放比例，剖面显示将保持不变。

6）单击“视图（前导）”工具栏中的“剖视”按钮，返回显示整个零件。

7）选择“文件”→“保存”命令，保存零件。

1.8.3 零件工程图的生成

SOLIDWORKS 2024 可以为设计的实体零件和装配体建立工程图。零件、装配体和工程图是互相链接的文件，对零件或装配体所做的任何更改都会导致工程图文件的相应变更。一般来说，工程图包含几个由模型建立的视图，也可以由现有的视图建立。例如，剖视图是由现有的工程图视图所生成的。

在安装软件时，可以设定工程图及模型间的单向链接关系，这样就防止了在改变模型尺寸时对工程图中的模型本身进行更改。如果要改变此选项，只有再重新安装一次软件。

1. 打开工程图模板

在这个例子中，将利用现成的工程图模板来生成零件的工程图。

1）单击快速访问工具栏上的“新建”按钮，弹出“新建 SOLIDWORKS 文件”对话框。

2）单击“工程图”图标，然后单击“确定”按钮，进入 SOLIDWORKS 主界面。

3）弹出“图纸格式 / 大小”对话框，如图 1-65 所示。选择“标准图纸大小”单选按钮，并设定图纸格式为“A4（ANSI）横向”，单击“确定”按钮，回到工程图窗口。

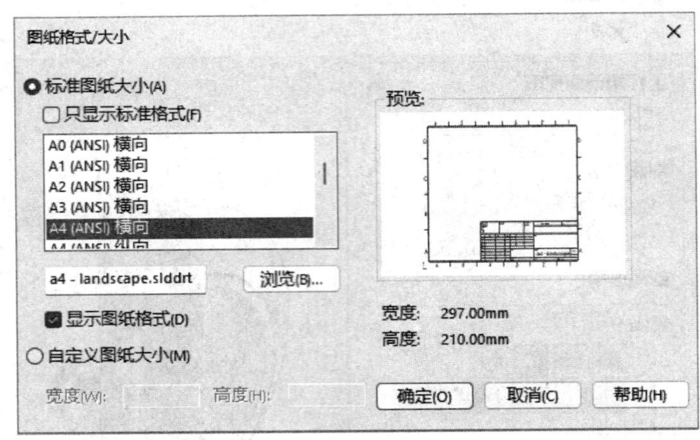

图 1-65 “图纸格式 / 大小”对话框

4）更改一些文本属性，使工程图更好地反映零件的属性。

① 右击工程图上的任意位置，在弹出的快捷菜单中选择“编辑图纸格式”命令。

② 单击“视图（前导）”工具栏中的“局部放大”按钮，或选择“视图”→“修改”→“局部放大”命令，放大右下方的标题栏。再次单击该按钮，可关闭局部放大功能。

③ 双击标题栏，打开字体工具栏，使用该工具栏可以更改文字的字体、大小或字型。

④ 在注释文字区域外单击，以保存此更改。用同样的方式可以对其他注释文字进行修改。

⑤ 如果要将此格式取代作为标准的“A4（ANSI）横向”格式，可选择菜单栏中的“文件”→“保存图纸格式”命令，弹出“保存图纸格式”对话框，如图 1-66 所示。

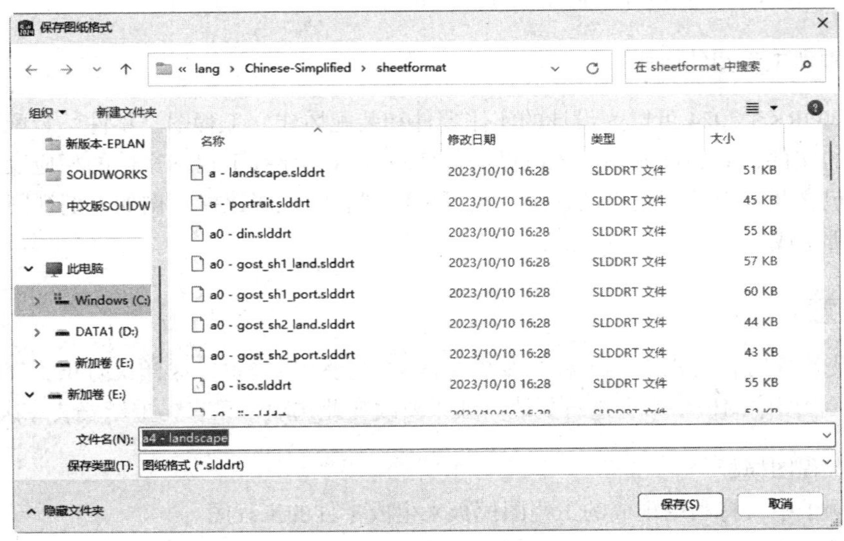

图 1-66 “保存图纸格式”对话框

⑥ 在 SOLIDWORKS 的系统文件夹 \data\ 下选择 a4-landscape.slddrt，单击“确定”按钮，从而替代系统的 A4 图纸格式。

⑦ 右击绘图区，在弹出的快捷菜单中选择“编辑图纸”命令，退出编辑图纸格式。

⑧ 单击快速访问工具栏上的“保存”按钮，弹出“另存为”对话框，将工程图保存为“大闷盖 .slddrw”。

2. 建立零件工程图

SOLIDWORKS 2024 中提供了多种生成工程图的方法。例如，用户可以直接在零件模型窗口中选择菜单栏中的“文件”→“从零件制作工程图”命令，然后自动生成工程图。这里介绍另一种常用的生成工程图方法。

1）如果零件文件“大闷盖 .sldprt”尚未打开，请将其打开。

2）选择“窗口”→“大闷盖 - 图纸 1”命令，回到工程图窗口。

3）单击“工程图”控制面板上的“标准三视图”按钮，或选择“插入”→“工程图视图”→“标准三视图”命令，此时鼠标指针变为形状。

4）选择“窗口”→“大闷盖”命令，回到零件实体图“大闷盖 .sldprt”窗口。

5）单击零件窗口的绘图区，工程图窗口再度弹出，并且显示出所选零件的工程图，如图 1-67 所示。

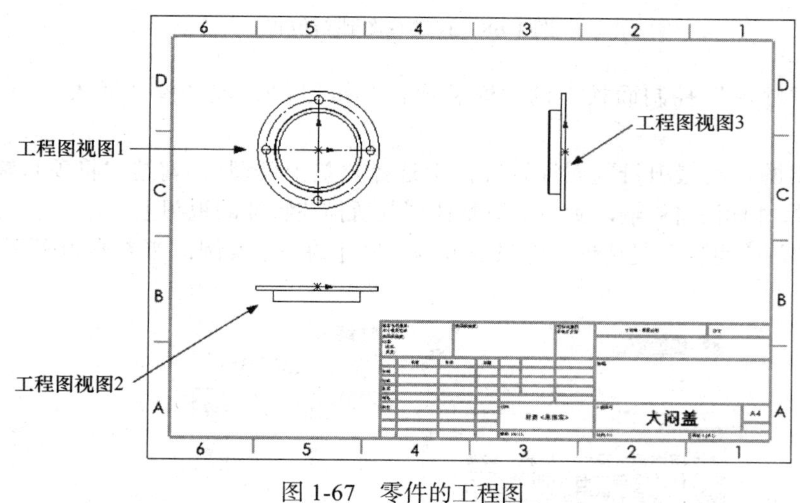

图 1-67　零件的工程图

如果要移动视图，在视图边界内单击，当鼠标指针位于边界上变为形状时，即可在所允许的方向上拖动视图。

① 单击工程图视图 2，然后上下拖动。

② 单击工程图视图 3，然后左右拖动，使工程图视图 2 和工程图视图 3 与工程图视图 1 对齐，而且只能沿一个方向移动以保持对齐。

③ 单击工程图视图 1 并向任何方向拖动，以使所有视图同时移动。

④ 将工程图上的视图移动到如图 1-68 所示的位置。

3. 添加尺寸到工程图

工程图中包含零件的二维视图，SOLIDWORKS 可以在所有工程图视图中显示指定的零件或装配体尺寸。

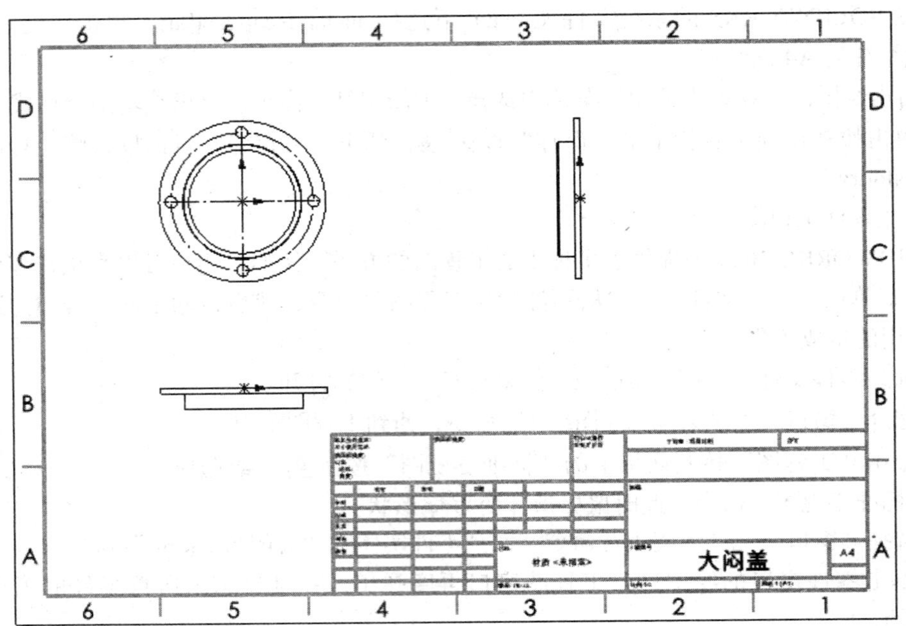

图 1-68　移动视图到新位置

1）单击“注解”控制面板上的“模型项目”按钮，或选择“插入”→“模型项目”命令。

2）在弹出的“模型项目”属性管理器中选择“整个模型”，勾选“将项目输入到所有视图”复选框，尺寸标注将被输入到最能清楚体现其所描述特征的视图上。

3）勾选“消除重复”复选框，将只输入每个尺寸的一个实例，如图 1-69 所示。

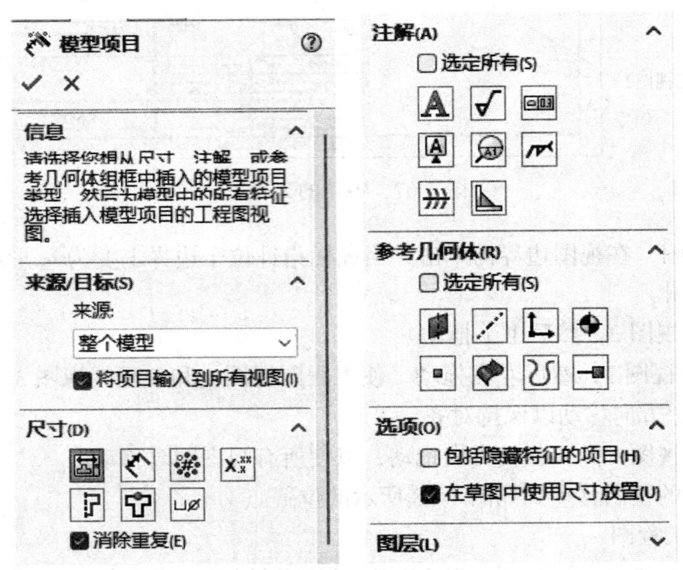

图 1-69　“模型项目”属性管理器

4）单击“确定”按钮✔，即可看到尺寸已经添加到工程图上了，如图 1-70 所示。

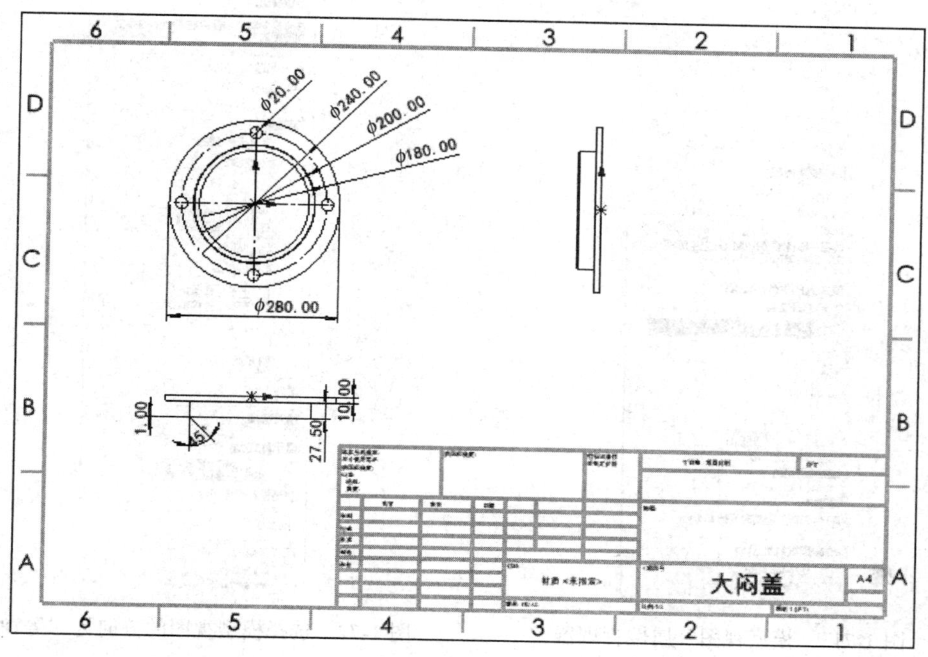

图 1-70　添加尺寸的工程图

4. 插入模型视图

SOLIDWORKS 允许在工程图中以不同的方向显示三维模型，即将模型视图添加到工程图中。可以使用以下不同方向的模型视图：

- 标准视图（前视、上视、等轴测等）。
- 在零件或装配体中自定义的视图方向。
- 零件或装配体文件中的当前视图。

下面在工程图中添加该零件的一个等轴测视图。

1）单击“工程图”控制面板上的“模型视图”按钮，或选择“插入”→“工程图视图”→“模型”命令，弹出“模型视图”属性管理器，如图 1-71 所示。鼠标指针形状表示可以选择在工程图中显示的模型。

2）在“要插入的零件 / 装配体”中可以看到要插入的零件是“大闷盖”。如果不是，可以单击“浏览”按钮，然后选择要插入的零件。

3）单击“模型视图”属性管理器中的“下一步”按钮，在“模型视图”属性管理器中的“方向”列表中选择“等轴测”以切换到等轴测视图，如图 1-72 所示。

4）单击要放置视图的位置，即可将模型视图添加到指定的位置。

5）单击快速访问工具栏中的“保存”按钮，将工程图文件保存。

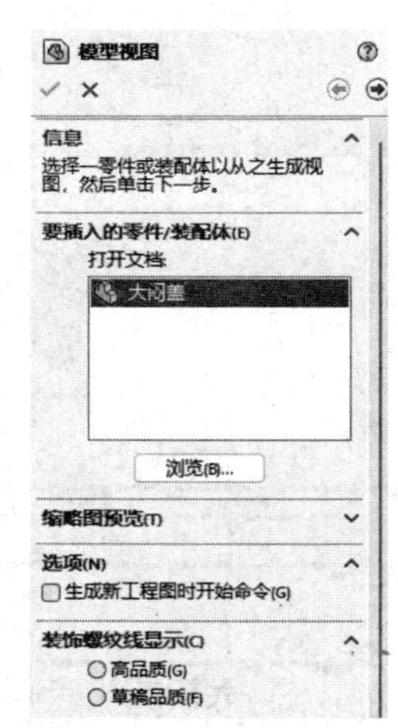

图 1-71　“模型视图”属性管理器

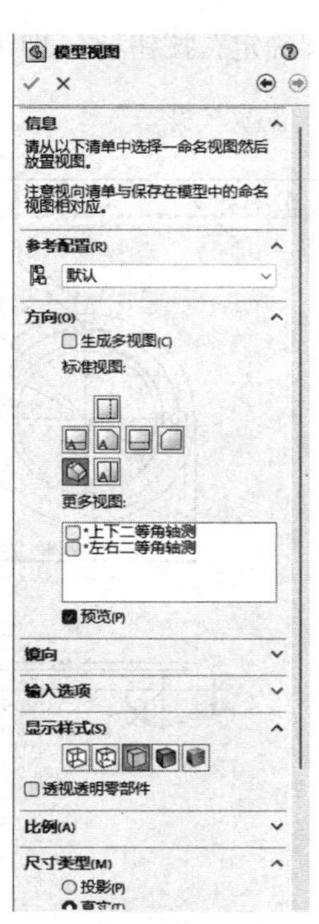

图 1-72　选择模型视图的方向为“等轴测”

1.9 思考练习

选择“工具”→“选项”命令，练习并熟悉“系统选项”对话框中“系统选项”和“文件属性”术语：顶点、面、原点、平面、轴、圆角、特征、几何关系、模型、自由度、坐标系。练习模型如图 1-73 和图 1-74 所示。

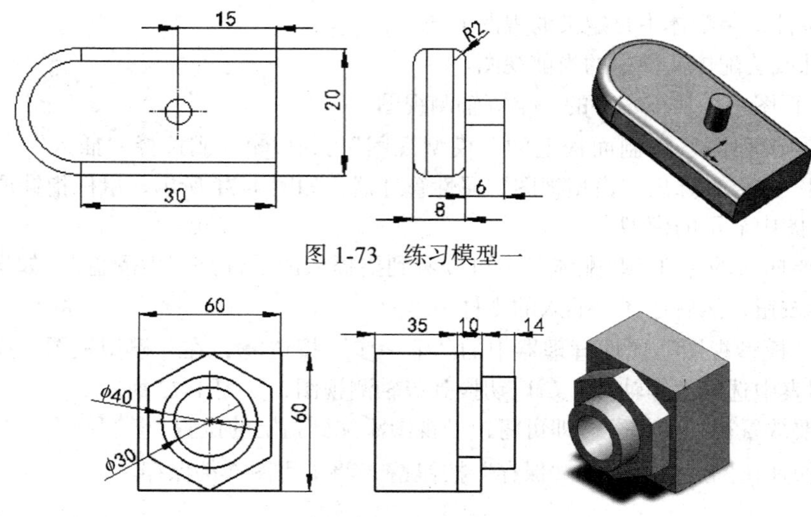

图 1-73　练习模型一

图 1-74　练习模型二

第 2 章

草图绘制

草图是一个平面轮廓，用于定义特征的截面形状、尺寸和位置等。SOLIDWORKS 中模型的创建都是从绘制草图开始的，然后生成基体特征，并在模型上添加更多的特征。因此，只有熟练地掌握草图绘制的各项功能，才能快速、高效地应用 SOLIDWORKS 进行三维建模，并对其进行后续分析。

点

- 草图的创建
- 基本图形绘制
- 智能标注
- 添加几何关系

2.1 草图的创建

草图（sketch）是一个平面轮廓，用于定义特征的截面形状、尺寸和位置。通常，SOLIDWORKS 的模型创建都是从绘制二维草图开始，然后生成基体特征，并在模型上添加更多的特征。所以，能够熟练地使用草图绘制工具绘制草图是一件非常重要的事。

此外，SOLIDWORKS 也可以生成三维草图。在三维草图中，实体存在于三维空间中，它们不与特定草图基准面相关。有关三维草图的内容将在以后的章节中介绍，本章所指的草图均为二维草图。

2.1.1 新建一个二维草图

当要生成一个新的零件或装配体时，系统会指定 3 个默认的基准面与特定的视图对应，如图 2-1 所示。默认情况下，新的草图在前视基准面上打开，也可以在上视或右视基准面上新建一个草图，操作步骤为：

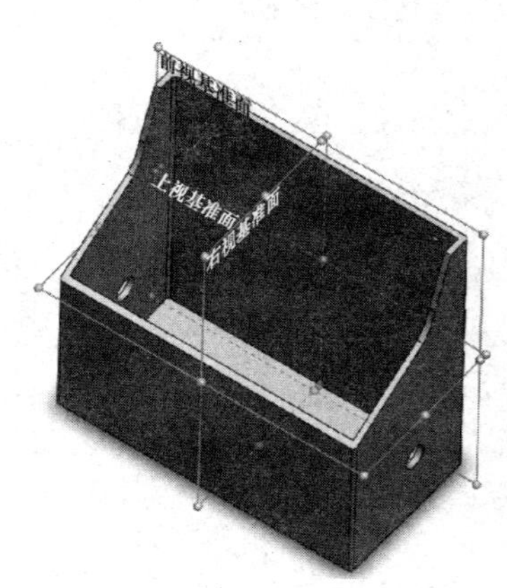

图 2-1 默认基准面与特定视图

1）在 FeatureManager 设计树上单击“前视基准面”。

2）单击“视图（前导）”工具栏中的“正视于”按钮。

3）单击“草图”控制面板上的“草图绘制”按钮。

4）进入草图绘制环境，如图 2-2 所示。此时，“草图”控制面板上的“草图绘制”按钮被激活，在绘图区右上方弹出“删除草图”图标✕，同时状态栏中显示“在编辑草图 1”。

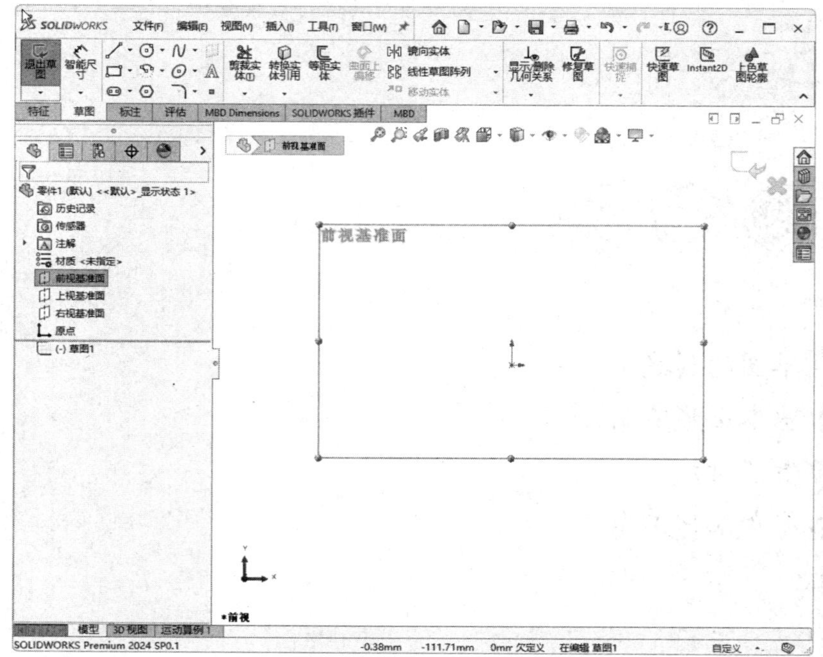

图 2-2 草图绘制环境

5）现在使用“草图”控制面板上的草图绘制工具就可以编辑草图了。

6）如果要退出草图绘制环境，单击绘图区右上方的“退出草图”图标，或者单击“草图”控制面板上的“退出草图”按钮，即可结束草图绘制。

7）如果要放弃对草图的更改，单击“删除草图”图标，在弹出的对话框（见图2-3）中单击“丢弃更改并退出”按钮，即可丢弃对草图的所有更改。

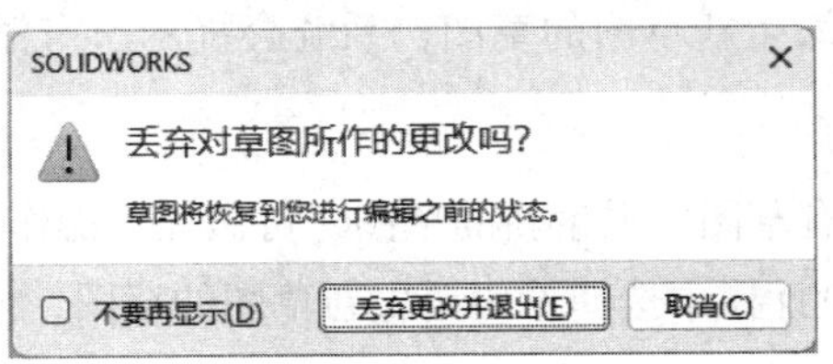

图2-3 确认丢弃草图

2.1.2 在零件的面上绘制草图

如果要在零件上生成新的特征（如凸台），就需要在放置该特征的零件表面上绘制新的草图。

1）将鼠标指针移到要在其上绘制草图的模型平面，该面的边线变成点状线，表示此面可供选取，鼠标指针变成形状，表示正在选择此面。

2）单击选取该面，该面的边线变成实线且改变颜色，表示该面已被选中。

3）单击“草图”控制面板上的“草图绘制”按钮，或选择“插入”→“草图绘制”命令。

4）如果要在另一个面上绘制草图，可退出当前草图，选择新的面并打开一张新的草图。

当草图绘制好之后，如果要更改绘制草图的基准面，可做如下操作：

1）在FeatureManager设计树上右击要更改模型平面的草图名称。

2）在弹出的快捷菜单中选择“编辑草图平面”命令，这时在弹出的“草图绘制平面”的“草图基准面/面”框中显示出基准面的名称，如图2-4所示。

3）使用选择工具选择新的基准面。

4）单击“确定”按钮，就更改了绘制草图的基准面，如图2-5所示。

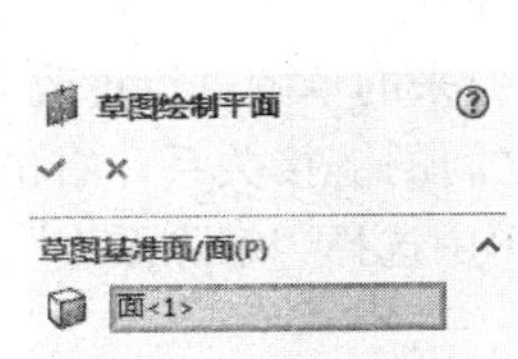

图2-4 显示基准面名称

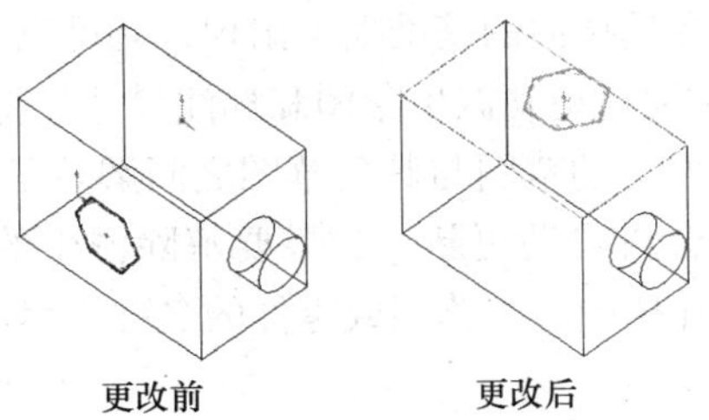

图2-5 更改绘制草图基准面前后的草图

2.1.3 从已有的草图派生新的草图

SOLIDWORKS还可以从同一零件的现有草图中派生出新的草图，或从同一装配体中的草图中派生出新的草图。从现有草图派生草图时，这两个草图将保持相同的特性。如果对原始草图做了更改，这些更改将被反映到新派生的草图中。

在派生的草图中不能添加或删除几何体，其形状总是与父草图相同，不过可以使用尺寸或几何关系对派生草图进行定位。

注意

如果要删除一个用来派生新草图的草图，系统会提示所有派生的草图将自动解除派生关系。

如果要从同一零件的现有草图中派生新的草图，可做如下操作：

1）在 FeatureManager 设计树中选择希望派生新草图的草图，或者利用选择工具选择希望派生新草图的草图。

2）按住 Ctrl 键并单击将放置新草图的面，如图 2-6 所示。

3）选择“插入”→“派生草图”命令，此时草图出现在所选面的基准面上（见图 2-7），状态栏显示“正在编辑草图”。

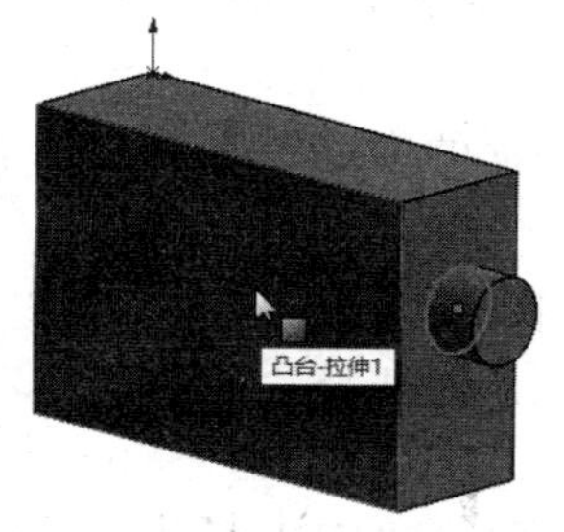

图 2-6　选择面

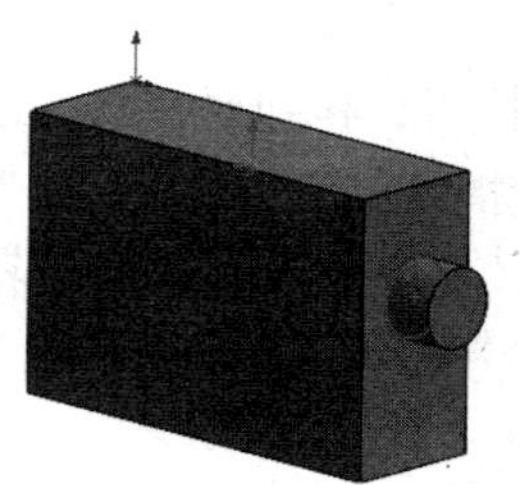

图 2-7　草图出现在基准面上

4）通过拖动派生草图和标注尺寸，将草图定位在所选的面上。

如果要从同一装配体中的草图派生新的草图，可按如下操作：

1）右击需要放置派生草图的零件，在弹出的快捷菜单中选择“编辑零件”命令。

2）利用选择工具选择希望派生新草图的草图。

3）按住 Ctrl 键并单击，将放置新草图的面。选择菜单中的“插入”→“派生草图”命令，草图即在选择面的基准面上出现，并可以开始编辑。

4）通过拖动派生草图和标注尺寸，将草图定位在所选的面上。

当派生的草图与其父草图之间解除了链接关系，则在对原来的草图进行更改之后，派生的草图不会再自动更新。如果要解除派生的草图与其父草图之间的链接关系，右击 FeatureManager 设计树中派生草图或零件的名称，然后在弹出的快捷菜单中选择“解除派生”命令即可。

2.2 基本图形绘制

在使用 SOLIDWORKS 绘制草图前，有必要先了解一下“草图”控制面板中各工具的作用。其中，选择工具是整个 SOLIDWORKS 中用途最广的工具，使用该工具可以达到以下目的：

1）选取草图实体。

2）拖动草图实体或端点以改变草图形状。

3）选择模型的边线或面。

4）拖动选框以选取多个草图实体。

2.2.1 “草图”控制面板

SOLIDWORKS 提供的草图绘制工具可方便地绘制草图实体。图 2-8 所示为“草图”控制面板。不过并非所有的草图绘制工具对应的按钮都会出现在“草图”控制面板中。

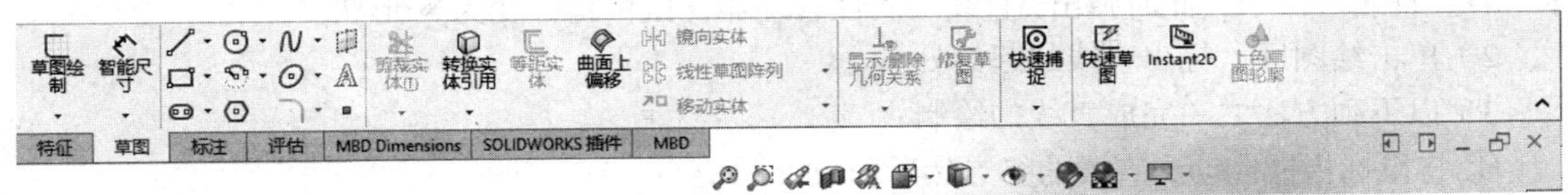

图 2-8　“草图”控制面板

如果要重新安排“草图”控制面板中的工具按钮，可做如下操作：

1）选择“工具”→“自定义”命令，弹出“自定义”对话框。

2）单击“命令”标签，选择“命令”选项卡。

3）在“工具栏”列表框中选择“草图”。

4）单击一个按钮，即可查看“说明”列表框内对该按钮的说明，如图 2-9 所示。

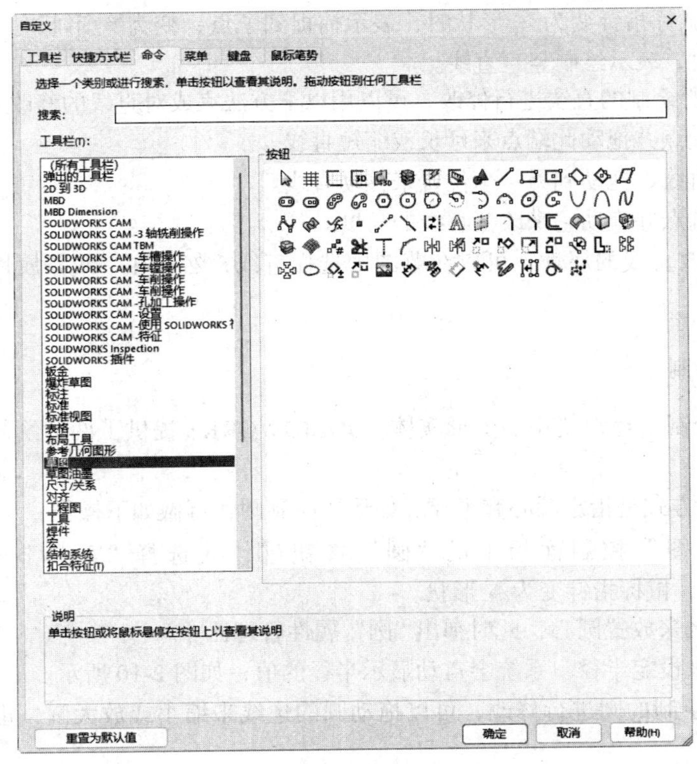

图 2-9　对按钮的说明

5）在该对话框内单击要使用的图标按钮，将其拖动放置到“草图”控制面板中。

6）如果要删除控制面板上的按钮，只要单击并将其从控制面板拖动放回按钮区域中即可。

7）更改结束后，单击“确定”按钮。

2.2.2 直线的绘制

在所有的图形实体中，直线是最基本的图形实体。如果要绘制一条直线，可做如下操作：

1）单击“草图”控制面板上的“直线”按钮，或选择“工具”→“草图绘制实体”→“直线”命令，此时弹出“直线”属性管理器，鼠标指针变为形状。

2）单击绘图区，标出直线的起始处。

3）以下列方法之一完成直线的绘制：

① 将鼠标指针拖动到直线的终点然后释放。

② 释放鼠标，将鼠标指针移动到直线的终点，再次单击。

注意

在二维草图绘制中有两种模式：单击 - 拖动或单击 - 单击。SOLIDWORKS 根据用户的提示来确定模式。

1）如果单击第一个点并拖动，则进入单击 - 拖动模式。

2）如果单击第一个点并释放鼠标，则进入单击 - 单击模式。

4）注意，当鼠标指针变为形状时，表示捕捉到了点；变为形状时，表示绘制水平直线；变为形状时，表示绘制竖直直线。

5）如果要对所绘制的直线进行修改，可以用以下方法完成对直线的修改。

① 选择一个端点并拖动此端点来延长或缩短直线。

② 选择整个直线，拖动到另一个位置来移动直线。

③ 选择一个端点并拖动它来改变直线的角度。

6）如果要修改直线的属性，可以在草图中选择直线，然后在“线条属性”属性管理器中编辑其属性。

2.2.3 圆的绘制

圆也是草图绘制中经常使用的图形实体。SOLIDWORKS 提供了两种绘制圆的方法，即圆和周边圆。

创建圆的默认方式是指定圆心和半径。如果要绘制圆，可做如下操作：

1）单击“草图”控制面板上的“圆”按钮，或选择“工具”→“草图绘制实体”→“圆”命令，鼠标指针变为形状。

2）单击绘图区来放置圆心，此时弹出“圆”属性管理器。

3）拖动鼠标来设定半径，系统会自动显示半径的值，如图 2-10 所示。

4）如果要对绘制的圆进行修改，可以拖动圆的边线来缩小或放大圆，也可以拖动圆的中心来移动圆。

5）如果要修改圆的属性，可以在草图中选择圆，然后在“圆”属性管理器中编辑其属性。

周边圆是通过三点来生成圆，操作步骤如下：

1）单击“周边圆”按钮，或选择“工具”→“草图绘制实体”→“周边圆”命令，鼠标指针变为形状。

2）单击圆的起点位置，弹出“圆”属性管理器。

3）拖动鼠标，单击选择圆的第二点位置。

4）拖动鼠标，单击选择圆的第三点位置，确定圆的大小。

5）在“圆”属性管理器中进行必要的更改，然后单击“确定”按钮，绘制周边圆，如图 2-11 所示。

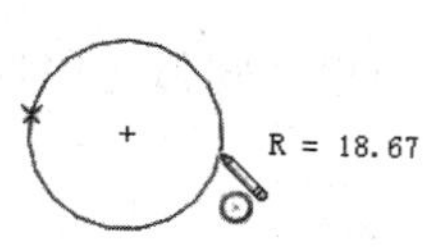

图 2-10 绘制圆

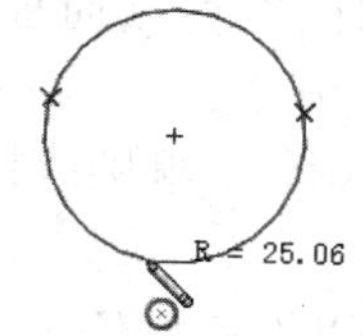

图 2-11 绘制周边圆

2.2.4 圆弧的绘制

圆弧是圆的一部分，SOLIDWORKS 提供了 3 种绘制圆弧的方法：圆心 / 起点 / 终点画弧、三点画弧、切线画弧。

首先介绍圆心 / 起点 / 终点画弧，即由圆心、圆弧起点、圆弧终点所决定的圆弧的绘制方法：

1）单击“草图”控制面板中的“圆心 / 起点 / 终点画弧”按钮，或选择“工具”→“草图绘制实体”→“圆心 / 起点 / 终点画弧”命令，此时鼠标指针变为形状。

2）在绘图区单击，确定放置圆弧圆心的位置，弹出“圆弧”属性管理器。

3）按住鼠标并拖动到希望放置圆弧开始点的位置。

4）释放鼠标，圆周参考线会继续显示。

5）拖动鼠标以设定圆弧的长度和方向。

6）释放鼠标。

7）如果要修改绘制好的圆弧，选择圆弧后在“圆弧”属性管理器中编辑其属性即可。

三点画弧是通过指定 3 个点（起点、终点及中点）来生成圆弧：

1）单击“草图”控制面板上的“3 点圆弧”按钮，或选择“工具”→“草图绘制实体”→“三点画弧”命令，此时鼠标指针变为形状。

2）单击圆弧的起点位置，弹出“圆弧”属性管理器。

3）拖动鼠标到圆弧结束的位置。

4）单击，放置圆弧终点。

5）拖动鼠标以设置圆弧的半径，必要的话可以反转圆弧的方向。

6）单击，放置圆弧中点。

7）在“圆弧”属性管理器中进行必要的变更，单击“确定”按钮即可，如图 2-12 所示。

切线画弧是指生成一条与草图实体相切的弧线。可以用两种方法生成切线弧，即“切线弧”工具和自动过渡方法。

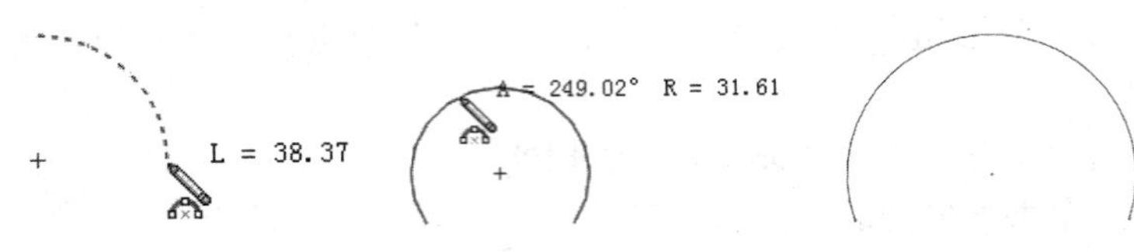

图 2-12 三点画弧

使用“切线弧”工具生成切线弧的操作如下：

1）单击“草图”控制面板上的“切线弧”按钮，或选择“工具”→“草图绘制实体”→“切线弧”命令。

2）在直线、圆弧、椭圆或样条曲线的端点处单击，此时弹出“圆弧”属性管理器，鼠标指针变为形状。

3）拖动圆弧以绘制所需的形状，如图 2-13 所示。

4）单击，在绘图区的合适位置放置圆弧终点。

注意

SOLIDWORKS 从鼠标指针的移动中可推理出是想要切线弧还是法线弧，在 4 个目的区域可生成如图 2-14 所示的 8 种可能结果。沿相切方向移动将生成切线弧，沿垂直方向移动将生成法线弧。可通过先返回到端点，然后向新的方向移动来实现在切线弧和法线弧之间的切换。

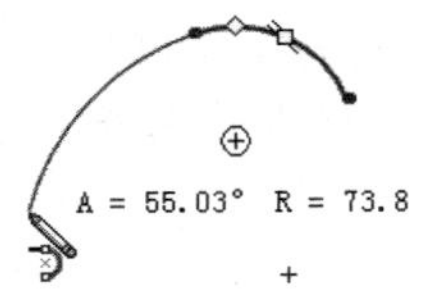

图 2-13 绘制切线弧

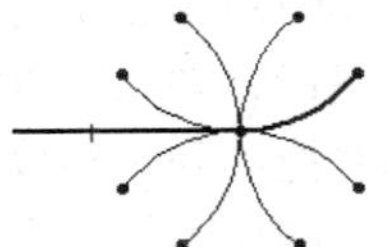

图 2-14 8 种可能的结果

此外，还可通过自动过渡的方法绘制切线弧，操作步骤如下：

1）单击“草图”控制面板上的“直线”按钮，或选择“工具”→“草图绘制实体”→“直线”命令，此时鼠标指针变为形状。

2）在直线、圆弧、椭圆或样条曲线的端点处单击，然后将鼠标指针移开，预览显示将生成一条直线。

3）将鼠标指针移回到终点，然后再移开，预览则会显示生成一条切线弧。

4）单击以放置圆弧。

说明

如果想要在直线和圆弧之间切换而不回到直线、圆弧、椭圆或样条曲线的端点处，按 A 键即可。

2.2.5 矩形的绘制

1."边角矩形"命令画矩形

矩形的4条边是单独的直线，可以分别对其进行编辑（如剪切、删除等）。可做如下操作：

1）单击"草图"控制面板上的"边角矩形"按钮，或选择"工具"→"草图绘制实体"→"边角矩形"命令，此时鼠标指针变为形状。

2）在绘图区单击，确定要绘制的矩形的一个角的位置。

3）拖动鼠标，调整好矩形的大小和形状后再释放鼠标。在拖动鼠标时矩形的尺寸会动态地显示，如图2-15所示。

2."中心矩形"命令画矩形

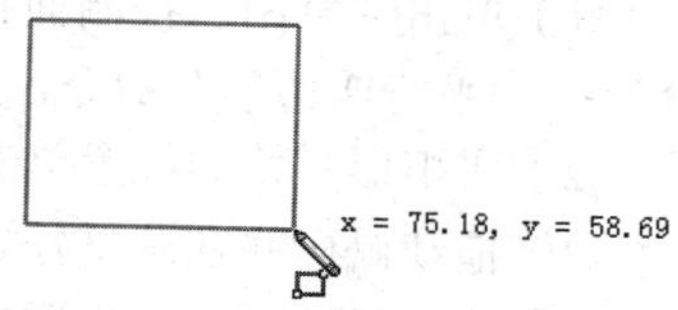

图2-15 绘制矩形

"中心矩形"命令是通过指定矩形的中心与右上的端点来确定矩形的中心和4条边线。操作步骤如下：

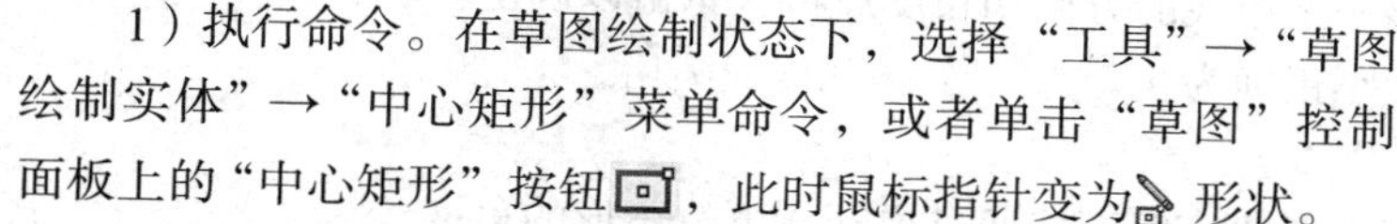

1）执行命令。在草图绘制状态下，选择"工具"→"草图绘制实体"→"中心矩形"菜单命令，或者单击"草图"控制面板上的"中心矩形"按钮，此时鼠标指针变为形状。

2）绘制矩形中心点。在绘图区单击，确定矩形的中心点。

3）绘制矩形的一个角点。移动鼠标，单击确定矩形的一个角点，矩形绘制完毕。

3."3点边角矩形"命令画矩形

"3点边角矩形"命令是通过指定3个点来确定矩形，前面两个点用来定义角度和一条边，第三点用来确定另一条边。操作步骤如下：

1）执行命令。在草图绘制状态下，选择"工具"→"草图绘制实体"→"3点边角矩形"菜单命令，或者单击"草图"控制面板上的"3点边角矩形"按钮，此时鼠标指针变为形状。

2）绘制矩形边角点。在绘图区单击，确定矩形的边角点1。

3）绘制矩形的另一个边角点。移动鼠标，单击确定矩形的另一个边角点2。

4）绘制矩形的第三个边角点。继续移动鼠标，单击确定矩形的第三个边角点3，矩形绘制完毕。

4."3点中心矩形"命令画矩形

"3点中心矩形"命令是通过指定三个点来确定矩形。操作步骤如下：

1）执行命令。在草图绘制状态下，选择"工具"→"草图绘制实体"→"3点中心矩形"菜单命令，或者单击"草图"控制面板上的"3点中心矩形"按钮，此时鼠标指针变为形状。

2）绘制矩形中心点。在绘图区域单击，确定矩形的中心点。

3）设定矩形一条边的一半长度。移动鼠标，单击确定矩形一条边线的一半长度的一个点。

4）绘制矩形的一个角点。移动鼠标，单击确定矩形的一个角点，矩形绘制完毕。

2.2.6 平行四边形的绘制

平行四边形既可以生成平行四边形，也可以生成边线与草图网格线不平行或不垂直的矩形。可做如下操作：

1）单击“草图”控制面板上的“平行四边形”按钮，或选择“工具”→“草图绘制实体”→“平行四边形”命令，这时鼠标指针变为形状。

2）在平行四边形开始的位置单击。

3）拖动鼠标，并在调整好平行四边形一条边线的方向和长度后再次单击以确定。

4）拖动鼠标，直至平行四边形的大小和形状正确为止。

5）单击，结束此次操作。

6）拖动平行四边形的一个角可改变其形状。

如果要以一定的角度绘制矩形，可按如下操作：

1）单击“草图”控制面板上的“平行四边形”按钮，或选择“工具”→“草图绘制实体”→“平行四边形”命令，这时鼠标指针变为形状。

2）在矩形开始的位置单击。

3）拖动鼠标并在调整好矩形一条边线的方向和长度后再次单击以确定。

4）拖动鼠标，直至矩形的大小正确为止。

5）单击，以结束此次操作。

6）拖动矩形的一个角可改变其形状，但不能通过拖动来更改矩形的角度。

2.2.7 多边形的绘制

多边形是由最少 3 条边、最多 40 条长度相等的边组成的封闭线段。绘制多边形的方式是指定多边形的中心，以及对应该多边形的内切圆或外接圆的直径。绘制一个多边形可做如下操作：

1）单击“草图”控制面板上的“多边形”按钮，或选择“工具”→“草图绘制实体”→“多边形”命令，这时鼠标指针变为形状。

2）弹出“多边形”属性管理器，如图 2-16 所示。

3）在“参数”栏中设置多边形的属性。其中，

“边数”文本框：用于指定多边形的边数。

“坐标”文本框：用于指定多边形中心的 X 坐标。

“坐标”文本框：用于指定多边形中心的 Y 坐标。

“直径”文本框：用于指定多边形的内切圆或外接圆的直径。该选项取决于是选择内切圆还是外接圆。

“角度”：用于指定多边形旋转的角度。

“新多边形”按钮：单击该按钮，将在关闭属性管理器之前生成另一个多边形。

4）可以在设置好属性后单击“确定”按钮，完成多边形的绘制。

5）也可以在多边形的中心位置单击。

6）拖动鼠标，根据显示的多边形半径和角度，调整好大小和方向，如图 2-17 所示。

7）单击，确定多边形。

2.2.8 椭圆和椭圆弧的绘制

在几何学中，一个椭圆是由两个轴和一个中心点定义的，椭圆的形状和位置由中心点、长轴、短轴 3 个因素决定。椭圆轴决定了椭圆的方向，中心点决定了椭圆的位置。

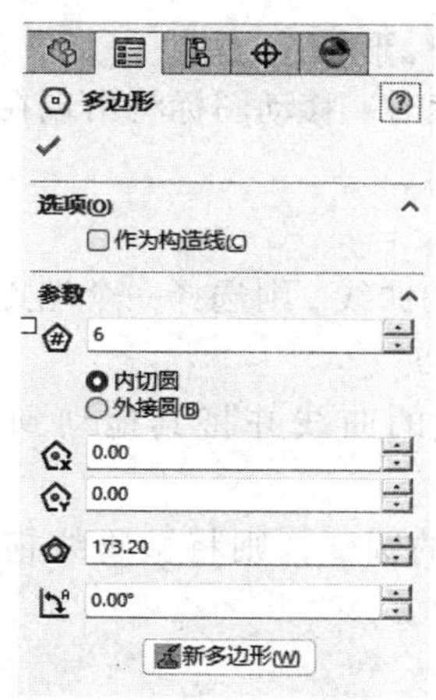

图 2-16 “多边形”属性管理器

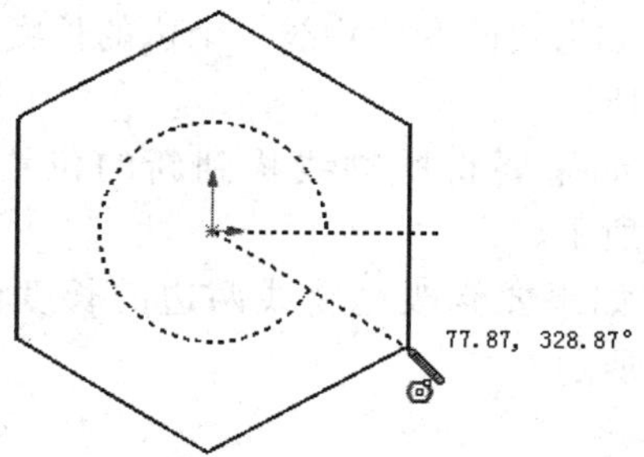

图 2-17 绘制多边形

1）单击“草图”控制面板上的“椭圆”按钮，或选择“工具”→“草图绘制实体”→“椭圆”命令，此时鼠标指针变为形状。

2）在放置椭圆中心点的位置单击。

3）拖动鼠标并再次单击，以设定椭圆的长轴。

4）拖动鼠标并再次单击，以设定椭圆的短轴。

椭圆弧是椭圆的一部分，如同由圆心、圆弧起点和圆弧终点生成圆弧一样，也可以由中心点、椭圆弧起点和椭圆弧终点生成椭圆弧。

1）单击“草图”控制面板上的“部分椭圆”按钮，或选择“工具”→“草图绘制实体”→“部分椭圆”命令，此时鼠标指针变为形状。

2）在绘图区单击，以确定放置椭圆的中心点。

3）拖动鼠标并单击，以定义出椭圆的一个轴。

4）拖动鼠标并单击，以定义出椭圆的第二个轴，同时定义了椭圆弧的起点。

5）保留圆周引导线，绕圆周拖动鼠标来定义椭圆的范围，如图 2-18 所示。

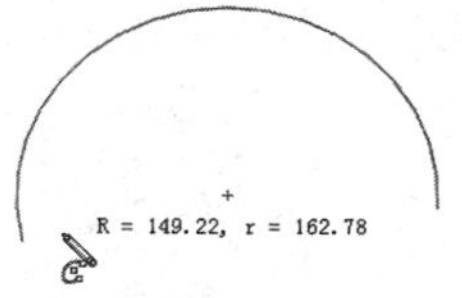

图 2-18 绘制椭圆弧

2.2.9 抛物线的绘制

要绘制一条抛物线，可按如下操作：

1）单击“草图”控制面板上的“抛物线”按钮，或选择“工具”→“草图绘制实体”→“抛物线”命令，鼠标指针变为形状。

2）单击，以确定放置抛物线的焦点，然后拖动鼠标以放大抛物线。

3）选择抛物线，弹出“抛物线”属性管理器。

4）单击抛物线并拖动，以定义曲线的范围。

要修改抛物线，可做如下操作：

1）当鼠标指针位于抛物线上时会变成形状。

2）选择一抛物线，此时弹出“抛物线”属性管理器。

3）拖动顶点以形成曲线。当选择顶点时鼠标指针变成形状。

① 如果要展开曲线，则将顶点拖离焦点。在拖动顶点时，移动图标将出现在鼠标指针旁边，如图 2-19 所示。

② 如果要制作更尖锐的曲线，则将顶点拖向焦点。

③ 如果要改变抛物线一个边的长度而不修改抛物线的曲线，则选择一个端点并拖动，如图 2-20 所示。

④ 如果要将抛物线移到新的位置，则选择抛物线的曲线并将其拖动到新位置，如图 2-21 所示。

⑤ 如果要修改抛物线两边的长度而不改变抛物线的圆弧，则将抛物线拖离端点，如图 2-22 所示。

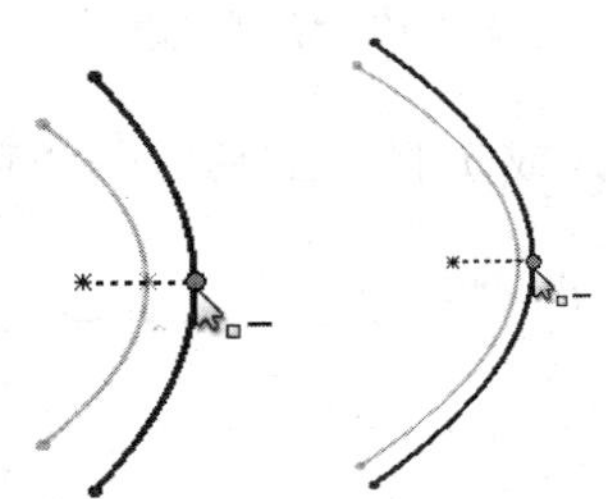

图 2-19　拖动顶点以展开抛物线

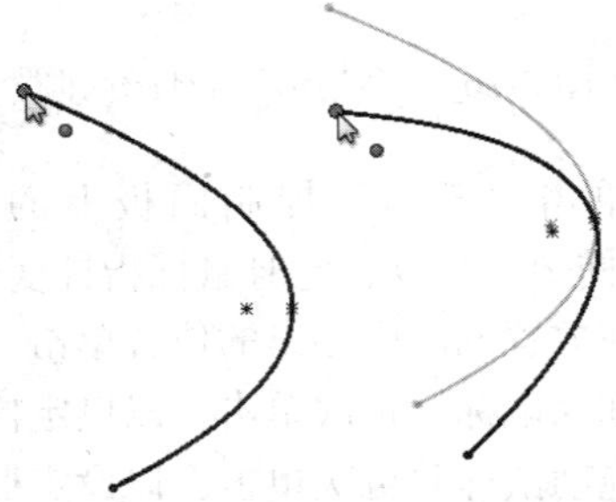

图 2-20　拖动端点来延长抛物线

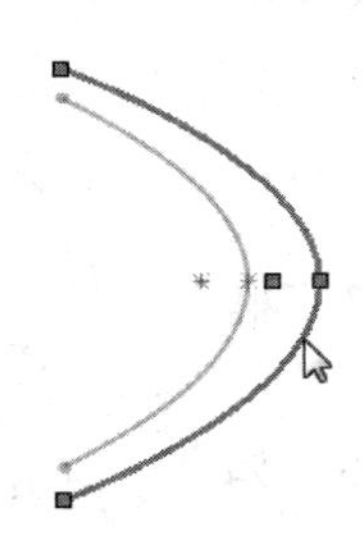

图 2-21　移动抛物线

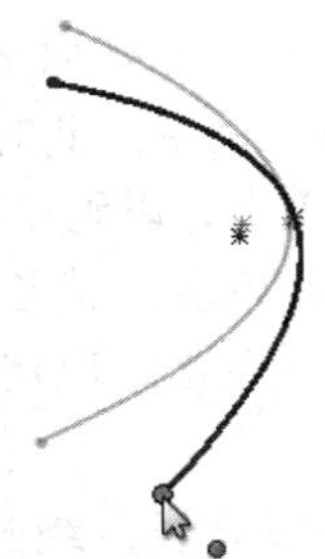

图 2-22　修改抛物线两边的长度

4）要修改抛物线属性，只需在草图中选择抛物线后在“抛物线”属性管理器中编辑其属性即可。

2.2.10　样条曲线的绘制

样条曲线是由一组点定义的光滑曲线。样条曲线经常用于精确地表示对象的造型。SOLIDWORKS 也可以生成样条曲线，最少只需两个点就可以绘制一条样条曲线，还可以在其端点指定相切的几何关系。

绘制样条曲线，可做如下操作：

1）单击“草图”控制面板上的“样条曲线”按钮，或选择“工具”→“草图绘制实体”→“样条曲线”命令，这时鼠标指针变为形状。

2）单击，以确定放置样条曲线的第一个点，然后拖动鼠标出现第一段。此时，弹出“样条曲线”属性管理器。

3）单击终点，然后拖动鼠标出现第二段。

4）重复以上步骤，直到完成样条曲线的绘制。

如果要改变样条曲线的形状，可做如下操作：

1）选择样条曲线，此时控标出现在样条曲线上，如图 2-23 所示。

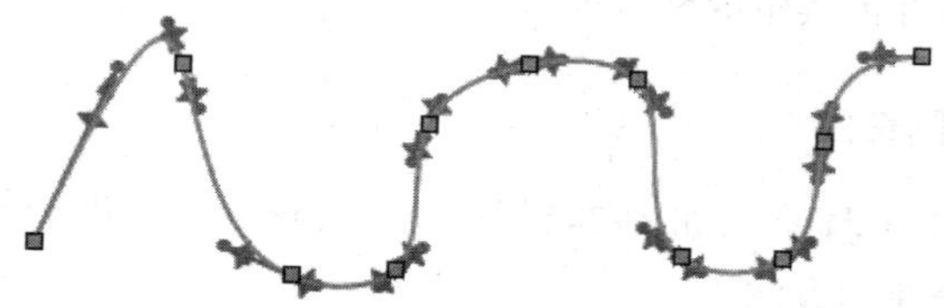

图 2-23　样条曲线上的控标

2）可以使用以下方法修改样条曲线：

① 拖动控标来改变样条曲线的形状。

② 添加或移除通过样条曲线的点来帮助改变样条曲线的形状。

③ 右击样条曲线，在弹出的快捷菜单中选择“插入样条曲线型值点”命令，此时鼠标指针变为形状。在样条曲线上单击一个或多个需插入点的位置。要删除曲线型值点，只要选中它后按 Delete 键即可。用户既可以通过拖动曲线型值点来改变曲线形状，也可以通过型值点进行智能标注或添加几何关系来改变曲线形状。

④ 右击样条曲线，在弹出的快捷菜单中选择“显示控制多边形”命令。通过移动或旋转方框操纵样条曲线的形状，如图 2-24 所示。

⑤ 右击样条曲线，在弹出的快捷菜单中选择“简化样条曲线”命令。在弹出的“简化样条曲线”对话框（见图 2-25）中对样条曲线进行平滑处理。SOLIDWORKS 2024 将调整公差并计算生成点数更少的新曲线。“样条曲线型值点数”在“在原曲线中”和“在简化曲线中”框中显示，“公差”在“公差”框中显示。原始样条曲线显示在绘图区中，并给出平滑曲线的预览。简化样条曲线可提高包含复杂样条曲线的模型的性能。

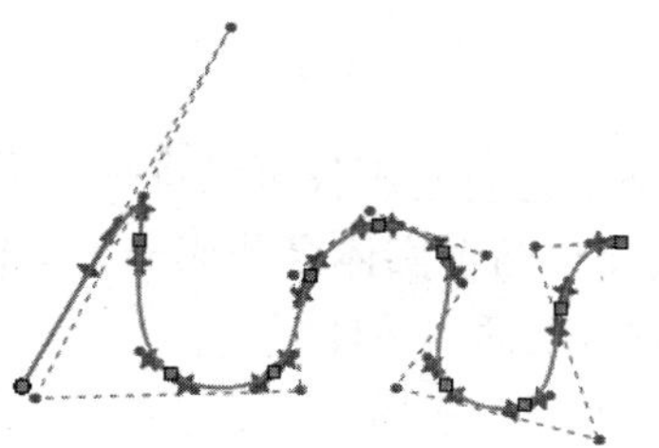

图 2-24　操纵样条曲线的形状

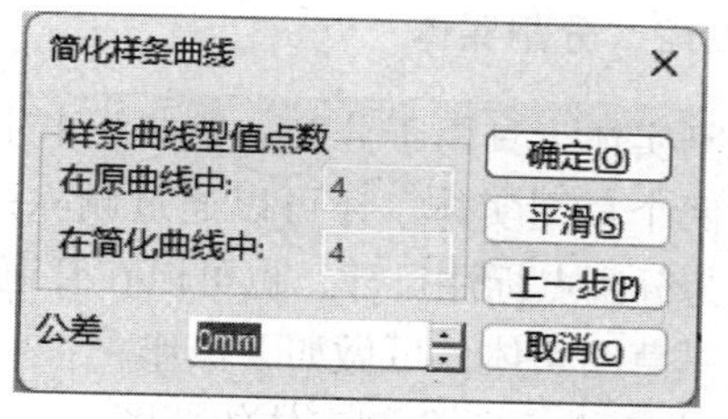

图 2-25　“简化样条曲线”对话框

注意

移动方框可用于在 SOLIDWORKS 中生成的可以调整的样条曲线，不能用于输入的或转换的样条曲线。

注意

如果有必要，可单击“上一步”按钮返回到上一步。可多次单击，直至返回原始曲线。

3）单击“简化样条曲线”对话框中的“平滑”按钮，当将样条曲线简化到两个点时，该样条曲线将与所连接的直线或曲线相切。

除了绘制的样条曲线，SOLIDWORKS 2024 还可以通过输入和使用转换实体引用、等距实体、交叉曲线和面部曲线等工具生成样条曲线。

2.2.11 实例——挡圈草图

本案例利用草图绘制工具绘制如图 2-26 所示的挡圈草图，进一步介绍草图绘制工具的综合使用方法。

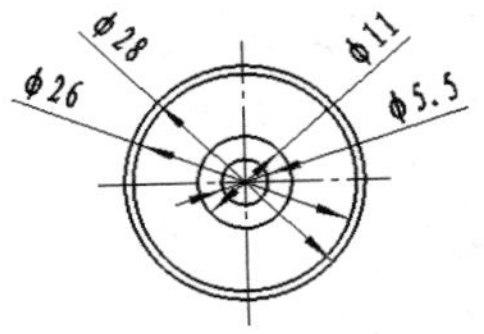

本案例视频内容：“X:\动画演示\第 2 章\上机操作\挡圈草图.mp4”。

φ28 φ11 φ26 φ5.5

图 2-26 挡圈草图

1. 新建文件

启动 SOLIDWORKS 2024，单击快速访问工具栏中的“新建”按钮，在弹出的“新建 SOLIDWORKS 文件”对话框中单击“零件”按钮，然后单击“确定”按钮，创建一个新的零件文件。

2. 创建基准面

在 FeatureManager 设计树中选择“前视基准面”作为绘图基准面。单击“草图”控制面板上的“草图绘制”按钮，进入草图绘制环境。

3. 绘制中心线

单击“草图”控制面板上的“中心线”按钮，绘制竖直和水平中心线，如图 2-27 所示。

图 2-27 绘制中心线

4. 绘制圆

单击“草图”控制面板上的“圆”按钮，以原点为圆心绘制 4 个同心圆。

5. 智能标注

单击“草图”控制面板上的“智能尺寸”按钮，标注尺寸，如图 2-26 所示。

2.2.12 分割实体

分割实体工具用于分割一条曲线来生成两个草图实体。通过它不仅可以将一个草图实体分割生成两个草图实体，还可以通过删除一个分割点，从而将两个实体合并成一个实体。此外，还可以为分割点标注尺寸，也可以在管道装配体中的分割点处插入零件。

分割草图实体，可做如下操作：

1）打开包含需分割实体的草图。

2）单击“草图”控制面板上的“分割实体”按钮，或选择“工具”→“草图工具”→“分割实体”命令。

3）当鼠标指针位于可以被分割的草图实体时，单击草图实体上的分割位置，该草图即被分割成两个实体，并且在这两个实体之间会添加一个分割点。

4）要将两个被分割的草图实体合并成一个实体，只要单击分割点，然后按 Delete 键即可。

2.2.13 在模型面上插入文字

SOLIDWORKS 可以在一个零件上通过拉伸凸台或切除生成文字。

在模型的面上插入文字，可做如下操作：

1）单击需插入文字的模型面，打开一张新草图。

2）单击“草图”控制面板上的“文本”按钮，或选择“工具”→“草图绘制实体”→“文本”命令，这时弹出“草图文字”属性管理器，如图 2-28 所示。

3）在模型面上单击，确定文字开始的位置。

4）在“草图文字”属性管理器中的“文字”文本框中输入要插入的文字。

5）如果要选择字体的样式及大小，则取消“使用文档字体”复选框，然后单击“字体”按钮，打开“选择字体”对话框，如图 2-29 所示。在其中可指定字体的样式和大小，单击“确定”按钮，关闭该对话框。

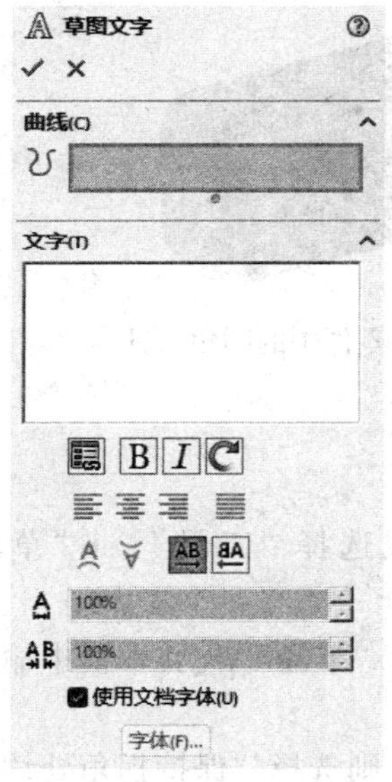

图 2-28 “草图文字”属性管理器

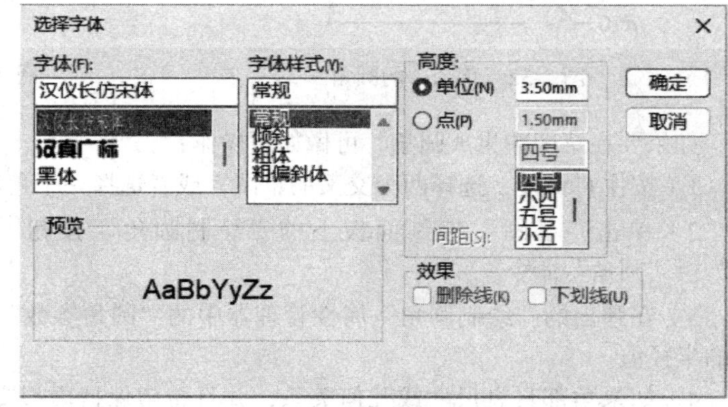

图 2-29 “选择字体”对话框

6）在“草图文字”属性管理器中的“宽度因”文本框中指定文字的放大或缩小比例。

7）修改好文字，单击“确定”按钮。

8）如果要改变文字的位置或方向，可采用以下方法中的一种。

① 用鼠标指针拖动文字。

② 通过在文字草图中为文字定位点标注尺寸或添加几何关系定位文字。

9）要拉伸文字，单击“特征”控制面板上的“拉伸凸台 / 基体”按钮，或选择“插入”→“凸台 / 基体”→“拉伸”命令，通过“凸台 - 拉伸”属性管理器来设置拉伸特征。图 2-30 所示为拉伸文字的效果。

10）要切除文字，单击“特征”控制面板上的“拉伸切除”按钮，或选择“插入”→“切除”→“拉伸”命令，通过“切除 - 拉伸”属性管理器来设置拉伸特征。图 2-31 所示为切除文字的效果。

图 2-30　拉伸文字效果

图 2-31　切除文字效果

2.2.14　圆角的绘制

圆角工具用于在两个草图实体的交叉处生成一个切线弧，并且剪裁掉角部，如图 2-32 所示。圆角工具可以在二维和三维草图绘制中使用。“特征”控制面板上的圆角工具是用来对零件中的圆角进行处理的，如图 2-33 所示，并非草图绘制中的圆角概念。

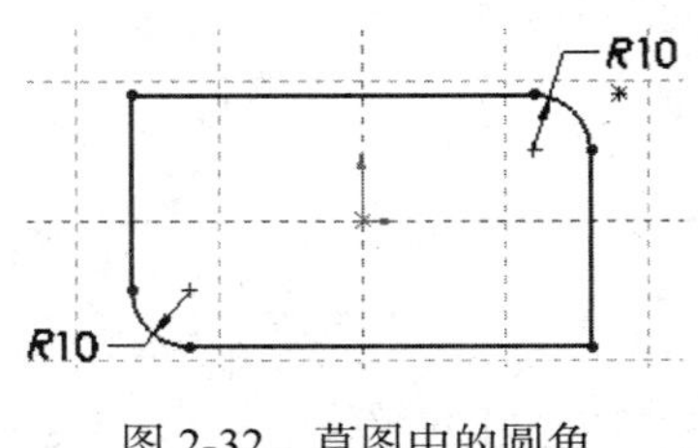

图 2-32　草图中的圆角

图 2-33　零件中的圆角特征

如果要在草图中生成圆角，可做如下操作：

1）按住 Ctrl 键，选择两个交叉的草图，或者选择一个角部。

2）单击“草图”控制面板上的“绘制圆角”按钮，或选择“工具”→“草图工具”→“圆角”命令。

3）在弹出的“绘制圆角”属性管理器中的“圆角参数”栏的“半径”文本框中输入圆角的半径值。

4）如果角部具有尺寸或几何关系，并且希望保持虚拟交点，则选择“保持拐角处约束条件”复选框。

5）单击“确定”按钮，草图即被圆角处理。

注意

如果选择了没有被标注的非交叉实体，则所选实体将首先被延伸，然后生成圆角。

2.2.15　倒角的绘制

倒角工具用于在二维和三维草图中对相邻的草图实体进行倒角处理。倒角的形状和位置由“角度距离”或“距离 - 距离”指定。

如果要绘制倒角，可做如下操作：

1）按住 Ctrl 键，选择要做倒角的两个草图实体。

2）单击“草图”控制面板上的“绘制倒角”按钮，或选择“工具”→“草图工具”→“倒角”命令。

3）此时弹出“绘制倒角”属性管理器，如图 2-34 所示。

4）在“倒角参数”栏选择倒角的类型。图 2-34 中的两个单选按钮对应两种倒角类型，如图 2-35 所示。

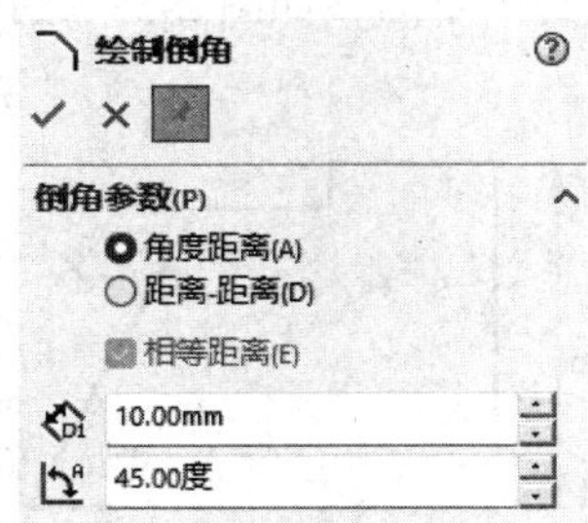

图 2-34　“绘制倒角”属性管理器

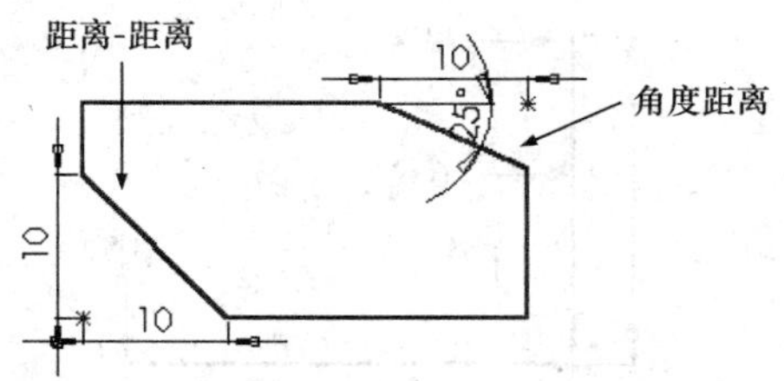

图 2-35　两种倒角类型

“角度距离”：在“角度”和“距离”文本框中输入角度和距离值，从而生成倒角。

“距离 - 距离”：如果选择了“相等距离”复选框，则将指定相同的倒角距离。否则，必须分别指定两个距离。

5）单击“确定”按钮，完成倒角的绘制。

2.2.16　实例——角铁草图

利用草图绘制工具绘制如图 2-36 所示的角铁草图。

本案例视频内容：“X：\动画演示\第 2 章\角铁草图 .mp4”。

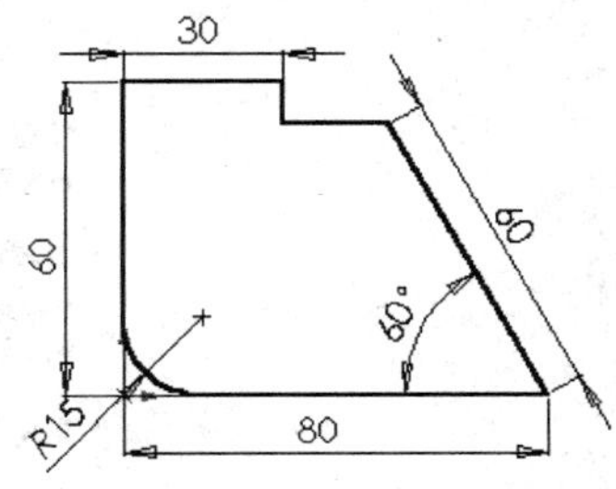

图 2-36　角铁草图

1. 建立新的零件文件

启动 SOLIDWORKS 2024，单击快速访问工具栏中的“新建”按钮，在弹出的“新建 SOLIDWORKS 文件”对话框中单击“零件”按钮，然后单击“确定”按钮，创建一个新的零件文件。

2. 创建基准面

在 FeatureManager 设计树中选择“前视基准面”，单击“草图”控制面板上的“草图绘制”按钮，进入草图绘制环境。

3. 绘制草图

1）单击“草图”控制面板上的“直线”按钮，或选择“工具”→“草图绘制实体”→“直线”命令，绘制一条通过原点的竖直线和一条通过原点的水平线。

2）单击“草图”控制面板上的“智能尺寸”按钮，标注直线尺寸，如图 2-37 所示。

3）单击“草图”控制面板上的“直线”按钮，移动鼠标指针到端点 1 处，当鼠标指针变为形状时表示已捕捉到端点。

4）利用鼠标指针形状与几何关系的对应变化关系绘制封闭草图，如图 2-38 所示。

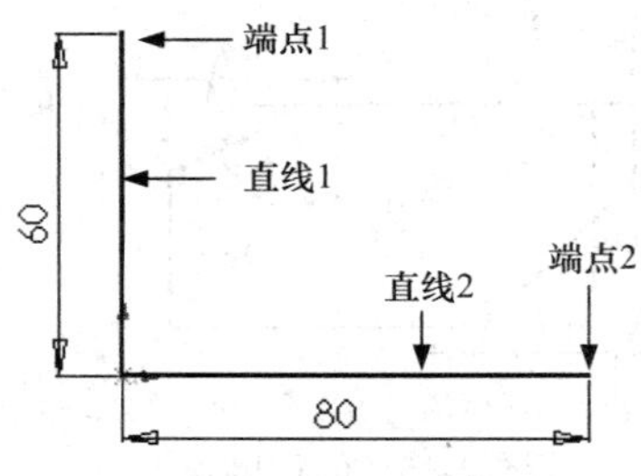

图 2-37　标注直线尺寸 1

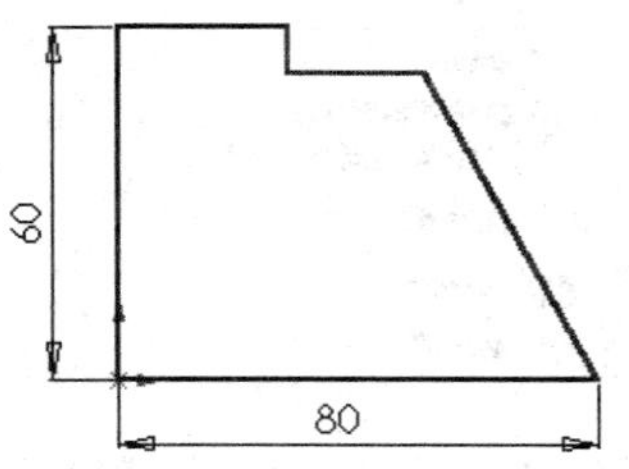

图 2-38　绘制封闭草图

5）单击“草图”控制面板上的“智能尺寸”按钮，标注直线的尺寸，如图 2-39 所示。

6）单击“草图”控制面板上的“绘制圆角”按钮，选择直线 1 和直线 2，在“绘制圆角”属性管理器中设置圆角的“半径”为 15.00mm，如图 2-40 所示。

7）单击“确定”按钮，关闭“绘制圆角”属性管理器。

4. 保存文件

单击快速访问工具栏中的“保存”按钮，或选择“文件”→“保存”命令，将草图保存，名为“角铁草图”。

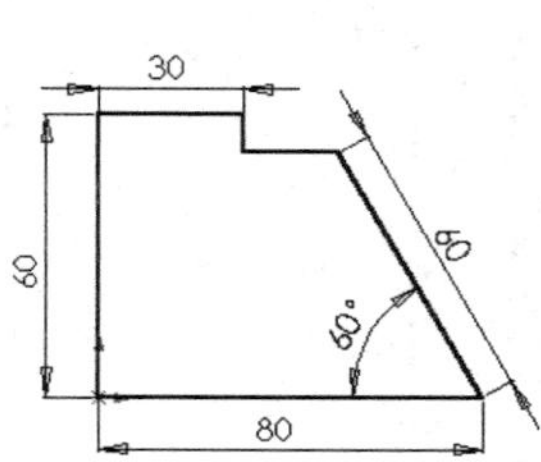

图 2-39　标注直线尺寸 2

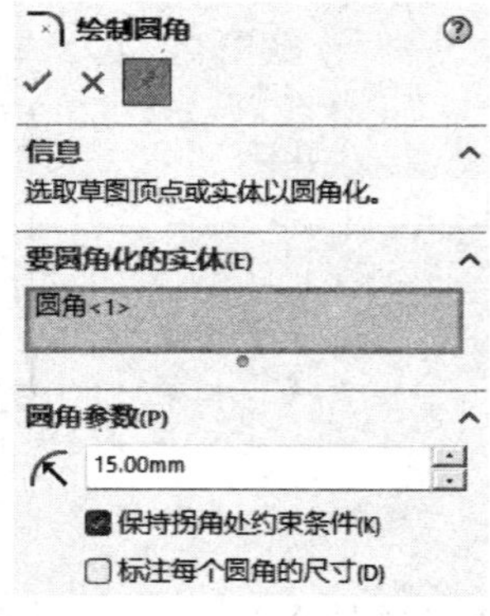

图 2-40　设置圆角半径

2.3 对草图实体的操作

2.3.1　转换实体引用

通过转换实体引用功能可以将边、环、面、外部草图曲线、外部草图轮廓、一组边线或一组外部草图曲线投射到草图基准面中，在草图上生成一个或多个实体。

转换实体引用，可做如下操作：

1）在草图处于激活状态时，单击模型边线、环、面、曲线、外部草图轮廓线、一组边线或一组曲线。

2）单击“草图”控制面板上的“转换实体引用”按钮，或选择“工具”→“草图工具”→“转换实体引用”命令。

3）系统将自动建立以下几何关系：

① 在新的草图曲线和实体之间建立在边线上的几何关系。这样一来，如果实体更改，曲线也会随之更新。

② 在草图实体的端点上生成固定几何关系，使草图保持完全定义状态。当使用显示／删除几何关系时，不会显示端点的几何关系。拖动这些端点可移除固定几何关系。

2.3.2 草图镜向

SOLIDWORKS 可以沿中心线镜向草图实体。当生成镜向实体时，SOLIDWORKS 会在每一对相应的草图点之间应用一个对称关系。如果改变被镜向的实体，则其镜向图像也将随之变动。

要镜向现有的草图实体，可做如下操作：

1）在一个草图中，单击“草图”控制面板上的“中心线”按钮，绘制一条中心线。

2）选择中心线和要镜向的草图实体。

3）单击“草图”控制面板上的“镜向实体”按钮，或选择“工具”→“草图工具”→“镜向”命令。

4）镜像图向与被镜向实体对称于中心线。

2.3.3 延伸和剪裁实体

草图延伸是指将草图实体延伸到另一个草图实体，经常用来增加草图实体（直线、中心线或圆弧）的长度。

1）单击“草图”控制面板上的“延伸实体”按钮，或选择“工具”→“草图工具”→“延伸”命令，这时鼠标指针变为形状。

2）将鼠标指针移动到要延伸的草图实体上（如直线、圆弧等），此时所选实体显示为红色，红色的线条指示实体将延伸的方向。

3）如果要向相反的方向延伸实体，则将鼠标指针移到直线或圆弧的另一半上，并观察新的预览。

4）单击该草图实体，接受预览指示的延伸效果，此时草图实体延伸到与下一个可用的草图实体相交。

SOLIDWORKS 2024 的草图裁剪可以达到以下效果：

1）剪裁直线、圆弧、圆、椭圆、样条曲线或中心线，使其截断于与另一直线、圆弧、圆、椭圆、样条曲线或中心线的交点处。

2）删除一条直线、圆弧、圆、椭圆、样条曲线或中心线。

裁剪草图实体，可做如下操作：

1）单击“草图”控制面板上的“剪裁实体”按钮，或选择“工具”→“草图工具”→“剪裁”命令，此时鼠标指针变为形状。

2）在草图上移动鼠标指针到希望裁剪（或删除）的草图线段上，这时线段将高亮显示。

3）单击，则线段将一直删除至其与另一草图实体或模型边线的交点处。如果草图线段没有和其他草图实体相交，则整条草图线段都将被删除。

2.3.4 等距实体

等距实体是指在距草图实体相等距离（可以是双向）的位置上生成一个与草图实体相同形状的草图，如图 2-41 所示。SOLIDWORKS 2024 可以生成模型边线、环、面、一组边线、侧影轮廓线或一组外部草图曲线的等距实体。此外，还可以在绘制三维草图时使用该功能。

在生成等距实体时，SOLIDWORKS 应用程序会自动在每个原始实体和相对应的等距实体之间建立几何关系。如果在重建模型时原始实体改变，则等距生成的曲线也会随之改变。

如果要从等距模型的边线来生成草图曲线，可做如下操作：

1）在草图中选择一个或多个草图实体、一个模型面、一条模型边线或外部草图曲线。

2）单击“草图”控制面板上的“等距实体”按钮，或选择“工具”→“草图工具”→“等距实体”命令。

3）在弹出的“等距实体”属性管理器（见图 2-42）中设置以下等距属性：

① 在“距离”文本框中输入等距量。

② 系统会根据鼠标指针的位置预览等距的方向。选择“反向”复选框，则会在与预览相反的方向上生成等距实体。

③“选择链”选项用来生成所有连续草图实体的等距实体。

④ 如果选择了“双向”复选框，则会在两个方向上生成等距实体。

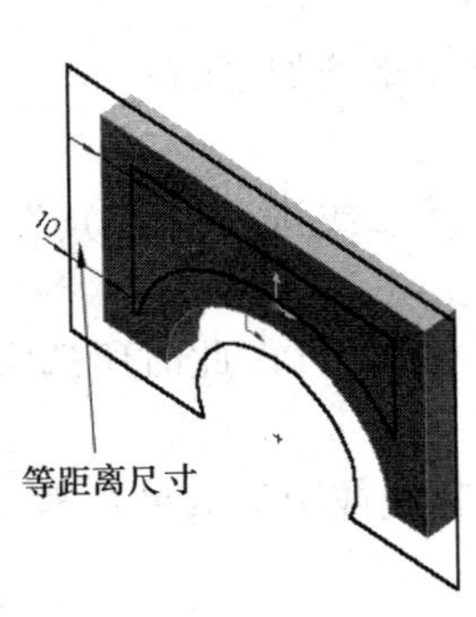

图 2-41 等距实体（双向）效果

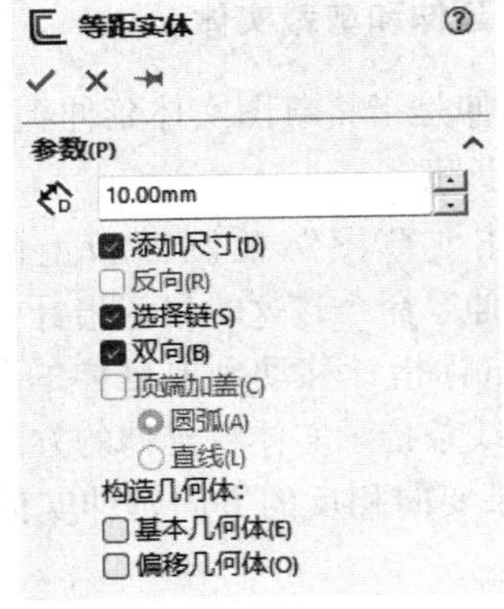

图 2-42 “等距实体”属性管理器

4）单击“确定”按钮，生成等距实体。

5）如果要更改等距量，只需双击等距量尺寸，在弹出的“修改”对话框中输入新的等距量即可。

2.3.5 构造几何线的生成

构造几何线用来协助生成最终会被包含在零件中的草图实体及几何体。当用草图来生成特征时，忽略构造几何线。利用“构造几何线”工具可以将草图或工程图中所绘制的曲线转换为构造几何线。

如果要将工程图或草图中的草图实体转换为构造几何线，可做如下操作：

1）在工程图或草图中选择一个或多个草图实体。

2）选择“工具”→“草图工具”→“构造几何线”命令，即可将该草图实体转换为构造几何线。

2.3.6　线性阵列

通过使用线性阵列功能，可以生成参数式和可编辑的草图实体性阵列，效果如图 2-43 所示。

要生成线性草图阵列和复制阵列，可做如下操作：

1）选取要阵列的项目。

2）单击“草图”控制面板上的“线性草图阵列”按钮，或选择“工具”→“草图工具”→“线性阵列”命令。

3）在弹出的“线性阵列”属性管理器（见图 2-44）中进行草图阵列的设置。

① 在“方向 1”栏中的“实例数”文本框中设置要阵列的特征数（包括原始草图在内）。

② 在“间距”文本框中设置实例之间的距离。

③ 如果选择了“标注 X 间距”复选框，则在阵列完成后，间距值将作为明确的数值显示。

④ 在“角度”文本框中设置角度值。

⑤ 单击图中指示箭头，反转阵列方向。

4）单击绘图区，可实现预览，查看整个阵列。

图 2-43　草图实体性阵列效果

图 2-44　“线性阵列”属性管理器

5）如果要生成一个二维阵列，重复步骤 3），在“方向 2”栏中设置阵列参数。

6）也可以通过拖动阵列预览中所选的点来改变间距和角度，如图 2-45 所示。

7）如果定义了两个阵列方向，则可以选择“在轴之间标注角度”复选框。

8）单击“确定”按钮✔，完成草图实体的阵列。

如果要对制作好的草图阵列进行修改，则可以利用“编辑线性阵列”工具。

1）在 FeatureManager 设计树中，右击阵列草图，在弹出的快捷菜单中选择“编辑草图”命令。

2）如果要更改阵列实例的数目，选择一个实例。

3）选择“工具”→“草图工具”→“编辑线性阵列”命令。

4）在弹出的“线性阵列”对话框中更改一个方向或两个方向上的阵列数，然后单击“确定”按钮。

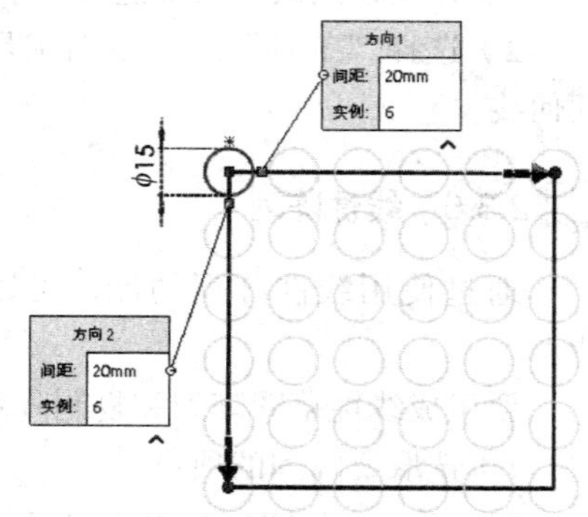

图 2-45　拖动所选点来改变阵列间距

5）还可以使用以下方法修改阵列：

① 拖动一个阵列实例上的点或顶点。

② 通过双击角度并在“修改”对话框中更改其数值来更改阵列的角度。

③ 添加尺寸并使用“修改”对话框更改其数值。

④ 为阵列实例添加几何关系。

⑤ 选择并删除单个阵列实例。

6）退出草图，完成新的阵列特征。

2.3.7　圆周阵列

通过使用圆周阵列功能，可以生成参数式和可编辑的草图实体性圆周阵列，如图 2-46 所示。

要生成圆周阵列，可做如下操作：

1）在模型面上打开一张草图，并绘制一个需复制的草图实体。

2）选择草图实体。

3）单击“草图”控制面板上的“圆周草图阵列”按钮，或选择“工具”→“草图工具”→“圆周阵列”命令。

4）在弹出的“圆周阵列”属性管理器（见图 2-47）中进行草图阵列的设置。

①“距离”是指阵列的中心与所选实体的中心点或顶点之间的距离，“角度”是指从所选实体中心到阵列中心的夹角。如果选择了“标注半径”复选框，则当阵列完成时，“半径”值将作为明确的数值显示。

②“坐标”、“坐标”用于设定圆周阵列中心点位置的 X 坐标和 Y 坐标。此外，还可以通过拖动中心点来改变中心的位置。

5）“实例数”用来设置所需的阵列实例总数，包括原始草图在内。如果取消选择“等间距”复选框，则需要在“总角度”框中设置阵列中第一和第二实例的角度。单击图中指示箭头，可反转阵列方向。

6）单击绘图区，可实现预览，查看整个阵列。

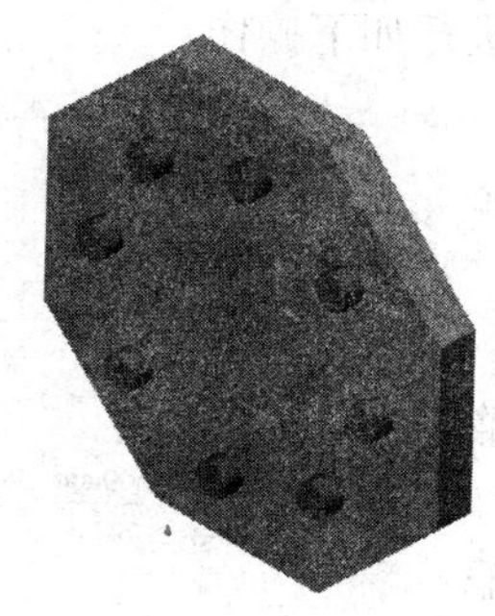

图 2-46 草图实体性圆周阵列

图 2-47 “圆周阵列”属性管理器

7）可以拖动其中的一个所选点来设置半径、角度和实例之间的间距，如图 2-48 所示。

8）单击“确定”按钮✔，完成草图实体的圆周阵列。

在完成阵列之前或之后还可以删除一个阵列实例。在“可跳过的实例”框中，每个实例均由一个指明其位置的编号表示。

1）如果要删除阵列中的实例，则选择要删除实例，然后按 Delete 键，草图实例即被删除，其位置编号被移动到“可跳过的实例”框中。

2）如果要恢复删除的实例，则在“可跳过的实例”框中选择位置编号，并再次按 Delete 键，草图实例即被恢复。

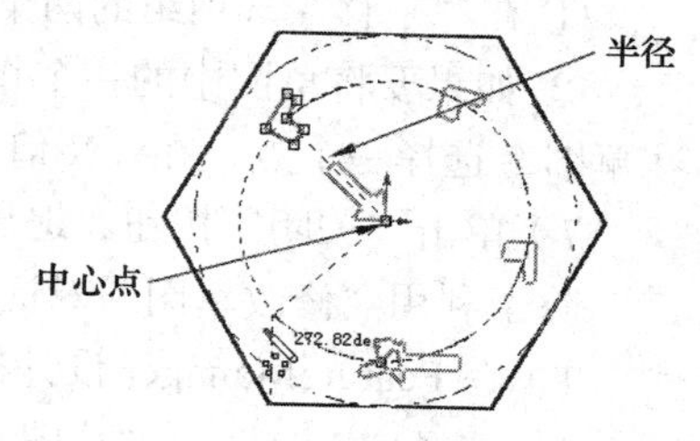

图 2-48 拖动所选点来改变半径、角度和实例之间的间距

如果要对制作好的草图圆周阵列进行修改，则可以利用编辑圆周阵列和复制工具。

1）在 FeatureManager 设计树中，右击阵列草图，在弹出的快捷菜单中选择“编辑草图”命令。

2）如果要更改阵列实例的数目，选择一个实例。

3）选择“工具”→“草图工具”→“编辑圆周阵列”命令。

4）在弹出的“圆周阵列”对话框中更改设置，然后单击“确定”按钮✔。

5）还可以使用以下方法修改阵列：

① 双击角度尺寸，然后在“修改”对话框中更改角度。

② 将阵列中心点拖动到新的位置。

③ 拖动阵列第一个实例的中心点或顶点来更改阵列的旋转。

④ 拖动阵列第一个实例的中心点或顶点来更改阵列圆弧的半径。

⑤ 将阵列圆弧向外拖动，从而加大阵列的半径。

⑥ 将阵列圆弧向圆心方向拖动，从而缩小阵列的半径。

⑦ 选择并删除单个阵列实例。

6）退出草图，以完成新的阵列特征。

2.3.8 修改草图工具的使用

利用 SOLIDWORKS 提供的修改草图工具可以方便地对草图进行移动、旋转或缩放。

要利用修改草图工具对草图进行缩放、移动或旋转，可进行如下操作：

1）在 FeatureManager 设计树中选择一个草图。

2）选择“工具”→“草图工具”→“修改”命令，系统会弹出“修改草图”对话框，如图 2-49 所示。

3）在“比例相对于”选项组中选择以下两种单选按钮：

① 选择“草图原点”单选按钮，相对于草图原点改变整个草图的缩放比例。

② 选择“可移动原点”单选按钮，相对于可移动原点缩放草图。

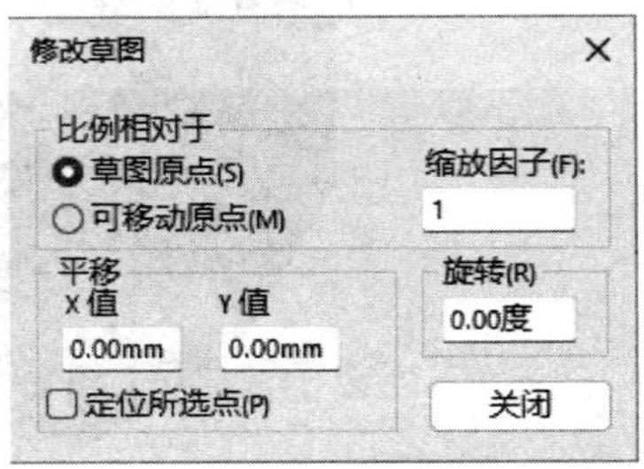

图 2-49 “修改草图”对话框

4）在“缩放因子”文本框中设置缩放的比例。

5）如果要旋转草图，可在“旋转”文本框中输入指定的旋转值。

6）如果要移动草图，可做如下操作：

① 在“平移”选项组的两个文本框中输入 X 值和 Y 值，从而确定草图的平移量。

② 如果要将草图中的一个指定点移动到指定的位置，则选中“定位所选点”复选框，然后在草图上选择一个点，在“X 值”和“Y 值”文本框中指定定位点要移动到的草图坐标。

7）单击“关闭”按钮，退出该对话框。

除了利用“修改草图”对话框，还可以对草图进行移动和旋转。

1）在 FeatureManager 设计树中选择一个草图。

2）选择“工具”→“草图工具”→“修改”命令。

3）此时鼠标指针变为形状，按住鼠标左键可移动草图，按住鼠标右键可围绕黑色原点符号旋转，如图 2-50 所示。

4）将鼠标指针移动到黑色原点符号的中心或端点处，鼠标指针会变化为 3 种形状，从而显示 3 种翻转效果，如图 2-51 所示。单击，会使草图沿 X 轴、Y 轴或两者的方向翻转。

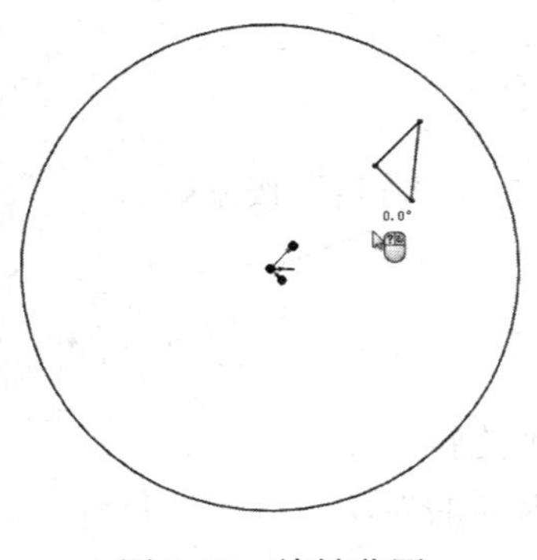

图 2-50 旋转草图

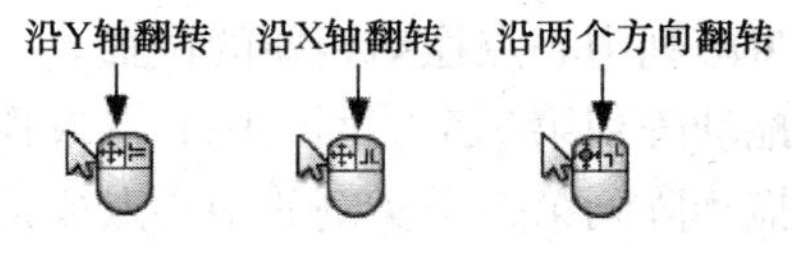

图 2-51 3 种“翻转”标示

5）将鼠标指针移动到黑色原点符号的中心，鼠标指针会变为一个在左键显示黑点表示的鼠标形状。单击，从而移动此旋转中心，此时草图并不移动。

6）单击“修改草图”对话框中的“关闭”按钮，完成修改。

注意

1）“修改草图”命令将整个草图几何体（包括草图原点）相对于模型进行平移。草图几何体不会相对于草图原点移动。

2）如果草图具有多个外部参考引用，则无法移动此草图。如果草图只有一个外部点，则可以绕该点旋转草图。

2.3.9 伸展实体

伸展实体是通过基准点和坐标点对草图实体进行伸展。

要伸展现有的草图实体，可做如下操作：

1）选择“工具”→“草图工具”→“伸展实体”命令。

2）在弹出的“伸展”属性管理器（见图 2-52）中设置以下属性：

① 选择要绘制的实体。

② 在“参数”选项组中，当选择“从 / 到（F）”单选按钮时，单击基准点■，然后单击草图设定基准点，拖动以伸展草图实体。

③ 在“参数”选项组中，当选择“X/Y”单选按钮时，为ΔX和ΔY设定值以伸展草图实体。

④ 单击“确定”按钮✔，完成草图实体的伸展。

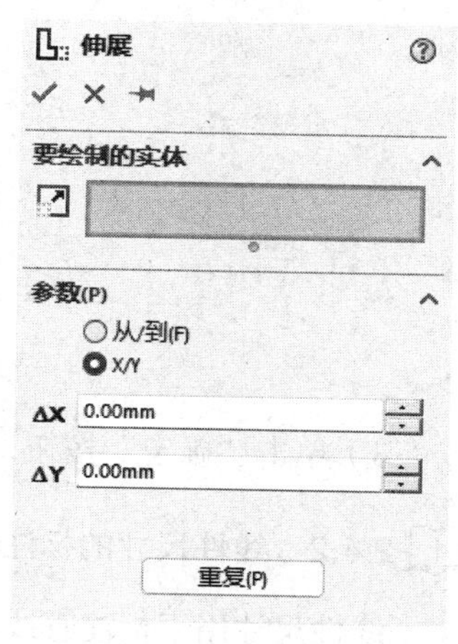

图 2-52 “伸展”属性管理器

2.4 智能标注

SOLIDWORKS 2024 是一种尺寸驱动式系统，用户可以指定尺寸及各实体间的几何关系，更改尺寸将改变零件的尺寸与形状。智能标注是草图绘制过程中的重要组成部分。SOLIDWORKS 虽然可以捕捉用户的设计意图，自动进行智能标注，但由于各种原因，有时自动标注的尺寸不理想，此时用户必须自己进行智能标注。

2.4.1 度量单位

在 SOLIDWORKS 2024 中可以使用多种度量单位，包括埃、纳米、微米、毫米、厘米、米、英寸、英尺。

设置文件的度量单位，可做如下操作：

1）选择“工具”→“选项”命令，弹出“系统选项”对话框。

2）单击“文档属性”标签，选择“单位”项目，如图 2-53 所示。可以在“单位系统”选项组中的单选按钮组中选择一个单位系统。

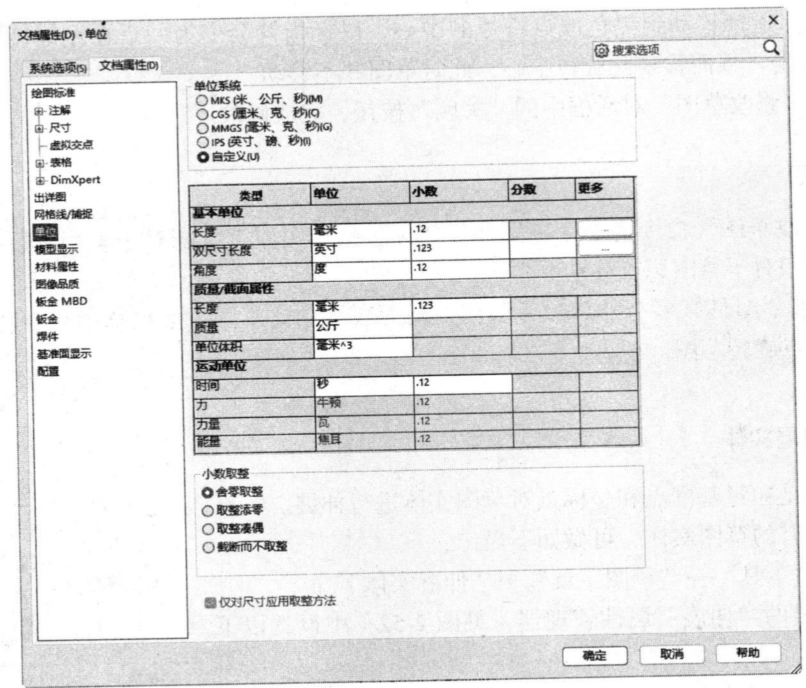

图 2-53　设定文件的度量单位

3）单击“确定”按钮，即可完成度量单位的选择。

2.4.2　线性尺寸的标注

线性尺寸用于标注直线段的长度或两个几何元素间的距离，如图 2-54 所示。

要标注直线长度尺寸，可做如下操作：

1）单击“草图”控制面板上的“智能尺寸”按钮，此时鼠标指针变为形状。

2）将鼠标指针放到要标注的直线上，这时鼠标指针变为形状，要标注的直线以红色高亮度显示。

3）单击，则出现标注尺寸线并随着鼠标指针移动，如图 2-55 所示。

4）将尺寸线移动到适当的位置后单击，则尺寸线被固定下来。

5）如果在“系统选项”选项卡中选择了“输入尺寸值”复选框，则当尺寸线被固定下来时会弹出“修改”对话框，如图 2-56 所示。

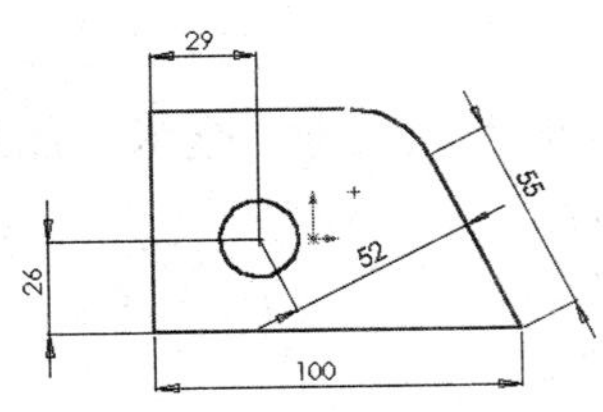

图 2-54　线性尺寸的标注

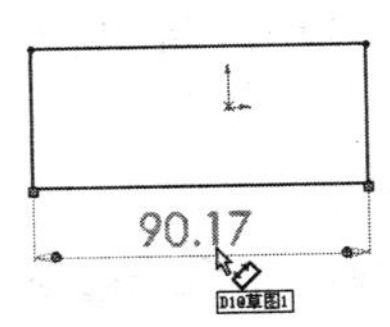

图 2-55　拖动尺寸线

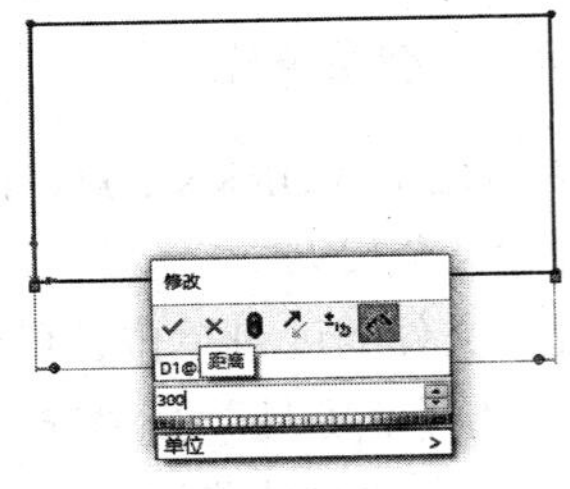

图 2-56　“修改”对话框

6）在“修改”文本框中输入直线的长度，单击“保存当前数值并退出此对话框”按钮✔，便完成了标注。

7）如果没有选择“输入尺寸值”复选框，则需要双击尺寸值，在“修改”文本框中对尺寸进行修改。

如果要标注两个几何元素间的距离，可做如下操作：

1）单击“草图”控制面板上的“智能尺寸”按钮，此时鼠标指针变为形状。

2）选择第一个几何元素，此时出现标注尺寸线；继续选择第二个几何元素，这时标注尺寸线显示为两个几何元素之间的距离。

3）移动鼠标指针到适当的位置单击，将尺寸线固定。

4）在“修改”文本框中输入两个几何元素间的距离值，单击，“保存当前数值并退出此对话框”按钮✔，便完成了标注。

2.4.3 直径和半径尺寸的标注

默认情况下，SOLIDWORKS 对圆标注直径尺寸，对圆弧标注半径尺寸，如图 2-57 所示。

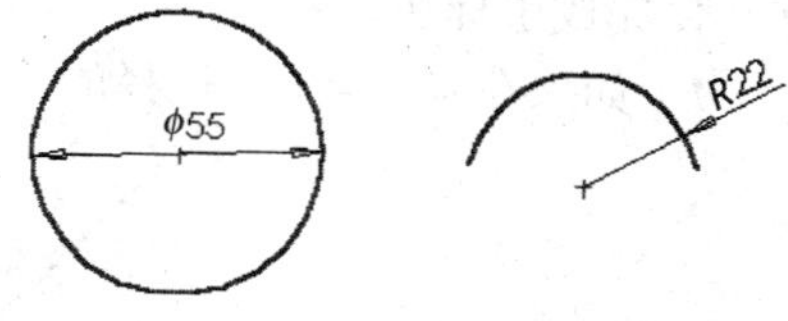

图 2-57　直径和半径尺寸的标注

如果要对圆进行直径尺寸的标注，可做如下操作：

1）单击“草图”控制面板上的“智能尺寸”按钮，此时鼠标指针变为形状。

2）将鼠标指针放到要标注的圆上，这时鼠标指针变为形状，要标注的圆以红色高亮度显示。

3）单击，则出现标注尺寸线，并随着鼠标指针移动。

4）将尺寸线移动到适当的位置后单击，将尺寸线固定。

5）在“修改”文本框中输入圆的直径，单击“保存当前数值并退出此对话框”按钮✔，便完成了标注。

如果要对圆弧进行半径尺寸的标注，可做如下操作：

1）单击“草图”控制面板上的“智能尺寸”按钮，此时鼠标指针变为形状。

2）将鼠标指针放到要标注的圆弧上，这时鼠标指针变为形状，要标注的圆弧以红色高亮度显示。

3）单击，则出现标注尺寸线，并随着鼠标指针移动。

4）将尺寸线移动到适当的位置后单击，将尺寸线固定下来。

5）在“修改”文本框中输入圆弧的半径，单击“保存当前数值并退出此对话框”按钮✔，便完成了标注。

2.4.4 角度尺寸的标注

角度尺寸用于标注两条直线的夹角或圆弧的圆心角。

要标注两条直线的夹角，可做如下操作：

1）单击“草图”控制面板上的“智能尺寸”按钮，此时鼠标指针变为形状。

2）选择第一条直线。

3）此时出现标注尺寸线，继续选择第二条直线。

4）这时标注尺寸线显示为两条直线之间的角度，随着鼠标指针的移动，系统会显示 3 种不同的夹角角度，如图 2-58 所示。

5）单击，将尺寸线固定下来。

6）在“修改”文本框中输入夹角的角度值，单击“保存当前数值并退出此对话框”按钮 ✔，便完成了标注。

如果要标注圆弧的圆心角，可做如下操作：

1）单击“草图”控制面板上的“智能尺寸”按钮，此时鼠标指针变为形状。

2）选择圆弧的一个端点。

3）选择圆弧的另一个端点，此时标注尺寸线显示这两个端点间的距离。

4）选择圆心点，此时标注尺寸线显示圆弧两个端点间的圆心角。

5）将尺寸线移到适当的位置后单击，将尺寸线固定，如图 2-59 所示。

6）在“修改”文本框中输入圆弧的角度值，单击“保存当前数值并退出此对话框”按钮 ✔，便完成了标注。

7）如果在步骤 4）中选择的不是圆心点而是圆弧，则将标注两个端点间圆弧的长度。

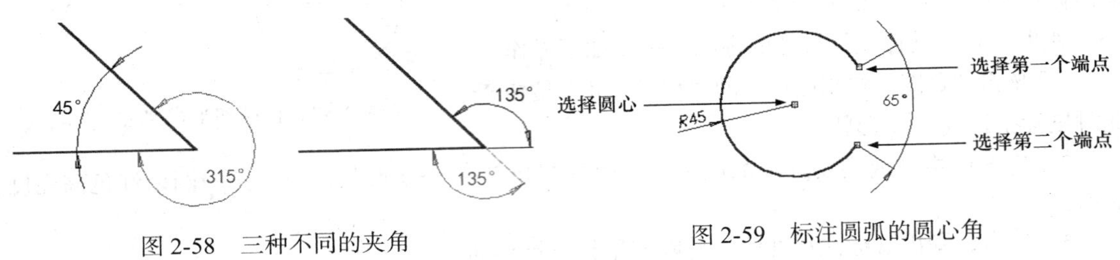

图 2-58　三种不同的夹角

图 2-59　标注圆弧的圆心角

2.5 添加几何关系

几何关系为草图实体之间或草图实体与基准面、基准轴、边线或顶点之间的几何约束。表 2-1 列出了可为几何关系选择的实体和所产生的几何关系。

表 2-1　几何关系说明

几何关系	选择的实体	所产生的几何关系
水平或竖直	一条或多条直线，两个或多个点	直线会变成水平或竖直（由当前草图的空间定义），而点会水平或竖直对齐
共线	两条或多条直线	实体位于同一条无限长的直线上
全等	两个或多个圆弧	实体会共用相同的圆心和半径
垂直	两条直线	两条直线相互垂直
平行	两条或多条直线	实体相互平行
相切	圆弧、椭圆和样条曲线，直线和圆弧，直线和曲面或三维草图中的曲面	两个实体保持相切

（续）

几何关系	选择的实体	所产生的几何关系
同心	两个或多个圆弧、一个点和一个圆弧	圆弧共用同一圆心
中点	一个点和一条直线	点保持位于线段的中点
交叉	两条直线和一个点	点保持位于直线的交叉点处
重合	一个点和一直线、圆弧或椭圆	点位于直线、圆弧或椭圆上
相等	两条或多条直线，两个或多个圆弧	直线长度或圆弧半径保持相等
对称	一条中心线和两个点、直线、圆弧或椭圆	实体保持与中心线相等距离，并位于一条与中心线垂直的直线上
固定	任何实体	实体的大小和位置被固定
穿透	一个草图点和一个基准轴、边线、直线或样条曲线	草图点与基准轴、边线或曲线在草图基准面上穿透的位置重合
合并点	两个草图点或端点	两个点合并成一个点

2.5.1 手动添加几何关系

利用添加几何关系工具可以在草图实体之间或草图实体与基准面、基准轴、边线或顶点之间生成几何关系。

为草图实体添加几何关系，可做如下操作：

1）单击“草图”控制面板上的“添加几何关系”按钮上，或选择“工具”→“关系”→“添加”命令。

2）在草图上选择要添加几何关系的实体。

3）此时所选实体会在如图 2-60 所示“添加几何关系”属性管理器的“所选实体”显示框中显示。

4）信息ⓘ中显示所选实体的状态（完全定义或欠定义等）

5）如果要移除一个实体，在“所选实体”显示框中右击该实体名称，在弹出的快捷菜单中选择“删除”命令即可。

6）在“添加几何关系”显示框中选择要添加的几何关系类型（相切或固定等），这时添加的几何关系类型会出现在“现有几何关系”显示框中。

7）如果要删除添加了的几何关系，在“现有几何关系”显示框中右击该几何关系，在弹出的快捷菜单中选择“删除”命令即可。

8）单击“确定”按钮✔，几何关系将添加到草图实体间，如图 2-61 所示。

注意

所选实体中至少要有一个项目是草图实体，其他项目可以是草图实体、一条边线、面、顶点、原点、基准面、轴或从其他草图的线或圆弧映射到此草图平面所形成的草图曲线。

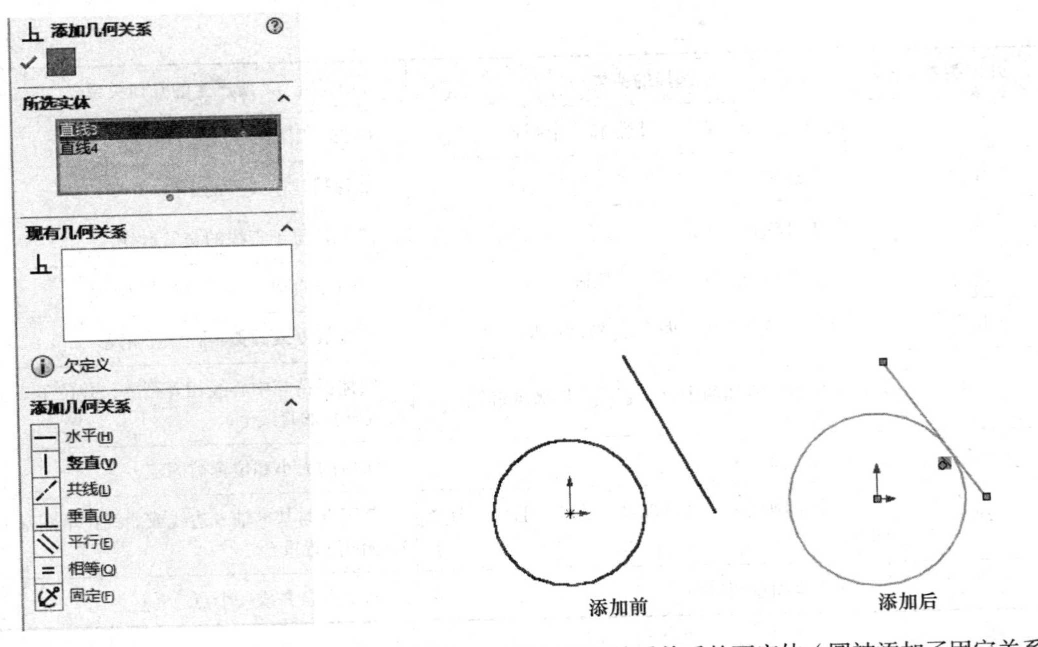

图 2-60 “添加几何关系”属性管理器　　图 2-61 添加相切关系前后的两实体（圆被添加了固定关系）

2.5.2 自动添加几何关系

使用 SOLIDWORKS 的自动添加几何关系后，在绘制草图时，鼠标指针会改变形状以显示可以生成哪些几何关系。

图 2-62 所示为鼠标指针形状和对应的几何关系。

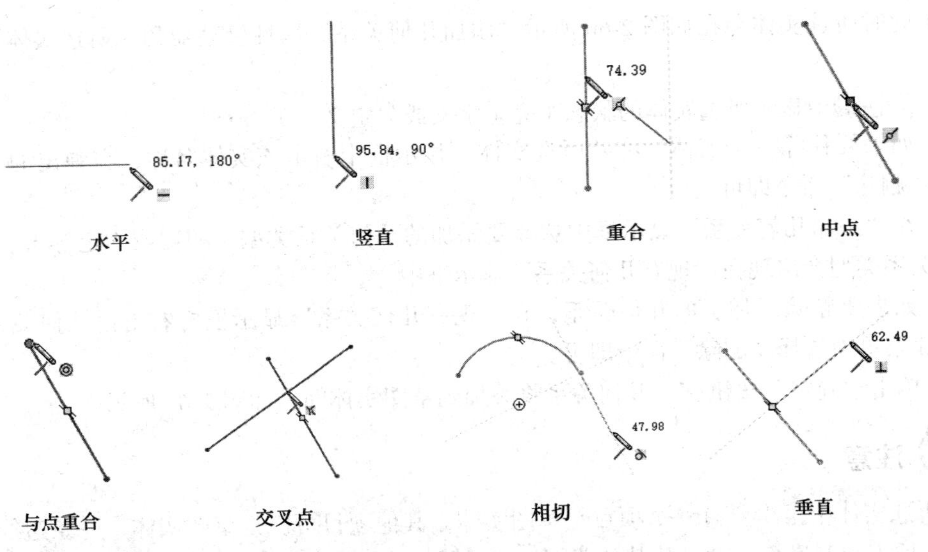

图 2-62 鼠标指针形状和对应的几何关系

将自动添加几何关系作为系统的默认设置，可做如下操作：

1）选择“工具”→“选项”命令，弹出“系统选项（S）-普通”对话框。

2）在左侧的区域中单击“草图”中的“几何关系/捕捉”项目，然后在右侧的区域中选中“自动几何关系”复选框，如图2-63所示。

3）单击“确定”按钮，关闭该对话框。

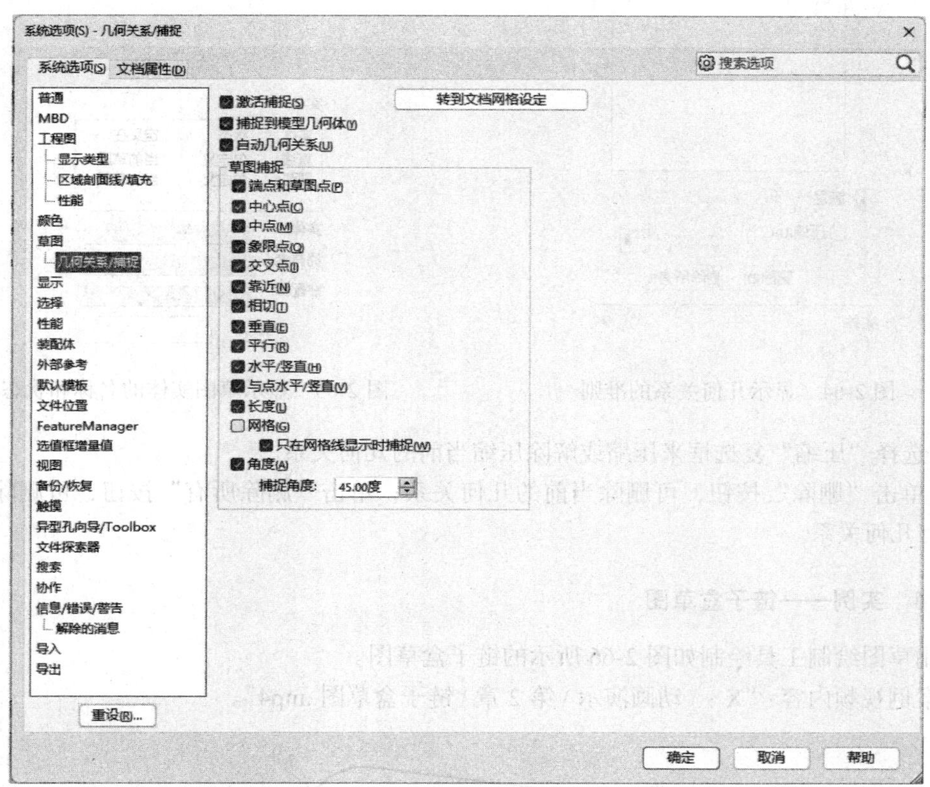

图2-63 自动添加几何关系

2.5.3 显示/删除几何关系

可利用显示/删除几何关系工具来显示手动和自动应用到草图实体的几何关系，查看有疑问的特定草图实体的几何关系，并可删除不再需要的几何关系。此外，还可以通过替换列出的参考引用来修正错误的实体。

要显示/删除几何关系，可做如下操作：

1）单击“草图”控制面板上的“显示/删除几何关系”按钮，或选择“工具”→“关系”→“显示/删除”命令。

2）在弹出的“显示/删除几何关系”属性管理器中的“几何关系”列表框中选择显示几何关系的准则，如图2-64所示。

3）在显示每个几何关系时，高亮显示相关的草图实体，同时还会显示其状态。在“实体”显示框中也会显示草图实体的名称、状态，如图2-65所示。

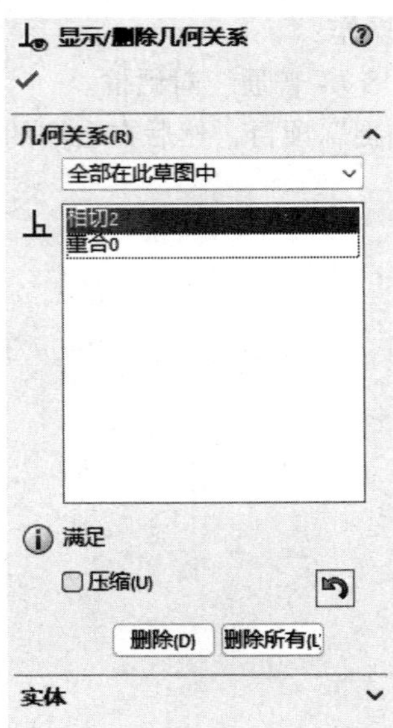

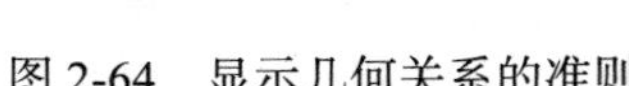

图 2-64　显示几何关系的准则

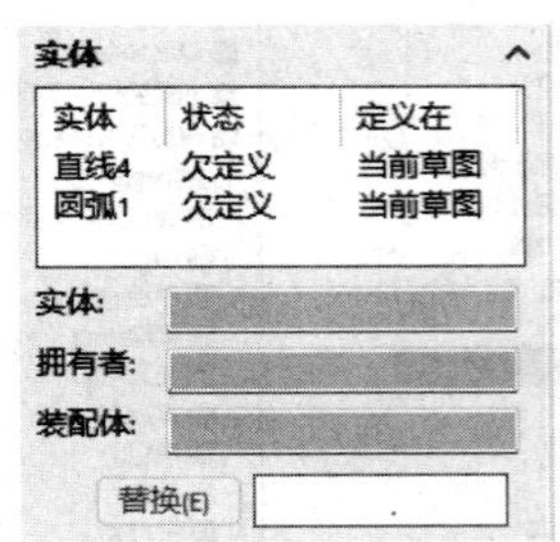

图 2-65　显示草图实体的名称和状态

4）选择“压缩”复选框来压缩或解除压缩当前的几何关系。

5）单击“删除”按钮，可删除当前的几何关系；单击“删除所有”按钮，可删除当前选择的所有几何关系。

2.5.4　实例——链子盒草图

利用草图绘制工具绘制如图 2-66 所示的链子盒草图。

本案例视频内容：“X：\动画演示\第 2 章\链子盒草图 .mp4”。

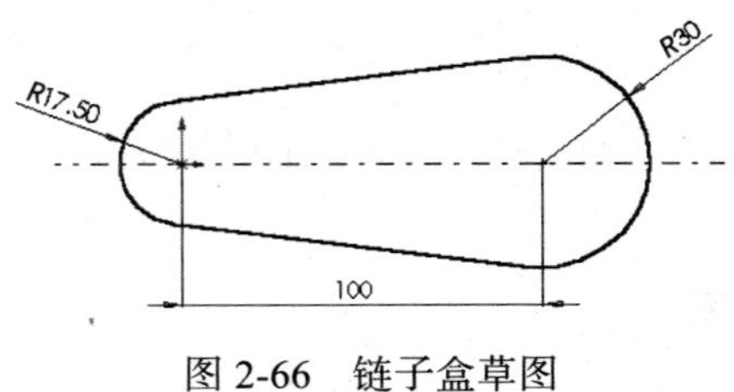

图 2-66　链子盒草图

1. 建立新的零件文件

启动 SOLIDWORKS 2024，单击快速访问工具栏中的“新建”按钮，在弹出的“新建 SOLIDWORKS 文件”对话框中单击“零件”按钮，然后单击“确定”按钮，创建一个新的零件文件。

2. 创建基准面

在 FeatureManager 设计树中选择“前视基准面”，单击“草图”控制面板上的“草图绘制”按钮，进入草图绘制环境。

3. 绘制草图

1）单击“草图”控制面板上的“圆”按钮，此时鼠标指针变为形状，将鼠标指针移动到原点处，当鼠标指针变为 形状时单击。

2）拖动鼠标指针到适当的位置后再次单击，绘制一个以原点为圆心的圆。

3）水平向右拖动鼠标指针，这时会出现蓝色的水平推理线，如图 2-67 所示。

4）在适当的位置绘制另一个圆，如图 2-68 所示。

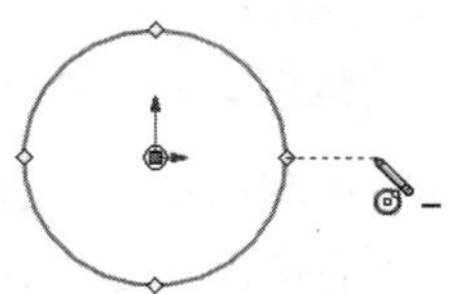

图 2-67 绘制第一个圆

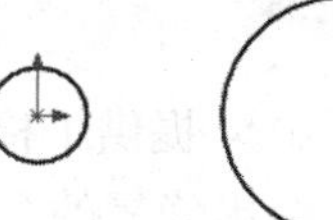

图 2-68 绘制第二个圆

5）单击“草图”控制面板上的“智能尺寸”按钮，将两个圆心间的距离标注为 100mm，两个圆的直径分别标注为 35mm 和 60mm，如图 2-69 所示。

6）单击“草图”控制面板上的“直线”按钮，此时鼠标指针变为 形状，在两个圆的上方绘制一条直线，直线的长度要略长一点，如图 2-70 所示。

7）按住 Ctrl 键，选中直线和圆 1。单击“草图”控制面板上的“添加几何关系”按钮，弹出“添加几何关系”属性管理器，为这两个实体添加相切的关系。

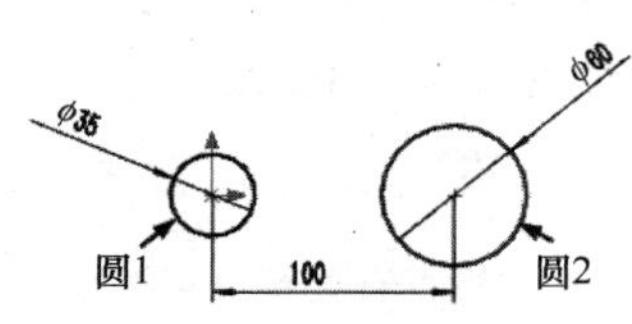

图 2-69 标注圆心距离

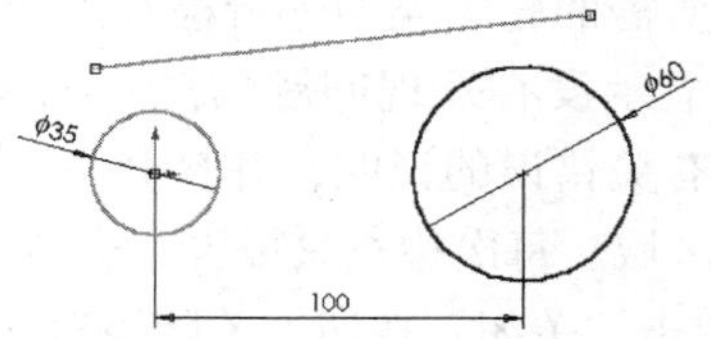

图 2-70 绘制直线

8）单击“确定”按钮，完成几何关系的添加。选择直线和圆 2，为它们也添加相切的几何关系，这时的草图如图 2-71 所示。

9）单击“草图”控制面板上的“剪裁实体”按钮，裁剪掉直线的两端。

10）单击“草图”控制面板上的“中心线”按钮，绘制一条通过两个圆心的中心线，如图 2-72 所示。

11）单击“草图”控制面板上的“镜向实体”按钮，将直线沿中心线镜向到另一端。

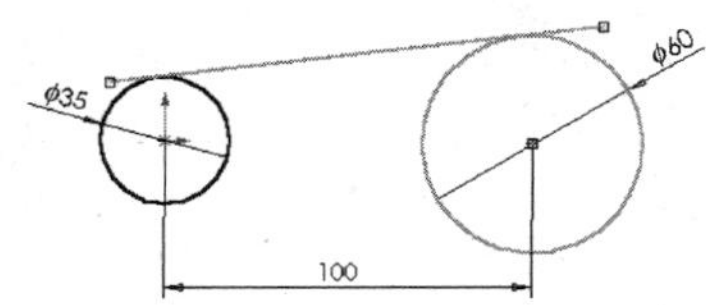

图 2-71 添加相切几何关系

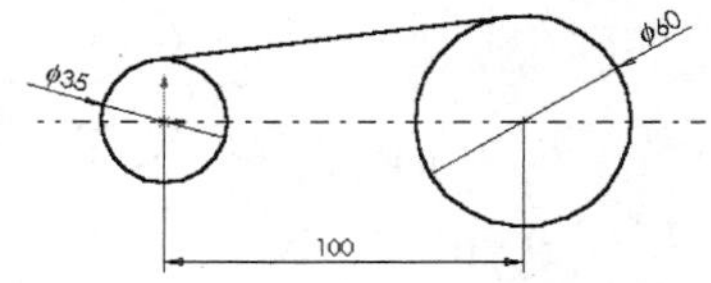

图 2-72 绘制中心线

12）单击“草图”控制面板上的“剪裁实体”按钮，剪裁掉圆 1 和圆 2 的两段圆弧。

13）选取标注的直径尺寸，按 Delete 键将它们删除。

14）单击“草图”控制面板上的“智能尺寸”按钮，重新标注圆弧的半径尺寸，从而完成整个草图的绘制工作。

4. 保存文件

单击快速访问工具栏中的“保存”按钮，或选择“文件”→“保存”命令，将草图保存，名为“链子盒草图”。

2.6 检查草图

SOLIDWORKS 2024 提供了检查草图的工具，通过它们可以在利用草图生成特征时，自动检查草图的合法性，给出修复的合理建议。这里所说的检查草图的错误，是指在利用草图生成某种特征时导致无法生成特定特征的错误。

要利用 SOLIDWORKS 2024 提供的检查草图功能，可做如下操作：

1）在草图打开的状态下，选择“工具”→“草图工具”→“检查草图合法性”命令。

2）在“检查有关特征草图合法性”对话框（见图 2-73）中的“特征用法”下拉列表框中选择草图将要用到的特征。

3）在“轮廓类型”中会显示该种特征对草图轮廓的要求。

4）单击“检查”按钮。

5）此时会根据在“特征用法”下拉列表中选取的特征所需的轮廓类型进行检查。如果草图通过检查，会显示没有发现问题信息；如果出现错误，则会显示有关错误的说明，并且会高亮显示包含错误的草图区域。每次检查只报告一个错误。

6）单击“关闭”按钮，关闭该对话框。

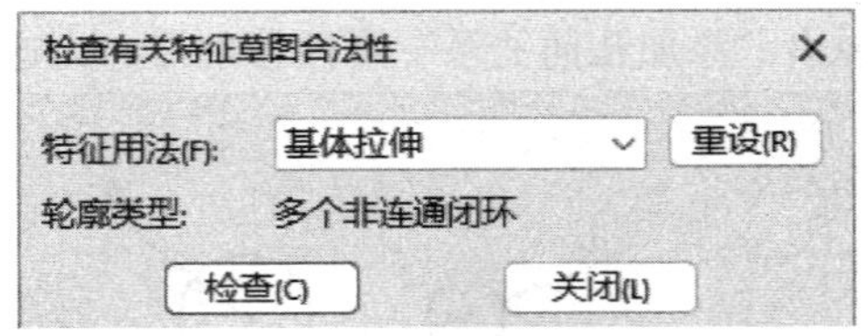

图 2-73 “检查有关特征草图合法性”对话框

2.7 综合实例——压盖草图

本案例绘制如图 2-74 所示的压盖草图

本案例视频内容：“X：\动画演示\第 2 章\上机操作\压盖草图 .mp4”。

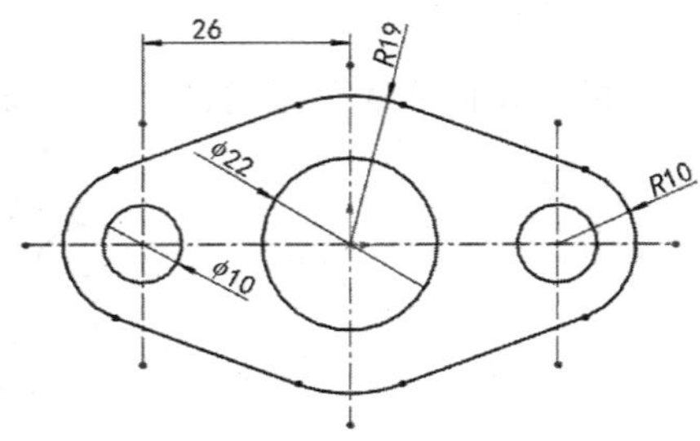

图 2-74 压盖草图

操作提示：

1. 建立新的零件文件

启动 SOLIDWORKS 2024，单击快速访问工具栏中的“新建”按钮，在弹出的“新建

SOLIDWORKS 文件”对话框中单击“零件”按钮，然后单击“确定”按钮，创建一个新的零件文件。

2. 创建基准面

在 FeatureManager 设计树中选择“前视基准面”，单击“草图”控制面板上的“草图绘制”按钮，进入草图绘制环境。

3. 绘制草图

1）单击“草图”控制面板上的“中心线”按钮，绘制中心线，如图 2-75 所示。

2）单击“草图”控制面板上的“圆”按钮，捕捉圆心，绘制圆，如图 2-76 所示。

3）单击“草图”控制面板上的“直线”按钮，捕捉两圆绘制切线。按住 Ctrl 键，分别选择圆与直线，弹出“属性”属性管理器，单击“相切”按钮，完成约束添加，如图 2-77 所示。

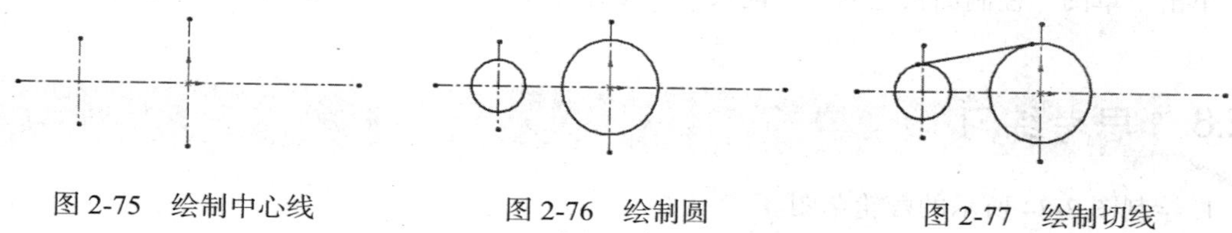

图 2-75 绘制中心线　　图 2-76 绘制圆　　图 2-77 绘制切线

4）单击“草图”控制面板上的“镜向实体”按钮，弹出“镜向”属性管理器，如图 2-78 所示。选择切线和中心线，镜向结果如图 2-79 所示。

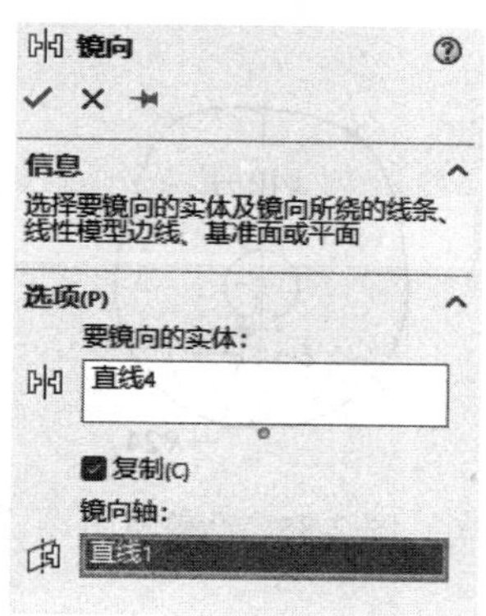

图 2-78 “镜向”属性管理器

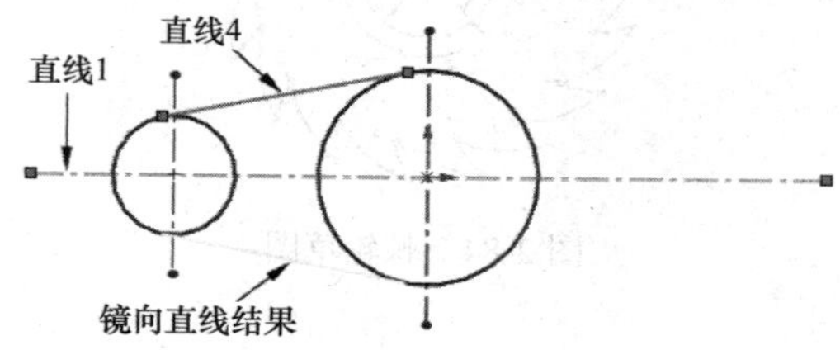

图 2-79 镜向结果 1

5）使用同样的方法继续执行“镜向”命令，选择图 2-80 中左侧图形为镜向对象，镜向结果如图 2-81 所示。

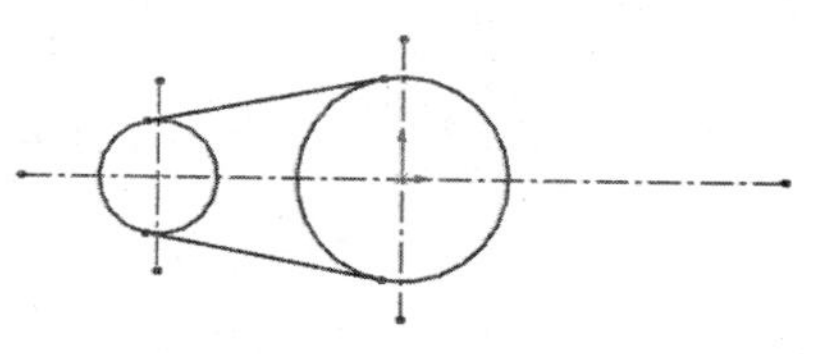

图 2-80 镜向对象

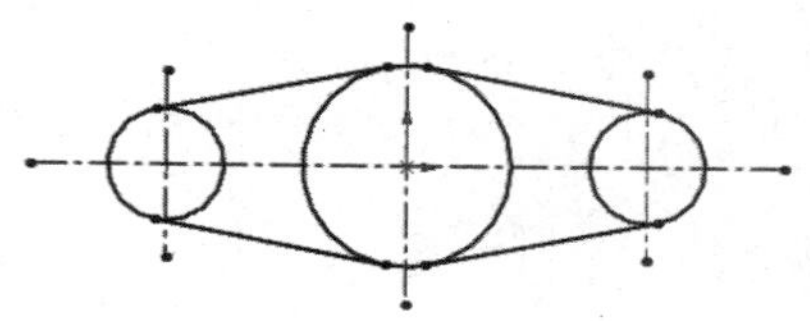

图 2-81 镜向结果 2

6）剪裁草图。单击“草图”控制面板上的“剪裁实体”按钮，修剪多余图形，结果如图 2-82 所示。

7）单击“草图”控制面板上的“圆”按钮，捕捉圆心，绘制其余的圆，如图 2-83 所示。

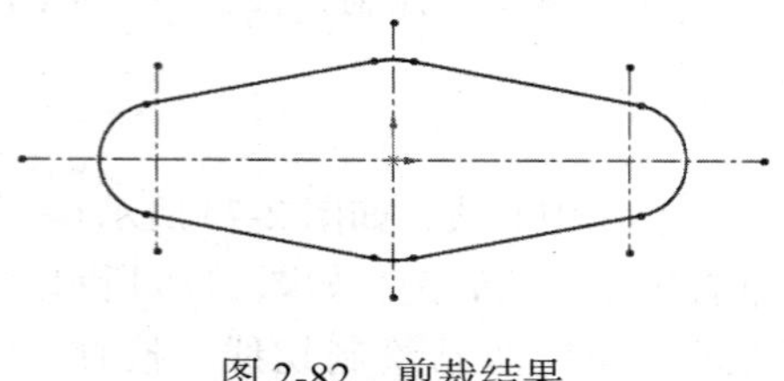

图 2-82　剪裁结果

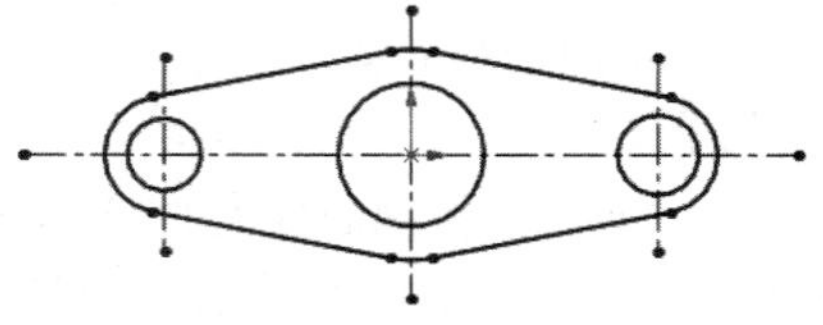

图 2-83　绘制其余的圆

4. 智能标注

单击“草图”控制面板上的“智能尺寸”按钮，标注尺寸，结果如图 2-74 所示。

2.8 思考练习

1. 绘制图 2-84 所示的棘轮草图。
2. 绘制图 2-85 所示的凸轮草图。
3. 查找有哪些草图绘制按钮和编辑按钮，熟悉各个按钮的使用。
4. 找到添加几何关系和智能标注的按钮，思考草图几何关系和智能标注的不同含义。

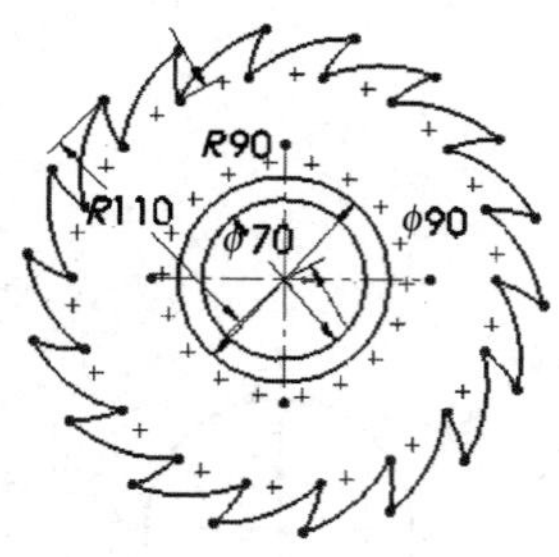

图 2-84　棘轮草图

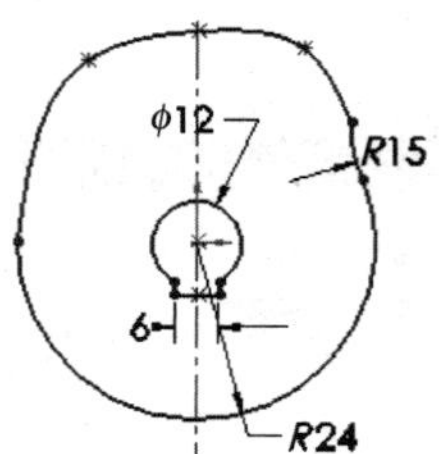

图 2-85　凸轮草图

第 3 章

零件建模的草绘特征

本章将主要介绍零件草绘特征。所谓零件草绘特征是指在特征的创建过程中，设计者必须通过草绘特征截面才能生成特征。创建草绘特征是零件建模过程中的主要工作。草绘特征包括拉伸特征、旋转特征、扫描特征、放样特征及加强筋特征等。

- 零件建模的基本概念
- 零件特征分析
- 拉伸、旋转、扫描、放样、加强筋特征的生成

3.1 零件建模的基本概念

传统的机械设计要求设计人员必须具有较强的三维空间想象能力和表达能力。当设计师接到一个新的零件设计任务时，他的脑海中必须首先构造出该零件的三维形状，然后按照三视图的投影规律，用二维工程图将零件的三维形状表达出来。显然，这种设计方式工作量较大，且缺乏直观性。早期的 CAD 技术仅仅是辅助完成一些二维绘图工作，如目前广泛应用的 AutoCAD。随着计算机相关技术，尤其是计算机图形学的发展，CAD 技术也逐渐由二维绘图向三维设计过渡。三维 CAD 系统采用三维模型进行产品设计，设计过程如同实际产品的构造过程和加工制造过程一样，可以反映产品真实的几何形状，使设计过程更加符合设计师的设计习惯和思维方式，因此设计师可以更加专注于产品设计本身，而不是产品的图形表示。由于三维 CAD 系统具有设计过程直观、设计效率高等特点，相信在不久的将来会完全取代二维 CAD 软件。

三维 CAD 模型的表示经历了从线框模型、曲面模型到实体模型的发展过程，所表示的几何体信息也越来越完整和准确。表 3-1 列出了三种几何建模技术的比较。

表 3-1　三种几何建模技术的比较

应用场合	线框模型	曲面模型	实体模型
数据结构	点和边	点、边和面 / 参数方程	点、线、面、体和相关信息
工程图能力	好	有限	好
剖切视图	仅有交点	仅有交线	交线与剖切面
自动消隐线	不可能	可行	可行
真实感图形	不可能	可行	可行
物性计算	有限制	在人机交互下可行	全自动且精确
干涉检查	凭视觉	用真实感图形判别	可行
计算机要求	低	一般	32 位机

SOLIDWORKS 是基于特征的实体造型软件。“基于特征”这个术语的意思是：零件模型的构造是由各种特征来生成的，零件的设计过程就是特征的累积过程。

所谓特征，是指可以用参数驱动的实体模型。通常，特征应满足如下条件：

1）特征必须是一个实体或零件中的具体构成之一。

2）特征能对应于某一形状。

3）特征应该具有工程上的意义。

4）特征的性质是可以预料的。

3.2 零件特征分析

任何复杂的机械零件，从特征的角度看，都可以看成是由一些简单的特征所组成，所以可以把它们称为组合体。

组合体按其组成方式可以分为特征叠加、特征切割和特征相交 3 种基本形式，如图 3-1 所示。

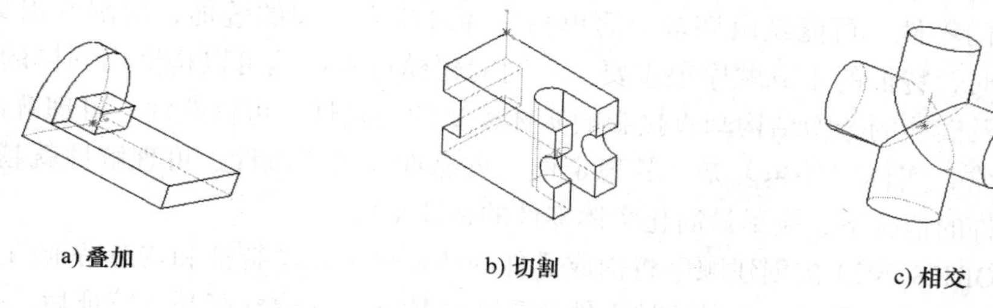

图 3-1　组合体的分类

在零件建模前，一般首先应进行深入的特征分析，搞清零件是由哪几个特征组成的，明确各个特征的形状，它们之间的相对位置和表面连接关系；然后按照特征的主次关系，按一定的顺序进行建模。下面对图 3-1 所示的 3 个简单零件进行特征分析。

特征叠加零件可看成是由 3 个简单特征叠加而成，即由作为底板的长方体特征 1、半圆柱特征 2 和小长方体特征 3 组成，如图 3-2 所示。

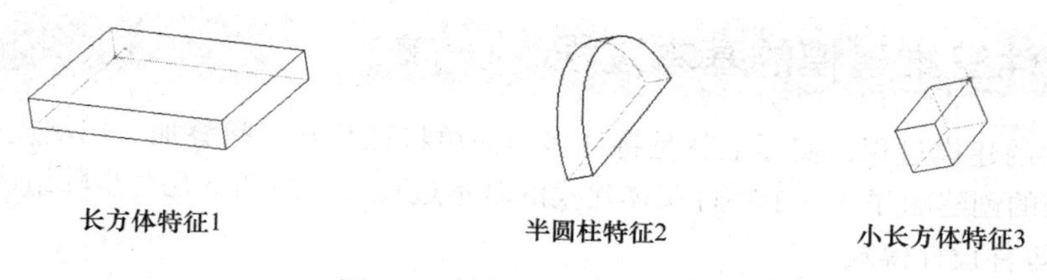

图 3-2　特征叠加零件分析

特征切割零件可以看成是由一个长方体被 3 个简单特征切割而成，如图 3-3 所示。

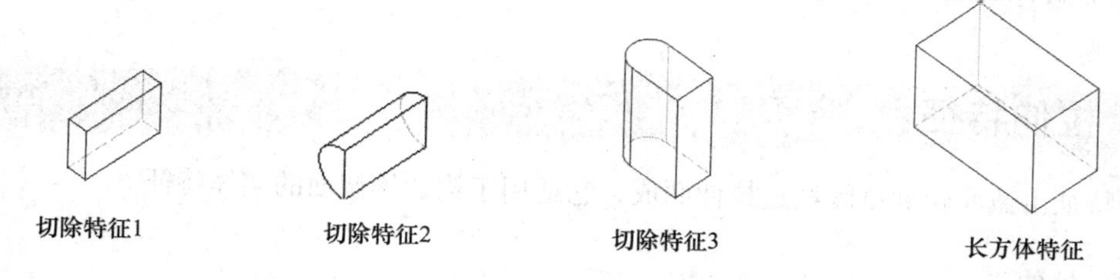

图 3-3　特征切割零件分析

特征相交零件可以看成是由两个圆柱体特征相交而成，如图 3-4 所示。

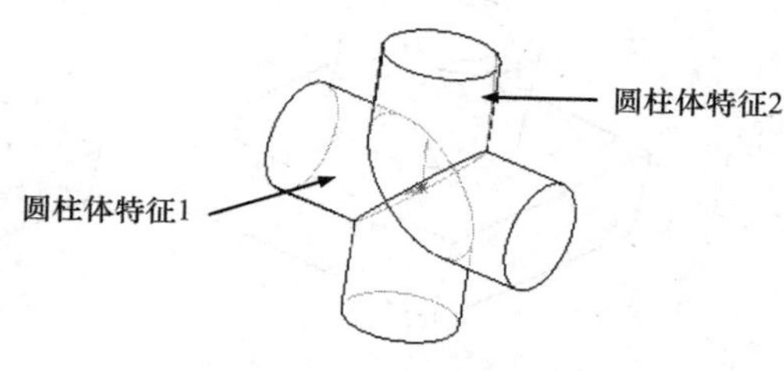

图 3-4　特征相交零件分析

一个复杂的零件，可能是由许多个简单特征经过相互之间的叠加、切割或相交组合而成的。零件建模时，特征的生成顺序很重要。不同的建模过程虽然可以构造出同样的实体零件，但其造型过程及实体的造型结构却直接影响实体模型的稳定性、可修改性、可理解性及实体模型的应用。通常，实体零件越复杂，其稳定性、可靠性、可修改性、可理解性就越差。因此，在技术要求允许的情况下，应尽量简化实体零件的特征结构。

SOLIDWORKS 2024 按创建顺序将构成零件的特征分为基本特征和构造特征两类。最先建立的那个特征就是基本特征，它常常是零件最重要的特征。在建立好基本特征后，才能创建其他各种特征，基本特征之外的这些特征统称为构造特征。另外，按照特征生成方法的不同，又可以将构成零件的特征分为草绘特征和放置特征。草绘特征是指在特征的创建过程中，设计者必须通过草绘特征截面才能生成的特征。创建草绘特征是零件建模过程中的一项主要工作。放置特征是系统内部定义好的一些参数化特征。创建过程中，设计者只要按照系统的提示，设定各种参数即可。这类特征一般是零件建模过程中的常用特征，如孔特征。

3.3 零件三维建模的基本过程

一个零件的建模过程，实际上就是将许多个简单特征相互之间叠加、切割或相交的操作过程。按照特征的创建顺序，一个零件实体建模的基本过程可以由如下几个步骤组成：

1）进入零件设计模式。

2）分析零件特征，并确定特征创建顺序。

3）创建与修改基本特征。

4）创建与修改其他构造特征。

5）所有特征创建完成后，存储零件模型。

3.4 拉伸特征

拉伸特征由截面轮廓草图经过拉伸而成，它适用于构造等截面的实体特征。

3.4.1 拉伸

图 3-5 所示为利用拉伸基体 / 凸台特征生成的零件。

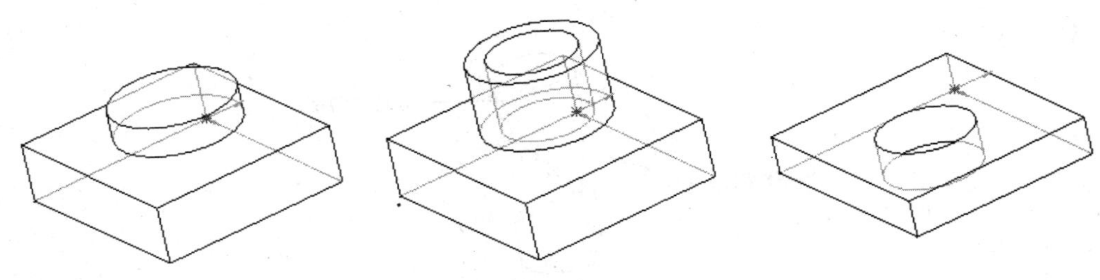

图 3-5 利用拉伸基体 / 凸台特征生成的零件

要生成拉伸特征，可做如下操作：

1）保持草图处于激活状态，单击“特征”控制面板上的“拉伸凸台 / 基体”按钮，或选择“插入”→“凸台 / 基体”→“拉伸”命令，弹出“凸台 - 拉伸”属性管理器，如图 3-6 所示。

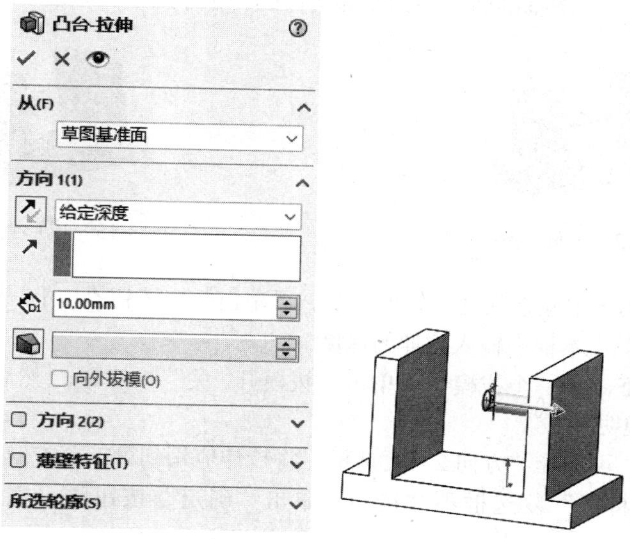

图 3-6　“凸台 - 拉伸”属性管理器

2）在“方向 1”栏中的“反向”按钮右侧的终止条件下拉列表框中选择拉伸的终止条件。

①“给定深度”：从草图的基准面拉伸到指定的距离处，以生成特征，如图 3-7 所示。

②“完全贯穿”：从草图的基准面拉伸直到贯穿所有现有的几何体，如图 3-8 所示。

③“成形到下一面”：从草图的基准面拉伸到下一面（隔断整个轮廓），以生成特征。下一面必须在同一零件上，如图 3-9 所示。

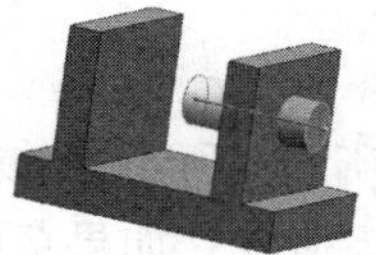

图 3-7　给定深度

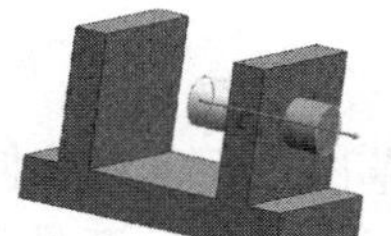

图 3-8　完全贯穿

图 3-9　成形到下一面

④“成形到一面”：从草图的基准面拉伸到所选的曲面，以生成特征，如图 3-10 所示。

⑤“到离指定面指定的距离”：从草图的基准面拉伸到离某面或曲面之特定距离处，以生成特征，如图 3-11 所示。

图 3-10　成形到一面

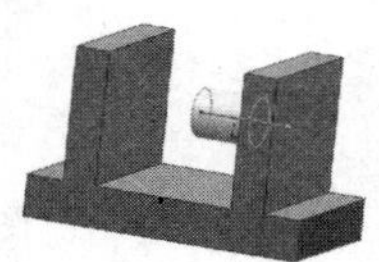

图 3-11　到离指定面指定的距离

⑥“两侧对称”：从草图基准面向两个方向对称拉伸，如图 3-12 所示。

⑦“成形到一顶点”：从草图基准面拉伸到一个平面，这个平面平行于草图基准面且穿越指定的顶点，如图 3-13 所示。

⑧ 成形到实体：从草图基准面拉伸到相邻实体的一个平面。

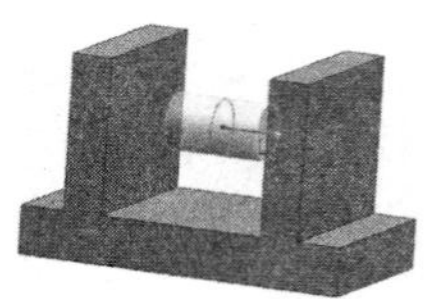

图 3-12　两侧对称

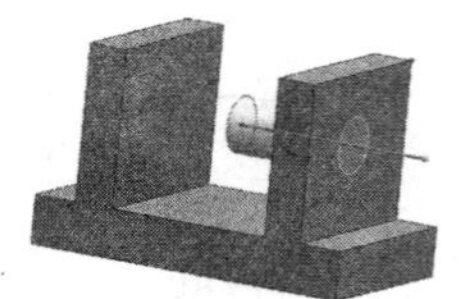

图 3-13　成形到一顶点

3）在右侧的绘图区中检查预览。如果需要，可单击反向按钮，向另一个方向拉伸。

4）在“深度”文本框中输入拉伸的深度。

5）如果要给特征添加一个拔模，可单击“拔模开 / 关”按钮，然后输入一个拔模角度。图 3-14 所示为拔模说明。

6）如果有必要，可选择“方向 2”复选框，将拉伸应用到第二个方向。

7）保持“薄壁特征”复选框不被选中，单击“确定”按钮，完成基体 / 凸台特征的生成。

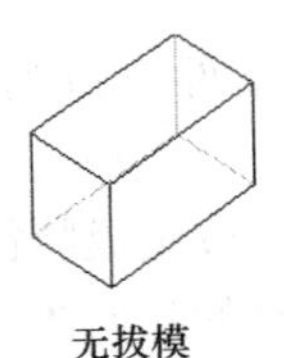

无拔模

向内拔模10°

向外拔模10°

图 3-14　拔模说明

3.4.2　拉伸薄壁特征

SOLIDWORKS 可以对闭环和开环草图进行薄壁拉伸，如图 3-15 所示。所不同的是，如果草图本身是一个开环图形，则“拉伸凸台 / 基体”工具只能将其拉伸为薄壁；如果草图是一个闭环图形，则既可以选择将其拉伸为薄壁特征，也可以选择将其拉伸为实体特征。

闭环

开环

图 3-15　闭环和开环草图的薄壁拉伸

要生成拉伸薄壁特征，可做如下操作：

1）保持草图处于激活状态，单击“特征”控制面板上的“拉伸凸台/基体”按钮，或选择“插入”→“凸台/基体”→“拉伸”命令。

2）在弹出的“凸台-拉伸”属性管理器中选择“薄壁特征”复选框，如果草图是开环系统，则只能生成薄壁特征。

3）在“反向”按钮右侧的“拉伸类型”下拉列表框中指定拉伸薄壁特征的方式。

①“单向”：使用指定的壁厚向一个方向拉伸草图。

②“两侧对称”：在草图的两侧各以指定壁厚的一半向两个方向拉伸草图。

③“双向”：在草图的两侧各使用不同的壁厚向两个方向拉伸草图。

4）在“厚度”文本框中输入薄壁的厚度。

5）默认情况下，壁厚加在草图轮廓的外侧。单击“反向”按钮，可以将壁厚加在草图轮廓的内侧。

6）对于薄壁特征基体拉伸，还可以指定以下附加选项：

如果生成的是一个闭环的轮廓草图，可以选中“顶端加盖”复选框，此时将为特征的顶端加上封盖，形成一个中空的零件，如图3-16所示。

如果生成的是一个开环的轮廓草图，可以选中“自动加圆角”复选框，此时自动在每一个具有相交夹角的边线上生成圆角，如图3-17所示。

7）单击“确定”按钮，完成拉伸薄壁特征的生成。

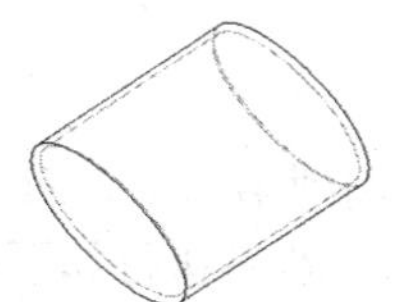

图3-16 中空零件

图3-17 带有圆角的薄壁

3.4.3 拉伸切除特征

图3-18所示为利用拉伸切除特征生成的几种零件效果。

切除拉伸

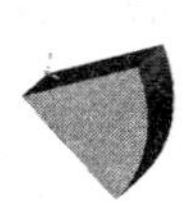

反侧切除

拔模切除

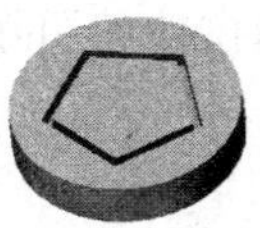

薄壁切除

图3-18 拉伸切除特征生成的几种零件效果

要生成切除拉伸特征，可做如下操作：

1）保持草图处于激活状态，单击“特征”控制面板上的“拉伸切除”按钮，或选择“插入”→“切除”→“拉伸”命令。

2）弹出“切除-拉伸”属性管理器，如图3-19所示。其中的选项及含义与“凸台-拉伸”属性管理器相同。

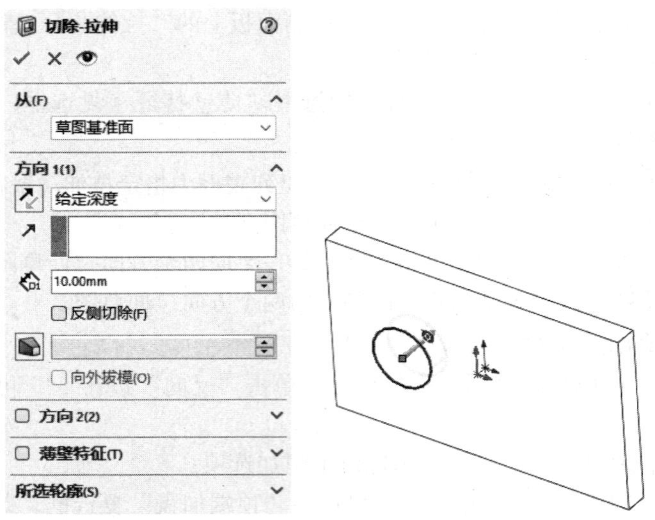

图 3-19 “切除 - 拉伸”属性管理器

3）在“方向 1”栏中执行如下操作：

① 在“反向”按钮右侧的“终止条件”下拉列表框中选择切除 - 拉伸的终止条件。

② 如果选择了“反侧切除”复选框，则将生成反侧切除特征。

③ 单击“反向”按钮，可以向另一个方向切除。

④ 单击“拔模开 / 关”按钮，可以给特征添加拔模效果。

4）如果有必要，可选择“方向 2”复选框，将拉伸切除应用到第二个方向。重复步骤 3）。

5）如果要生成薄壁切除特征，可选中“薄壁特征”复选框，然后执行如下操作：

① 在“反向”按钮右侧的下拉列表框中选择切除类型（单向、两侧对称或双向）。

② 单击“反向”按钮，可以相反的方向生成薄壁切除特征。

③ 在“厚度”文本框中输入切除的厚度。

6）单击“确定”按钮，完成切除拉伸特征的生成。

3.4.4 实例——销钉

利用拉伸和切除特征进行零件建模，生成如图 3-20 所示的销钉。

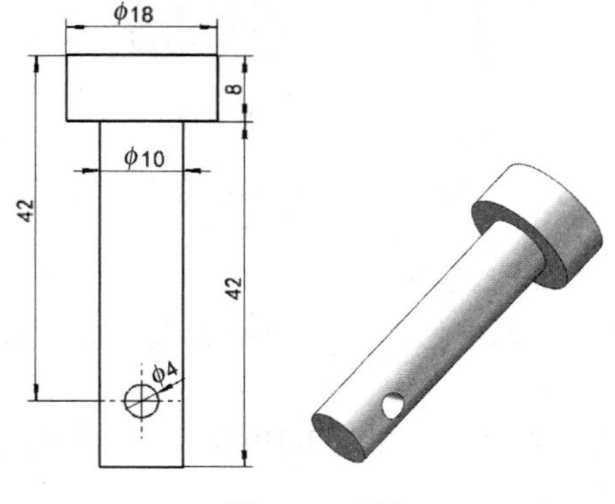

图 3-20 销钉

本案例视频内容："X：\动画演示\第3章\销钉.mp4"。

1. 新建文件

启动 SOLIDWORKS 2024，单击快速访问工具栏中的"新建"按钮，在弹出的"新建 SOLIDWORKS 文件"对话框中单击"零件"按钮，然后单击"确定"按钮，创建一个新的零件文件。

2. 生成拉伸基体特征

（1）绘制草图

1）在 FeatureManager 设计树中选择"前视基准面"作为绘图基准面。单击"草图"控制面板上的"草图绘制"按钮，进入草图绘制环境。

2）单击"草图"控制面板上的"圆"按钮，以圆点为圆心，绘制一个圆。

3）单击"草图"控制面板上的"智能尺寸"按钮，标注圆的尺寸，如图 3-21 所示。

（2）创建基体拉伸特征

1）单击"特征"控制面板上的"拉伸凸台 / 基体"按钮，或选择"插入"→"凸台 / 基体"→"拉伸"命令，弹出"凸台—拉伸"属性管理器。

2）在"方向 1"中设定拉伸的"终止条件"为"给定深度"，并在"深度"文本框中设置拉伸深度为 8.00mm，如图 3-22 所示。

3）单击"确定"按钮，创建开环薄壁拉伸特征，如图 3-22 所示。

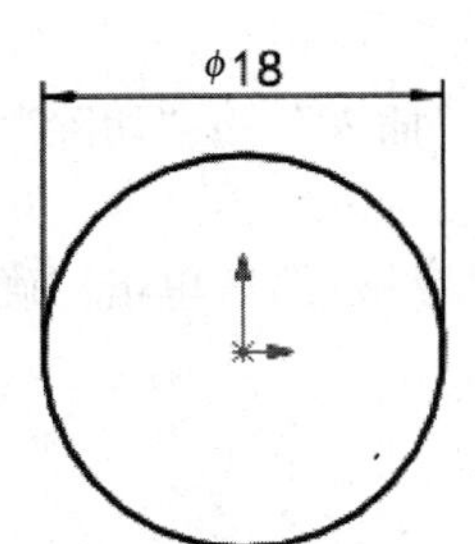

图 3-21　绘制草图并标注尺寸

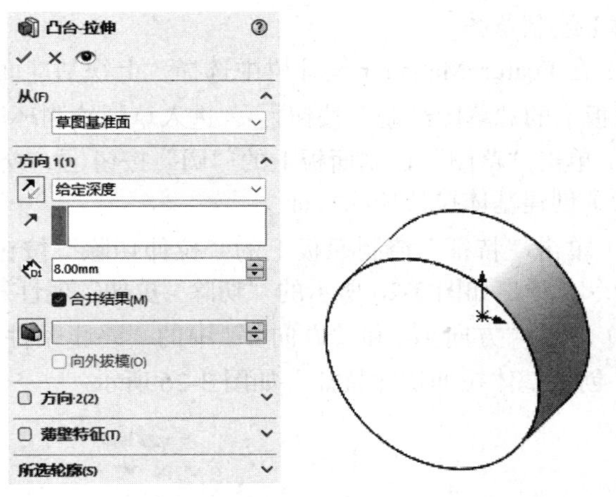

图 3-22　创建开环薄壁拉伸特征

3. 生成另一拉伸基体特征

（1）绘制草图

1）选择凸台的端面，单击"草图"控制面板上的"草图绘制"按钮，进入草图绘制环境。

2）单击"草图"控制面板上的"圆"按钮和"智能尺寸"按钮，绘制一个同心圆并标注尺寸，如图 3-23 所示。

（2）创建基体拉伸特征

1）单击"特征"控制面板上的"拉伸凸台 / 基体"按钮，或选择"插入"→"凸台 / 基体"→"拉伸"命令，弹出"凸台 - 拉伸"属性管理器。

2）在“方向 1”中设定拉伸的“终止条件”为“给定深度”，并在“深度”文本框中设置拉伸深度为 42.00mm，，如图 3-24 所示。

3）单击“确定”按钮✔，完成凸台拉伸，如图 3-24 所示。

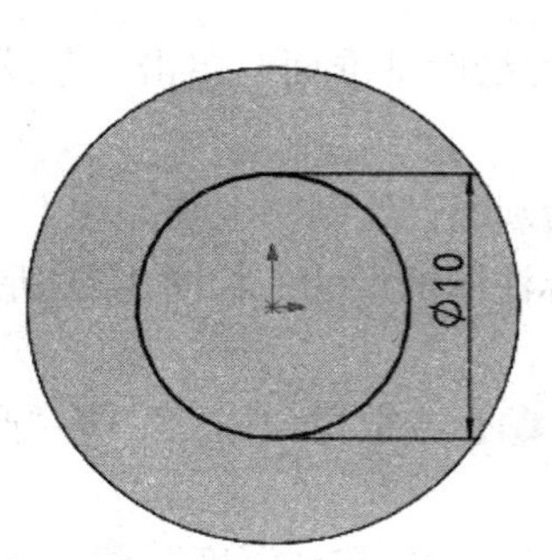

图 3-23　绘制草图并标注尺寸

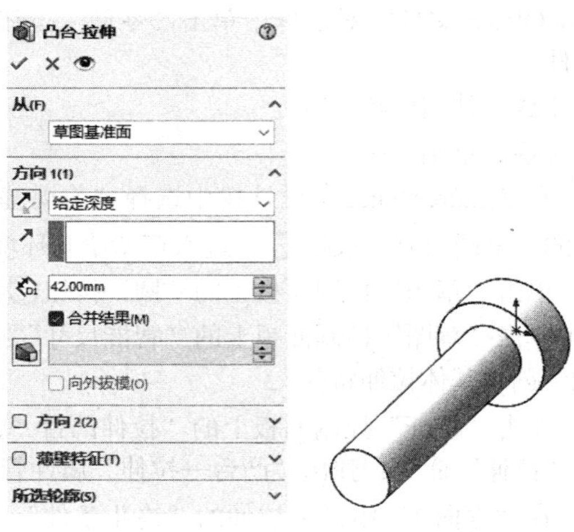

图 3-24　凸台拉伸

4. 生成基体拉伸切除特征

（1）绘制草图

1）在 FeatureManager 设计树中选择“上视基准面”作为绘制图形的基准面。单击“草图”控制面板上的“草图绘制”按钮，进入草图绘制环境。

2）单击“草图”控制面板上的“圆”按钮，绘制草图轮廓并标注尺寸，如图 3-25 所示。

（2）创建基体拉伸切除特征

1）单击“特征”控制面板上的“拉伸切除”按钮，或选择“插入”→“切除”→“拉伸”命令，弹出如图 3-26 所示的“切除 - 拉伸”属性管理器。

2）设置“方向 1”和“方向 2”中的“终止条件”为“完全贯穿”，然后单击“确定”按钮✔，创建基体拉伸切除特征，如图 3-26 所示。

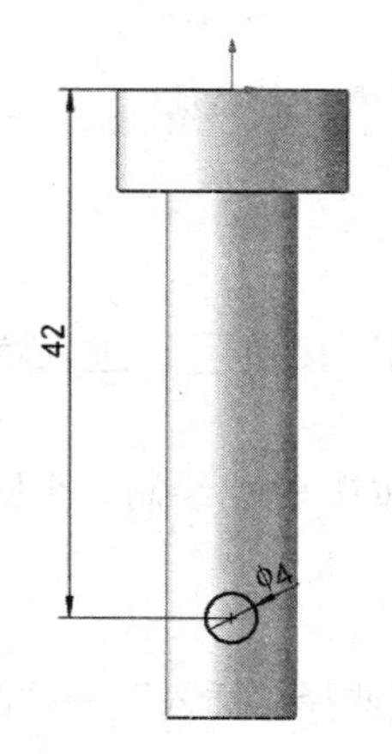

图 3-25　绘制草图并标注尺寸

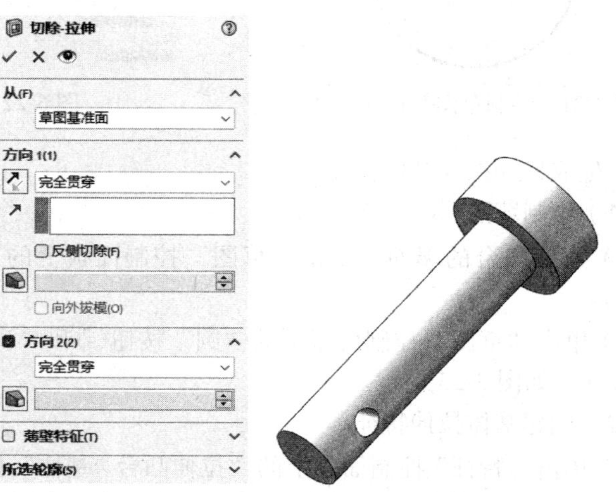

图 3-26　创建基体拉伸切除特征

5. 保存文件

单击快速访问工具栏中的“保存”按钮，或选择“文件”→“保存”命令，将草图保存，文件名为“销钉 .sldprt”。

3.5 旋转特征

旋转特征是由特征截面绕中心线旋转而成的一类特征，它适于构造回转体零件。图 3-27 所示为一个由旋转特征形成的零件实例。

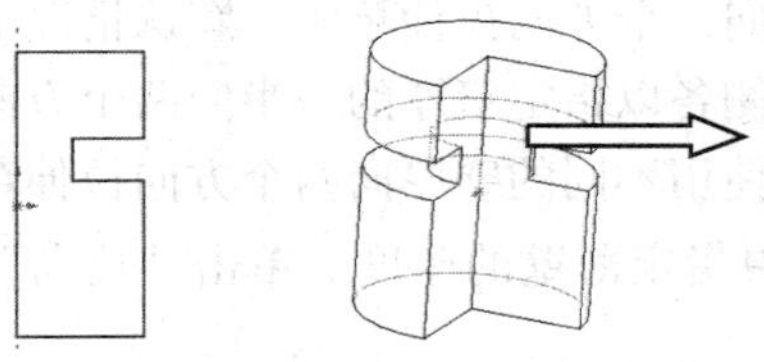

图 3-27　旋转特征形成的零件实例

实体旋转特征的草图可以包含一个或多个闭环的非相交轮廓，但对于包含多个轮廓的基体旋转特征，其中一个轮廓必须包含所有其他轮廓。薄壁或曲面旋转特征的草图只能包含一个开环的或闭环的非相交轮廓。轮廓不能与中心线交叉。如果草图中包含一条以上的中心线，可选择一条中心线作为旋转轴。

3.5.1　旋转凸台 / 基体

要生成旋转的凸台 / 基体特征，可做如下操作：

1）绘制一条中心线和旋转轮廓。

2）单击“特征”控制面板上的“旋转凸台 / 基体”按钮，或选择“插入”→“凸台 / 基体”→“旋转”命令。

3）在弹出的“旋转”属性管理器右侧的绘图区中显示出生成的旋转特征，如图 3-28 所示。

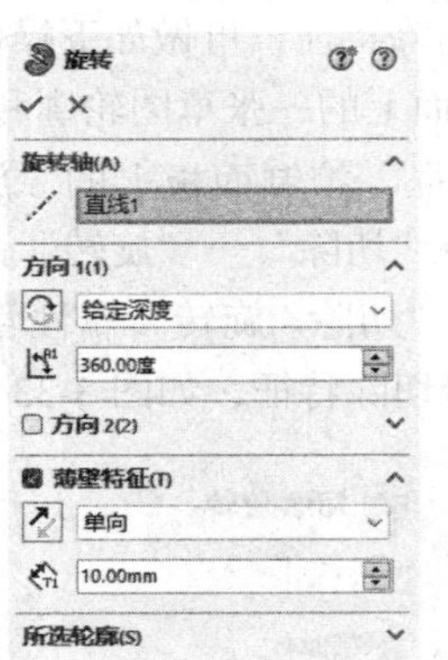

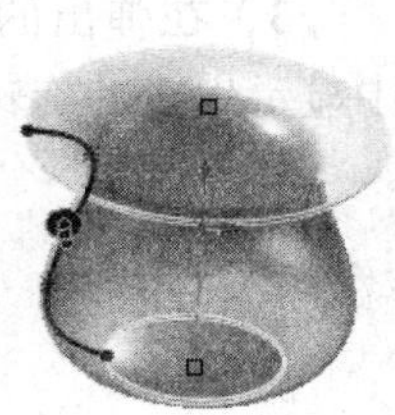

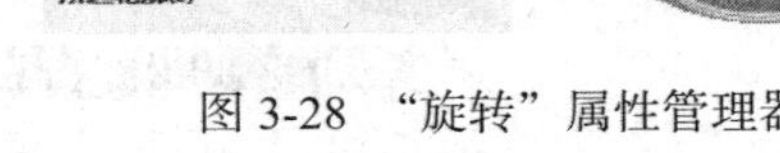

图 3-28　“旋转”属性管理器

4）在“方向 1”栏的下拉列表框中选择“旋转类型”：

①“给定深度”：草图向一个方向旋转指定的角度，如图 3-29 所示。如果想要向相反的方向旋转特征，可单击“反向”按钮。

②“两侧对称”：草图以所在平面为中面，分别向两个方向旋转相同的角度，如图 3-30 所示。

③“双向”：草图以所在平面为中面，分别向两个方向旋转指定的角度，这两个角度可以分别指定，如图 3-31 示。

在“角度”文本框中指定旋转角度。

5）如果准备生成薄壁旋转，则选择“薄壁特征”复选框，然后进行以下操作：

① 在“薄壁特征”的下拉列表框中选择拉伸薄壁类型（单向、两侧对称或双向）。这里的类型与在旋转类型中的含义完全不同，这里的方向是指薄壁截面上的方向。

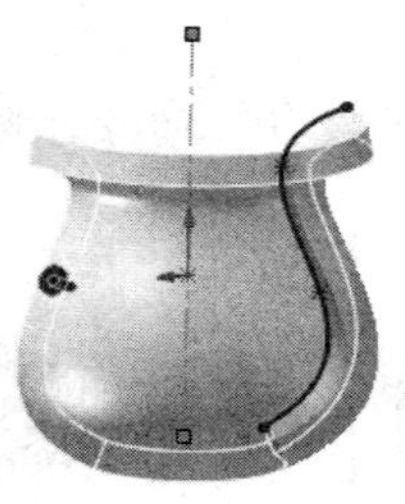
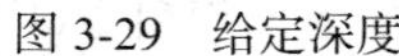

图 3-29　给定深度

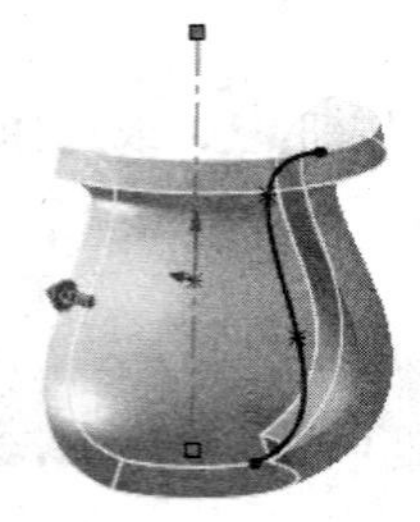

图 3-30　两侧对称

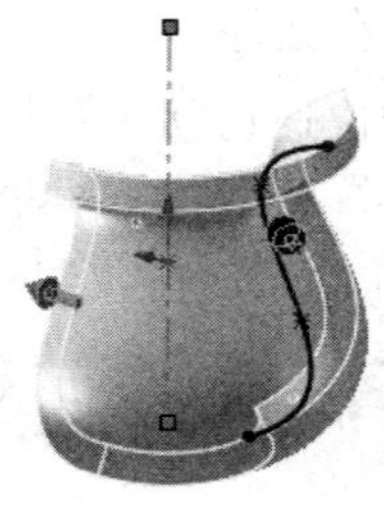

图 3-31　双向

“单向”：使用指定的壁厚向一个方向拉伸草图。默认情况下，壁厚加在草图轮廓的外侧。

“两侧对称”：在草图的两侧各以指定壁厚的一半向两个方向拉伸草图。

“双向”：在草图的两侧各使用不同的壁厚向两个方向拉伸草图。

② 在“厚度”文本框中指定薄壁的厚度。单击“反向”按钮，可以将壁厚加在草图轮廓的内侧。

6）单击“确定”按钮，完成旋转凸台 / 基体特征的生成。

3.5.2　旋转切除

与旋转凸台 / 基体特征不同的是，旋转切除特征用来产生切除特征，也就是用来去除材料。图 3-32 所示为利用旋转切除特征生成的几种零件效果。

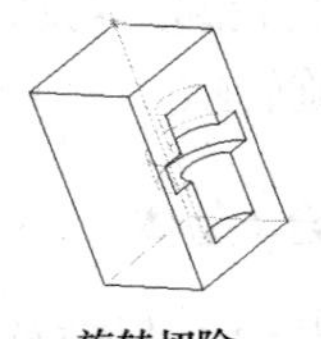

旋转切除

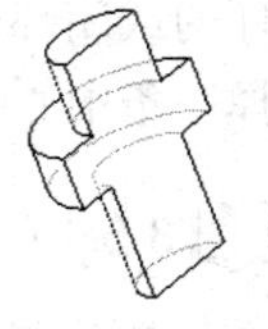

旋转薄壁切除

图 3-32　利用旋转切除特征生成的几种零件效果

要创建旋转切除特征，可做如下操作：

1）选择模型面上的一张草图轮廓和一条中心线。

2）单击“特征”控制面板上的“旋转切除”按钮，或选择“插入”→“切除”→“旋转”命令。

3）在弹出的“切除 - 旋转”属性管理器右侧的绘图上中显示生成的旋转切除特征，如图 3-33 所示。

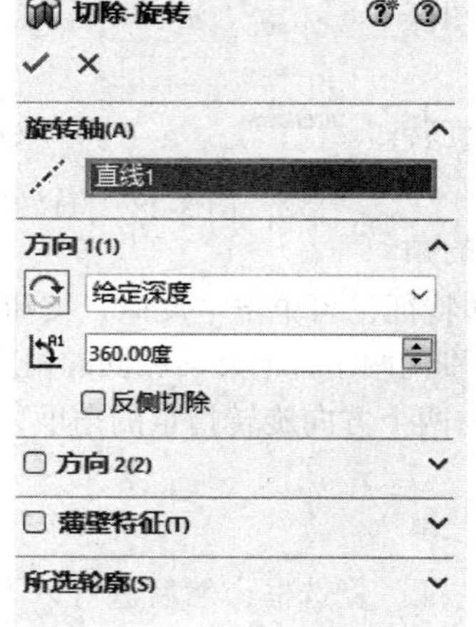

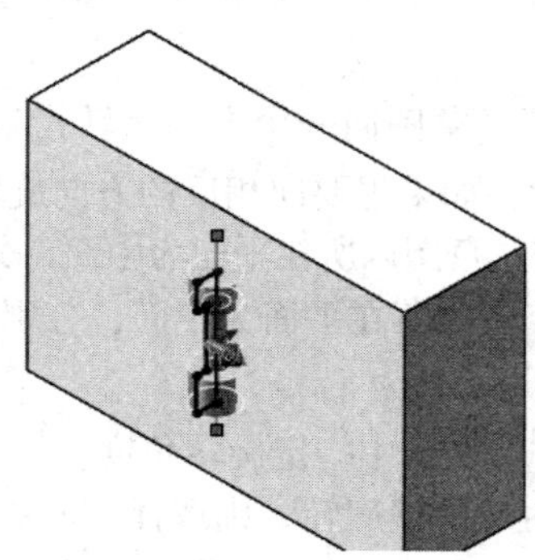

图 3-33　“切除 - 旋转”属性管理器

4）在“旋转参数”栏的下拉列表框中选择旋转类型（单向、两侧对称、双向）。其含义同“旋转凸台 / 基体”属性管理器中的“旋转类型”。

5）在“角度”文本框中指定旋转角度。

6）如果准备生成薄壁旋转，则选择“薄壁特征”复选框，设定薄壁旋转参数。

7）单击“确定”按钮，完成旋转切除特征的创建。

3.5.3 实例——轴

本案例利用旋转特征和拉伸切除特征进行零件建模，生成如图 3-34 所示的轴。

本案例视频内容：“X：\ 动画演示 \ 第 3 章 \ 轴 .mp4”。

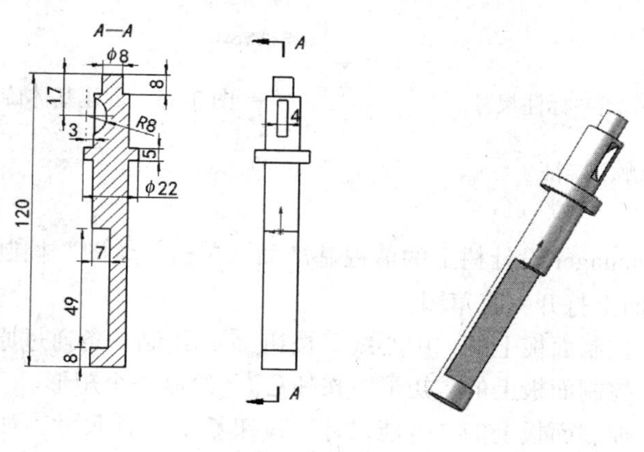

图 3-34　轴

1. 建立新的零件文件

启动 SOLIDWORKS 2024，单击快速访问工具栏中的“新建”按钮，在弹出的“新建 SOLIDWORKS 文件”对话框中单击“零件”按钮，然后单击“确定”按钮，创建一个新的零件文件。

2. 生成旋转基体特征

（1）绘制草图

1）在 FeatureManager 设计树中选择“前视基准面”，单击“草图”控制面板上的“草图绘制”按钮，进入草图绘制环境。

2）单击“草图”控制面板上的“中心线”按钮，绘制一条通过原点的竖直中心线。

3）单击“草图”控制面板上的“直线”按钮，绘制旋转轮廓。

4）单击“草图”控制面板上的“智能尺寸”按钮，标注直线尺寸，如图 3-35 所示。

（2）创建基体旋转特征

1）单击“特征”控制面板上的“旋转凸台 / 基体”按钮，弹出“旋转”属性管理器。

2）在“旋转”属性管理器中设置旋转类型为“给定深度”，在“角度”文本框中设置旋转角度为 360.00 度，如图 3-36 所示。

3）单击“确定”按钮，创建基体旋转特征，如图 3-36 所示。

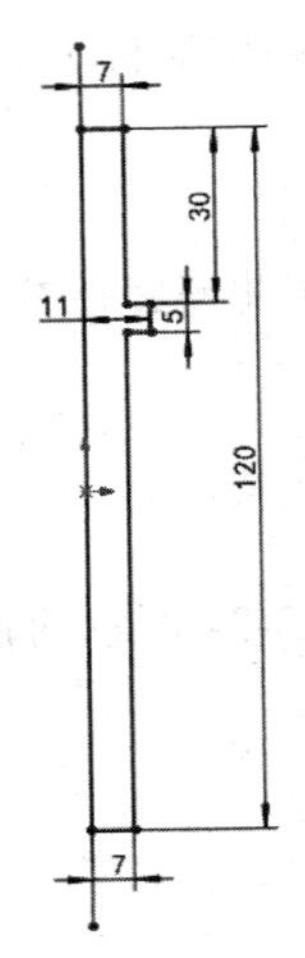

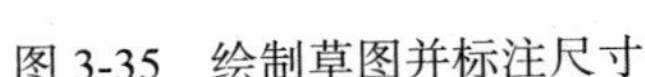

图 3-35　绘制草图并标注尺寸

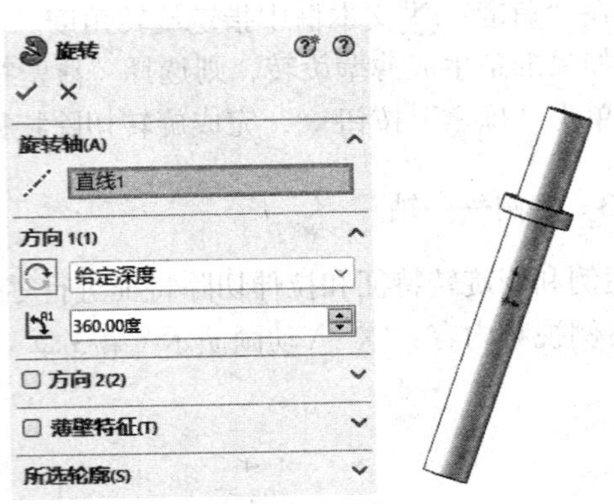

图 3-36　创建基体旋转特征

3. 生成基体旋转切除特征

（1）绘制草图

1）选择 FeatureManager 设计树上的前视基准面，单击“草图”控制面板上的“草图绘制”按钮，在前视基准面上打开一张草图。

2）单击“草图”控制面板上的“中心线”按钮，绘制一条通过原点的竖直中心线。

3）单击“草图”控制面板上的“矩形”按钮，绘制一个矩形。

4）单击“草图”控制面板上的“智能尺寸”按钮，标注尺寸，如图 3-37 所示。

（2）创建基体旋转切除特征

1）单击“特征”控制面板上的“旋转切除”按钮，或选择“插入”→“切除”→“旋转”命令，弹出“切除 - 旋转”属性管理器。

2）在“切除 - 旋转”属性管理器中设置旋转类型为“给定深度”，在“角度”文本框中设置旋转角度为 360.00 度。

3）单击“确定”按钮，创建基体旋转切除特征，如图 3-38 所示。

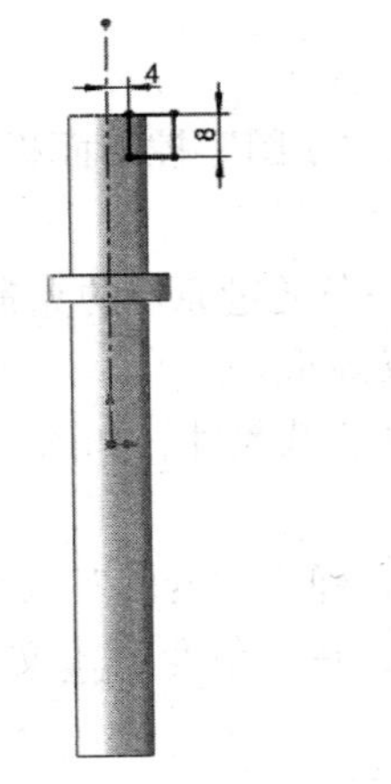

图 3-37　绘制草图并标注尺寸

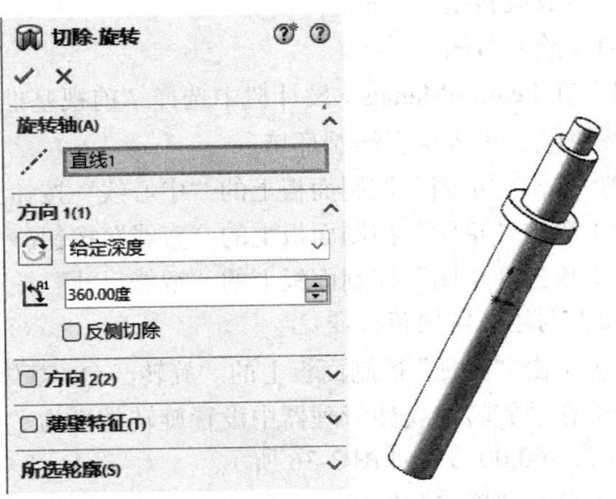

图 3-38　创建基体旋转切除特征

4. 生成基体拉伸切除特征

（1）绘制草图

1）选择 FeatureManager 设计树上的“右视基准面”，单击“草图”控制面板上的“草图绘制”按钮，从而在右视基准面上打开一张草图。

2）单击“草图”控制面板上的“矩形”按钮，绘制拉伸切除用的草图轮廓，如图 3-39 所示。

（2）创建基体拉伸切除特征

1）单击“特征”控制面板上的“拉伸切除”按钮，或选择“插入”→“切除”→“拉伸”命令，弹出“切除 - 拉伸”属性管理器。

2）设置切除的“终止条件”为“两侧对称”，在“深度”文本框中设置切除的深度为 20.00mm，如图 3-40 所示。

3）单击“确定”按钮，创建基体拉伸切除特征，如图 3-40 所示。

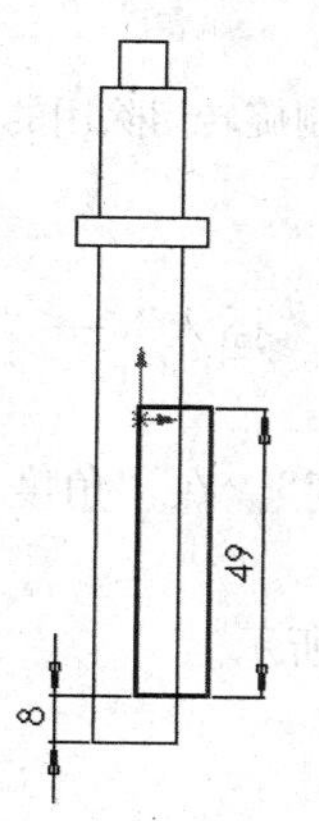

图 3-39 绘制拉伸切除用草图

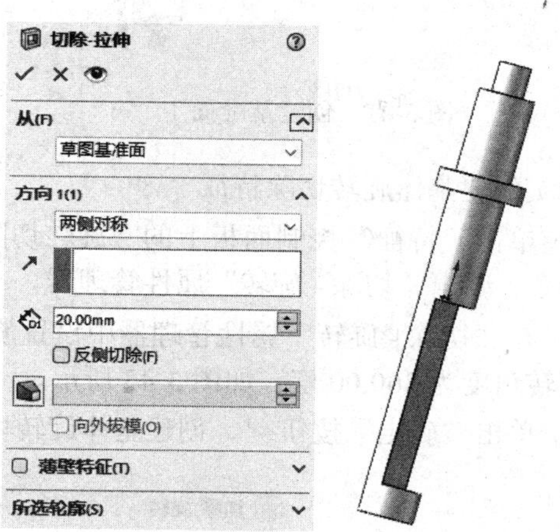

图 3-40 创建基体拉伸切除特征

5. 创建基准平面

1）选择 FeatureManager 设计树上的“前视基准面”，选择“插入”→“参考几何体”→“基准面”命令，弹出“基准面”属性管理器。

2）在“基准面”属性管理器上的“偏移距离”文本框中设置偏移距离为 10.00mm。

3）如果有必要可选择“反转等距”复选框，使基准面在前视基准面的另一侧，如图 3-41 所示。

4) 单击“确定”按钮，创建基准面 1。

6. 生成基体旋转切除特征

（1）绘制草图

1）选择创建的基准面 1，单击“视图（前导）”工具栏中的“正视于”按钮，以正视于基准面 1。

2）单击“草图”控制面板上的“草图绘制”按钮，在基准面 1 上打开一张草图。

3）单击“草图”控制面板上的“中心线”按钮和“矩形”按钮，绘制用于旋转切除的草图，如图 3-42 所示。

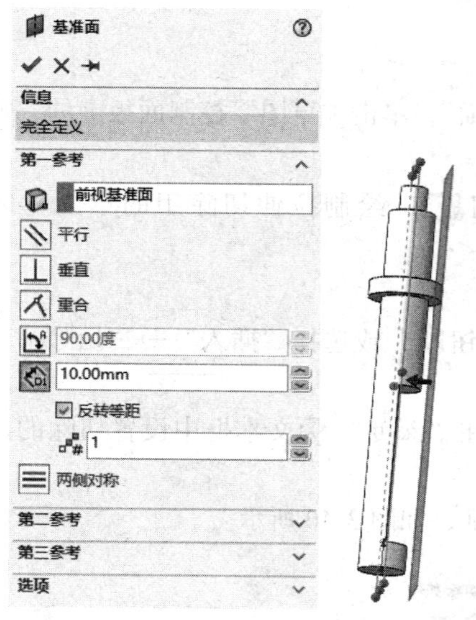

图 3-41　创建基准面 1

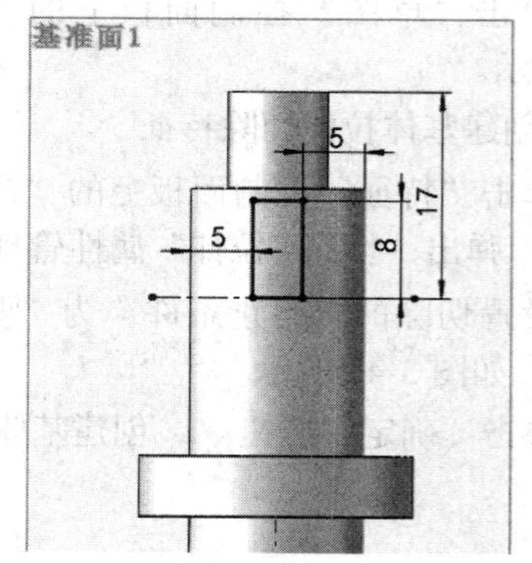

图 3-42　绘制旋转切除用的草图

（2）创建基体旋转切除特征

1）单击“特征”控制面板上的“旋转切除”按钮，或选择“插入”→“切除”→“旋转”命令，弹出“切除 - 旋转”属性管理器。

2）在“切除 - 旋转”属性管理器中设置旋转类型为“给定深度”，在“角度”文本框中设置旋转角度为 360.00 度，如图 3-43 所示。

3）单击“确定”按钮，创建基体旋转切除特征，如图 3-43 所示。

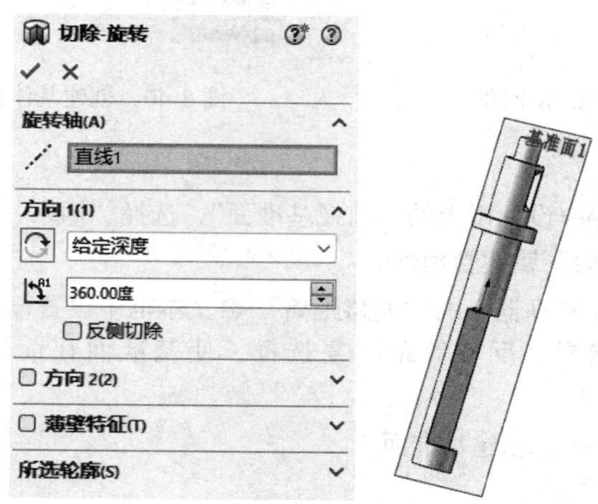

图 3-43　创建基体旋转切除特征

7. 保存文件

单击快速访问工具栏中的“保存”按钮，或者选择“文件”→“保存”命令。将草图保存，文件名为“轴 .sldprt”。

该零件制作完成了，最后的效果如图 3-34 所示。

3.6 扫描特征

扫描特征是指由二维草图轮廓（截面）沿着指定的轨迹线（路径）扫描生成三维实体的一类特征。通过沿着一条路径移动轮廓（截面）可以生成基体、凸台、切除或曲面。图 3-44 所示为利用扫描特征生成的零件实例。

SOLIDWORKS 2024 的扫描特征遵循以下规则：

1）扫描路径可以为开环或闭环。

2）路径可以是一张草图中包含的一组草图曲线、一条曲线或一组模型边线。

3）路径的起点必须位于轮廓的基准面上。

4）对于凸台 / 基体扫描特征，轮廓必须是闭环的；对于曲面扫描特征，则轮廓可以是闭环的也可以是开环的。

5）无论是截面、路径或所形成的实体，都不能出现自相交叉的情况。

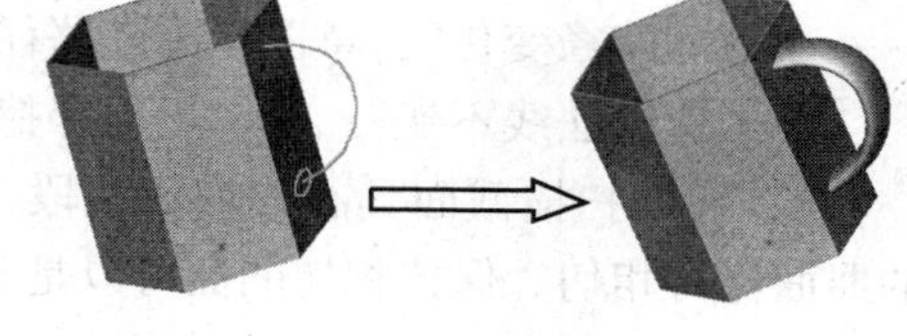

图 3-44　利用扫描特征生成的零件实例

3.6.1　凸台 / 基体扫描

凸台 / 基体扫描特征属于叠加特征，要生成凸台 / 基体扫描特征，可做如下操作：

1）在一个基准面上绘制一个闭环的非相交轮廓。

2）使用草图、现有的模型边线或曲线生成轮廓将遵循的路径，如图 3-45 所示。

3）单击“特征”控制面板上的“扫描”按钮，或选择“插入”→“凸台 / 基体”→“扫描”命令。此时，弹出“扫描 1”属性管理器，同时在右侧的绘图区中显示生成的扫描特征，如图 3-46 所示。

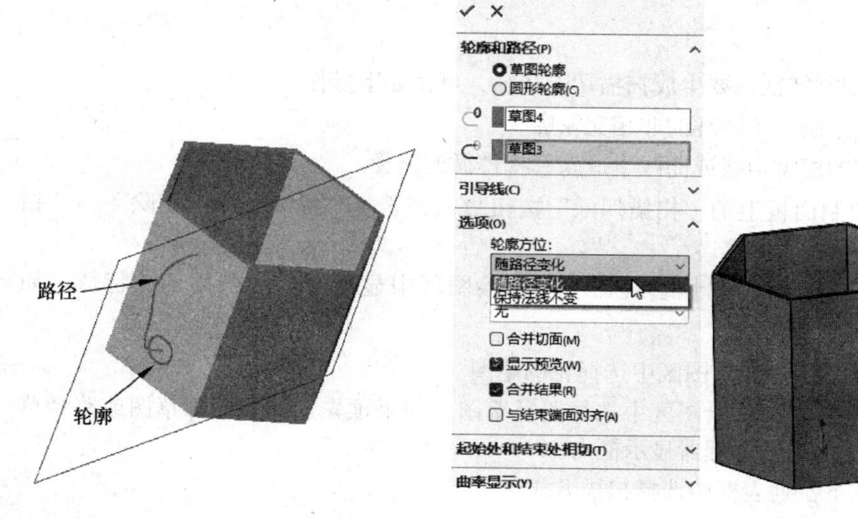

图 3-45　生成路径

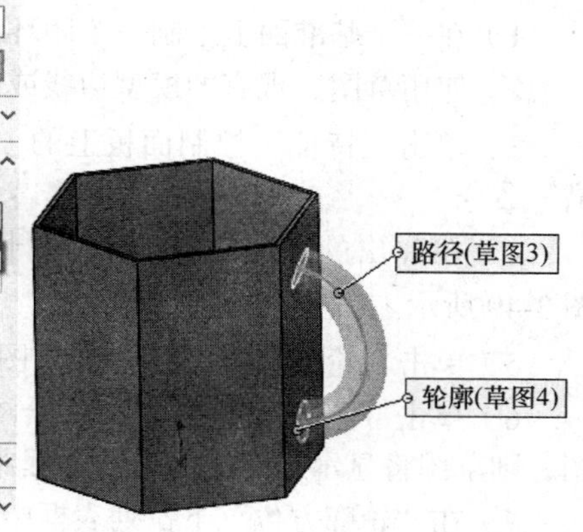

图 3-46　“扫描 1”属性管理器和生成的扫描特征

4）单击“轮廓”按钮，在绘图区中选择轮廓草图。

5）单击“路径”按钮，在绘图区中选择路径草图。如果预先选择了轮廓草图或路径草图，则草图将显示在对应的属性管理器显示框内。

6）若单击“圆形轮廓”单选按钮，将直接在模型上沿草图线、边线或曲线创建实体杆或空心管筒，而无须绘制草图

7）在“轮廓方位”下拉列表框中可选择以下选项：

①“随路径变化”：草图轮廓随路径的变化而变换方向，其法线与路径相切（见图 3-47）。

②“保持法线不变”：草图轮廓保持法线方向不变（见图 3-48）。

8）如果扫描截面具有相切的线段，选择“合并切面”复选框，将使所生成的扫描中相应的曲面保持相切。保持相切的面可以是基准面、圆柱面或锥面。

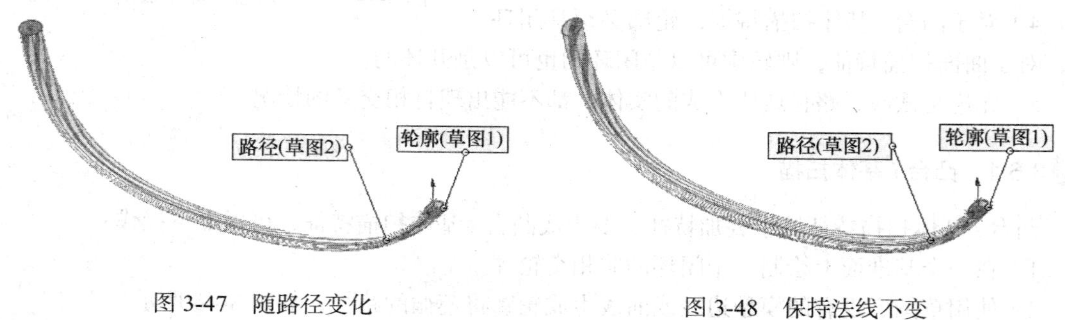

图 3-47　随路径变化　　　　图 3-48　保持法线不变

9）如果要生成薄壁扫描特征，则选择“薄壁特征”复选框，从而激活薄壁选项。

10）选择薄壁类型（单向、两侧对称或双向）。

11）设置薄壁厚度。

12）单击“确定”按钮，完成扫描特征的生成。

3.6.2　扫描切除

扫描切除特征属于切割特征。要生成扫描切除特征，可做如下操作：

1）在一个基准面上绘制一个闭环的非相交轮廓。

2）使用草图、现有的模型边线或曲线生成轮廓将遵循的路径。

3）单击“特征”控制面板上的“扫描切除”按钮，或选择“插入”→“切除”→“扫描”命令。

4）在弹出的“切除 - 扫描”属性管理器右侧的绘图区中显示生成的扫描切除特征，如图 3-49 所示。

5）单击“轮廓”按钮，在绘图区中选择轮廓草图。

6）单击“路径”按钮，在绘图区中选择路径草图。如果预先选择了轮廓草图或路径草图，则草图将显示在对应的属性管理器显示框内。

7）在“轮廓方位”下拉列表框中选择扫描方式。

8）其余选项与“凸台 / 基体扫描”一样。

9）单击“确定”按钮，完成扫描切除特征的生成。

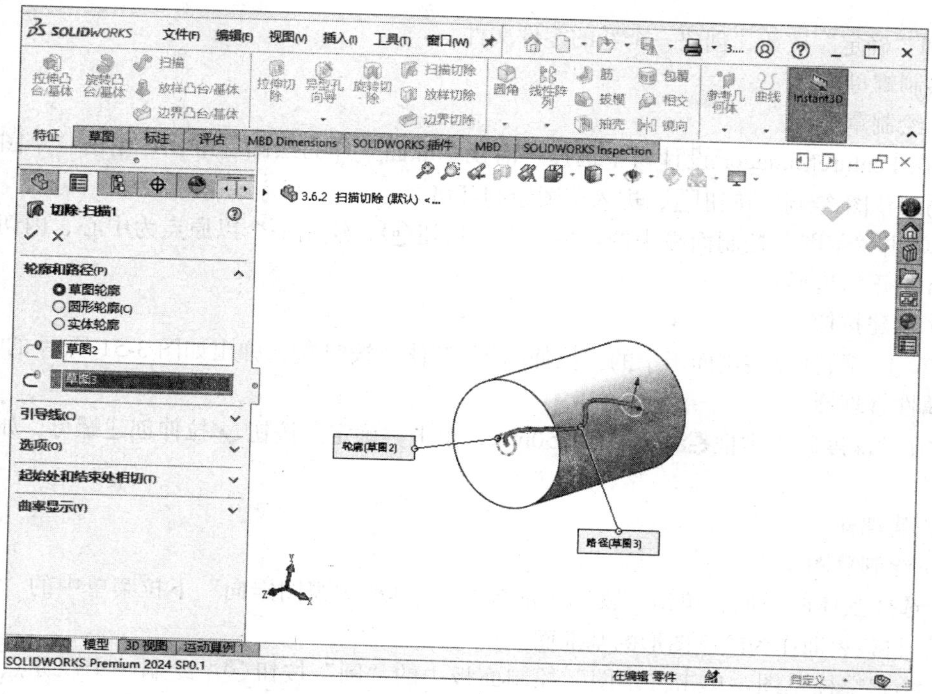

图 3-49　“切除 - 扫描 1”属性管理器和生成的切除 - 扫描特征

3.6.3　实例——螺栓 M20

本案例利用拉伸特征、旋转切除特征和扫描切除特征进行零件建模，生成如图 3-50 所示的螺栓 M20。

本案例视频内容：“X：\ 动画演示 \ 第 3 章 \ 螺栓 M20.mp4”。

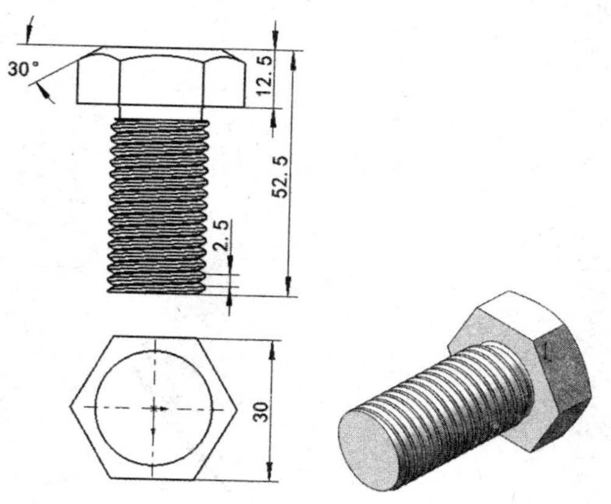

图 3-50　螺栓 M20

1. 新建文件

启动 SOLIDWORKS 2024，选择菜单栏中的“文件”→“新建”命令，或单击快速访问工具栏中的“新建”按钮，在弹出的“新建 SOLIDWORKS 文件”对话框中依次单击“零件”

按钮和“确定”按钮，创建一个新的零件文件。

2. 绘制螺母

（1）绘制草图

1）在 FeatureManager 设计树中选择“前视基准面”作为绘图基准面，单击“草图”控制面板上的“草图绘制”按钮，进入草图绘制环境。

2）单击“草图”控制面板中的“多边形”按钮，绘制一个以原点为中心、内切圆直径为 30mm 的正六边形。

（2）创建拉伸实体

1）单击“特征”控制面板中的“拉伸凸台 / 基体”按钮，弹出如图 3-51 所示 的“凸台 - 拉伸”属性管理器。

2）在“深度”文本框中输入 12.50mm，单击“确定”按钮拉伸创建螺母，如图 3-52 所示。

3. 创建螺柱

（1）绘制草图

1）选择基体的顶面，单击“视图（前导）”工具栏“视图定向”下拉菜单中的“正视于”按钮，将该表面作为绘制图形的基准面。

2）绘制螺柱草图。单击“草图”控制面板中的“圆”按钮。绘制一个以原点为圆心、直径为 20mm 的圆作为螺柱的草图轮廓。

（2）创建拉伸实体

1）单击“特征”控制面板中的“拉伸凸台 / 基体”按钮。系统弹出“凸台 - 拉伸”属性管理器。

2）在“深度”文本框中输入 40.00mm，单击“确定”按钮，拉伸创建螺柱，如图 3-53 所示。

图 3-51 “凸台 - 拉伸”属性管理器

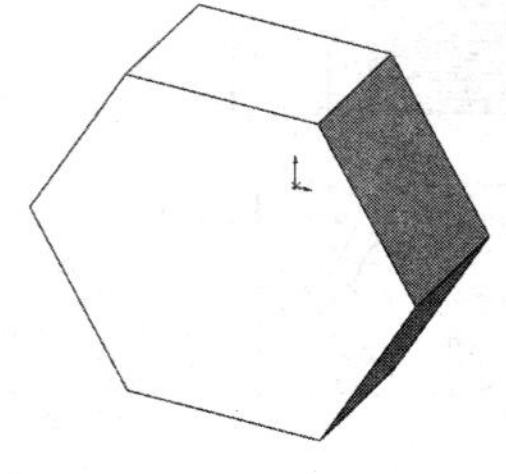

图 3-52 拉伸创建螺母

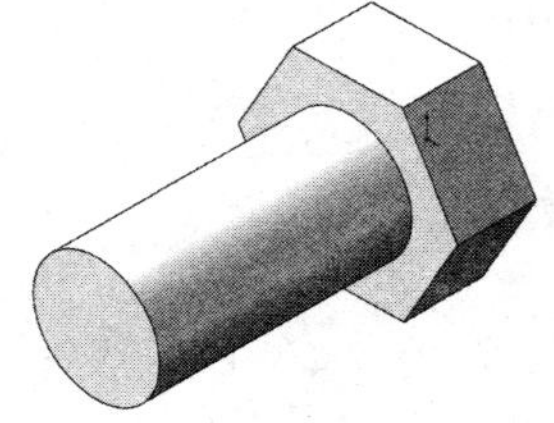

图 3-53 拉伸创建螺柱

4. 创建倒角

（1）绘制草图

1）在 FeatureManager 设计树中选择“上视基准面”作为绘图基准面。单击“草图”控制面板上的“草图绘制”按钮，进入草图绘制环境。

2）绘制中心线。单击“草图”控制面板中的“中心线”按钮，绘制一条与原点相距3mm的水平中心线和竖直中心线。

3）绘制轮廓。单击“草图”控制面板中的“直线”按钮，并标注尺寸，绘制如图3-54所示的直线轮廓。

（2）切除旋转实体

1）单击“特征”控制面板中的“旋转切除”按钮，在弹出的提示框中单击“是”按钮，如图3-55所示。

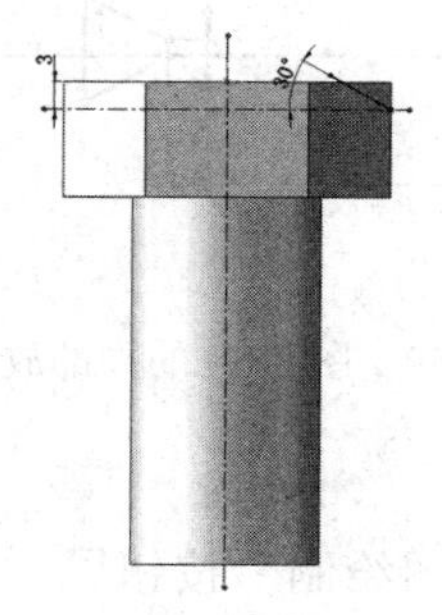

图3-54　绘制直线轮廓

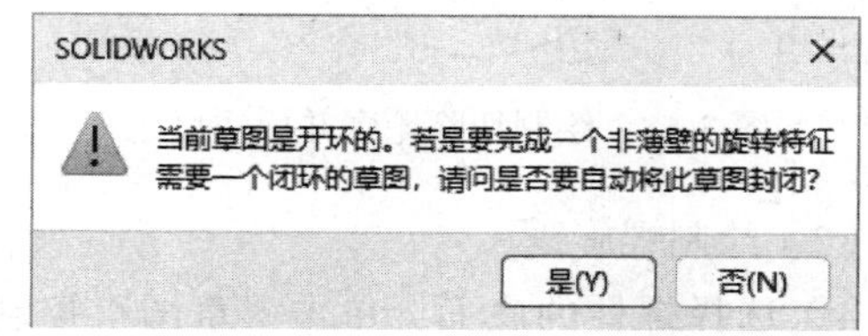

图3-55　提示框

2）在弹出的“切除-旋转”属性管理器中保持各种默认选项，即旋转类型为“给定深度”，旋转“角度”为360.00度，如图3-56所示。

3）单击“确定”按钮，生成切除-旋转特征，如图3-57所示。

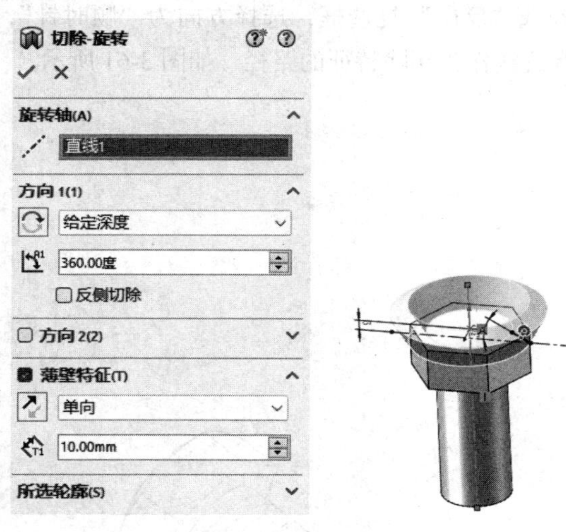

图3-56　设置切除-旋转参数

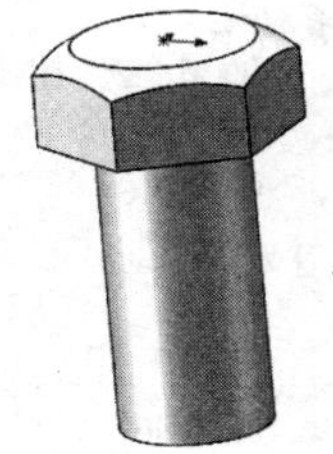

图3-57　生成切除-旋转特征

5. 创建螺纹

（1）绘制螺纹草图

1）在FeatureManager设计树中选择“上视基准面”作为绘图基准面。单击“草图”控制面板上的“草图绘制”按钮，进入草图绘制环境。

2）单击“草图”控制面板中的“直线”按钮和“中心线”按钮，绘制切除轮廓并标注尺寸，如图 3-58 所示，图 3-59 所示为其局部放大图，然后单击绘图区右上方的“退出草图”按钮。

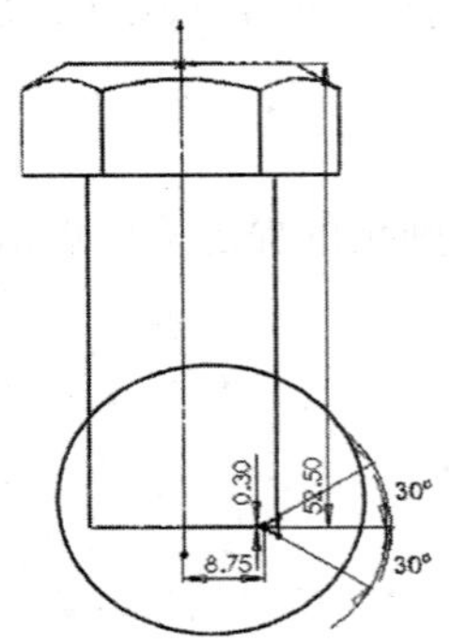

图 3-58　绘制切除轮廓并标注尺寸

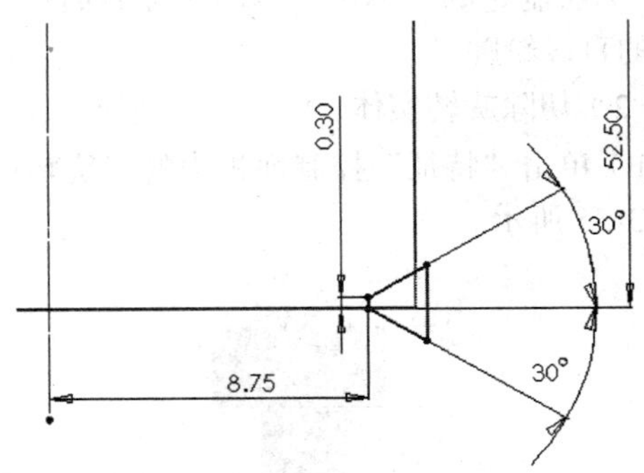

图 3-59　图 3-58 的局部放大图

（2）绘制螺旋线

1）选择螺柱的底面，单击“草图”控制面板上的“草图绘制”按钮，进入草图绘制环境。

2）转换实体引用。单击“草图”控制面板中的“转换实体引用”按钮，将该底面的轮廓圆转换为草图轮廓。

3）单击“特征”控制面板“曲线”下拉菜单中的“螺旋线 / 涡状线”按钮，弹出“螺旋线 / 涡状线”属性管理器。选择“定义方式”为“高度和螺距”，设置螺纹“高度”为 38.00mm、“螺距”为 2.50mm、“起始角度”为 0.00 度，勾选“反向”复选框，选择方向为“顺时针”，如图 3-60 所示。最后单击“确定”按钮，生成螺旋线作为切除特征的路径，如图 3-61 所示。

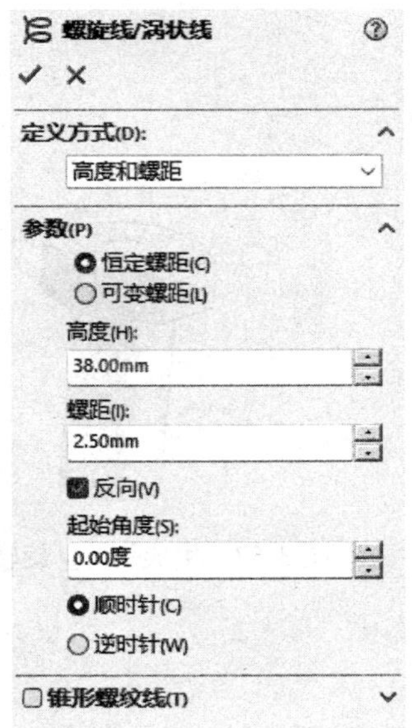

图 3-60　“螺旋线 / 涡状线”属性管理器

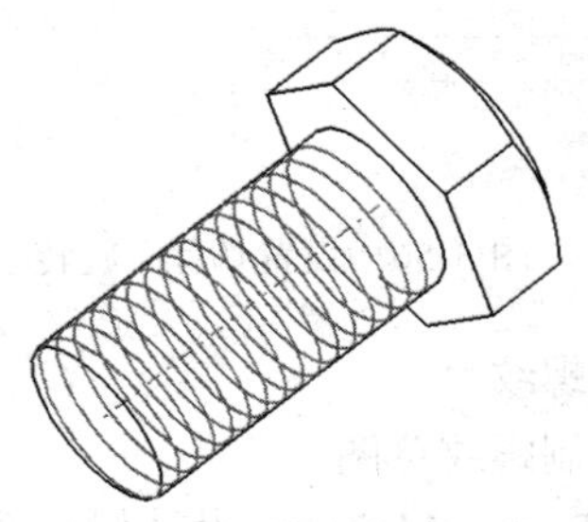

图 3-61　生成的螺旋线作为切除特征的路径

（3）生成螺纹

1）单击“特征”控制面板中的“扫描切除”按钮，弹出“切除 - 扫描”属性管理器，如图 3-62 所示。

2）单击“轮廓”按钮，选择绘图区中的牙形草图。单击“路径”按钮，选择螺旋线作为路径，如图 3-62 所示。

3）单击“确定”按钮，生成的螺纹如图 3-63 所示。

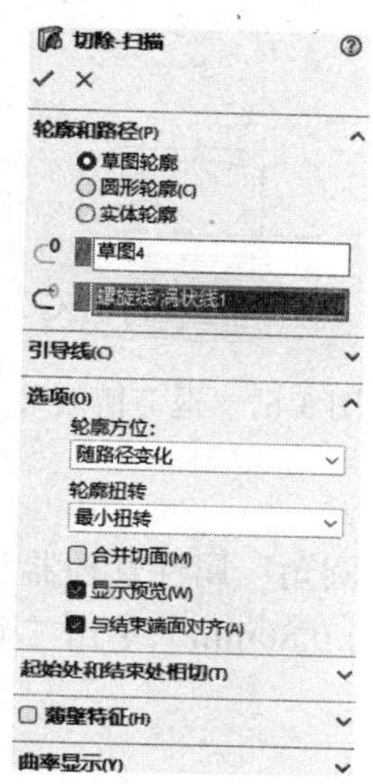

图 3-62 “切除 - 扫描”属性管理器

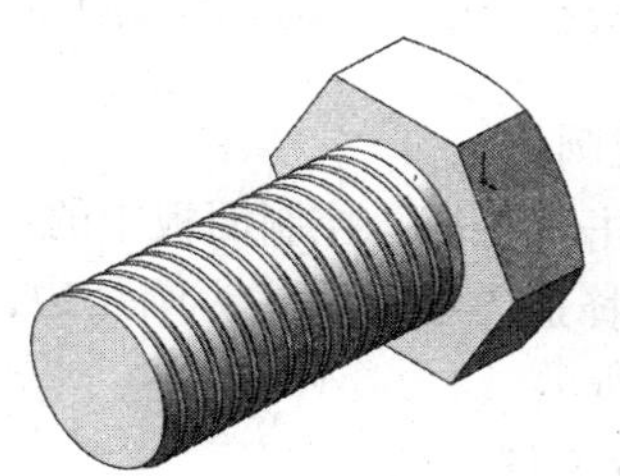

图 3-63 生成的螺纹

6. 生成退刀槽

（1）绘制草图

1）在 FeatureManager 设计树中选择“上视基准面”作为绘图基准面，然后单击“视图（前导）”工具栏中的“正视于”按钮，将该表面作为绘制图形的基准面，进入草图绘制环境。

2）单击“草图”控制面板中的“中心线”按钮，绘制一条通过原点的竖直中心线作为切除 - 旋转特征的旋转轴。单击“草图”控制面板中的“边角矩形”按钮，并对其进行标注，如图 3-64 所示，图 3-65 所示为其放大图。

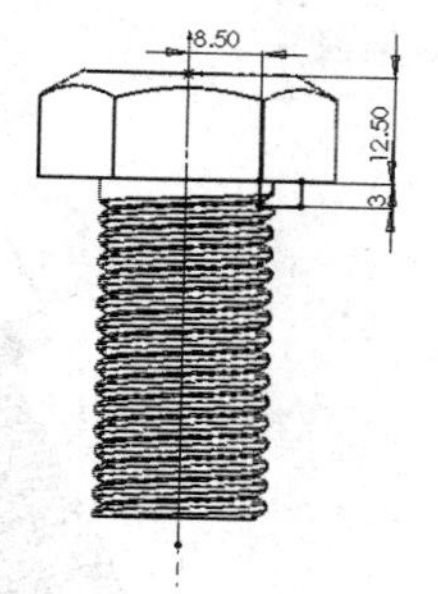

图 3-64 绘制草图并进行标注

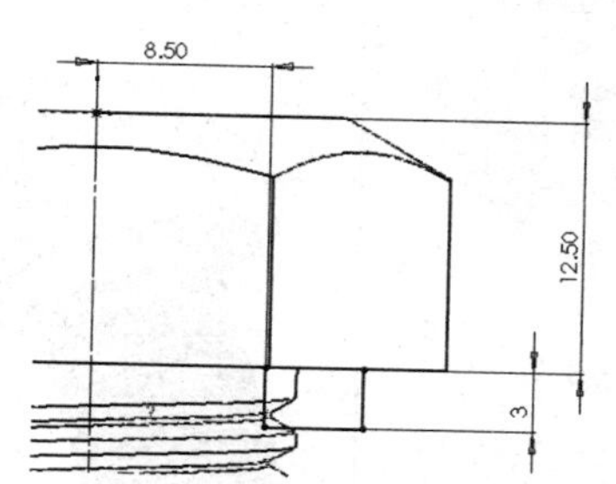

图 3-65 图 3-64 的局部放大图

（2）创建切除旋转实体

1）单击“特征”控制面板中的“旋转切除”按钮，弹出如图 3-66 所示的“切除 - 旋转

1”属性管理器，保持默认设置。

2）单击“确定”按钮✔，创建退刀槽，效果如图 3-67 所示。

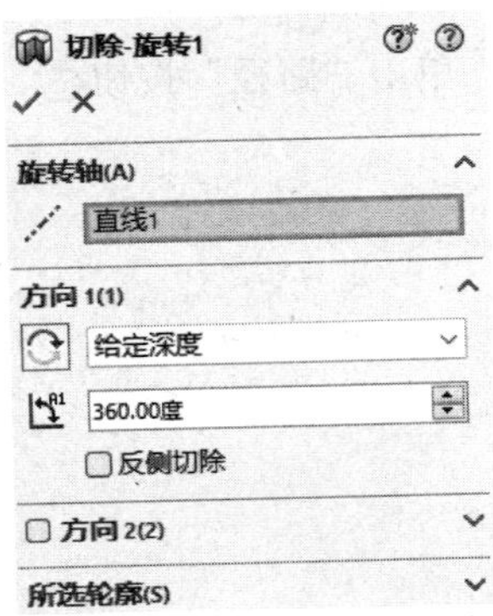

图 3-66 “切除 - 旋转 1”属性管理器

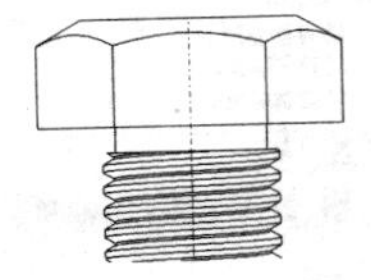

图 3-67 退刀槽效果

7. 创建圆角

1）单击“特征”控制面板中的“圆角”按钮，弹出“圆角”属性管理器。

2）选择退刀槽的边线为圆角边，设置圆角“半径”为 0.80mm，单击“确定”按钮✔，如图 3-68 所示。

8. 保存文件

选择菜单栏中的“文件”→“保存”命令，将零件文件保存为“螺栓 M20.sldprt”，最后的效果（包括 FeatureManager 设计树）如图 3-69 所示。

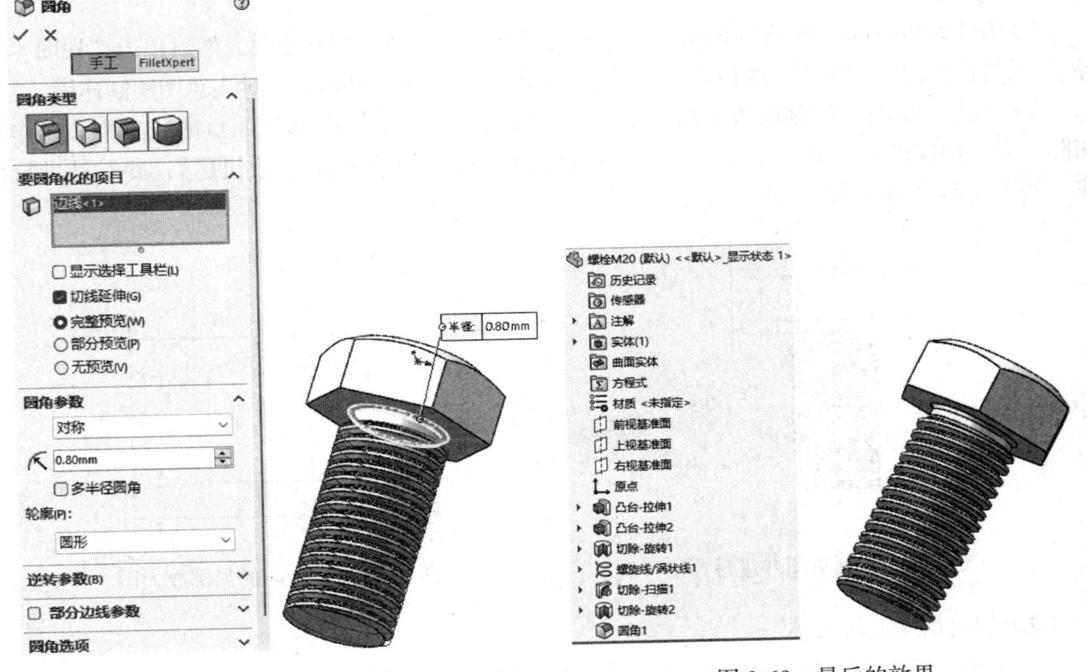

图 3-68 设置圆角特征

图 3-69 最后的效果

3.6.4 引导线扫描

SOLIDWORKS 2024 不仅可以生成等截面的扫描，还可以生成随着路径变化截面轮廓也发生变化的扫描——引导线扫描。图 3-70 所示为引导线扫描效果。

在利用引导线生成扫描特征之前，应该注意以下几点：

1）应该首先生成扫描路径和引导线，然后再生成截面轮廓。

2）引导线必须要和截面轮廓相交于一点，作为扫描曲面的顶点。

3）最好在截面草图上添加引导线上的点和截面轮廓相交处之间的穿透几何关系。

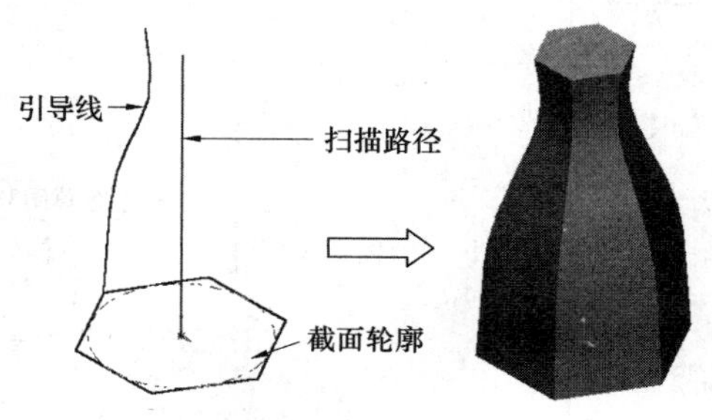

图 3-70 引导线扫描效果

如果要利用引导线生成扫描特征，可做如下操作：

1）生成引导线。可以使用任何草图曲线、模型边线或曲线作为引导线。

2）生成扫描路径。可以使用任何草图曲线、模型边线或曲线作为扫描路径。

3）绘制截面轮廓。

4）在截面轮廓草图中添加引导线与截面轮廓相交处的穿透几何关系。穿透几何关系将使截面轮廓沿着路径改变大小、形状，或者两者均改变。截面轮廓受曲线的约束，但曲线不受截面轮廓的约束。

5）单击“特征”控制面板上的“扫描”按钮，或选择“插入”→“基体 / 凸台”→“扫描”命令。如果要生成扫描切除特征，则选择“插入”→“切除”→“扫描”命令。

6）在弹出的“扫描”属性管理器中右侧的绘图区中显示生成的基体或凸台扫描特征。

7）单击“轮廓”按钮，然后在绘图区中选择轮廓草图。

8）单击“路径”按钮，然后在绘图区中选择路径草图。如果选择了“显示预览”复选框，此时在绘图区中将显示不随引导线变化截面的扫描特征。

9）在“引导线”栏中单击“引导线”按钮，然后在绘图区中选择引导线。此时在绘图区中将显示随着引导线变化截面的扫描特征，如图 3-71 所示。

10）如果存在多条引导线，可以单击“上移”按钮或“下移”按钮来改变使用引导线的顺序。

11）单击“显示截面”按钮，然后单击微调按钮，根据截面数量查看并修正截面轮廓。

12）在“选项”栏中的“轮廓方位”下拉列表框中选择以下选项：

①“随路径变化”：草图轮廓随路径的变化而变换方向，其法线与路径相切。

②“保持法线不变”：草图轮廓保持法线方向不变。

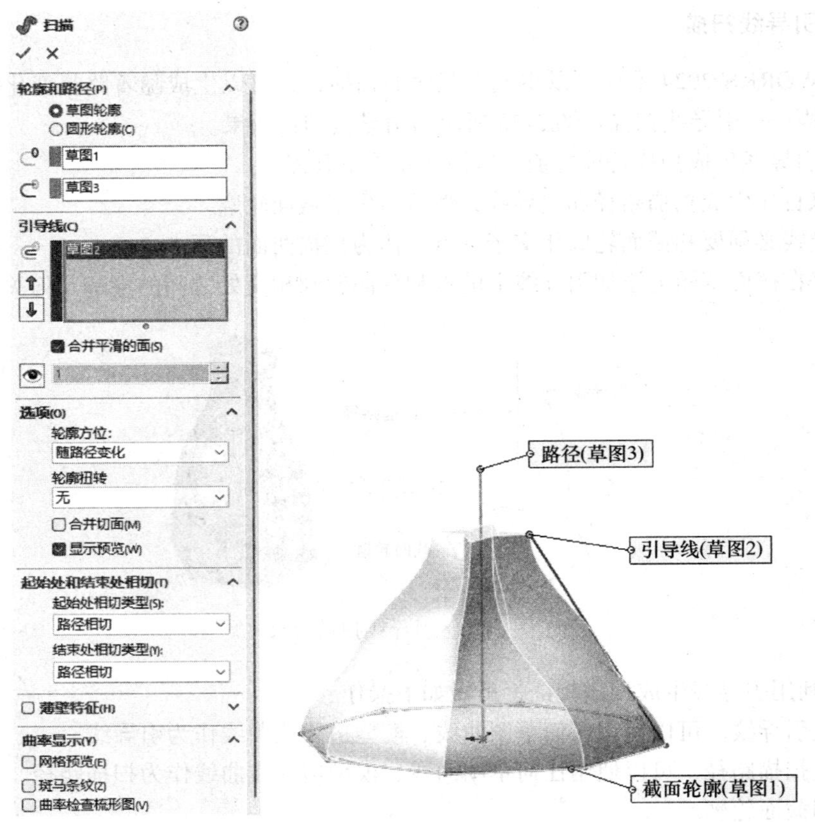

图 3-71　引导线扫描

13）在“选项”栏中的“轮廓扭转”下拉列表框中选择以下选项：

①“随路径和第一引导线变化”：如果引导线不只一条，选择该选项，将使扫描随第一条引导线变化（见图 3-72）。

②“随第一和第二引导线变化”：如果引导线不只一条，选择该选项，将使扫描随第一条和第二条引导线同时变化（见图 3-73）。

③ 无：不应用轮廓扭转。

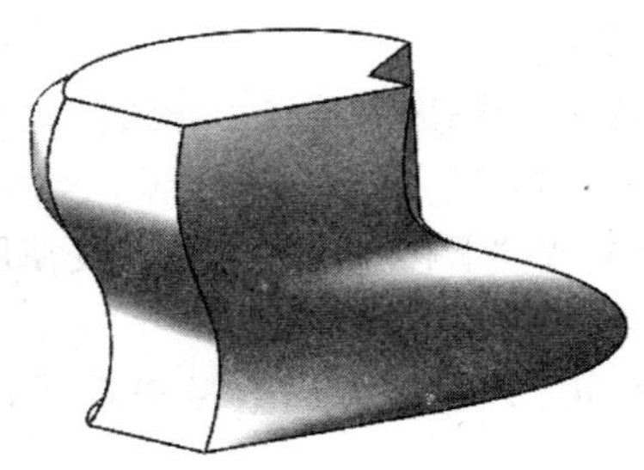
图 3-72　随路径和第一引导线变化

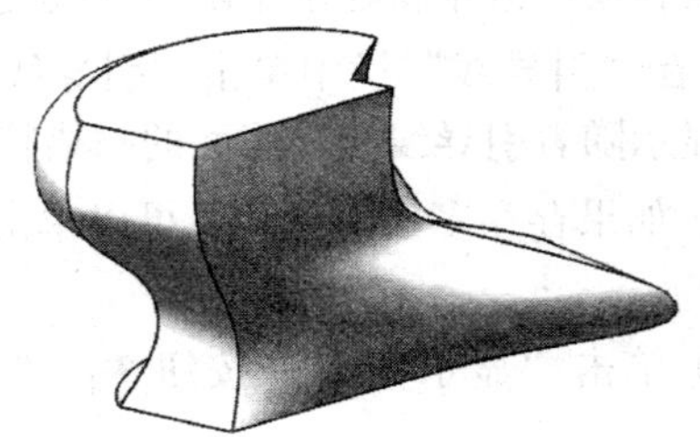
图 3-73　随第一和第二引导线变化

14）如果扫描截面具有相切的线段，选择“合并切面”复选框，将使所生成的扫描中相应的曲面保持相切。保持相切的面可以是基准面、圆柱面或锥面。

15）如果要生成薄壁特征扫描，则选择“薄壁特征”复选框，从而激活薄壁选项：

① 选择薄壁类型（单向、两侧对称或双向）。

② 设置薄壁厚度。

16）在“起始处和结束处相切”栏中可以设置起始处或结束处的相切选项：

①“无”：不应用相切。

②“路径相切”：扫描在起始处和结束处与路径相切。

17）单击“确定”按钮✔，完成引导线扫描特征的生成。

扫描路径和引导线的长度可能不同，如果引导线比扫描路径长，扫描将使用扫描路径的长度；如果引导线比扫描路径短，扫描将使用最短的引导线长度。

3.6.5 实例——扫描件

本案例运用扫描特征进行零件建模，生成如图 3-74 所示的扫描件。

本案例视频内容：“X：\动画演示\第 3 章\扫描件 .mp4”。

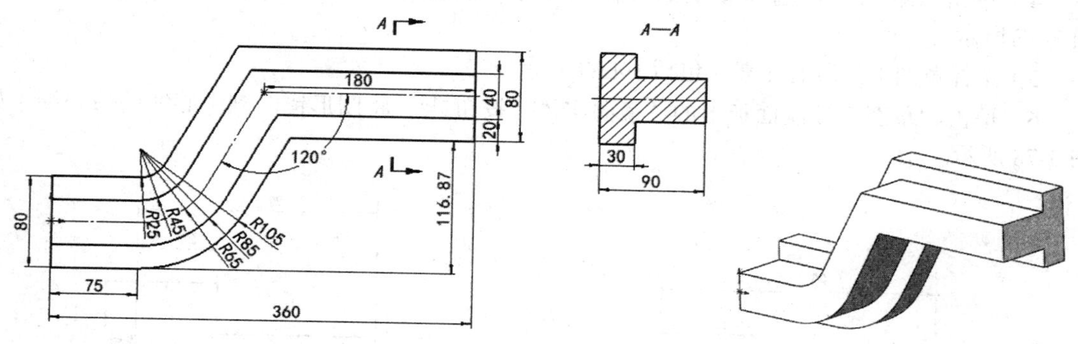

图 3-74 扫描件

1. 建立新的零件文件

单击快速访问工具栏中的“新建”按钮，在弹出的“新建 SOLIDWORKS 文件”对话框中单击“零件”按钮，然后单击“确定”按钮，创建一个新的零件文件。

2. 生成基体扫描特征

（1）绘制草图 1

1）在 FeatureManager 设计树中单击选择“前视基准面”，单击“草图”控制面板上的“草图绘制”按钮，进入草图绘制环境。

2）单击“草图”控制面板上的“直线”按钮和“切线弧”按钮，绘制扫描的路径草图，如图 3-75 所示。

3）单击“草图”控制面板上的“智能尺寸”按钮，对扫描路径进行尺寸标注，如图 3-76 所示。

4）单击“退出草图”按钮，退出草图绘制。

（2）绘制草图 2

1）在 FeatureManager 设计树上右击“草图 1”，在弹出的快捷菜单中选择“隐藏”命令，将草图 1 隐藏起来。

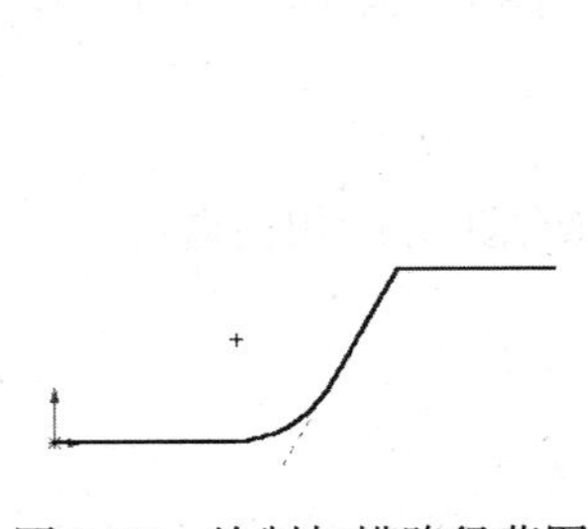

图 3-75　绘制扫描路径草图

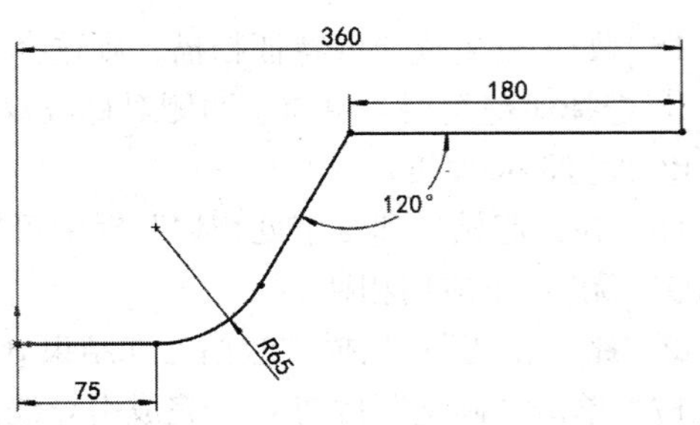

图 3-76　标注尺寸

2）选择 FeatureManager 设计树上的“右视基准面”，单击“草图”控制面板上的“草图绘制”按钮，在右视基准面上打开一张草图。

3）单击“草图”控制面板上的“直线”按钮和“中心线”按钮，绘制扫描轮廓草图。

4）单击“草图”控制面板上的“智能尺寸”按钮，对扫描路径进行尺寸标注，如图 3-77 所示。

5）选择草图上的所有元素，包括中心线。

6）单击“草图”控制面板上的“镜向实体”按钮，将图形镜向到中心线的另一端，如图 3-78 所示。

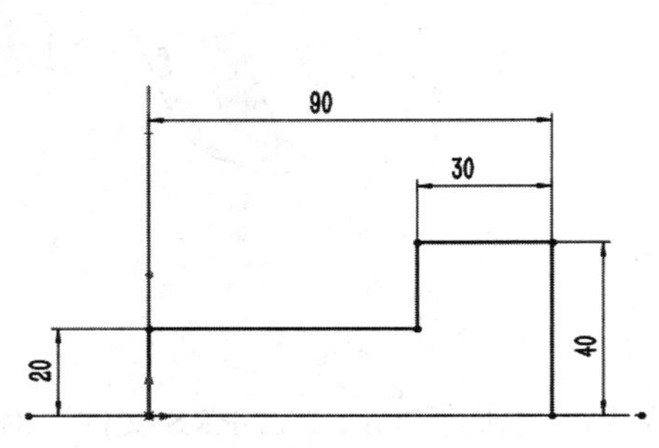

图 3-77　绘制扫描轮廓草图并标注尺寸

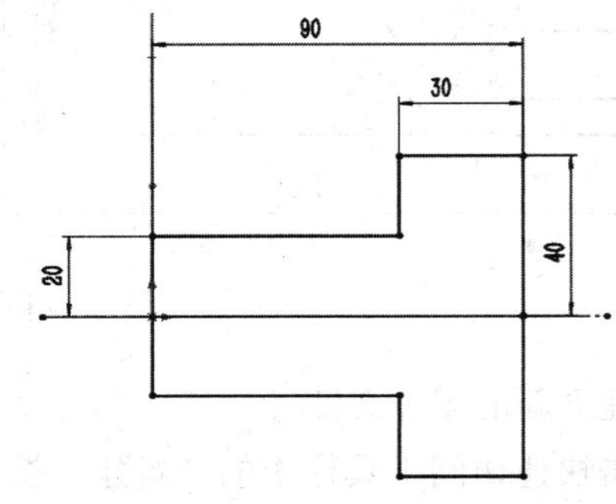

图 3-78　镜向草图

7）单击“退出草图”按钮，退出草图的绘制。

8）在 FeatureManager 设计树上右击“草图 1”，在弹出的快捷菜单中选择“显示”命令，将“草图 1”显示出来。

（3）创建基体扫描特征

1）单击“视图（前导）”工具栏“视图定向”下拉菜单中的“等轴测”按钮，用等轴测视图观看图形，如图 3-79 所示。

2）单击“特征”控制面板上的“扫描”按钮，或选择“插入”→“凸台 / 基体”→“扫描”命令，弹出“扫描”属性管理器。

3）在“扫描”属性管理器中单击“轮廓”按钮，然后在绘图区中选择轮廓草图。

4）单击“路径”按钮，然后在绘图区中选择路径草图，如图 3-80 所示。

5）单击“确定”按钮，生成扫描特征。

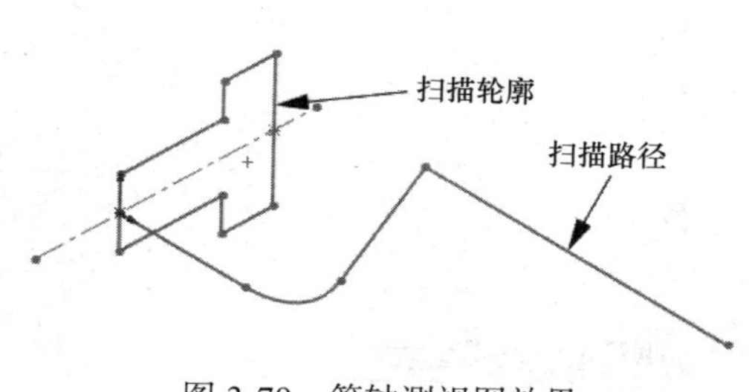

图 3-79　等轴测视图效果

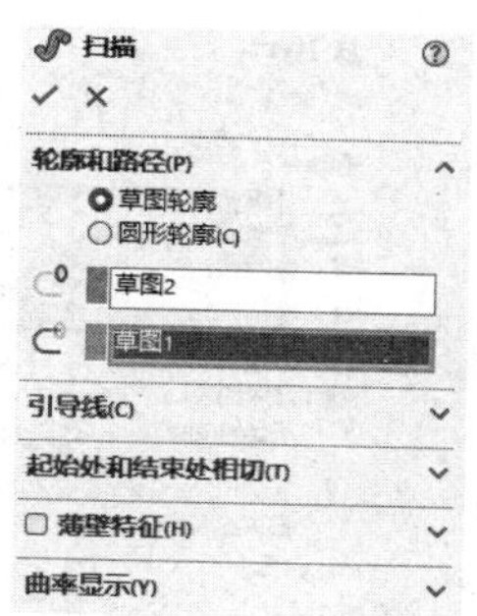

图 3-80　设置“扫描”属性管理器参数

3. 保存文件

单击快速访问工具栏中的“保存”按钮，或选择“文件”→“保存”命令。将草图保存，文件名为“扫描件 .sldprt”。

至此扫描件就制作完成了，最后的效果如图 3-74 所示。

3.7 放样特征

所谓放样，是指连接多个剖面或轮廓形成的基体、凸台或切除，通过在轮廓之间进行过渡来生成特征。图 3-81 所示为一个利用放样特征生成的零件实例。

3.7.1　设置基准面

放样特征需要连接多个面上的轮廓，这些面既可以平行，也可以相交。

图 3-81　放样特征实例

3.7.2　凸台放样

通过使用空间上两个或两个以上不同的平面轮廓，可以生成最基本的放样特征。

要生成空间轮廓的放样特征，可做如下操作：

1）至少生成一个空间轮廓。空间轮廓可以是模型面或模型边线。

2）建立一个新的基准面，用来放置另一个草图轮廓。基准面间不一定要平行。

3）在新建的基准面上绘制要放样的轮廓。

4）单击“特征”控制面板上的“放样凸台 / 基体”按钮，或选择“插入”→“凸台 / 基体”→“放样”命令。如果要生成切除放样特征，则选择“插入”→“切除”→“放样”命令。

5）在弹出的“放样”属性管理器中单击每个轮廓上相应的点，按顺序选择空间轮廓和其他轮廓的面，此时被选择轮廓显示在“轮廓”显示框中，在右侧的绘图区中显示生成的放样特征，如图 3-82 所示。

6）单击“上移”按钮或“下移”按钮来改变轮廓的顺序。此选项只针对两个以上轮廓的放样特征。

7）如果要在放样的起始处和结束处控制相切，则设置“开始 / 结束约束”选项：

①“无”：不应用相切。

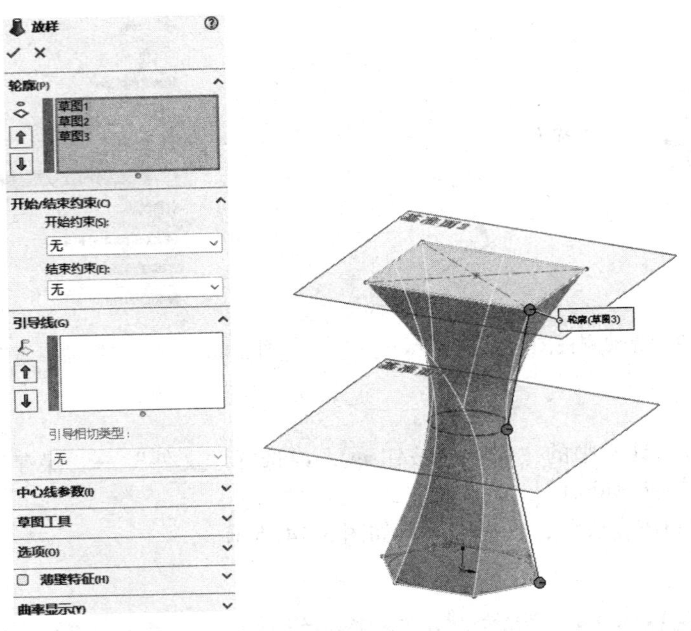

图 3-82 “放样”属性管理器和生成的放样特征

②“垂直于轮廓”：放样在起始处和结束处与轮廓的草图基准面垂直。

③“方向向量”：放样与所选的边线或轴相切，或与所选基准面的法线相切。

④“默认”：放样在起始处和结束处与现有几何的相邻面相切。图 3-83 所示为相切选项的差异。

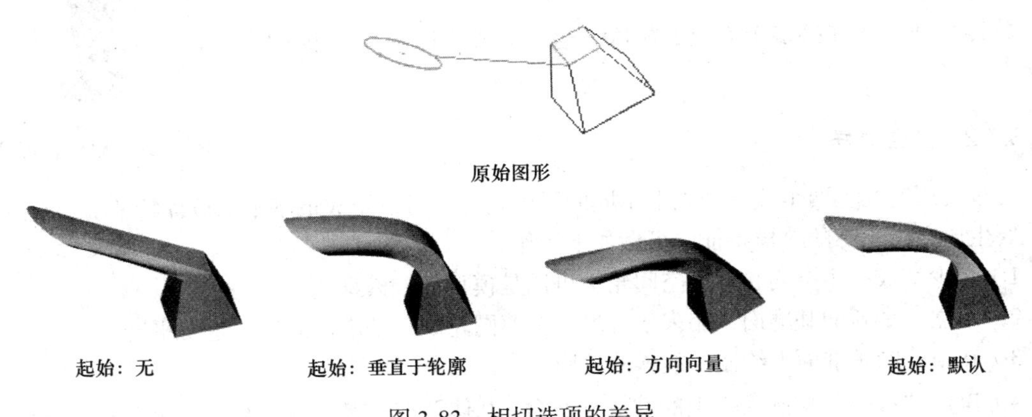

图 3-83 相切选项的差异

8）如果要生成薄壁放样特征，可选择“薄壁特征”复选框，从而激活薄壁选项。

9）选择薄壁类型（单向、两侧对称或双向）。

10）设置薄壁厚度。

11）单击“确定”按钮✔，完成凸台放样。

3.7.3 引导线放样

同生成引导线扫描特征一样，SOLIDWORKS 2024 也可以生成引导线放样特征。通过使用两个或多个轮廓并使用一条或多条引导线来连接轮廓，可以生成引导线放样。通过引导线可以帮助控制所生成的中间轮廓。图 3-84 所示为引导线放样效果。

在利用引导线生成放样特征时，应该注意以下几点：

1）引导线必须与轮廓相交。

2）引导线的数量不受限制。

3）引导线之间可以相交。

4）引导线可以是任何草图曲线、模型边线或曲线。

5）引导线可以比生成的放样特征长，放样将终止于最短的引导线的末端。

要生成引导线放样特征，可做如下操作：

1）绘制一条或多条引导线。

2）绘制草图轮廓，草图轮廓必须与引导线相交。

3）在轮廓所在草图中为引导线和轮廓顶点添加穿透几何关系或重合几何关系。

4）单击“特征”控制面板上的“放样凸台 / 基准”按钮，或选择“插入”→“凸台 / 基体”→“放样”命令。如果要生成切除特征，则选择“插入”→“切除”→“放样”命令。

5）在弹出的“放样”属性管理器中单击每个轮廓上相应的点，以按顺序选择空间轮廓和其他轮廓的面，此时被选择轮廓显示在“轮廓”显示框中。

6）单击“上移”按钮或“下移”按钮来改变轮廓的顺序。此选项只针对两个以上轮廓的放样特征。

7）在“引导线”栏中单击“引导线”按钮右侧的显示框，然后在绘图区中选择引导线，此时在绘图区中将显示随引导线变化的放样特征，如图 3-85 所示。

图 3-84　引导线放样效果

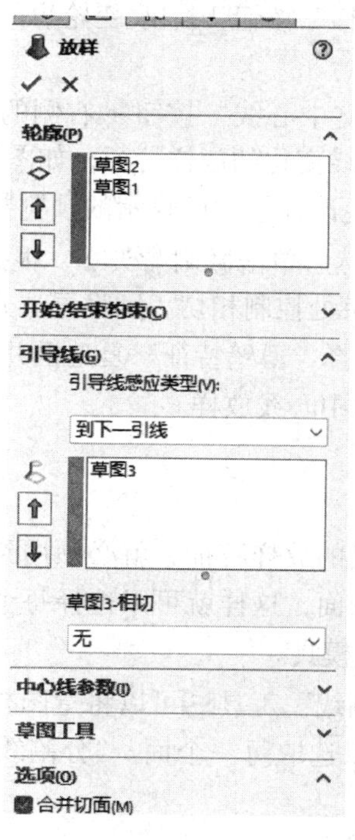

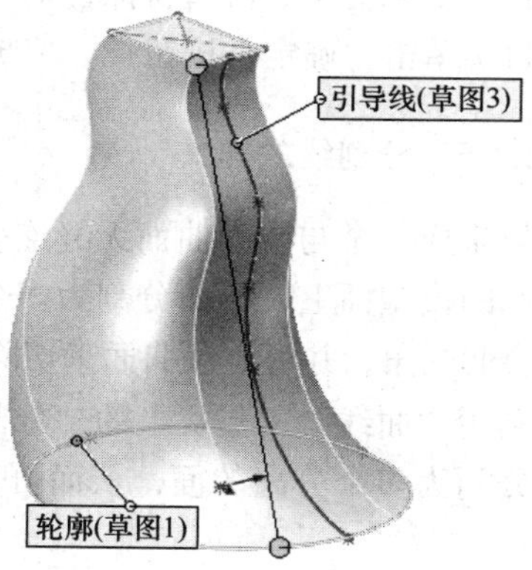

图 3-85　引导线放样

8）如果存在多条引导线，可以单击“上移”按钮⬆或“下移”按钮⬇来改变使用引导线的顺序。

9）通过“开始 / 结束约束”选项可以控制草图、面或曲面边线之间的相切量和放样方向。

10）如果要生成薄壁特征，可选择“薄壁特征”复选框，从而激活薄壁选项，设置薄壁特征。

11）单击“确定”按钮✔，完成引导线放样。

3.7.4 中心线放样

SOLIDWORKS 2024 还可以生成中心线放样特征。中心线放样是指将一条变化的引导线作为中心线进行的放样。在中心线放样特征中，所有中间截面的草图基准面都与此中心线垂直。

中心线放样中的中心线必须与每个闭环轮廓的内部区域相交，而不是像引导线放样那样，引导线必须与每个轮廓线相交。图 3-86 所示为中心线放样效果。

要生成中心线放样特征，可做如下操作：

1）生成放样轮廓。

2）绘制曲线或生成曲线作为中心线，该中心线必须与每个闭环轮廓的内部区域相交。

3）单击“特征”控制面板上的“放样凸台 / 基体”按钮，或选择“插入”→“凸台 / 基体”→“放样”命令。如果要生成切除特征，则选择“插入”→“切除”→“放样”命令。

4）在弹出的“放样”属性管理器中单击每个轮廓上相应的点，以按顺序选择空间轮廓和其他轮廓的面，此时被选择轮廓显示在“轮廓”显示框中。

5）单击“上移”按钮⬆或“下移”按钮⬇来改变轮廓的顺序。此选项只针对两个以上轮廓的放样特征。

6）在“中心线参数”栏中单击“中心线”按钮右侧的显示框，然后在绘图区中选择中心线，此时在绘图区中将显示随中心线变化的放样特征，如图 3-87 所示。

7）通过调整“截面数”滑块来更改在绘图区显示的预览数。

8）单击“显示截面”按钮，然后单击微调箭头，根据截面数量查看并修正轮廓。

9）如果要在放样的起始处和结束处控制相切，则设置“开始 / 结束约束”选项。

10）如果要生成薄壁特征，则选择“薄壁特征”复选框并设置薄壁特征。

11）单击“确定”按钮✔，完成中心线放样。

3.7.5 分割线放样

要生成一个与空间曲面无缝连接的放样特征，就必须用到分割线放样。投射一个草图曲线到所选的模型面上，将面分割为多个面，这样就可以选择每个面。分割线可用来生成拔模特征和混合面圆角，并可延展曲面来切除模具。

利用“曲线”工具栏上的“分割线”工具可以将草图投射到曲面或平面。它可以将所选的面分割为多个分离的面，从而可以选取每一个面。“分割线”工具可以生成两种类型的分割线：

1）投影线：将一个草图轮廓投射到一个表面上。

2）侧影轮廓线：在一个曲面零件上生成一条分割线。

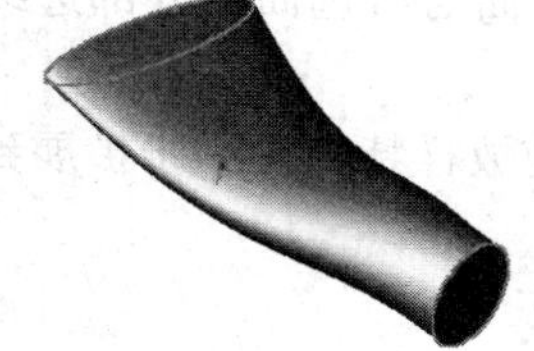

图 3-86　中心线放样效果

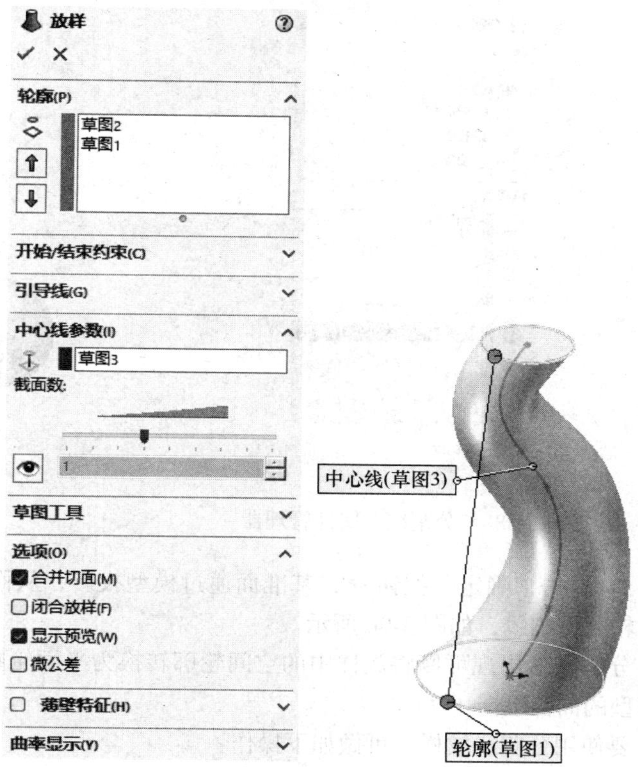

图 3-87　中心线放样

要生成一条投影线，可做如下操作：

1）绘制一条要投射为分割线的草图轮廓。

2）单击“曲线”工具栏上的“分割线”按钮，或选择“插入”→“曲线”→“分割线”命令。

3）在弹出的“分割线”属性管理器（见图 3-88）中选择“分割类型”为“投影”。

4）单击“要投影的草图”显示框，然后在绘图区中选择绘制的草图轮廓。

5）单击“要分割的面”显示框，然后选择零件周边所有希望分割线经过的面。

6）如果选择“单向”复选框，将只以一个方向投射分割线。

7）如果选择“反向”复选框，将以反向投射分割线。

8）单击“确定”按钮，完成投射线的生成。图 3-89 所示为投影线的生成。

要生成轮廓分割线，可做如下操作：

1）单击“曲线”工具栏上的“分割线”按钮，或选择“插入”→“曲线”→“分割线”命令。

2）在弹出的“分割线”属性管理器中选择“分割类型”为“轮廓”。

3）单击“拔模方向”显示框，然后在绘图区或 FeatureManager 设计树中选择通过模型轮廓（外边线）投影的基准面。

4）单击“要分割的面”显示框，然后选择一个或多个要分割的面（这些面不能是平面）。

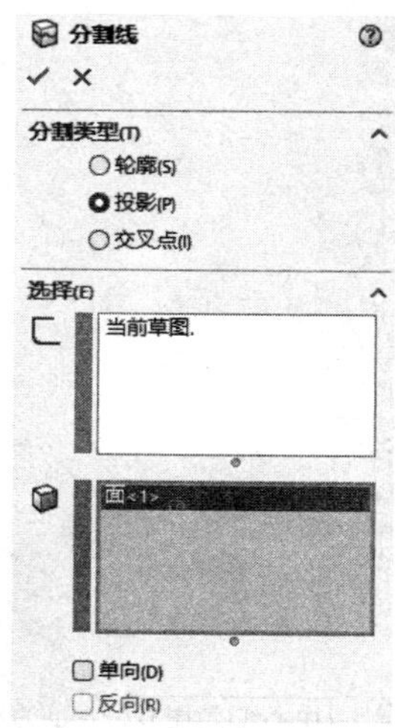

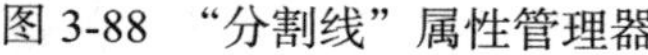

图 3-88 “分割线”属性管理器

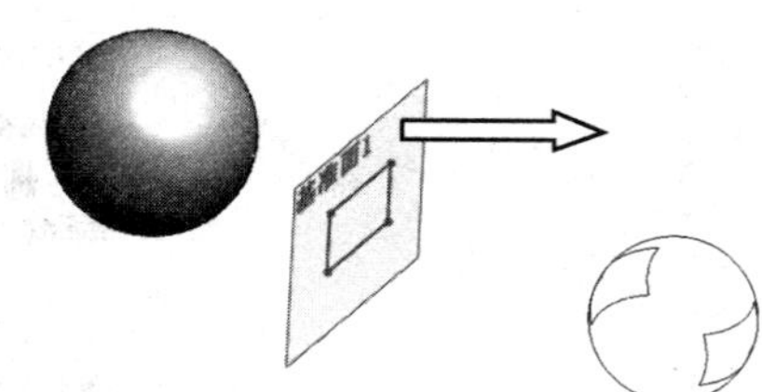

图 3-89 投射线的生成

5）单击“确定”按钮✔，基准面通过模型投影，从而生成基准面与所选面的外部边线相交的轮廓分割线，如图 3-90 所示。

分割线的出现可以将放样中的空间轮廓转换为平面轮廓，从而使放样特征进一步扩展到空间模型的曲面上。

要使用分割线放样，可做如下操作：

1）使用“分割线”工具在模型面上生成一个空间轮廓，如图 3-90 所示。

2）建立轮廓草图所需的基准面，或者使用现有的基准面，各个基准面不一定要平行。

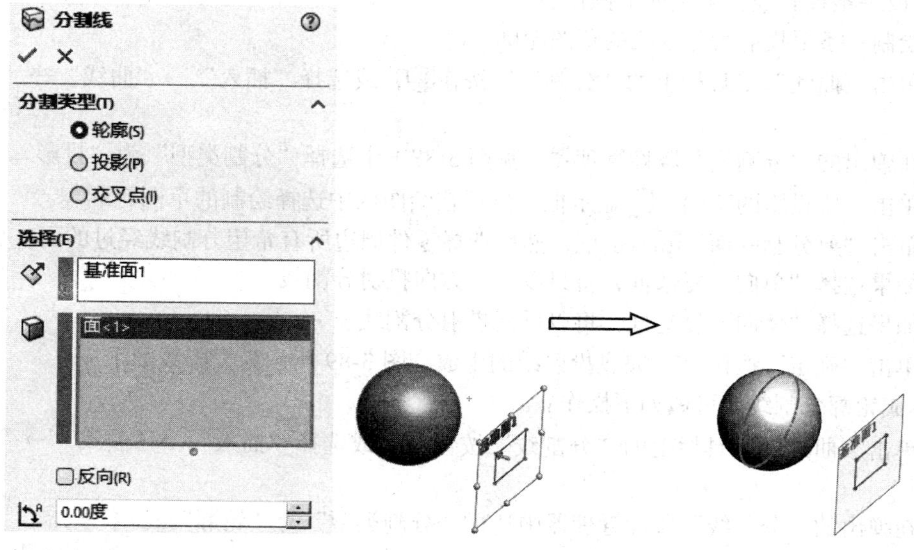

图 3-90 轮廓分割线的生成

3）在基准面上绘制草图轮廓。

4）单击“特征”控制面板上的“放样凸台 / 基体”按钮，或选择“插入”→“凸台 / 基体”→“放样”命令。如果要生成切除特征，则选择“插入”→“切除”→“放样”命令。

5）在弹出的“放样”属性管理器中单击每个轮廓上相应的点，以按顺序选择空间轮廓和其他轮廓的面，此时被选择轮廓显示在“轮廓”栏的显示框中。这时，分割线也是一个轮廓。

6）单击“上移”按钮或“下移”按钮来改变轮廓的顺序。此选项只针对两个以上轮廓的放样特征。

7）如果要在放样的起始处和结束处控制相切，则设置“开始 / 结束约束”选项。

8）如果要生成薄壁特征，则选择“薄壁特征”复选框并设置薄壁特征。

9）单击“确定”按钮，完成放样。图 3-91 所示为分割线放样效果。

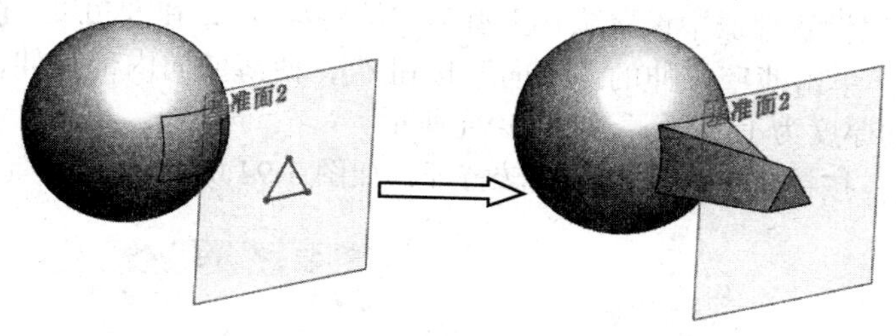

图 3-91　分割线放样效果

利用分割线不仅可以生成普通的放样特征，还可以生成引导线或中心线放样特征。它们的操作步骤基本是一样的，这里不再赘述。

3.7.6　实例——杯子

本案例运用放样特征进行零件建模，生成如图 3-92 所示的杯子。

本案例视频内容：“X：\ 动画演示 \ 第 3 章 \ 杯子 .mp4”。

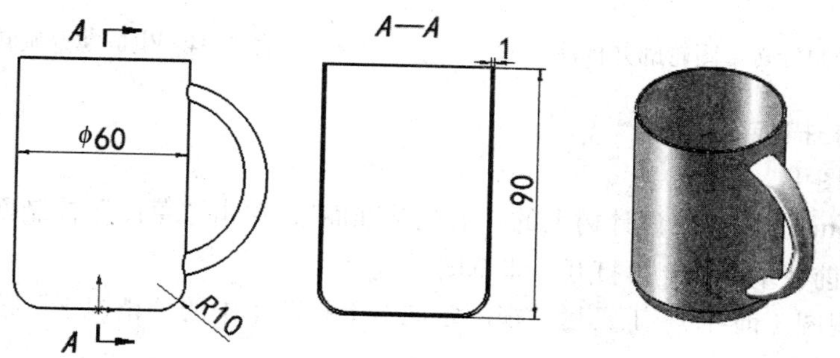

图 3-92　杯子

1. 建立新的零件文件

单击快速访问工具栏中的“新建”按钮，在弹出的“新建 SOLIDWORKS 文件”对话框中单击“零件”按钮，然后单击“确定”按钮，创建一个新的零件文件。

2. 生成基体旋转特征

（1）绘制草图

1）在 FeatureManager 设计树中选择“前视基准面”，单击“草图”控制面板上的“草图绘制”按钮，进入草图绘制环境。

2）单击“草图”控制面板上的“中心线”按钮绘制一条通过原点的竖直中心线。

3）单击“草图”控制面板上的“直线”按钮和“绘制圆角”按钮，绘制旋转草图轮廓。

4）单击“草图”控制面板上的“智能尺寸”按钮，对旋转草图轮廓进行尺寸标注，如图 3-93 所示。

（2）创建旋转基体特征

1）单击“特征”控制面板上的“旋转凸台 / 基体”按钮。

2）在弹出的询问对话框中单击“否”。

3）在“旋转”属性管理器中设置旋转类型为“给定深度”，在“角度”文本框中设置旋转角度为 360.00 度。单击薄壁拉伸的“反向”按钮，使薄壁向内部拉伸，并在“厚度”文本框中设置薄壁的厚度为 1.00mm，如图 3-94 所示。

4）单击“确定”按钮，生成薄壁旋转特征，如图 3-94 所示。

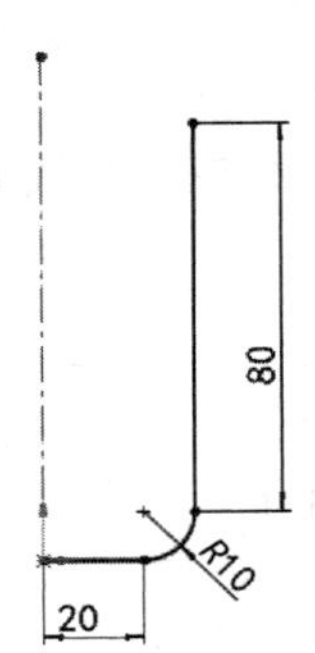

图 3-93　绘制旋转草图轮廓并标注尺寸

图 3-94　生成薄壁旋转特征

3. 生成基体扫描特征

（1）绘制草图 1

1）选择 FeatureManager 设计树上的“前视基准面”，单击“草图”控制面板上的“草图绘制”按钮，在前视基准面上再打开一张草图。

2）单击“视图（前导）”工具栏“视图定向”下拉菜单中的“正视于”按钮，以正视于前视基准面。

3）单击“草图”控制面板上的“3 点画弧”按钮，绘制一条与轮廓边线相交的圆弧，作为放样的路径。

4）单击“草图”控制面板上的“智能尺寸”按钮，标注尺寸，如图 3-95 所示。

5）单击“退出草图”按钮，退出草图绘制。

（2）创建基准面 1

1）选择 FeatureManager 设计树上的“上视基准面”，选择“插入”→“参考几何体”→“基准面”命令，弹出“基准面”属性管理器。

2）在“基准面”属性管理器上的“偏移距离”文本框中设置偏移距离为48.00mm。

3）单击“确定”按钮，生成基准面1，如图3-96所示。

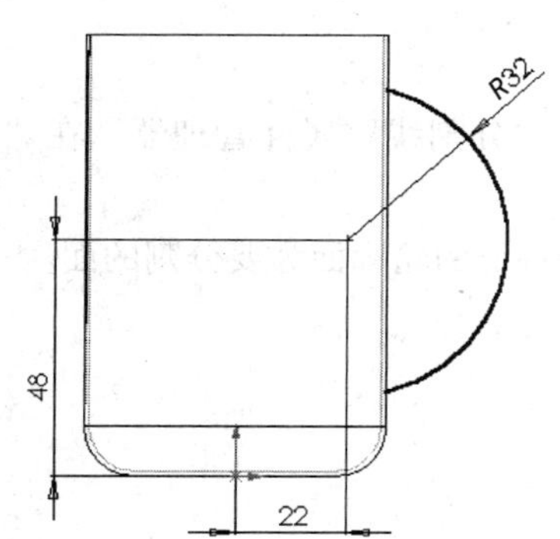

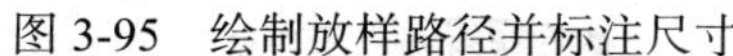

图3-95　绘制放样路径并标注尺寸

图3-96　生成基准面1

（3）绘制草图2

1）单击“草图”控制面板上的“草图绘制”按钮，在基准面1上打开一张草图。

2）单击“草图”控制面板上的“圆”按钮，绘制一个直径为8mm的圆。注意，绘制的中心线要通过圆，如图3-97所示。

3）单击“退出草图”按钮，退出草图绘制。

（4）创建基准面2

1）选择FeatureManager设计树上的“右视基准面”，选择“插入”→“参考几何体”→“基准面”命令，弹出“基准面”属性管理器。

2）在“基准面”属性管理器的“偏移距离”文本框中设置偏移距离为30.00mm。

3）单击“确定”按钮，生成基准面2，如图3-98所示。

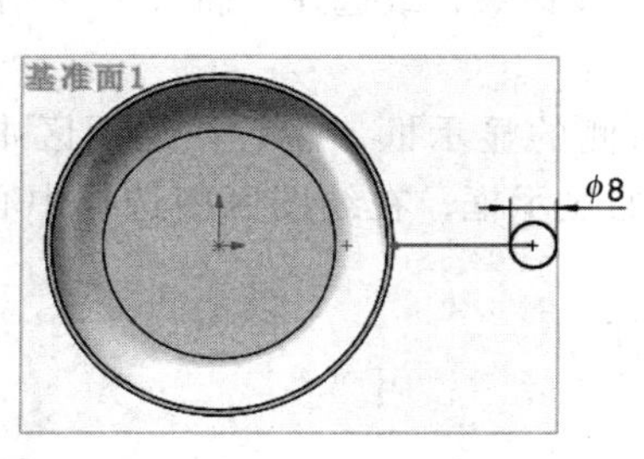

图3-97　绘制圆

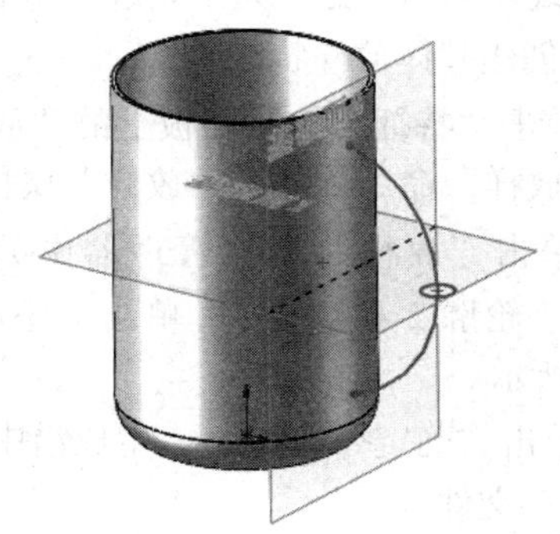

图3-98　生成基准面2

（5）绘制草图 3

1）选择基准面 2，单击“视图（前导）”工具栏“视图定向”下拉菜单中的“正视于”按钮，以正视于基准面 2 视图。

2）单击“草图”控制面板上的“椭圆”按钮，绘制椭圆。

3）单击“草图”控制面板上“添加几何关系”按钮，为椭圆的两个长轴端点添加水平几何关系。

4）单击“草图”控制面板上的“智能尺寸”按钮，标注椭圆尺寸，如图 3-99 所示。

5）单击“退出草图”按钮，退出草图的绘制。

（6）创建分割线

1）选择“插入”→“曲线”→“分割线”命令，弹出“分割线”属性管理器。在“分割线”属性管理器中设置“分割类型”为“投影”。

2）选择绘制的椭圆轮廓为“要投影的草图”，选择旋转特征的轮廓面为要分割的面。

3）单击“确定”按钮，生成分割线，如图 3-100 所示。

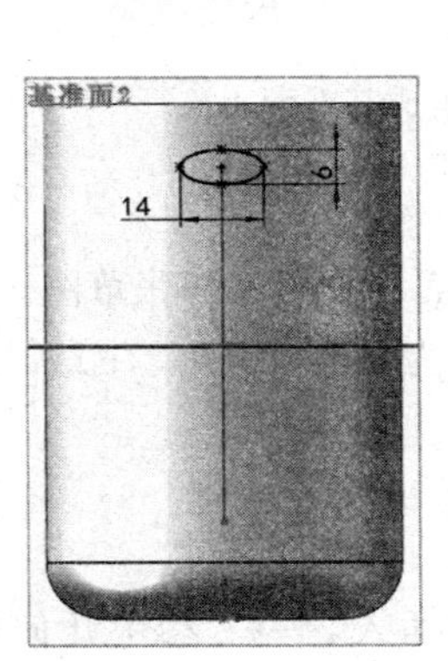

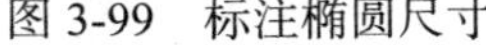

图 3-99　标注椭圆尺寸

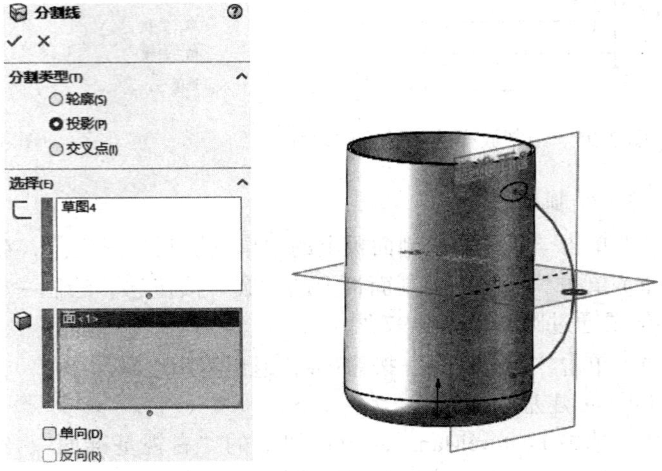

图 3-100　生成分割线

因为分割线不允许在同一草图上存在两个闭环轮廓，所以要仿照步骤（4）~（6）再生成一个分割线。不同的是，这个轮廓在中心线的另一端，如图 3-101 所示。

（7）创建基体放样特征

1）单击“特征”控制面板上的“放样凸台 / 基体”按钮，或选择“插入”→“凸台 / 基体”→“放样”命令，弹出“放样”属性管理器。

2）单击“放样”属性管理器中的“轮廓”右侧的显示框，然后在绘图区中依次选取轮廓 1、轮廓 2 和轮廓 3。单击“中心线”右侧的显示框，在绘图区中选择中心线，如图 3-102 所示。

3）单击“确定”按钮，生成沿中心线的放样特征。

4. 保存文件

单击快速访问工具栏中的“保存”按钮，或者选择“文件”→“保存”命令。将草图保存，文件名为“杯子 .sldprt”。

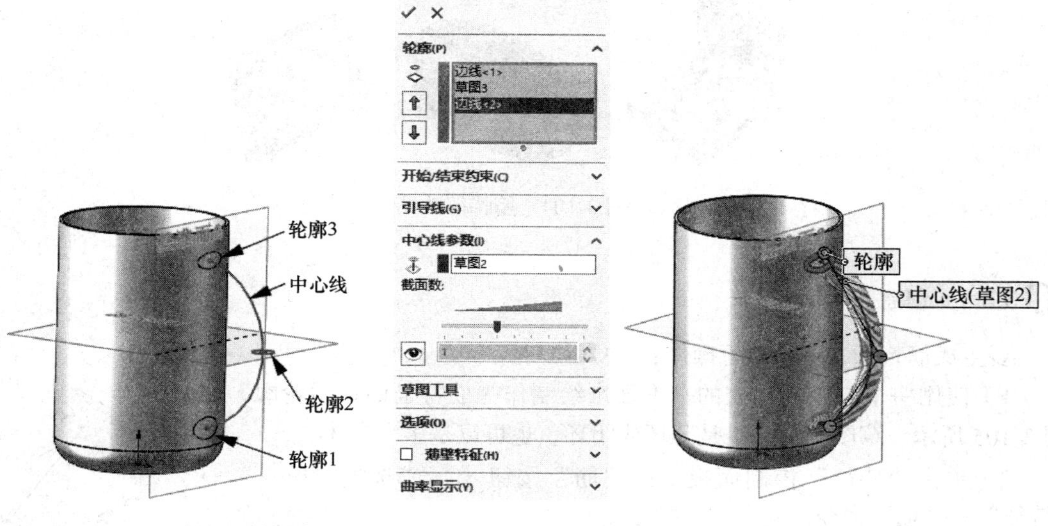

图 3-101　生成的放样轮廓　　　　图 3-102　选择中心线

至此，杯子就制作完成了，最后的效果（包括 FeatureManager 设计树）如图 3-103 所示。

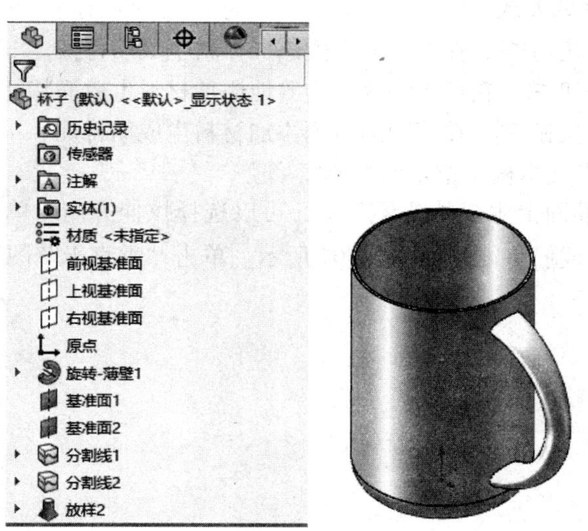

图 3-103　最后的效果

3.8 加强筋特征

加强筋特征是零件建模过程中常用的草绘特征，它只能用作增加材料的特征，不能生成切除特征。

在 SOLIDWORKS 2024 中，筋实际上是由开环的草图轮廓生成的特殊类型的拉伸特征，它在轮廓与现有零件之间添加指定方向和厚度的材料。图 3-104 所示为几种筋特征效果。

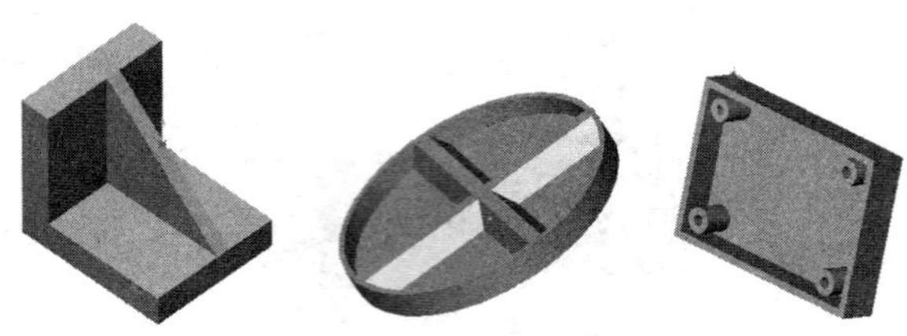

图 3-104　筋特征效果

3.8.1　创建筋特征

要生成筋特征，可做如下操作：

1）使用一个与零件相交的基准面来绘制作为筋特征的草图轮廓，如图 3-105 所示。草图轮廓可以是开环或闭环，也可以是多个实体。

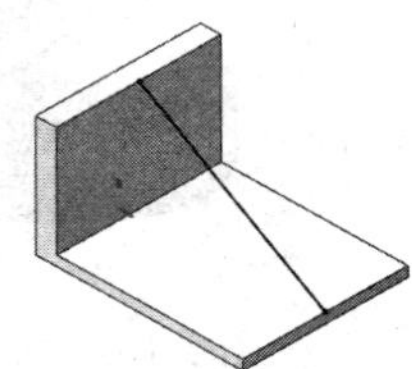

图 3-105　筋特征的草图轮廓

2）单击“特征”控制面板上的“筋”按钮，或选择“插入”→“特征”→“筋”命令。

3）在弹出的“筋 1”属性管理器中右侧的绘图区中显示生成的筋特征，如图 3-106 所示。

4）选择一种厚度生成方式。

① 单击“第一边”按钮，在草图的左侧添加材料生成筋特征。

② 单击“两侧”按钮，在草图的两侧均等地添加材料生成筋特征。

③ 单击“第二边”按钮，在草图的右侧添加材料生成筋特征。

5）在“筋厚度”文本框中指定筋的厚度。

6）对于在平行基准面上生成的开环草图，可以选择拉伸方向。单击“平行于草图”按钮，平行于草图方向生成筋特征，如图 3-107 所示。单击“垂直于草图”按钮，垂直于草图方向生成筋特征。

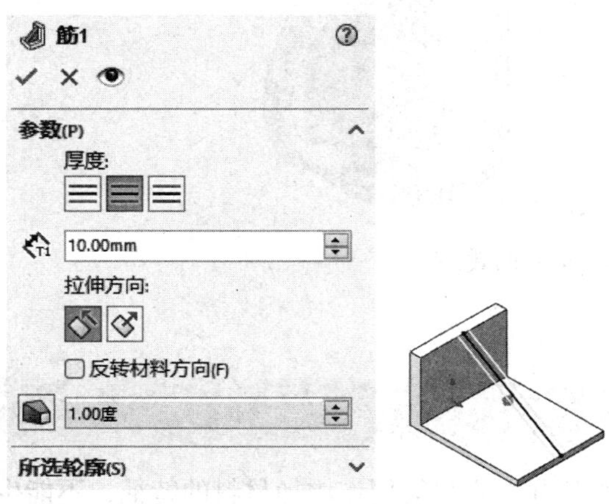

图 3-106　“筋 1”属性管理器和生成的筋特征

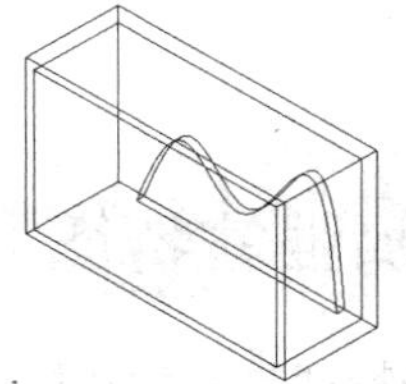

图 3-107　平行于草图方向生成筋特征

7）如果选择了“垂直于草图”按钮，还需要选择拉伸类型。

① 线性拉伸：将生成一个与草图方向垂直而延伸草图轮廓的筋特征，直到它们与边界汇合。

② 自然拉伸：将生成一个与轮廓方向相同而延伸草图轮廓的筋特征，直到它们与边界汇合，如图 3-108 所示。

8）如果选择了平行于草图方向生成筋特征，则只有线性拉伸类型。

9）选择“反转材料方向”复选框，可以改变拉伸方向。

10）如果要对筋做拔模处理，可单击“拔模开 / 关”按钮。

11）输入拔模角度。

12）单击“确定”按钮，即可完成筋特征的生成。

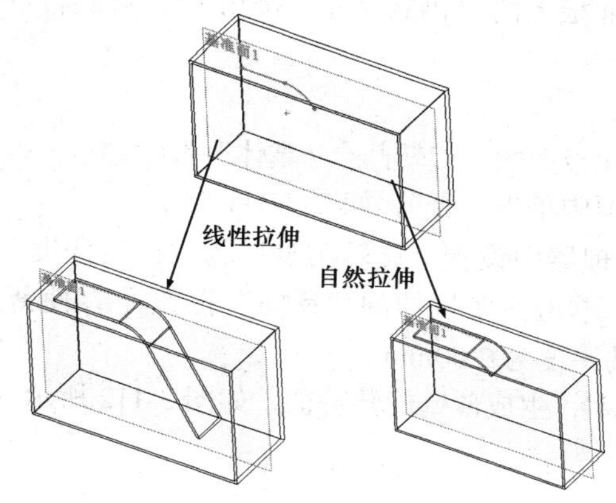

图 3-108　线性拉伸和自然拉伸

3.8.2　实例——导流盖

本案例运用筋特征进行零件建模，生成如图 3-109 所示的导流盖。

本案例视频内容：“X：\ 动画演示 \ 第 3 章 \ 导流盖 .mp4”。

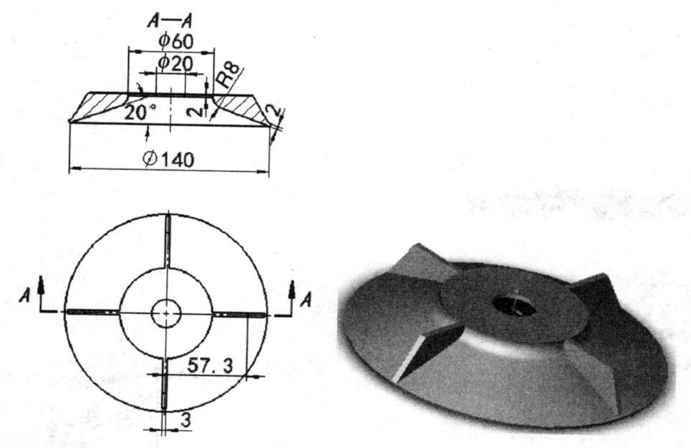

图 3-109　导流盖

1. 建立新的零件文件

单击快速访问工具栏中的“新建”按钮，在弹出的“新建 SOLIDWORKS 文件”对话框中单击“零件”按钮，然后单击“确定”按钮，创建一个新的零件文件。

2. 生成基体旋转特征

（1）绘制草图

1）在 FeatureManager 设计树中单击选择“前视基准面”，单击“草图”控制面板上的“草图绘制”按钮，进入草图绘制环境。

2）单击“草图”控制面板上的“中心线”按钮，绘制一条通过原点的竖直中心线。

3）单击“草图”控制面板上的“直线”按钮和“切线弧”按钮，绘制旋转草图轮廓。

4）单击“草图”控制面板上的“智能尺寸”按钮，对旋转草图轮廓进行尺寸标注，如图 3-110 所示。

（2）创建旋转基体特征

1）单击“特征”控制面板上的“旋转凸台 / 基体”按钮。

2）在弹出的询问对话框中单击“否”，如图 3-111 所示。

3）在“旋转”属性管理器中设置“旋转类型”为“给定深度”，并在“角度”文本框中设置旋转角度为 360°。单击薄壁拉伸的“反向”按钮，使薄壁向内部拉伸，并在“厚度”文本框中设置薄壁的厚度为 2.00mm。

4）单击“确定”按钮，生成薄壁旋转特征，如图 3-112 所示。

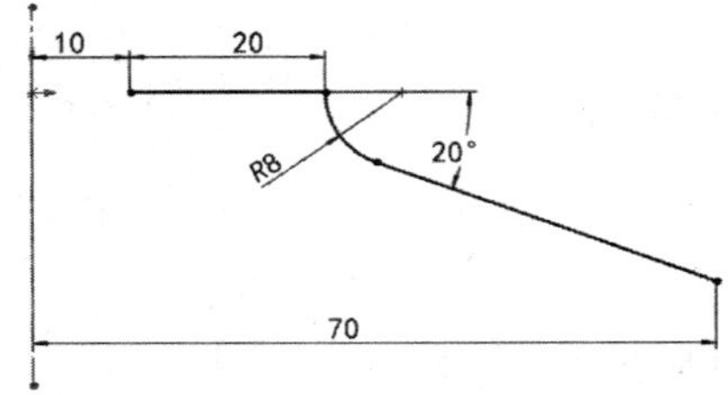

图 3-110　绘制旋转草图轮廓并标注尺寸

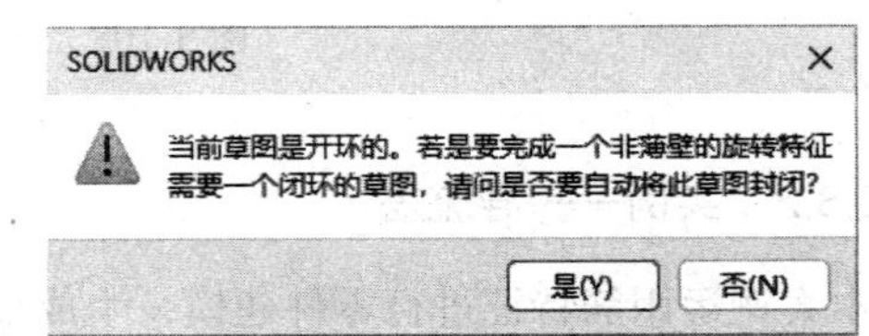

图 3-111　询问对话框

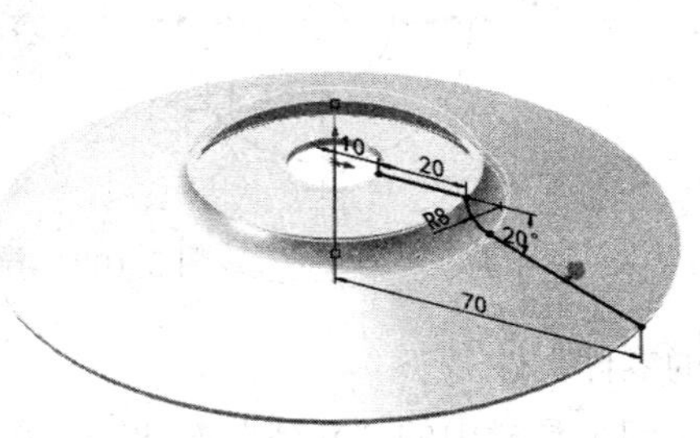

图 3-112　生成薄壁旋转特征

3. 生成筋特征

（1）绘制草图

1）选择 FeatureManager 设计树上的“右视基准面”，单击“草图”控制面板上的“草图绘制”按钮，在右视基准面上打开一张草图。

2）单击“草图”控制面板上的“直线”按钮，将鼠标指针移到台阶的边缘，当鼠标指针变为形状时，表示鼠标指针正位于边缘上。移动鼠标以生成从台阶边缘到零件边缘的折线。

3）单击“草图”控制面板上的“智能尺寸”按钮，对折线进行尺寸标注，如图 3-113 所示。

4）单击“视图（前导）”工具栏中的“等轴测”按钮，用等轴测视图观看图形。

（2）创建筋特征

1）单击“特征”控制面板上的“筋”按钮，或选择“插入”→“特征”→“筋”命令。

2）在“筋”属性管理器中单击“两侧”按钮，设置厚度生成方式为两边均等添加材料。

3）在“筋厚度”文本框中指定筋的厚度为 3.00mm。

4）单击“平行于草图”按钮，设定筋的拉伸方向为平行于草图。

5）单击“确定”按钮，生成筋特征，如图 3-114 所示。

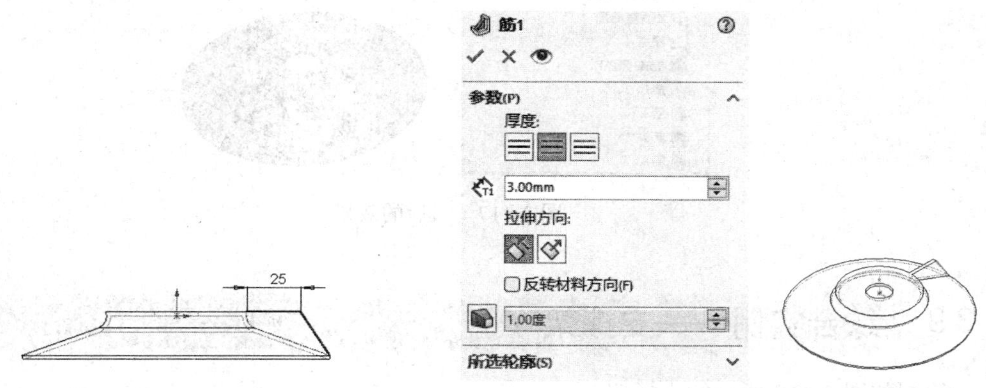

图 3-113　绘制折线并标注尺寸　　图 3-114　生成筋特征

4. 生成其余筋特征

1）选择 FeatureManager 设计树上的“右视基准面”，单击“草图”控制面板上“草图绘制”按钮，在右视基准面上再打开一张草图。

2）仿照步骤 3 中的（1），在旋转轮廓的左侧绘制第二个筋轮廓草图，如图 3-115 所示。

3）仿照步骤 3 中的（2），生成第二个筋特征，如图 3-116 所示。

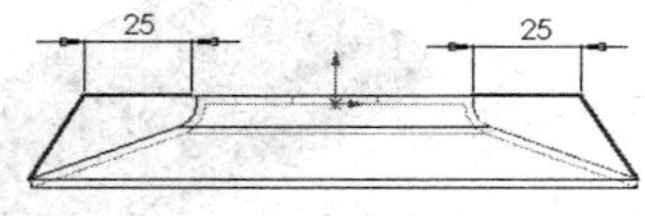

图 3-115　绘制第二个筋轮廓

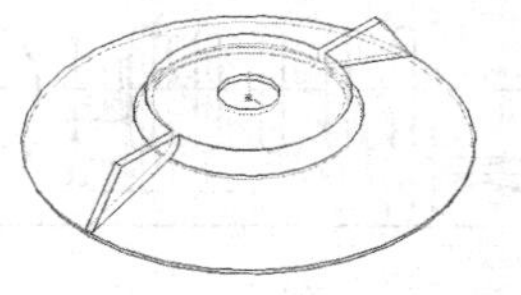

图 3-116　生成第二个筋特征

注意

因为在利用平行于草图拉伸生成筋的过程中，SOLIDWORKS 只允许草图中有一个开环轮廓，所以本案例中在右视基准面上建立两个草图，分别生成筋特征。实际上，可以利用复制特征的办法使该零件的建模更为简单，这将在以后的章节中看到。

仿照步骤 3 和步骤 4，在前视基准面上分别建立两个草图，然后再分别利用它们生成对应的筋特征。

5. 保存文件

单击快速访问工具栏中的“保存”按钮，或选择“文件”→“保存”命令。将草图保存，文件名为“导流盖 .sldprt”。

至此，导流盖就制作完成了，最后的效果（包括 FeatureManager 设计树）如图 3-117 所示。

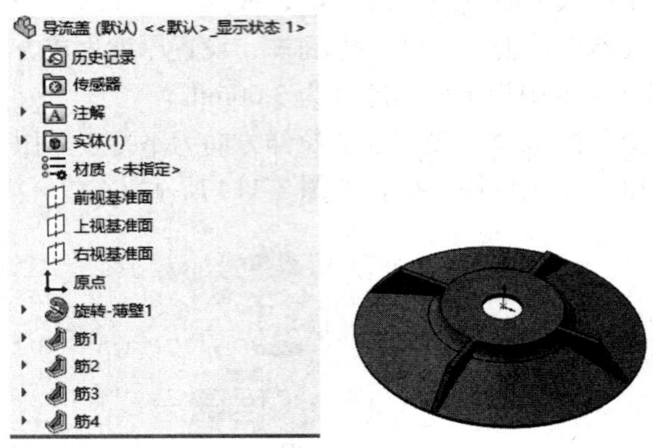

图 3-117　最后的效果

3.9 综合实例——支撑架

绘制如图 3-118 所示的支撑架。

本案例视频内容：“X：\ 动画演示 \ 第 3 章 \ 上机操作 \ 支撑架 .mp4”。

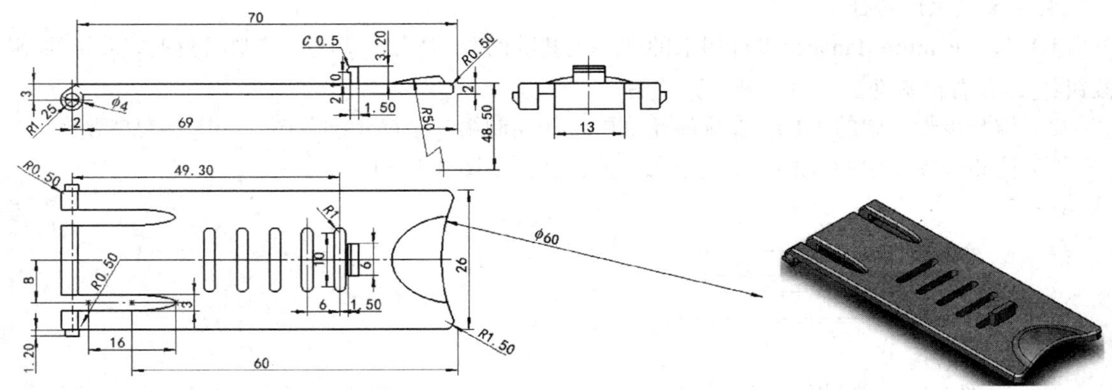

图 3-118　支撑架

1. 建立新的零件文件

启动 SOLIDWORKS 2024，单击快速访问工具栏中的“新建”按钮，在弹出的“新建SOLIDWORKS 文件”对话框中单击“零件”按钮，然后单击“确定”按钮，创建一个新的零件文件。

2. 创建拉伸基体特征

（1）绘制草图

1）在 FeatureManager 设计树中选择“前视基准面”，单击“草图”控制面板上的“草图绘制”按钮，进入草图绘制环境。

2）单击“草图”控制面板上的“直线”按钮、“3 点圆弧”按钮和“剪裁实体”按钮，绘制草图。

3）单击“草图”控制面板上的“智能尺寸”按钮，进行尺寸标注，如图 3-119 所示。

（2）拉伸基体

1）单击“特征”控制面板上的“拉伸凸台 / 基体”按钮，或选择“插入”→“凸台 / 基体”→“拉伸”命令，弹出“凸台 - 拉伸”属性管理器。

2）在“方向 1”中设定拉伸的“终止条件”为“两侧对称”，并在“深度”文本框中设置拉伸深度为 26.00mm，如图 3-120 所示。

3）单击“确定”按钮，生成拉伸基体特征，如图 3-120 所示。

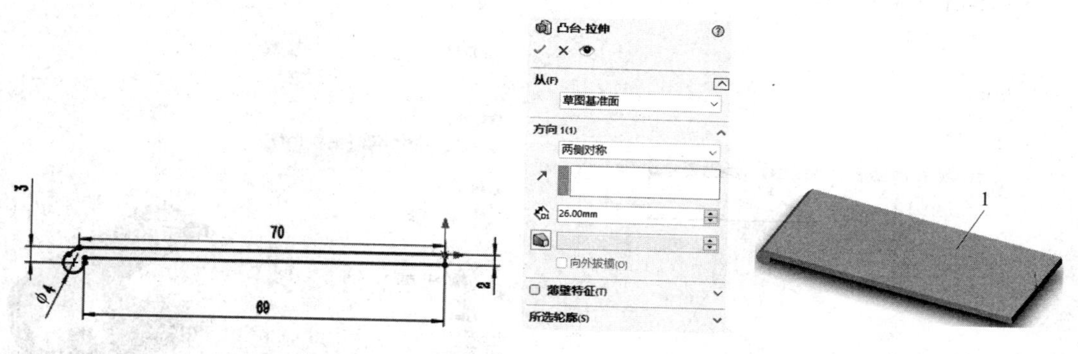

图 3-119　绘制草图并标注尺寸

图 3-120　拉伸生成支撑架本体

3. 创建切削沟槽

（1）绘制草图

1）选择图 3-120 所示的表面 1，单击“草图”控制面板上的“草图绘制”按钮，进入草图绘制环境。

2）单击“草图”控制面板上的“直线”按钮、“椭圆”按钮和“剪裁实体”按钮，绘制如图 3-121 所示的沟槽草图。

（2）切除实体

1）单击“特征”控制面板上的“拉伸切除”按钮，弹出“切除 - 拉伸”属性管理器。

2）设定拉伸切除的“终止条件”为“完全贯穿”，单击“确定”按钮，生成切削沟槽，如图 3-122 所示。

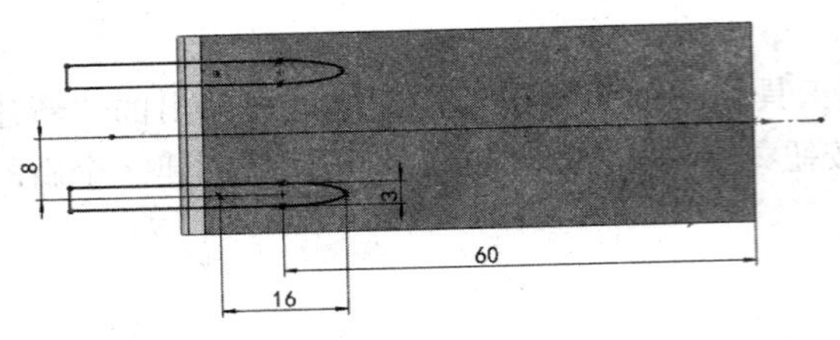

图 3-121 绘制沟槽草图

图 3-122 生成切削沟槽

4. 生成圆弧体

（1）绘制草图

1）在 FeatureManager 设计树中选择“前视基准面”，单击“草图”控制面板上的“草图绘制”按钮，进入草图绘制环境。

2）单击“草图”控制面板上的“直线”按钮和“3 点圆弧”按钮，绘制圆弧体草图，如图 3-123 所示。

（2）旋转凸台基体

1）单击“特征”控制面板上的“旋转凸台 / 基体”按钮，弹出“旋转”属性管理器。

2）在“旋转轴”显示框中选择中心线作为旋转轴线，设置旋转角度为 360.00 度，如图 3-124 所示。

3）单击“确定”按钮，生成圆弧体，如图 3-124 所示。

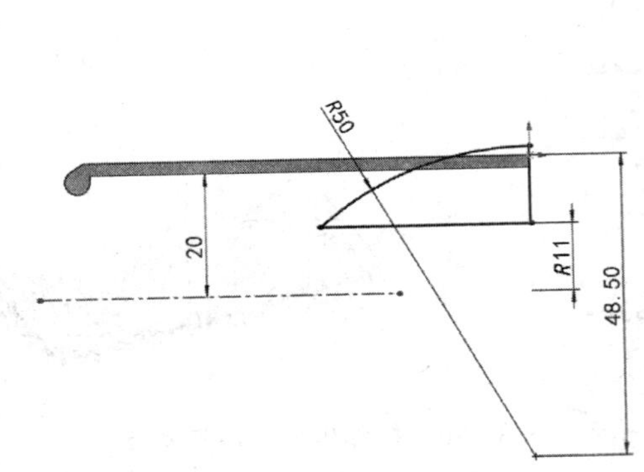

图 3-123 绘制圆弧体草图

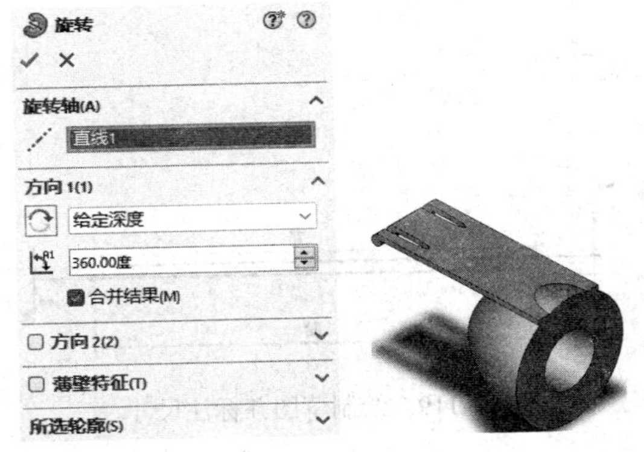

图 3-124 生成圆弧体

5. 切削圆弧体

（1）绘制草图

1）在 FeatureManager 设计树中选择“前视基准面”，单击“草图”控制面板上的“草图绘制”按钮，进入草图绘制环境。

2）单击“草图”控制面板上的“边角矩形”按钮，绘制如图 3-125 所示的切削草图；

（2）切除实体

1）单击“特征”控制面板上的“拉伸切除”按钮，弹出“切除 - 拉伸”属性管理器。

2）设置切除“方向 1”与“方向 2”的“终止条件”为“完全贯穿”。

3）单击“确定”按钮，切削圆弧体，如图 3-126 所示。

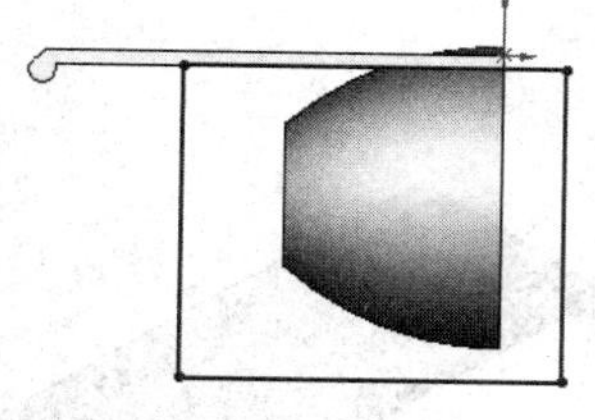

图 3-125 绘制切削草图

图 3-126 切削圆弧体

6. 圆弧切削

（1）绘制草图

1）在 FeatureManager 设计树中选择“前视基准面”，单击“草图”控制面板上的“草图绘制”按钮，进入草图绘制环境。

2）单击“草图”控制面板上的“直线”按钮和“3 点圆弧”按钮，绘制如图 3-127 所示的圆弧切削草图。

（2）旋转切除实体

1）单击“特征”控制面板上的“旋转切除”按钮，弹出“切除 - 旋转”属性管理器。

2）在“旋转轴”显示框中选择中心线作为旋转轴线，设置旋转角度为 360.00 度，如图 3-128 所示。

3）单击“确定”按钮，生成旋转切除特征，如图 3-128 所示。

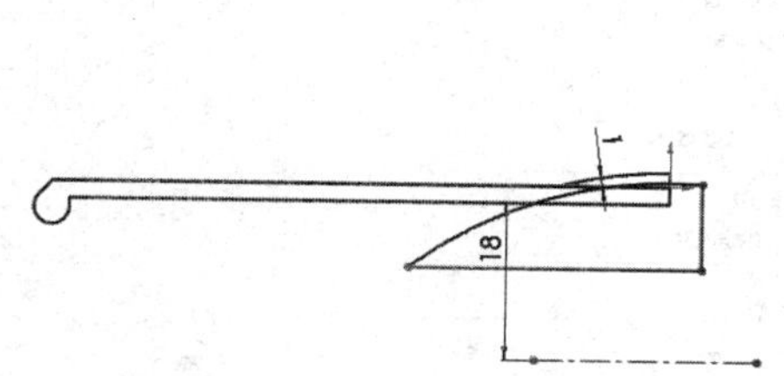

图 3-127 绘制圆弧切削草图

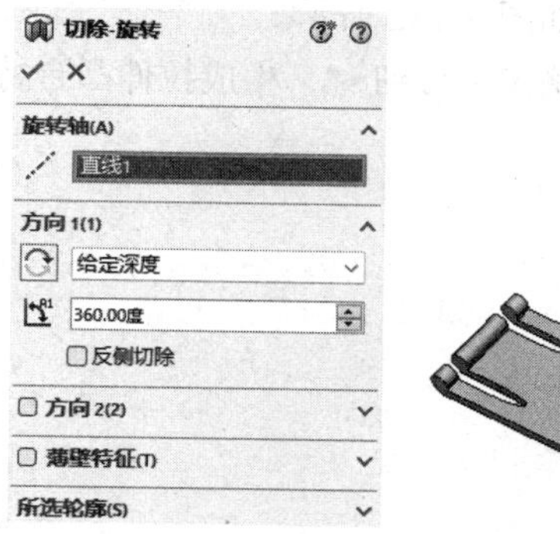

图 3-128 生成旋转切除特征

7. 切削支撑架本体

（1）绘制草图

1）在 FeatureManager 设计树中选择“上视基准面”，单击“草图”控制面板上的“草图绘制”按钮，进入草图绘制环境。

2）单击“草图”控制面板上的“直线”按钮和“3 点圆弧”按钮，绘制如图 3-129 所示的草图。

（2）切除实体

1）单击“特征”控制面板上的“拉伸切除”按钮，弹出“切除 - 拉伸”属性管理器。

2）设置切除“方向 1”与“方向 2”的“终止条件”为“完全贯穿”。

3）单击“确定”按钮，切削支撑架本体，如图 3-130 所示。

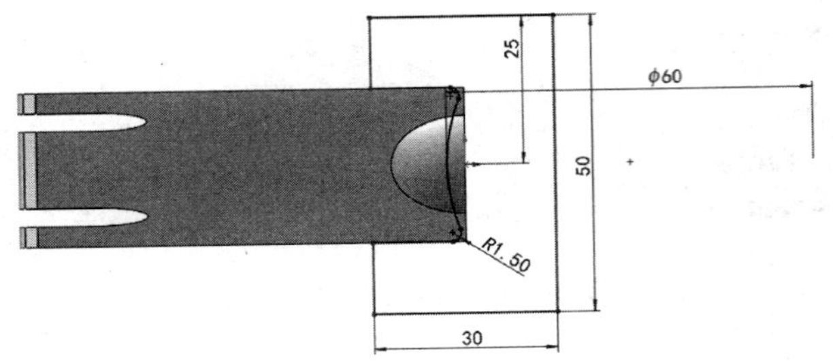

图 3-129　绘制草图

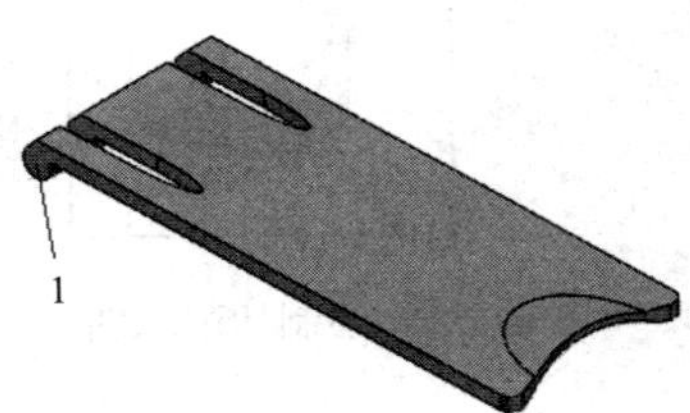

图 3-130　切削支撑架本体

8. 生成拉伸凸台特征

（1）绘制草图

1）选择图 3-130 所示的端面 1，单击“草图”控制面板上的“草图绘制”按钮，进入草图绘制环境。

2）单击“草图”控制面板上的“圆”按钮，绘制如图 3-131 所示的草图。

（2）拉伸凸台

1）单击“特征”控制面板上的“拉伸凸台 / 基体”按钮，弹出“凸台 - 拉伸”属性管理器。

2）设置“方向 1”的拉伸终止条件为“给定深度”，并在“深度”文本框中设置拉伸深度为 1.20mm，如图 3-132 所示。

3）单击“确定”按钮，生成拉伸凸台特征，如图 3-132 所示。

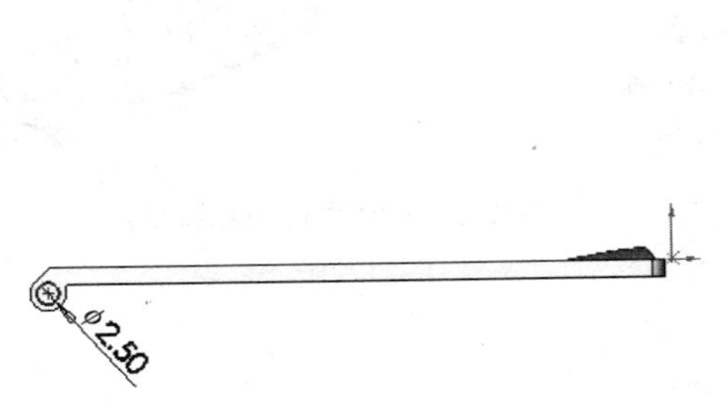

图 3-131　绘制草图

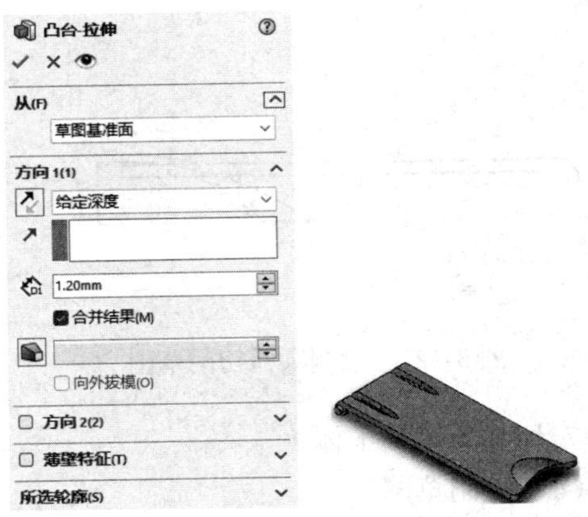

图 3-132　生成拉伸凸台特征

9. 切削支撑圆柱

(1)绘制草图

1)在 FeatureManager 设计树中选择“右视基准面”，单击“草图”控制面板上的“草图绘制”按钮，进入草图绘制环境。

2)单击“草图”控制面板上的“直线”按钮，绘制如图 3-133 所示的草图。

(2)切削圆柱实体

1)单击“特征”控制面板上的“拉伸切除”按钮，弹出“切除 - 拉伸”属性管理器。

2)设置拉伸切除的“终止条件”为“完全贯穿”，单击“确定”按钮，切削支撑圆柱，如图 3-134 所示。

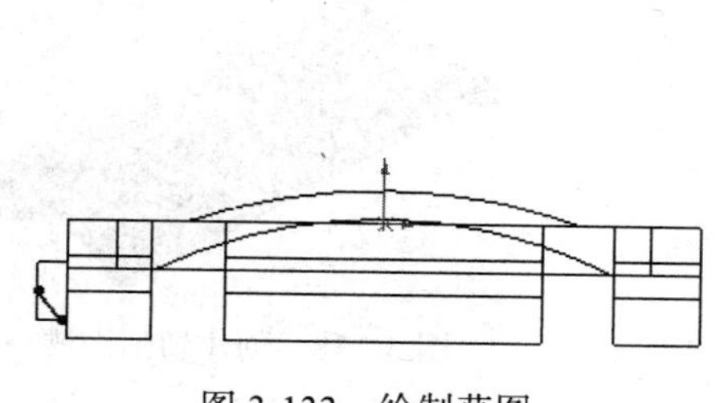

图 3-133 绘制草图

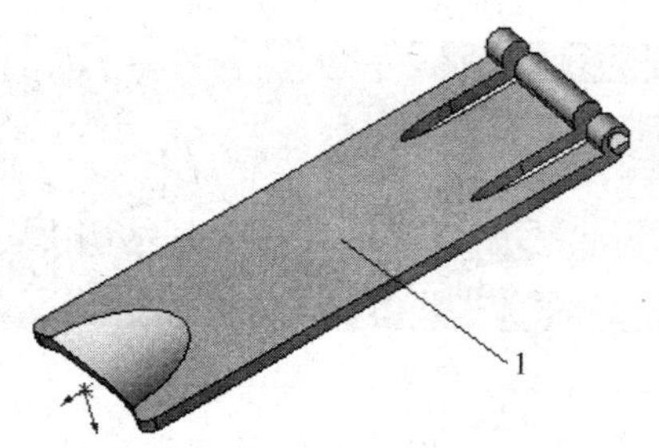

图 3-134 切削支撑圆柱

10. 镜向特征

1)单击“特征”控制面板上的“镜向”按钮，弹出“镜向”属性管理器。

2)在“镜向面 / 基准面”中选择“前视基准面”为镜向基准面，在“要镜向的特征”中选择拉伸凸台、切除特征为要镜向的特征，如图 3-135 所示。

3)单击“确定”按钮，生成镜向特征，如图 3-136 所示。

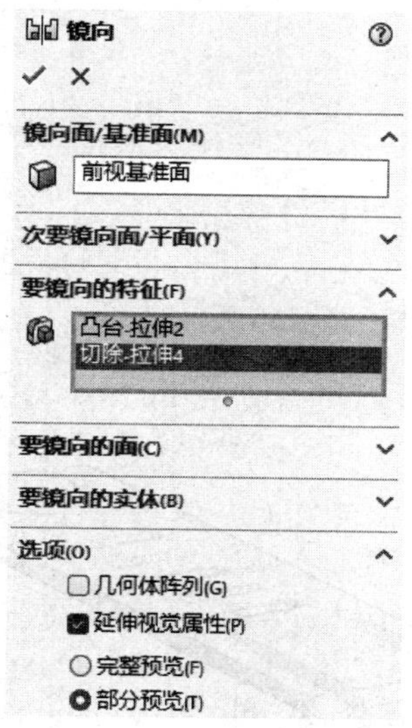

图 3-135 “镜向”属性管理器

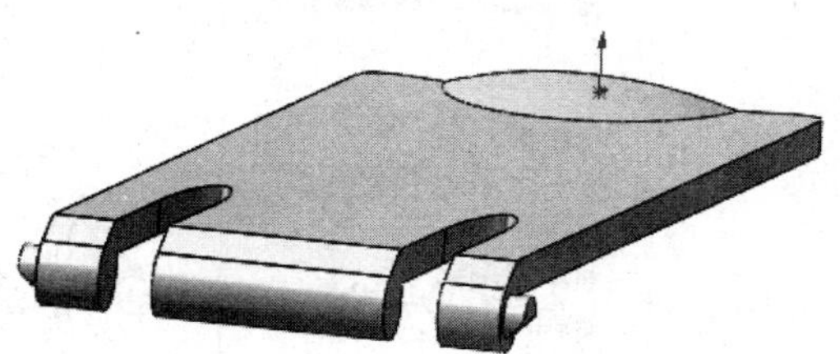

图 3-136 生成镜向特征

11. 切削沟槽

（1）绘制草图

1）选择图 3-134 所示的表面 1，单击“草图”控制面板上的“草图绘制”按钮，进入草图绘制环境。

2）单击“草图”控制面板上的“直槽口”按钮，绘制如图 3-137 所示的草图。

（2）切除实体

1）单击“特征”控制面板上的“拉伸切除”按钮，弹出“切除 - 拉伸”属性管理器。

2）设置拉伸切除的“终止条件”为“完全贯穿”。

3）单击“确定”按钮，创建切削沟槽，如图 3-138 所示。

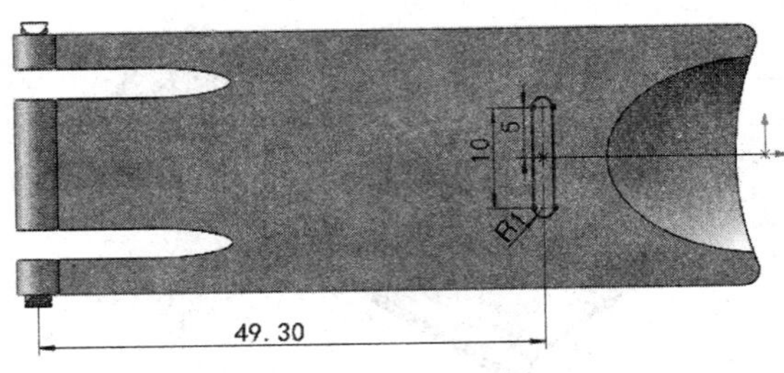

图 3-137　绘制草图

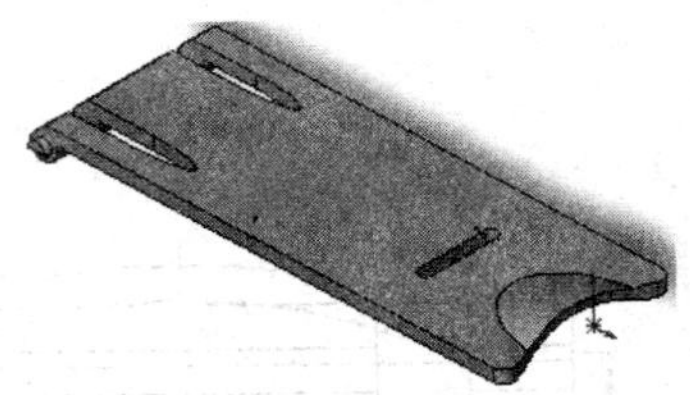
图 3-138　创建切削沟槽

12. 线性阵列

1）单击“特征”控制面板上的“线性阵列”按钮，弹出“线性阵列”属性管理器。

2）选择一条长的边线为阵列方向，在“间距”文本框中设置距离为 6.00mm，在“实例数”文本框中设置阵列特征数为 5，在“要阵列的特征”右侧的显示框中选择刚刚创建的拉伸切除特征。如图 3-139 所示。

3）单击“确定”按钮，创建阵列特征，如图 3-140 所示。

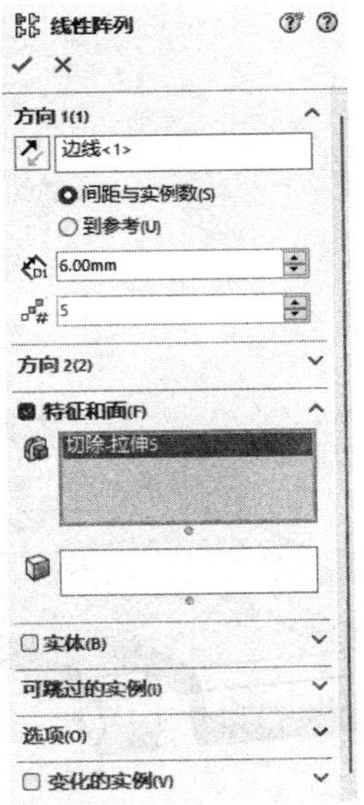

图 3-139　设置“线性阵列”属性管理器参数

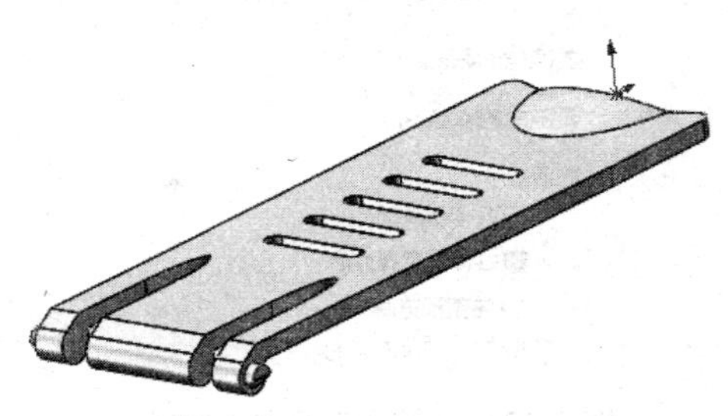
图 3-140　创建阵列特征

13. 生成固定扣

（1）绘制草图

1）在 FeatureManager 设计树中选择“前视基准面”，单击“草图”控制面板上的“草图绘制”按钮，进入草图绘制环境。

2）单击“草图”控制面板上的“直线”按钮，绘制如图 3-141 所示的草图。

（2）拉伸实体

1）单击“特征”控制面板上的“拉伸凸台 / 基体”按钮，弹出“凸台 - 拉伸”属性管理器。

2）设置拉伸凸台的“终止条件”为“两侧对称”，拉伸距离为 6.00mm。

3）单击“确定”按钮，完成凸台拉伸。

14. 圆角

1）单击“特征”控制面板上的“圆角”按钮，弹出“圆角”属性管理器。

2）在“要圆角化的项目”中选择要创建圆角的边线，设置圆角“半径”为 0.50mm，如图 3-142 所示。

3）单击“确定”按钮，创建圆角特征，如图 3-142 所示。

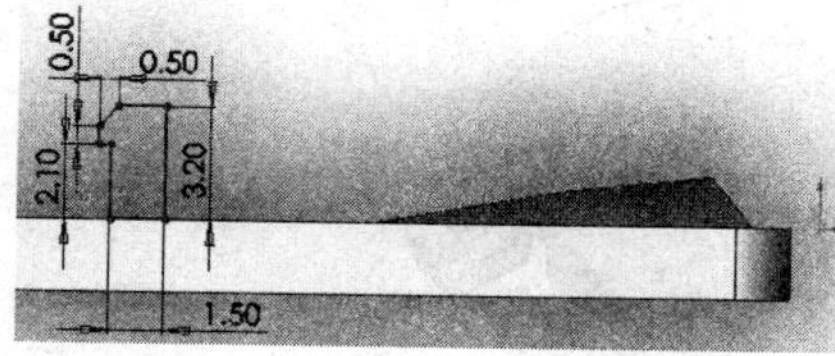

图 3-141　绘制草图

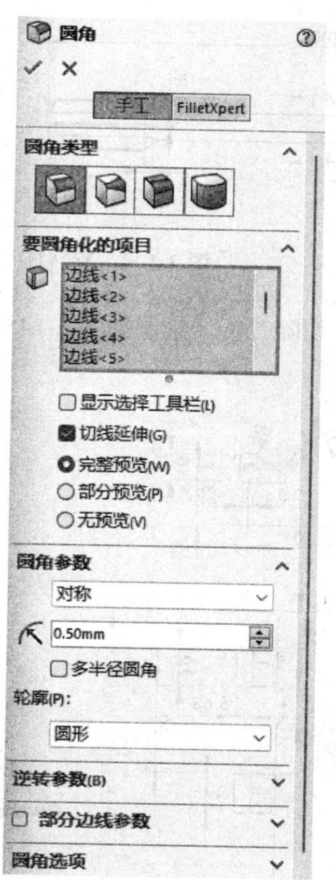

图 3-142　创建圆角特征

3.10 思考练习

1. 绘制如图 3-143 所示的手机上盖。

操作步骤为：拉伸凸台、圆角、抽壳特征、拉伸切除两次、线性阵列、拉伸切除、圆角。

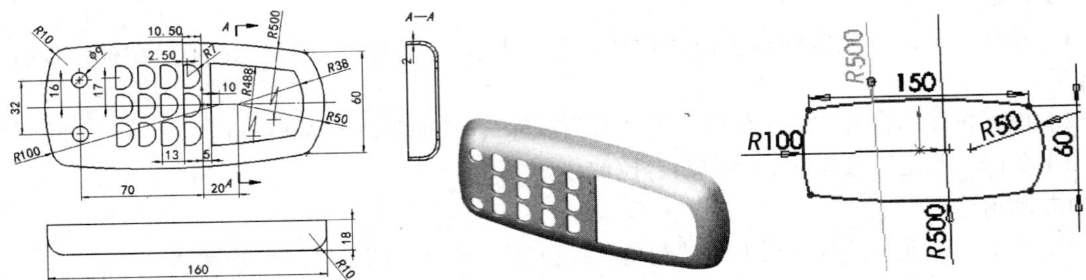

图 3-143　手机上盖

2. 综合运用拉伸、切除、阵列等特征绘制如图 3-144 所示的旋转体。

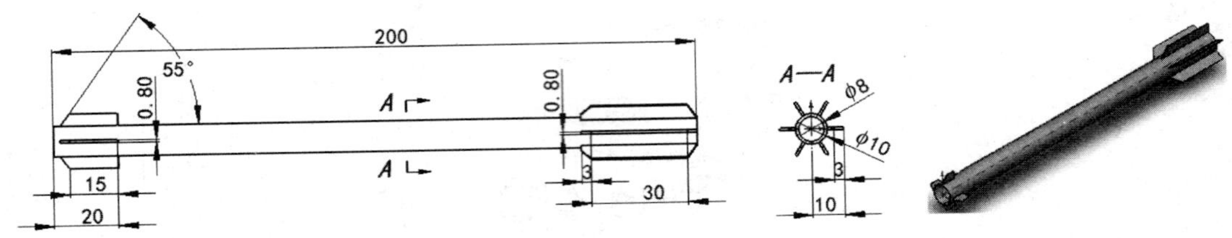

图 3-144　旋转体

3. 综合运用旋转、拉伸、切除等特征绘制如图 3-145 所示的翼。

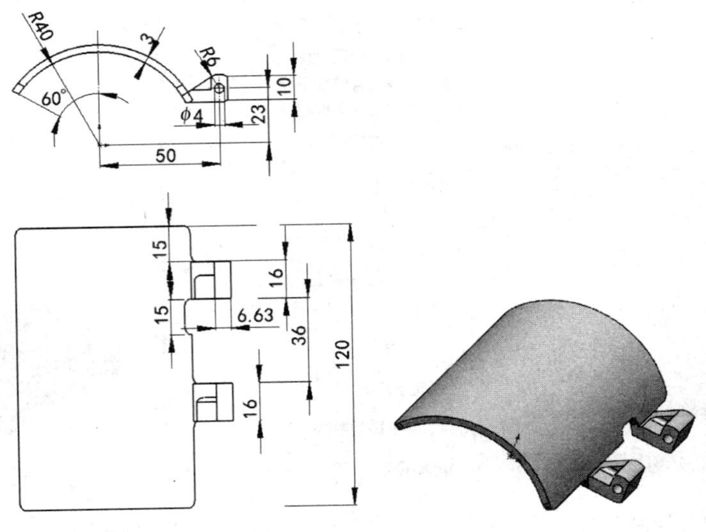

图 3-145　翼

第 4 章

零件建模的放置特征

编辑零件实体是指在不改变基体特征主要形状的前提下，通过放置特征和编辑放置特征的尺寸来对零件的局部进行修饰的实体建模方法。常见的有孔特征、圆角特征、倒角特征、抽壳特征和拔模特征等。

- 孔特征
- 圆角特征
- 倒角特征
- 抽壳特征
- 拔模特征

4.1 放置特征的基础知识

零件建模的放置特征通常是指由系统提供的或用户定义的一类模板特征，它的特征几何形状是确定的，用户通过改变其尺寸大小，可以得到大小不同的相似几何特征，如孔特征通过改变孔的直径尺寸，可以得到一系列大小不同的孔。

SOLIWORKS 2024 提供了许多类型的放置特征，如孔特征、倒角特征和抽壳特征等。在零件建模过程中使用放置特征，一般需要用户给系统提供以下几个方面信息：

1）放置特征的位置，如孔特征，用户首先需要为系统指定在哪一个平面上设置孔，然后需要确定孔在该平面上的定位尺寸。

2）放置特征的尺寸，如孔特征的直径尺寸、倒角特征的半径尺寸和抽壳特征的壁厚等。

下面对常用的放置特征进行介绍。

4.2 孔特征

孔特征是机械设计中的常见特征。SOLIDWORKS 2024 将孔特征分成两种类型：简单直孔和异型孔。

无论是简单直孔还是异型孔，都需要选取孔的放置平面并且标注孔的轴线与其他几何实体之间的相对尺寸，以完成孔的定位。

4.2.1 简单直孔

在进行零件建模中，一般最好是在设计阶段将近结束时再生成孔特征，这样可以避免因疏忽而将材料添加到现有的孔内。此外，如果准备生成不需要其他参数的简单直孔，则选择简单直孔特征，否则可以选择异型孔向导。对于生成简单的直孔而言，简单直孔特征可以提供比异型孔向导更好的性能。

要在模型上插入简单直孔特征，可做如下操作：

1）选择要生成简单直孔特征的平面。

2）选择“插入”→“特征”→“简单直孔”命令。

3）此时弹出“孔”属性管理器，并在右侧的绘图区中显示生成的孔特征，如图 4-1 所示。

4）在“孔”属性管理器“方向 1”栏的第一个下拉列表框中选择终止类型。

①“给定深度”：从草图的基准面拉伸特征到特定距离以生成特征。选择该选项后，需在下面的“深度”文本框中指定深度。

②“完全贯穿”：从草图的基准面拉伸特征直到贯穿所有现有的几何体。

③“成形到下一面”：从草图的基准面拉伸特征到下一面，以生成特征（下一面必须在同一零件上）。

④“成形到一面”：从草图的基准面拉伸特征到所选的曲面，以生成特征。

⑤“到离指定面指定的距离”：从草图的基准面拉伸特征到距某面或曲面特定距离的位置，以生成特征。选择该选项后，需指定特定面和距离。

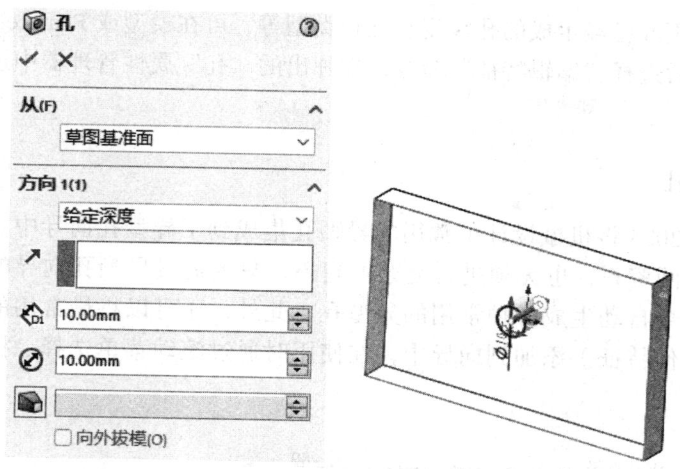

图 4-1 “孔”属性管理器和生成的孔特征

⑥“成形到一顶点”：从草图基准面拉伸特征到一个平面，这个平面平行于草图基准面且穿越指定的顶点。

5）在“孔直径”文本框中输入孔的直径。

6）如果要给特征添加一个拔模，可单击“拔模开 / 关”按钮，然后输入一拔模角度。

7）单击“确定”按钮，完成简单直孔特征的生成。

虽然在模型上生成了简单直孔特征，但上述操作还不能确定孔在模型面上的位置，还需要进一步对孔进行定位。

要对孔特征进行定位，可做如下操作：

1）在模型或 FeatureManager 设计树中右击孔特征。

2）在弹出的快捷菜单中选择“编辑草图”命令。

3）单击“草图”控制面板上的“智能尺寸”按钮，像标注草图尺寸那样对孔进行尺寸标注，如图 4-2 所示。此外，还可以在草图中修改孔的直径尺寸。

4）单击“草图”控制面板上的“草图绘制”按钮，退出草图编辑状态，则会看到已定位的孔，如图 4-3 所示。

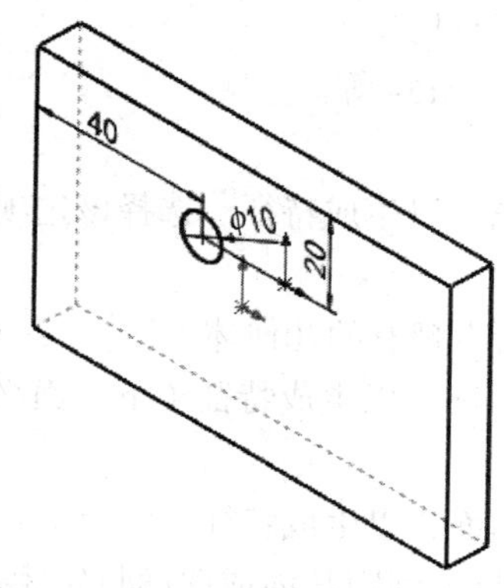

图 4-2 对孔进行尺寸标注

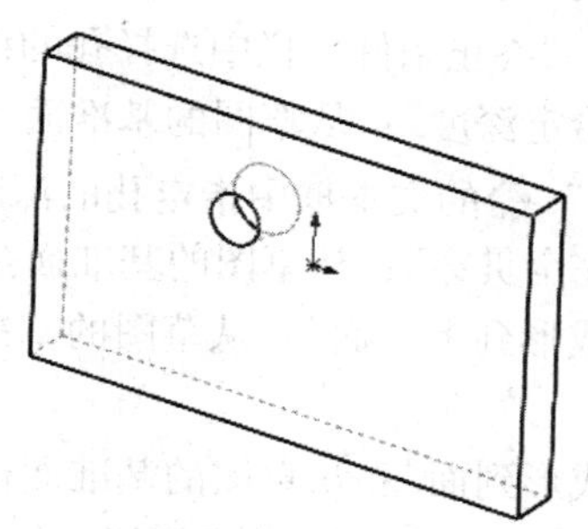

图 4-3 已定位的孔

此外，如果要更改已经生成的孔深度和终止类型等，可在模型或 FeatureManager 设计树中右击此孔特征，然后选择“编辑特征”命令，在弹出的“孔”属性管理器中进行必要的修改后单击“确定”按钮✔。

4.2.2 柱形沉孔

SOLIWORKS 2024 将机械设计中常用的异型孔集成到了异型孔向导中。用户在创建这些异型孔时，无须翻阅资料，也无须进行复杂的建模，只要通过异型孔向导的指导，输入孔的特征属性，系统就会自动生成各种常用的异型孔。此外，还可以将最常用的孔类型（包括与该孔类型相关的任何特征）添加到向导中，在使用时通过滚动菜单选择。柱形沉孔的参数如图 4-4 所示。

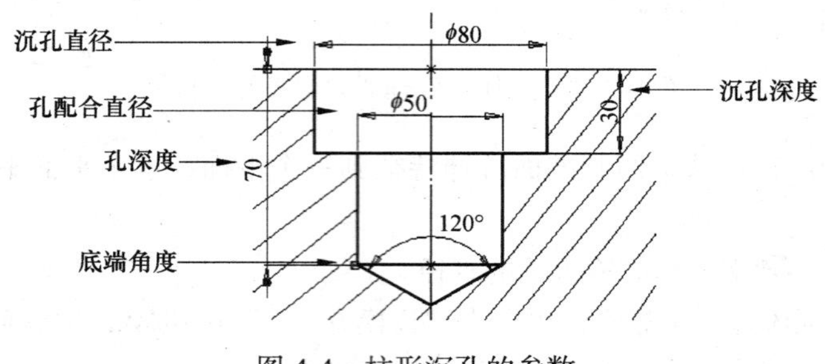

图 4-4　柱形沉孔的参数

要在模型上插入柱形沉孔特征，可做如下操作：

1）选择要生成柱形沉孔特征的平面。

2）单击“特征”控制面板上的“异型孔向导”按钮，或选择“插入”→“特征”→“异型孔向导”命令。

3）在“孔规格”属性管理器“孔类型”中选择“柱形沉孔”选项，对柱形沉孔的参数进行设置，如图 4-5 所示。

4）从“标准”下拉列表框中选择与柱形沉孔连接的紧固件“标准”，如 ISO、Ansi Metric、JIS 等。

5）选择与柱形沉孔对应紧固件的“类型”，如六角螺栓、六角凹头、六角螺钉。一旦选择了紧固件的类型，异型孔向导会立即更新对应参数栏中的项目。

6）选择柱形沉孔对应紧固件的“大小”，如 M5、M8、M64 等。

7）在“终止条件”栏中选择孔的终止条件。

①“给定深度”：从草图的基准面拉伸特征到特定距离，以生成特征。选择该选项后，需在“盲孔深度”的文本框中指定孔的深度。

②“完全贯穿”：从草图的基准面拉伸特征直到贯穿所有现有的几何体。

③“成形到下一面”：从草图的基准面拉伸特征到下一面，以生成特征（下一面必须在同一零件上）。

④“成形到面”：从草图的基准面拉伸特征到所选的曲面，以生成特征。

⑤“到离指定面指定的距离”：从草图的基准面拉伸特征到距某面或曲面特定距离的位置，以生成特征。选择该选项后，需指定特定面和距离。

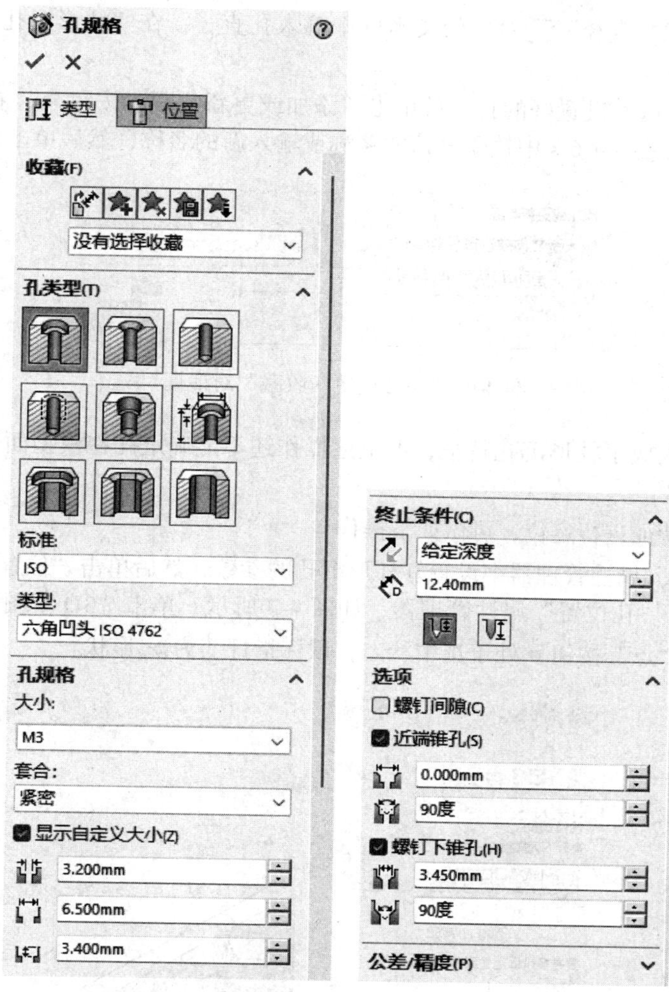

图 4-5 柱形沉孔参数设置

⑥“成形到顶点”：从草图基准面拉伸特征到一个平面，这个平面平行于草图基准面且穿越指定的顶点。

8）在“套合”下拉列表框中选择配合类型并输入直径。

①“紧密”：柱形沉孔与对应的紧固件配合较紧凑，可以在“参数 2”中的文本框中更改孔的直径。

②“正常”：柱形沉孔与对应的紧固件配合在正常范围内。

③“松弛”：柱形沉孔与对应的紧固件配合较松散。

注意

当更改孔配合类型时，“孔规格”中的孔直径会适当地增加或减少，用户可以自行修改这些尺寸。

9）在“底端角度”对应的文本框中输入底端角度值。

10）在“柱形沉孔直径”对应的文本框中输入孔直径，在“柱形沉孔深度”对应的文本框中输入深度。

11）如果要保存这些设置好的孔，可单击“添加或更新收藏”按钮，在弹出的“添加或更新收藏”对话框（见图 4-6）中接受默认的名称或输入新的名称，然后单击“确定”按钮。

图 4-6 “添加或更新收藏”对话框

虽然在模型上生成了柱形沉孔特征，但上述操作还不能确定孔在模型面上的位置，还需要进一步对孔进行定位。

要对柱形沉孔特征进行定位，可做如下操作：

1）在“孔规格”属性管理器中设置好柱形沉孔的参数，然后单击“位置”标签 位置 。

2）系统会弹出“孔位置”属性管理器，如图 4-7 所示。单击“3D 草图”按钮，此时“草图”控制面板上的“点”按钮处于选中状态，鼠标指针变为形状。

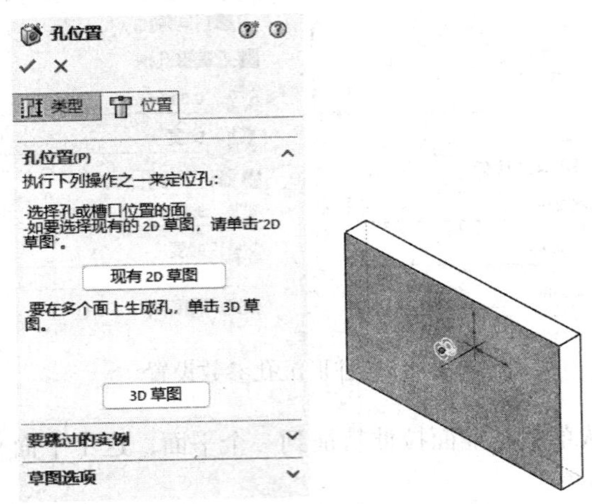

图 4-7 “孔位置”属性管理器

3）拖动孔中心到适当的位置单击，再单击“点”按钮，取消其选中状态，如图 4-7 所示。

4）单击“草图”控制面板上的“智能尺寸”按钮，像标注草图尺寸那样对孔进行尺寸标注。

5）单击“确定”按钮，完成柱形沉孔的生成与定位。

如果要生成并放置多个柱形沉孔（这些孔的参数必须一样），可做如下操作：

1）选择要生成柱形沉孔特征的平面。

2）单击“特征”控制面板上的“异型孔向导”按钮，或选择“插入”→“特征”→“孔”→“异型孔向导”命令。

3）在“孔规格”属性管理器中设置孔类型和参数。

4）单击“位置”标签 位置 来显示“孔位置”属性管理器。

5）单击“3D 草图”按钮，再单击要生成每个孔的地方。

6）单击“草图”控制面板上的“智能尺寸”按钮，像标注草图尺寸那样对每个孔进行尺寸标注。

7）单击“孔位置”属性管理器中的“确定”按钮，完成多个柱形沉孔的生成与定位。

4.2.3 锥形沉孔

锥形沉孔的参数如图 4-8 所示。要在模型上插入锥形沉孔特征，可做如下操作：

1）选择要生成锥形沉孔特征的平面。

2）单击“特征”控制面板上的“异型孔向导”按钮，或选择“插入”→“特征”→“异型孔向导”命令。

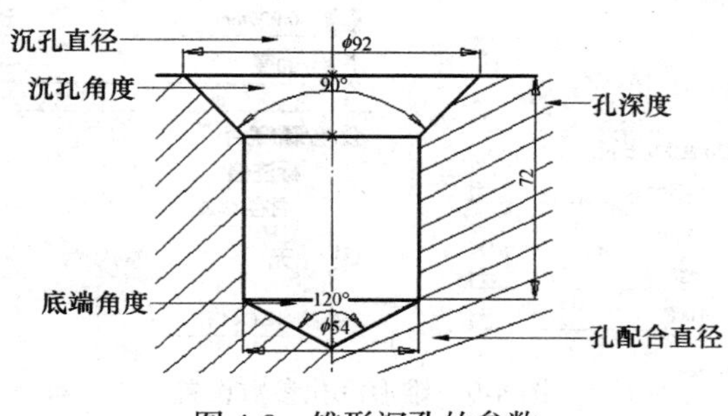

图 4-8　锥形沉孔的参数

3）在“孔规格”属性管理器中选择“锥形沉孔”选项，对锥形沉孔的参数进行设置，如图 4-9 所示。

4）从“标准”下拉列表框中选择与锥形沉孔连接的紧固件“标准”，如 ISO、Ansi Metric、JIS 等。

5）选择与锥形沉孔对应紧固件的“类型”，如六角凹头锥孔头、锥孔平头、锥孔提升头等。

6）选择与锥形沉孔对应紧固件的“大小”，如 M5、M8、M64 等。

7）在“终止条件”对应的下拉列表框和文本框中选择孔的终止条件和深度（其条件同柱形沉孔）。

8）在“孔规格”栏的参数中选择配合类型并输入直径。

9）在“底端角度”对应的文本框中输入底端角度值。

10）在“锥形沉孔直径”对应的文本框中输入孔直径，在“锥形沉孔角度”对应的文本框中输入角度。

11）设置好“锥形沉孔”参数后单击“位置”标签 位置 。

12）与在 4.2.2 节中定位柱形沉孔一样，对锥形沉孔进行定位。

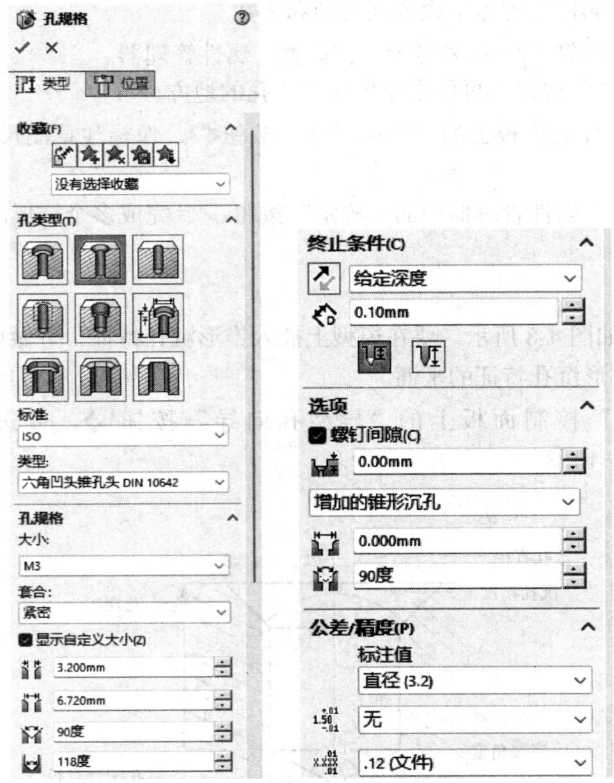

图 4-9　锥形沉孔参数设置

4.2.4　通用孔

通用孔的参数如图 4-10 所示。

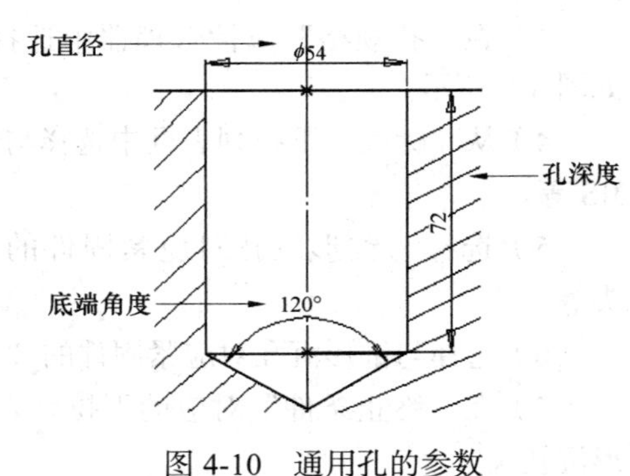

图 4-10　通用孔的参数

要在模型上插入通用孔特征，可做如下操作：

1）选择要生成通用孔特征的平面。

2）单击“特征”控制面板上的“异型孔向导”按钮，或选择“插入”→“特征”→“异型孔向导”命令。

3）在“孔规格”属性管理器中选择“孔”选项，对通用孔的参数进行设置，如图 4-11 所示。

4）从“标准”下拉列表框中选择与通用孔连接的紧固件“标准”，如 ISO、Ansi Metric、JIS 等。

5）选择“类型”，如暗销孔、螺纹钻孔、螺钉间隙、钻孔大小等。一旦选择了紧固件的类型，异型孔向导会立即更新对应参数栏中的项目。

6）选择钻头“大小”，如 M1.2 × 0.25。

7）在“终止条件”对应的下拉列表框和文本框中设置孔的终止条件。

8）在“底端角度”对应的文本框中输入底端角度值。

9）设置好孔参数后单击“位置”标签 位置 。

10）与定位柱形沉孔一样，对通用孔进行定位。

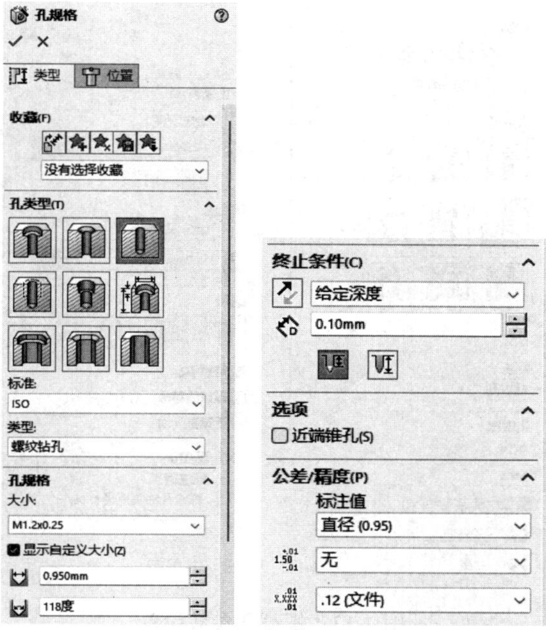

图 4-11　通用孔参数设置

4.2.5　螺纹孔

螺纹孔的参数如图 4-12 所示。

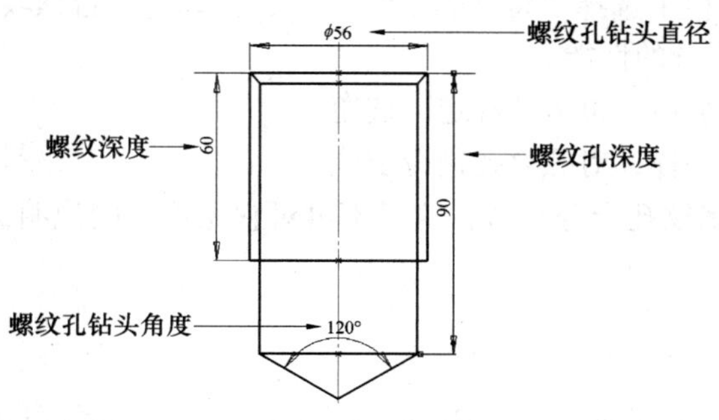

图 4-12　螺纹孔的参数

要在模型上插入螺纹孔特征，可做如下操作：

1）选择要生成螺纹孔特征的平面。

2）单击“特征”控制面板上的“异型孔向导”按钮，或选择“插入”→“特征”→“异型孔向导”命令。

3）在“孔规格”属性管理器中选择“直螺纹孔”选项，对螺纹孔的参数进行设置，如图 4-13 所示。

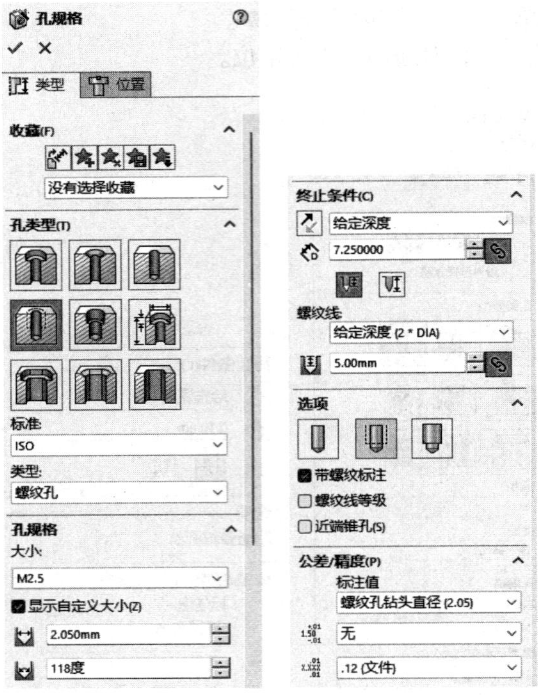

图 4-13　螺纹孔参数设置

4）从“标准”下拉列表框中选择与螺纹孔连接的紧固件“标准”，如 ISO、DIN 等。

5）选择“类型”，如螺纹孔和底部螺纹孔。一旦选择了紧固件的类型，异型孔向导会立即更新对应参数栏中的项目。

6）在“孔规格”栏相应的文本框中输入通孔直径和底端角度。

7）如果在“选项”栏中选择“装饰螺纹线”，并勾选“带螺纹标注”，则孔会有螺纹标注和装饰线，但会降低系统的性能。

8）设置好螺纹孔参数后，单击“确定”按钮。

9）与定位柱形沉孔一样，对螺纹孔进行定位。

管螺纹孔的生成与螺纹孔十分相似，这里不再对它做单独的说明，读者可以参见螺纹孔的生成与定位。

4.2.6　旧制孔

使用“孔规格”属性管理器中的“旧制孔”选项卡可以编辑任何在 SOLIWORKS 2024 之前版本中生成的孔。在该选项卡下，所有信息（包括图形预览）均以原来生成孔时（SOLIDWORKS 2019 之前版本中）的同一格式显示。

如果要编辑 SOLIWORKS 2024 之前版本中生成的孔，可做如下操作：

1）右击 FeatureManager 设计树中的“旧制孔”，在弹出的快捷菜单中选择“编辑特征”命令。

2）在弹出的“孔规格”属性管理器中选择“旧制孔”选项，其中显示了该旧制孔的所有信息，如图 4-14 所示。

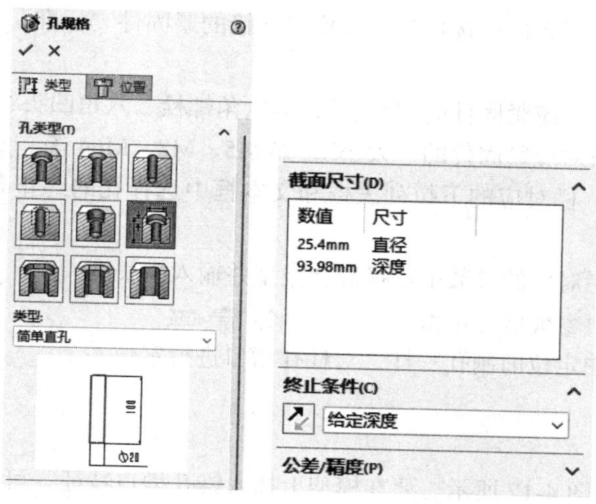

图 4-14 旧制孔参数设置

3）在属性管理器中的“截面尺寸”列表框中选择尺寸数值，就可以对其进行修改。

4）如果有必要，可在“终止条件”下拉列表框中重新选择终止条件。

5）单击“位置”标签 位置，即可与定位柱形沉孔一样，对旧制孔进行定位。

4.2.7 柱孔槽口

柱孔槽口的参数如图 4-15 所示。要在模型上插入柱孔槽口特征，可做如下操作：

1）选择要生成柱孔槽口特征的平面。

2）单击“特征”控制面板上的“异型孔向导”按钮，或选择“插入”→“特征”→“异型孔向导”命令。

3）在“孔规格”属性管理器中选择“柱孔槽口”选项，对柱孔槽口的参数进行设置，如图 4-16 所示。

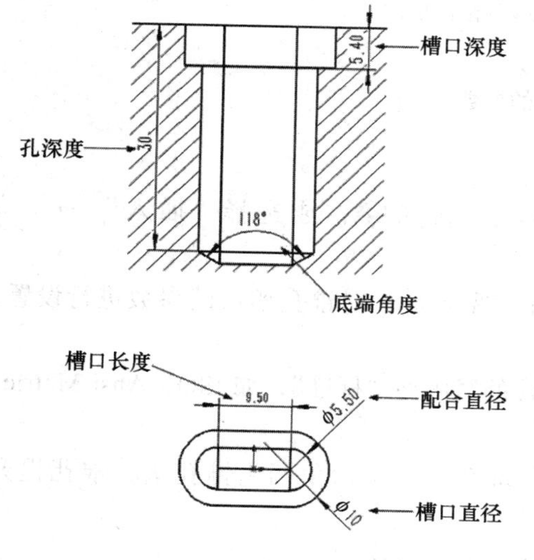

图 4-15 柱孔槽口的参数

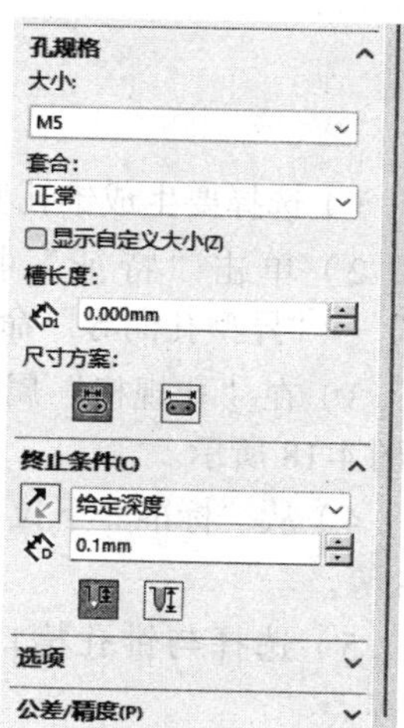

图 4-16 柱孔槽口参数设置

4）从“标准”下拉列表框中选择与柱孔槽口连接的紧固件“标准”，如 ISO、Ansi Metric、JIS 等。

5）选择与柱孔槽口对应紧固件的“类型”，如六角螺栓、六角凹头、六角螺钉等。

6）选择与柱孔槽口对应紧固件的“大小”，如 M5、M8、M64 等。

7）在“终止条件”栏对应的下拉列表框和文本框中选择孔的终止条件和深度，其条件同柱形沉孔。

8）在“孔规格”栏对应的参数中选择套合类型并输入槽长度。

9）设置好柱孔槽口参数后，单击“位置”标签 位置 。

10）与在 4.2.6 节中定位旧制孔一样，对柱孔槽口进行定位。

4.2.8 锥孔槽口

锥孔槽口的参数如图 4-17 所示。要在模型上插入锥孔槽口特征，可做如下操作：

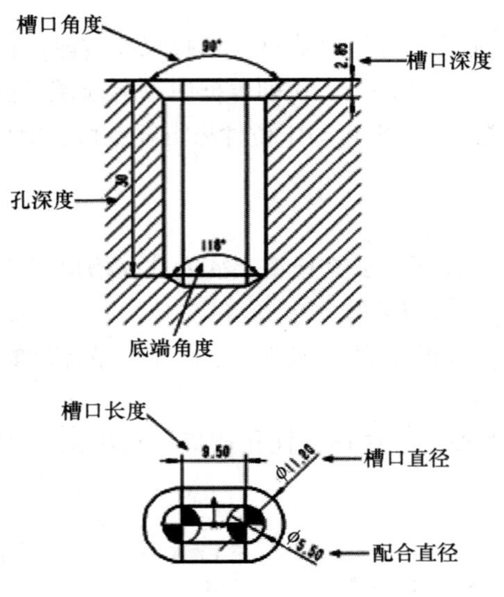

图 4-17 锥孔槽口的参数

1）选择要生成锥孔槽口特征的平面。

2）单击“特征”控制面板上的“异型孔向导”按钮，或选择“插入”→“特征”→“异型孔向导”命令。

3）在“孔规格”属性管理器中选择“锥孔槽口”选项，对锥孔槽口的参数进行设置，如图 4-18 所示。

4）从“标准”下拉列表框中选择与锥孔槽口连接的紧固件“标准”，如 ISO、Ansi Metric、JIS 等。

5）选择与锥孔槽口对应紧固件的“类型”，如锥孔平头、六角凹头锥孔头、锥孔提升头等。

6）选择与锥孔槽口对应紧固件的“大小”，如 M5、M8、M64 等。

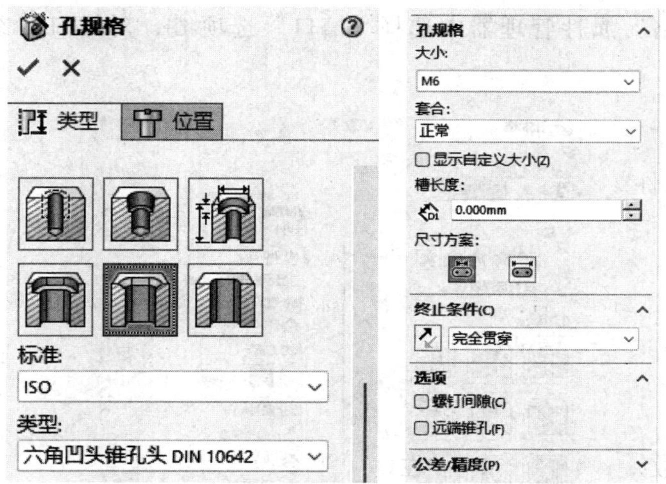

图 4-18　锥孔槽口参数设置

7）在“终止条件”栏对应的下拉列表框和文本框中选择孔的终止条件和深度，其条件同锥形沉孔。

8）在“孔规格”栏对应的参数中选择套合类型并输入槽长度。

9）设置好锥孔槽口参数后，单击“位置”标签 位置 。

10）与在 4.2.7 节中定位柱孔槽口一样，对锥孔槽口进行定位。

4.2.9　槽口

槽口的参数如图 4-19 所示。要在模型上插入槽口特征，可做如下操作：

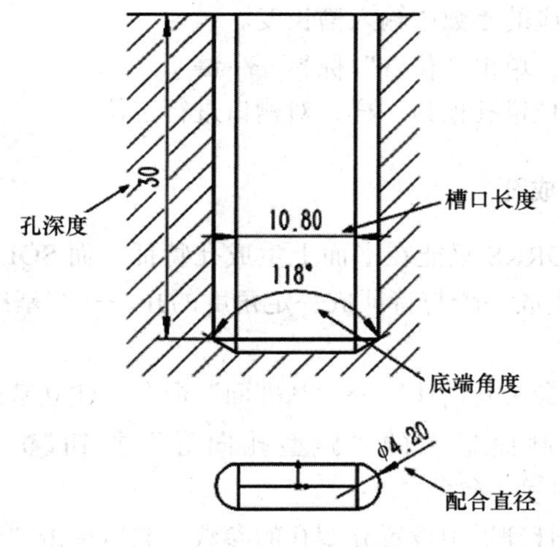

图 4-19　槽口的参数

1）选择要生成槽口特征的平面。

2）单击“特征”控制面板上的“异型孔向导”按钮，或选择“插入”→“特征”→“异型孔向导”命令。

3）在“孔规格”属性管理器中选择“槽口”选项，对槽口的参数进行设置，如图 4-20 所示。

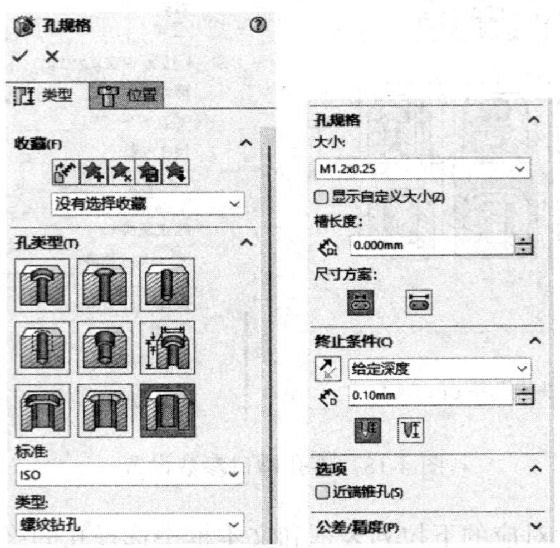

图 4-20　槽口参数设置

4）从“标准”下拉列表框中选择与槽口连接的紧固件“标准”，如 ISO、Ansi Metric、JIS 等。

5）选择与槽口对应紧固件的“类型”，如暗销孔、螺纹钻孔、螺纹间隙、钻孔大小等。

6）选择钻头“大小”，如 M2.5 × 0.45。

7）在“终止条件”栏对应的下拉列表框和文本框中选择孔的终止条件和深度，其条件同锥形沉孔。

8）在“孔规格”栏对应的参数中输入槽长度。

9）设置好槽口参数后，单击“位置”标签 位置 。

10）与在 4.3.8 节中定位锥孔槽口一样，对槽口进行定位。

4.2.10　在基准面上生成孔

以前版本的 SOLIDWORKS 只能在平面上生成孔特征，而 SOLIWORKS 2024 可以将异型孔向导调整到非平面，即生成一个与特征成一定角度的孔——在基准面上的孔。要在基准面上生成孔，可做如下操作：

1）选择“插入”→“参考几何体”→“基准面”命令，建立基准面。

2）单击“特征”控制面板上的“异型孔向导”按钮，或选择“插入”→“特征”→“孔”→“异型孔向导”命令。

3）在“孔规格”属性管理器中设置异型孔的参数，然后单击“位置”标签 位置 。

4）系统会弹出“孔位置”属性管理器。单击“3D 草图”按钮，此时“草图”控制面板上的“点”按钮 ■ 处于选中状态。

5）拖动孔的中心到适当的位置，如图 4-21 所示。

6）拖动孔中心到适当的位置单击，再单击“点”按钮，取消其选中状态，如图 4-7 所示。

7）单击“草图”控制面板上的“智能尺寸”按钮，像标注草图尺寸那样对孔进行尺寸标注。

8）单击“孔位置”属性管理器中的“确定”按钮，完成孔的生成与定位，如图 4-22 所示。

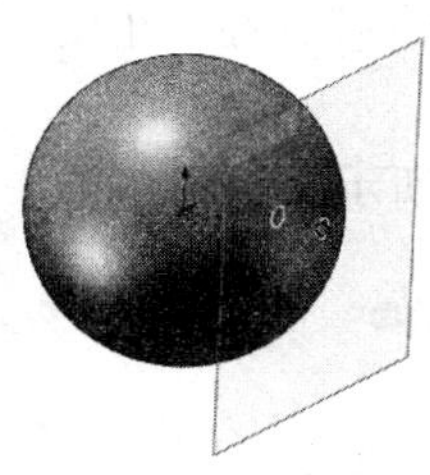

图 4-21　拖动孔的中心到适当的位置

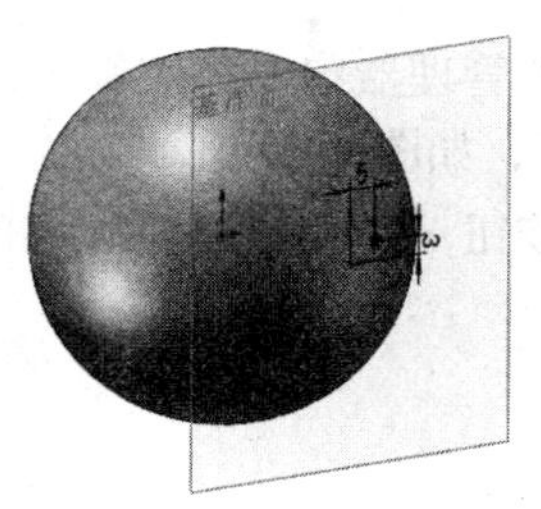

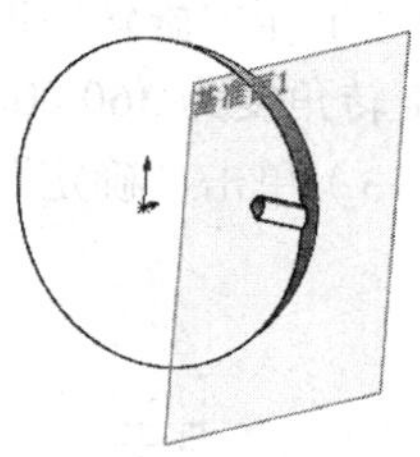

图 4-22　孔的生成与定位

4.2.11　实例——异型孔特征

本案例利用孔特征进行零件建模，生成如图 4-23 所示的异型孔特征零件。

本案例视频内容：“X：\ 动画演示 \ 第 4 章 \ 异型孔特征 .mp4”。

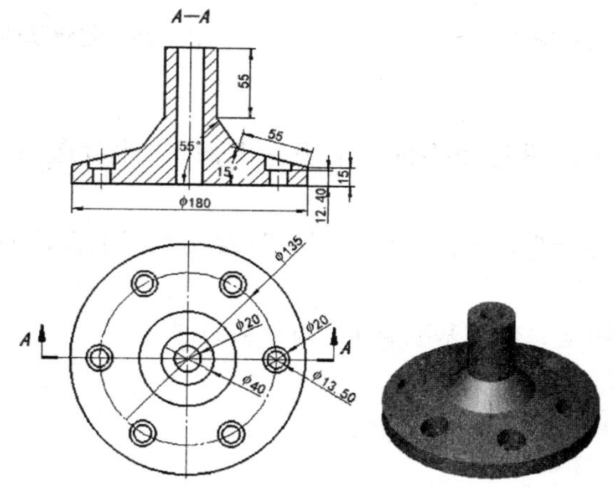

图 4-23　异型孔特征零件

1. 建立新的零件文件

单击快速访问工具栏中的“新建”按钮，在弹出的“新建 SOLIDWORKS 文件”对话框中单击“零件”按钮，然后单击“确定”按钮，创建一个新的零件文件。

2. 生成旋转基体特征

（1）绘制草图

1）在 FeatureManager 设计树中选择“前视基准面”，单击“草图”控制面板上的“草图绘制”按钮，进入草图绘制环境。

2）单击“草图”控制面板上的“中心线”按钮，绘制一条通过原点的竖直中心线。

3）单击“草图”控制面板上的“直线”按钮，绘制旋转草图轮廓。

4）单击“草图”控制面板上的“智能尺寸”按钮，对旋转轮廓进行尺寸标注，如图 4-24 所示。

（2）创建基体旋转特征

1）单击“特征”控制面板上的“旋转凸台 / 基体”按钮，或选择“插入”→“凸台 / 基体”→“旋转”命令。

2）在“旋转”属性管理器中设置“旋转类型”为“给定深度”，在“角度”文本框中设置旋转角度为 360.00 度，如图 4-25 所示。

3）单击“确定”按钮，创建基体旋转特征，如图 4-25 所示。

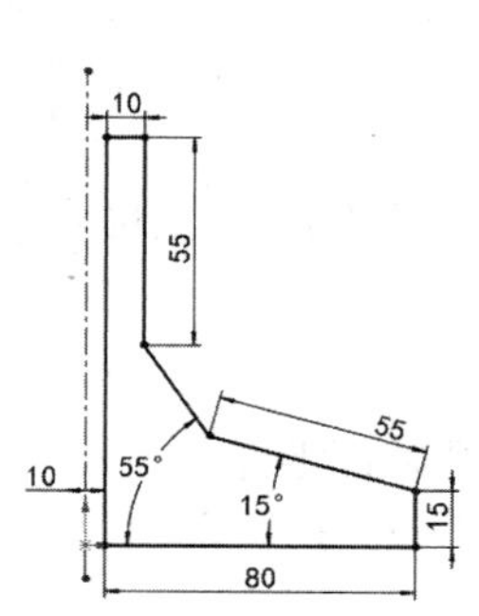

图 4-24　绘制旋转轮廓草图并标注尺寸

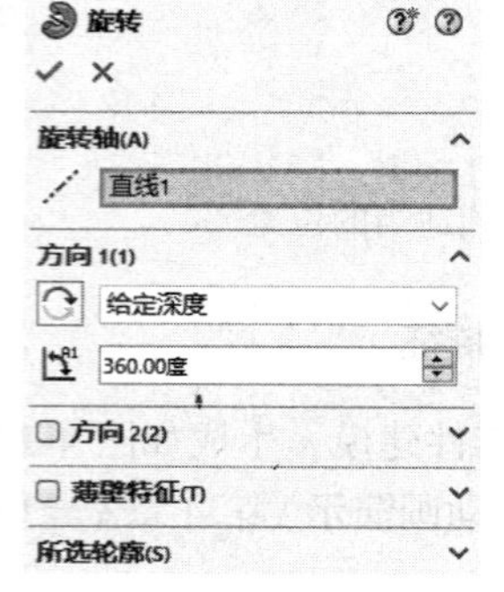

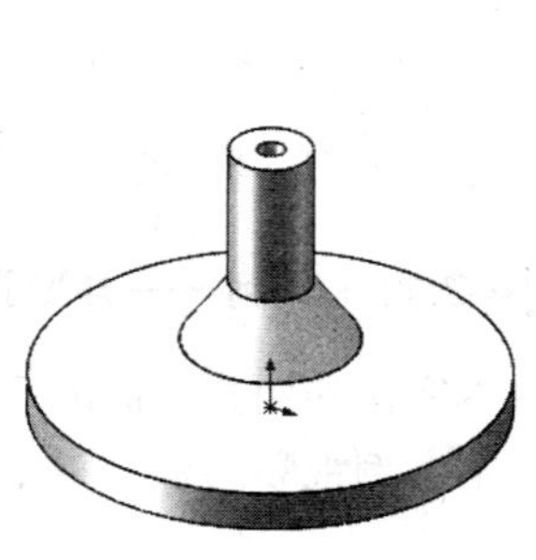

图 4-25　创建基体旋转特征

3. 创建基准面

1）选择 FeatureManager 设计树中的“上视基准面”，然后选择“插入”→“参考几何体”→“基准面”命令。

2）在“基准面”属性管理器上的“偏移距离”文本框中设置偏移距离为 25.00mm，如图 4-26 所示。

3）单击“确定”按钮，创建基准面 1，如图 4-27 所示。

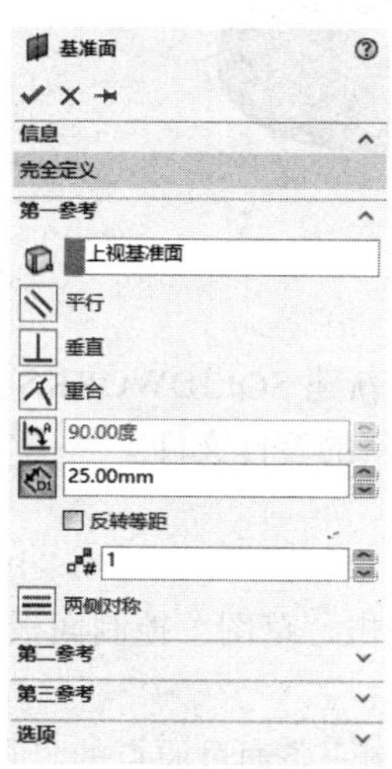

图 4-26　设置“基准面”属性管理器参数

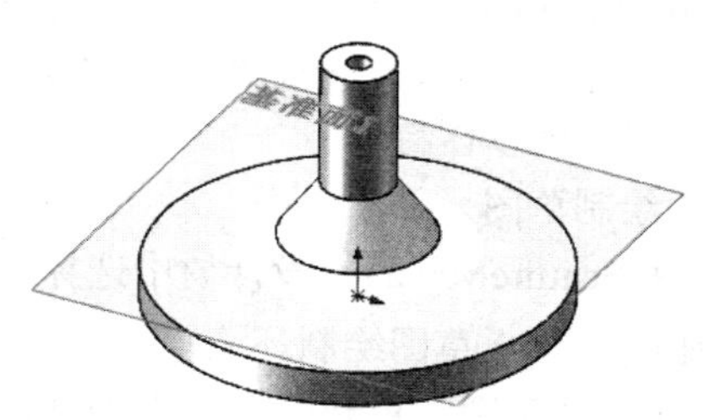

图 4-27　创建基准面 1

4. 生成基体异型孔特征

（1）绘制草图

1）选择基准面 1，单击“草图”控制面板上的“草图绘制”按钮，进入草图绘制环境。

2）单击“草图”控制面板上的“圆”按钮，在基准面 1 上绘制一个以原点为中心、直径为 135mm 的圆。

3）在“圆”属性管理器中选择“作为构造线”复选框，将该圆作为构造线。

4）单击“草图”控制面板上的“直线”按钮，绘制 3 条通过原点且成 60° 角的直线。

5）在“直线”属性管理器中选择“作为构造线”复选框，将这 3 条直线作为构造线。如图 4-28 所示。

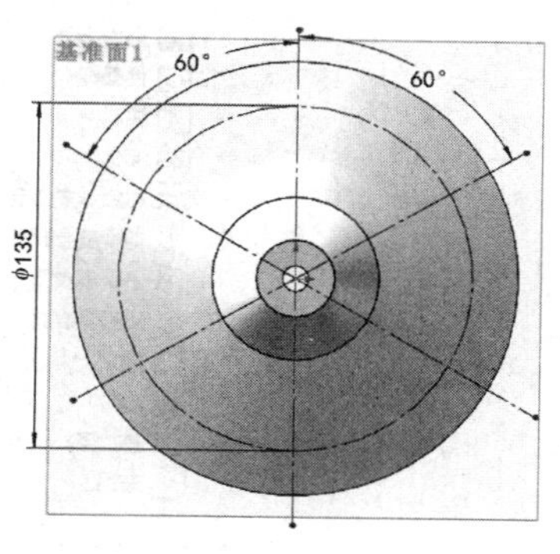

图 4-28　生成构造线

解释：构造线

构造线用于协助生成草图实体和几何体。SOLIWORKS 2024 可以将绘制的直线、圆、曲线等转换为生成模型几何体时使用的构造线。如果已经激活了草图实体的属性管理器，则在属性管理器中选择“作为构造线”复选框。如果没有激活草图实体的属性管理器，则先选择草图实体，然后单击“草图”控制面板上的“构造几何线”按钮，即可将草图实体转换为构造线。

6）单击“退出草图”按钮，退出草图绘制。

（2）创建异型孔特征

1）选择 FeatureManager 设计树上的基准面 1 视图。

2）单击“特征”控制面板上的“异型孔向导”按钮，或选择“插入”→“特征”→“异型孔向导”命令。

3）在“孔规格”属性管理器中选择“柱形沉孔”选项，然后对柱形沉孔的参数进行设置，如图 4-29 所示。

4）在“孔规格”属性管理器中设置好柱形沉孔的参数后，单击“位置”标签 位置 。

5）系统弹出“孔位置”属性管理器。此时“草图”控制面板上的“点”按钮处于选中状态，鼠标指针变为形状。

6）单击基准面上的草图 2 中直线构造线和圆的交点，作为孔的放置位置。

7）单击“孔位置”对话框中的“确定”按钮，完成多孔的生成与定位。

5. 保存文件

单击快速访问工具栏中的“保存”按钮，或选择“文件”→“保存”命令。将草图保存，名为“异型孔特征 .sldprt”。

图 4-29　设置柱形沉孔参数

至此，该零件就制作完成了，最后效果（包括 FeatureManager 设计树）如图 4-30 所示。

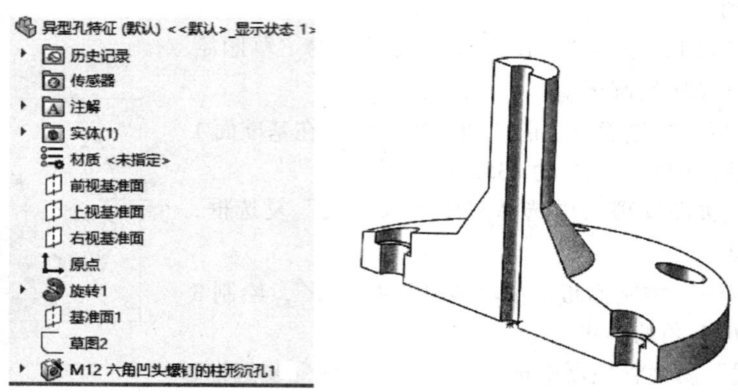

图 4-30　异形孔特征的最后效果

4.3 圆角特征

使用圆角特征可以在一个零件上生成一个内圆角或外圆角面。圆角特征在零件设计中起着重要作用。大多数情况下，如果能在零件特征上加入圆角，则有助于造型上的变化，或者产生平滑的效果。SOLIWORKS 2024 可以为一个面上的所有边线、多个面、多个边线或边线环生成圆角特征。SOLIWORKS 2024 有以下几种圆角特征：

1）等半径圆角：对所选边线以相同的圆角半径进行圆角操作。

2）多半径圆角：可以为每条边线选择不同的圆角半径值。

3）圆形角圆角：通过控制角部边线之间的过渡，消除或平滑两条边线汇合处的尖锐接合点。

4）逆转圆角：可以在混合曲面之间沿着零件边线进入圆角，生成平滑过渡。

5）变半径圆角：可以为边线的每个顶点指定不同的圆角半径。

6）混合面圆角：可以将不相邻的面混合起来。

图 4-31 所示为几种圆角特征。

4.3.1　等半径圆角特征

等半径圆角特征是指对所选边线以相同的圆角半径进行圆角的操作，要生成等半径圆角特征，可做如下操作：

1）单击“特征”控制面板上的“圆角”按钮，或选择“插入”→“特征”→“圆角”命令。

2）在弹出的“圆角”属性管理器中选择“圆角类型”为“固定大小圆角”，如图 4-32 所示。

3）在“圆角参数”的“半径”文本框中设置圆角的半径。

4）单击“边线、面、特征和环”图标右侧的显示框，然后在右侧的绘图区中选择要进行圆角处理的模型边线、面或环。

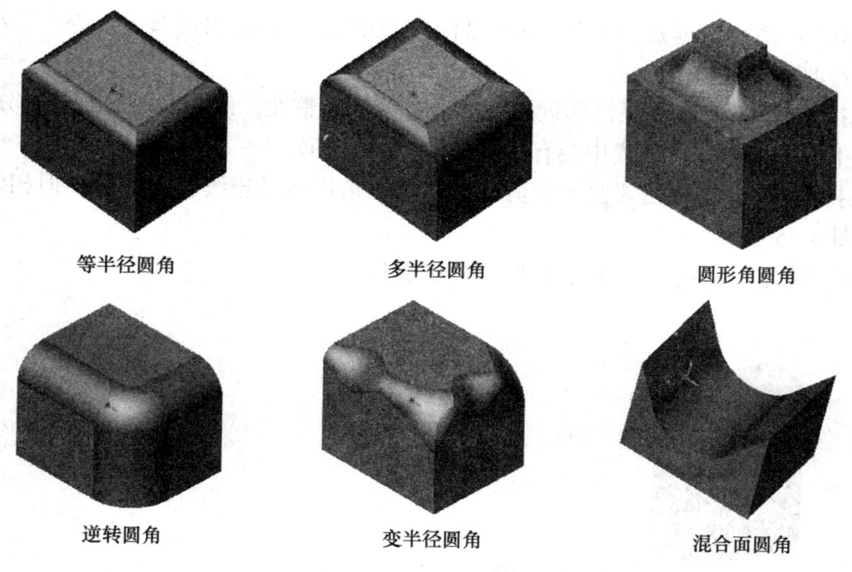

图 4-31　几种圆角特征

图 4-32　“圆角”属性管理器

5）如果选择了“切线延伸”复选框，则圆角将延伸到与所选面或边线相切的所有面，如图 4-33 所示。

在“扩展方式”单选按钮组中选择一种扩展方式。

①“默认”：系统根据几何条件（进行圆角处理的边线凸起和相邻边线等）选择“保持边线”或“保持曲面”选项。

②“保持边线”：系统将保持邻近的直线形边线的完整性，但圆角曲面断裂成分离的曲面。在许多情况下，圆角的顶部边线中会有沉陷，如图 4-34 所示。

③“保持曲面”：使用相邻曲面来剪裁圆角。圆角边线是连续且光滑的，但相邻边线会受到影响，如图 4-35 所示。

6）单击“确定”按钮✔，生成等半径圆角特征。

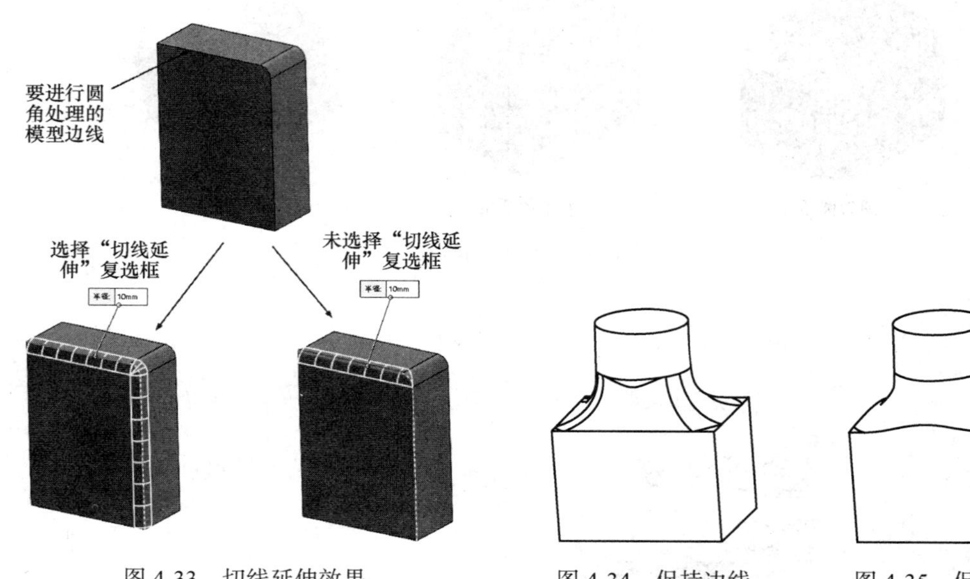

图 4-33　切线延伸效果　　图 4-34　保持边线　　图 4-35　保持曲面

4.3.2　多半径圆角特征

使用多半径圆角特征可以为每条所选边线选择不同的半径值，还可以为不具有公共边线的面指定多个半径。

要生成多半径圆角特征，可做如下操作：

1）单击“特征”控制面板上的“圆角”按钮，或选择“插入”→“特征”→“圆角”命令。

2）在弹出的“圆角”属性管理器中选择“圆角类型”为“固定大小圆角”。

3）在“圆角参数”下选择“多半径圆角”复选框。

4）单击“边线、面、特征和环”图标右侧的显示框，然后在右侧的绘图区中选择要进行圆角处理的第一条模型边线、面或环。

5）在“圆角项目”的“半径”文本框中设置圆角的半径。

6）重复步骤 1）~ 5），对多条模型边线、面或环分别指定不同的圆角半径，直到设置完所有要进行圆角处理的边线。

7）单击“确定”按钮✔，生成多半径圆角特征。

4.3.3 圆形角圆角特征

使用圆形角圆角特征可以控制角部边线之间的过渡，圆形角圆角将混合邻接的边线，从而消除或平滑两条边线汇合处的尖锐接合点。图 4-36 所示为使用圆形角圆角特征前后的效果。

图 4-36　使用圆形角圆角特征前后的效果

要生成圆形角圆角特征，可做如下操作：

1）单击“特征”控制面板上的“圆角”按钮，或选择“插入”→“特征”→“圆角”命令。

2）在弹出的“圆角”属性管理器中选择“圆角类型”为“恒定大小圆角”。

3）在“要圆角化的项目”下取消选择“切线延伸”复选框。

4）在“圆角参数”的“半径”文本框中设置圆角的半径。

5）单击“边线、面、特征和环”图标右侧的显示框，然后在右侧的绘图区中选择两个或更多相邻的模型边线、面或环。

6）选择“圆角选项”中的“圆形角”复选框。

7）单击“确定”按钮，生成圆形角圆角特征。

4.3.4 逆转圆角特征

使用逆转圆角特征可以在混合曲面之间沿着零件边线生成圆角，从而生成平滑过渡。图 4-37 所示为使用逆转圆角特征的效果。

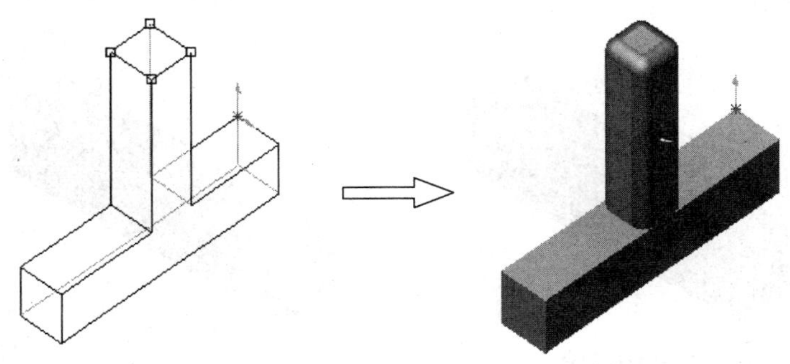

图 4-37　使用逆转圆角特征的效果

要生成逆转圆角特征，可做如下操作：

1）生成一个零件，该零件应该包括边线、相交的和希望混合的顶点。

2）单击“特征”控制面板上的“圆角”按钮，或选择“插入”→“特征”→“圆角”命令。

3）在“圆角类型”中保持默认设置“固定大小圆角”。

4）选择“圆角参数”中的“多半径圆角”复选框。

5）取消选择“切线延伸”复选框。

6）单击“边线、面、特征和环”图标右侧的显示框，然后在右侧的绘图区中选择 3 个或更多具有共同顶点的边线。

7）在“逆转参数”的“距离”文本框中设置距离。

8）单击“逆转顶点”图标右侧的显示框，然后在右侧的绘图区中选择一个或多个顶点作为逆转顶点。

9）单击“设定所有”按钮，将相等的逆转距离应用到通过每个顶点的所有边线，逆转距离将显示在“逆转距离”右侧的文本框和绘图区中的标注中，如图 4-38 所示。

10）如果要对每一条边线分别设定不同的逆转距离，则进行如下操作：

① 单击“逆转顶点”图标右侧的显示框，在右侧的绘图区中选择多个顶点作为逆转顶点。

② 在“距离”文本框中为每一条边线设置逆转距离。

③ 在“逆转距离”文本框中会显示每条边线的逆转距离。

11）单击“确定”按钮，生成逆转圆角特征。

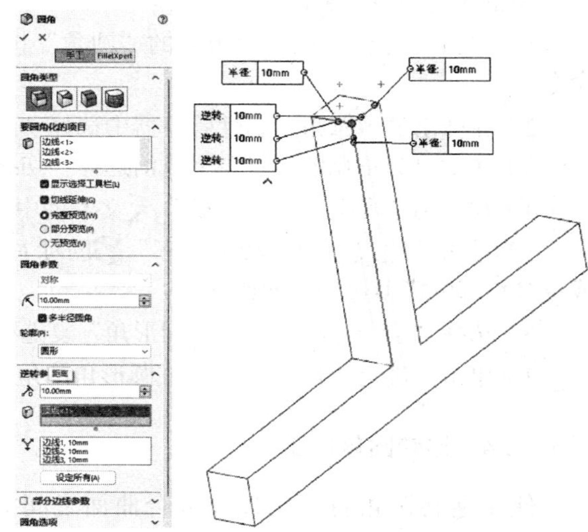

图 4-38　生成逆转圆角特征

4.3.5　变半径圆角特征

变半径圆角特征通过对进行圆角处理的边线上的多个点（变半径控制点）指定不同的圆角半径来生成圆角，可以制作出另类的效果，如图 4-39 所示。

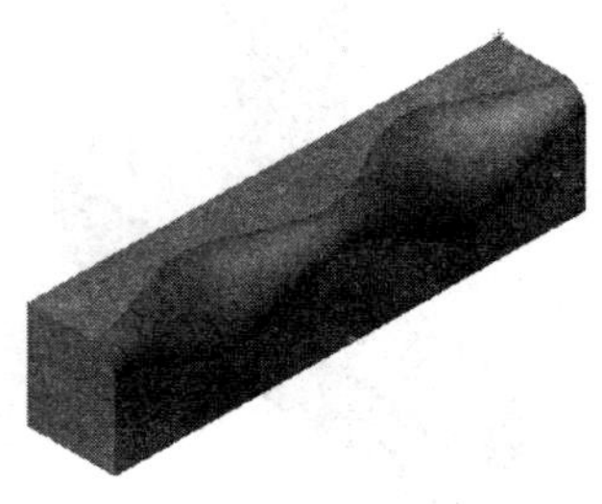
a) 有控制点

b) 无控制点

图 4-39　变半径圆角特征

要生成变半径圆角特征，可做如下操作：

1）单击“特征”控制面板上的“圆角”按钮，或选择“插入”→“特征”→“圆角”命令。

2）在“圆角”属性管理器中选择“圆角类型”为“变量大小圆角”。

3）单击“要加圆角的边线”图标右侧的显示框，然后在右侧的绘图区中选择要进行变半径圆角处理的边线。此时，在右侧的绘图区中系统会默认使用3个变半径控制点，分别位于沿边线的25%、50%和75%的等距离处，如图4-40所示。

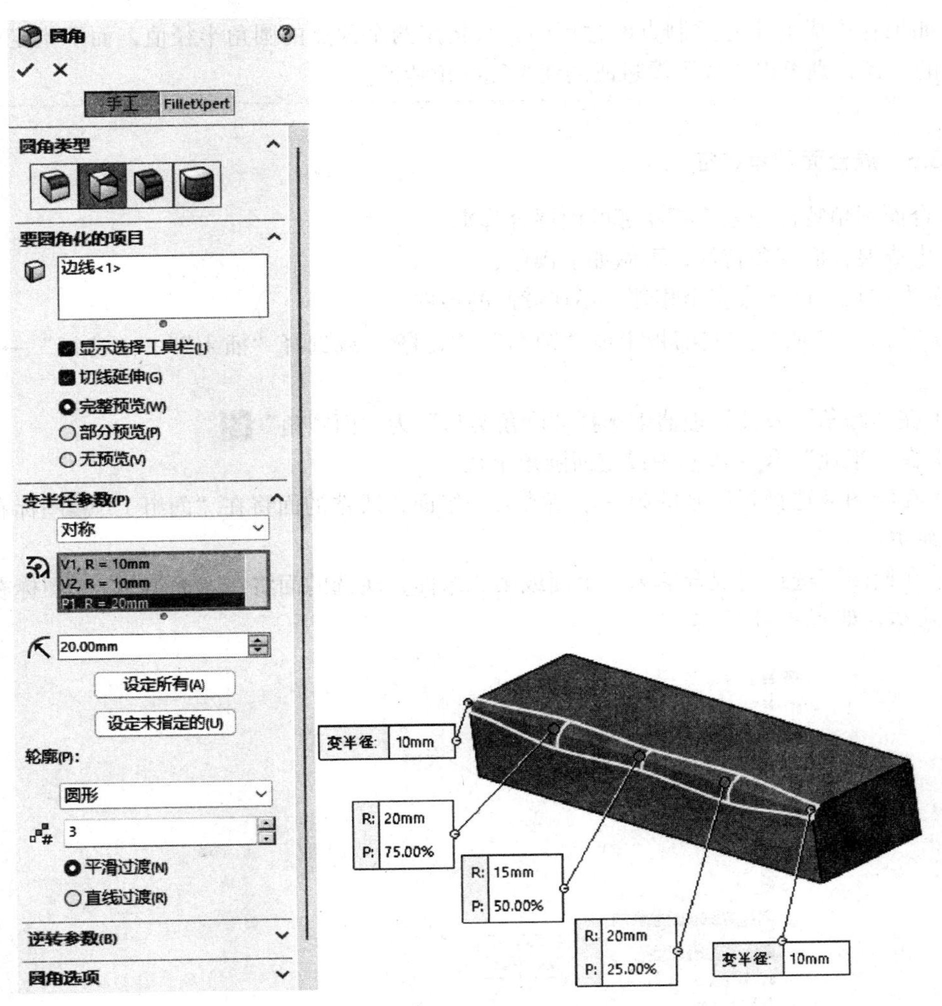

图4-40　默认的变半径控制点

4）在“变半径参数”下的“附加的半径”图标右侧的显示框中选择变半径控制点，然后在下面的“半径”文本框中输入圆角半径值。

5）如果要更改变半径控制点的位置，可以通过鼠标指针拖动控制点到新的位置。

6）如果要改变控制点的数量，可以在“实例数”文本框中设置控制点的数量。

7）选择过渡类型：

①“平滑过渡”：生成一个圆角，当一个圆角边线与一个邻面结合时，圆角半径从一个半径平滑地变化为另一个半径。

②“直线过渡”：生成一个圆角，圆角半径从一个半径线性地变化成另一个半径，但不与邻近圆角的边线相结合。

8）单击“确定”按钮✔，生成变半径圆角特征。

说 明

如果在生成变半径控制点的过程中，只指定两个顶点的圆角半径值，而不指定中间控制点的半径，则可以生成平滑过渡的变半径圆角特征。

4.3.6 混合面圆角特征

混合面圆角特征用来将不相邻的面混合起来。

要生成混合面圆角特征，可做如下操作：

1）生成具有两个或多个相邻、不连续面的零件。

2）单击“特征”控制面板上的“圆角”按钮，或选择“插入”→“特征”→“圆角”命令。

3）在“圆角”属性管理器中选择“圆角类型”为“面圆角”。

4）在“半径”文本框中设定面圆角半径。

5）在绘图区选择要混合的第一个面或第一组面，所选的面将在“面组1”图标右侧的显示框中显示。

6）在绘图区选择要混合的第二个面或第二组面，所选的面将在“面组2”图标右侧的显示框中显示，如图4-41所示。

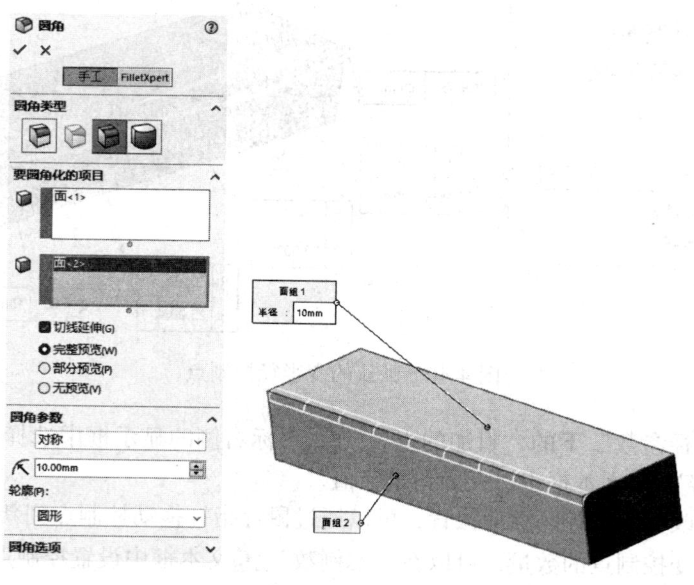

图4-41 选择要混合的面

7）选择“切线延伸”复选框，使圆角应用到相切面。

8）如果选择了“圆角参数”栏中的“曲率连续”复选框，则系统会生成一个平滑曲率，以解决相邻曲面之间不连续的问题。

9）如果单击“圆角参数”栏中的“辅助点”，则可以在绘图区中通过在插入圆角的附近插入辅助点，以定位插入混合面的位置。

10）单击“确定”按钮✔，生成混合面圆角特征。

在生成圆角特征时，要注意以下几点：

1）在添加小圆角之前先添加较大圆角。当有多个圆角汇聚于一个顶点时，需先生成较大的圆角。

2）如果要生成具有多个圆角边线及拔模面的铸件，在大多数的情况下，应在添加圆角之前添加拔模特征。

3）应该最后添加装饰用的圆角。在大多数其他几何体定位后再尝试添加装饰圆角，如果早早就添加了，则系统需要花费很长的时间重建零件。

4）尽量使用一个圆角命令来处理需要相同半径圆角的多条边线，这样会加快零件重建的速度。但是要注意，当改变圆角的半径时，在同一操作中生成的所有圆角都会改变。

此外，还可以通过为圆角设置边界或包络控制线来决定混合面的半径和形状。控制线可以是要生成圆角的零件边线或投射到一个面上的分割线。由于它们的应用非常有限，这里不做详细介绍，如果读者有意了解这方面的内容，可查看 SOLIWORKS 2024 的帮助文件或培训手册。

4.4 倒角特征

在零件设计过程中，通常要对锐利的零件边角进行倒角处理，以防止伤人和便于搬运、装配，以及避免应力集中等。此外，有些倒角特征也是机械加工过程中不可缺少的工艺。与圆角特征类似，倒角特征也是对边或角进行倒角。图 4-42 所示为倒角特征实例。

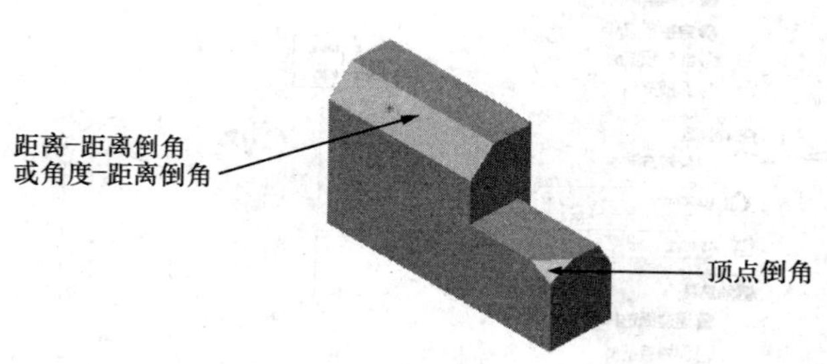

图 4-42 倒角特征实例

4.4.1 创建倒角特征

要在零件模型上创建倒角特征，可做如下操作：

1）单击“特征”控制面板上的“倒角”按钮，或选择“插入”→“特征”→“倒角”命令。

2）在“倒角”属性管理器中选择“倒角类型”。

①“角度 - 距离”：在所选边线上指定距离和倒角角度来创建倒角特征（见图 4-43）。

②“距离 - 距离”：在所选边线的两侧分别指定两个距离值来创建倒角特征（见图 4-44）。

③“顶点”：在与顶点相交的 3 个边线上分别指定距顶点的距离来创建倒角特征（见图 4-45）。

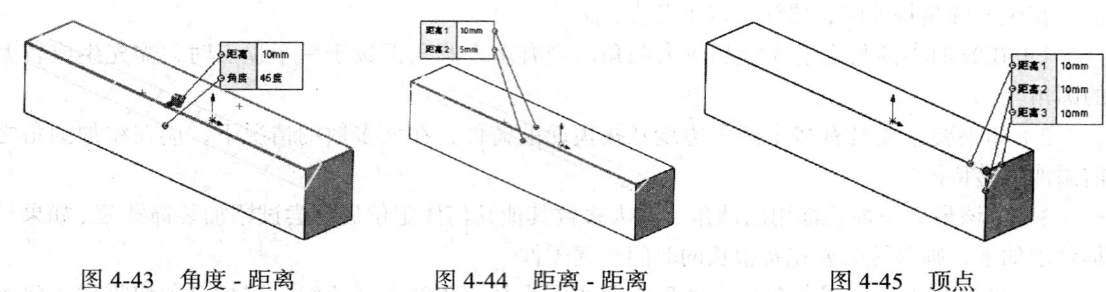

图 4-43　角度 - 距离　　图 4-44　距离 - 距离　　图 4-45　顶点

3）单击“边线、面和环”图标右侧的显示框，然后在绘图区中选择一实体（边线和面或顶点），如图 4-46 所示。

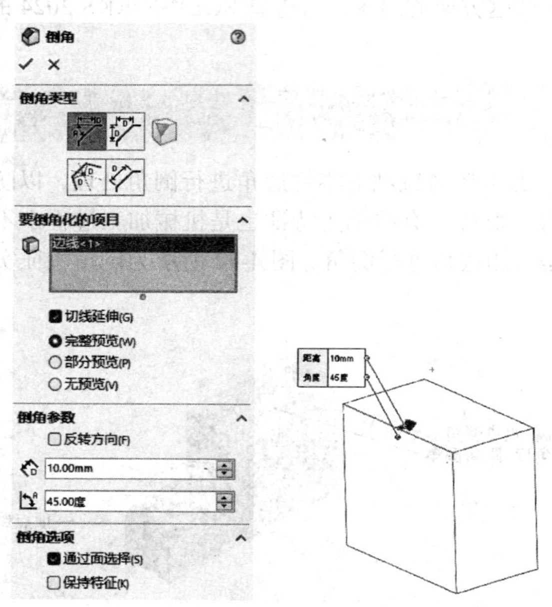

图 4-46　选择实体

4）在下面对应的文本框中指定距离或角度值。

5）如果选择“保持特征”复选框，则当应用倒角特征时，会保持零件的其他特征，如图 4-47 所示。

6）单击“确定”按钮✔，创建倒角特征。

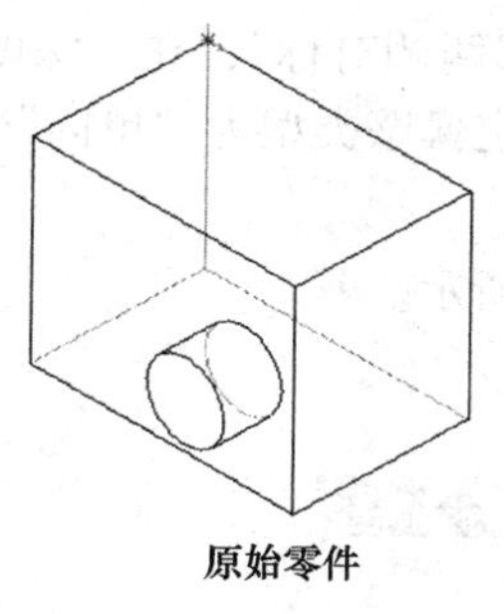

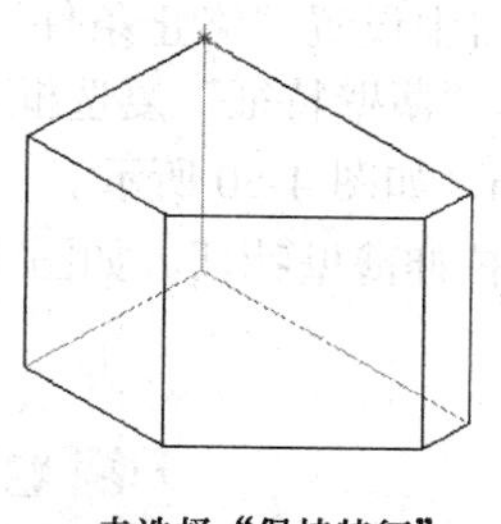

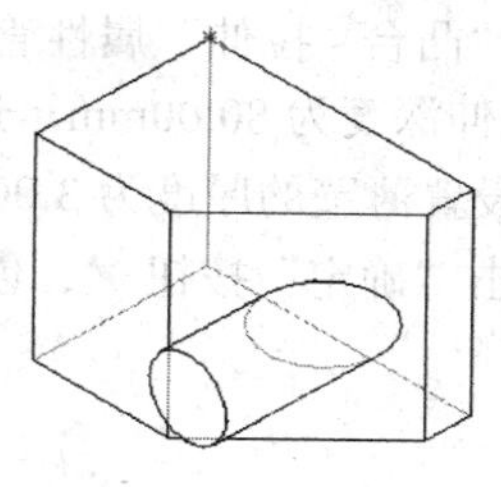

图 4-47 是否保持特征

4.4.2 实例——三通管

本案例利用倒角特征进行零件建模，生成如图 4-48 所示的三通管。

本案例视频内容：“X：\ 动画演示 \ 第 4 章 \ 三通管 .mp4”。

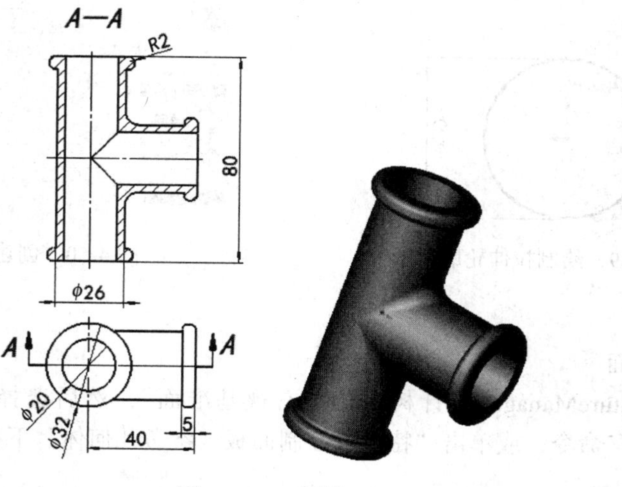

图 4-48 三通管

1. 建立新的零件文件

单击快速访问工具栏中的“新建”按钮，在弹出的“新建 SOLIDWORKS 文件”对话框中单击“零件”按钮，然后单击“确定”按钮，创建一个新的零件文件。

2. 生成薄壁拉伸特征

（1）绘制草图

1）在 FeatureManager 设计树中选择“上视基准面”，然后单击“草图”控制面板上的“草图绘制”按钮，进入草图绘制环境。

2）单击“草图”控制面板中的“圆”按钮，以原点为圆心绘制一个直径为 20mm 的圆，作为拉伸轮廓草图，如图 4-49 所示。

（2）创建拉伸薄壁特征

1）单击“特征”控制面板上的“拉伸凸台 / 基体”按钮，或选择“插入”→“凸台 / 基体”→“拉伸”命令。

2）在“凸台 - 拉伸”属性管理器中设置“终止条件”为“两侧对称”，在“深度”文本框中设置拉伸深度为 80.00mm。选择“薄壁特征”复选框，设定薄壁类型为“单向”（即向外拉伸薄壁），设置薄壁的厚度为 3.00mm，如图 4-50 所示。

3）单击“确定”按钮✔，创建拉伸薄壁特征，如图 4-50 所示。

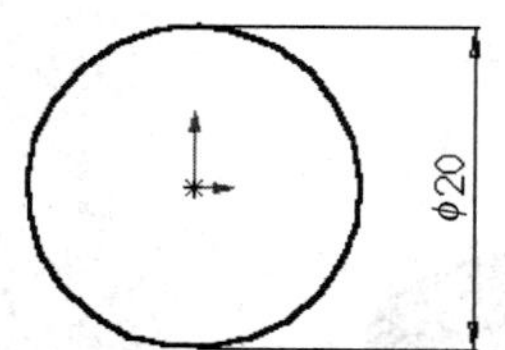

图 4-49　绘制拉伸轮廓草图

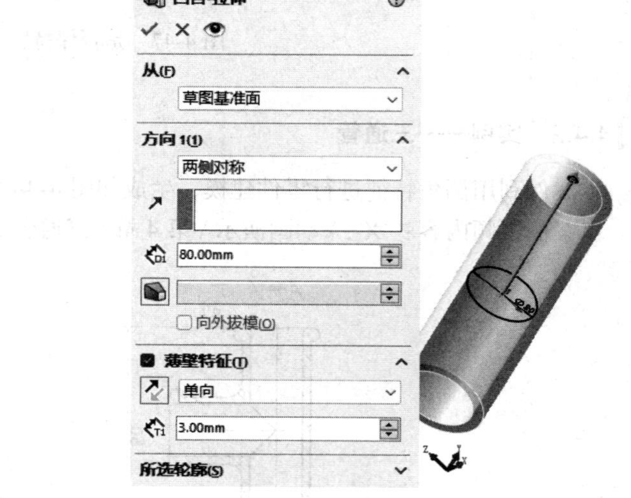

图 4-50　创建拉伸薄壁特征

3. 创建基准面

1）选择 FeatureManager 设计树上的“右视基准面”，然后选择“插入”→“参考几何体”→“基准面”命令，或单击“特征”控制面板“参考几何体”下拉菜单中的“基准面”按钮。

2）在“基准面”属性管理器上的“偏移距离”文本框中设置距离为 40.00mm。

3）单击“确定”按钮✔，生成基准面 1，如图 4-51 所示。

4. 生成凸台拉伸特征

（1）绘制草图

1）选择基准面 1，单击“草图”控制面板上的“草图绘制”按钮，在基准面 1 上打开一张草图。

2）单击“草图”控制面板上的“圆”按钮，以原点为圆心，绘制一个直径为 26mm 的圆，作为凸台轮廓，如图 4-52 所示。

（2）创建凸台拉伸特征

1）单击“特征”控制面板上的“拉伸凸台 / 基体”按钮，或选择“插入”→“凸台 / 基体”→“拉伸”命令。

2）在“凸台 - 拉伸”属性管理器中设置“终止条件”为“成形到下一面”，如图 4-53 所示。

3）单击“确定”按钮✔，创建凸台拉伸特征。

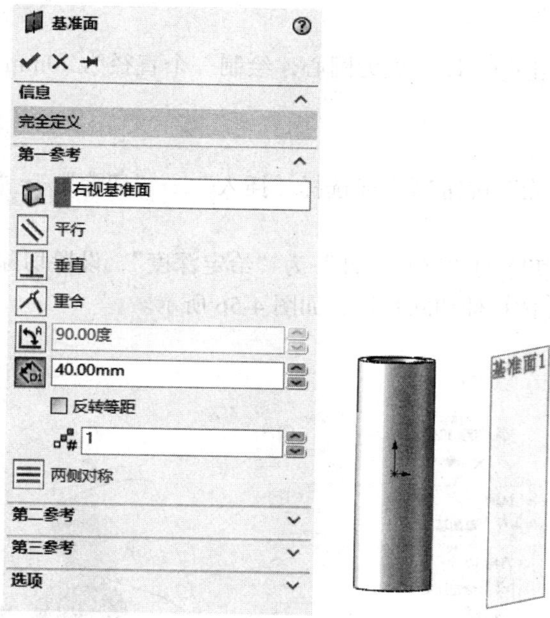

图 4-51　生成基准面 1

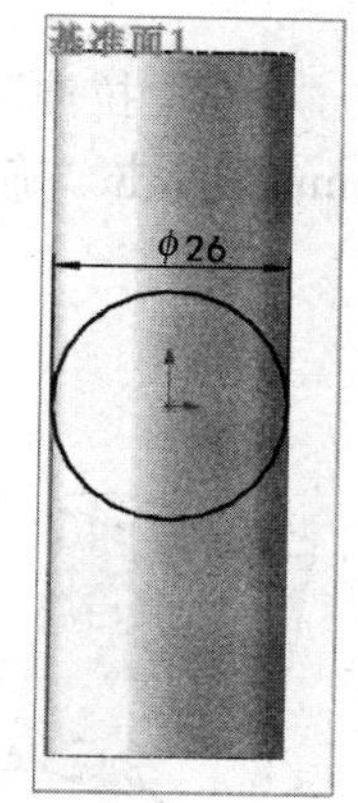

图 4-52　绘制凸台轮廓

4）单击“视图（前导）”工具栏“视图定向”下拉菜单中的“等轴测”按钮，以等轴测视图观看模型。

5）选择“视图”→“隐藏 / 显示”→“基准面”命令，将基准面 1 隐藏起来，此时的模型如图 4-54 所示。

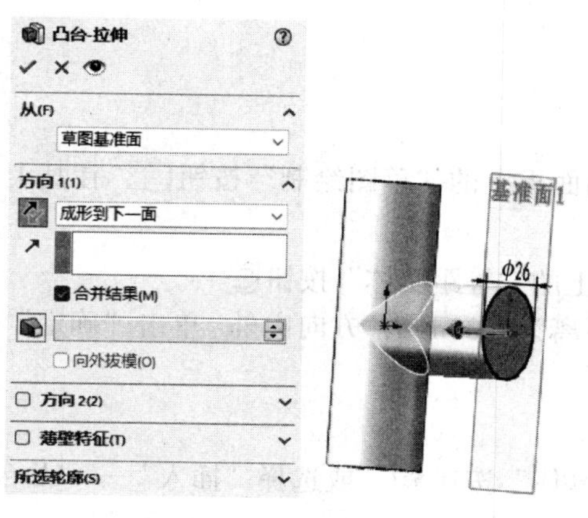

图 4-53　创建凸台拉伸特征

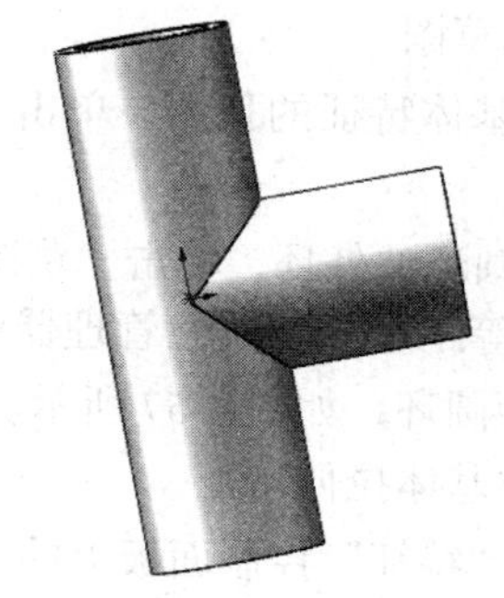

图 4-54　隐藏基准面 1 后的模型

5. 生成基体拉伸切除特征

（1）绘制草图

1）选择生成的凸台面，单击“草图”控制面板上的“草图绘制”按钮，在其上打开一张草图。

2）单击“草图”控制面板上的“圆”按钮，以原点为圆心，绘制一个直径为 20mm 的圆，作为拉伸切除的轮廓，如图 4-55 所示。

（2）创建基体拉伸切除特征

1）单击“特征”控制面板上的“拉伸切除”按钮，或选择“插入”→“切除”→“拉伸”命令。

2）在“切除 - 拉伸”属性管理器中设置切除的“终止条件”为“给定深度”，设置切除深度为 40.00mm，单击“确定”按钮，创建基体拉伸切除特征，如图 4-56 所示。

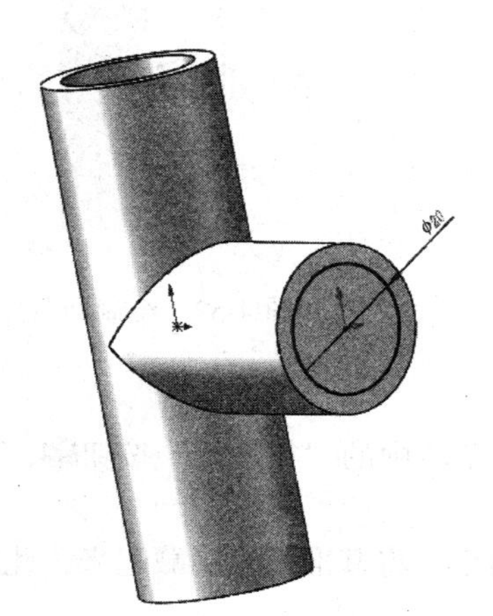

图 4-55　绘制拉伸切除轮廓

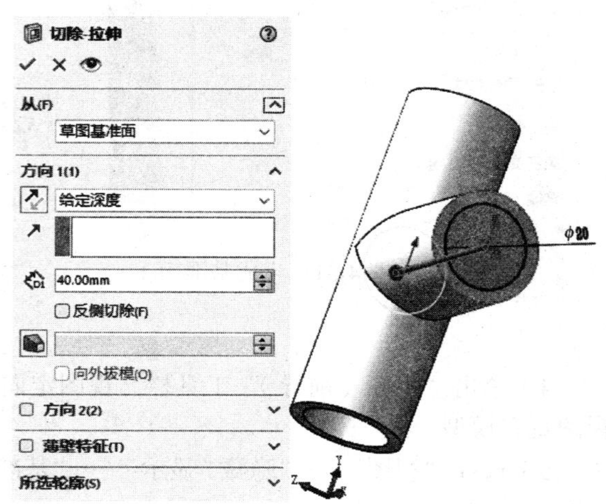

图 4-56　创建基体拉伸切除特征

6. 生成基体拉伸特征

（1）绘制草图

1）选择基体特征的顶面，单击“草图”控制面板上的“草图绘制”按钮，在其上打开一张草图。

2）选择圆环的外环，单击“草图”控制面板上的“等距实体”按钮。

3）在“等距实体”属性管理器中设置等距距离为 3.00mm，方向向外，单击“确定”按钮，生成等距圆环，如图 4-57 所示。

（2）创建基体拉伸特征

1）单击“特征”控制面板上的“拉伸凸台 / 基体”按钮，或选择“插入”→“凸台 / 基体”→“拉伸”命令。

2）在弹出的“凸台 - 拉伸”属性管理器中设定拉伸深度为 5.00mm，方向向下。选择“薄壁特征”复选框，并设置薄壁厚度为 6.00mm、薄壁的拉伸方向为向内，如图 4-58 所示。

3）单击“确定”按钮，生成薄壁拉伸特征。

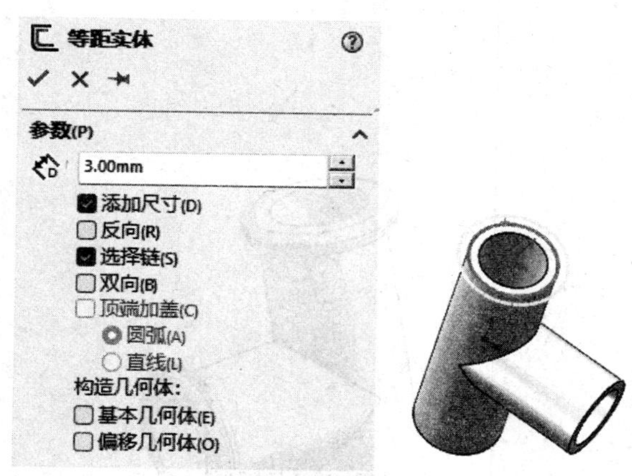

图 4-57　生成等距圆环

图 4-58　设置拉伸参数

7. 生成其余的基体拉伸特征

仿照步骤 6，在模型的另外两个端面生成薄壁特征，特征参数同第一个薄壁特征，如图 4-59 所示。

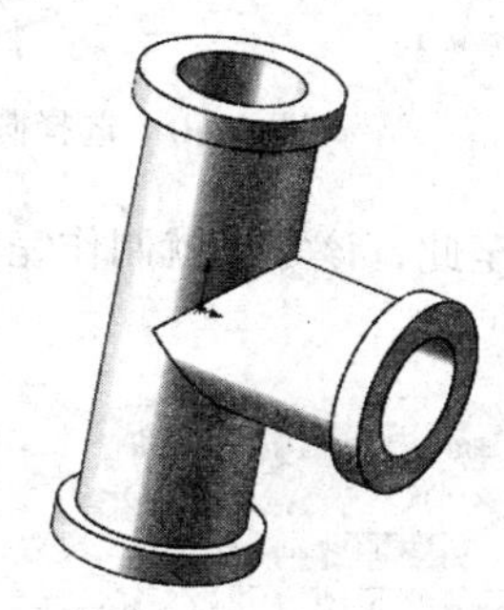

图 4-59　生成其余的薄壁特征

8. 生成圆角特征

1）单击“特征”控制面板上的“圆角”按钮，或选择“插入”→“特征”→“圆角”命令。

2）在“圆角”属性管理器中选择“圆角类型”为“固定大小圆角”，并在“半径”文本框中指定半径值为 2.00mm。

3）单击“边线、面、特征和环”图标右侧的显示框，然后在右侧的绘图区中选择要生成圆角特征的 6 条边线，如图 4-60 所示。

4）单击“确定”按钮，生成等半径圆角特征，如图 4-61 所示。

9. 生成其余圆角特征

1）单击“特征”控制面板上的“圆角”按钮，或选择“插入”→“特征”→“圆角”命令。

2）在“圆角”属性管理器中选择“圆角类型”为“固定大小圆角”，并在“半径”文本框中指定圆角的半径为 5.00mm。

3）单击“边线、面、特征和环”右侧的显示框，然后在右侧的绘图区中选择两圆柱的特征交线作为圆角边线。

4）单击“确定”按钮，生成等半径圆角特征，如图 4-62 所示。

10. 保存文件

单击快速访问工具栏中的“保存”按钮，或选择“文件”→“保存”命令，将草图保存，名为“三通管 .sldprt”。

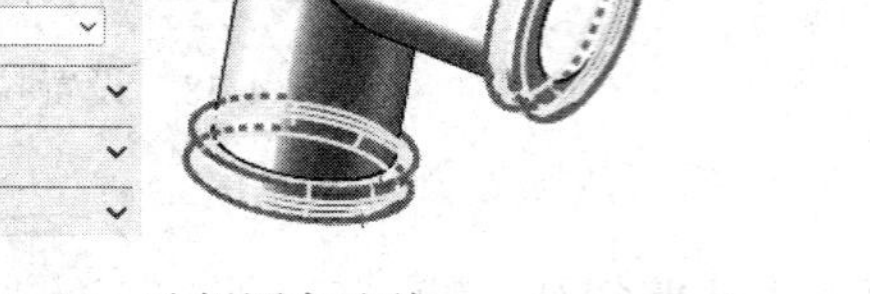

图 4-60 选择圆角边线　　图 4-61 生成的等半径圆角特征

至此，该零件就制作完成了，最后的效果（包括 FeatureManager 设计树）如图 4-63 所示。

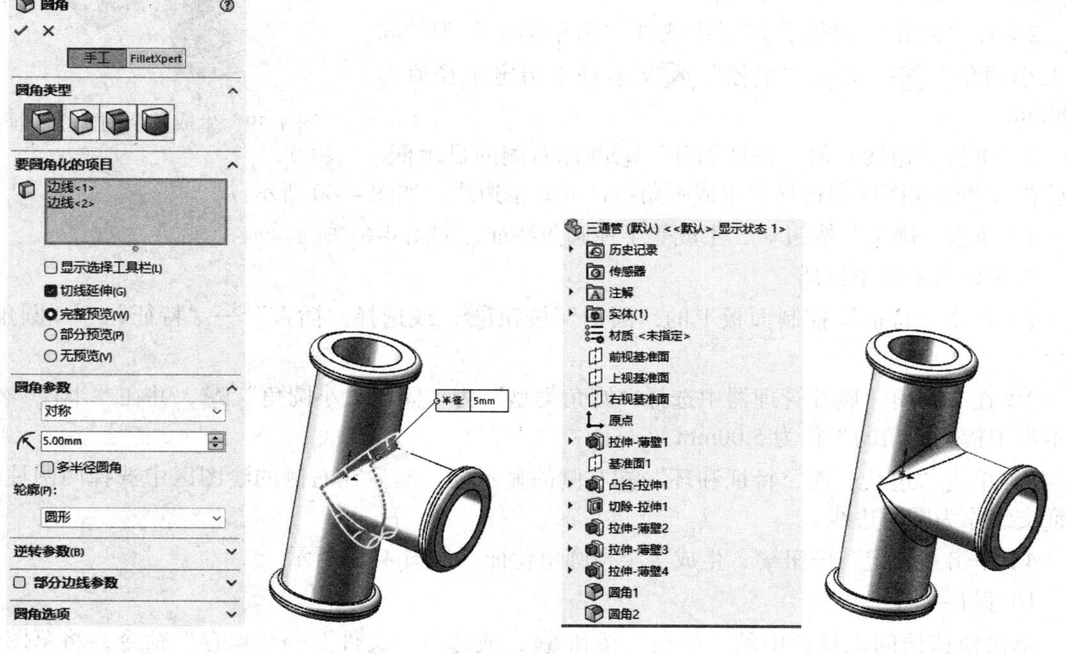

图 4-62 生成等半径圆角特征　　图 4-63 最后的效果

4.5 抽壳特征

抽壳特征是零件建模中的重要特征，它能使一些复杂工作变得简单化。当在零件上的一个面上应用抽壳工具时，系统会掏空零件的内部，使所选择的面敞开，在剩余的面上生成薄壁特征。如果没有选择模型上的任何面，而直接对实体零件进行抽壳操作，则会生成一个闭合、掏空的模型。通常抽壳时，指定各个表面的厚度相同，也可以对某些表面厚度单独进行指定，这样在抽壳特征完成后，零件各个表面厚度就不相同了。

图 4-64 所示为使用抽壳特征进行零件建模的实例。

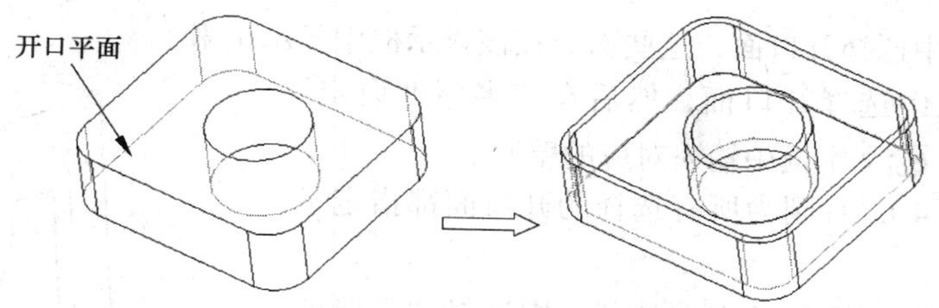

图 4-64　使用抽壳特征进行零件建模实例

4.5.1　创建抽壳特征

要生成一个等厚度的抽壳特征，可做如下操作：

1）单击“特征”控制面板上的“抽壳”按钮，或选择“插入”→“特征”→“抽壳”命令。

2）在“抽壳 1”属性管理器中“参数”栏的“厚度”文本框中指定抽壳的厚度。

3）单击“移除的面”图标右侧的显示框，然后从右侧的绘图区中选择一个或多个开口面作为要移除的面，此时在显示框中显示所选的开口面，如图 4-65 所示。

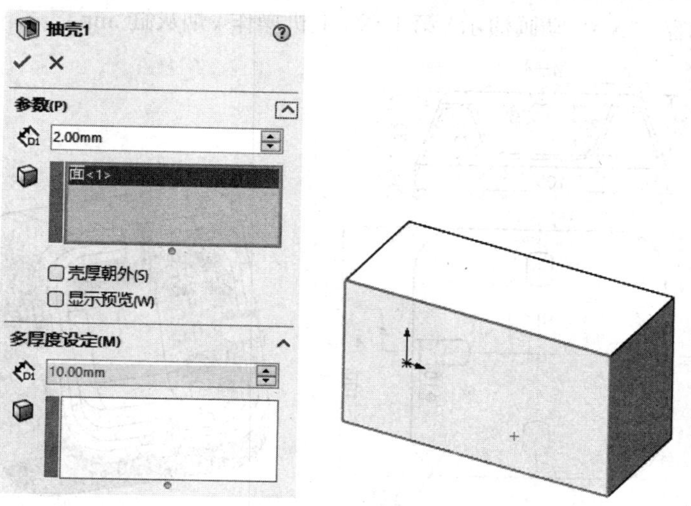

图 4-65　选择要移除的面

4）如果选择了“壳厚朝外”复选框，则会增加零件外部尺寸，从而生成抽壳。

5）单击“确定”按钮✔，生成等厚度抽壳特征。

注意

如果在步骤 3 中没有选择开口面，则系统会生成一个闭合、掏空的模型。

要生成一个具有多厚度面的抽壳特征，可做如下操作：

1）单击“特征”控制面板上的“抽壳”按钮，或选择“插入”→“特征”→“抽壳”命令。

2）在“抽壳”属性管理器中单击“多厚度设定”栏中“多厚度面”图标右侧的显示框，激活多厚度设定。

3）在绘图区中选择开口面，这些面会在该显示框中显示出来。

4）在显示框中选择开口面，然后在“多厚度设定”栏中的“多厚度”文本框中输入对应的壁厚。

5）重复步骤 4)，直到为所有选择的开口面都指定了厚度。

6）如果要使壁厚添加到零件外部，则选择“壳厚朝外”复选框。

7）单击“确定”按钮✔，生成多厚度抽壳特征，如图 4-66 所示。

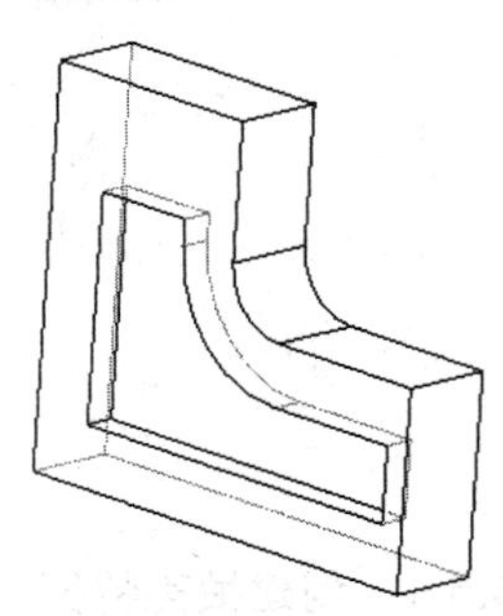

图 4-66　多厚度抽壳特征（剖视图）

注意

如果想在零件上添加圆角，应当在生成抽壳特征之前对零件进行圆角处理。

4.5.2　实例——烟灰缸

绘制如图 4-67 所示的烟灰缸。

本案例视频内容：“X：\动画演示\第 1 章\上机操作\烟灰缸 .mp4”。

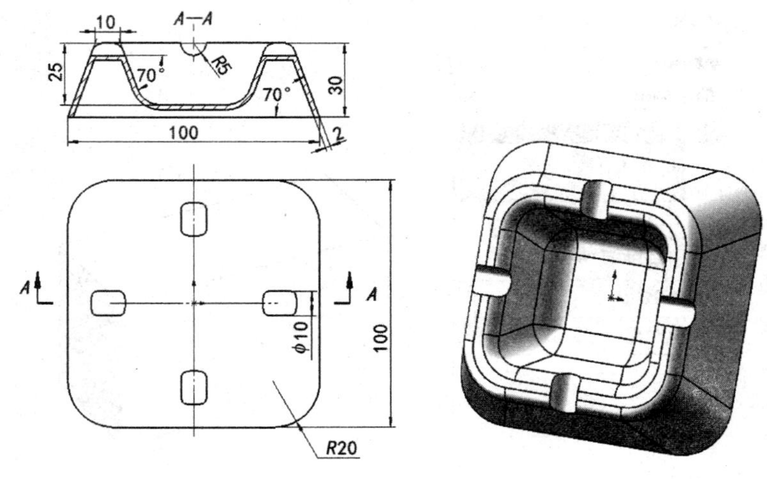

图 4-67　烟灰缸

操作提示

1. 建立新的零件文件

单击快速访问工具栏中的“新建”按钮，在弹出的“新建 SOLIDWORKS 文件”对话框中单击“零件”按钮，然后单击“确定”按钮，创建一个新的零件文件。

2. 生成基体拉伸特征

（1）绘制草图

1) 在 FeatureManager 设计树中选择“前视基准面”，单击“草图”控制面板上的“草图绘制”按钮，进入草图绘制环境。

2) 单击“草图”控制面板上的“边角矩形”按钮，绘制草图轮廓。

3）单击“草图”控制面板上的“智能尺寸”按钮，对草图轮廓进行尺寸标注，如图 4-68 所示。

（2）拉伸凸台

1）单击“特征”控制面板上的“拉伸凸台 / 基体”按钮，或选择“插入”→“凸台 / 基体”→“拉伸”命令，弹出“凸台—拉伸”属性管理器。

2）在“方向 1”中设定拉伸的“终止条件”为“给定深度”，并在“深度”文本框中设置拉伸深度为 30.00mm，单击“拔模开 / 关”按钮，设置拔模角度为 20.00 度。

3）单击“确定”按钮，生成拉伸特征，如图 4-69 所示。

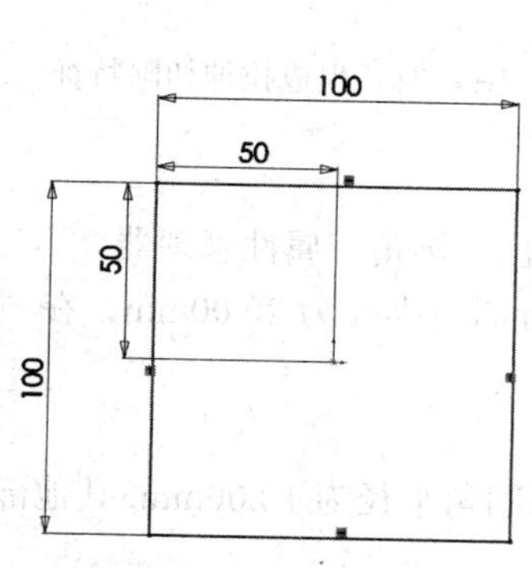

图 4-68　绘制草图并标注尺寸

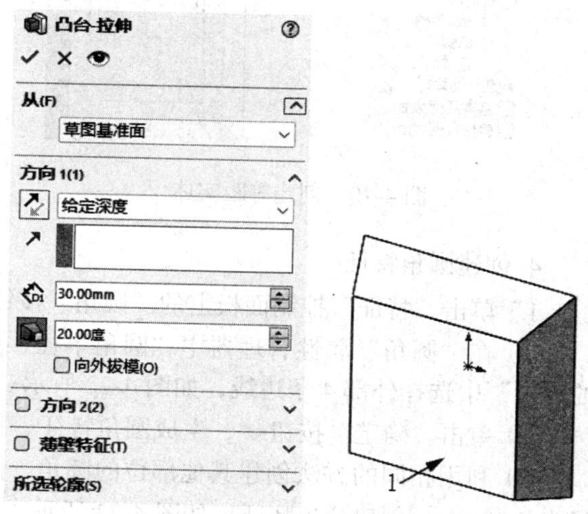

图 4-69　生成拉伸特征

3. 生成拉伸切除特征

（1）绘制草图

1）选择图 4-69 所示的表面 1，单击“草图”控制面板上的“草图绘制”按钮，进入草图绘制环境。

2）单击“草图”控制面板上的“转换实体引用”按钮，选择拉伸凸台外边线将其转换成实线。

3）单击“草图”控制面板上的“等距实体”按钮，弹出“等距实体”属性管理器。设置等距距离为 10.00mm。将转换的外边线向内偏移，将外边线删除，创建等距实体，如图 4-70 所示。

（2）生成拉伸切除特征

1）单击“特征”控制面板上的“拉伸切除”按钮，或选择“插入”→“切除”→“拉伸”命令，弹出“切除 - 拉伸”属性管理器。

2）设置“终止条件”为“给定深度”，在“深度”文本框中设置拉伸深度为 25.00mm，单击“拔模开 / 关”按钮，设置拔模角度为 20.00 度。

3）单击“确定”按钮，生成拉伸切除特征，如图 4-71 所示。

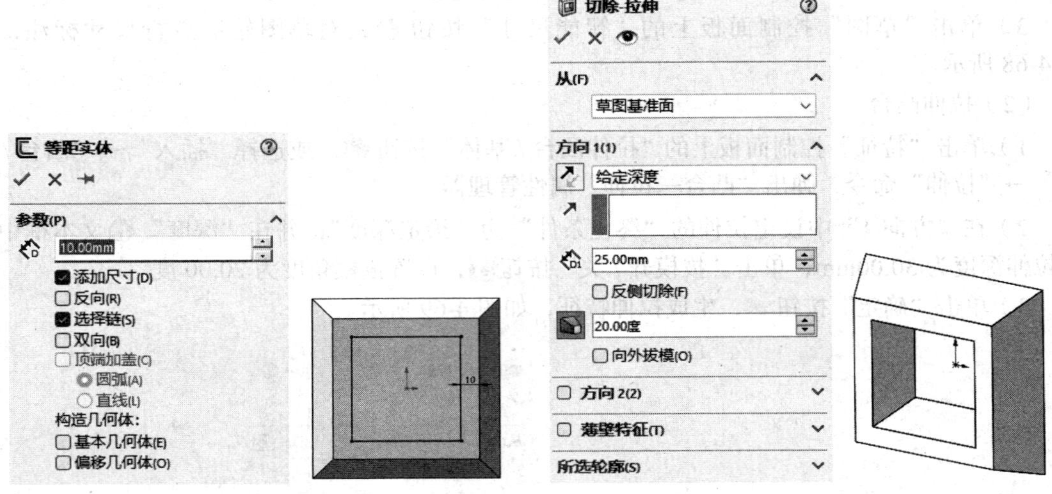

图 4-70　创建等距实体　　　　图 4-71　生成拉伸切除特征

4. 创建圆角特征

1）单击“特征”控制面板上的“圆角”按钮，弹出“圆角”属性管理器。

2）在“圆角”属性管理器中“圆角半径”中设置圆角半径为 20.00mm，在“要圆角化的项目”中选择外部 4 条边线，如图 4-72 所示。

3）单击“确定”按钮，生成圆角特征。

4）利用相同的方法创建其他部位的圆角，内部凹槽圆角半径为 10.00mm，其他部位圆角半径为 5.00mm，创建圆角特征，如图 4-73 所示。

5. 生成其余拉伸切除特征

（1）绘制草图

1）在 FeatureManager 设计树中选择“上视基准面”，单击“草图”控制面板上的“草图绘制”按钮，进入草图绘制环境。

2）单击“草图”控制面板上的“圆”按钮和“智能尺寸”按钮，在底边中心位置绘制直径为 10mm 的圆，使圆心与中点重合，如图 4-74 所示。

（2）生成拉伸切除特征

1）单击“特征”控制面板上的“拉伸切除”按钮，弹出“切除 - 拉伸”属性管理器。

2）设置“终止条件”为“完全贯穿”，单击“确定”按钮✔，生成拉伸切除特征，如图4-75所示。

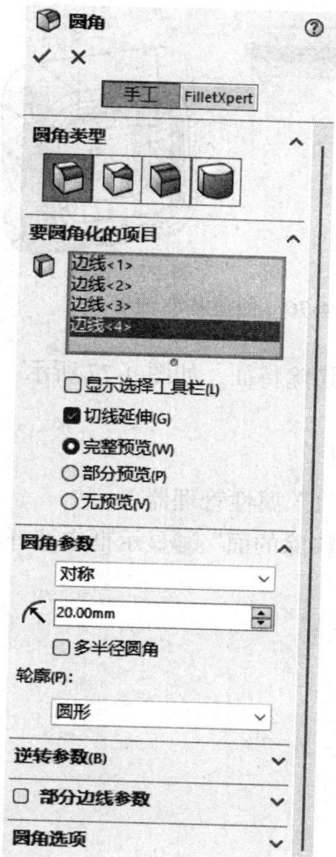

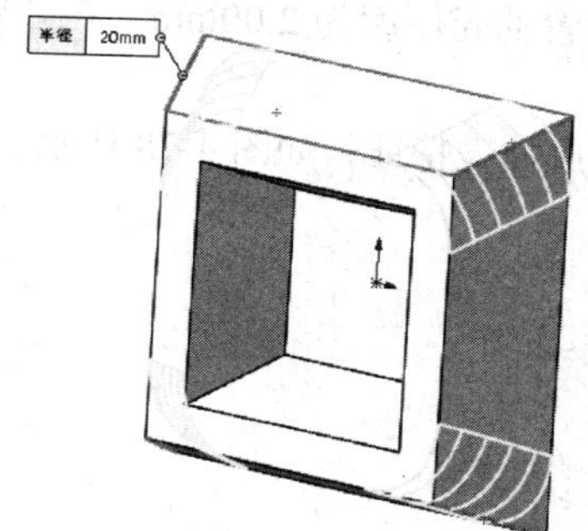

图4-72　设置圆角参数

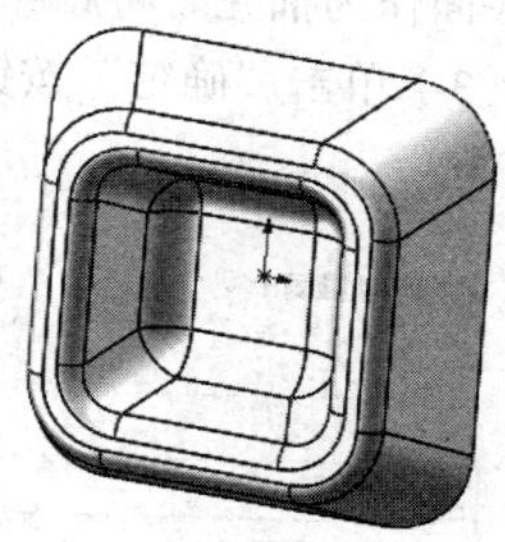

图4-73　创建圆角特征

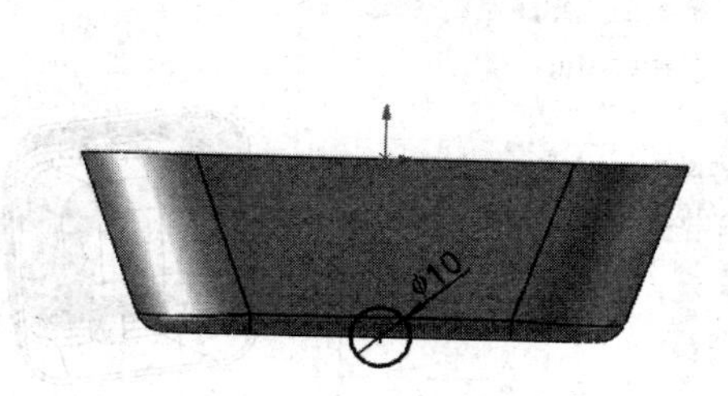

图4-74　绘制圆

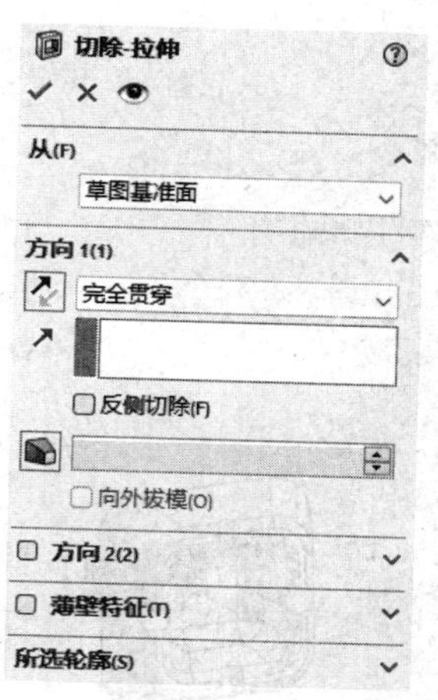

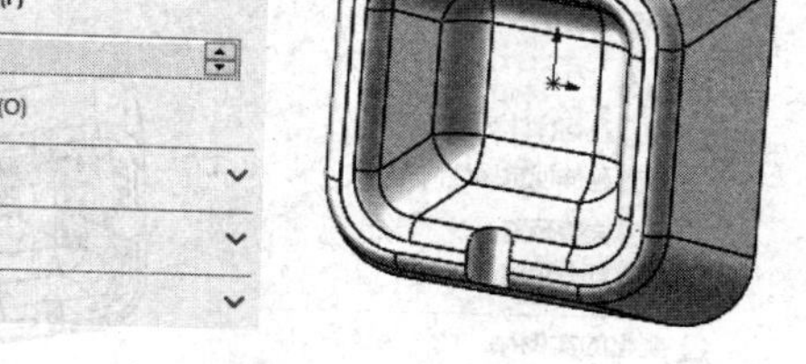

图4-75　生成拉伸切除特征

（3）建立基准轴

1）单击“特征”控制面板上的“基准轴”按钮，弹出“基准轴”属性管理器。

2）在“参考实体”显示框中选择模型的内部底面和原点，单击“确定”按钮，创建基准轴 1，如图 4-76 所示。

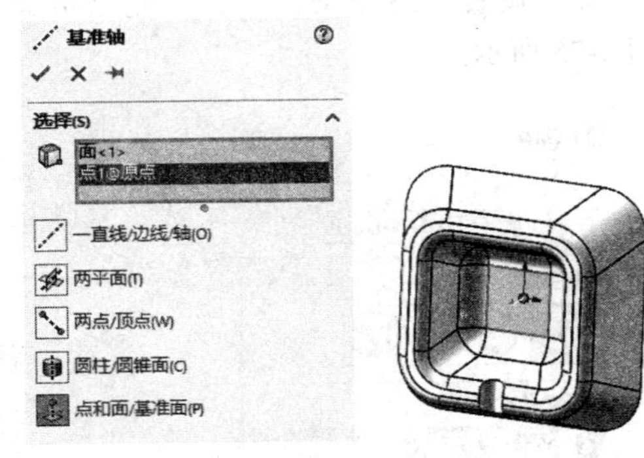

图 4-76　创建基准轴 1

（4）圆周阵列

1）单击“特征”控制面板上的“圆周阵列”按钮，弹出“阵列（圆周）1”属性管理器。

2）在“阵列轴”右侧的显示框中选择创建的基准轴 1，在“实例数”的文本框中设置阵列特征为 4，在“要阵列的特征”右侧的显示框中选择创建的拉伸切除特征，如图 4-77 所示。

3）单击“确定”按钮，完成圆周阵列，如图 4-77 所示。

6. 抽壳特征

1）单击“特征”控制面板上的“抽壳”按钮，弹出“抽壳 1”属性管理器。

2）在“厚度”文本框中设置抽壳厚度为 2.00mm，在“要移除的面”显示框中选择实体底面作为抽壳时将删除的平面。

3）单击“确定”按钮，生成抽壳特征，如图 4-78 所示。

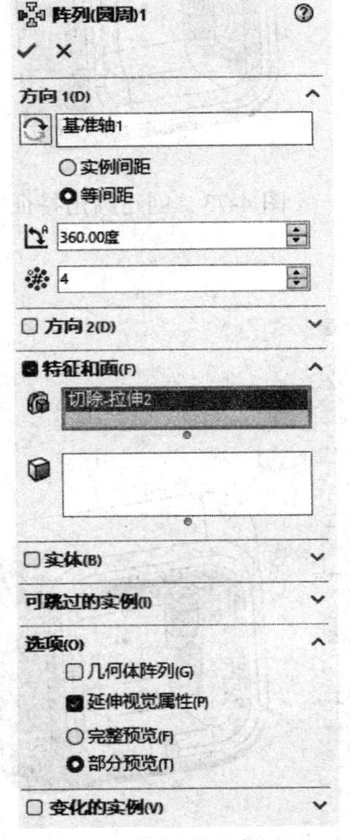

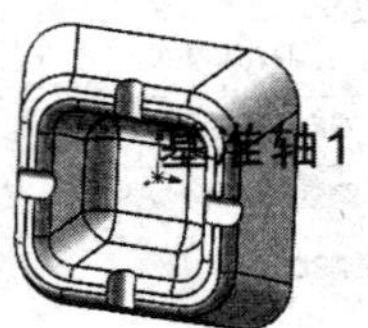

图 4-77　圆周阵列

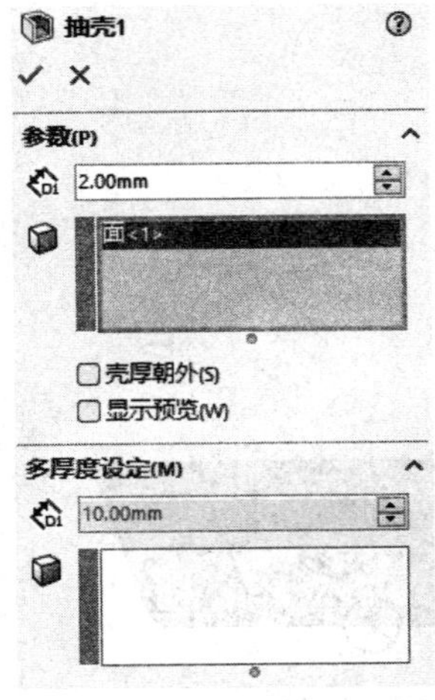

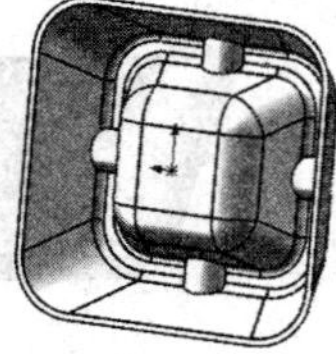

图 4-78　生成抽壳特征

4.6 拔模特征

拔模是零件模型上常见的特征，是以指定的角度斜削模型中所选的面。拔模经常应用于铸件，由于拔模角度的存在，可以使型腔零件更容易脱出模型。SOLIDWORKS 提供了丰富的拔模功能。用户既可以在现有的零件上插入拔模特征，也可以在拉伸特征的同时进行拔模。本节将主要介绍在现有的零件上插入拔模特征。

下面对与拔模特征有关的术语进行说明。

1）拔模面：选择的零件表面，此面将生成拔模斜度。

2）中性面：在拔模的过程中大小不变的固定面，用于指定拔模角的旋转轴。如果中性面与拔模面相交，则相交处即为旋转轴。

3）拔模方向：用于确定拔模角度的方向。

图 4-79 所示为一个拔模特征的应用实例。

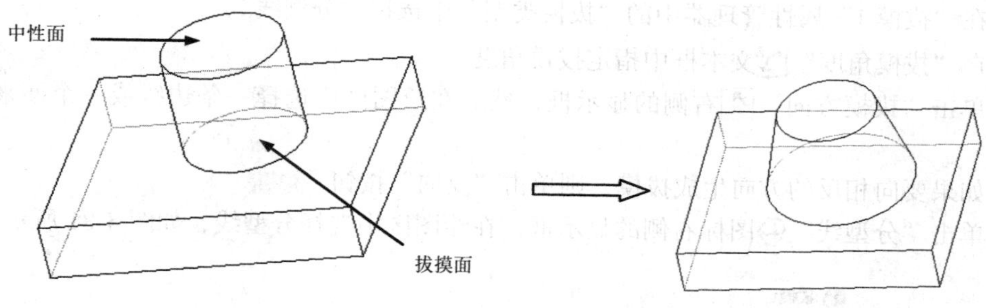

图 4-79　拔模特征的应用实例

要在现有的零件上插入拔模特征，从而以特定角度斜削所选的面，可以使用中性面拔模、分型线拔模和阶梯拔模方式。

要使用中性面在模型面上生成一个拔模特征，可做如下操作：

1）单击“特征”控制面板上的“拔模”按钮，或选择“插入”→“特征”→“拔模”命令。

2）在“拔模 1”属性管理器的“拔模类型”栏中选择“中性面”。

3）在“拔模角度”文本框中设定拔模角度。

4）单击“中性面”图标右侧的显示框，然后在绘图区中选择面或基准面作为中性面，如图 4-80 所示。

5）绘图区中的控标会显示拔模的方向，如果要向相反的方向生成拔模，则单击“反向”按钮。

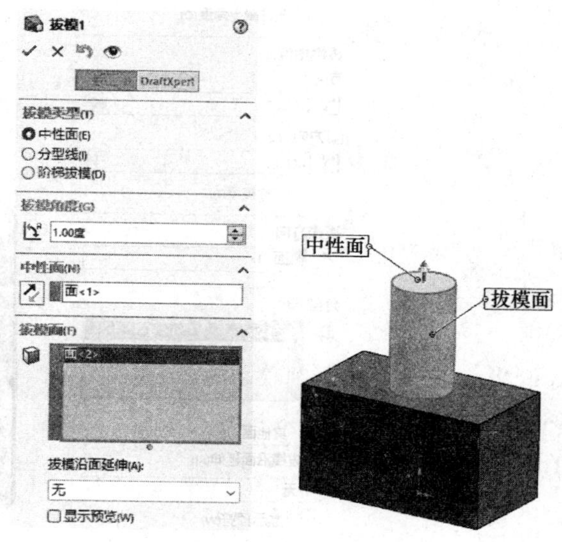

图 4-80　选择中性面

6）单击“拔模面”图标右侧的显示框，然后在绘图区中选择拔模面。

7）如果要将拔模面延伸到额外的面，可从“拔模沿面延伸”下拉列表中选择以下选项：

①“沿切面”：将拔模延伸到所有与所选面相切的面。

②“所有面”：对所有从中性面拉伸的面都进行拔模。

③“内部的面”：对所有与中性面相邻的面都进行拔模。

④“外部的面”：对所有与中性面相邻的外部面都进行拔模。

⑤“无”：拔模面不进行延伸。

8）单击“确定”按钮，生成中性面拔模特征。

此外，利用分型线拔模可以对分型线周围的曲面进行拔模。要插入分型线拔模特征，可做如下操作：

1）插入一条分割线分离要拔模的面，或者使用现有的模型边线来分离要拔模的面。

2）单击“特征”控制面板上的“拔模”按钮，或选择“插入”→“特征”→“拔模”命令。

3）在“拔模 1”属性管理器中的“拔模类型”中选择“分型线”。

4）在“拔模角度”文本框中指定拔模角度。

5）单击“拔模方向”右侧的显示框，然后在绘图区中选择一条边线或一个面来指示拔模方向。

6）如果要向相反的方向生成拔模，则单击“反向”按钮。

7）单击“分型线”图标右侧的显示框，在绘图区中选择分型线，如图 4-81 所示。

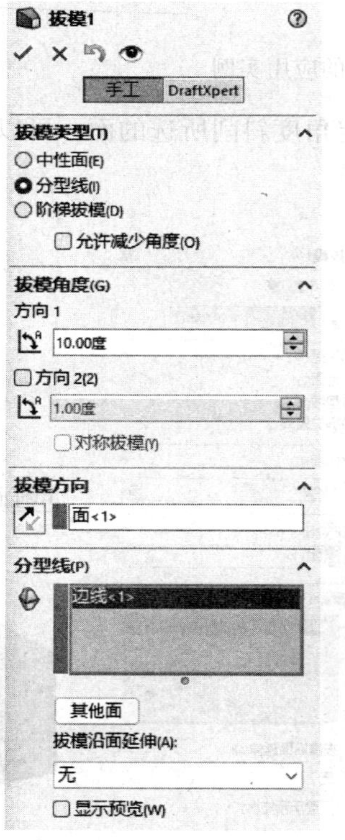

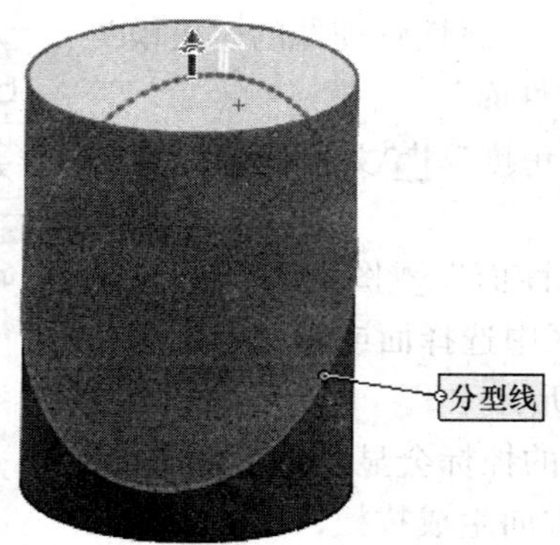

图 4-81　选择分型线

8）如果要为分型线的每一线段指定不同的拔模方向，可单击“分型线”图标右侧的显示框中的边线名称，然后单击“其他面”按钮。

9）在“拔模沿面延伸”下拉列表框中选择拔模沿面延伸类型。

①“无”：只在所选面上进行拔模。

②“沿切面”：将拔模延伸到所有与所选面相切的面。

10）单击“确定”按钮，生成分型线拔模特征，效果如图4-82所示。

除了中性面拔模和分型线拔模，SOLIDWORKS还提供了阶梯拔模。阶梯拔模为分型线拔模的变体，它的分型线可以不在同一平面内，如图4-83所示。

要插入阶梯拔模特征，可做如下操作：

1）绘制要拔模的零件。

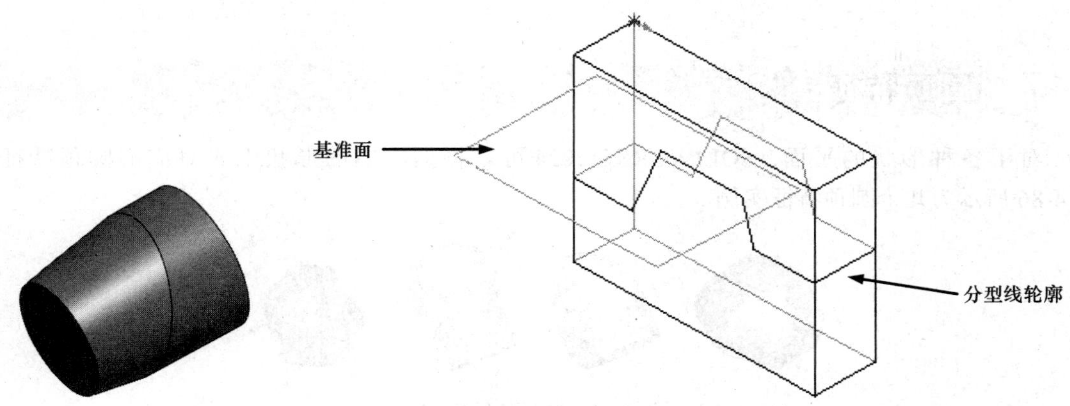

图4-82　分型线拔模效果　　　图4-83　阶梯拔模中的分型线轮廓

2）建立基准面。

3）生成所需的分型线。这些分型线必须满足以下条件：

① 在每个拔模面上至少有一条分型线段与基准面重合。

② 其他所有分型线段处于基准面的拔模方向。

③ 没有分型线段与基准面垂直。

4）单击“特征”控制面板上的“拔模”按钮，或选择“插入”→“特征”→“拔模”命令。

5）在“拔模1”属性管理器中的“拔模类型”中选择“阶梯拔模”。

6）如果想使曲面与锥形曲面一样生成，则选择“锥形阶梯”复选框；如果想使曲面垂直于原主要面，则选择“垂直阶梯”复选框。

7）在“拔模角度”文本框中指定拔模角度。

8）单击“拔模方向”图标右侧的显示框，然后在绘图区中选择一基准面指示起模方向。

9）如果要向相反的方向生成拔模，则单击“反向”按钮。

10）单击“分型线”图标右侧的显示框，然后在绘图区中选择分型线，如图4-84所示。

11）如果要为分型线的每一线段指定不同的拔模方向，可在“分型线”图标右侧的显示框中选择边线名称，然后单击“其他面”按钮。

在“拔模沿面延伸”下拉列表框中选择拔模沿面延伸类型。

12）单击“确定”按钮✔，生成阶梯拔模特征，如图 4-85 所示。

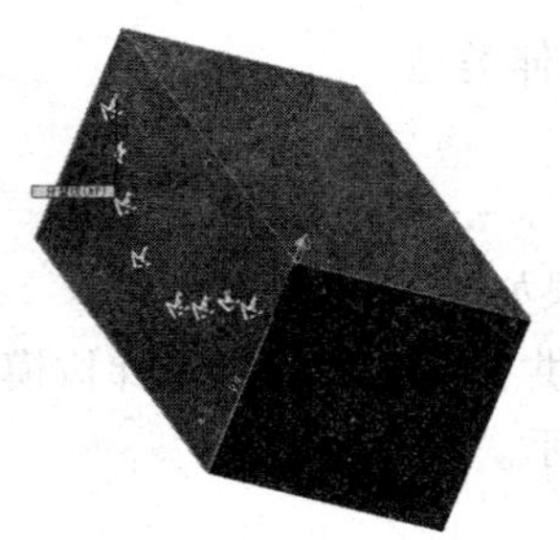

图 4-84　选择分型线

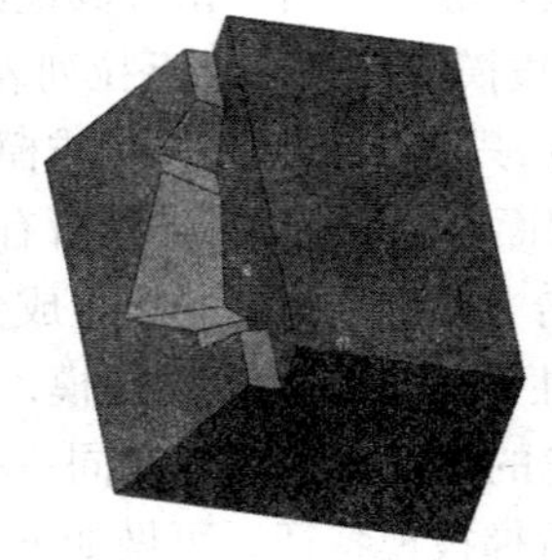

图 4-85　生成的阶梯拔模特征

4.7 圆顶特征

对于各种形状的平面，SOLIWORKS 2024 可以根据它们的形状生成对应的圆顶特征。图 4-86 所示为几个圆顶特征实例。

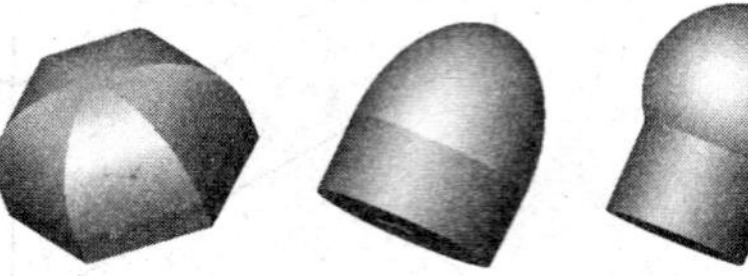

图 4-86　圆顶特征实例

4.7.1　创建圆顶特征

要生成圆顶特征，可做如下操作：

1）在绘图区中选择一个要生成圆顶特征的面。

2）选择“插入”→“特征”→“圆顶”命令。

3）在弹出的“圆顶”属性管理器（见图 4-87）中的“距离”文本框中指定圆顶的高度（高度从所选面的重心开始测量），此时在绘图区中会看到效果的预览图。

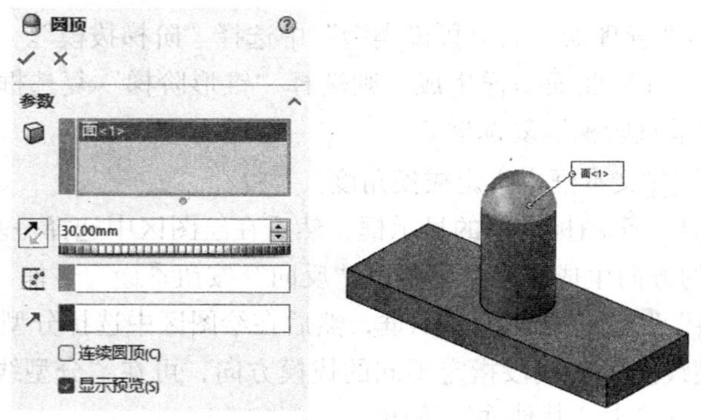

图 4-87　“圆顶”属性管理器

4）单击“反向”按钮，则会生成一个凹陷的圆顶。

5）如果选择了圆形或椭圆形的面，选择“生成椭圆圆顶”复选框则会生成一个半椭圆体形状的圆顶，它的高度等于椭圆的一条半径。

6）单击“约束点或草图”右侧的“约束点或草图”显示框，可以在绘图区中选择一草图来约束草图的形状以控制圆顶。

7）单击“方向”右侧的显示框，在绘图区中选择一条边线作为圆顶的方向。

8）单击“确定”按钮，生成圆顶特征。

4.7.2 实例——球棒

本案例利用圆顶、拔模特征进行零件建模，生成如图 4-88 所示的球棒。

本案例视频内容：“X：\ 动画演示 \ 第 4 章 \ 球棒 .mp4”。

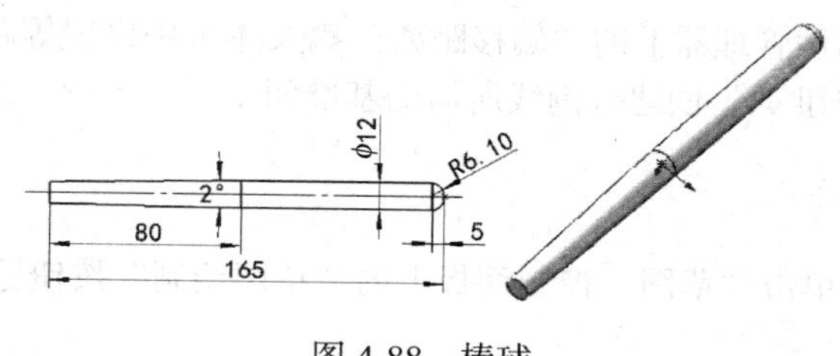

图 4-88　棒球

1. 建立新的零件文件

启动 SOLIWORKS 2024，单击快速访问工具栏中的“新建”按钮，在弹出的“新建 SOLIDWORKS 文件”对话框中单击“零件”按钮，然后单击“确定”按钮，创建一个新的零件文件。

2. 生成基体拉伸特征

（1）绘制草图

1）在 FeatureManager 设计树中选择“前视基准面”，单击“草图”控制面板上的“草图绘制”按钮，进入草图绘制环境。

2）单击“草图”控制面板上的“圆”按钮，绘制一个圆，作为基体拉伸特征的草图轮廓。

3）单击“草图”控制面板上的“智能尺寸”按钮，标注尺寸，如图 4-89 所示。

（2）创建基体拉伸特征

1）单击“特征”控制面板上的“拉伸凸台 / 基体”按钮，或选择“插入”→“凸台 / 基体”→“拉伸”命令。

2）在“凸台 - 拉伸”属性管理器中的“方向 1”栏中设定拉伸的“终止条件”为“两侧对称”。在“深度”文本框中设置拉伸深度为 160.00mm。

3）单击“确定”按钮，创建基体拉伸特征，如图 4-90 所示。

3. 创建基准面

1）选择 FeatureManager 设计树上的“右视基准面”，然后选择“插入”→“参考几何体”→“基准面”命令，或单击“特征”控制面板上的“基准面”按钮。

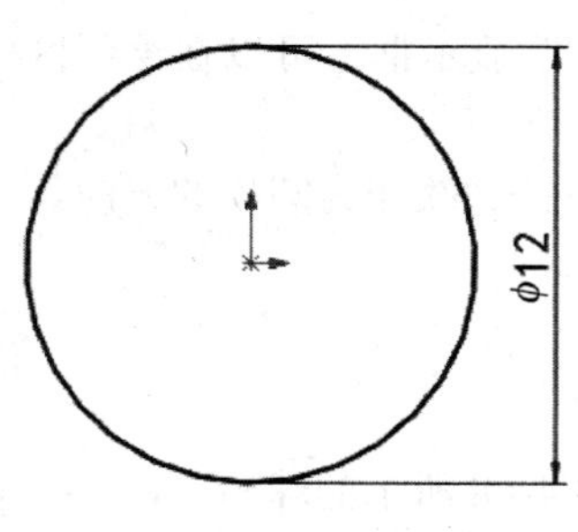

图 4-89　标注尺寸

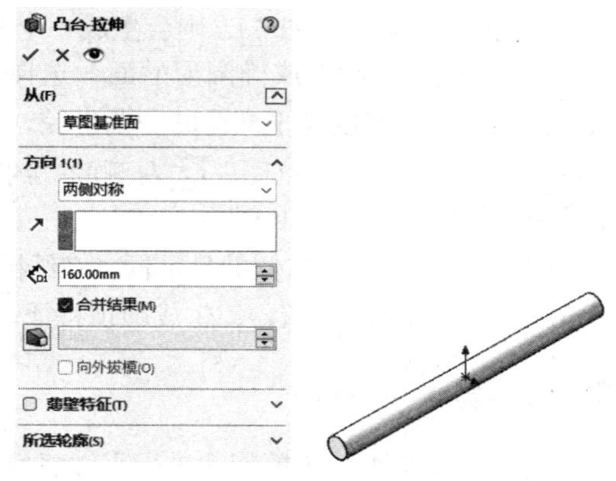

图 4-90　创建基体拉伸特征

2）在“基准面”属性管理器上的“偏移距离”文本框中设置等距距离为 20.00mm。

3）单击“确定”按钮，创建分割线所需的基准面 1。

4. 生成分割线特征

（1）绘制草图

1）选择基准面 1，单击“草图”控制面板上的“草图绘制”按钮，在基准面 1 上打开一张草图（即草图 2）。

2）单击“草图”控制面板上的“直线”按钮，在基准面 1 上绘制一条通过原点的竖直直线。

3）单击“视图（前导）”工具栏“视图定向”下拉菜单中的“等轴测”按钮，用等轴测视图观看图形，如图 4-91 所示。

（2）创建分割线

1）选择“插入”→“曲线”→“分割线”命令，弹出“分割线”属性管理器。

2）在“分割线”属性管理器中选择“分割类型”为“投影”，单击“要分割的面”图标右侧的显示框，然后在绘图区中选择要分割的圆柱侧面，如图 4-92 所示。

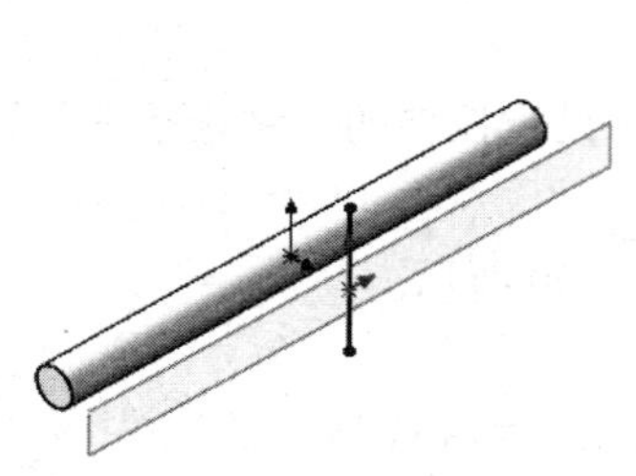

图 4-91　在基准面 1 上生成草图 2

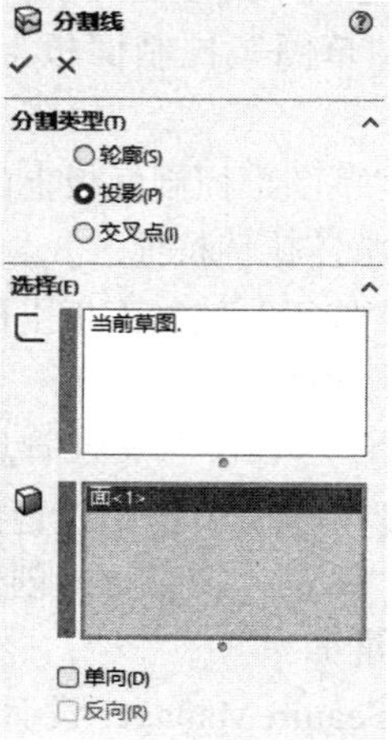

图 4-92　设置“分割线”属性管理器参数

3）单击“确定”按钮✔，创建平均分割圆柱的分割线，如图 4-93 所示。

5. 生成基体拔模特征

1）单击“特征”控制面板上的“拔模”按钮，或选择“插入”→“特征”→“拔模”命令。

2）在“拔模 1”属性管理器的“拔模类型”中选择“中性面”，在“拔模角度”文本框中指定拔模角度为 1.00 度，选择前视基准面作为中性面，在“拔模面”中选择圆柱侧面为拔模面，如图 4-94 所示。

3）单击“确定”按钮✔，生成中性面拔模特征。

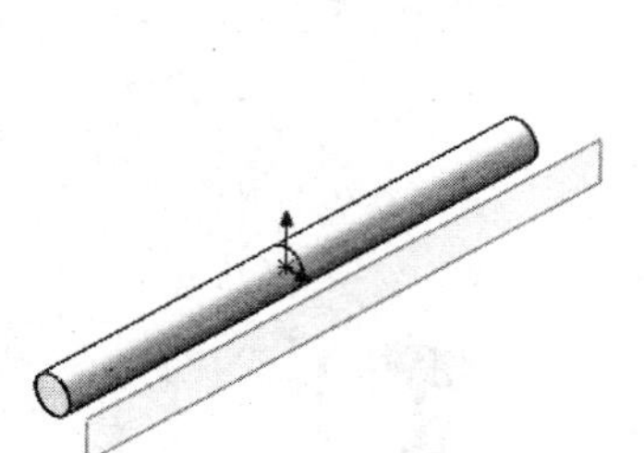

图 4-93　创建平均分割圆柱的分割线

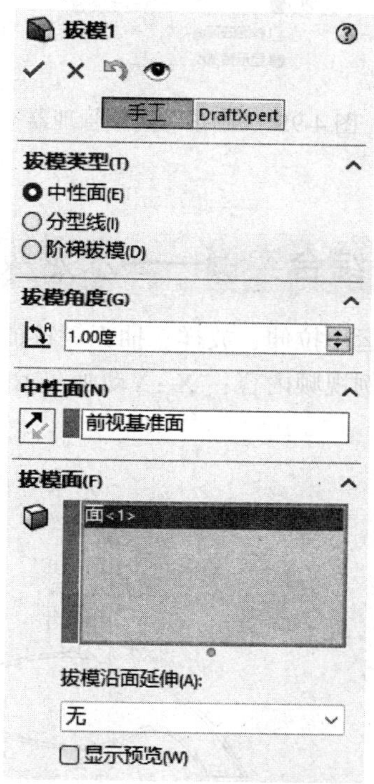

图 4-94　设置“拔模 1”属性管理器参数

6. 生成圆顶特征

1）选择柱形的底端面（未拔模的一端）作为生成圆顶的基面。

2）选择“插入”→“特征”→“圆顶”命令。

3）在弹出的“圆顶”属性管理器中指定圆顶的高度为 5.00mm，如图 4-95 所示。

4）单击“确定”按钮✔，生成圆顶特征。

7. 保存文件

单击快速访问工具栏中的“保存”按钮，或选择“文件”→“保存”命令，将草图保存，名为“球棒 .sldprt”。

至此，该零件就制作完成了，最后的效果（包括 FeatureManager 设计树）如图 4-96 所示。

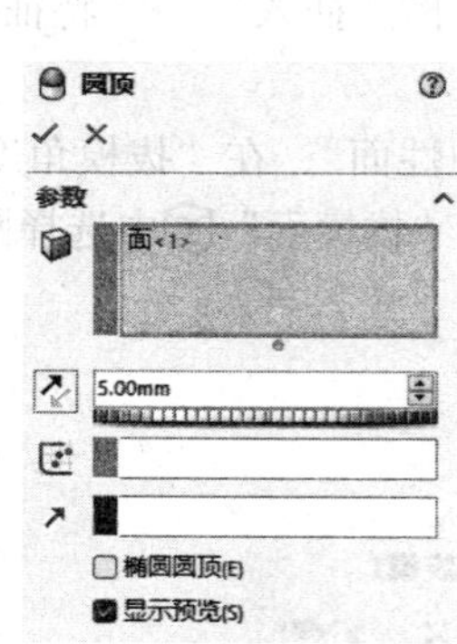

图 4-95 “圆顶”属性管理器

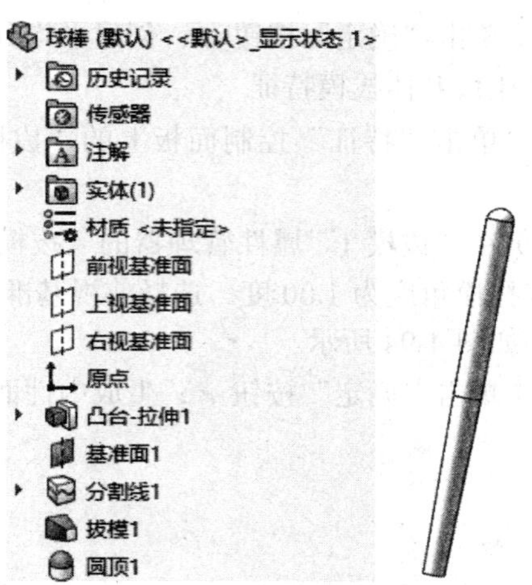

图 4-96 最后的效果

4.8 综合实例——水龙头

综合运用拉伸、放样、抽壳等特征绘制如图 4-97 所示的水龙头。

本案例视频内容：“X：\动画演示\第 4 章\上机操作\水龙头 .mp4”。

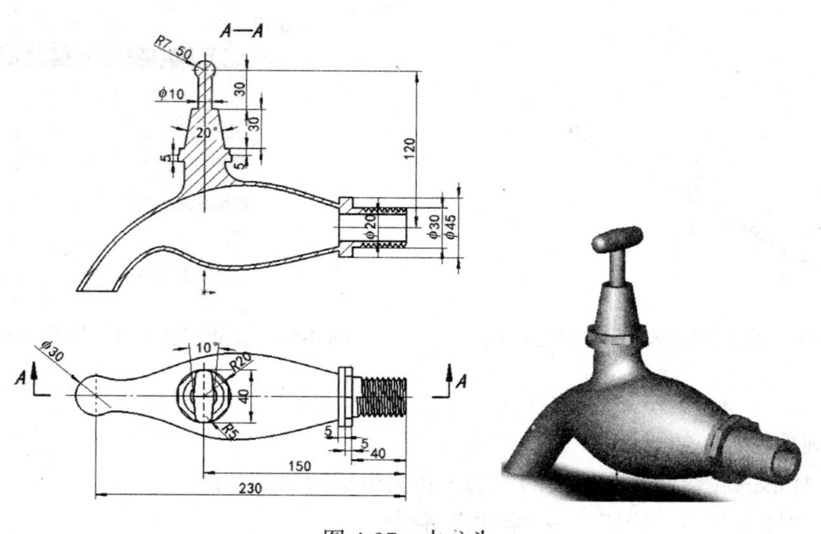

图 4-97 水龙头

1. 新建文件

启动 SOLIWORKS 2024，单击快速访问工具栏中的“新建”按钮，在弹出的“新建 SOLIDWORKS 文件”对话框中单击“零件”按钮，然后单击“确定”按钮，创建一个新的零件文件。

2. 生成放样特征

（1）绘制草图 1

1）在 FeatureManager 设计树中选择“右视基准面”，单击“草图”控制面板上的“草图绘制”按钮，进入草图绘制环境。

2）单击“草图”控制面板上的“圆”按钮，绘制草图 1。

3）单击“草图”控制面板上的“智能尺寸”按钮，对草图 1 进行尺寸标注，如图 4-98a 所示。

（2）绘制草图 2

1）在 FeatureManager 设计树中选择“上视基准面”，单击“草图”控制面板上的“草图绘制”按钮，进入草图绘制环境。

2）单击“草图”控制面板上的“圆”按钮，绘制草图 2。

3）单击“草图”控制面板上的“智能尺寸”按钮，对草图 2 进行尺寸标注，如图 4-98b 所示。

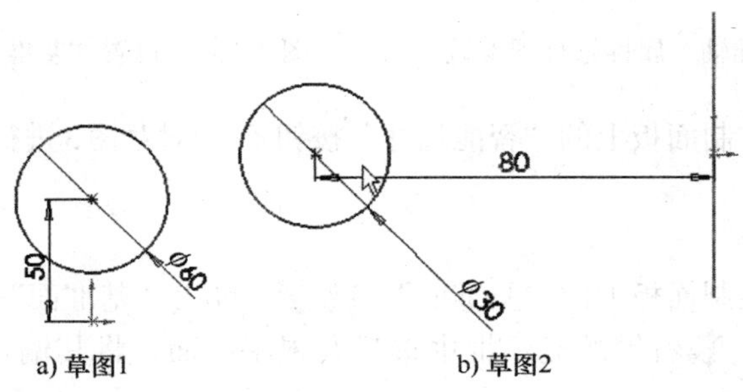

图 4-98 绘制草图并标注尺寸

（3）创建基准轴 1

1）单击“特征”控制面板上的“基准轴”按钮，弹出“基准轴”属性管理器。

2）在“参考实体”图标右侧的显示框中选择上视基准面和右视基准面，如图 4-99 所示。

3）单击“确定”按钮，以两个基准面的交线作为创建的基准轴 1。

（4）创建基准面 1

1）单击“特征”控制面板上的“基准面”按钮，弹出“基准面”属性管理器。

2）在“第一参考”图标右侧的显示框中选择创建的基准轴 1，在“第二参考”图标右侧的显示框中选择上视基准面，设置“角度”为 45.00 度，如图 4-100 所示。

3）单击“确定”按钮，创建基准面 1。

（5）绘制草图 3

1）在 FeatureManager 设计树中选择刚创建的基准面 1，单击“草图”控制面板上的“草图绘制”按钮，进入草图绘制环境。

2）单击“草图”控制面板上的“圆”按钮，绘制草图 3。

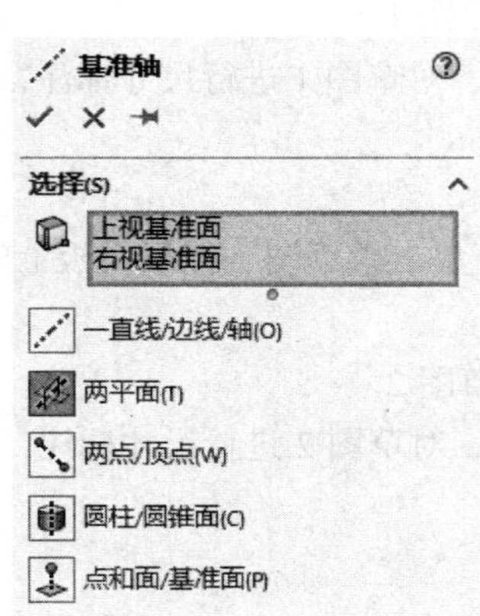

图 4-99 设置“基准轴”属性管理器参数

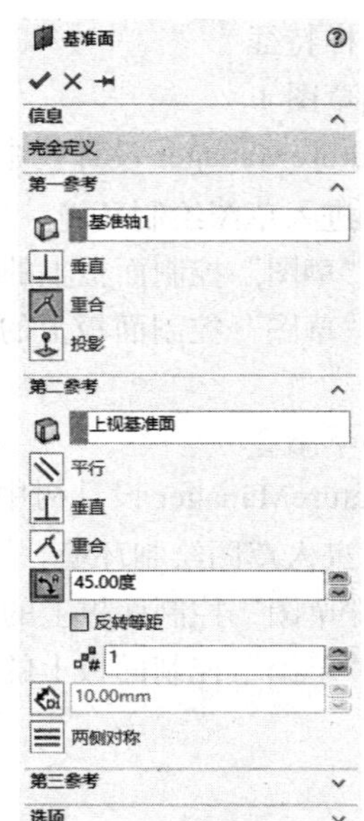

图 4-100 设置“基准面”属性管理器参数

3）单击“草图”控制面板上的“智能尺寸”按钮，对草图3进行尺寸标注，如图4-101a所示。

（6）创建基准面 2

1）单击“特征”控制面板上的“基准面”按钮，弹出“基准面”属性管理器。

2）在“参考实体”右侧的显示框中选择右视基准面，将其偏移 100.00mm，作为基准面 2。

（7）绘制草图 4

1）在 FeatureManager 设计树中选择刚创建的基准面 2，单击“草图”控制面板上的“草图绘制”按钮，进入草图绘制环境。

2）单击“草图”控制面板上的“圆”按钮，绘制草图 4。

3）单击“草图”控制面板上的“智能尺寸”按钮，对草图 4 进行尺寸标注，如图 4-101b 所示。

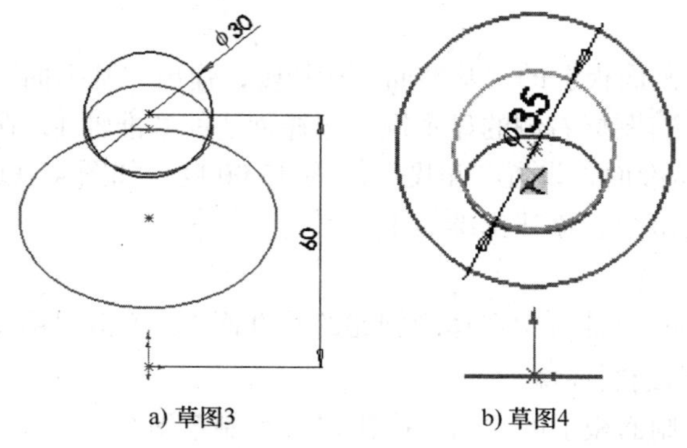

图 4-101 绘制草图

（8）放样

1）单击“特征”控制面板上的“放样凸台 / 基体”按钮，弹出“放样”属性管理器。

2）在“轮廓”右侧的显示框中依次选择草图 2、3、1、4 作为放样轮廓。

3）单击“确定”按钮，生成放样特征，如图 4-102 所示。

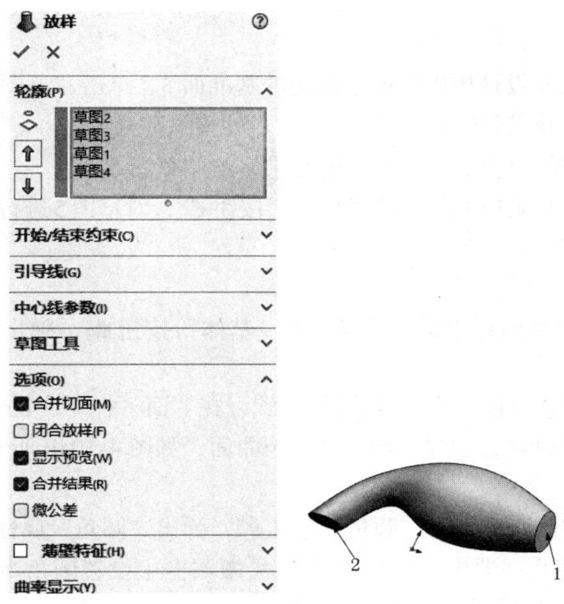

图 4-102　生成放样特征

3. 抽壳

1）单击“特征”控制面板上的“抽壳”按钮，弹出“抽壳 1”属性管理器。

2）选择图 4-102 中的平面 1 和平面 2 作为抽壳平面，设置抽壳厚度为 3.00mm。

3）单击“确定”按钮，生成抽壳特征，如图 4-103 所示。

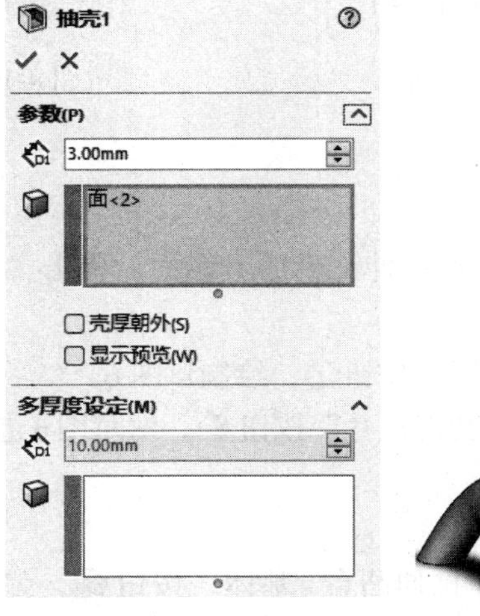

图 4-103　生成抽壳特征

4. 创建基准面 3

1）单击“特征”控制面板上的“基准面”按钮，弹出“基准面”属性管理器。

2）在“参考实体”右侧的显示框中选择上视基准面，设置偏移距离为 100.00mm。

3）单击“确定”按钮，创建基准面 3。

5. 拉伸凸台 1

（1）绘制草图 5

1）在 FeatureManager 设计树中选择刚创建的基准面 3，单击“草图”控制面板上的“草图绘制”按钮，进入草图绘制环境。

2）单击“草图”控制面板上的“圆”按钮，绘制草图 5。

3）单击“草图”控制面板上的“智能尺寸”按钮，对草图 5 进行尺寸标注，如图 4-104a 所示。

（2）生成拉伸凸台 1

1）单击“特征”控制面板上的“拉伸凸台 / 基体”按钮，弹出“凸台 - 拉伸”属性管理器。

2）设置拉伸的“终止条件”为“成形到一面”，在“面 / 平面”中选择放样的曲面。

3）单击“确定”按钮，创建拉伸凸台 1 至曲面，如图 4-104b 所示。

6. 圆角特征 1

1）单击“特征”控制面板上的“圆角”按钮，弹出“圆角”属性管理器。

2）在“圆角”属性管理器中“圆角半径”微调框中设置圆角半径为 15mm，在“要圆角化的项目”中选择本体与拉伸凸台特征的交线。

3）单击“确定”按钮，生成圆角特征 1，如图 4-105 所示。

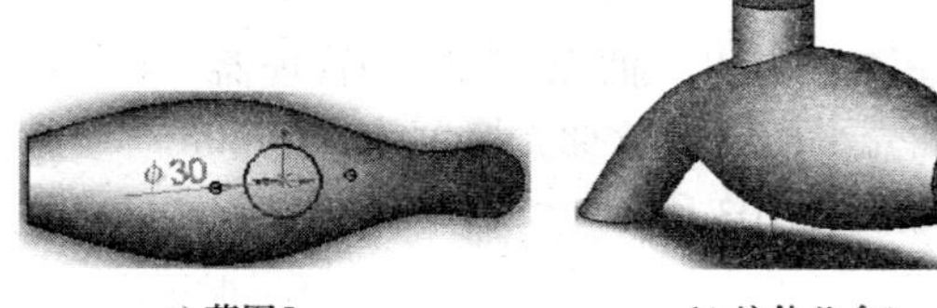

a) 草图5　　b) 拉伸凸台1

图 4-104　绘制草图并创建拉伸特征

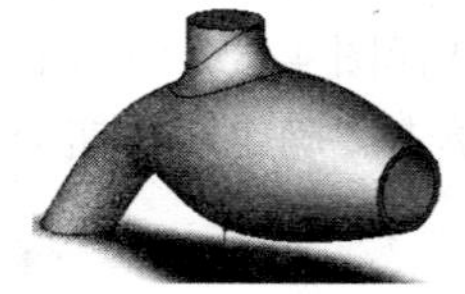

图 4-105　生成圆角特征 1

7. 拉伸凸台 2

（1）绘制草图 6

1）在 FeatureManager 设计树中选择拉伸凸台的上表面，单击“草图”控制面板上的“草图绘制”按钮，进入草图绘制环境。

2）单击“草图”控制面板上的“圆”按钮，绘制草图 6。

3）单击“草图”控制面板上的“智能尺寸”按钮，对草图 6 进行尺寸标注，如图 4-106a 所示。

（2）生成拉伸凸台 2

1）单击“特征”控制面板上的“拉伸凸台 / 基体”按钮，弹出“凸台 - 拉伸”属性管理器。

2）设置拉伸的“终止条件”为“给定深度”，拉伸距离为5.00mm。

3）单击“确定”按钮✔，生成拉伸凸台2。

8. 拉伸凸台3

（1）绘制草图7

1）在FeatureManager设计树中选择步骤7生成的拉伸凸台的表面，单击“草图”控制面板上的“草图绘制”按钮，进入草图绘制环境。

2）单击“草图”控制面板上的“圆”按钮，绘制草图7。

3）单击“草图”控制面板上的“智能尺寸”按钮，对草图7进行尺寸标注，如图4-106b所示。

（2）生成拉伸凸台3

1）单击“特征”控制面板上的“拉伸凸台/基体”按钮，弹出“凸台-拉伸”属性管理器。

2）设置拉伸的“终止条件”为“给定深度”，拉伸距离为5.00mm。

3）单击“确定”按钮✔，生成拉伸凸台3。

9. 拉伸凸台4

（1）绘制草图8

1）在FeatureManager设计树中选择步骤8生成的拉伸凸台的表面，单击“草图”控制面板上的“草图绘制”按钮，进入草图绘制环境。

2）单击“草图”控制面板上的“圆”按钮，绘制草图8。

3）单击“草图”控制面板上的“智能尺寸”按钮，对草图8进行尺寸标注，如图4-106c所示。

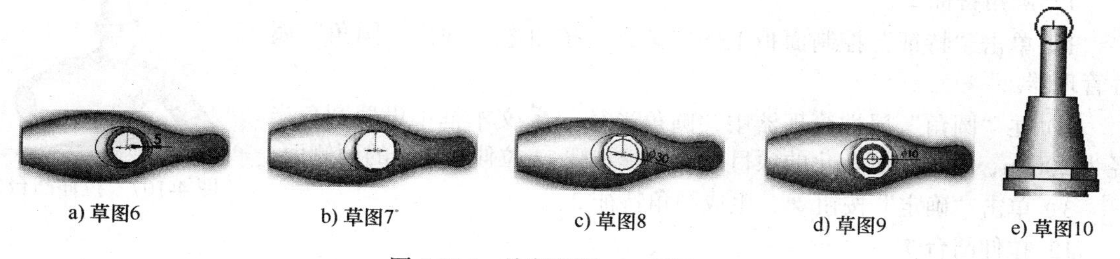

图4-106 绘制草图6～草图10

（2）生成拉伸凸台4

1）单击“特征”控制面板上的“拉伸凸台/基体”按钮，弹出“凸台-拉伸”属性管理器。

2）设置拉伸的“终止条件”为“给定深度”，拉伸距离为30.00mm，拔模角度为10.00度。

3）单击“确定”按钮✔，生成拉伸凸台4。

10. 拉伸凸台5

（1）绘制草图9

1）在FeatureManager设计树中选择步骤9生成的拉伸凸台的表面，单击“草图”控制面板上的“草图绘制”按钮，进入草图绘制环境。

2）单击“草图”控制面板上的“圆”按钮，绘制草图 9。

3）单击“草图”控制面板上的“智能尺寸”按钮，对草图 9 进行尺寸标注，如图 4-106d 所示。

（2）生成拉伸凸台 5

1）单击“特征”控制面板上的“拉伸凸台 / 基体”按钮，弹出“凸台 - 拉伸”属性管理器。

2）设置拉伸的“终止条件”为“给定深度”，拉伸距离为 30.00mm。

3）单击“确定”按钮，生成拉伸凸台 5。

11. 拉伸凸台 6

（1）绘制草图 10

1）在 FeatureManager 设计树中选择“前视基准面”，单击“草图”控制面板上的“草图绘制”按钮，进入草图绘制环境。

2）单击“草图”控制面板上的“圆”按钮，绘制草图 10。

3）单击“草图”控制面板上的“智能尺寸”按钮，对草图 10 进行尺寸标注，圆的直径为 15mm，如图 4-106e 所示。

（2）生成拉伸凸台 6

1）单击“特征”控制面板上的“拉伸凸台 / 基体”按钮，弹出“凸台 - 拉伸”属性管理器。

2）设置拉伸“方向 1”和“方向 2”的“终止条件”为“给定深度”，拉伸距离为 20.00mm，拔模角度为 5.00 度。

3）单击“确定”按钮，生成拉伸凸台 6，如图 4-107 所示。

12. 圆角特征 2

1）单击“特征”控制面板上的“圆角”按钮，弹出“圆角”属性管理器。

2）在“圆角”属性管理器中“圆角半径”文本框中设置圆角半径为 20mm，在“要圆角化的项目”中选择步骤 11 拉伸凸台 6 的两侧面。

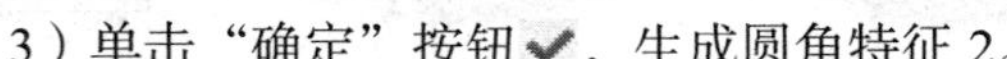

3）单击“确定”按钮，生成圆角特征 2。

图 4-107　拉伸凸台

13. 拉伸凸台 7

（1）绘制草图 11

1）选择图 4-102 中的平面 1，单击“草图”控制面板上的“草图绘制”按钮，进入草图绘制环境。

2）单击“草图”控制面板上的“圆”按钮，绘制草图 11。

3）单击“草图”控制面板上的“智能尺寸”按钮，对草图 11 进行尺寸标注，如图 4-108a 所示。

（2）生成拉伸凸台 7

1）单击“特征”控制面板上的“拉伸凸台 / 基体”按钮，弹出“凸台 - 拉伸”属性管理器。

2）设置拉伸的“终止条件”为“给定深度”，拉伸距离为 5.00mm。

3）单击“确定”按钮，生成拉伸凸台 7。

14. 拉伸凸台 8

（1）绘制草图 12

1）选择步骤 13 生成的凸台表面，单击“草图”控制面板上的“草图绘制”按钮，进入草图绘制环境。

2）单击“草图”控制面板上的“多边形”按钮，绘制如图 4-108b 所示的草图 12。

（2）生成拉伸凸台 8

1）单击“特征”控制面板上的“拉伸凸台 / 基体”按钮，弹出“凸台 - 拉伸”属性管理器。

2）设置拉伸的“终止条件”为“给定深度”，拉伸距离为 5.00mm。

3）单击“确定”按钮，生成拉伸凸台 8。

15. 拉伸凸台 9

（1）绘制草图 13

1）选择步骤 14 生成的凸台表面，单击“草图”控制面板上的“草图绘制”按钮，进入草图绘制环境。

2）单击“草图”控制面板上的“圆”按钮，绘制如图 4-108c 所示的草图 13。

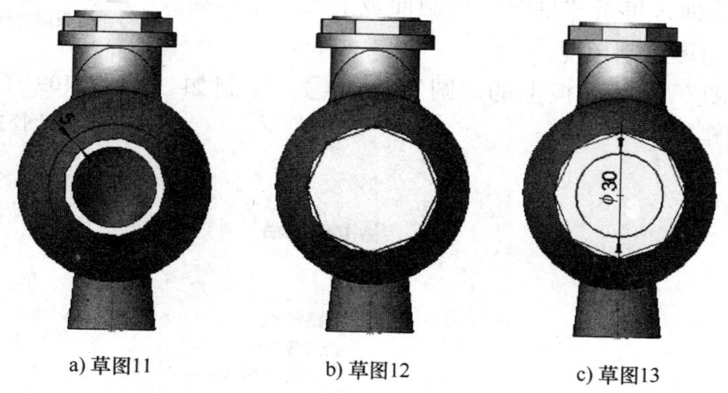

图 4-108 绘制草图 11 ~ 草图 13

（2）生成拉伸凸台 9

1）单击“特征”控制面板上的“拉伸凸台 / 基体”按钮，弹出“凸台 - 拉伸”属性管理器。

2）设置拉伸的“终止条件”为“给定深度”，拉伸距离为 40.00mm。

3）单击“确定”按钮，生成拉伸凸台 9。

16. 创建螺纹

（1）绘制螺旋线

1）选择步骤 15 生成的凸台表面，单击“草图”控制面板上的“草图绘制”按钮，进入草图绘制环境。

2）单击“草图”控制面板上的“圆”按钮，绘制直径为 30mm 的圆。

3）单击“特征”控制面板上的“螺旋线 / 涡状线”按钮，弹出“螺旋线 / 涡状线”属性管理器。

4）按图 4-109 所示的参数设置后，单击“确定”按钮✔。

（2）绘制扫描轮廓

1）选择前视基准面，单击“草图”控制面板上的“草图绘制”按钮，进入草图绘制环境。

2）单击“草图”控制面板上的“直线”按钮，绘制如图 4-110 所示的扫描轮廓。

（3）生成切除扫描特征

1）单击“特征”控制面板上的“扫描切除”按钮，弹出“切除 - 扫描”属性管理器。

2）在“轮廓”右侧的显示框中选择草图 14 作为轮廓，在“路径”右侧的显示框中选择螺旋线作为路径。

3）单击“确定”按钮✔，生成扫描切除特征，如图 4-111 所示。

17. 拉伸切除

（1）绘制草图 14

1）选择零件端面，单击“草图”控制面板上的“草图绘制”按钮，进入草图绘制环境。

2）单击“草图”控制面板上的“圆”按钮，绘制如图 4-112 所示的草图 14。

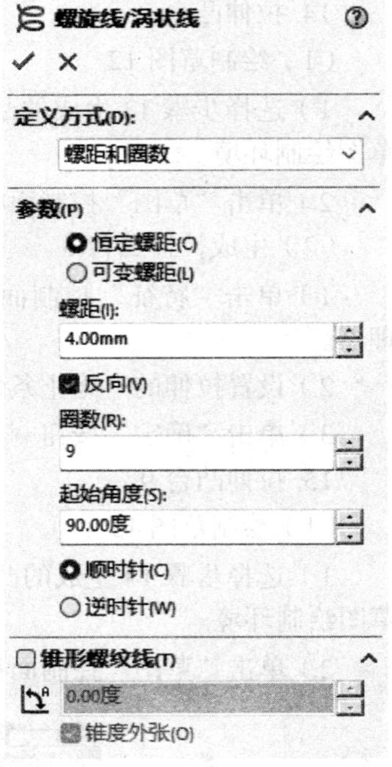

图 4-109 “螺旋线 / 涡状线”属性管理器参数设置

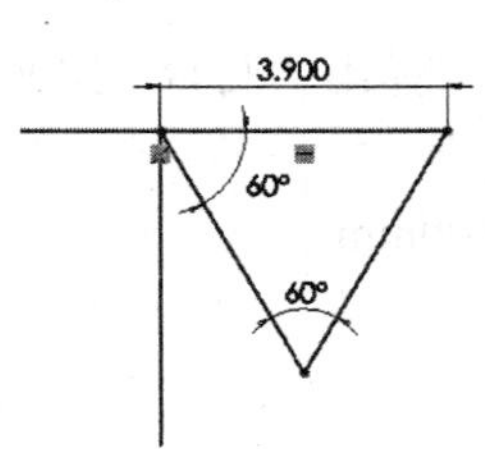

图 4-110 截面扫描轮廓

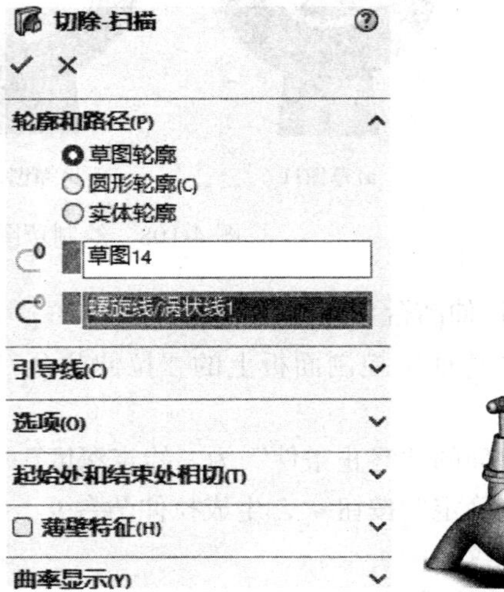

图 4-111 生成扫描切除特征

（2）生成拉伸切除特征

1）单击“特征”控制面板上的“拉伸切除”按钮，弹出“切除 - 拉伸”属性管理器。

2）设置拉伸切除的“终止条件”为“成形到下一面”，如图 4-113 所示。

3）单击“确定”按钮✔，进行拉伸切除，结果如图 4-114 所示。

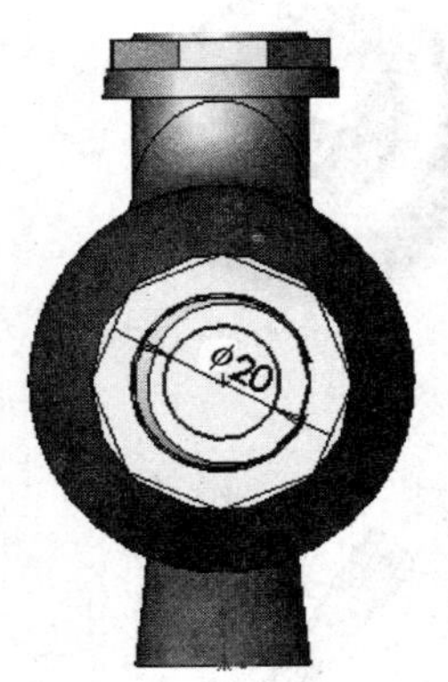

图 4-112　绘制草图 14

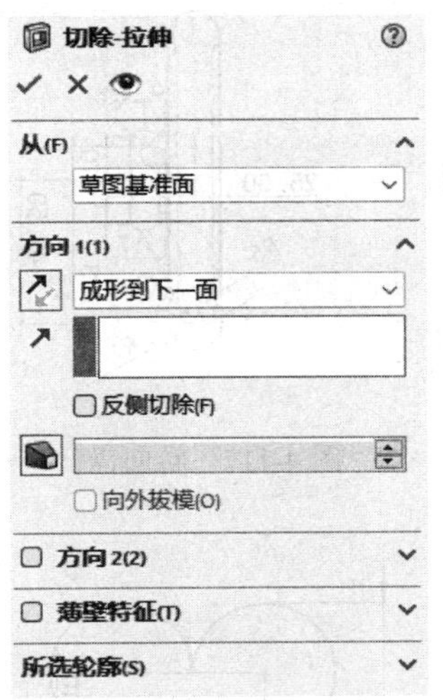

图 4-113　设置“切除 - 拉伸”属性管理器参数

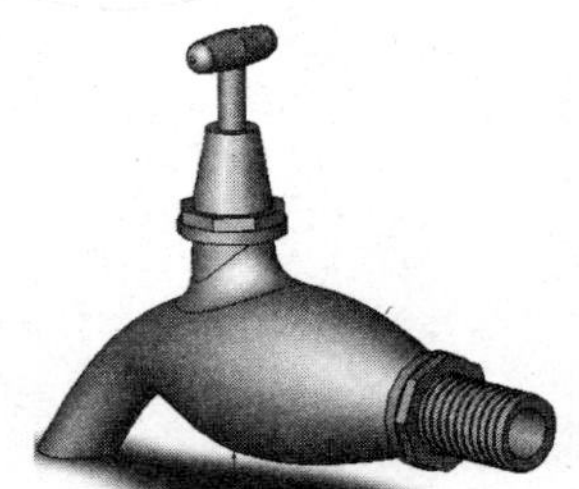

图 4-114　拉伸切除的结果

4.9 思考练习

1. 绘制如图 4-115 所示的盖板，其草图尺寸如图 4-116 所示。

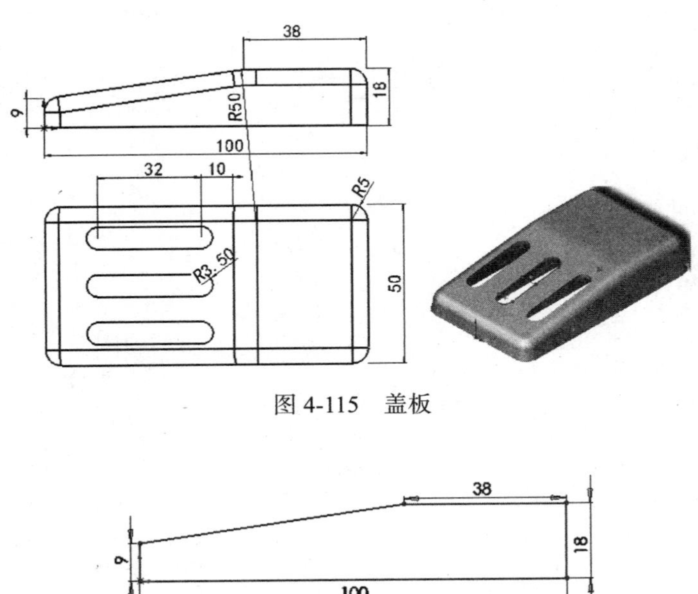

图 4-115　盖板

图 4-116　盖板草图尺寸

2. 绘制如图 4-117 所示的转向盘。

3. 绘制如图 4-118 所示的手把，其草图尺寸如图 4-119 所示，放样形式如图 4-120 所示。

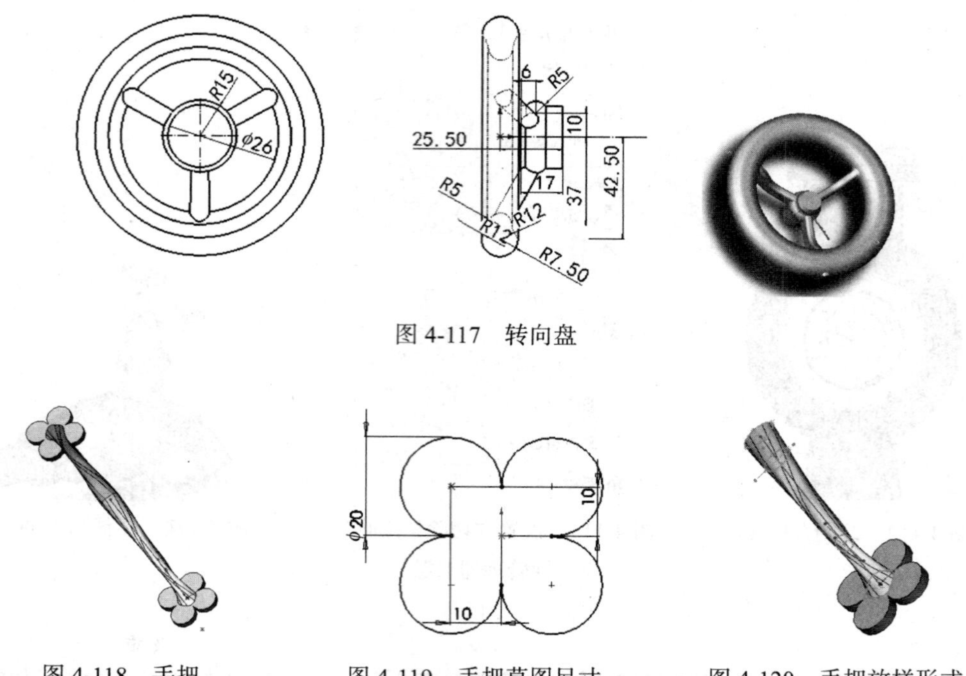

图 4-117　转向盘

图 4-118　手把

图 4-119　手把草图尺寸

图 4-120　手把放样形式

第 5 章

特征操作

零件特征生成后，用户可以对特征进行多种操作，如复制、删除及重定义等。

本章将主要介绍特征的压缩与恢复、动态修改特征、特征的复制与删除，以及库特征的生成和编辑。

- 特征重定义
- 动态修改特征
- 特征阵列
- 特征镜向
- 库特征

5.1 基本概念

在进行特征操作时，必须注意特征之间的上下级关系，即父子关系。通常，创建一个新特征时，不可避免地要参考已有的特征，如选择已有特征表面作为草图绘制平面或参考面，选择已有的特征边线作为标注尺寸参考等，此时便形成了特征之间的父子关系。新生成的特征称为子特征，被参考的已有特征称为父特征。SOLIDWORKS 中特征的父子关系具有以下特点：

1）只能查看父子关系而不能进行编辑。

2）不能将子特征重新排序在其父特征之前。

要查看特征之间的父子关系信息，可做如下操作：

1）在 FeatureManager 设计树或绘图区中右击想要查看的父子关系特征。

2）在弹出的快捷菜单中选择“父子关系”命令，系统将弹出“父子关系”对话框（见图 5-1），其中说明了特征的父子关系。

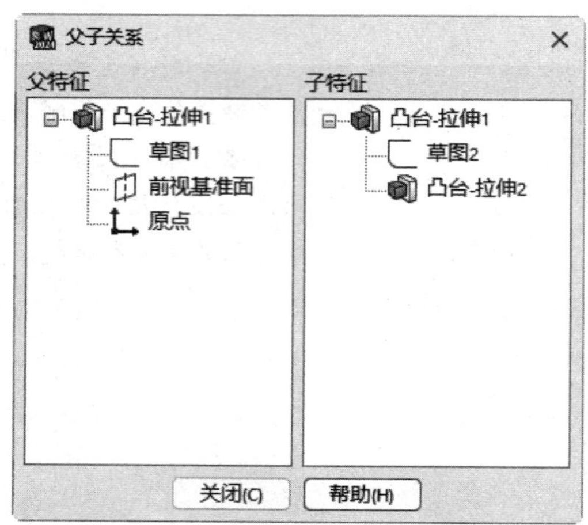

图 5-1 “父子关系”对话框

特征之间父子关系的形成是由于特征在创建过程中对已有特征的参考所致，因而打破了父子关系，也就打破了特征之间的参考关系。

对于有父子关系的特征，用户在进行特征操作时应加倍小心。通常，可以单独删除子特征而父特征不受影响，但是删除父特征时，其所有的子特征也一起被删除。对特征进行压缩操作具有同样的效果，如压缩父特征时，其所有子特征也一起被压缩，而压缩子特征时，父特征不受影响。

5.2 特征重定义

特征重定义是频繁使用的一项功能。一个特征生成后，如果用户发现特征的某些地方不符合要求，通常不必删除特征，而可以通过对特征重新定义来修改特征的参数，如拉伸特征的深度、圆角特征中处理的边线或半径等。

要重新定义特征，可做如下操作：

1）在 FeatureManager 设计树或绘图区中单击一个特征。

2）选择“编辑特征”命令，或右击并在弹出的快捷菜单中选择“编辑特征”命令。

3）根据特征的类型，系统会弹出相应的属性管理器。

4）在属性管理器中输入新的值或选择选项，重新定义该特征。

5）单击“确定”按钮✔，即可接受特征的重定义。

5.3 更改特征属性

SOLIDWORKS 中的特征属性包括特征的名称、颜色和压缩状态。压缩会将特征暂时从模型中移除，但并不删除它，通常用于简化模型和生成零件配置文件。

默认情况下，系统在每生成一个特征时，都会给该特征一个名称和一个颜色。通常这些特征名称是按生成的时间升序排列，如拉伸 1、拉伸 2 等。为了使特征的名称与该特征在整个零件建模中的作用和地位相匹配，用户可以自己为特征定义新的名称和颜色。

要编辑特征属性，可做如下操作：

1）在 FeatureManager 设计树或绘图区中选择一个或多个特征。

2）右击特征并在弹出的快捷菜单中选择“特征属性”命令。

3）在弹出的“特征属性”对话框（见图 5-2）中输入新的名称。

图 5-2 “特征属性”对话框

4）如果要压缩该特征，则选择“压缩”复选框。

5）“特征属性”对话框中还会显示该零件的创建者名称、创建时间、上次修改时间等属性。

6）单击“确定”按钮，完成特征属性的修改。

说 明

如果要同时选择多个特征，可以在选择的同时按住 Ctrl 键。

5.4 特征的压缩与恢复

当零件结构比较复杂时，其特征数目常常很大，此时进行零件操作会导致系统运行速度较慢。为简化模型显示和加快系统运行速度，可将一些与当前工作无关的特征进行压缩。

当一个特征处在压缩状态时，在操作模型的过程中该特征会暂时从模型中移除，就好像有这个特征一样（但不会被删除掉）。在工作完成后或工作中需要该压缩特征时，可以将该压缩特征再恢复。压缩不仅能使特征不显示，而且可以避免所有可能参与的计算。当大量的细节特征（如倒角、圆角等）被压缩时，模型的重建速度会加快。

SOLIDWORKS 中的任何特征都可以被压缩，要压缩特征，可做如下操作：

1）在 FeatureManager 设计树中选择特征，或在绘图区中选择特征的一个面。

2）选择“编辑”→“压缩”→“此配置”命令，或者在“特征属性”对话框中选择“压缩”复选框。

当一个特征被压缩后，它在绘图区中将会消失（但没有被删除），同时在 Feature Manager 设计树中该特征显示为灰色。

对于有父子关系的特征，如果压缩父特征，则其所有子特征将一起被压缩，而压缩子特征时，父特征不受影响。

如果要解除压缩特征，可做如下操作：

1）在 FeatureManager 设计树中选择被压缩的特征。

2）选择“编辑”→“解除压缩”→“此配置”命令，或者在“特征属性”对话框中取消选择“压缩”复选框。

如果被压缩的是带有父子关系的多个特征，要解除压缩，可做如下操作：

1）在 FeatureManager 设计树中选择被压缩的父特征。

2）选择“编辑”→“带从属关系解除压缩”命令。

3）所选特征及其所有子特征都被解压缩，并回到模型中去。

5.5 动态修改特征 (Instant3D)

Instant3D 使您可以通过拖动控标或标尺来快速生成和修改模型几何体，即动态修改特征是指系统不需要退回编辑特征的位置，直接对特征进行动态修改的命令。动态修改是通过控标移动、旋转和调整拉伸及旋转特征的大小。通过动态修改既可以修改草图，也可以修改特征。下面将分别介绍。

1. 修改草图

下面以法兰为例，说明修改草图的动态修改特征的操作步骤。

1）执行命令。单击“特征”控制面板上的“Instant3D”图标，开始动态修改特征操作。

2）选择需要修改的特征。单击 FeatureManager 设计树中的“拉伸 1”，视图中该特征被高亮显示，如图 5-3 所示。同时，弹出该特征的修改控标。

3）修改草图。利用鼠标指针移动直径为 80mm 的控标，屏幕出现标尺，使用屏幕上的标尺可精确测量修改草图，如图 5-4 所示。修改后的草图如图 5-5 所示。

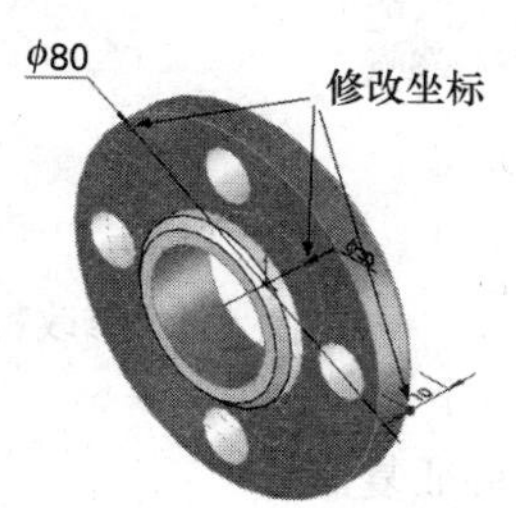

图 5-3　选择特征的图形

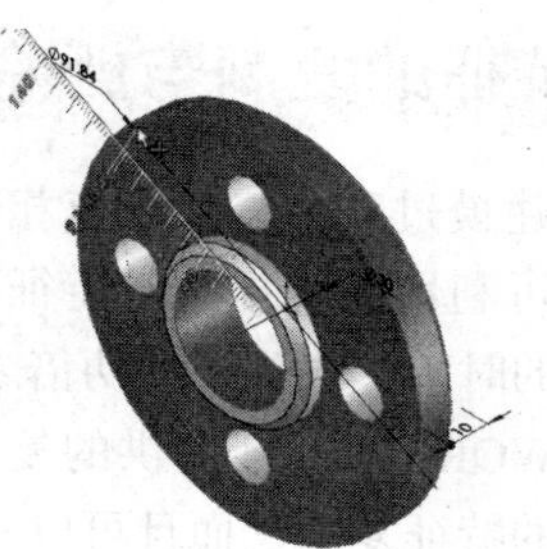

图 5-4　修改草图

4）退出修改特征。单击“特征”控制面板上的“Instant3D”图标，退出 Instant3D 特征操作，此时图形如图 5-6 所示。

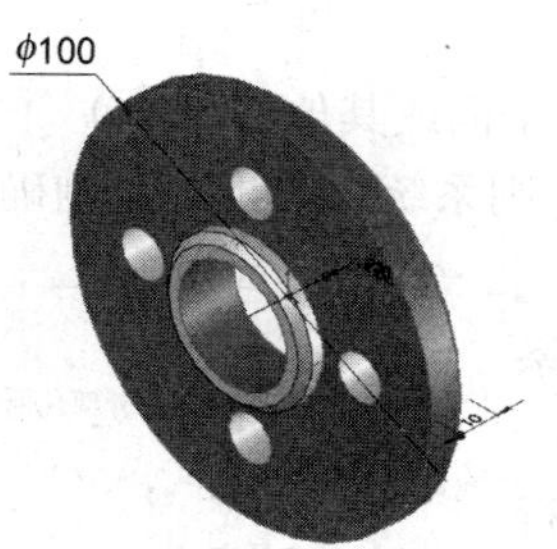

图 5-5　修改后的草图

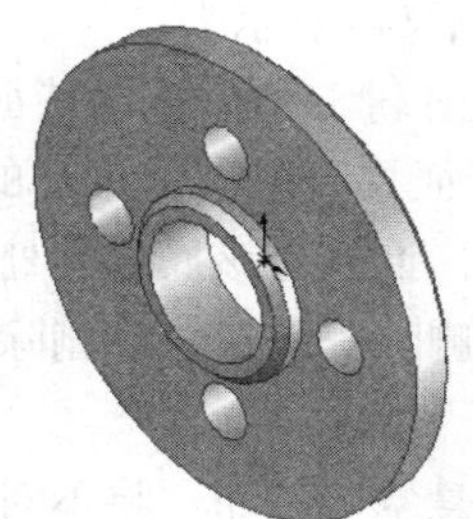

图 5-6　修改后的图形

2. 修改特征

下面以法兰为例，说明修改特征的动态修改特征的操作步骤。

1）单击“特征”控制面板上的“Instant3D”图标，开始动态修改特征操作。

2）选择需要修改的特征。单击 FeatureManager 设计树中的“拉伸 2”，视图中该特征被高亮显示，如图 5-7 所示。同时，弹出该特征的修改控标。

3）通过控标修改特征。拖动距离为 5mm 的修改控标，调整拉伸长度，如图 5-8 所示。

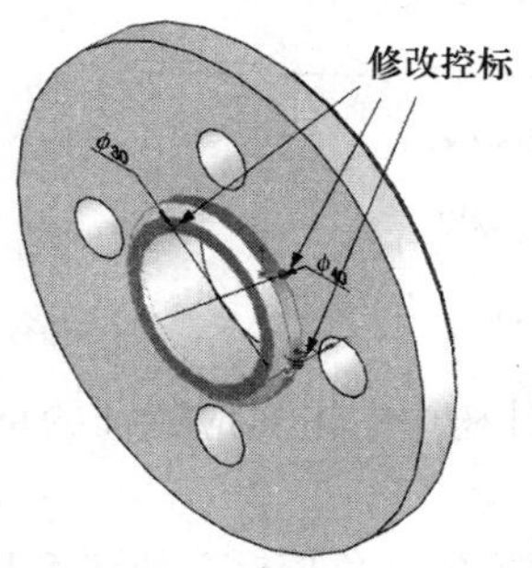

图 5-7　选择特征的图形

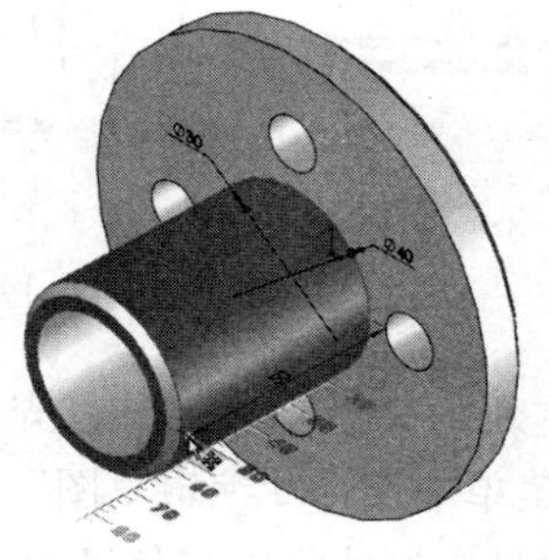

图 5-8　拖动修改控标

4）退出修改特征。单击“特征”控制面板上的“Instant3D”图标，退出 Instant3D 特征操作，此时图形如图 5-9 所示。

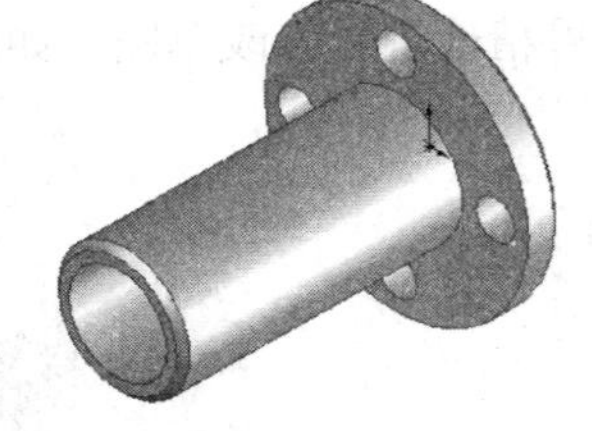

图 5-9　修改特征后的图形

5.6 特征的复制与删除

在零件建模过程中，如果有相同的零件特征，用户不必每个都创建，可利用系统提供的特征复制功能进行复制，这样可以节省大量的时间，收到事半功倍之效。

SOLIDWORKS 2024 提供的复制功能不仅可以完成同一个零件模型中的特征复制，而且可以实现不同零件模型之间的特征复制。

5.6.1 同一零件模型中复制特征

要在同一个零件模型中进行特征复制，可做如下操作：

1）在 FeatureManager 设计树中选择要复制的特征，或在绘图区中选择特征，此时该特征在绘图区中以高亮度显示。

2）按住 Ctrl 键，然后拖动特征到所需的位置上（同一个面或其他的面上）。

3）如果特征具有限制其移动的定位尺寸或几何关系，则系统会弹出“复制确认”对话框，如图 5-10 所示，询问对该操作的处理。

① 单击“删除”按钮，将删除限制特征移动的几何关系和定位尺寸。

② 单击“悬空”按钮，将不对尺寸标注、几何关系进行求解。

③ 单击“取消”按钮，将取消复制操作。

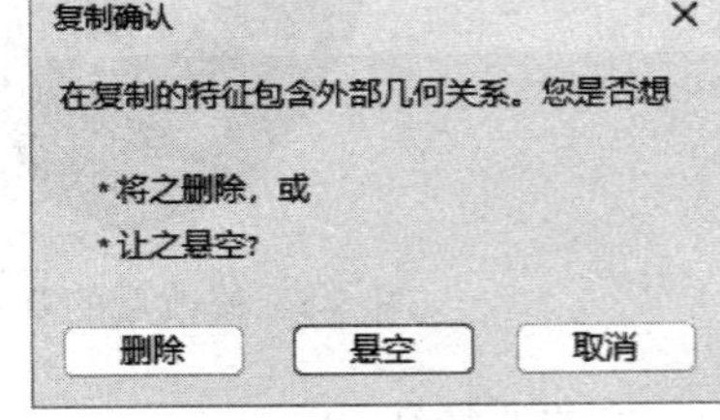

图 5-10　“复制确认”对话框

4）如果在步骤 3）中选择了“悬空”按钮，则系统会弹出 SOLIDWORKS 提示框，如图 5-11a 所示。如果选择“继续”（忽略错误）按钮，会弹出“什么错”窗口，警告在模型中的尺寸和几何关系已不存在，用户应该重新定义悬空尺寸，如图 5-11b 所示。

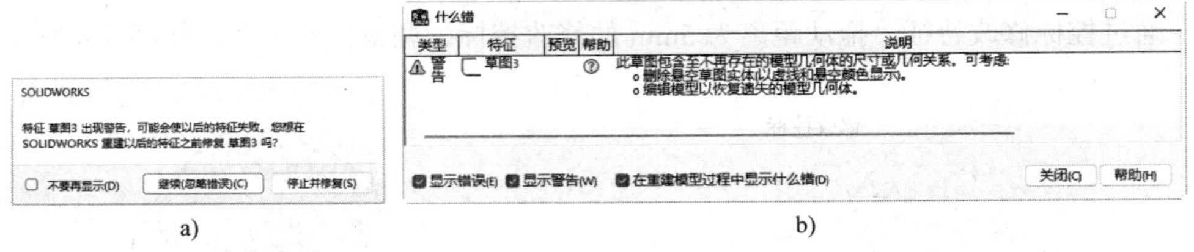

a)　　b)

图 5-11　重建模型错误提示

5）要重新定义悬空尺寸，首先在 FeatureManager 设计树中右击对应特征的草图，然后在弹出的快捷菜单中选择“编辑草图”命令。

6）此时悬空尺寸将以灰色显示，在尺寸的旁边还有对应的红色控标，如图 5-12 所示。

7）将红色控标拖动到新的附加点。

8）释放鼠标，将尺寸重新附加到新的边线或顶点上，即完成了悬空尺寸的重新定义。

5.6.2 不同零件之间复制特征

要将特征从一个零件复制到另一个零件上，可做如下操作：

1）选择“窗口”→“横向平铺”或“纵向平铺”命令，以平铺方式显示多个文件。

2）在一个文件中的 FeatureManager 设计树中选择要复制的特征。

3）选择“编辑”→“复制”命令或单击快速访问工具栏上的“复制”按钮。

4）在另一个文件中选择“编辑”→“粘贴”命令，或单击快速访问工具栏上的“粘贴”按钮。

如果要删除模型中的某个特征，可在 FeatureManager 设计树或绘图区中选择该特征，然后按下 Delete 键，或右击并在弹出的快捷菜单中选择“删除”命令，系统会在“确认删除”对话框中提出询问，如图 5-13 所示。单击“是”按钮，就可将特征从模型中删除掉了。

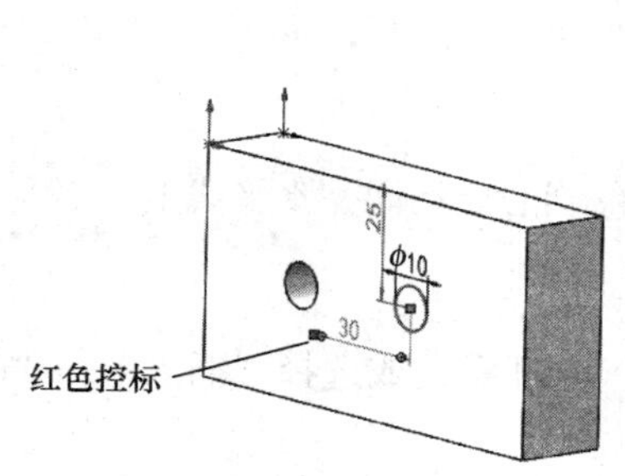

图 5-12 显示悬空尺寸

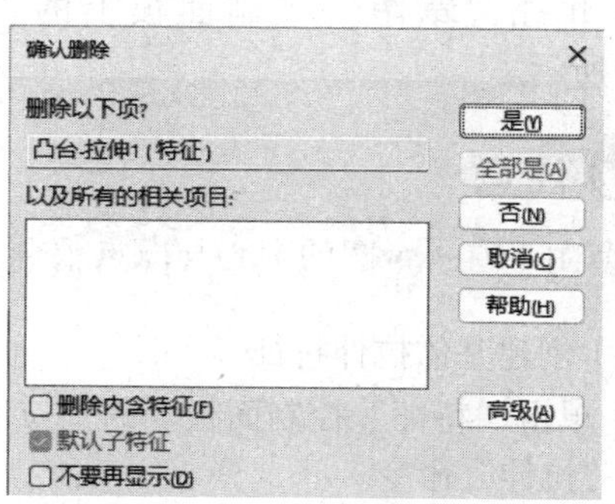

图 5-13 “确认删除”对话框

注意

对于有父子关系的特征，如果删除父特征，则其所有子特征将一起被删除，而删除子特征时，父特征不受影响。

5.6.3 实例——摇臂

在零件建模过程中使用特征重定义、特征恢复，生成如图 5-14 所示的摇臂。

本案例视频内容：“X：\动画演示\第 5 章\摇臂 .mp4”。

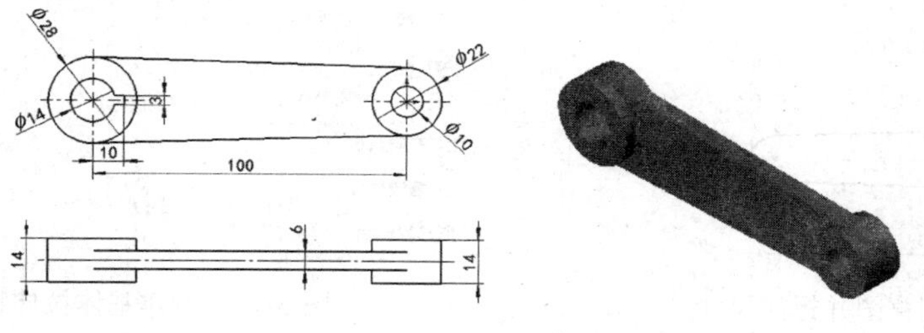

图 5-14 摇臂

1. 建立新的零件文件

启动 SOLIDWORKS 2024，单击快速访问工具栏中的“新建”按钮，在弹出的“新建 SOLIDWORKS 文件”对话框中单击“零件”按钮，然后单击“确定”按钮，创建一个新的零件文件。

2. 生成拉伸基体特征

（1）绘制草图

1）在 FeatureManager 设计树中选择“前视基准面”作为绘图基准面。单击“草图”控制面板上的“草图绘制”按钮，进入草图绘制环境。

2）单击“草图”控制面板上的“圆”按钮，以原点为圆心，绘制一个圆，再在同一水平线上绘制另一个圆。

3）单击“草图”控制面板上的“直线”按钮，绘制两条直线，分别与两个圆相切。

4）单击“草图”控制面板上的“剪裁实体”按钮，对草图进行修剪。

5）单击“草图”控制面板上的“智能尺寸”按钮，对草图进行尺寸标注，如图 5-15 所示。

注意

草图中有一个圆的圆心与原点重合，并且两个圆的圆心处在同一水平线上。

（2）创建基体拉伸特征

1）单击“特征”控制面板上的“拉伸基体 / 凸台”按钮，或选择“插入”→“凸台 / 基体”→“拉伸”命令。

2）在“凸台 - 拉伸”属性管理器中设置“终止条件”为“给定深度”，在“深度”文本框中设置拉伸深度为 6.00mm。

3）单击“确定”按钮，创建基体拉伸特征，如图 5-16 所示。

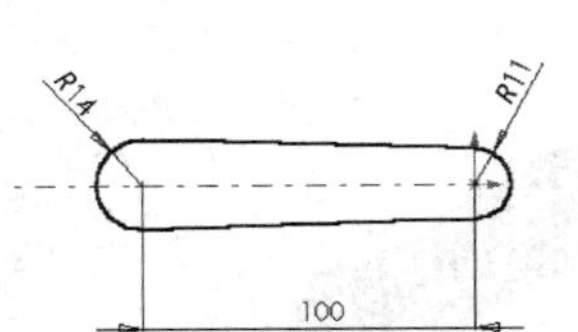

图 5-15　绘制草图并标注尺寸

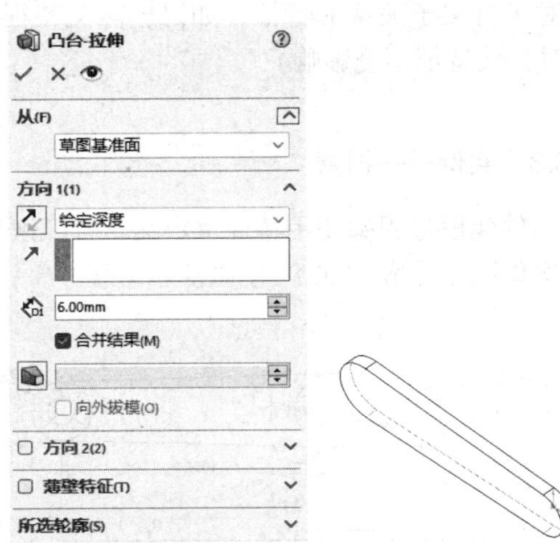

图 5-16　创建基体拉伸特征

3. 创建基准面

1）选择 FeatureManager 设计树上的“前视基准面”，然后选择“插入”→“参考几何体”→“基准面”命令，或单击“特征”控制面板上的“基准面”按钮。

2）在“基准面”属性管理器上的“偏移距离”文本框中设置偏移距离为 3.00mm。

3）单击“确定”按钮，创建平均分割拉伸特征的基准面 1，如图 5-17 所示。

4. 生成基体拉伸特征

（1）绘制草图

1）选择基准面 1，单击“草图”控制面板上的“草图绘制”按钮，在基准面 1 上打开一张草图。

2）单击“视图（前导）”工具栏“视图定向”下拉菜单中的“正视于”按钮，以正视于基准面 1 视图。

3）单击“草图”控制面板上的“圆”按钮，以图 5-15 中的圆心为圆心，绘制两个圆作为凸台轮廓，如图 5-18 所示。

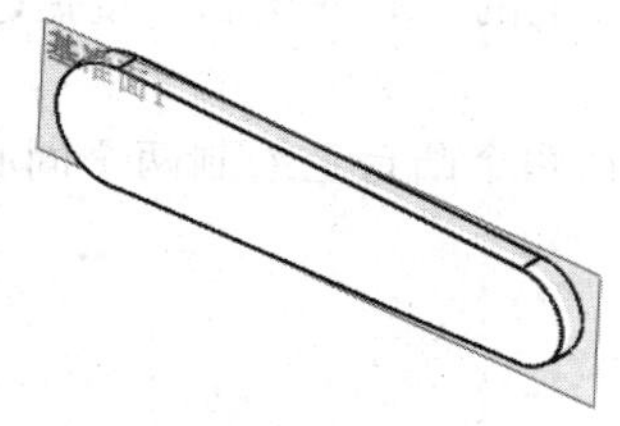

图 5-17　创建基准面 1

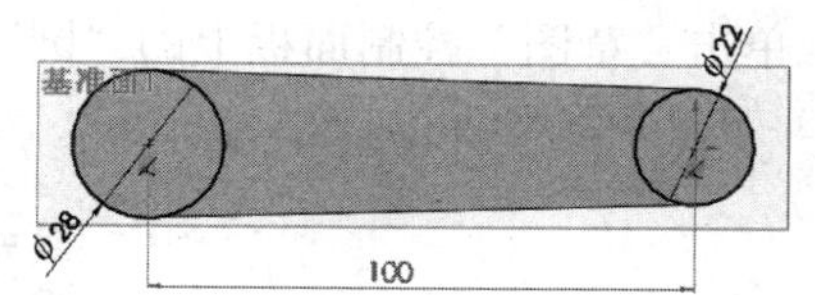

图 5-18　绘制凸台轮廓

（2）创建基体拉伸特征

1）单击“特征”控制面板上的“拉伸基体 / 凸台”按钮，或选择“插入”→“凸台 / 基体”→“拉伸”命令。

2）在“凸台 - 拉伸”属性管理器中设置“终止条件”为“给定深度”，在“深度”文本框中设置拉伸深度为 7.00mm。

3）单击“确定”按钮，生成凸台拉伸特征。

4）在 FeatureManager 设计树中右击基准面 1，在弹出的快捷菜单中选择“隐藏”命令，将基准面 1 隐藏起来。

5) 单击“视图（前导）”工具栏“视图定向”下拉菜单中的“等轴测”按钮，用等轴测视图观看图形，如图 5-19 所示。从图中可以看出，两个圆形凸台在基体的一侧，而并非对称分布。下面需要对凸台进行重新定义。

5. 编辑拉伸特征

1）在 FeatureManager 设计树中右击“凸台 - 拉伸 2”，在弹出的快捷菜单中选择“编辑特征”命令。

2）在“凸台 - 拉伸”属性管理器中将“终止条件”改为“两侧对称”，在“深度”文本框中设置拉伸深度为 14.00mm。

3）单击“确定”按钮，生成凸台拉伸特征的重新定义，如图 5-20 所示。

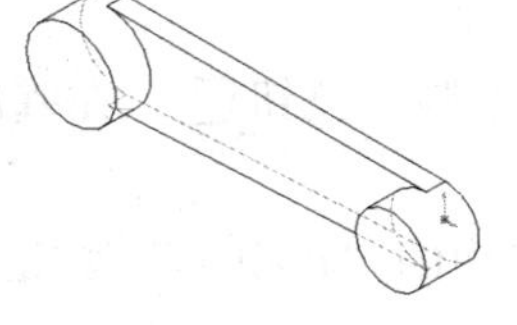

图 5-19　原始的凸台特征

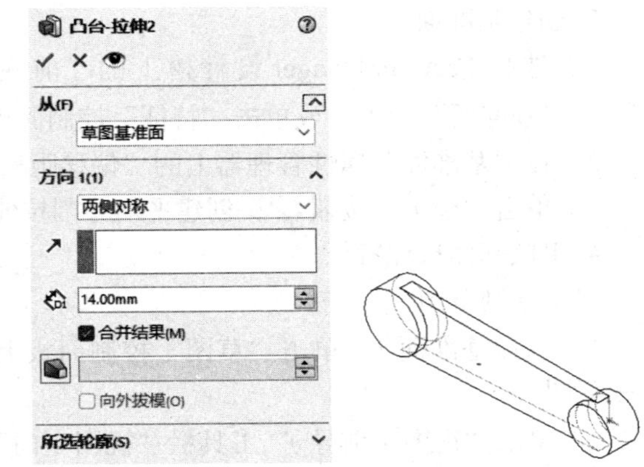

图 5-20　重新定义后的凸台特征

6. 生成基体拉伸切除特征

（1）绘制草图

1）选择凸台上的一个面，然后单击“草图”控制面板上的“草图绘制”按钮，在其上打开一张新的草图。

2）单击“草图”控制面板上的“圆”按钮，分别在两个凸台上绘制两个同心圆，并标注尺寸，如图 5-21 所示。

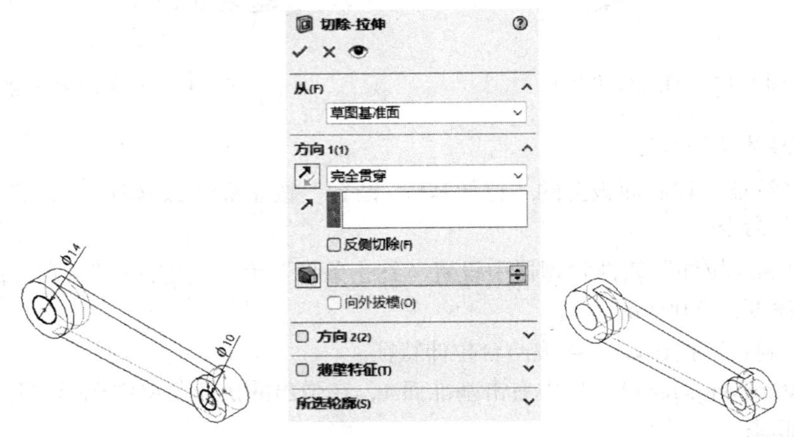

图 5-21　绘制同心圆并标注尺寸

（2）创建拉伸切除特征

1）单击“特征”控制面板上的“拉伸切除”按钮，或选择“插入”→“切除”→“拉伸”命令。

2）设置切除的“终止条件”为“完全贯穿”，单击“确定”按钮，创建拉伸切除特征，如图 5-22 所示。

7. 创建键槽孔

下面使用编辑草图的方法对草图重新定义，生成键槽孔。

1）在 FeatureManager 设计树中右击“切除 - 拉伸 1”，在弹出的快捷菜单中选择“编辑草图”命令，打开对应的草图 3。

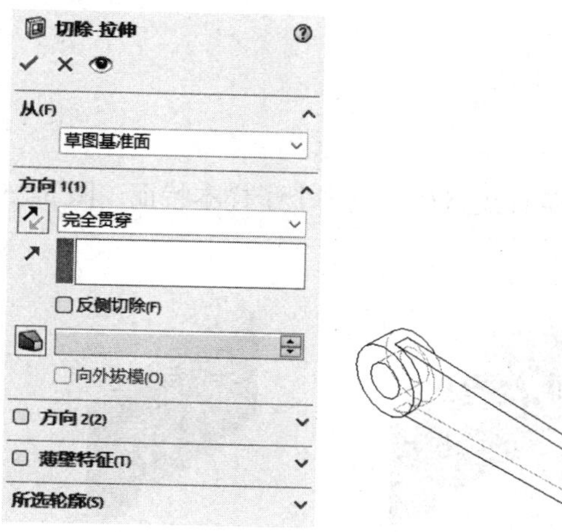

图 5-22　创建拉伸切除特征

2）使用绘图工具对草图 3 进行修改，如图 5-23 所示。

3）单击“草图”控制面板上的“退出草图”按钮，退出草图绘制。

4）在 FeatureManager 设计树中右击“切除 - 拉伸 1”，在弹出的快捷菜单中选择“压缩”命令，则该特征被压缩，同时图形中对应的切除特征不可见。再次右击“切除 - 拉伸 1”，在弹出的快捷菜单中选择“解除压缩”命令，则回到原来状态。

8. 保存文件

单击快速访问工具栏中的“保存”按钮，或者选择“文件”→“保存”命令，将草图保存，文件名为“摇臂 .sldprt”。

至此，该零件就制作完成了，最后的效果如图 5-24 所示。

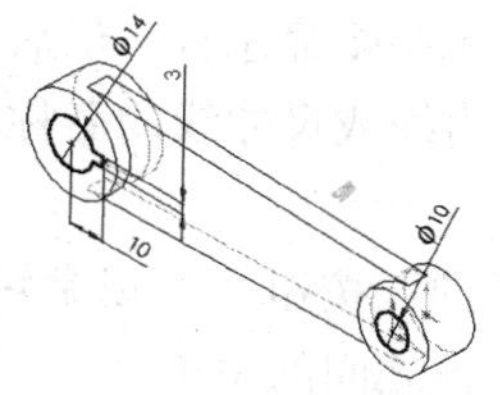

图 5-23　修改草图 3

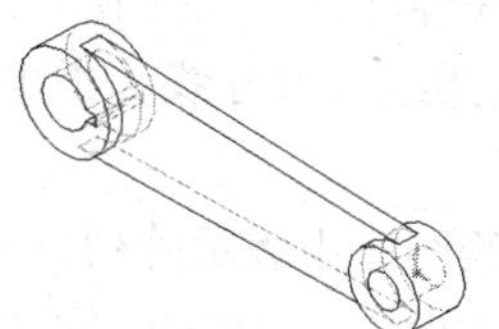

图 5-24　最后的效果

5.7 特征阵列

特征阵列用于将任意特征作为原始样本特征，通过指定阵列尺寸产生多个类似的子样本特征。特征阵列完成后，原始样本特征和子样本特征成为一个整体，可将它们作为一个特征进行相关的操作，如删除、修改等。如果修改了原始样本特征，则阵列中的所有子样本特征也随之更新以反映更改。SOLIDWORKS 2024 提供了以下几种阵列方式：

1）线性阵列。

2）圆周阵列。

3）草图驱动的阵列。

4）曲线驱动的阵列。

5.7.1 线性阵列

线性阵列是指沿一条或两条直线路径生成多个子样本特征。图 5-25 所示为线性阵列的零件模型。

图 5-25　线性阵列零件模型

要生成线性阵列，可做如下操作：

1）在 FeatureManager 设计树或绘图区中选择原始样本特征（切除、孔或凸台等）。

2）单击“特征”控制面板上的“线性阵列”按钮，或选择“插入”→“阵列 / 镜向”→“线性阵列”命令。

3）在“线性阵列”属性管理器中的“要阵列的特征”右侧的显示框中显示步骤 1）中所选择的特征。如果要选择多个原始样本特征，可在选择特征时按住 Ctrl 键。

注意

当使用特型特征来生成线性阵列时，所有阵列的特征都必须在相同的面上。

4）在“线性阵列”属性管理器中的“方向 1”栏中单击第一个显示框，然后在绘图区中选择模型的一条边线或尺寸线，指出阵列的第一个方向。所选边线或尺寸线的名称出现在该显示框中。

5）如果绘图区中表示阵列方向的箭头不正确，单击“反向”按钮可以翻转阵列方向。

6）在“方向 1”栏中的“间距”文本框中指定阵列特征之间的距离。

7）在“方向 1”栏中的“实例数”文本框中指定该方向下阵列的特征数（包括原始样本特征），此时在绘图区中可以预览阵列效果，如图 5-26 所示。

8）如果要在另一个方向上同时生成线性阵列，激活“方向 2”，然后仿照步骤 1）~ 6）中的操作对第 2 方向的阵列进行设置。

9）如果选择“方向 2”栏中的“只阵列源”复选框，则在第 2 方向中只复制原始样本特征，而不复制方向 1 中生成的其他子样本特征，如图 5-27 所示。

10）在阵列中如果要跳过某个阵列子样本特征，则激活“可跳过的实例”，然后单击“要跳过的实例”右侧的显示框，并在绘图区中选择想要跳过的每个阵列特征，这些特征随即显示在该显示框中。图 5-28 所示为阵列时应用“可跳过实例”的效果。

11）单击“确定”按钮，生成线性阵列特征。

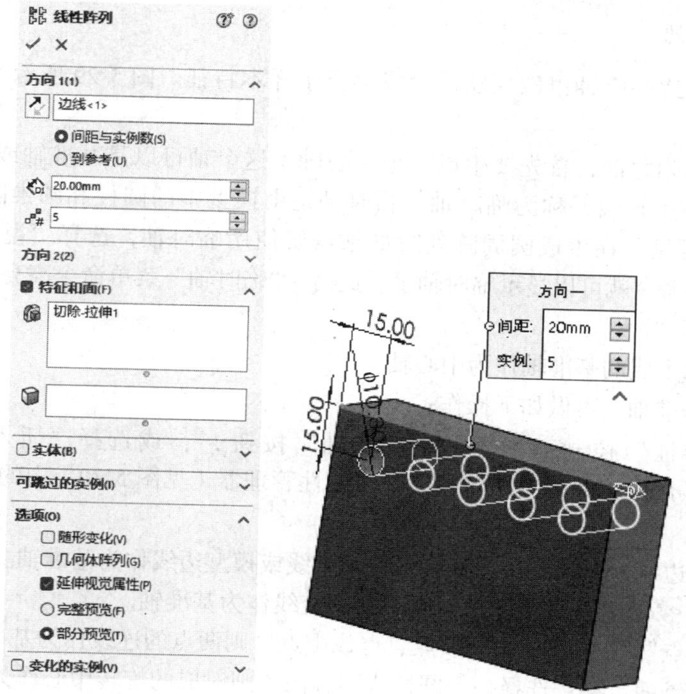

图 5-26 "线性阵列"属性管理器和阵列效果预览

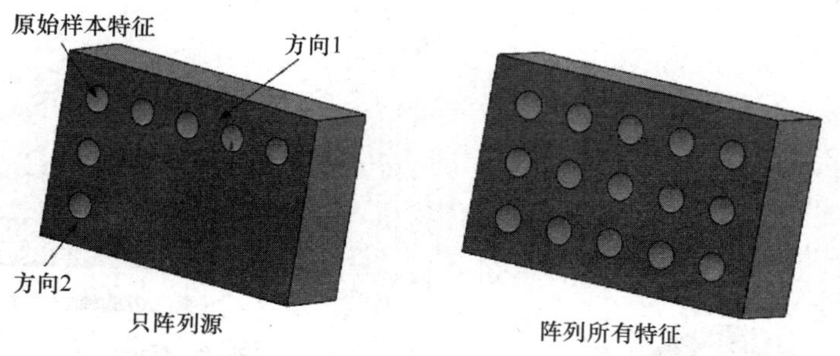

图 5-27 只阵列源与阵列所有特征的效果对比

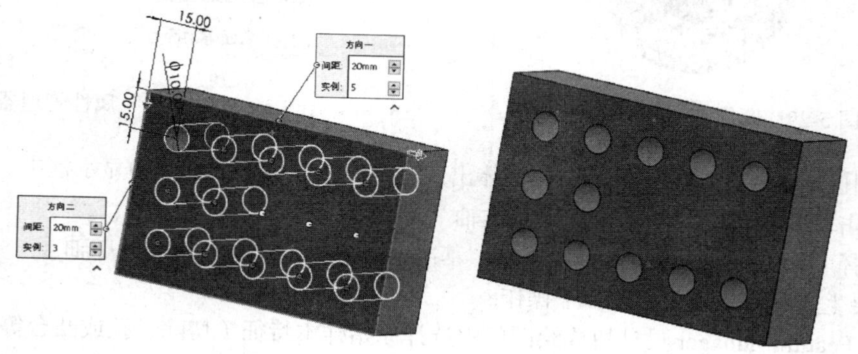

图 5-28 阵列时应用"可跳过实例"的效果

5.7.2 圆周阵列

圆周阵列是指绕一个轴以圆周路径生成多个子样本特征。图 5-29 所示为圆周阵列的零件模型。

在生成圆周阵列之前，首先要生成一个中心轴（这个轴可以是基准轴或临时轴）。每个圆柱和圆锥面都有一条轴线，称为临时轴。临时轴是由模型中的圆柱和圆锥隐含生成的，在绘图区中一般并不可见。在生成圆周阵列时如果需要使用临时轴，选择“视图”→“隐藏 / 显示”→“临时轴”命令就可以显示临时轴了。此时，“临时轴”菜单命令高亮显示，表示临时轴可见。

此外，还可以生成的基准轴作为中心轴。

如果要生成基准轴，可做如下操作：

1）单击“特征”控制面板上的“基准轴”按钮，或选择“插入”→“参考几何体”→“基准轴”命令，在弹出的“基准轴”属性管理器（见图 5-30）中的单选按钮组中选择基准轴类型。

①“一直线 / 边线 / 轴”：选择一条草图直线或模型边线作为基准轴。

②“两平面”：选择两个平面，则平面的交线作为基准轴。

③“两点 / 顶点”：选择两个顶点、点或中点，则两点的连线作为基准轴。

④“圆柱 / 圆锥面”：选择一个圆柱或圆锥面，则对应的旋转中心作为基准轴。

⑤“点和面 / 基准面”：选择一个曲面或基准面和一个顶点、点或中点，则所产生的轴通过所选择的顶点、点或中点并垂直于所选的曲面或基准面。如果曲面为空间曲面，点必须在曲面上。

图 5-29　圆周阵列的零件模型

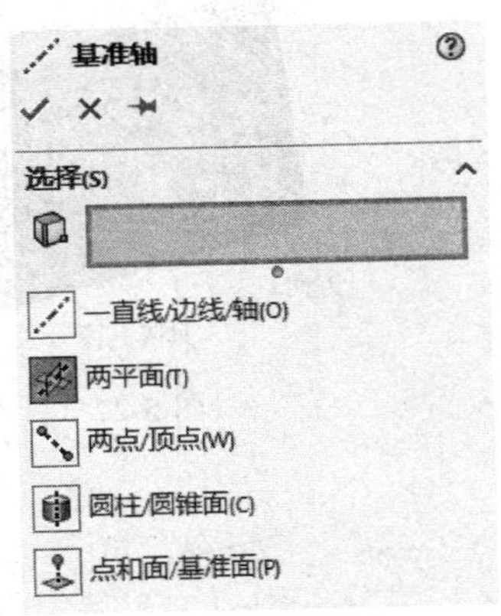

图 5-30　“基准轴”属性管理器

在绘图区中选择对应的实体，则该实体出现在“所选项目”右侧的显示框中。

2）单击“确定”按钮，关闭“基准轴”对话框。

3）选择“视图”→“隐藏 / 显示”→“基准轴”命令，以查看新的基准轴。

如果要生成圆周阵列，可做如下操作：

1）在 FeatureManager 设计树或绘图区中选择原始样本特征（切除、孔或凸台等）。

2）单击“特征”控制面板上的“圆周阵列”按钮，或选择“插入”→“阵列 / 镜向”→“圆周阵列”命令。

3）在“阵列（圆周）1”属性管理器中的“要阵列的特征”右侧的显示框中显示出步骤1）中所选择的特征。如果要选择多个原始样本特征，可在选择特征时按住 Ctrl 键。

4）通过“基准轴”命令生成一个中心轴，作为圆周阵列的圆心位置。

5）在“圆周阵列”属性管理器中的“方向 1”栏下单击第一个显示框，然后在绘图区中选择中心轴，则所选中心轴的名称出现在该显示框中。

6）如果绘图区中阵列的方向不正确，单击“反向”按钮可以翻转阵列方向。

7）在“方向 1”栏中的“角度”文本框中指定阵列特征之间的角度。

8）在“方向 1”栏中的“实例数”文本框中指定阵列的特征数（包括原始样本特征），此时在绘图区中可以预览圆周阵列的效果，如图 5-31 所示。

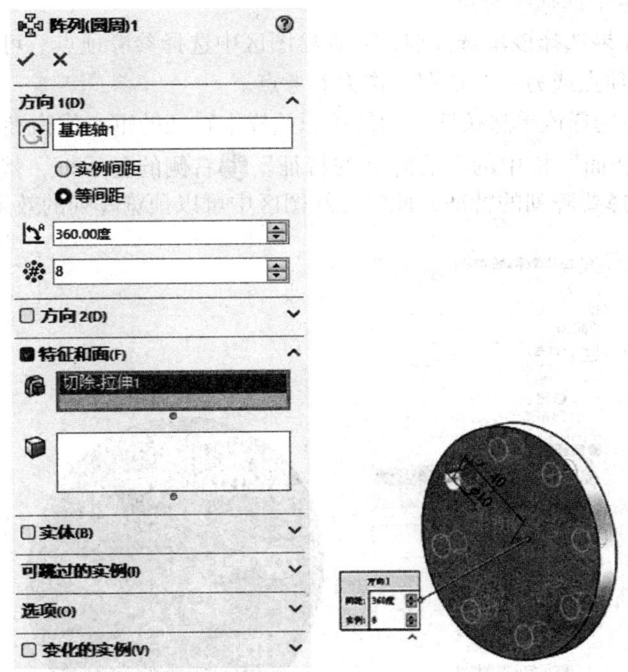

图 5-31 “阵列（圆周）1”属性管理器和圆周阵列效果预览

9）如果选择了“等间距”复选框，则总角度将默认为 360°，所有的阵列特征会等角度均匀分布。

10）如果选择“选项”栏中“几何体阵列”复选框，将只复制原始样本特征而不对它进行求解，这可以加速生成及重建模型的速度。但是，如果某些特征的面与零件的其余部分合并在一起，则不能为这些特征生成几何体阵列。

11）单击“确定”按钮，生成圆周阵列。

5.7.3 草图驱动的阵列

SOLIDWORKS 2024 还可以根据草图上的草图点来安排特征的阵列。用户只需控制草图上的草图点，就可以将整个阵列扩散到草图中的每个点。

要建立由草图驱动的阵列，可做如下操作：

1）单击“草图”控制面板上的“草图绘制”按钮，在零件的面上打开一个草图。

2）单击“草图”控制面板上的“点”按钮，绘制驱动阵列的草图点。

3）单击“退出草图”按钮，关闭草图。

4）单击“特征”控制面板上的“草图驱动的阵列”按钮，或者选择“插入”→“阵列/镜向”→“草图驱动的阵列”命令。

5）单击 FeatureManager 设计树图标，打开 FeatureManager 设计树。

6）在“由草图驱动的阵列”属性管理器中的“选择”栏中单击“参考草图”右侧的显示框，然后在 FeatureManager 设计树中选择驱动阵列的草图，则所选草图的名称出现在该显示框中。

7）在单选按钮组中选择参考点。

①“所选点”：如果选择该单选按钮，则在绘图区中选择参考顶点。可以使用原始样本特征的重心、草图原点、顶点或另一个草图点作为参考点。

②“重心”：如果选择该单选按钮，则使用原始样本特征的重心作为参考点。

8）单击“特征和面”栏中的“要阵列的特征”右侧的显示框，然后在 FeatureManager 设计树或绘图区中选择要阵列的特征，此时在绘图区中可以预览阵列的效果，如图 5-32 所示。

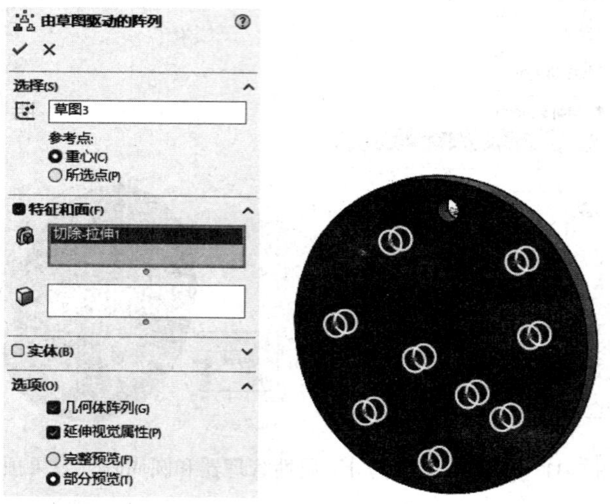

图 5-32　预览阵列效果

9）选择“几何体阵列”复选框，将只复制原始样本特征而不对它进行求解，这可以加速生成及重建模型的速度。但是，如果某些特征的面与零件的其余部分合并在一起，则不能为这些特征生成几何体阵列。

10）单击“确定”按钮，生成草图驱动的阵列。

5.7.4　曲线驱动的阵列

SOLIDWORKS 2024 还可以沿平面曲线生成阵列。作为驱动阵列的曲线可以是任何草图线段或模型的轮廓线（必须在同一平面）。

要生成曲线驱动的阵列，可做如下操作：

1）单击“草图”控制面板上的“草图绘制”按钮，在零件的面上打开一个草图。

2）在零件的面上绘制用来驱动阵列的曲线。

3）单击“退出草图”按钮，关闭草图。

4）单击“特征”控制面板上的“曲线驱动的阵列”按钮，或选择“插入”→“阵列/镜向”→“曲线驱动的阵列”命令。

5）单击“阵列和面”栏中的“要阵列的特征”右侧的显示框，然后在FeatureManager设计树或绘图区中选择要阵列的特征。

6）在“曲线驱动的阵列”属性管理器的“方向1”栏中单击第一个显示框，然后在绘图区中选择用来驱动阵列的曲线，则所选曲线的名称出现在该显示框中。

7）如果绘图区中阵列的方向不正确，单击“反向”按钮可以翻转阵列方向。

8）在“方向1”栏中的“间距”文本框中指定阵列特征之间的距离。

9）如果选择“等间距”复选框，则子特征之间的距离保持一致。

10）在“方向1”栏中的“实例数”文本框中指定该方向下阵列的特征数（包括原始样本特征），此时在绘图区中可以预览阵列效果，如图5-33所示。

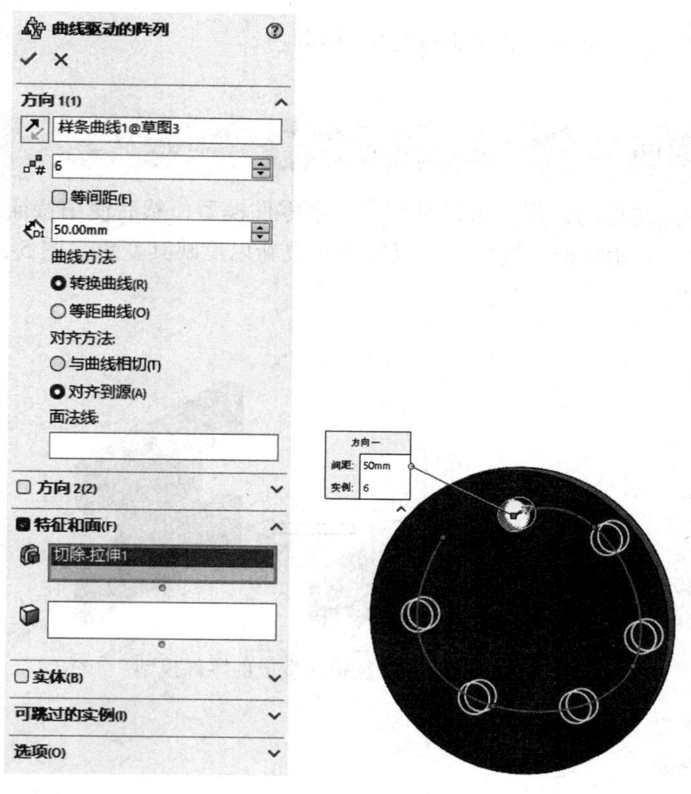

图5-33 预览阵列效果

11）选择一种“曲线方法”，从而改变作为阵列基础的参考曲线的使用方式。

①“转换曲线”：选择该单选按钮，所阵列的特征将使用参考曲线的形状。

②“等距曲线”：选择该单选按钮，所阵列的特征将与参考曲线等距。

选择一种“对齐方法”：

①“与曲线相切”：选择该单选按钮，子特征将与参考曲线的切线方向对齐。

②“对齐到源”：选择该单选按钮，子特征将与原始样本特征在方向上对齐。

12）如果要在另一个方向上同时生成线性阵列，可激活“方向 2”，然后仿照步骤 5）~ 11）中的操作对“方向 2”的阵列进行设置。

说 明

如果选择了“方向 2”复选框而未指定草图元素或边线，将会生成一个隐含阵列。隐含“方向 2”基于“方向 1”中指定的内容。

13）如果选择“方向 2”栏中的“只阵列源”复选框，则在第 2 方向中只复制原始样本特征，而不复制方向 1 中生成的其他子样本特征。

14）在阵列中如果要跳过某个阵列子样本特征可激活“可跳过的实例”，然后单击“要跳过的实例”右侧的显示框，并在绘图区中选择想要跳过的每个阵列特征，这些特征随即显示在该显示框中。

15）单击“确定”按钮，生成曲线驱动阵列。

5.8 特征镜向

如果零件结构是对称的，用户可以只创建一半零件模型，然后使用特征镜向的办法生成整个零件。如果修改了原始特征，则镜向的复制也将更新以反映其变更。图 5-34 所示为运用特征镜向生成的零件模型。

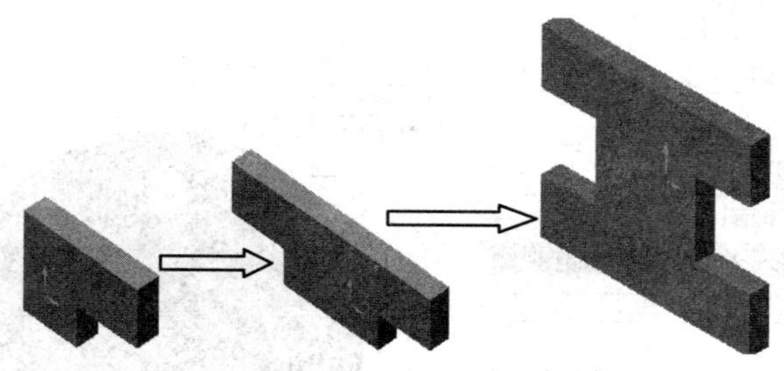

图 5-34 运用特征镜向生成的零件模型

5.8.1 镜向特征

要镜向特征，可做如下操作：

1）单击“特征”控制面板上的“镜向”按钮，或选择“插入”→“阵列 / 镜向”→“镜向”命令。

2）单击“镜向”属性管理器中“镜向面 / 基准面”右侧的显示框，然后在绘图区或 FeatureManager 设计树中选择一个模型面或基准面作为镜向面。

3）单击“要镜向的特征”右侧的显示框，然后在绘图区或 FeatureManager 设计树中选择要镜向的特征，此时在绘图区中可以预览镜向效果，如图 5-35 所示。

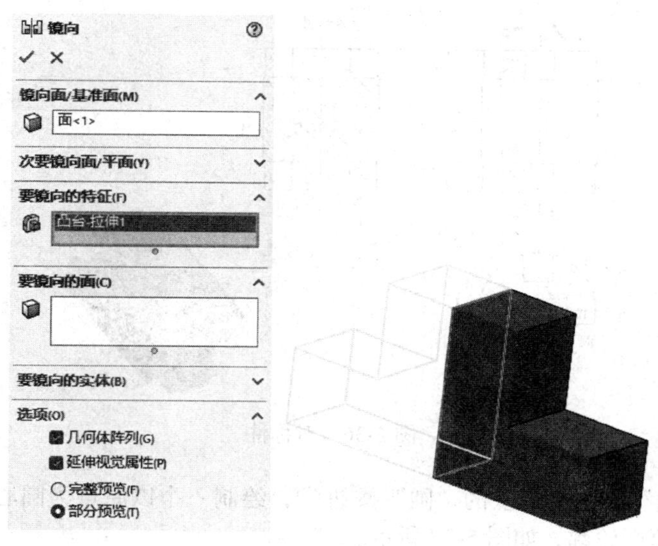

图 5-35 预览镜向特征效果

4）如果要镜向特征的面，可单击“要镜向的面”右侧的显示框，然后在绘图区中选择特征的面作为要镜向的面。

5）如果选择了“几何体阵列”复选框，将仅镜向特征的几何体（面和边线）并不求解整个特征，这样可以加速模型的生成和重建。

6）单击“确定”按钮，完成特征的镜向。

除了镜向特征，SOLIDWORKS 2024 还可以对零件进行镜向，即生成新的零件。镜向零件与原始零件完全相反。

要生成新的镜向零件，可做如下操作：

1）打开要镜向的零件，选择一个镜向的面（可以是模型面和基准面）。

2）选择“插入”→“镜向零部件”命令，在弹出的“镜向零部件”属性管理器中选择要镜向的零部件，单击“确定”按钮，生成新的镜向零件。

5.8.2 实例——对称件

运用特征阵列和特征镜向进行零件建模，生成如图 5-36 所示的对称件。

本案例视频内容：“X：\动画演示\第 5 章\对称件 .mp4”。

1. 建立新的零件文件

启动 SOLIDWORKS 2024，单击快速访问工具栏中的“新建”按钮，在弹出的“新建 SOLIDWORKS 文件”对话框中单击“零件”按钮，然后单击“确定”按钮，创建一个新的零件文件。

2. 生成拉伸基体特征

（1）绘制草图

1）在 FeatureManager 设计树中选择“前视基准面”作为绘图基准面。单击“草图”控制面板上的“草图绘制”按钮，进入草图绘制环境。

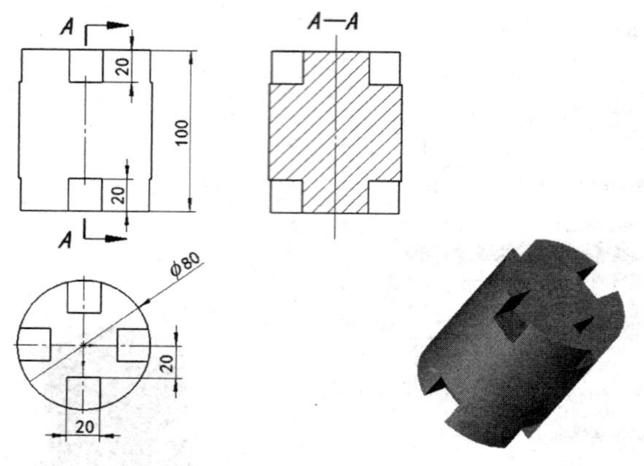

图 5-36　对称件

2）单击“草图”控制面板上的“圆”按钮，绘制一个以原点为圆心，直径为 80mm 的圆作为基体拉伸的草图轮廓，如图 5-37 所示。

（2）创建拉伸特征

1）单击“特征”控制面板上的“拉伸凸台 / 基体”按钮，或选择“插入”→“凸台 / 基体”→“拉伸”命令。

2）在“凸台 - 拉伸”属性管理器中设置拉伸的“终止条件”为“给定深度”，深度为 50.00mm。

3）单击“确定”按钮，创建拉伸特征，如图 5-38 所示。

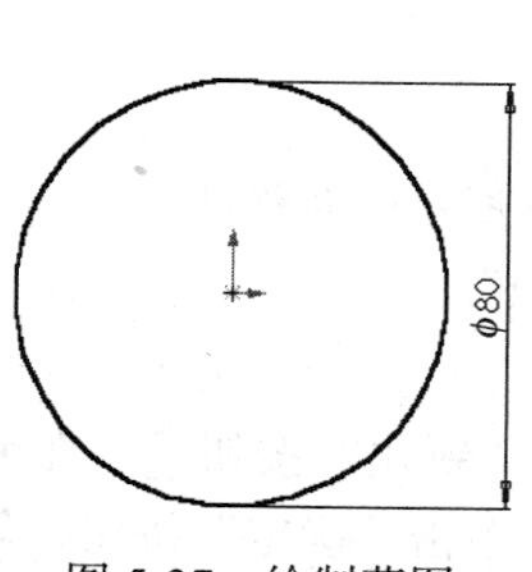

图 5-37　绘制草图

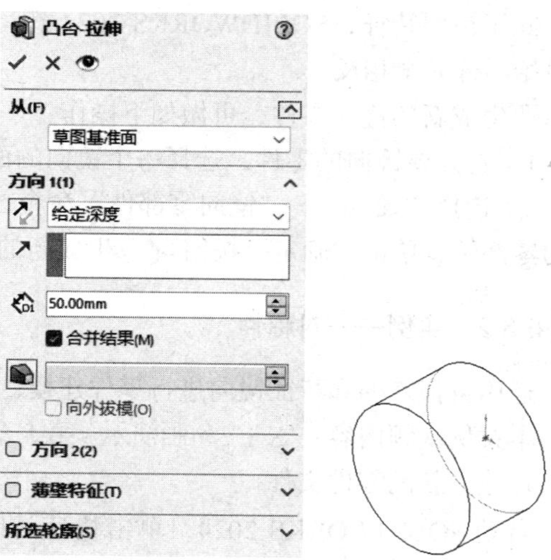

图 5-38　创建拉伸特征

3. 生成基体拉伸切除特征

（1）绘制草图

1）选择圆柱的顶面作为新的草图绘制平面。单击“草图”控制面板上的“草图绘制”按钮，打开一张新的草图作为切除特征的草图轮廓。

3）单击“草图”控制面板上的“中心线”按钮，分别绘制两条通过原点的水平直线和竖直直线。

4）单击“草图”控制面板上的“直线”按钮和“圆心 / 起 / 终点画弧”按钮，绘制草图并标注尺寸，如图 5-39 所示。

5）单击“草图”控制面板上的“镜向实体”按钮，将草图轮廓镜向，生成拉伸切除特征的草图轮廓，如图 5-40 所示。

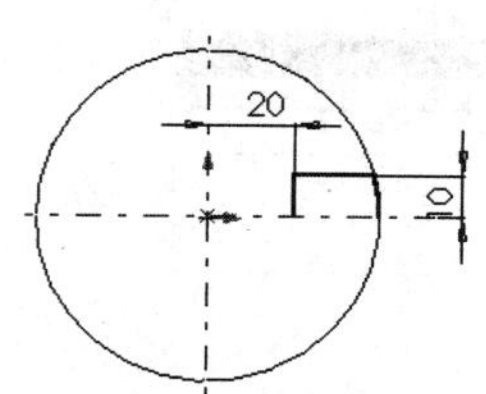

图 5-39　绘制草图并标注尺寸

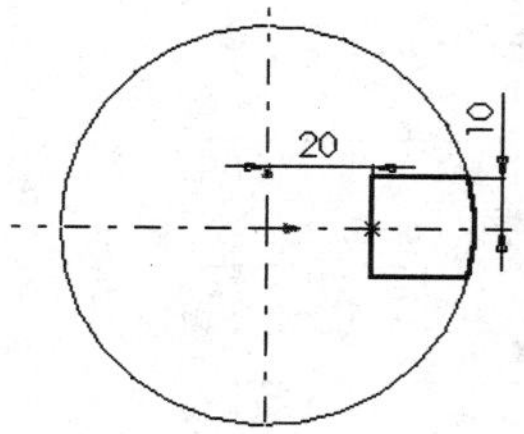

图 5-40　镜向草图轮廓

（2）创建拉伸切除特征

1）单击“特征”控制面板上的“拉伸切除”按钮，或者选择“插入”→“切除”→“拉伸”命令。

2）在“切除 - 拉伸”属性管理器中设定“终止条件”为“给定深度”，切除深度为 20.00mm。

3）单击“确定”按钮，生成“切除 - 拉伸 1”特征。

4）单击“视图（前导）”工具栏“视图定向”下拉菜单中的“等轴测”按钮，用等轴测视图观看图形，如图 5-41 所示。

4. 生成圆周阵列特征

1）选择“视图”→“隐藏 / 显示”→“临时轴”命令，从而显示圆柱的临时轴，以便圆周阵列之用。

2）单击“特征”控制面板上的“圆周阵列”按钮，或选择“插入”→“阵列 / 镜向”→“圆周阵列”命令。

3）在“阵列 (圆周)1”属性管理器中的“方向 1”栏内单击第一个显示框，然后在绘图区中选择临时轴作为阵列轴。

4）在“实例数”文本框中指定阵列的特征数为 4，在“要阵列的特征”右侧的显示框中选择创建的“拉伸 - 切除 1”特征为要阵列的特征。

5）选择“等间距”单选按钮，则总角度将默认为 360°，所有的阵列特征会等角度地均匀分布。

6）选择“几何体阵列”复选框，从而加速生成及重建模型的速度。

7）单击“确定”按钮✔，生成圆周阵列特征，如图 5-42 所示。

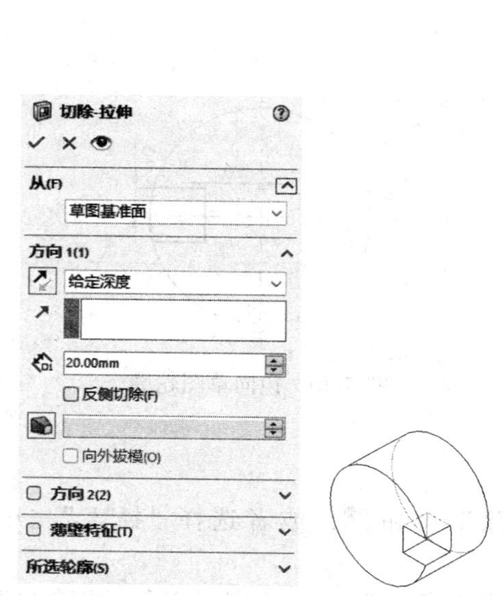

图 5-41　生成“拉伸 - 切除 1”特征并观看图形

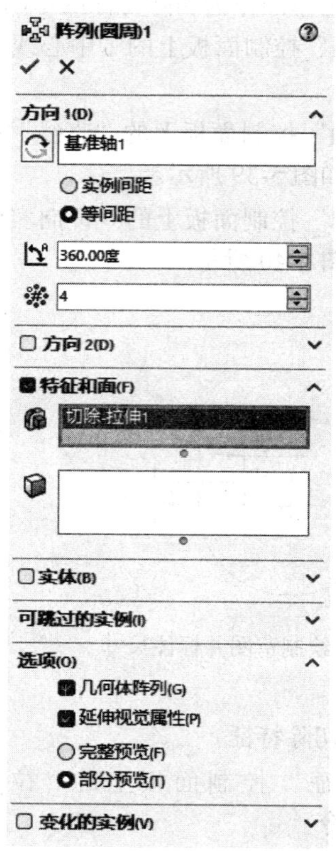

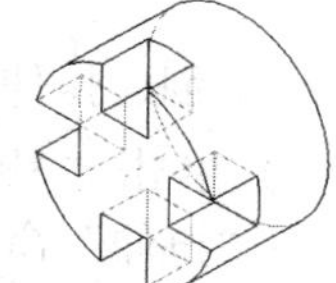

图 5-42　生成圆周阵列特征

5. 生成镜向特征

1）单击“特征”控制面板上的“镜向”按钮，或选择“插入”→“阵列 / 镜向”→“镜向”命令。

2）在“镜向”属性管理器中单击“镜向面 / 基准面”右侧的显示框，然后在 FeatureManager 设计树中选择前视面作为镜向面。

3）单击“要镜向的特征”右侧的显示框，然后在 FeatureManager 设计树中选择“凸台 - 拉伸 1”“切除 - 拉伸 1”“阵列（圆周）1”作为要镜向的特征。

4）单击“确定”按钮✔，完成特征的镜向。

6. 保存文件

单击快速访问工具栏中的“保存”按钮，或者选择“文件”→“保存”命令。将草图保存，文件名为“对称件 .sldprt”。

至此，该零件就制作完成了，最后的效果（包括 FeatureManager 设计树）如图 5-43 所示。

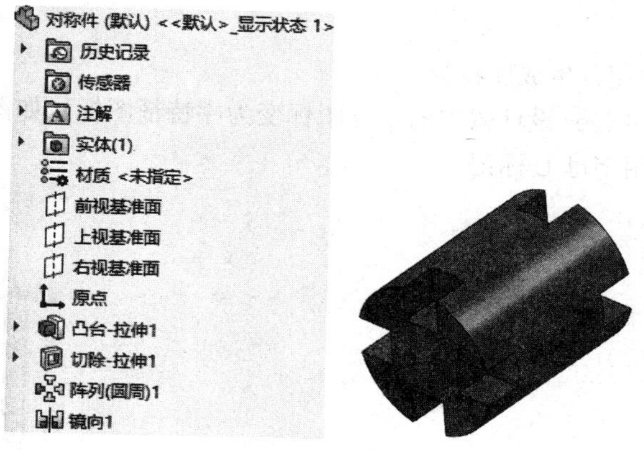

图 5-43　最后的效果

5.9 库特征

SOLIDWORKS 2024 允许用户将常用的特征或特征组（如具有公用尺寸的孔或槽等）保存到库中，便于日后使用。用户可以将几个库特征作为块来生成一个零件，这样既可以节省时间，又有助于保持模型中的统一性。

用户可以编辑插入到零件的库特征。当库特征添加到零件后，目标零件与库特征零件就没有关系了。对目标零件中库特征的修改不会影响包含该库特征的其他零件。

库特征只能应用于零件，不能添加到装配体中。

注意

大多数特征可以作为库特征使用，但不包括基体特征本身。无法将包含基体特征的库特征添加到已经具有基体特征的零件中。

5.9.1 库特征的生成与编辑

如果要生成一个库特征，首先要生成一个基体特征来承载作为库特征的其他特征，也可以将零件中的其他特征保存为库特征。

要生成库特征，可做如下操作：

1）新建一个零件，或打开一个已有的零件。如果是新建的零件，必须首先生成一个基体特征。

2）在基体上生成要包括在库特征中的特征。如果要用尺寸来定位库特征，必须在基体上标注特征的尺寸。

3）在 FeatureManager 设计树中选择作为库特征的特征。如果要同时选择多个特征，则在选择特征的同时按住 Ctrl 键。

4）选择“文件”→“另存为”命令。

5）在“另存为”对话框中选择“保存类型”为“Lib Feat Part（*.sldlfp）”，并输入文件名称，如图 5-44 所示。

6）单击“保存”按钮，生成库特征。

此时，在 FeatureManager 设计树中的零件图标变为库特征图标，如图 5-45 所示。其中，库特征包括的每个特征都用字母 L 标记。

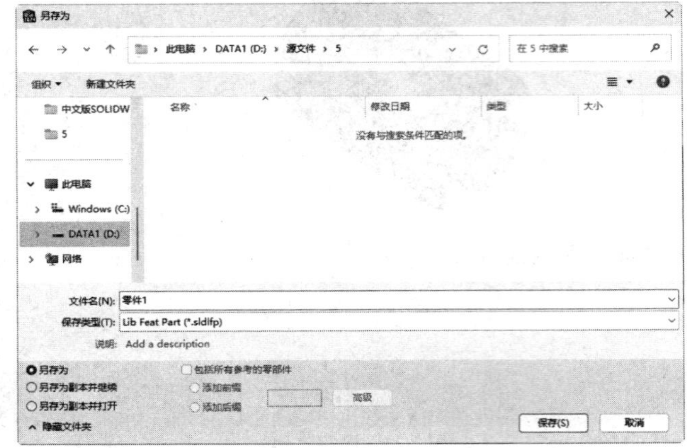

图 5-44　保存库特征

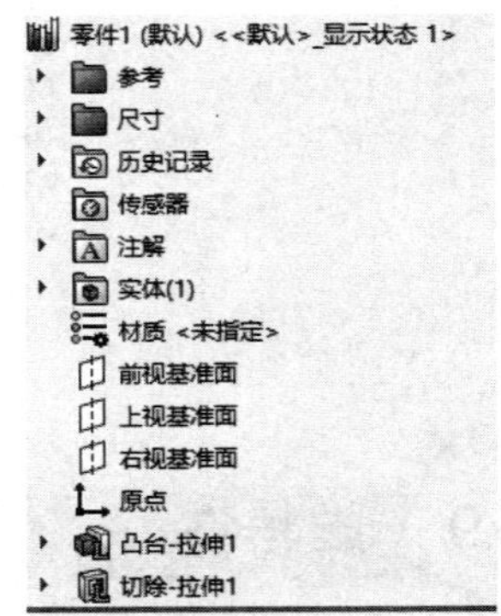

图 5-45　库特征图标

在库特征零件文件中（.sldlfp）还可以对库特征进行编辑：

1）如果要添加另一个特征，可右击要添加的特征，然后在弹出的快捷菜单中选择“添加到库”命令。

2）如果要从库特征中移除一个特征，可右击该特征，然后在弹出的快捷菜单中选择“从库中删除”命令。

5.9.2　将库特征添加到零件中

在库特征生成后，就要将库特征添加到零件中去。

要将库特征添加到零件中，可做如下操作：

1）打开目标零件（要将库特征插入的零件）。

2）在任务窗格中单击“设计库”标签，此时弹出“设计库”属性管理器，如图 5-46 所示。该属性管理器是 SOLIDWORKS 2024 安装时预设的库特征，这里选择“文件搜索器”标签。

图 5-46　“设计库”与“文件搜索器”属性管理器

3）浏览库特征所在目录，从下窗格中选择库特征，然后将它拖动到零件的面上。

4）单击“确定”按钮，即可将库特征添加到目标零件中。

在将库特征插入零件后，可以用下列方法编辑库特征：

1）使用“编辑特征”命令或“编辑草图”命令编辑库特征。

2）通过修改定位尺寸，将库特征移动到目标零件上的另一位置。

此外，还可以将库特征分解为该库特征中包含的每个单个特征。只需在 FeatureManager 设计树中右击库特征图标，然后在弹出的快捷菜单中选择“解散库特征”命令，则库特征图标被移除，库特征中包含的所有特征都在 FeatureManager 设计树中单独列出。

5.9.3 实例——安装盒

在零件建模过程中使用库特征，生成如图 5-47 所示的安装盒。

本案例视频内容：“X：\ 动画演示 \ 第 5 章 \ 安装盒 .mp4”。

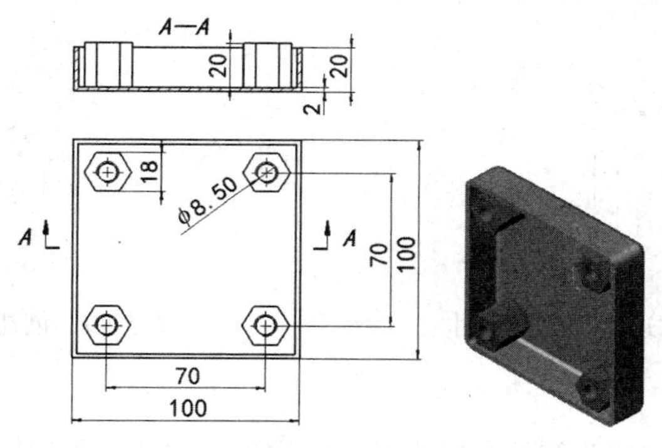

图 5-47　安装盒

1. 建立新的零件文件

启动 SOLIDWORKS 2024，单击快速访问工具栏中的“新建”按钮，在弹出的“新建 SOLIDWORKS 文件”对话框中单击“零件”按钮，然后单击“确定”按钮，创建一个新的零件文件。

2. 生成基体拉伸特征

（1）绘制草图

1）单击“草图”控制面板上的“草图绘制”按钮，新建一张草图。默认情况下，新的草图在前视基准面上打开。

2）单击“草图”控制面板上的“边角矩形”按钮，绘制一个矩形作为基体拉伸特征的草图轮廓。尺寸并不重要，因为该基体是用来承载库特征的，所以在库特征中并没有基体特征。

（2）创建拉伸基体特征

1）单击“特征”控制面板上的“拉伸凸台 / 基体”按钮，或选择“插入”→“凸台 / 基体”→“拉伸”命令。

2）在“凸台 - 拉伸”属性管理器中设置“终止条件”为“给定深度”，在“深度”文本框中设置拉伸深度为 10.00mm。

3）单击“确定”按钮，生成基体拉伸特征 1。

3. 生成凸台拉伸特征

（1）绘制草图

1）选择基体的一个面，然后单击“草图”控制面板上的“草图绘制”按钮，打开一张新的草图作为凸台轮廓。

2）单击“草图”控制面板上的“多边形”按钮，在草图上绘制一个正六边形并标注尺寸，如图 5-48 所示。

（2）创建凸台拉伸特征

1）单击“特征”控制面板上的“拉伸凸台 / 基体”按钮，或选择“插入”→“凸台 / 基体”→“拉伸”命令。

2）在“凸台 - 拉伸”属性管理器中设置“终止条件”为“给定深度”，在“深度”文本框中设置拉伸深度为 20mm。

3）单击“确定”按钮，创建凸台拉伸特征，如图 5-49 所示。

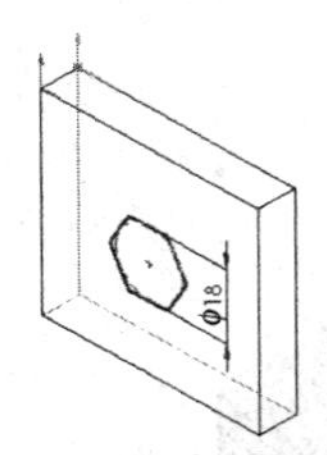

图 5-48　绘制正六边形并标注尺寸

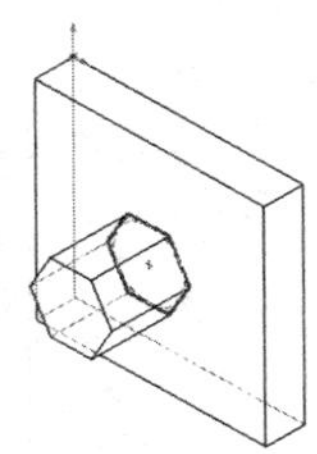

图 5-49　创建凸台拉伸特征

4. 生成异型孔特征

1）选择凸台的顶端面作为螺纹孔的平面，然后单击“特征”控制面板上的“异型孔向导”按钮，或选择“插入”→“特征”→“异型孔向导”命令。

2）在“孔规格”属性管理器中选择“直螺纹孔”选项，对螺纹孔的参数进行设置，如图 5-50 所示。

3）设置好螺纹孔参数后，单击“位置”标签 位置。

4）拖动孔的中心到适当的位置，此时鼠标指针变为形状。

5）单击“草图”控制面板上的“智能尺寸”按钮，像标注草图尺寸那样对孔进行尺寸定位，如图 5-51 所示。

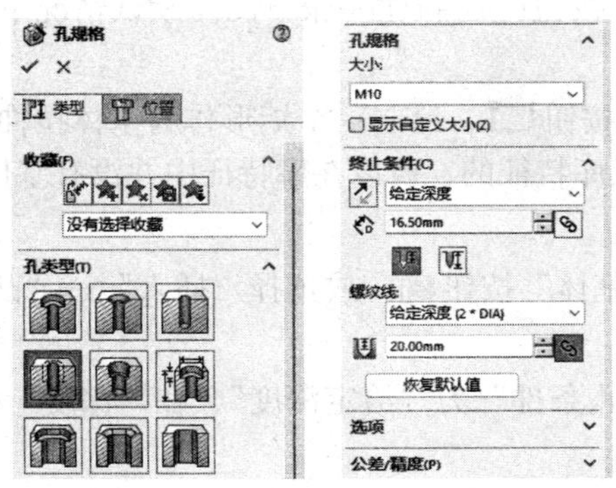

图 5-50　设置螺纹孔参数

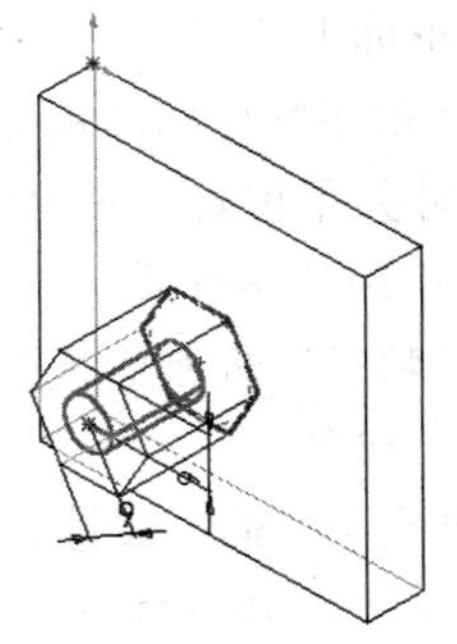

图 5-51　对孔进行尺寸定位

6）单击“孔位置”属性管理器中的“确定”按钮✔，完成孔的生成与定位，如图 5-52 所示。

5. 保存文件

单击快速访问工具栏中的“保存”按钮，或者选择“文件”→“保存”命令。将草图保存，文件名为“hole73. sldprt”。

6. 创建库特征

1）在 FeatureManager 设计树中选取“凸台 - 拉伸 2”和“M10 螺纹孔 1”作为库特征的特征。

2）选择“文件”→“另存为”命令，在弹出的“另存为”对话框中选择“保存类型”为“Lib Feat Part（*.sldlfp）”，将零件保存为“holelib73.sldlfp”，如图 5-53 所示。

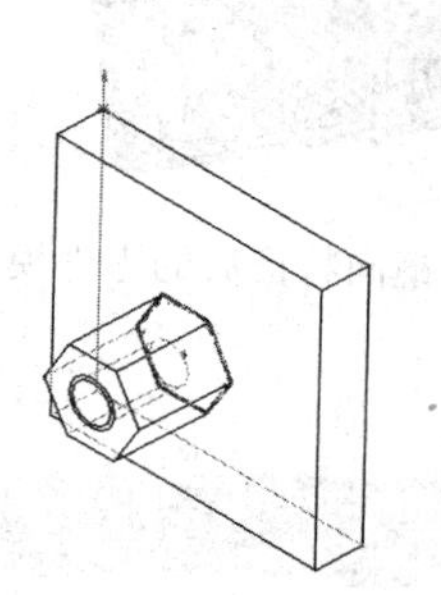

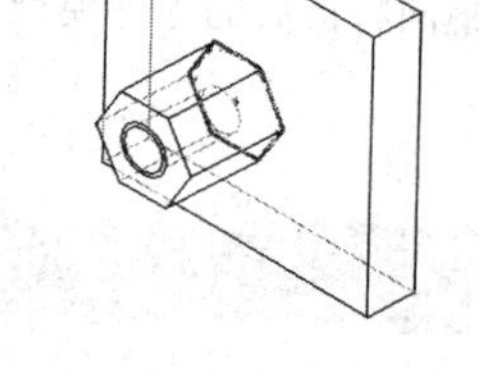

图 5-52　完成孔的生成与定位

图 5-53　创建库特征

7. 利用库特征进行零件模型修改

下面将利用生成的库特征对现有的零件模型进行修改。

1）单击快速访问工具栏中的“打开”按钮，打开文件“holepart.sldprt”。

2）选择“文件探索器”标签，在弹出的“文件探索器”属性管理器中选择文件 **holelib73**，将其拖到零件的面上，如图 5-54 所示。单击“确定”按钮✔，库特征即被插入到目标零件中。

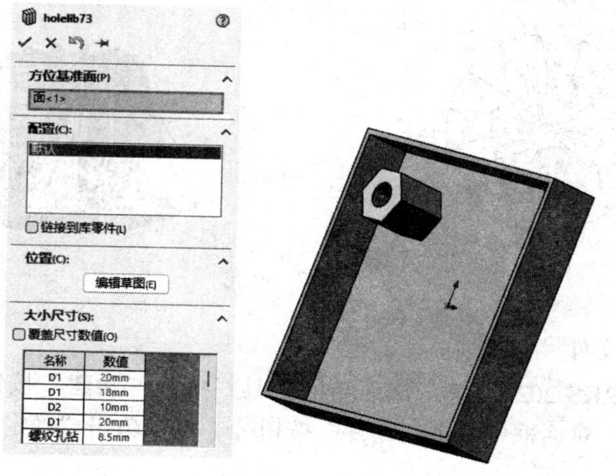

图 5-54　库特征被插入到目标零件中

3）在 FeatureManager 设计树中右击“holelib73”下“拉伸 2”下的“草图 2”，在弹出的快捷菜单中选择“编辑草图”命令。

4）单击“草图”控制面板上的“智能尺寸”按钮，对库特征进行定位，如图 5-55 所示。

5）利用特征镜向，生成如图 5-56 所示的零件模型。

6）选择“文件”→“另存为”命令，将零件另存为“安装盒 .sldprt”。

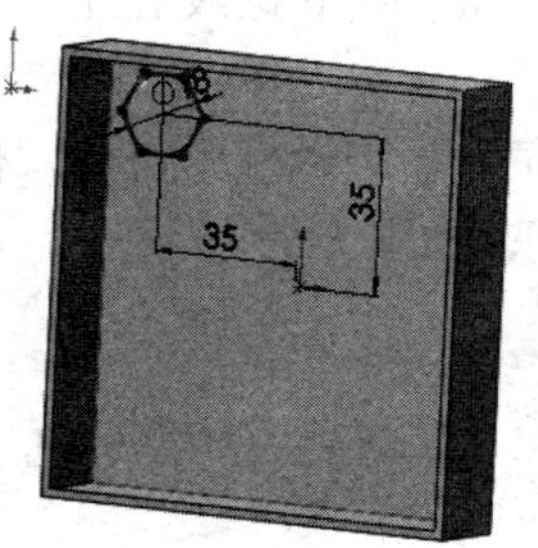

图 5-55　对库特征进行定位

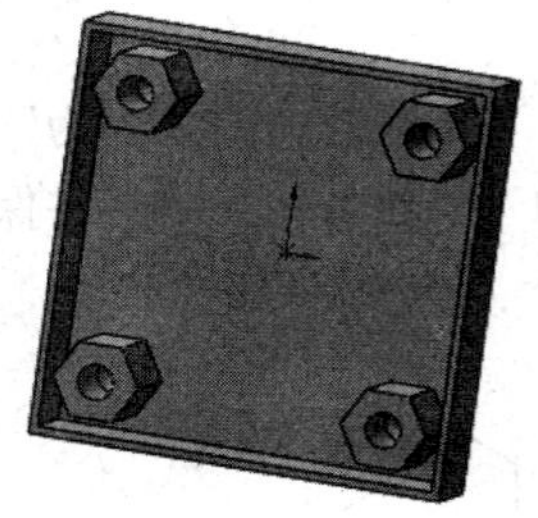

图 5-56　镜向特征后的零件模型

5.10 综合实例——叶轮

创建如图 5-57 所示的叶轮。

本案例视频内容：“X：\ 动画演示 \ 第 5 章 \ 上机操作 \ 叶轮 .mp4”。

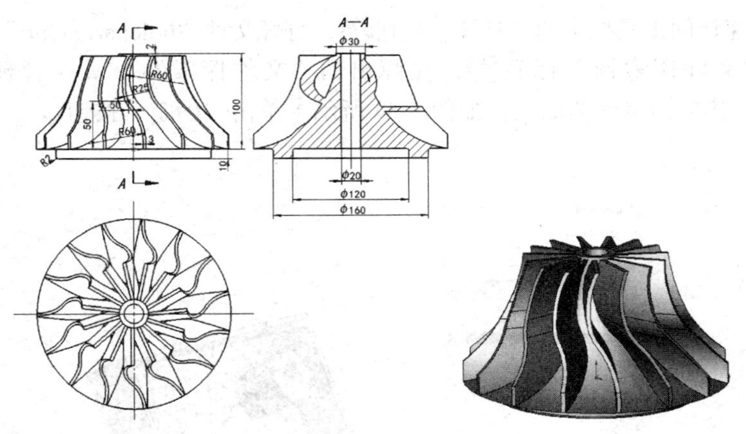

图 5-57　叶轮

1. 建立新的零件文件

启动 SOLIDWORKS 2024，单击快速访问工具栏中的“新建”按钮，在弹出的“新建 SOLIDWORKS 文件”对话框中单击“零件”按钮，然后单击“确定”按钮，建立一个新的零件文件。

2. 产生叶轮实体

（1）绘制草图

1）在 FeatureManager 设计树中选择“右视基准面”作为绘制图形的基准面，单击“草图”控制面板上的“草图绘制”按钮，进入草图绘制环境。

2）单击“草图”控制面板中的“中心线”按钮，绘制一条通过原点的竖直中心线；单击“草图”控制面板中的“直线”按钮和“三点圆弧”按钮，绘制如图 5-58 所示的草图。

（2）生成旋转凸台特征

1）单击菜单栏中的“插入”→“凸台 / 基体”→“旋转”命令，或者单击“特征”控制面板中的“旋转凸台 / 基体”按钮。

2）系统弹出“旋转”属性管理器。按照图 5-59 所示设置后，单击“确定”按钮，生成旋转凸台特征如图 5-60 所示。

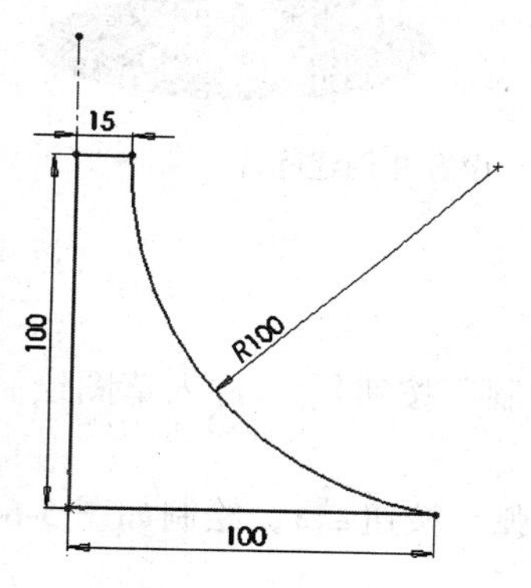

图 5-58　绘制草图

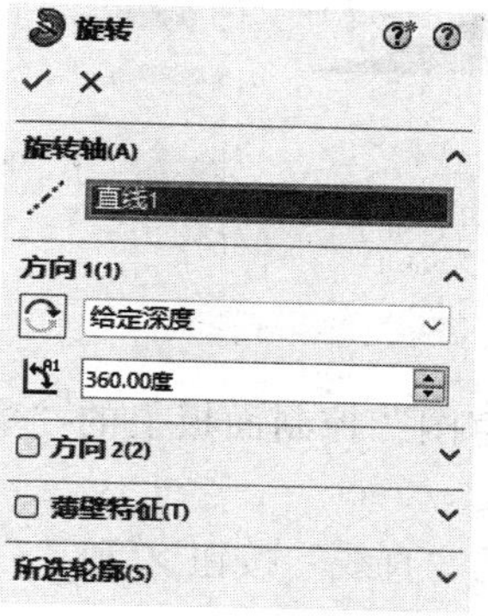

旋转
旋转轴(A)
直线1
方向 1(1)
给定深度
360.00度
方向 2(2)
薄壁特征(T)
所选轮廓(S)

图 5-59　“旋转”属性管理器参数设置

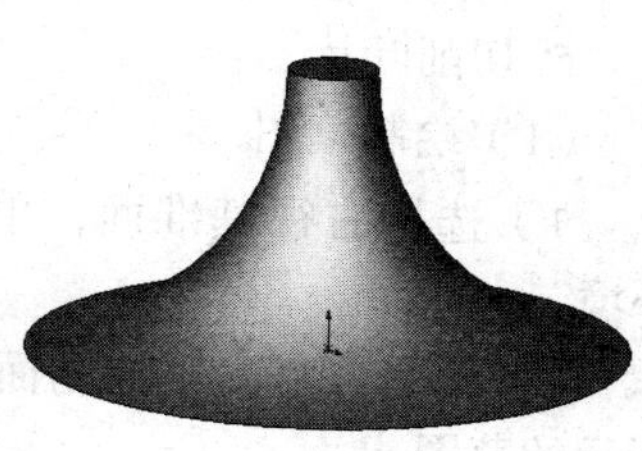

图 5-60　生成旋转凸台特征

3. 创建基准面 1

1）单击“特征”控制面板“参考几何体”下拉菜单中的“基准面”按钮，弹出如图 5-61 所示的“基准面”属性管理器。

2）在“第一参考”选取前视基准面，偏移距离 100.00mm，如图 5-61 所示。

3）单击“确定”按钮，生成基准面 1。

4. 创建叶片

（1）绘制草图

1）选择基准面 1，单击“草图”控制面板上的“草图绘制”按钮，进入草图绘制环境。

2）单击“草图”控制面板中的“中心线”按钮、“圆弧”按钮、“等距实体”按钮和“直线”按钮，绘制如图 5-62 所示的草图。

（2）拉伸实体

1) 单击“特征”控制面板上的“拉伸凸台 / 基体”按钮，弹出“凸台 - 拉伸”属性管理器。

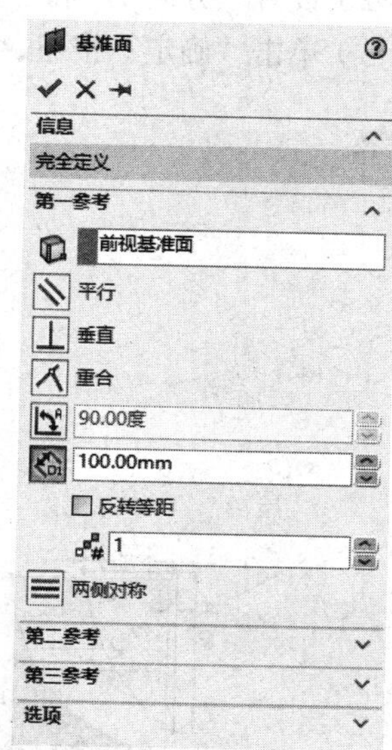

图 5-61　“基准面”属性管理器

2) 设置拉伸类型为“成形到面”，选择旋转体外表面为成形面，如图 5-63 所示。

3）单击“确定”按钮✔，创建叶片，如图 5-63 所示。

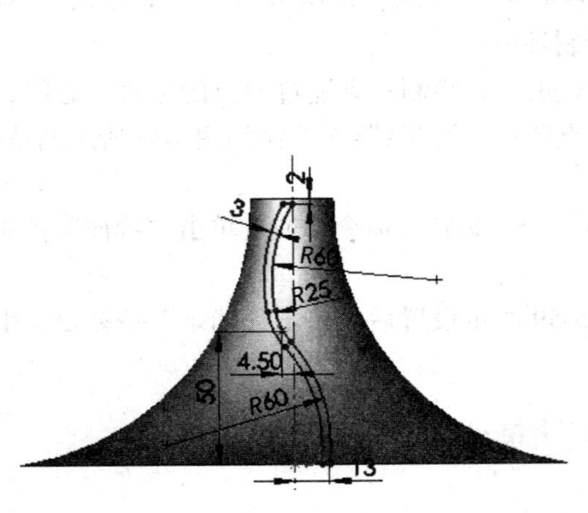

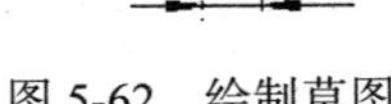

图 5-62　绘制草图

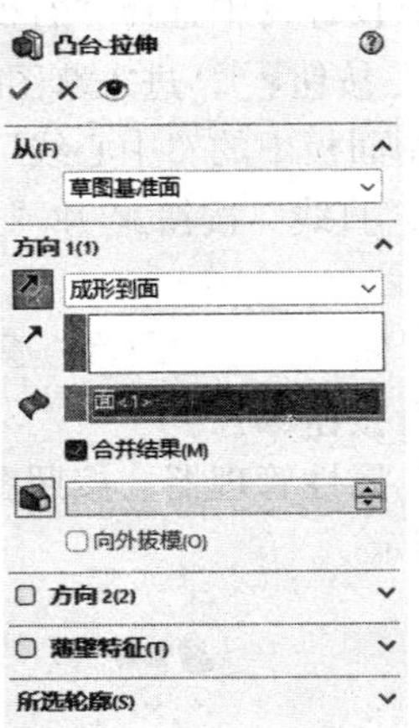

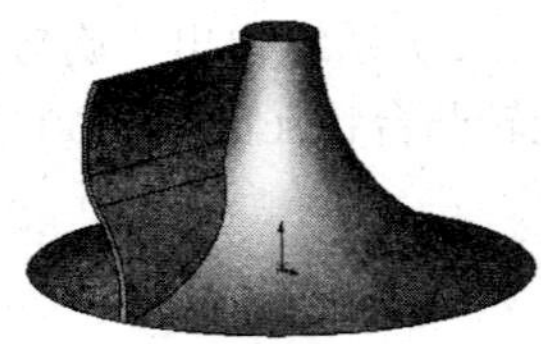

图 5-63　设置并创建叶片

5. 切削叶片

（1）绘制草图

1）选择右视基准面，单击“草图”控制面板上的“草图绘制”按钮，进入草图绘制环境。

2）单击“草图”控制面板中的“直线”按钮和“三点圆弧”按钮，绘制如图 5-64 所示的草图。

（2）拉伸切除实体

1）单击“特征”控制面板中的“拉伸切除”按钮，弹出“切除 - 拉伸”属性管理器。

2）设置“方向 1”和“方向 2”为“完全贯穿”，如图 5-65 所示。

3）单击“确定”按钮✔，生成拉伸切除特征，如图 5-65 所示。

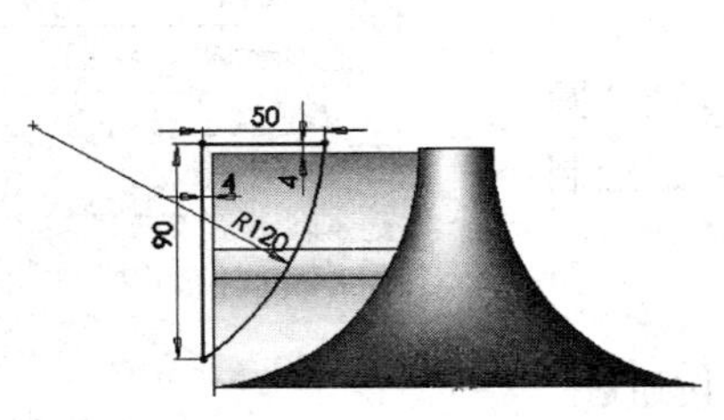

图 5-64　绘制草图

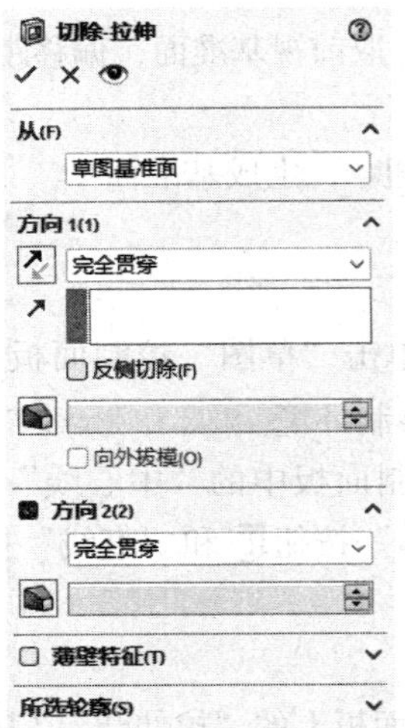

图 5-65　设置并生成拉伸切除特征

6. 圆周阵列

1）单击菜单栏中的“视图”→“隐藏 / 显示（H）”→“临时轴”命令，将临时轴显示在视图窗口中。

2）单击“特征”控制面板中的“圆周阵列”按钮，弹出“阵列（圆周）1”属性管理器。

3）选择旋转实体的临时轴为基准轴，输入阵列“角度”为“360.00 度”，阵列“实例数”为“16”，选择叶片为要阵列的特征，设置如图 5-66 所示。

4）单击“确定”按钮，最后用同样的方法隐藏临时轴，实体形状如图 5-66 所示。

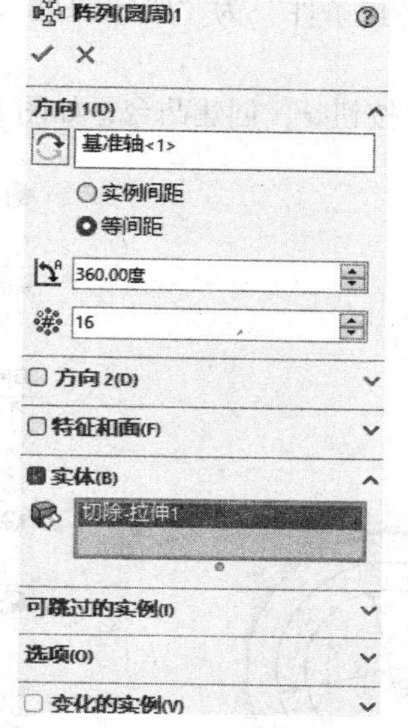

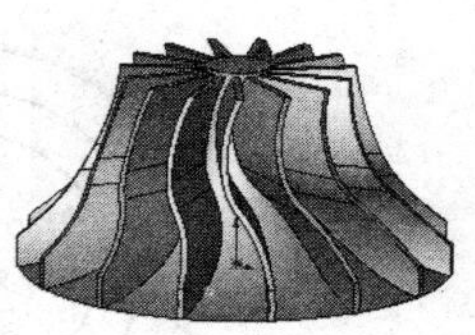

图 5-66　圆周阵列设置及实体形状

7. 切削叶轮

（1）绘制草图

1）选择实体底面，单击“草图”控制面板上的“草图绘制”按钮，进入草图绘制环境。

2）单击“草图”控制面板中的“圆”按钮，绘制如图 5-67 所示的草图。

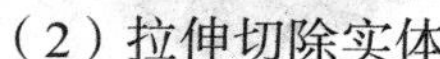

（2）拉伸切除实体

1）单击“特征”控制面板中的“拉伸切除”按钮，弹出“切除 - 拉伸”属性管理器。

2）设置拉伸“终止条件”为“完全贯穿”，勾选“反侧切除”复选框，如图 5-68 所示。

3）单击“确定”按钮，生成拉伸切除特征，如图 5-68 所示。

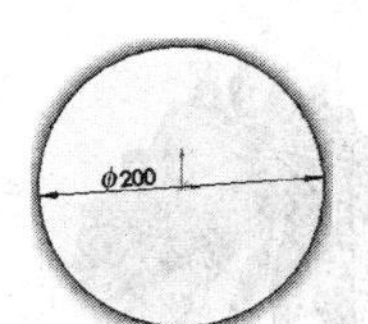

图 5-67　绘制草图

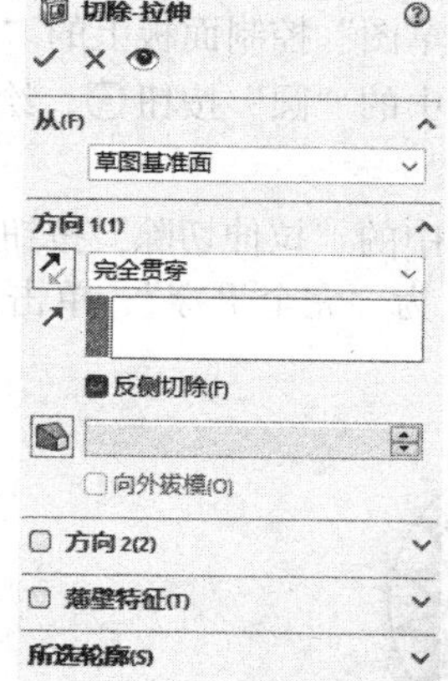

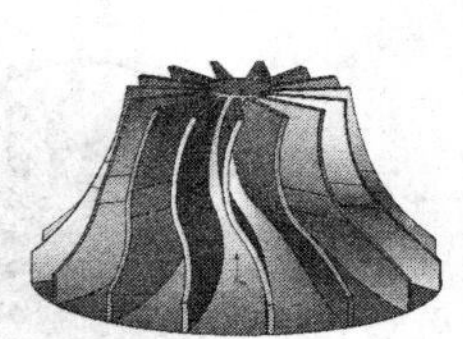

图 5-68　设置并生成拉伸切除特征

8. 产生叶轮底座

（1）绘制草图

1）选择实体底面，单击“草图”控制面板上的“草图绘制”按钮，进入草图绘制环境。

2）单击“草图”控制面板中的“圆”按钮，绘制如图 5-69 所示的草图。

（2）拉伸实体

1）单击“特征”控制面板上的“拉伸凸台 / 基体”按钮，弹出“凸台 - 拉伸”属性管理器。

2）设置拉伸“终止条件”为“给定深度”，输入拉伸“距离”为 10.00mm，如图 5-70 所示。

3）单击“确定”按钮，创建凸台，如图 5-70 所示。

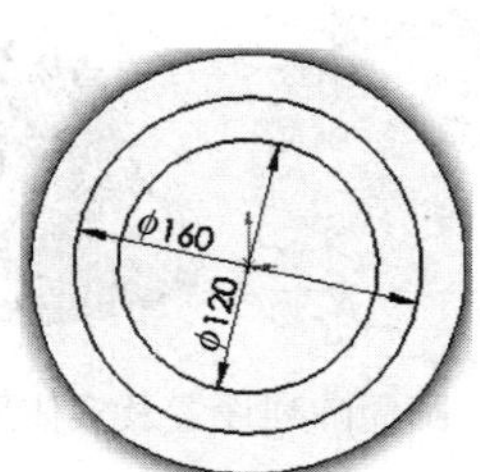

图 5-69　绘制草图

图 5-70　设置并创建凸台

9. 生成中心孔

（1）绘制草图

1）选择实体顶面，单击“草图”控制面板上的“草图绘制”按钮，进入草图绘制环境。

2）单击“草图”控制面板中的“圆”按钮，绘制如图 5-71 所示的草图。

（2）拉伸切除实体

1）单击“特征”控制面板中的“拉伸切除”按钮，弹出“切除 - 拉伸”属性管理器。

2）设置拉伸“终止条件”为“完全贯穿”，单击“确定”按钮，生成拉伸切除特征，如图 5-72 所示。

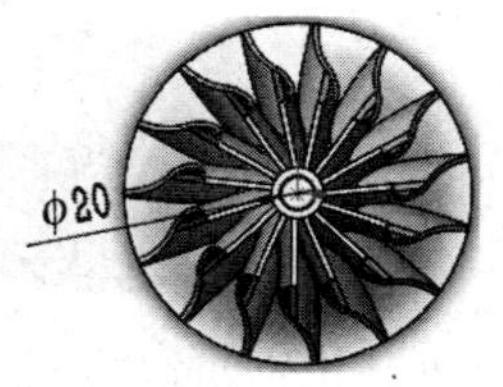

图 5-71　绘制草图

图 5-72　生成拉伸切除特征

10. 倒圆

1）单击“特征”控制面板中的“圆角”按钮，弹出“圆角”属性管理器。

2）输入圆角“半径”为2.00mm，选择凸台的四条边线，如图5-73所示。

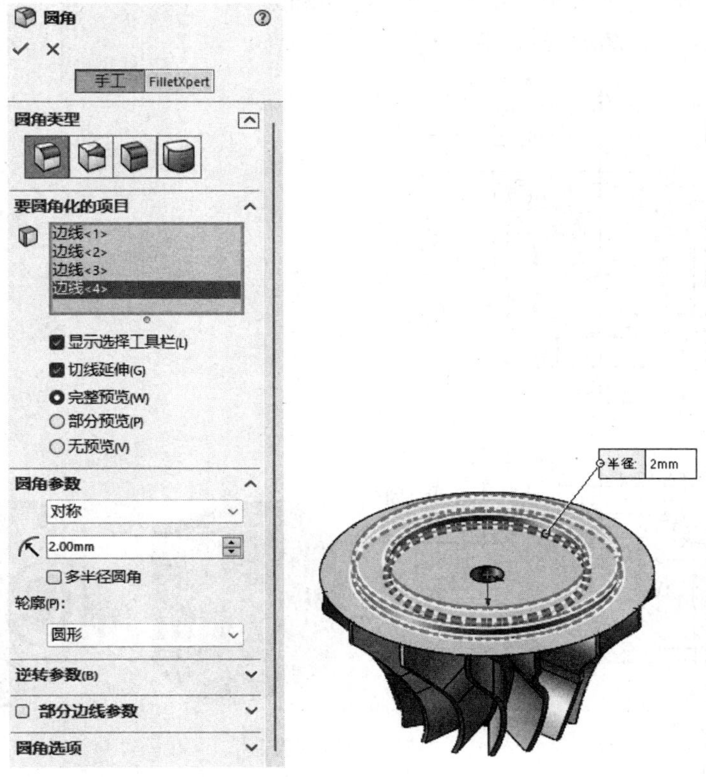

图5-73　“圆角”属性管理器参数设置

3）单击“确定”按钮✔，生成圆角特征，如图5-74所示。

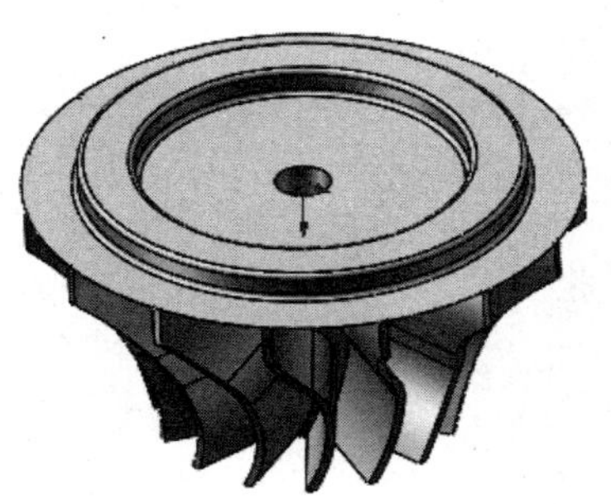

图5-74　生成圆角特征

5.11 思考练习

1. 打开绘制好的液压缸前盖实体图，练习更改特征属性，改变颜色和名称。

2. 在打开的实体图中，对各步特征进行压缩，观察图形的变化，再对各步进行恢复，观察图形的变化。

3. 在打开的实体图中单击 FeatureManager 设计树中各步特征前的 ▸，激活草图，通过拖动草图实体、改变尺寸、添加几何关系等对草图进行修改。

4. 绘制如图 5-75 示的液压缸前盖。

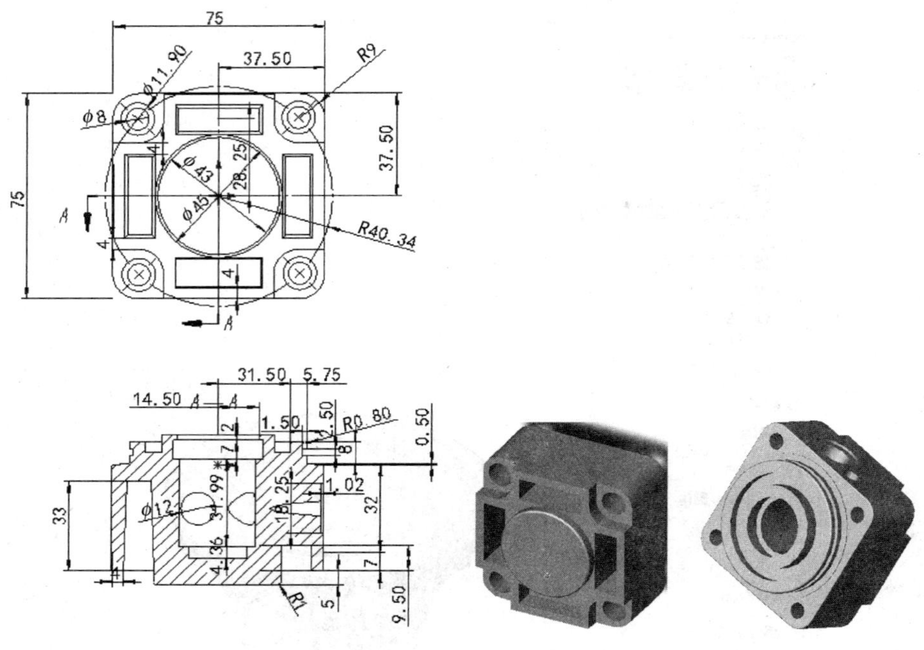

图 5-75　液压缸前盖

第 6 章

曲线与曲面

随着 SOLIDWORKS 版本的不断更新，其复杂形体的设计功能也在不断加强，但由于增强了曲面造型的灵活运用，故操作起来也更需要技巧。本章将主要介绍曲线和曲面的生成方式以及曲面的编辑。

- 曲线的生成
- 曲面的生成
- 曲面编辑

6.1 三维曲线

当用 SOLIDWORKS 设计的飞机螺旋桨发动机展示在 Internet 网站上时，曾经对 SOLIDWORKS 是否具有复杂曲面造型能力的怀疑已不复存在了，人们更关心的是 SOLIDWORKS 在曲面设计上还会给人什么样的惊喜。

由于三维样条曲线的引入，使得三维草图功能显著提高。用户可以直接控制三维空间的任何一点，以达到控制三维样条的目的，从而直接控制草图的形状。这对于创建绕线电缆和管路设计的用户非常方便。

前面的章节已经介绍了部分曲线的生成方式（如样条曲线、椭圆等），本章将着重介绍三维曲线的生成。

SOLIDWORKS 2024 可以使用下列方法生成多种类型的三维曲线：

1）投影曲线：从草图投射到模型面或曲面上，或从相交的基准面上绘制的线条。

2）通过参考点的曲线：通过模型中定义的点或顶点的样条曲线。

3）通过 XYZ 点的曲线：通过给出空间坐标的点的样条曲线。

4）组合曲线：由曲线、草图几何体和模型边线组合而成的一条曲线。

5）分割线：从草图投射到平面或曲面的曲线。

6）螺旋线 / 涡状线：通过指定圆形草图、螺距、圈数、高度生成的曲线。

在学习曲线的生成方式之前，首先要了解三维草图的绘制，它是生成空间曲线的基础。

6.2 三维草图的绘制

SOLIDWORKS 可以直接绘制三维草图，绘制的三维草图可以作为扫描路径、扫描引导线、放样路径或放样的中心线等。

要绘制三维草图，可做如下操作：

1）在开始绘制三维草图之前，单击“视图（前导）”工具栏“视图定向”下拉菜单中的“等轴测”按钮。在该视图下 X、Y、Z 方向均可见，所以更方便生成三维草图。

2）单击“草图”控制面板中“草图绘制”下拉菜单中的“3D 草图”按钮，系统默认打开一张三维草图。

3）在“草图”控制面板上选择三维草图绘制工具。这些工具与二维“草图”控制面板中的大多数一样，只是用于在三维草图的绘制。其中，面部曲线工具是三维草图所独有的，该工具用来从面或曲面中抽取三维 iso 参数曲线。

4）在绘制三维草图时，系统会以模型中默认的坐标系进行绘制。如果要改变三维草图的坐标系，可单击所需的草图绘制工具，按住 Ctrl 键，然后单击一个基准面或一个用户自定义的坐标系。

5）当使用三维草图绘制工具在基准面上绘图时，系统会提供一个图形化的助手（即空间控标）帮助保持方向。

6）在空间绘制直线或样条曲线时，空间控标将显示出来，如图 6-1 所示。使用空间控标也可以沿轴的方向进行绘制。如果要更改空间控标的坐标系，按 Tab 键即可。

7）单击“草图”控制面板中“草图绘制”下拉菜单中的“3D 草图”按钮，即可关闭三维草图。

除了系统默认的坐标系，SOLIDWORKS 还允许用户自定义坐标系。此坐标系将同测量、质量特性等工具一起使用。

要建立自定义的坐标系，可做如下操作：

1）单击“特征”控制面板上“参考几何体”下拉菜单中的“坐标系”按钮，或选择“插入”→“参考几何体”→“坐标系”命令。

2）在弹出的“坐标系”属性管理器中单击图标右侧的“原点”显示框，然后在零件或装配体中选择一个点或系统默认的原点。实体的名称会显示在“原点”显示框中。

3）在 X、Y、Z 轴的显示框中单击，然后选定实体作为所选轴的方向，此时所选的项目在对应的显示框中显示，如图 6-2 所示。

可以使用下面实体中的一种作为临时轴：

①“顶点”：临时轴与所选的点对齐。

②“直边线或草图直线”：临时轴与所选的边线或直线平行。

③“曲线边线或草图实体”：临时轴与选择的实体上所选位置对齐。

④“平面”：临时轴与所选面的法线方向对齐。

4）如果要反转轴的方向，单击“反向”按钮即可。

5）如果在步骤 3）中没有选择轴的方向，则系统会使用默认的方向作为坐标轴的方向。

定义坐标系后，单击“确定”按钮，关闭该属性管理器，此时定义的坐标系显示在模型上，如图 6-3 所示。

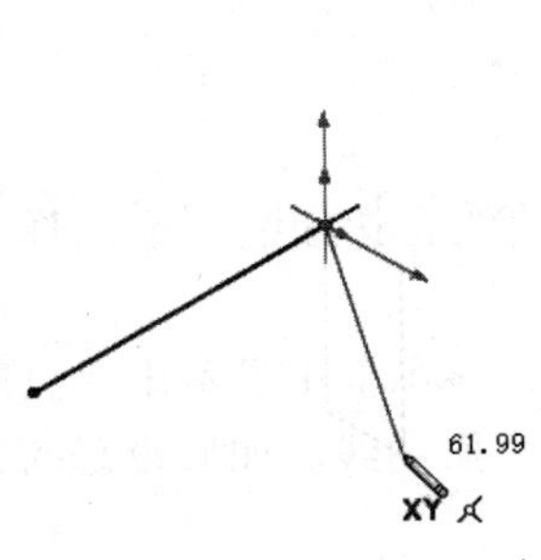

图 6-1　空间控标

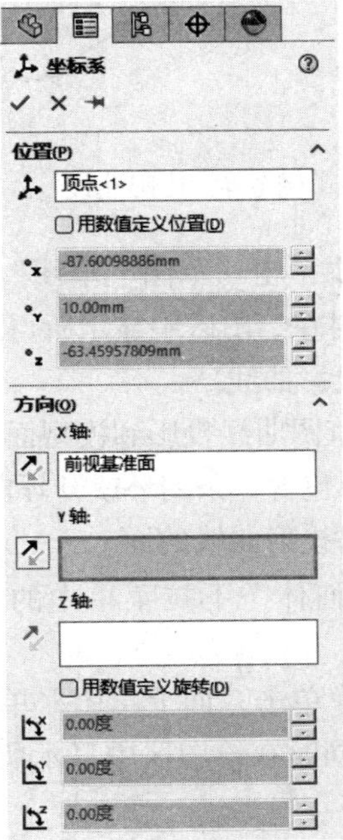

图 6-2　“坐标系”属性管理器

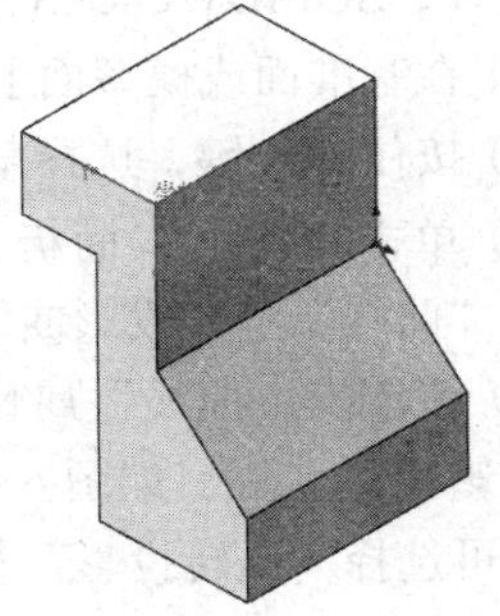

图 6-3　自定义的坐标系

6.3 曲线的生成

6.3.1 投影曲线

SOLIDWORKS 有两种方式可以生成投影曲线：一种是利用两个相交基准面上的曲线草图投射生成曲线，另一种是将草图曲线投射到模型面上得到曲线。

首先来介绍利用两个相交基准面上的曲线草图投射生成曲线（见图 6-4）。

1）在两个相交的基准面上各绘制一个草图，这两个草图轮廓所隐含的拉伸曲面必须相交，才能生成投影曲线。完成后关闭每个草图。

2）按住 Ctrl 键选取这两个草图。

3）单击“曲线”工具栏上的“投影曲线”按钮，或选择“插入”→“曲线”→“投影曲线”命令。如果曲线工具栏没有打开，可以选择“视图”→“工具栏”→“曲线”命令将其打开。

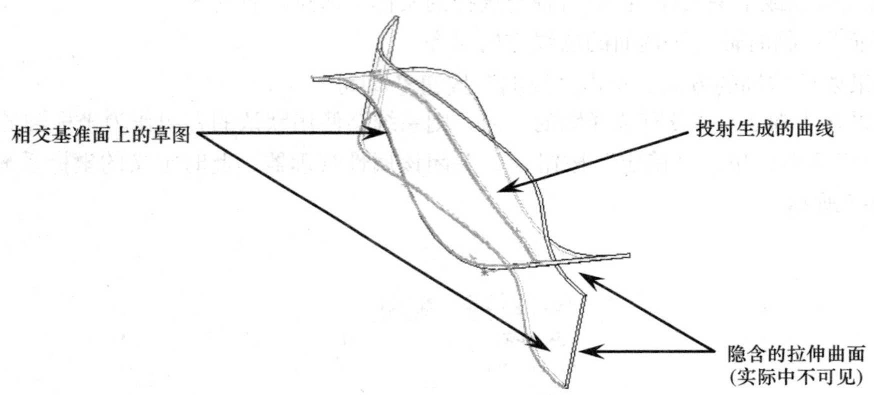

图 6-4 投影曲线

4）在“投影曲线”属性管理器中单击“草图上草图”单选按钮，显示框中显示出要投射的两个草图名称，如图 6-5 所示，同时在绘图区中显示所得到的投影曲线。

5）单击“确定”按钮，生成投影曲线。

此外，SOLIDWORKS 还可以将草图曲线投影到模型面上得到曲线。

1）在基准面或模型面上生成一个包含一条闭环或开环曲线的草图。

2）按住 Ctrl 键，选择草图和所要投射曲线的面。

3）单击“特征”面板“参考几何体”下拉菜单中的“投影曲线”按钮，或选择“插入”→“曲线”→“投影曲线”命令。

4）在“投影曲线”属性管理器中单击“面上草图”单选按钮，显示框中显示出要投射曲线和投影面的名称，如图 6-6 所示，同时在绘图区中显示所得到的投影曲线。如果投影的方向错误，可选择“反转投影”复选框。

5）单击“确定”按钮，生成投影曲线。

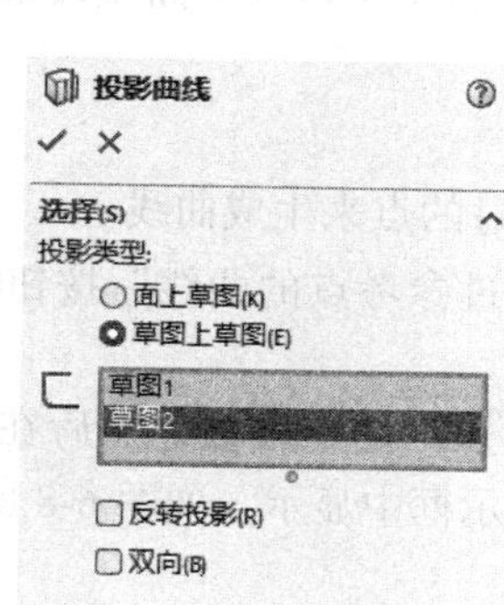

图 6-5 显示出要投射的两个草图名称

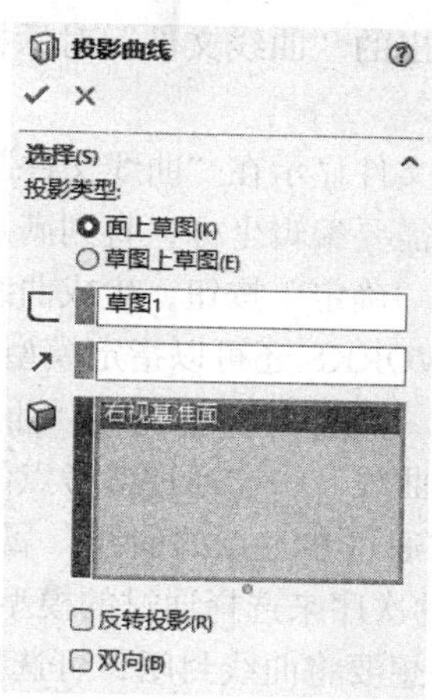

图 6-6 显示投影曲线和投影面的名称

6.3.2 三维样条曲线

利用三维样条曲线可以生成任何形状的曲线。SOLIDWORKS 中三维样条曲线的生成方式较多，用户既可以自定义样条曲线通过的点，也可以指定模型中的点作为样条曲线通过的点，还可以利用点坐标文件生成样条曲线。

穿越自定义点的样条曲线经常应用在逆向工程曲线的生成。通常，逆向工程是先有一个实体模型，然后由三维向量床 CMM 或以激光扫描仪取得点资料。每个点包含三个数值，分别代表它的空间坐标（X，Y，Z）。

要自定义样条曲线通过的点，可做如下操作：

1）单击“特征”面板“曲线”下拉菜单中的“通过 XYZ 点的曲线”按钮，或选择“插入”→“曲线”→“通过 XYZ 点的曲线”命令。

2）在弹出的“曲线文件”对话框（见图 6-7）中输入自由点的空间坐标，同时在绘图区中可以预览生成的样条曲线。

3）当在最后一行的单元格中双击时，系统会自动增加一行。如果要在一行的上方再插入一个新的行，只要单击该行，然后单击“插入”按钮即可。

4）如果要保存曲线文件，单击“保存”或“另存为”按钮，然后指定文件的名称（扩展名为 .sldcrv）即可。

5）单击“确定”按钮，即可生成三维样条曲线。

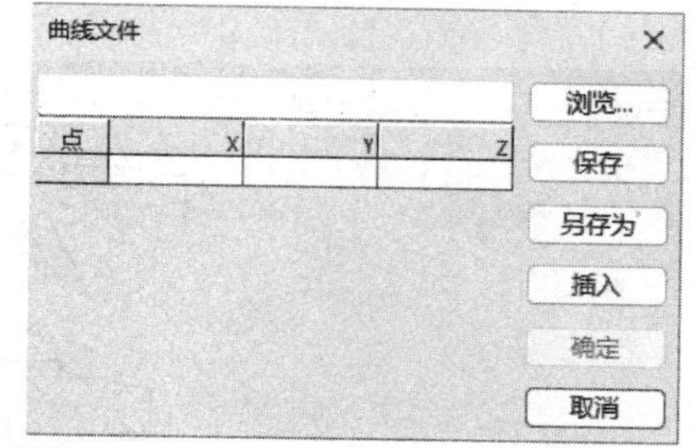

图 6-7 “曲线文件”对话框

除了在“曲线文件”对话框中输入坐标来定义曲线，SOLIDWORKS 还可以将在文本编辑器、Excel 等应用程序中生成的坐标文件（扩展名为 .sldcrv 或 .txt）导入系统，从而生成样条曲线。

坐标文件应该为 X、Y、Z 三列清单，并用制表符（Tab）或空格分隔。

要导入坐标文件以生成样条曲线，可做如下操作：

1）单击“曲线”工具栏上的“通过 XYZ 点的曲线”按钮，或选择“插入”→“曲线”→“通过 XYZ 点的曲线”命令。

2）在弹出的“曲线文件”对话框中单击“浏览”按钮来查找坐标文件，然后单击“打开”按钮。

3）坐标文件显示在“曲线文件”对话框中，同时在绘图区中可以预览曲线效果。

4）根据需要编辑坐标，直到满意为止。

5）单击“确定”按钮，生成曲线。

SOLIDWORKS 还可以指定模型中的点作为样条曲线通过的点来生成曲线。

1）单击“特征”控制面板“曲线”下拉菜单中的“通过参考点的曲线”按钮，或选择“插入”→“曲线”→“通过参考点的曲线”命令。

2）在“通过参考点的曲线”属性管理器中单击“通过点”的显示框，然后在绘图区按照要生成曲线的次序来选择通过的模型点，此时模型点在该显示框中显示，如图 6-8 所示。

3）如果想要将曲线封闭，可选择“闭环曲线”复选框。

4）单击“确定”按钮✔，生成通过模型点的曲线，如图 6-8 所示。

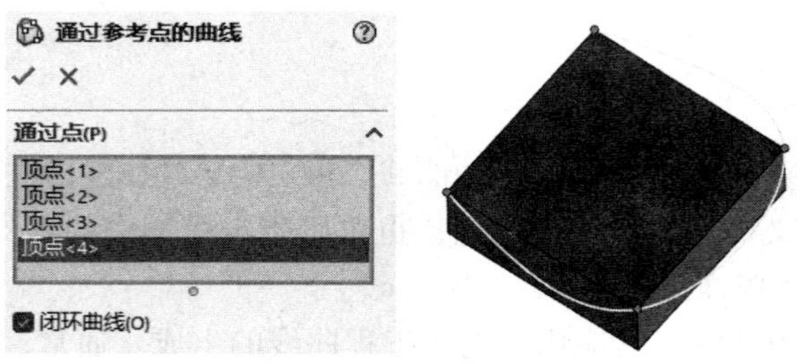

图 6-8 生成通过模型点的曲线

6.3.3 实例——扇叶

运用三维曲线工具放样特征和圆周阵列进行零件建模，生成如图 6-9 所示的扇叶。

本案例视频内容：“X：\ 动画演示 \ 第 6 章 \ 扇叶 .mp4”。

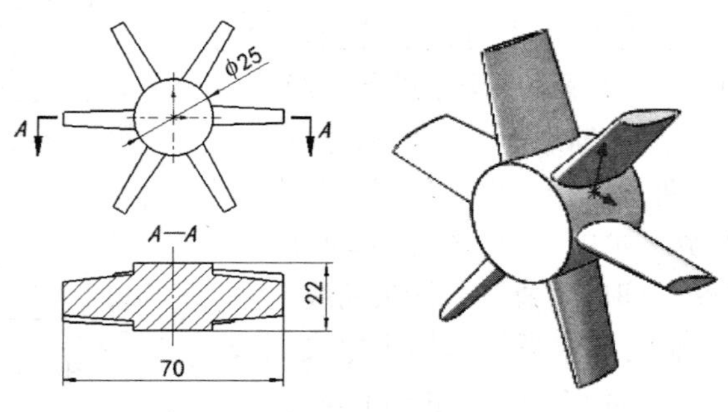

图 6-9 扇叶

1. 建立新的零件文件

单击快速访问工具栏中的“新建”按钮，在弹出的“新建 SOLIDWORKS 文件”对话框中单击“零件”按钮，然后单击“确定”按钮，创建一个新的零件文件。

2. 生成基体拉伸特征

（1）绘制草图

1）在 FeatureManager 设计树中选择“前视基准面”，单击“草图”控制面板上的“草图绘制”按钮，进入草图绘制环境。

2）单击“草图”控制面板上的“圆”按钮。

3）将鼠标指针移动到原点处，当鼠标指针变为形状时单击，绘制一个以原点为圆心的圆。

4）单击“草图”控制面板上的“智能尺寸”按钮，标注圆的尺寸，如图 6-10 所示。

（2）创建拉伸特征

1）单击“特征”控制面板上的“拉伸凸台 / 基体”按钮，或选择“插入”→“凸台 / 基体”→“拉伸”命令。

2）在“方向 1”中设定拉伸的“终止条件”为“给定深度”，在“深度”文本框中设置拉伸深度为 22.00mm。

3）单击“确定”按钮，生成基体拉伸特征，如图 6-11 所示。

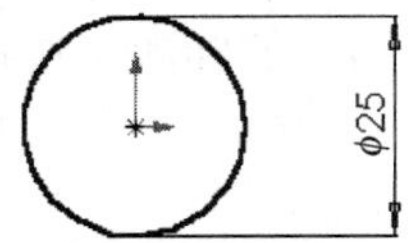

图 6-10　绘制草图并标注尺寸

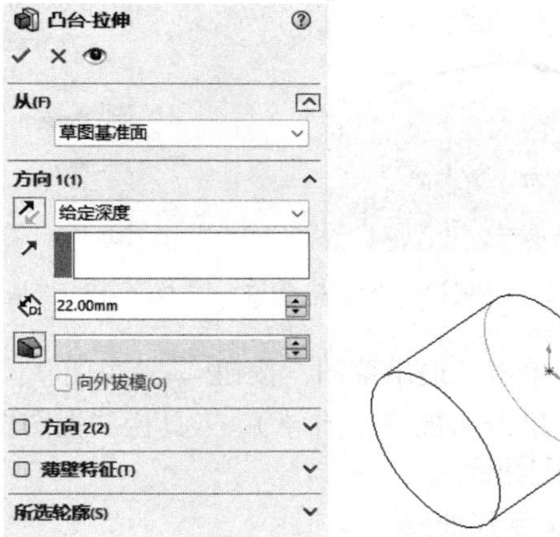

图 6-11　生成基体拉伸特征

3. 生成放样特征

（1）绘制第一个放样轮廓

1）在 FeatureManager 设计树中选择右视基准面，单击“草图”控制面板上的“草图绘制”按钮，在右视基准面上打开一张草图。

2）单击“草图”控制面板上的“样条曲线”按钮，绘制第一个放样轮廓，如图 6-12 所示。

3）单击“退出草图”按钮，关闭草图。

（2）创建基准面

1）选择 FeatureManager 设计树上的右视基准面，单击“特征”控制面板上的“基准面”按钮，或选择“插入”→“参考几何体”→“基准面”命令。

2）在“基准面”属性管理器上的“偏移距离”文本框中设置偏移距离为 35.00mm，如图 6-13 所示。

3）单击“确定”按钮✔，生成“基准面1”。

（3）绘制草图第二个放样轮廓

1）选择基准面1，单击“草图”控制面板上的“草图绘制”按钮，在基准面1上打开一张草图。

2）单击“草图”控制面板上的“样条曲线”按钮，绘制第二个放样轮廓，如图6-14所示。

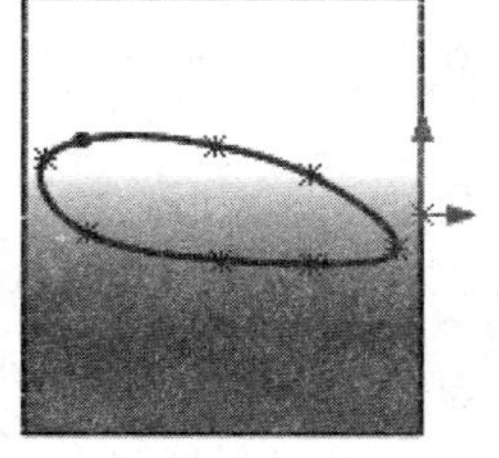

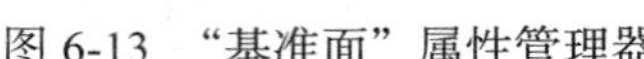

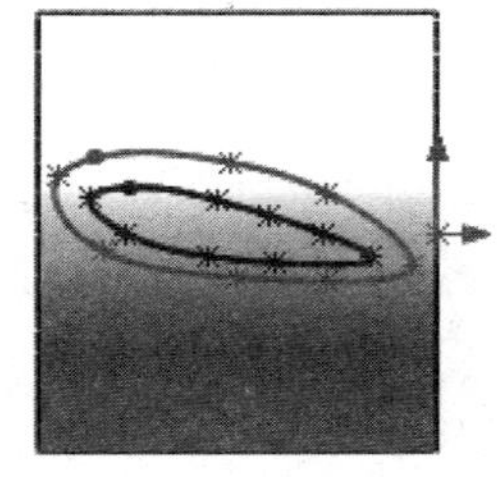

图6-12　绘制第一个放样轮廓　　图6-13　“基准面”属性管理器　　图6-14　绘制第二个放样轮廓

3）单击“退出草图”按钮，关闭草图。

4）单击“视图（前导）”工具栏“视图定向”下拉菜单中的“等轴测”按钮，用等轴测视图观看图形。

（4）创建曲线

1）单击“曲线”工具栏上的“通过参考点的曲线”按钮，或选择“插入”→“曲线”→“通过参考点的曲线”命令。

2）在“通过参考点的曲线”属性管理器中单击“通过点”的显示框，然后在绘图区按照要生成曲线的次序选择通过的模型点。

3）单击“确定”按钮✔，生成通过模型点的第一条放样引导线，如图6-15所示。

4）仿照步骤1）~3），生成第二条曲线作为放样引导线，如图6-16所示。

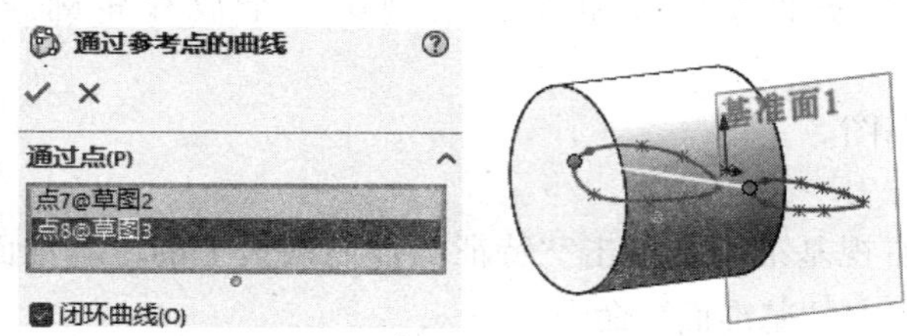

图6-15　生成第一条放样引导线

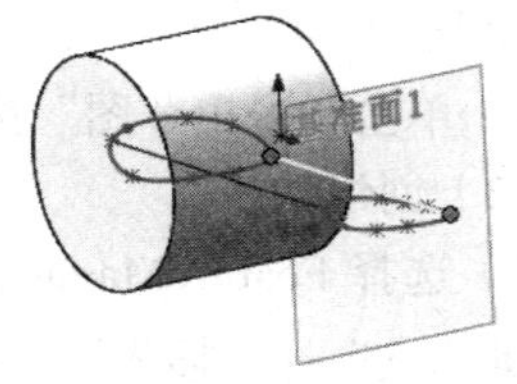

图6-16　生成第二条放样引导线

（5）创建放样特征

1）单击“特征”控制面板上的“放样凸台/基体”按钮，或选择“插入”→“凸台/基体”→“放样”命令。

2）在“放样”属性管理器中单击“轮廓”图标右侧的显示框，然后在绘图区中依次选择第一个放样轮廓和第二个放样轮廓，即草图1和草图2。

3）单击“引导线”图标右侧的显示框，在绘图区中选择两条三维曲线作为引导线。

4）单击“确定”按钮，生成引导线放样特征，如图6-17所示。

4. 生成圆周阵列特征

1）在FeatureManager设计树中右击基准面1，然后在弹出的快捷菜单中选择“隐藏”命令，将基准面1隐藏起来。

2）选择“视图”→“隐藏/显示”→“临时轴”命令，显示圆柱拉伸中的临时轴，为圆周阵列做好准备。

3）单击“特征”控制面板上的“圆周阵列”按钮，或选择“插入”→“阵列/镜向”→“圆周阵列”命令。

4）在“阵列（圆周）1”属性管理器中单击“方向1”栏中的第一个显示框，然后在绘图区中选择临时轴。

5）选择“等间距”单选按钮，则总角度将默认为360°。

6）在“实例数”文本框中指定阵列的特征数为6。

7）单击“要阵列的特征”显示框，然后在FeatureManager设计树或绘图区中选择“放样1”作为阵列特征。

8）单击“确定”按钮，生成圆周阵列特征，如图6-18所示。

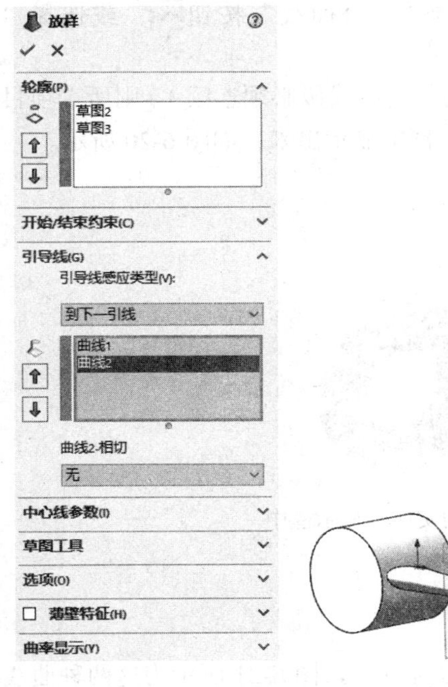

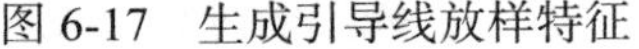

图6-17 生成引导线放样特征

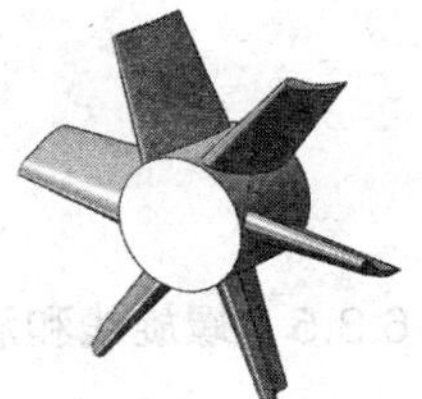

图6-18 生成圆周阵列特征

5. 保存文件

单击快速访问工具栏中的“保存”按钮，或者选择“文件”→“保存”命令，将草图保存，名为“扇叶 .sldprt”。

至此，该零件就制作完成了，最后的效果（包括 FeatureManager 设计树）如图 6-19 所示。

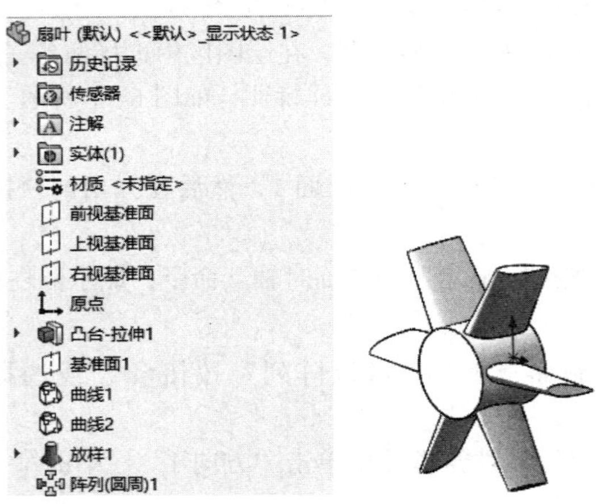

图 6-19　最后的效果

读者可以对这个模型做进一步的修饰，如添加中心轴孔和设置键槽等。

6.3.4　组合曲线

SOLIDWORKS 可以将多段相互连接的曲线或模型边线组合成一条曲线。

1）单击“特征”控制面板“曲线”下拉菜单中的“组合曲线”按钮，或选择“插入”→“曲线”→“组合曲线”命令。

2）在绘图区中选择要组合的曲线、直线或模型边线（这些线段必须连续），则所选项目将在“组合曲线”属性管理器中的“要连接的实体”的显示框中显示出来，如图 6-20 所示。

3）单击“确定”按钮，生成组合曲线。

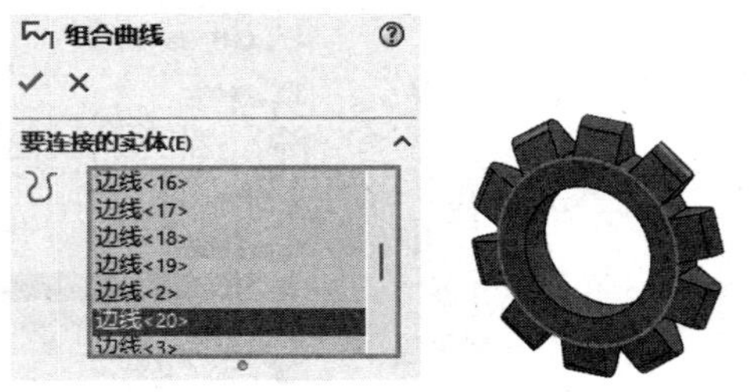

图 6-20　所选项目显示在“要连接的实体”显示框中

6.3.5　螺旋线和涡状线

螺旋线和涡状线通常用在绘制螺纹、弹簧、发条等零部件中。图 6-21 所示为这两种曲线的形状。

要生成一条螺旋线，可做如下操作：

1）单击“特征”控制面板“曲线”下拉菜单中的“草图绘制”按钮，选择任意基准面，新建一个草图并绘制一个圆。此圆的直径控制螺旋线的直径。

2）单击“曲线”工具栏上的“螺旋线”按钮，或选择“插入”→“曲线”→“螺旋线/涡状线”命令。

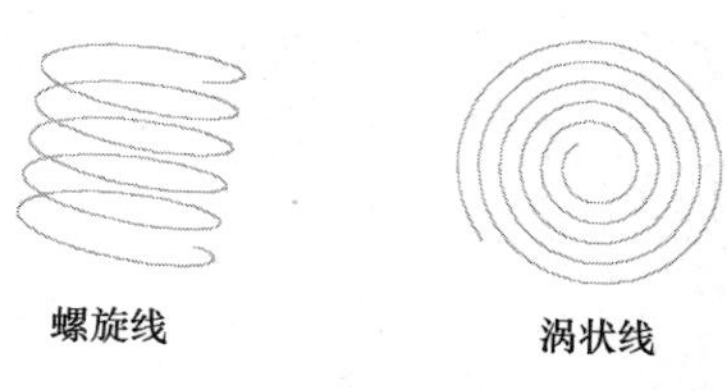

图 6-21 螺旋线和涡状线的形状

3）在弹出的“螺旋线/涡状线”属性管理器（见图 6-22）中的“定义方式”下拉列表框中选择一种螺旋线的定义方式。

①“螺距和圈数”：指定螺距和圈数。

②“高度和圈数”：指定螺旋线的总高度和圈数。

③“高度和螺距”：指定螺旋线的总高度和螺距。

④ 涡状线：生成由螺距和圈数所定义的涡状线。

4）根据步骤 3）中指定的螺旋线定义方式指定螺旋线的参数。

5）如果要制作锥形螺旋线，则选择“锥形螺纹线”复选框，并指定锥形角度和锥度方向（向外扩张或向内扩张）。

6）在“起始角度”文本框中指定第一圈螺旋线的起始角度。

7）如果选择“反向”复选框，则螺旋线将由原来的点向另一个方向延伸。

8）选择“顺时针”或“逆时针”单选按钮，以决定螺旋线的旋转方向。

9）单击“确定”按钮，生成螺旋线。

要生成一条涡状线，可做如下操作：

1）单击“草图”控制面板上的“草图绘制”按钮，选择任意基准面，新建一个草图并绘制一个圆。此圆的直径作为起点处涡状线的直径。

2）单击“曲线”工具栏上的“螺旋线”按钮，或选择“插入”→“曲线”→“螺旋线/涡状线”命令。

3）在弹出的“螺旋线/涡状线”属性管理器中的“定义方式”下拉列表框中选择“涡状线”，如图 6-23 所示。

4）在对应的“螺距”文本框和“圈数”文本框中指定螺距和圈数。

5）如果选择“反向”复选框，则生成一个内张的涡状线。

6）在“起始角度”文本框中指定涡状线的起始角度。

7）选择“顺时针”或“逆时针”单选按钮，以决定涡状线的旋转方向。

8）单击“确定”按钮，生成涡状线。

对于分割线的生成，在其他章节中已经做了较为详细的介绍，这里不再赘述。

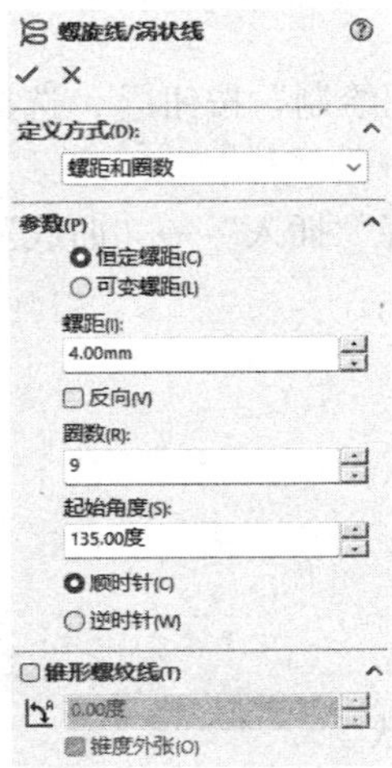

图 6-22 “螺旋线 / 涡状线”属性管理器

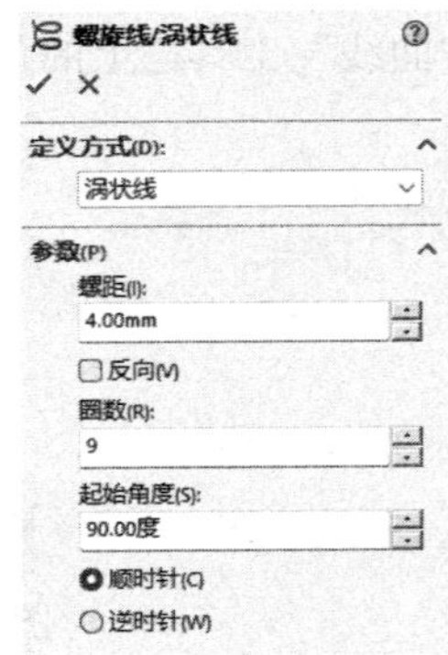

图 6-23 定义涡状线

6.3.6 实例——螺栓

利用螺旋线和扫描切除特征，生成如图 6-24 所示的螺栓。

本案例视频内容：“X：\ 动画演示 \ 第 6 章 \ 螺栓 .mp4”。

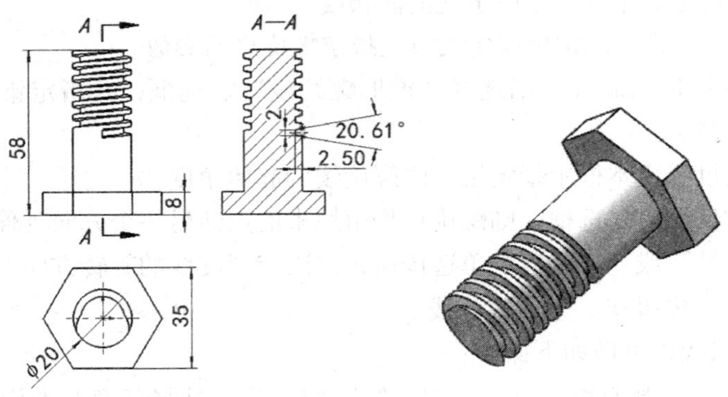

图 6-24 螺栓

1. 建立新的零件文件

单击快速访问工具栏中的“新建”按钮，在弹出的“新建 SOLIDWORKS 文件”对话框中单击“零件”按钮，然后单击“确定”按钮，创建一个新的零件文件。

2. 生成拉伸基体特征

（1）绘制草图

1）在 FeatureManager 设计树中选择“前视基准面”，单击“草图”控制面板上的“草图绘制”按钮，进入草图绘制环境。

2）单击“草图”控制面板上的“圆”按钮。

3）将鼠标指针移动到原点处，当鼠标指针变为形状时单击，绘制一个以原点为圆心的圆。

4）单击“草图”控制面板上的“智能尺寸”按钮，标注圆的尺寸，如图 6-25 所示。

（2）创建拉伸特征

1）单击“特征”控制面板上的“拉伸凸台 / 基体”按钮，或选择“插入”→“凸台 / 基体”→“拉伸”命令。

2）在“方向 1”中设定拉伸的“终止条件”为“给定深度”，在“深度”文本框中设置拉伸深度为 50.00mm。

3）单击“确定”按钮，创建拉伸特征，如图 6-26 所示。

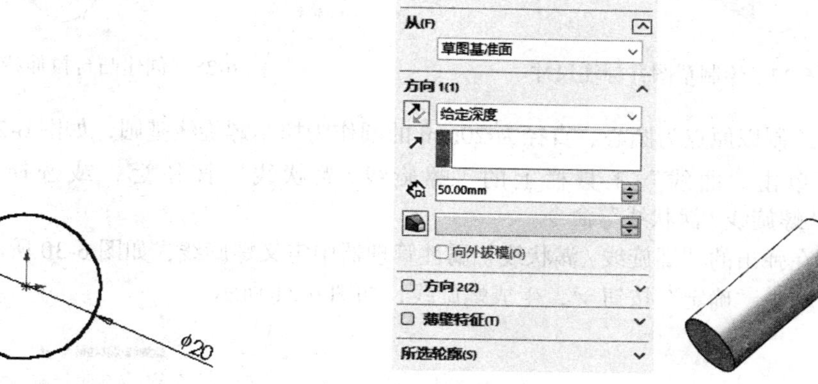

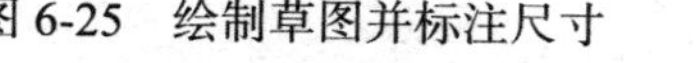
图 6-25　绘制草图并标注尺寸

图 6-26　创建拉伸特征

3. 生成凸台拉伸特征

（1）绘制草图

1）在 FeatureManager 设计树中选择前视基准面作为基准面，然后单击“草图”控制面板上的“草图绘制”按钮，在其上再打开一张草图。

2）单击“草图”控制面板上的“多边形”按钮，绘制一个以原点为中心、作为凸台轮廓的正六边形并标注尺寸，如图 6-27 所示。

（2）创建凸台拉伸特征

1）单击“特征”控制面板上的“拉伸凸台 / 基体”按钮，或选择“插入”→“凸台 / 基体”→“拉伸”命令。

2）在“方向 1”中设定拉伸的“终止条件”为“给定深度”，在“深度”文本框中设置拉伸深度为 8mm。

3）单击“反向”按钮，反转拉伸方向。

4）单击“确定”按钮，创建凸台拉伸特征，如图 6-28 所示。

4. 生成基体扫描特征

（1）绘制螺旋线草图

1）选择圆柱的一个端面，再单击“草图”控制面板上的“草图绘制”按钮，在其上打开一张新的草图。

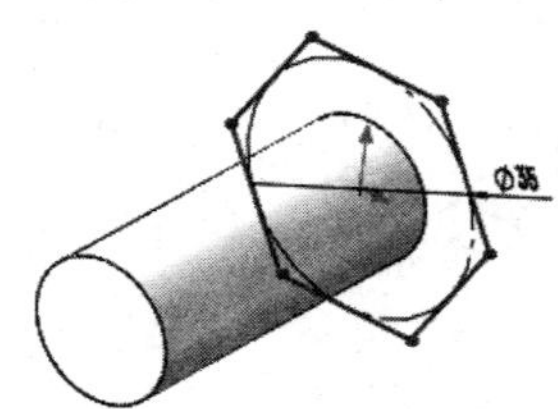

图 6-27　绘制草图并标注尺寸

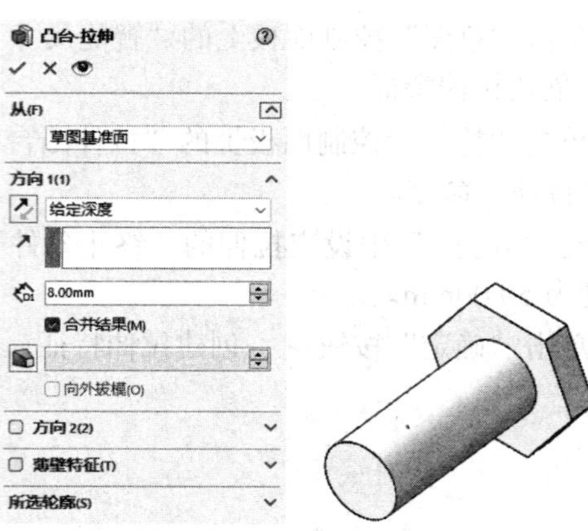

图 6-28　创建凸台拉伸特征

2）绘制以原点为圆心、直径为 20mm 的圆作为控制螺旋线基圆，如图 6-29 所示。

3）单击“曲线”工具栏上的“螺旋线 / 涡状线”按钮，或选择“插入”→“曲线”→“螺旋线 / 涡状线”命令。

4）在弹出的“螺旋线 / 涡状线”属性管理器中定义螺旋线，如图 6-30 所示。

5）单击“确定”按钮✔，生成螺旋线，如图 6-31 所示。

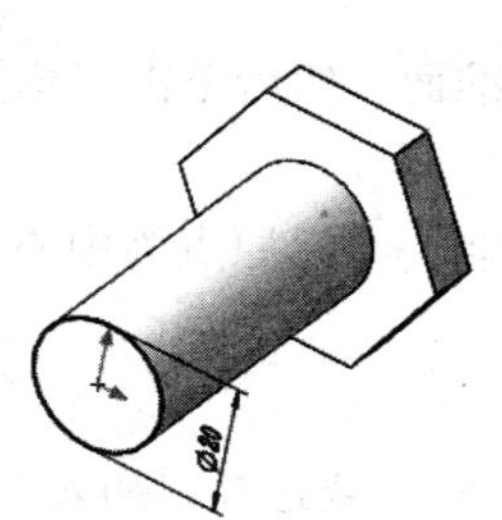

图 6-29　绘制螺旋线基圆

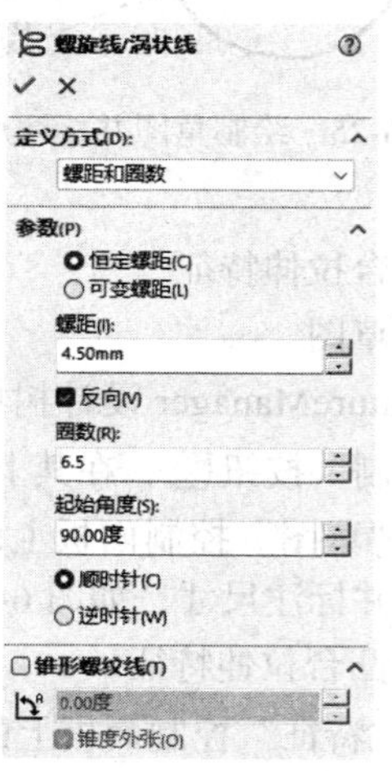

图 6-30　定义螺旋线

（2）绘制截面草图

1）在 FeatureManager 设计树中选择右视基准面，单击“草图”控制面板上的“草图绘制”按钮，在右视基准面上打开一张草图。

2）绘制切除扫描的轮廓草图并标注尺寸，如图 6-32 所示。

3）单击“视图（前导）”工具栏“视图定向”下拉列表中的“等轴测”按钮，用等轴测视图观看图形。

（3）创建扫描特征

1）单击“特征”控制面板上的“扫描切除”按钮，弹出“切除 - 扫描”属性管理器。

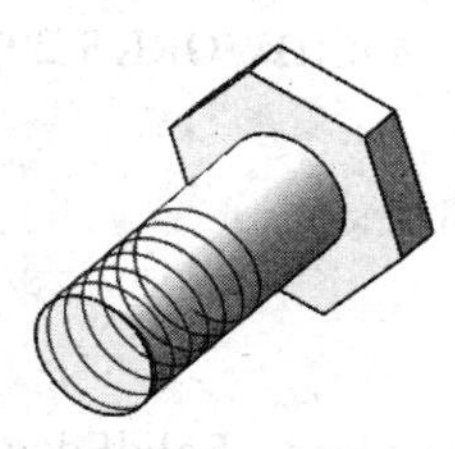

图 6-31　生成螺旋线

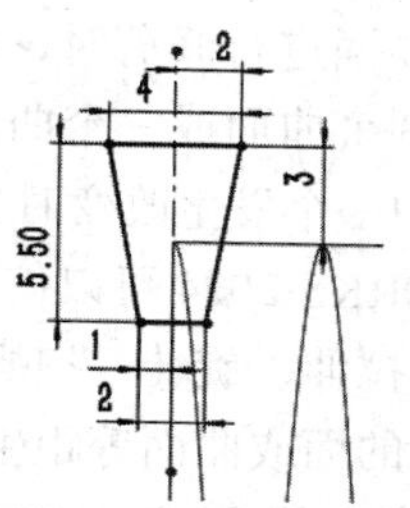

图 6-32　绘制切除扫描轮廓草图并标注尺寸

2）单击“轮廓”图标（第 1 个图标）右侧的显示框，然后在绘图区中选择绘制的梯形（草图 4）作为轮廓草图。

3）单击“路径”图标右侧的显示框，然后在绘图区中选择螺旋线作为路径草图，如图 6-33 所示。

4）单击“确定”按钮，生成扫描切除特征。

5. 保存文件

单击快速访问工具栏中的“保存”按钮，或者选择“文件”→“保存”命令，将草图保存，名为“螺栓 .sldprt”。

至此，该零件就制作完成了，最后的效果（包括 FeatureManager 设计树）如图 6-34 所示。

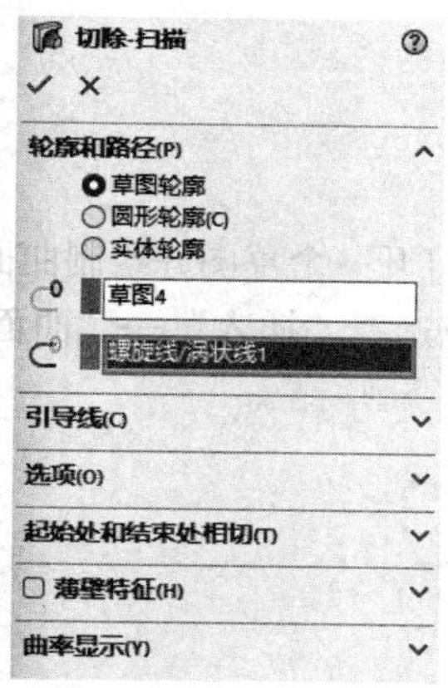

图 6-33　设置“切除 - 扫描”属性管理器

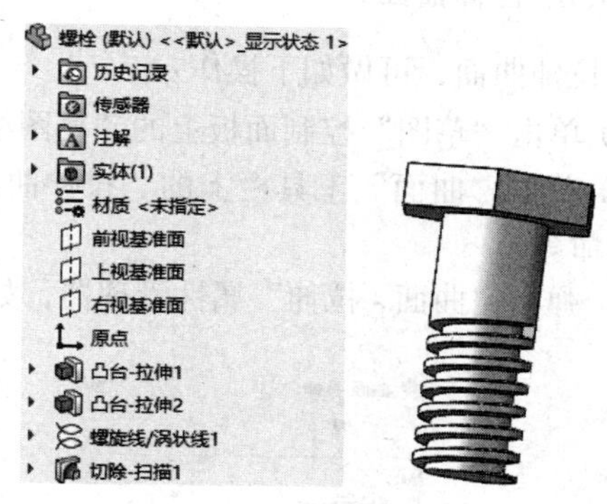

图 6-34　最后的效果

6.4 曲面的生成

曲面是一种可以用来生成实体特征的几何体。SOLIDWORKS 2024 对曲面建模的增强，让人耳目一新。也许是因为 SOLIDWORKS 以前在实体和参数化设计方面太出色，人们可能会忽略其在曲面建模方面的强大功能。

在 SOLIDWORKS 2024 中建立曲面后，可以用很多方式对曲面进行延伸。用户既可以将曲面延伸到某个已有的曲面，与其缝合或延伸到指定的实体表面；也可以输入固定的延伸长度，或者直接拖动其红色箭头手柄，实时地将边界拖到想要的位置。

另外，对曲面进行修剪时，即可以用实体修剪，也可以用另一个复杂的曲面进行修剪。此外，还可以将两个曲面或一个曲面、一个实体进行弯曲操作，SOLIDWORKS 2024 将保持其相关性，即当其中一个发生改变时，另一个会同时相应改变。

SOLIDWORKS 2024 可以使用下列方法生成多种类型的曲面：

1）由草图拉伸、旋转、扫描或放样生成曲面。

2）从现有的面或曲面等距生成曲面。

3）从其他应用程序（如 Pro/ENGINEER、MDT、Unigraphics、SolidEdge、Autodesk Inventor 等）导入曲面文件。

4）由多个曲面组合而成曲面。

曲面实体用来描述相连的零厚度的几何体，如单一曲面、圆角曲面等。一个零件中可以有多个曲面实体。SOLIDWORKS 2024 提供了专门的“曲面”工具栏（见图 6-35）来控制曲面的生成和修改。要打开或关闭“曲面”工具栏，只要选择“视图”→“工具栏”→“曲面”命令即可。

图 6-35 “曲面”工具栏

6.4.1 拉伸曲面

要拉伸曲面，可做如下操作：

1）单击“草图”控制面板上的“草图绘制”按钮，打开一个草图并绘制曲面轮廓。

2）单击“曲面”工具栏上的“拉伸曲面”按钮，或选择“插入”→“曲面”→“拉伸曲面”命令。

3）弹出“曲面 - 拉伸”属性管理器，如图 6-36 所示。

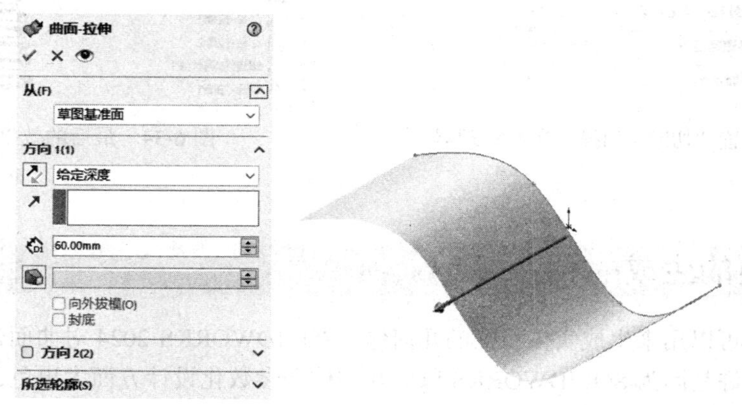

图 6-36 “曲面 - 拉伸”属性管理器

4）在“方向 1”栏中的“终止条件”下拉列表框中选择拉伸的终止条件：

①“给定深度”：从草图的基准面拉伸曲面到指定的距离平移处以生成特征。

②“成形到顶点”：从草图基准面拉伸曲面到模型的一个顶点所在的平面以生成特征。这个平面平行于草图基准面且穿越指定的顶点。

③“成形到面”：从草图的基准面拉伸曲面到所选的曲面以生成特征。

④“到离指定面指定的距离”：从草图的基准面拉伸曲面到距某面或曲面特定距离处以生成特征。

⑤“成形到实体”：从草图的基准面拉伸曲面到所选的实体以生成特征。

⑥“两侧对称”：从草图基准面向两个方向对称拉伸特征。

5）在右侧的绘图区中检查预览。单击“反向”按钮，可向另一个方向拉伸。

6）在“深度”文本框中设置拉伸的深度。

7）如果有必要，可选择“方向 2”复选框，将拉伸应用到第 2 个方向。

8）单击“确定”按钮，完成拉伸曲面的生成。

6.4.2 旋转曲面

要旋转曲面，可做如下操作：

1）单击“草图”控制面板上的“草图绘制”按钮，打开一个草图并绘制曲面轮廓以及它将绕着旋转的中心线。

2）单击“曲面”控制面板上的“旋转曲面”按钮，或选择“插入”→“曲面”→“旋转曲面”命令。

3）弹出“曲面-旋转”属性管理器，同时在右侧的绘图区中显示生成的旋转曲面，如图 6-37 所示。

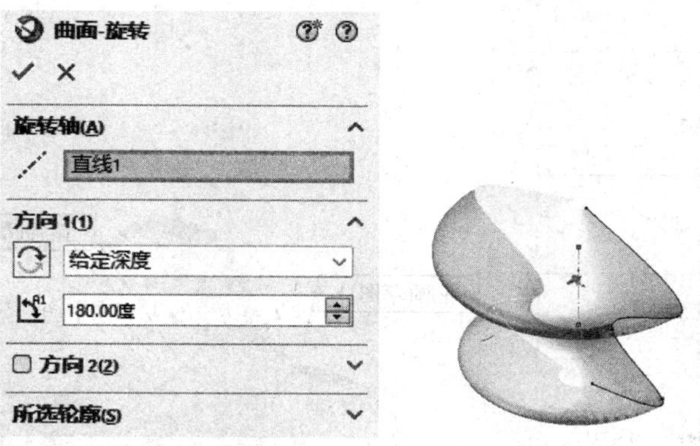

图 6-37 “曲面 - 旋转”属性管理器和生成的旋转曲面

4）设置旋转类型。相对于草图基准面设定旋转特征的终止条件。如果有必要，可单击“反向”按钮来反转旋转方向。有以下选项：

①“给定深度”：从草图以单一方向生成旋转。在“方向 1”的“角度”文本框中设定由旋转所包容的角度。

②“成形到顶点”：从草图基准面生成旋转到用户在“顶点”中所指定的顶点。

③“成形到面”：从草图基准面生成旋转到在“面 / 平面”中所指定的曲面。

④“到离指定面指定的距离”：从草图基准面生成旋转到在“面 / 平面”中所指定曲面

的指定等距。在“等距距离”文本框中设定等距。必要时，选择反向等距以便以反方向等距移动。

⑤“两侧对称”：从草图基准面以顺时针和逆时针方向生成旋转。

5）在“方向 1”的“角度”文本框中指定旋转角度。

6）单击“确定”按钮，生成旋转曲面。

6.4.3 扫描曲面

扫描曲面的方法同扫描特征的生成方法十分类似，也可以通过引导线扫描。扫描曲面中最重要的一点，就是引导线的端点必须贯穿轮廓图元。通常必须建立一个几何关系，强迫引导线贯穿轮廓曲线。要扫描生成曲面，可做如下操作：

1）根据需要建立基准面，并绘制扫描轮廓和扫描路径。如果需要沿引导线扫描曲面，还要绘制引导线。

2）如果要沿引导线扫描曲面，需要在引导线与轮廓之间建立重合或穿透几何关系。

3）单击“曲面”控制面板上的“扫描曲面”按钮，或选择“插入”→“曲面”→“扫描曲面”命令。

4）在“曲面 - 扫描 1”属性管理器中单击“轮廓和路径”栏中“轮廓”右侧的显示框，然后在绘图区中选择轮廓草图，则所选草图出现在该显示框中。

5）单击“路径”右侧的显示框，然后在绘图区中选择路径草图，则所选路径草图出现在该显示框中。此时，在绘图区中可以预览扫描曲面的效果，如图 6-38 所示。

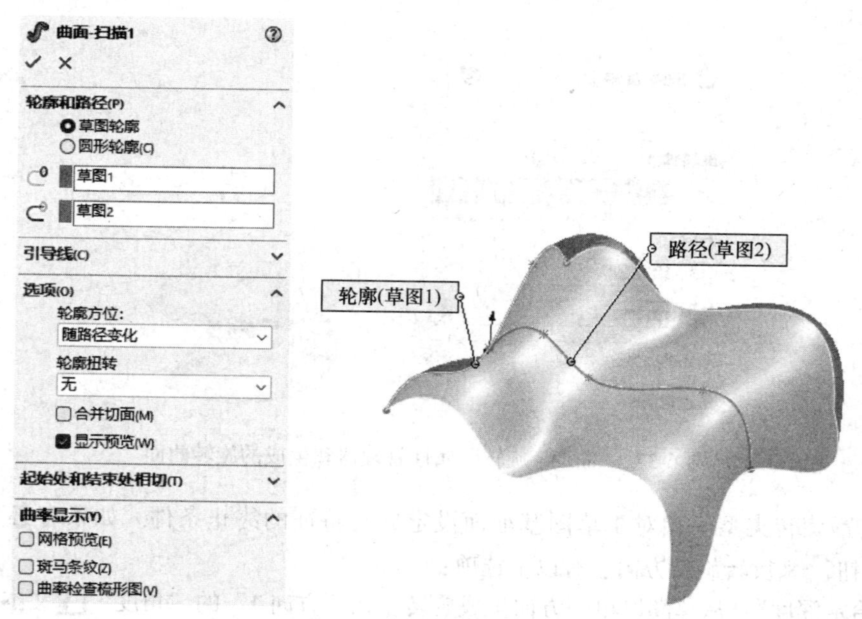

图 6-38　预览扫描曲面的效果

6）在“轮廓方位”下拉列表框中选择以下选项：

①“随路径变化”：草图轮廓随着路径的变化变换方向，其法线与路径相切。

②"保持法线不变"：草图轮廓保持法线方向不变。

7）在"轮廓扭转"下拉列表框中选择以下选项：

① 无：（仅限于 2D 路径）将轮廓的法线方向与路径对齐。

② 指定扭转值：沿路径定义轮廓扭转。

③ 指定方向向量：选择一基准面、平面、直线、边线、圆柱、轴、特征上顶点组等来设定方向向量。

④ 与相邻面相切：使相邻面在轮廓上相切。

⑤"随路径和第一引导线变化"：如果引导线不只一条，选择该选项将使扫描随第一条引导线变化。

⑥"随第一和第二引导线变化"：如果引导线不只一条，选择该选项将使扫描随第一条和第二条引导线同时变化。

8）如果需要沿引导线扫描曲面，则激活"引导线"栏，然后在绘图区中选择引导线。

9）单击"确定"按钮✔，生成扫描曲面。

6.4.4 放样曲面

放样曲面是通过曲线之间进行过渡而生成曲面的方法。要放样曲面，可做如下操作：

1）在一个基准面上绘制放样的轮廓。

2）建立另一个基准面，并在上面绘制另一个放样轮廓。这两个基准面不一定平行。

3）如果有必要，还可以生成引导线来控制放样曲面的形状。

4）单击"曲面"控制面板上的"放样曲面"按钮，或选择"插入"→"曲面"→"放样曲面"命令。

5）在"曲面 - 放样 1"属性管理器中单击"轮廓"右侧的显示框，然后在绘图区中按顺序选择轮廓草图，则所选草图出现在该显示框中。在右侧的绘图区中显示出生成的放样曲面，如图 6-39 所示。

6）单击"上移"按钮或"下移"按钮来改变轮廓的顺序。此项操作只针对两个轮廓以上的放样特征。

7）如果要在放样的开始和结束处控制相切，则设置"开始 / 结束约束"选项。

①"无"：不应用相切。

②"垂直于轮廓"：放样在起始处和终止处与轮廓的草图基准面垂直。

③"方向向量"：放样与所选的边线或轴相切，或与所选基准面的法线相切。

8）如果要使用引导线控制放样曲面，可在"引导线"栏中单击"引导线"右侧的显示框，然后在绘图区中选择引导线。

9）单击"确定"按钮✔，生成放样曲面。

6.4.5 等距曲面

对于已经存在的曲面（无论是模型的轮廓面还是生成的曲面），都可以像等距曲线一样生成等距曲面。要生成等距曲面，可做如下操作：

1）单击"曲面"控制面板上的"等距曲面"按钮，或选择"插入"→"曲面"→"等距曲面"命令。

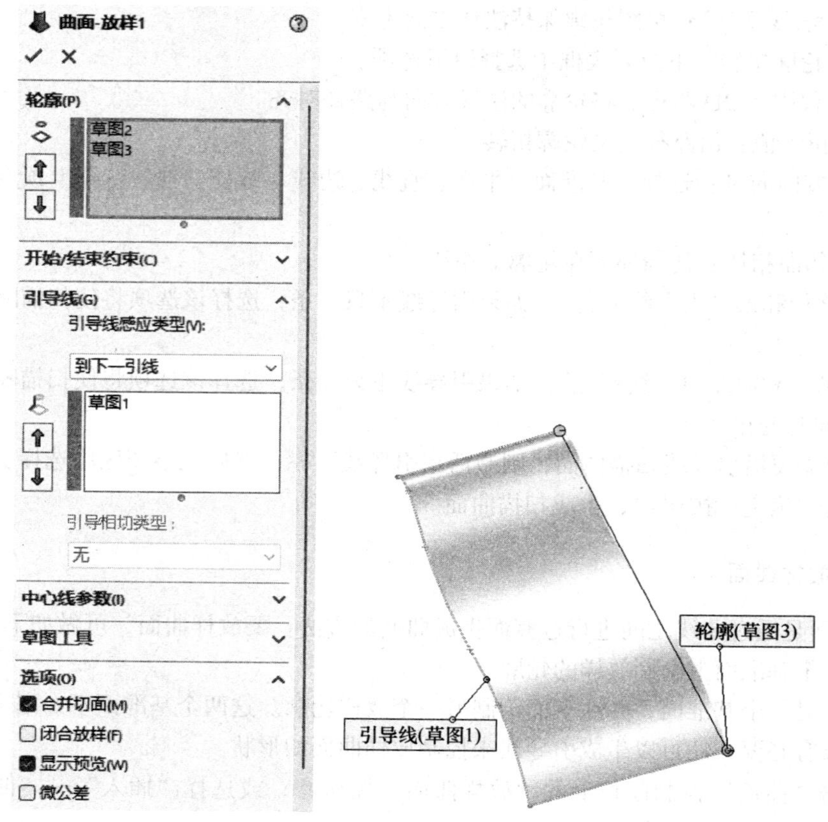

图 6-39 “曲面 - 放样”属性管理器和生成的放样曲面

2）在“等距曲面”属性管理器中单击“要等距的曲面或面”右侧的显示框，然后在右侧的绘图区中选择要等距的模型面或生成的曲面。

3）在“等距参数”栏中的“等距距离”文本框中指定等距面之间的距离，此时在右侧的绘图区中显示出等距曲面的效果，如图 6-40 所示。

4）如果等距面的方向有误，可单击“反向”按钮，反转等距方向。

5）单击“确定”按钮，完成等距曲面的生成。

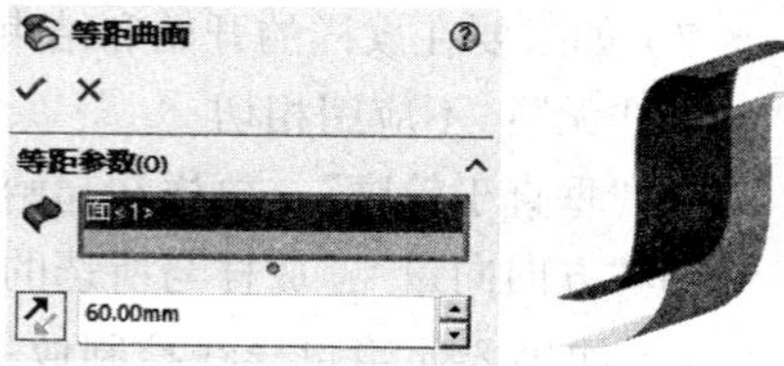

图 6-40 等距曲面效果

6.4.6 延展曲面

用户可以通过延展分割线、边线，并平行于所选基准面来生成曲面，效果如图 6-41 所示。延伸曲面在拆模时最常用。在进行零件模塑之前，必须先生成模块与分型面，延展曲面就是用来生成分型面的。

要延展曲面，可做如下操作：

1）单击“插入”→“曲面”→“延展曲面”命令。

2）在“延展曲面”属性管理器中单击“要延展的边线”右侧的显示框，然后在右侧的绘图区中选择要延展的边线。

3）单击“延展参数”栏中的第一个显示框，然后在绘图区中选择模型面与延展曲面方向，如图 6-42 所示。延展方向将平行于模型面。

4）注意绘图区中的箭头方向（指示延展方向），如果有错误，可单击“反向”按钮。

5）在“延展距离”右侧的文本框中指定曲面的宽度。

6）如果希望曲面继续沿零件的切面延伸，则选择“沿切面延伸”复选框。

7）单击“确定”按钮，完成曲面的延展，如图 6-43 所示。

图 6-41　延展曲面效果

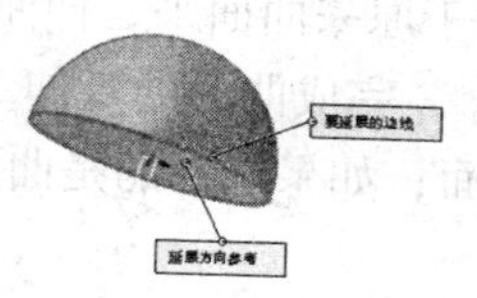

图 6-42　延展曲面

图 6-43　延展的曲面

6.5 曲面编辑

6.5.1　缝合曲面

缝合曲面最为实用的场合就是在 CAM 系统中建立三维曲面铣削刀具路径。由于缝合曲面可以将两个或多个曲面组合成一个，刀具路径容易最佳化，减少多余的提刀动作。要缝合的曲面的边线必须相邻且不重叠。

要将多个曲面缝合为一个曲面，可做如下操作：

1）单击“曲面”控制面板上的“缝合曲面”按钮，或选择“插入”→“曲面”→“缝合曲面”命令。

2）在“缝合曲面”属性管理器中单击“选择”栏中“要缝合的曲面和面”右侧的显示框，然后在绘图区中选择要缝合的面。所选项目列举在该显示框中，如图 6-44 所示。

3）单击“确定”按钮，完成曲面的缝合。缝合后的曲面外观没有任何变化，但多个曲面可以作为一个实体来选择和操作。

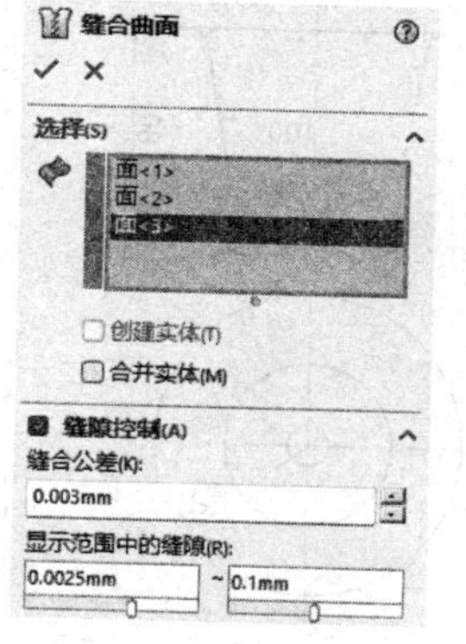

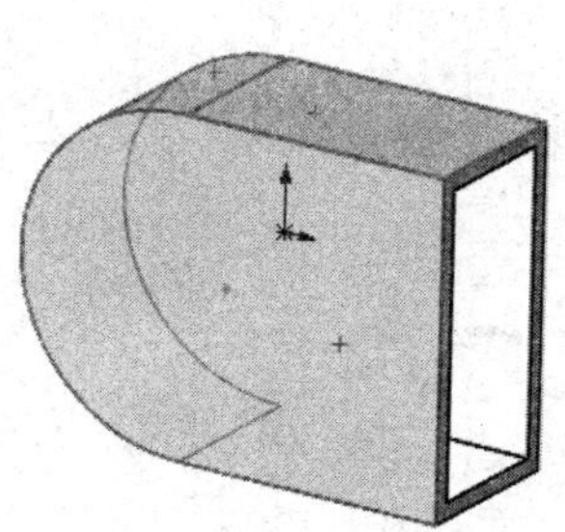

图 6-44　缝合曲面

6.5.2　延伸曲面

延伸曲面可以在现有曲面的边缘，沿着切线方向，以直线或随曲面的弧度生成附加的曲面。要延伸曲面，可做如下操作：

1）单击“曲面”控制面板上的“延伸

曲面”按钮，或选择“插入”→“曲面”→“延伸曲面”命令。

2）在“延伸曲面”属性管理器（见图 6-45）中单击“延伸的边线 / 面”栏中的第一个显示框，然后在右侧的绘图区中选择曲面边线或曲面，此时被选项目出现在该显示框中。

3）在“终止条件”栏中的单选按钮组中选择一种延伸结束条件。

①“距离”：在“距离”文本框中指定延伸曲面的距离。

②“成形到某一点”：延伸曲面到绘图区中选择的某一点。

③“成形到某一面”：延伸曲面到绘图区中选择的面。

4）在“延伸类型”栏的单选按钮组中选择延伸类型。

①“同一曲面”：沿曲面的几何体延伸曲面，如图 6-46a 所示。

②“线性”：沿边线相切于原来曲面来延伸曲面，如图 6-46b 所示。

5）单击“确定”按钮，完成曲面的延伸。如果在步骤 2）中选择的是曲面的边线，则系统会延伸这些边线形成的曲面；如果选择的是曲面，则曲面上所有的边线相等地延伸整个曲面。

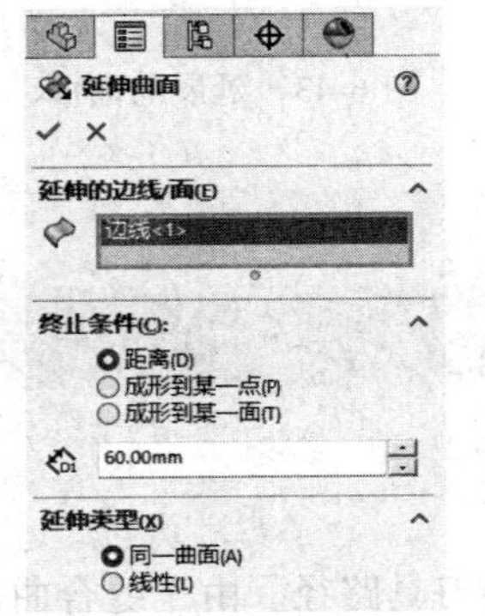

图 6-45 “延伸曲面”属性管理器

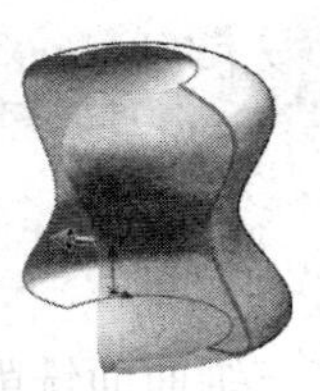

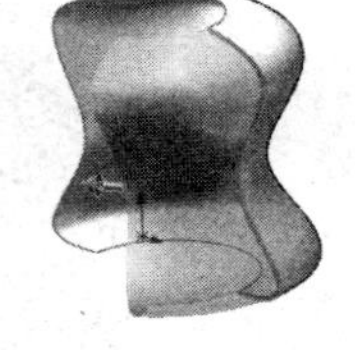

a）延伸类型为“同一曲面”

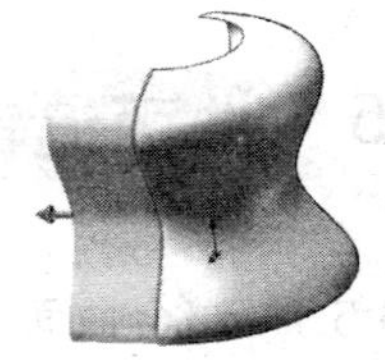

b）延伸类型为“线性”

图 6-46 延伸类型

6.5.3 实例——花盆

本案例利用旋转曲面、延展曲面等方法，生成如图 6-47 所示花盆。

本案例视频内容：“X：\动画演示\第 6 章\花盆 .mp4”。

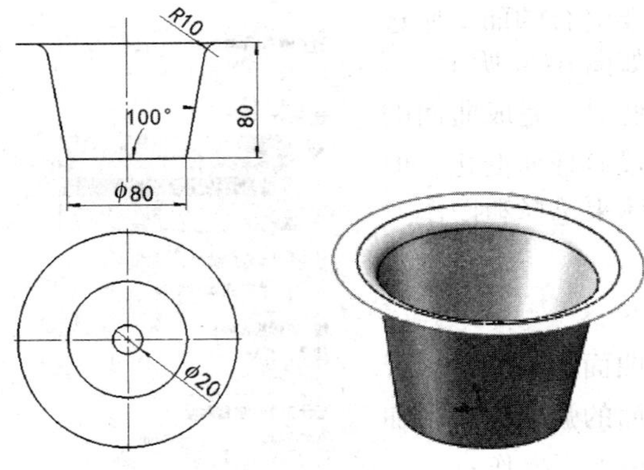

图 6-47 花盆

1. 创建零件文件

单击快速访问工具栏中的“新建”按钮，在弹出的“新建 SOLIDWORKS 文件”对话框中单击“零件”按钮，然后单击“确定”按钮，创建一个新的零件文件。

2. 保存文件

选择菜单栏中的“文件”→“保存”命令，或者单击快速访问工具栏中的“保存”按钮，此时系统弹出“另存为”属性管理器。在“文件名”中输入“花盆”，然后单击“保存”按钮，创建一个文件名为“花盆”的零件文件。

3. 绘制花盆盆体

1）设置基准面。在 FeatureManager 设计树中选择“上视基准面”，然后单击“视图（前导）”工具栏“视图定向”下拉菜单中的“正视于”图标，将该基准面作为绘制图形的基准面。

2）绘制草图。单击“草图”控制面板中的“中心线”按钮，绘制一条通过原点的竖直中心线，然后单击“草图”控制面板中的“直线”按钮，绘制两条直线。

3）标注尺寸。单击“草图”控制面板上的“智能尺寸”按钮，标注上一步绘制的草图尺寸，如图 6-48 所示。

4）旋转曲面。选择菜单栏中的“插入”→“曲面”→“旋转曲面”命令，或者单击“曲面”控制面板上的“旋转曲面”按钮，此时系统弹出如图 6-49 所示的“曲面 - 旋转”属性管理器。在“旋转轴”栏中选择图 6-48 中的竖直中心线，其他设置参考图 6-49。单击属性管理器中的“确定”按钮，完成曲面旋转，生成花盆盆体，如图 6-50 所示。

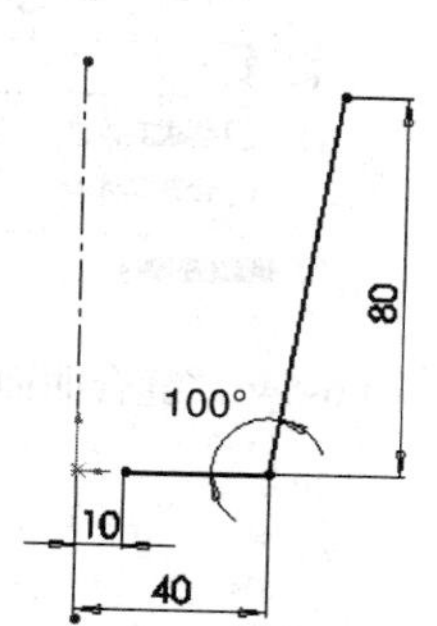

图 6-48　绘制草图并标注尺寸

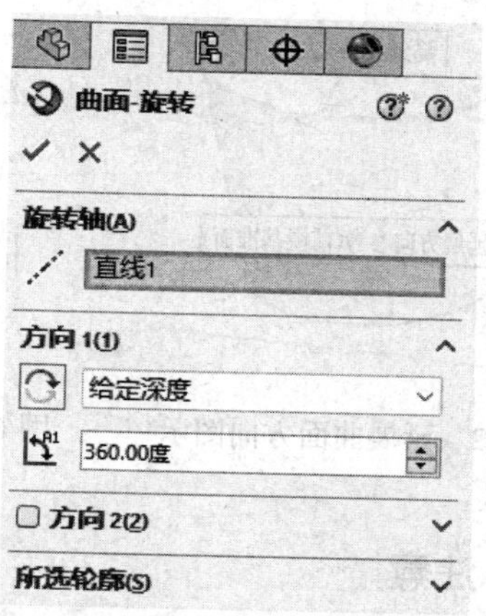

图 6-49　“曲面 - 旋转”属性管理器参数设置

4. 绘制花盆边缘

1）选择菜单栏中的“插入”→“曲面”→“延展曲面”命令，此时系统弹出“延展曲面”属性管理器。

2）在该属性管理器的“延展参数”栏中选择 FeatureManager 设计树中的“前视基准面”，在“要延展的边线”栏中选择图 6-50 中的边线 1，此时的属性管理器如图 6-51 所示。在设置过程中注意延展曲面的方向，如图 6-52 所示。

3）单击属性管理器中的“确定”按钮，生成延展曲面，如图 6-53 所示。

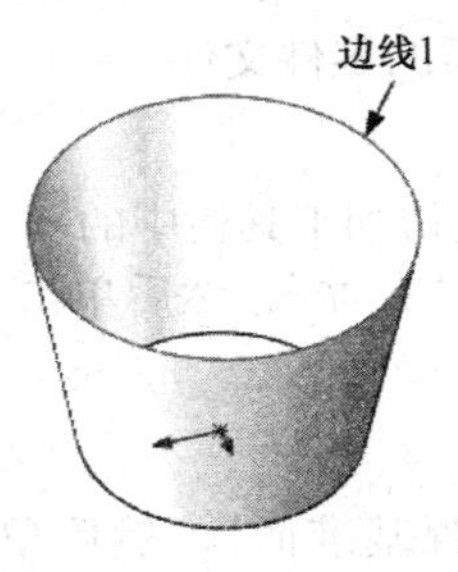

图 6-50　花盆盆体

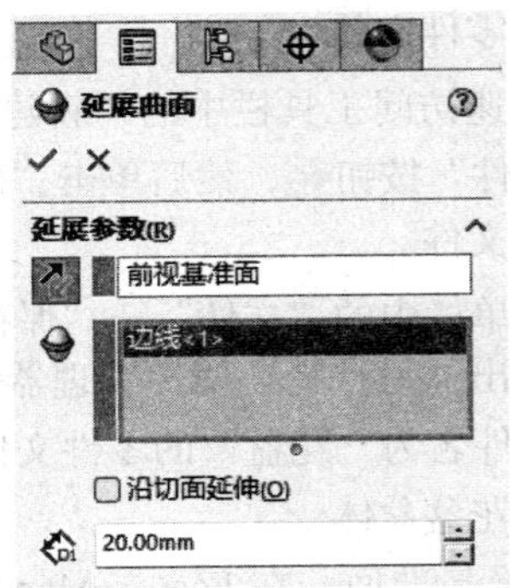

图 6-51　设置“延展曲面”属性管理器

5. 缝合曲面

1）单击“曲面”控制面板上的“缝合曲面”按钮，此时系统弹出如图 6-54 所示的“缝合曲面”属性管理器。

2）在“要缝合的曲面和面”右侧的显示框中选择图 6-53 中的曲面 1 和曲面 2。

3）单击“确定”按钮，完成曲面缝合，如图 6-55 所示。

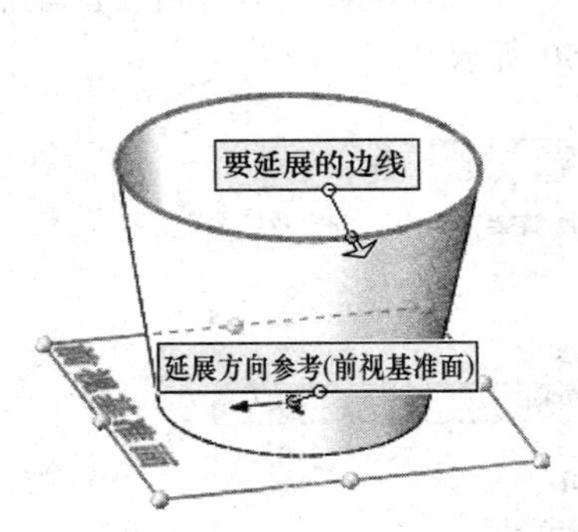

图 6-52　延展曲面方向图示

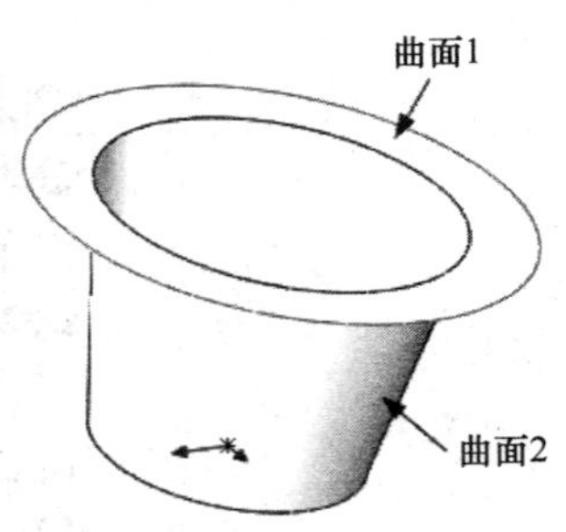

图 6-53　生成的延展曲面

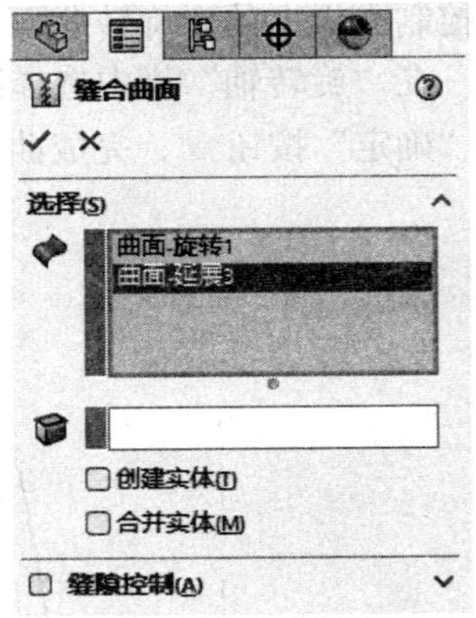

图 6-54　“缝合曲面”属性管理器

注意

曲面缝合后其外观没有任何变化，只是将多个面组合成了一个面。此处缝合的目的是为了对两个面的交线进行圆角处理，因为面的边线不能进行圆角处理，所以将两个面缝合为一个面。

6. 圆角曲面

1）单击“特征”控制面板中的“圆角”按钮，此时系统弹出“圆角”属性管理器。

2）在“要圆角化的项目”的“边线、面、特征和环”显示框中选择图 6-55 中的面 1，在“半径”文本框中输入 10.00mm，其他设置如图 6-56 所示。

3）单击属性管理器中的“确定”按钮，完成圆角处理，如图 6-57 所示。

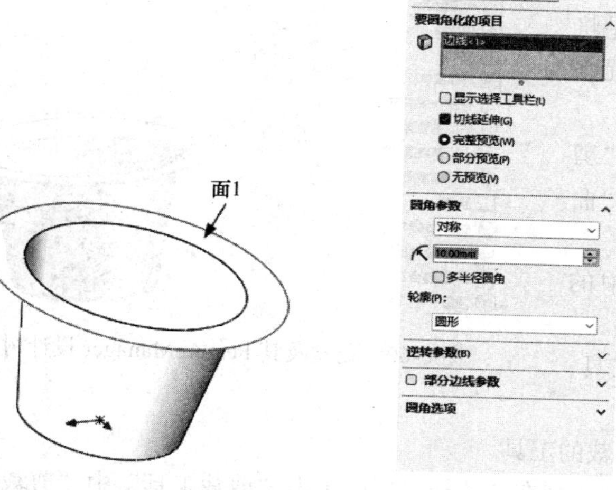

图 6-55　缝合曲面后的图形

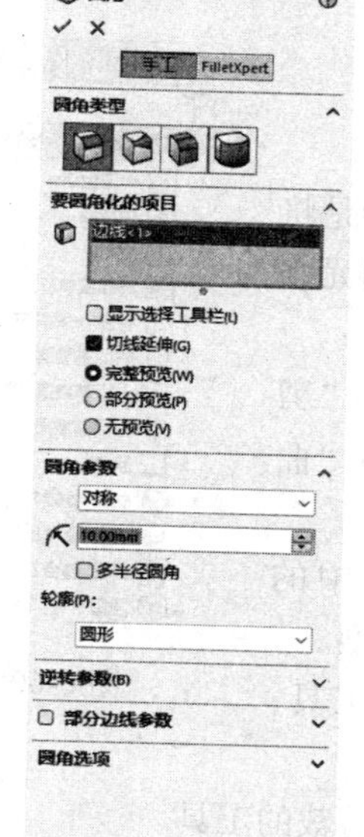

图 6-56　设置“圆角”属性管理器

图 6-57　圆角处理后的图形

7. 设置外观属性

1）执行命令。右击图形中的任意点，系统弹出如图 6-58 所示的快捷菜单，选择“外观”下的“零件”，此时系统弹出“颜色”属性管理器。在该属性管理器中设置花盆颜色，如图 6-59 所示。

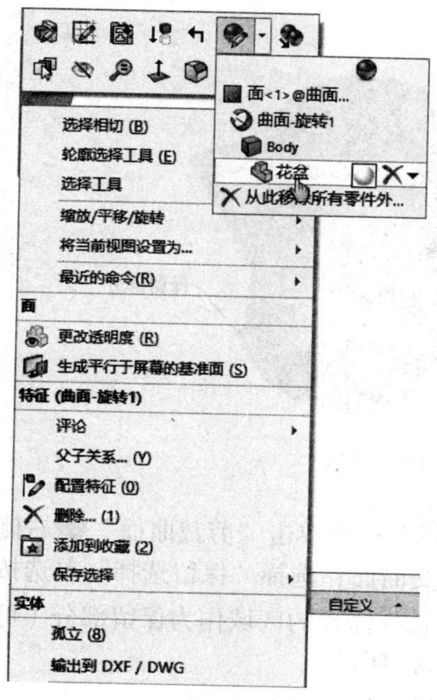

图 6-58　快捷菜单

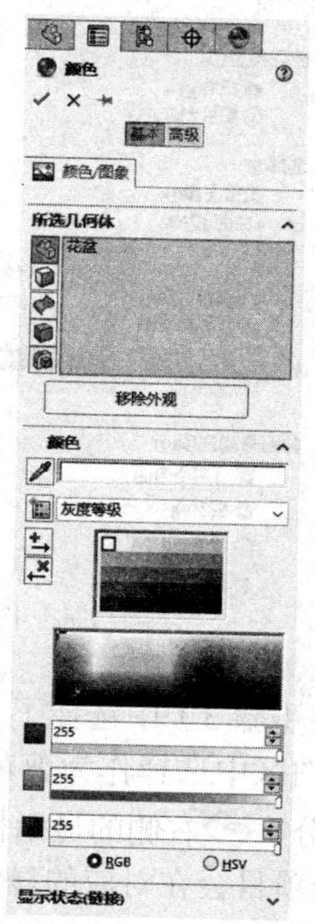

图 6-59　设置花盆颜色

2）添加颜色。单击“确定”按钮✔，设置花盆的外观属性。花盆及其 FeatureManager 设计树如图 6-60 所示。

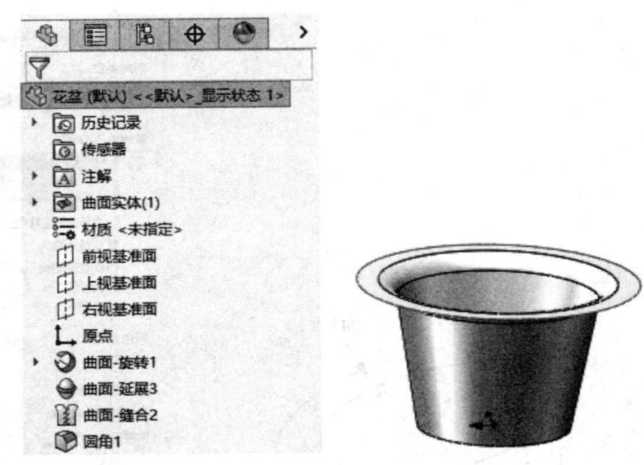

图 6-60　花盆及其 FeatureManager 设计树

6.5.4　剪裁曲面

剪裁曲面主要有两种方式，第一种是将两个曲面互相剪裁，第二种是以线性图元修剪曲面。要剪裁曲面，可做如下操作：

1）单击“曲面”控制面板上的“剪裁曲面”按钮，或选择“插入”→“曲面”→“剪裁曲面”命令。

2）在“剪裁曲面”属性管理器中的“剪裁类型”单选按钮组中选择剪裁类型。

①“标准”：使用曲面作为剪裁工具，在曲面相交处剪裁其他曲面。

②“相互”：将两个曲面作为互相剪裁的工具。

3）如果在步骤 2）中选择了“标准”，则在“选择”栏中单击“剪裁工具”中“剪裁曲面、基准面或草图”右侧的显示框，然后在绘图区中选择一个曲面作为剪裁工具；单击“保留的部分”右侧的显示框，然后在绘图区中选择曲面作为保留部分，所选项目会在对应的显示框中显示，如图 6-61 所示。

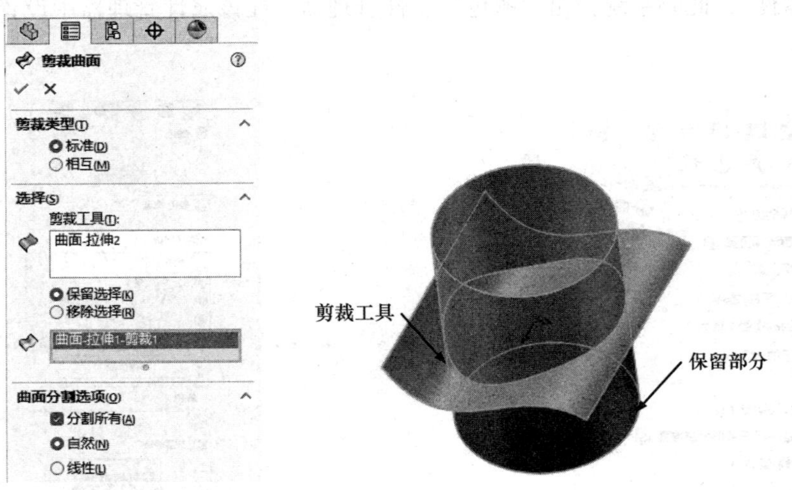

图 6-61　“剪裁曲面”属性管理器

4）如果在步骤 3）中选择了“相互”，则在“选择”栏中单击“剪裁曲面”右侧的显示框，然后在绘图区中选择作为剪裁曲面的至少两个相交曲面；选择“保留选择”单选按钮，单击“保留的部分”右侧的显示框，然后在绘图区中选择需要的区域作为保留部分（可以是多个部分），所选项目会在对应的显示框中显示，如图 6-62 所示。

5）单击“确定”按钮✔，完成曲面的剪裁，效果如图 6-63 所示。

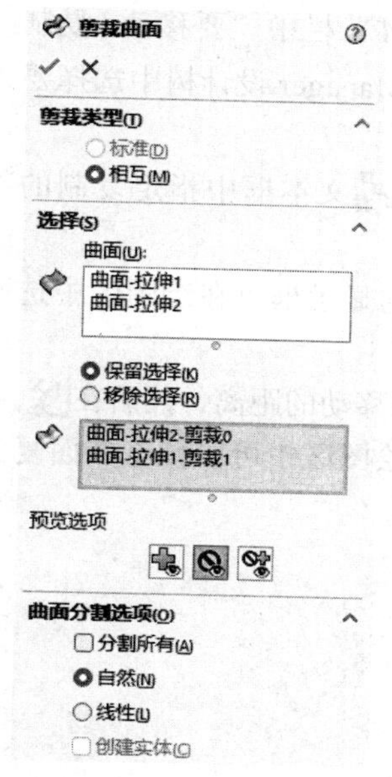

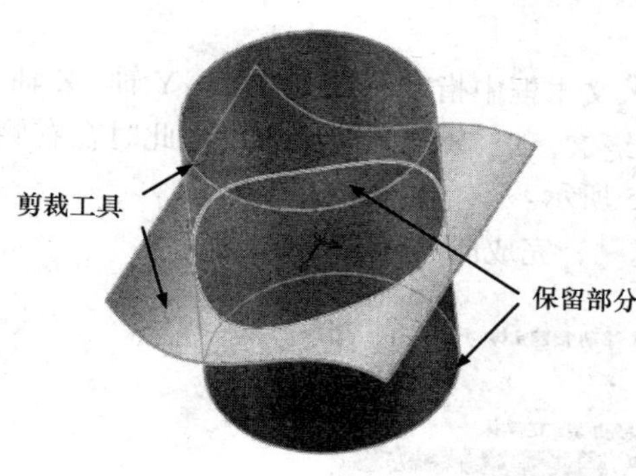

图 6-62　剪裁类型为“相互”剪裁

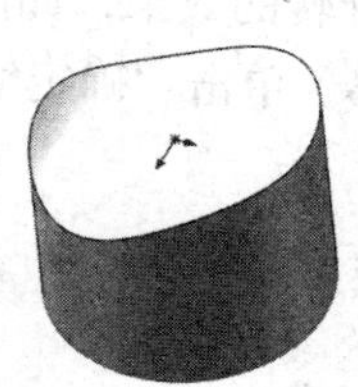

图 6-63　曲面的剪裁效果

6.5.5　移动 / 复制 / 旋转曲面

用户可以像对拉伸特征、旋转特征那样对曲面特征进行移动、复制、旋转等操作。

要移动 / 复制曲面，可做如下操作：

1）选择“插入”→“曲面”→“移动 / 复制”命令。

2）在“移动 / 复制实体”属性管理器中单击“要移动 / 复制的实体”栏中“要移动 / 复制的实体和曲面或图形实体”右侧的显示框，然后在绘图区或 FeatureManager 设计树中选择要移动 / 复制的曲面。

3）如果要复制曲面，则选择“复制”复选框，然后在“份数”文本框中指定复制的数目。

4）单击“平移”栏中“平移参考体”右侧的显示框，然后在绘图区中选择一条边线来定义平移方向，或者在绘图区中选择两个顶点来定义曲面移动或复制体之间的方向和距离。

5）也可以在ΔX、ΔY、ΔZ文本框中指定移动的距离或复制体之间的距离，此时在右侧的绘图区中可以预览曲面移动或复制的效果，如图 6-64 所示。

6）单击“确定”按钮，完成曲面的移动 / 复制。

此外，还可以旋转 / 复制曲面，此时可做如下操作：

1）选择“插入”→“曲面”→“移动 / 复制”命令。

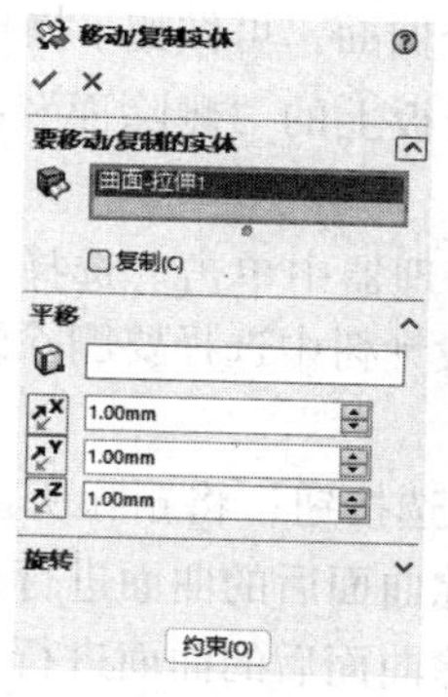

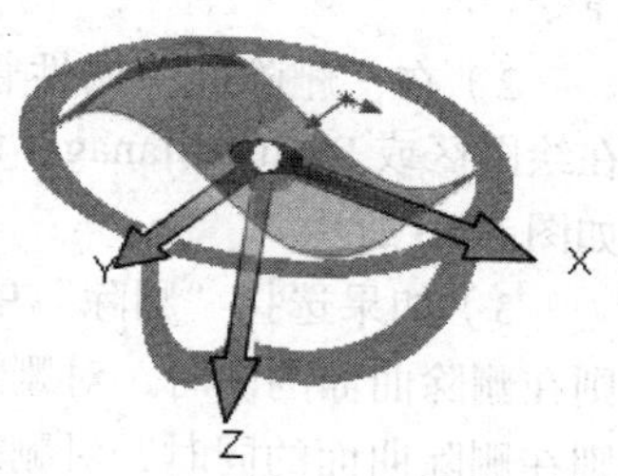

图 6-64　移动 / 复制曲面

2）在“移动 / 复制实体”属性管理器中单击“要移动 / 复制的实体”栏中“要移动 / 复制的实体和曲面或图形实体”右侧的显示框，然后在绘图区或 FeatureManager 设计树中选择要旋转 / 复制的曲面。

3）如果要复制曲面，则选择“复制”复选框，然后在“份数”文本框中指定复制的数目。

4）激活“旋转”选项，单击“旋转”栏中“旋转参考”右侧的显示框，在绘图区中选择一条边线定义旋转方向。

5）或者在、、文本框中指定原点在 X 轴、Y 轴、Z 轴方向移动的距离，然后在、、文本框中指定曲面绕 X、Y、Z 轴旋转的角度，此时在右侧的绘图区中可以预览曲面复制 / 旋转的效果，如图 6-65 所示。

6）单击“确定”按钮，完成曲面的旋转 / 复制。

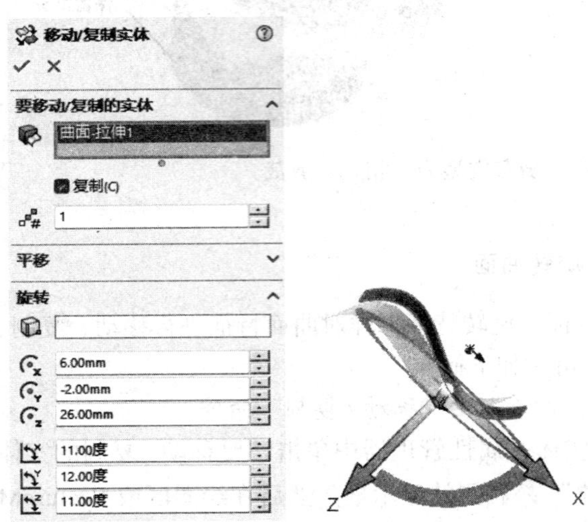

图 6-65　旋转 / 复制曲面

6.5.6　删除曲面

用户可以从曲面实体中删除一个面，并对实体中的面进行删除和自动修补。

要从曲面实体中删除一个曲面，可做如下操作：

1）单击“曲面”控制面板上的“删除面”按钮，或选择“插入”→“面”→“删除”命令。

2）在“删除面”属性管理器中单击“选择”栏中“要删除的面”右侧的显示框，然后在绘图区或 FeatureManager 设计树中选择要删除的面。此时，要删除的曲面在该显示框中显示，如图 6-66 所示。

3）如果选择“删除”单选按钮，将删除所选的曲面；如果选择“删除并修补”单选按钮，则在删除曲面的同时，对删除曲面后的曲面进行自动修补；如果选择“删除并填补”单选按钮，则在删除曲面的同时，对删除曲面后的曲面进行自动填充。

4）单击“确定”按钮，完成曲面的删除。

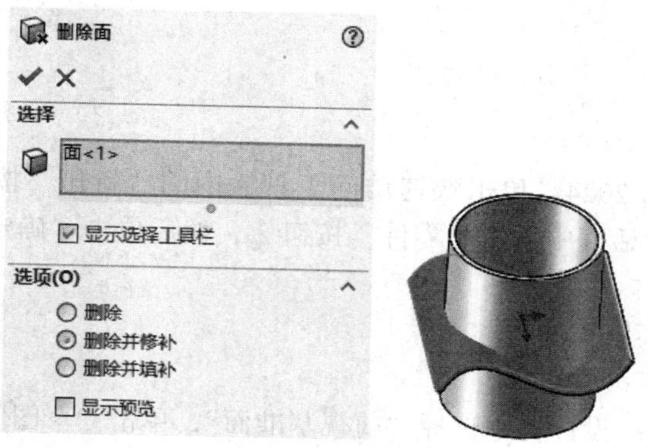

图 6-66　“删除面”属性管理器

6.5.7　曲面切除

SOLIDWORKS 还可以利用曲面来完成对实体的切除。

1）选择“插入”→“切除”→“使用曲面”命令，弹出“使用曲面切除”属性管理器。

2）在绘图区或 FeatureManager 设计树中选择切除要使用的曲面，所选曲面出现在“曲面切除参数”栏的显示框中，如图 6-67 所示。

3）注意绘图区中箭头指示实体切除的方向。如果有必要，可单击“反向”按钮改变切除方向。

4）单击“确定”按钮，则实体被切除，如图 6-68 所示。

5）单击“曲面”面板中的“剪裁曲面”按钮，对曲面进行剪裁，得到实体切除效果，如图 6-69 所示。

除了上述几种常用的曲面编辑方法，还有圆角曲面、加厚曲面和填充曲面等多种编辑方法。它们的操作大多数与特征的编辑类似。

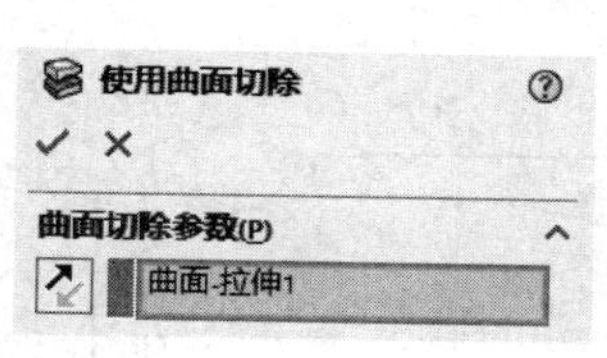

图 6-67　“使用曲面切除”属性管理器

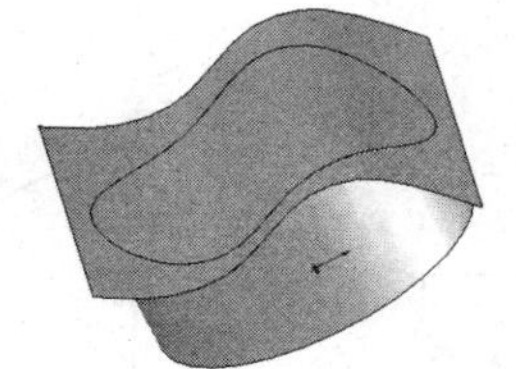

图 6-68　切除实体

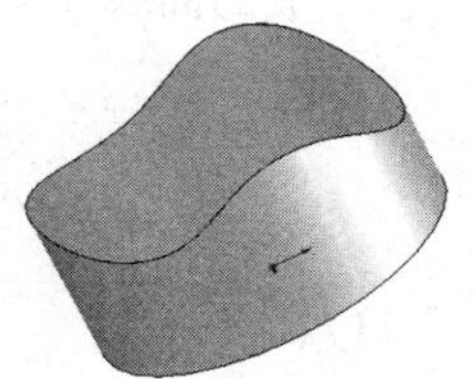

图 6-69　实体切除效果

6.6　综合实例——音量控制器

创建如图 6-70 所示的音量控制器。

本案例视频内容：“X：\动画演示\第 6 章\上机操作\音量控制器 .mp4”。

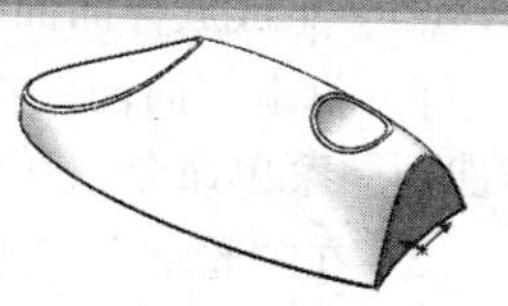

图 6-70　音量控制器

操作提示

1. 新建文件

启动 SOLIDWORKS 2024，单击快速访问工具栏中的“新建”按钮，在弹出的“新建 SOLIDWORKS 文件”对话框中单击“零件”按钮，然后单击“确定”按钮，创建一个新的零件文件。

2. 生成音量控制器实体

（1）绘制草图 1

1）在 FeatureManager 设计树中选择“前视基准面”，单击“草图”控制面板上的“草图绘制”按钮，进入草图绘制环境。

2）单击“草图”控制面板“椭圆”下拉菜单中的“部分椭圆”按钮，绘制椭圆弧。

3）单击“草图”控制面板上的“智能尺寸”按钮，标注尺寸，绘制如图 6-71 所示的草图 1。

（2）绘制草图 2

1）在 FeatureManager 设计树中选择“右视基准面”，单击“草图”控制面板上的“草图绘制”按钮，进入草图绘制环境。

2）单击“草图”控制面板“椭圆”下拉菜单中的“抛物线”按钮，绘制抛物线。

3）单击“草图”控制面板上的“智能尺寸”按钮，标注尺寸，绘制如图 6-72 所示的草图 2。

（3）绘制草图 3

1）在 FeatureManager 设计树中选择“上视基准面”，单击“草图”控制面板上的“草图绘制”按钮，进入草图绘制环境。

2）单击“草图”控制面板上的“样条曲线”按钮，绘制样条曲线。

3）单击“草图”控制面板上的“智能尺寸”按钮，标注尺寸，绘制如图 6-73 所示的草图 3，生成的曲线如图 6-74 所示。

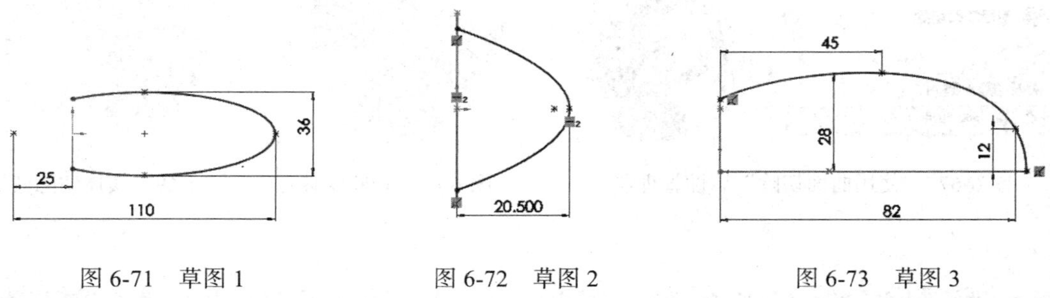

图 6-71　草图 1　　图 6-72　草图 2　　图 6-73　草图 3

（4）生成放样曲面

1）单击“曲面”控制面板上的“放样曲面”按钮，或选择“插入”→“曲面”→“放样曲面”菜单命令，弹出“曲面 - 放样”属性管理器。

2）在“轮廓”显示框中选择草图 1 和草图 2 为轮廓，在“引导线”显示框中选择草图 3 为引导线。

3）单击“确定”按钮✔，生成放样曲面，如图 6-75 所示。

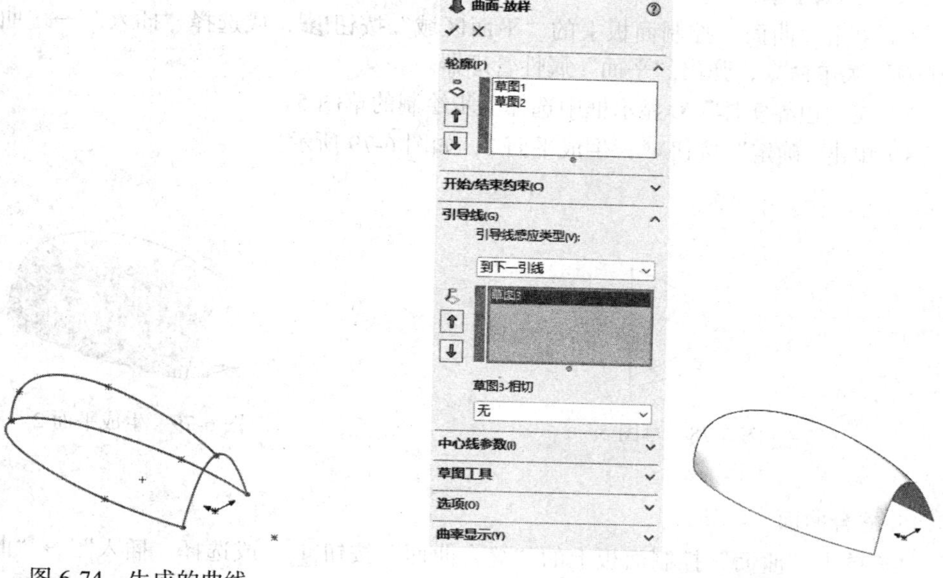

图 6-74　生成的曲线

图 6-75　生成放样曲面

3. 生成平面 1

（1）绘制草图 4

1）在 FeatureManager 设计树中选择“前视基准面”，单击“草图”控制面板上的“草图绘制”按钮，进入草图绘制环境。

2）单击“草图”控制面板上的“转换实体引用”按钮，绘制如图 6-76 所示的草图 4。

（2）生成平面

1）单击“曲面”控制面板上的“平面区域”按钮，或选择“插入”→“曲面”→“平面区域”菜单命令，弹出“平面”属性管理器。

2）在“边界实体”◇显示框中选择上步绘制的草图 4。

3）单击“确定”按钮✔，生成平面 1，如图 6-77 所示。

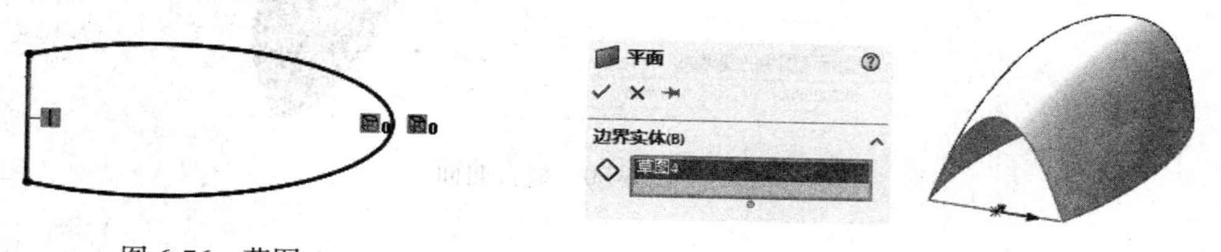

图 6-76　草图 4

图 6-77　生成平面 1

4. 生成平面 2

（1）绘制草图 5

1）在 FeatureManager 设计树中选择“右视基准面”，单击“草图”控制面板上的“草图绘制”按钮，进入草图绘制环境。

2）单击“草图”控制面板上的“转换实体引用”按钮，绘制如图 6-78 所示的草图 5。

（2）生成平面

1）单击“曲面”控制面板上的“平面区域”按钮，或选择“插入”→“曲面”→“平面区域”菜单命令，弹出“平面”属性管理器。

2）在“边界实体”◇显示框中选择上步绘制的草图 5。

3）单击“确定”按钮✔，生成平面 2，如图 6-79 所示。

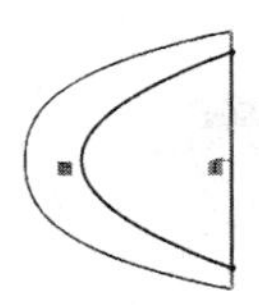

图 6-78　草图 5

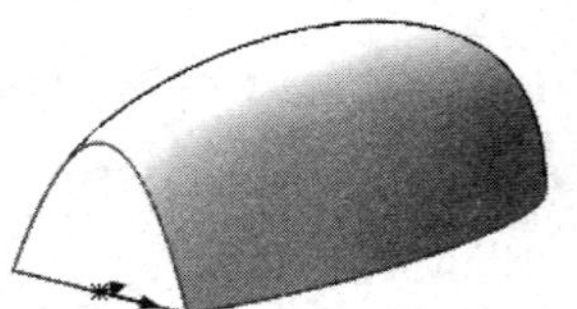

图 6-79　生成平面 2

5. 缝合曲面

1）单击“曲面”控制面板上的“缝合曲面”按钮，或选择“插入”→“曲面”→“缝合曲面”菜单命令，弹出“缝合曲面”属性管理器

2）选择生成的三个面，单击“确定”按钮✔，缝合成一个曲面，如图 6-80 所示。

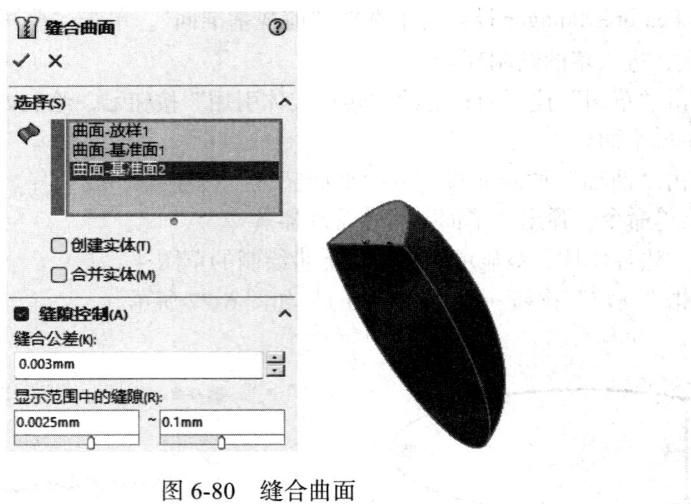

图 6-80　缝合曲面

6. 用曲面切割实体

（1）绘制草图 6

1）选择前视基准面，单击“草图”控制面板上的“草图绘制”按钮，进入草图绘制模式。

2）单击“草图”控制面板上的“圆心 / 起 / 终点画弧”按钮，绘制如图 6-81 所示的草图 6。

（2）生成放样曲面

1）单击“曲面”控制面板上的“放样曲面”按钮，或执行“插入”→“曲面”→“放样曲面”菜单命令，弹出“曲面 - 放样”属性管理器。

2）在“轮廓”显示框中选择绘制的草图 6 和边线。

3）单击“确定”按钮，生成放样曲面，如图 6-82 所示。

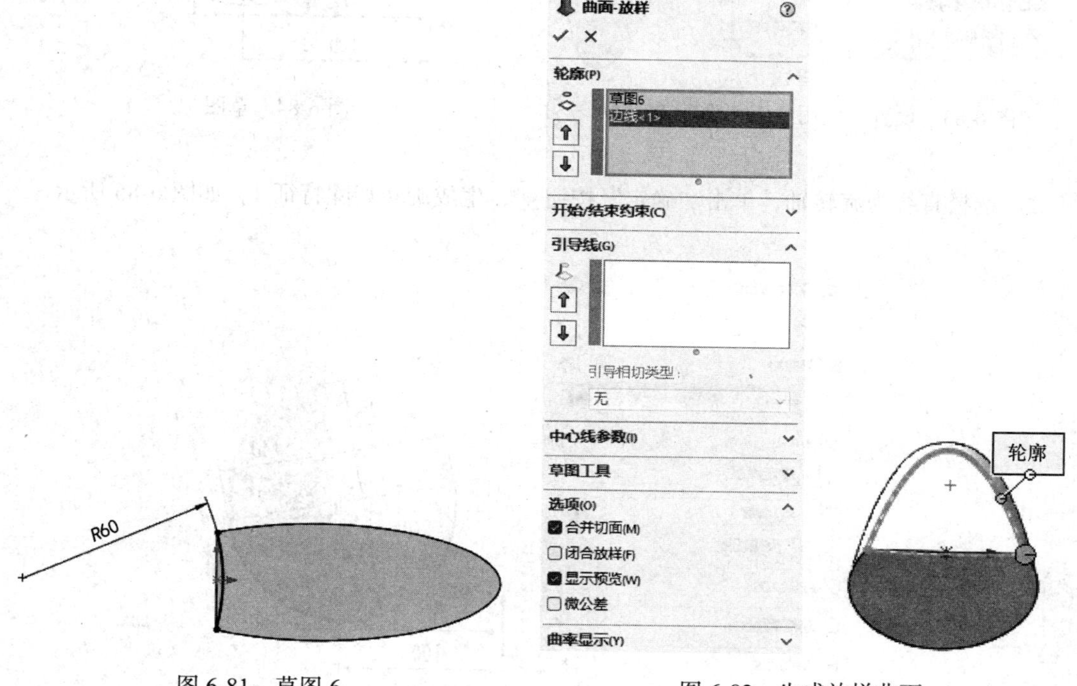

图 6-81　草图 6

图 6-82　生成放样曲面

（3）曲面切割实体

1）选择“插入”→“切除”→“使用曲面”菜单命令，弹出“使用曲面切除”属性管理器。

2）选择上步生成的放样曲面作为切除面，设置如图 6-83 所示。

3）单击“确定”按钮，完成曲面切割实体。

7. 切削造型槽 1

（1）绘制草图 7

1）选择上视基准面，单击“草图”控制面板上的“草图绘制”按钮，进入草图绘制模式。

2）单击“草图”控制面板上的“圆心 / 起 / 终点画弧”按钮和“直线”按钮，绘制如图 6-84 所示的草图 7。

（2）旋转切除

1）单击“特征”控制面板上的“旋转切除”按钮，弹出“切除 - 旋转”属性管理器。

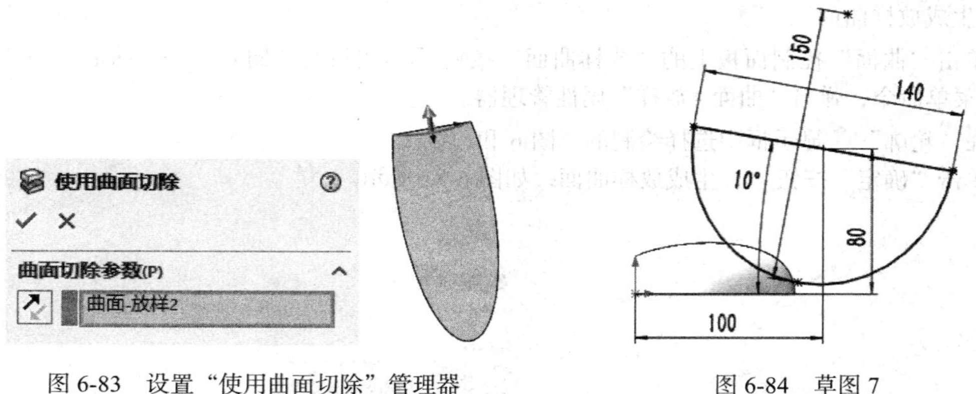

图 6-83　设置“使用曲面切除”管理器　　图 6-84　草图 7

2）选择直线为旋转轴，单击“确定”按钮✔，生成旋转切除特征 1，如图 6-85 所示。

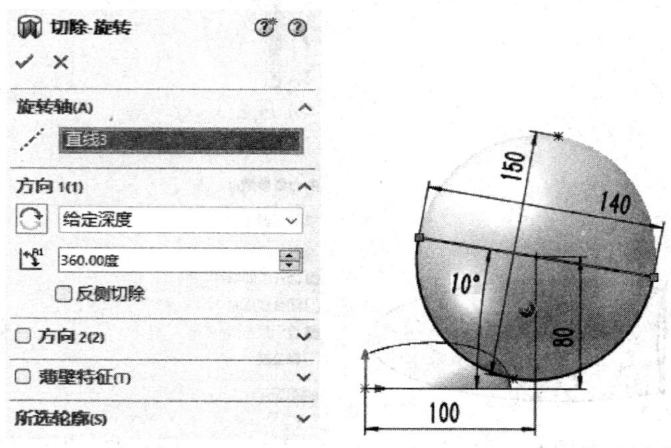

图 6-85　生成旋转切除特征 1

8. 切削造型槽 2

（1）绘制草图 8

1）选择上视基准面，单击“草图”控制面板上的“草图绘制”按钮，进入草图绘制模式。

2）单击“草图”控制面板上的“圆心 / 起 / 终点画弧”按钮和“直线”按钮，绘制如图 6-86 所示的草图 8。

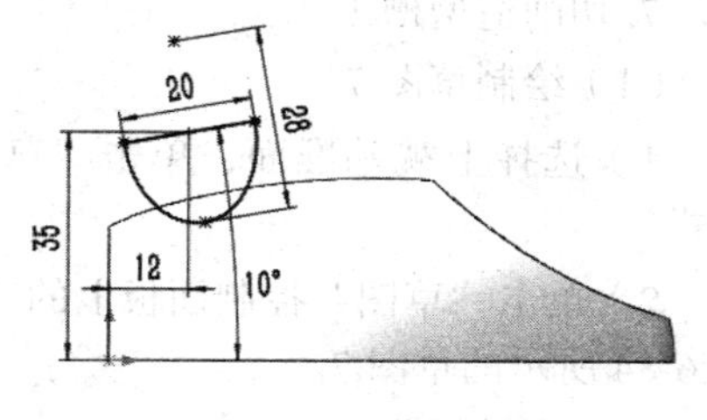

图 6-86　草图 8

（2）旋转切除

1）单击“特征”控制面板上的“旋转切除”按钮，弹出“切除 - 旋转”属性管理器。

2）选择直线为旋转轴，单击“确定”按钮✔，生成旋转切除特征 2，如图 6-87 所示。

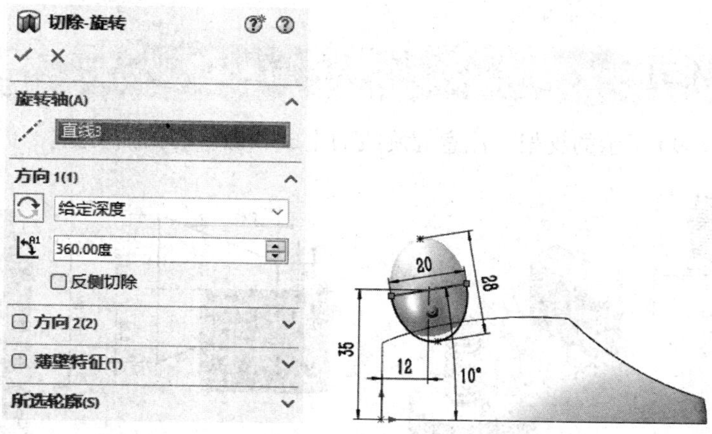

图 6-87 生成旋转切除特征 2

9. 圆角

1）单击“特征”控制面板中的“圆角”按钮，此时系统弹出“圆角”属性管理器。

2）在“要圆角化的项目”的“边线、面、特征和环”显示框中选择两个旋转凸台切除面，在“半径”文本框中输入 1.00mm，设置如图 6-88 所示。

3）单击“确定”按钮，完成圆角 1 处理，如图 6-88 所示。

4）用同样的方法设置各边缘线的圆角“半径”为 0.50mm，如图 6-89 所示，得到如图 6-70 所示的音量控制器。

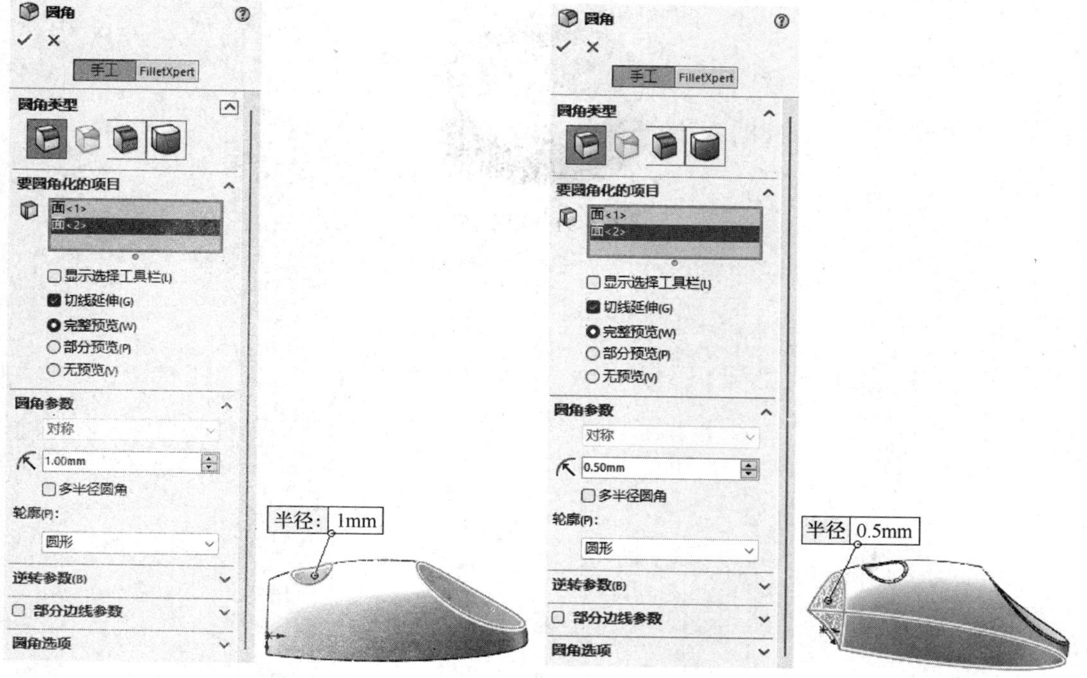

图 6-88 圆角 1 处理

图 6-89 圆角 2 处理

6.7 思考练习

1）绘制如图 6-90 所示的支架，注意螺旋线的生成和螺纹的扫描切除。

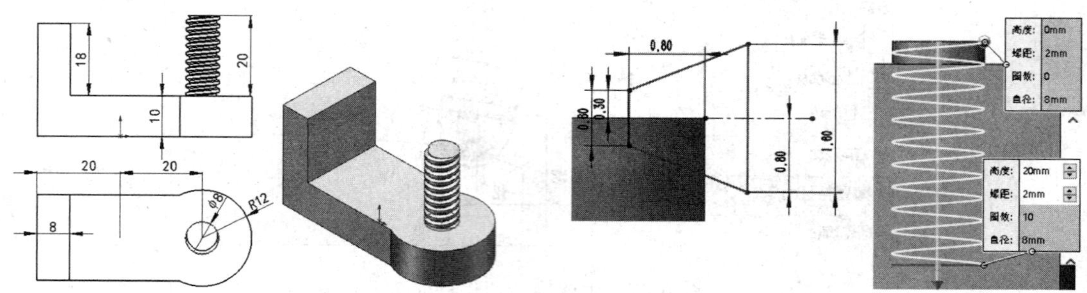

图 6-90　支架

2）绘制如图 6-91 所示的银葫芦，注意使用更改颜色属性。

3）练习各种空间曲线的生成，如投影曲线、通过参考点的曲线、通过 XYZ 点的曲线、组合曲线、分割线、从草图投射到平面或曲面的曲线、螺旋线和涡状线，理解它们的定义和生成方式的不同。

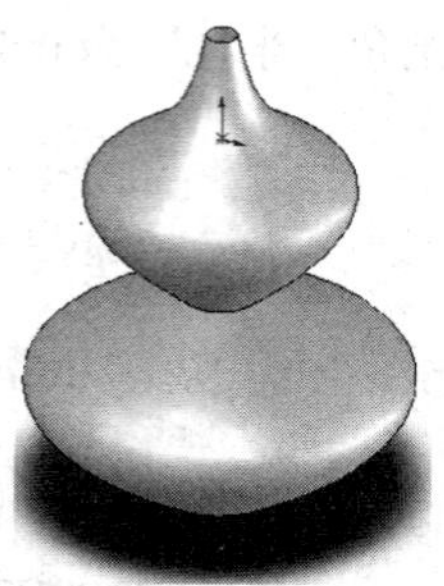

图 6-91　银葫芦

第 7 章

零件建模的复杂功能

本章主要介绍 SOLIDWORKS 中零件的控制方法，如控制零件和尺寸和密度等。此外，本章还对 SOLIDWORKS 的渲染软件 PhotoWorks 做了简单的介绍。

- 方程式驱动尺寸
- 系列零件设计表
- 模型计算
- 输入与输出

7.1 方程式驱动尺寸

连接尺寸只能控制特征中不属于草图部分的数值（如两个拉伸特征的深度），即特征定义尺寸，而方程式可以驱动任何尺寸。当在模型尺寸之间生成方程式后，特征尺寸成为变量，它们之间必须满足方程式的要求，互相牵制。当删除方程式中使用的尺寸或尺寸所在的特征时，方程式也将被一起删除。

要生成模型尺寸的方程式驱动关系，就必须为尺寸添加变量名。

1）在绘图区中单击尺寸值。

2）在弹出的“尺寸”属性管理器中选择“数值”标签。

3）在“主要值”下方的文本框中输入尺寸名称，此时是以全名的形式显示，如图 7-1 所示。

4）单击“确定”按钮✔，关闭该属性管理器。

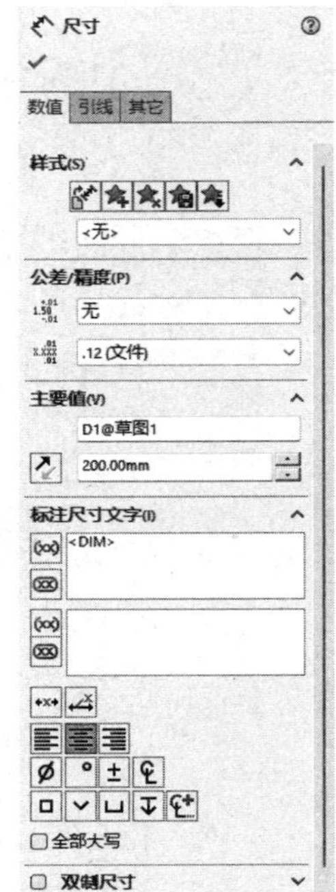

图 7-1 “尺寸”属性管理器

在定义完尺寸的变量名称后，就可以建立方程式来驱动它们了。主要步骤如下：

1）单击“工具”工具栏上的“方程式”按钮Σ，或选择“工具”→“方程式”命令，弹出“方程式、整体变量及尺寸”对话框，如图 7-2a 所示。

2）在对话框中依次单击左上方图标，分别显示“方程式视图”“草图方程式视图”“尺寸视图”“按序排列的视图”，如图 7-2 所示。

3）单击对话框中的“重建模型”按钮，或选择菜单栏中的“编辑”→“重建模型”命令来更新模型，所有被方程式驱动的尺寸会立即更新。此时，在 FeatureManager 设计树中会出现（方程式）文件夹，右击该文件夹，即可对方程式进行编辑、删除、添加等操作。

SOLIDWORKS 2024 中的方程式支持的运算和函数见表 7-1。

注意

被方程式所驱动的尺寸无法在模型中以编辑尺寸值的方式来改变。

为了更好地了解设计者的设计意图，还可以在方程式中添加注释文字，也可以像编程那样将某个方程式去掉，避免该方程式的运行。

要对方程式添加注释文字，可做如下操作：

1）直接在“方程式”下方空白框中输入内容，如图 7-2a 所示。

2）单击图 7-2 所示对话框中的“输入”按钮，在弹出的如图 7-3 所示的“打开”对话框中选择要添加注释的方程式，即可添加外部方程式文件。

3）同理，单击“输出”按钮，输出外部方程式文件。

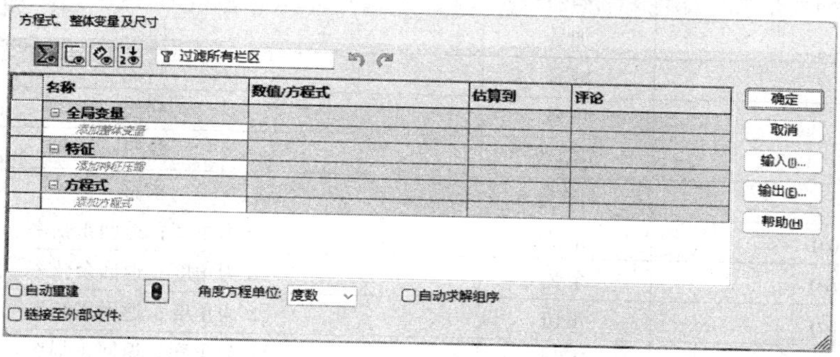

a)

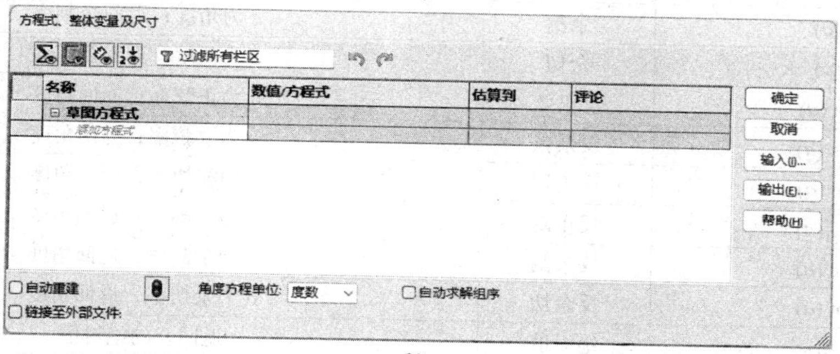

b)

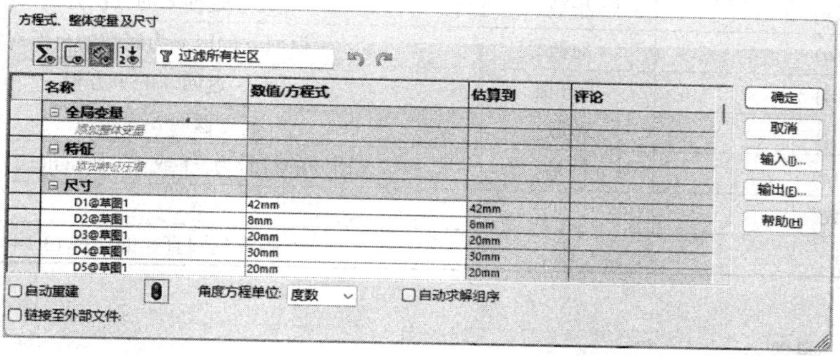

c)

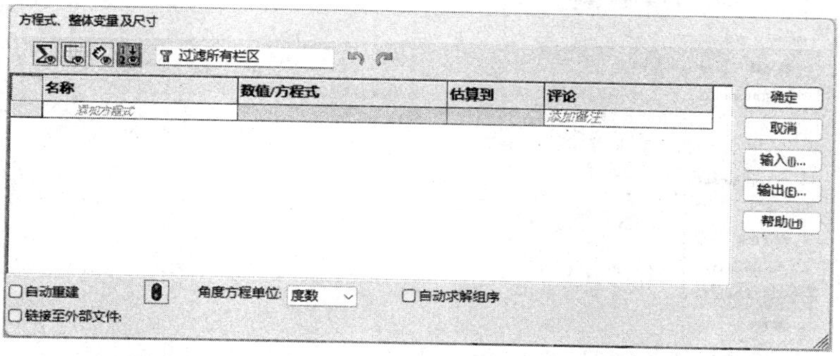

d)

图 7-2　“方程式、整体变量及尺寸”对话框

表 7-1　方程式支持的运算和函数

运算符	名称	注释
+	加号	加法
–	减号	减法
*	星号	乘法
/	正斜线	除法
^	^ 符号	求幂
sin (*a*)	正弦	*a* 为角度；返回正弦率
cos (*a*)	余弦	*a* 为角度；返回余弦率
tan (*a*)	正切	*a* 为角度；返回正弦率
sec (*a*)	正割	*a* 为角度；返回正割率
csc (*a*)	余割	*a* 为角度；返回余割率
cot (*a*)	余切	*a* 为角度；返回余切率
arcsin (*a*)	反正弦	*a* 为正弦率；返回角度
arccos (*a*)	反余弦	*a* 为余弦率；返回角度
arctan (*a*)	反正切	*a* 为相切率；返回角度
arcsec (*a*)	反正割	*a* 为正割率；返回角度
arccsc (*a*)	反余割	*a* 为余割率；返回角度
arccot (*a*)	反余切	*a* 为余切率；返回角度
abs (*a*)	绝对值	返回 *a* 的绝对值
exp (*n*)	指数	返回 e 的 *n* 次方
log (*a*)	对数	返回 *a* 的以 e 为底数的自然对数
sqr (*a*)	平方根	返回 *a* 的平方根
int (*a*)	整数	返回 *a* 为整数
sgn (*a*)	符号	返回 *a* 的符号为 −1 或 1，如 sgn(−21) 返回 −1
常数		
pi	派	圆周到圆直径的比率 (3.14)

图 7-3　“打开”对话框

7.2 系列零件设计表

如果用户的计算机上安装了 Microsoft Excel，就可以使用 Excel 在零件文件中直接嵌入新的配置。配置是指由一个零件或一个部件派生而成的形状相似、大小不同的一系列零件或部件集合。在 SOLIDWORKS 中大量使用的配置是系列零件设计表，利用系列零件设计表的用户可以很容易生成一系列大小相同、形状相似的标准零件，如螺母、螺栓等，从而形成一个标准零件库。

使用系列零件设计表具有如下优点：

1）可以采用简单的方法生成大量的相似零件，对于标准化零件管理有很大帮助。

2）使用系列零件设计表不必一一创建相似零件，从而可以节省大量时间。

3）使用系列零件设计表，在零件装配中很容易实现零件的互换。

生成系列零件设计表的主要步骤如下：

1）创建一个原始样本零件模型。

2）选取系列零件设计表中的零件成员要包含的特征或变化尺寸，选取时要按照特征或尺寸的重要程度依次选取。在此应注意，原始样本零件中没有被选取的特征或尺寸将是系列零件设计表中所有成员共同具有的特征或尺寸，即系列零件设计表中各成员的共性部分。

3）利用 Microsoft Excel 97 以上的版本编辑、添加系列零件设计表的成员和要包含的特征或变化尺寸。

生成的系列零件设计表保存在模型文件中，并且不会连接到原来的 Excel 文件。在模型中所进行的更改不会影响原来的 Excel 文件。

要在模型中插入一个新的空白的系列零件设计表，可做如下操作：

1）选择“插入”→“表格”→“Excel 设计表”命令。在“Excel 设计表”属性管理器中的“源”栏中选择“空白”单选按钮，如图 7-4 所示，然后单击“确定”按钮✔。

2）系统弹出“添加行和列”对话框，如图 7-5 所示。单击“确定”按钮，这时一个 Excel 工作表出现在零件文件窗口中，Excel 工具栏取代了 SOLIDWORKS 工具栏，如图 7-6 所示。

3）在表的第 2 行中输入要控制的尺寸名称，也可以在绘图区中双击要控制的尺寸，则相关的尺寸名称出现在第 2 行中，同时该尺寸名称对应的尺寸值出现在“第一实例”行中。

4）重复步骤 3)，直到定义完模型中所有要控制的尺寸。

5）如果要建立多种型号，则在 A 列（单元格 A3、A4 等）中输入要生成的型号名称。

6）在对应的单元格中输入该型号对应控制尺寸的尺寸值，如图 7-7 所示。

7）完成向工作表中添加信息后，在表格外单击，将其关闭。

8）系统会显示一条信息，列出所生成的型号，如图 7-8 所示。

当用户创建完成一个系列零件设计表后，其原始样本零件就是其他所有型号的样板，原始零件的所有特征、尺寸和参数等均有可能被系列零件设计表中的型号复制使用。

生成系列零件设计表后，接下来就是将它们应用于零件设计当中。

1）单击 SOLIDWORKS 窗口左边面板顶部的配置管理器（ConfigurationManager）图标。

2）在 ConfigurationManager 设计树中显示了该模型中系列零件设计表生成的所有型号。

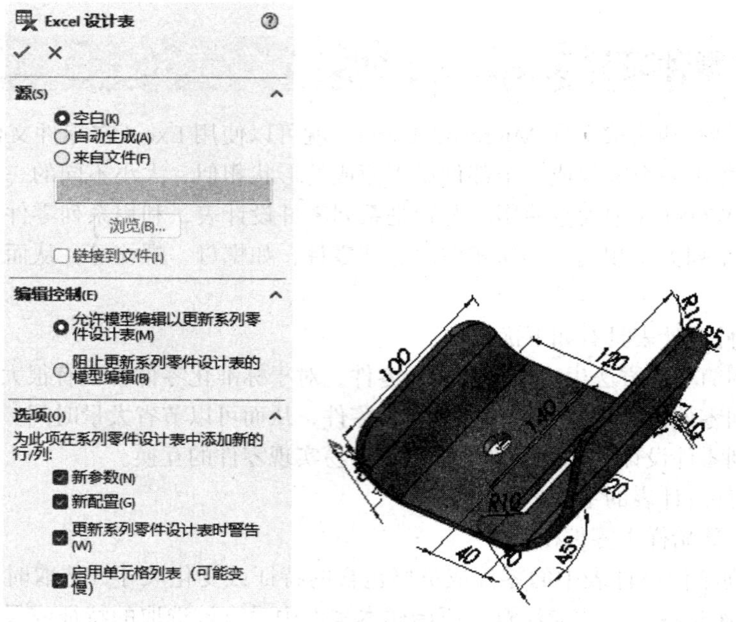

图 7-4 “Excel 设计表”属性管理器

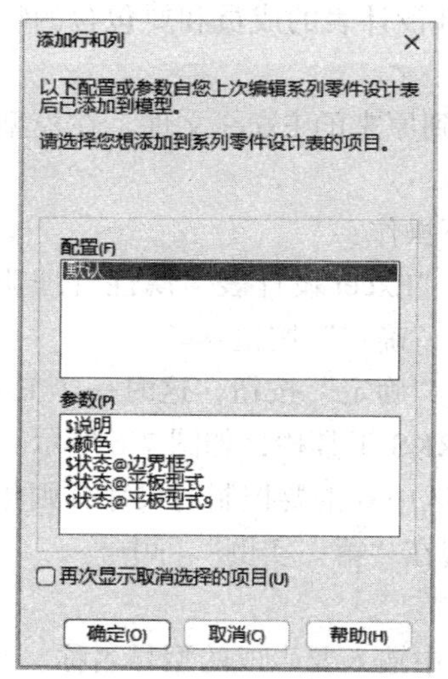

图 7-5 “添加行和列”对话框

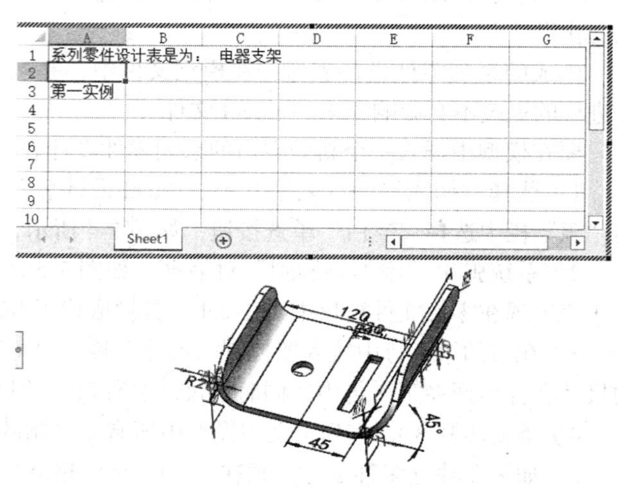

	A	B	C	D	E	F	G
1	系列零件设计表是为：		电器支架				
2							
3	第一实例						
4							
5							
6							
7							
8							
9							
10							

图 7-6 插入的 Excel 工作表

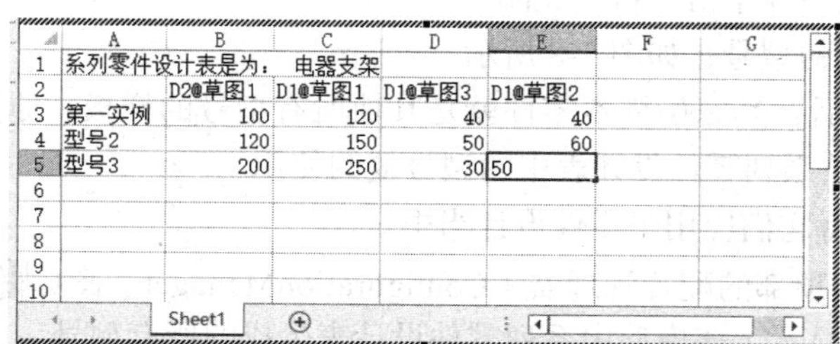

	A	B	C	D	E	F	G
1	系列零件设计表是为：		电器支架				
2		D2@草图1	D1@草图1	D1@草图3	D1@草图2		
3	第一实例	100	120	40	40		
4	型号2	120	150	50	60		
5	型号3	200	250	30	50		
6							
7							
8							
9							
10							

图 7-7 输入控制尺寸的尺寸值

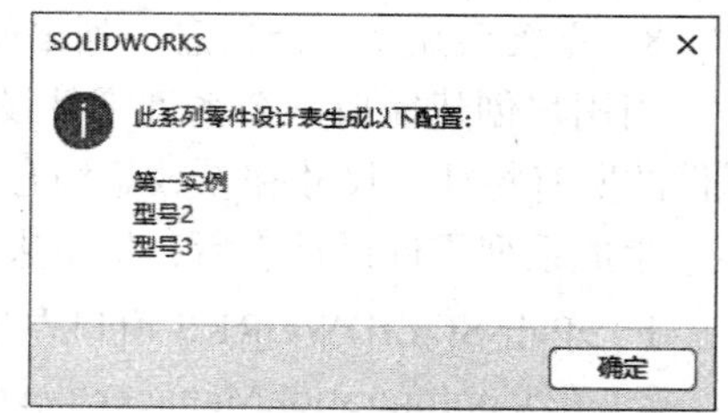

图 7-8 信息对话框

3）右击要应用的型号，在弹出的快捷菜单中选择“显示配置”命令，如图 7-9 所示。

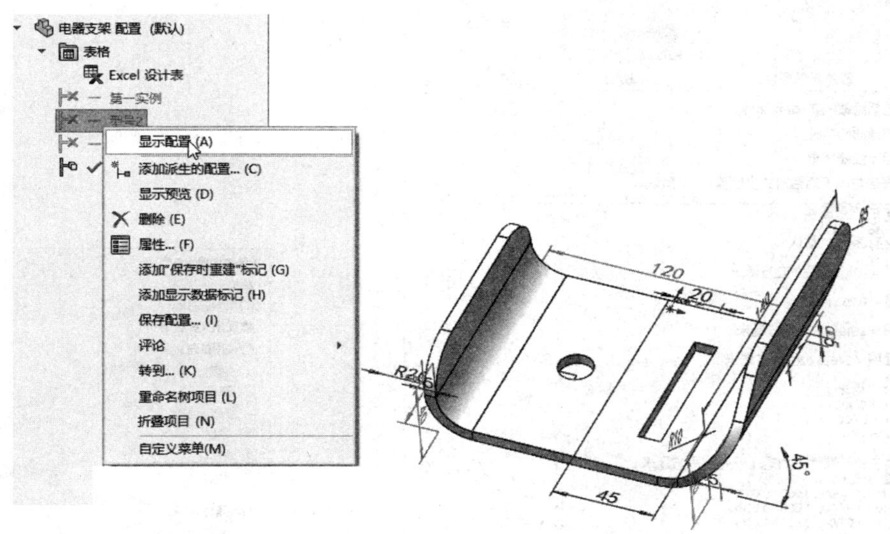

图 7-9　在快捷菜单中选择“显示配置”命令

4）系统将按照系列零件设计表中该型号的模型尺寸重建模型。

要对已有的系列零件设计表进行编辑，可做如下操作：

1）单击 SOLIDWORKS 窗口左边面板顶部的 ConfigurationManager 图标。

2）在 ConfigurationManager 设计树中右击“Excel 设计表”图标。

3）在弹出的快捷菜单中选择“编辑表格”命令。

4）如果要删除该系列零件设计表，则选择“删除”命令。

在任何时候，用户均可在原始样本零件中加入或删除特征。如果是加入特征，加入后的特征将是系列零件设计表中所有型号成员的共有特征，若某个型号成员正在被使用，系统将会依照所加入的特征自动更新该型号成员。如果是删除原始样本零件中的某个特征，则系列零件设计表中的所有型号成员的该特征都将被删除，若某个型号成员正在被使用，系统就会将工作窗口自动切换到现在的工作窗口，完成更新被使用的型号成员。

7.3 模型计算

SOLIDWORKS 不仅能完成三维设计工作，还能对所设计的模型进行简单的计算。这些计算功能是当前设计人员常用的功能之一。SOLIDWORKS 中计算的质量特性包括质量、体积、表面积、中心、惯性张量和惯性主轴。要计算质量特性，可做如下操作：

1）单击“评估”控制面板上的“质量属性”按钮，或选择“工具”→“评估”→“质量属性”命令。

2）系统弹出“质量属性”窗口，如图 7-10 所示。

3）单击“选项”按钮，弹出“质量 / 截面属性选项”对话框，如图 7-11 所示。在其中可以设置测量的单位和零件的密度等属性。

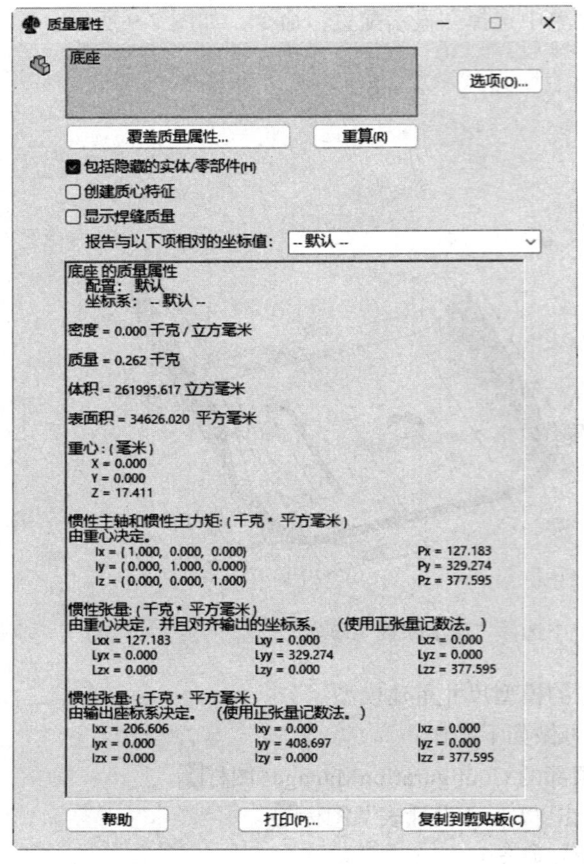

图 7-10 “质量属性”窗口

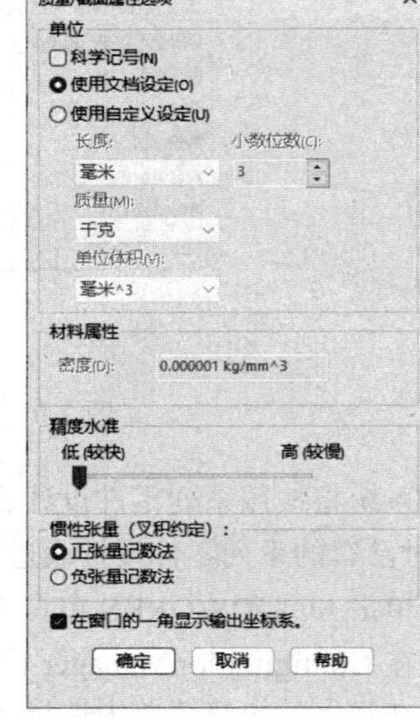

图 7-11 “质量 / 截面属性选项”对话框

4）在设置好测量选项后，单击“确定”按钮，关闭该对话框。

5）在“质量属性”窗口中单击“重算”按钮，系统会根据新设置的测量选项计算零件的质量特性。

6）单击“复制到剪贴板”按钮，将计算的结果复制到剪贴板上，然后粘贴到另一个文件中。

7）单击“打印”按钮，直接将此窗口中的内容打印出来。

8）单击“关闭”按钮，关闭“质量属性”窗口。

说 明

选择菜单栏中的“工具”→“选项”命令，弹出如图 7-12 所示的对话框。如果在“系统选项”选项卡中的“性能”项目中选择了“保存文件时更新质量属性”复选框，则在保存文件时系统会更新质量属性。这样，在下次访问质量属性时，系统不必重新计算数值，可以提高系统性能。

除了计算模型的质量特性，SOLIDWORKS 还可以针对模型中的某个面、剖面、工程图视图中的平面或草图计算其某些特性，如面积、重心和惯性张量等。

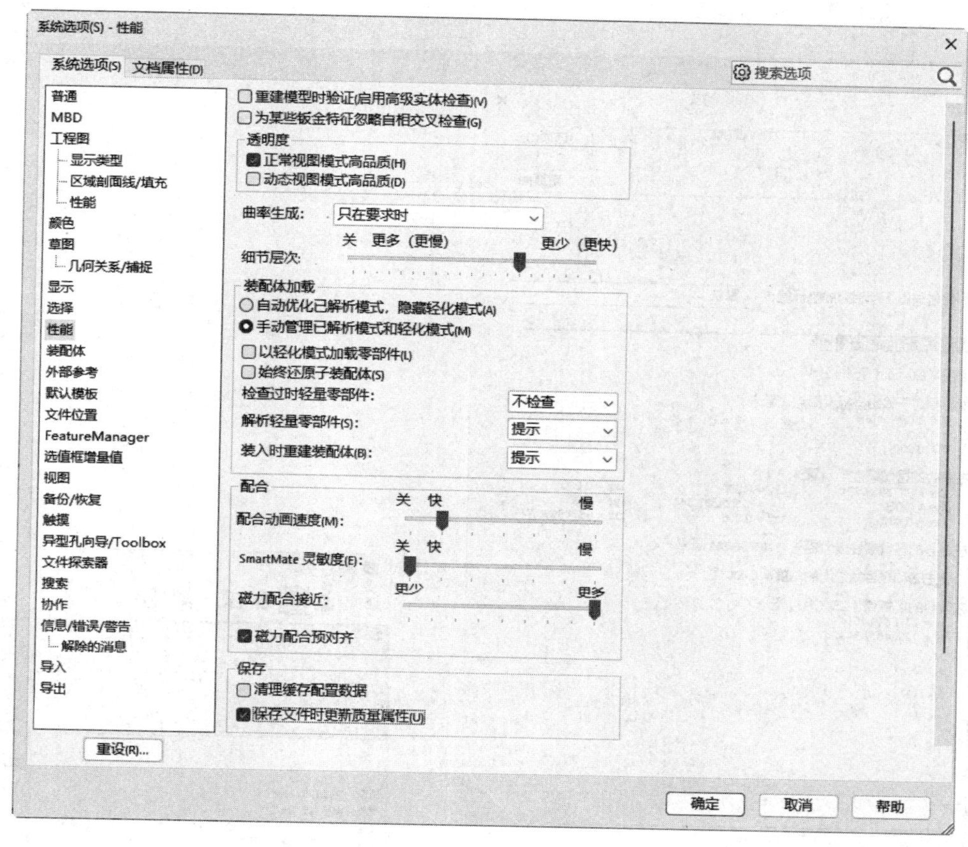

图 7-12 “系统选项”对话框

要计算某个模型面或剖面的属性，可做如下操作：

1）在绘图区中选择要计算属性的模型面或剖面。

2）单击“评估”控制面板上的“剖面属性”按钮，或选择“工具”→“评估”→“截面属性”命令。

3）系统弹出“截面属性”窗口，如图 7-13 所示。

4）单击“选项”按钮，弹出“质量 / 截面属性选项”对话框。在其中设置测量单位后关闭对话框。

5）单击“截面属性”窗口中的“重算”按钮，系统会根据新设置的测量选项计算截面属性，同时在绘图区中显示主轴和质量中心。

SOLIDWORKS 还可以测量草图、三维模型、装配体或工程图中直线、点、曲面、基准面的距离、角度、半径和大小，以及它们之间的距离、角度、半径或尺寸。当测量两点之间的距离时，两个点的 X、Y 和 Z 的距离差值会显示出来。当选择一个顶点或草图点时，会显示其 X、Y 和 Z 坐标值。

要测量实体，可做如下操作：

1）单击“评估”控制面板上的“测量”按钮，或选择“工具”→“评估”→“测量”命令。

2）弹出“测量”对话框，如图 7-14 所示。

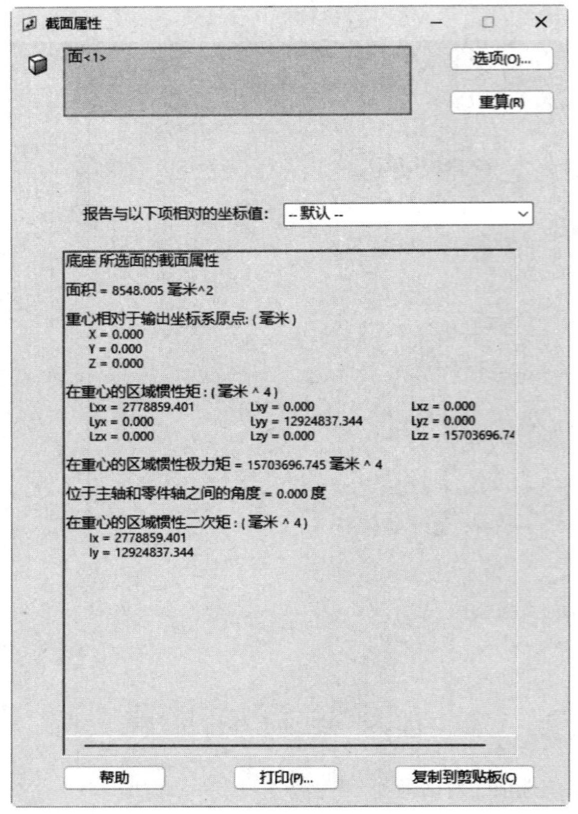

图 7-13 “截面属性”窗口

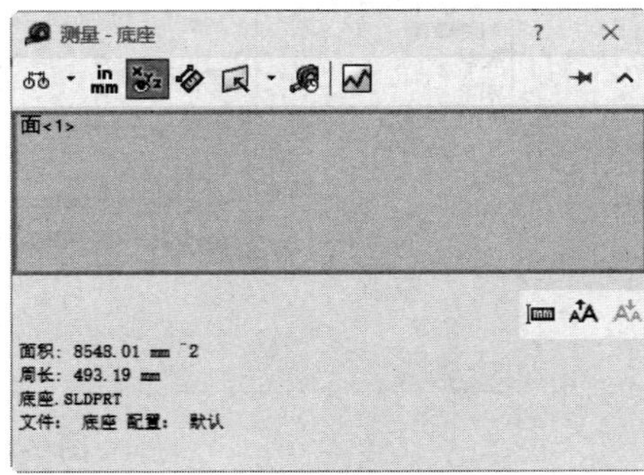

图 7-14 “测量”对话框

3）单击“单位\精度”按钮，弹出“测量单位\精度”对话框，在其中设置测量单位。

4）在“投影于”下拉列表中选择以下选项之一：

①“屏幕”：选择该选项，可以测量屏幕上的任何投影实体。

②“选择面 / 基准面”：选择该选项，可以测量所选基准面或平面上的投影实体。

5）单击选择模型上的测量项目，此时鼠标指针变为形状。

6）选择的测量项目出现在“所选项目”显示框中，同时在“测量结果”显示框中显示所得到的测量结果。

7）单击“关闭”按钮，关闭对话框。

7.4 输入与输出

用户可以从其他应用程序将文件输入到 SOLIDWORKS 文件中，也可以将 SOLIDWORKS 文件以多种格式输出。SOLIDWORKS 2024 支持许多 CAD 软件文件的输入和输出功能。表 7-2 列出了 SOLIDWORKS 支持的输入和输出文件类型。

表 7-2　SOLIDWORKS 支持的输入和输出文件类型

应用程序	零件		装配体		工程图	
	输入	输出	输入	输出	输入	输出
3D XML		×		×		
ACIS	×	×	×	×		
Adobe Illustrator	×	×		×	×	×
Adobe Photoshop	×	×	×	×	×	×
Adobe 便携式文档格式		×		×		×
Autodesk Inventor	×		×			
CADKEY	×		×			
CATIA Graphics	×	×	×	×		
DXF/DWG	×				×	×
DXF 3D	×		×			
eDrawings		×		×		×
Highly Compressed Graphics(高压缩图形)		×		×		
HOOPS		×		×		
IDF	×					
IGES	×	×	×	×		
JPEG		×		×		×
Mechanical Desktop	×		×			
Parasolid	×	×	×	×		
PDF		×		×		×
Pro/ENGINEER	×	×	×	×		
Rhino	×					
ScanTo3D	×	×				
Solid Edge	×		×			
STEP	×	×	×	×		
STL	×	×	×	×		
TIFF	×	×	×	×		×
U3D		×		×		
Unigraphics	×		×			
VDAFS	×	×				
Viewpoint		×		×		
VRML	×	×	×	×		
XPS		×		×		×

注：× 表示此项可用。

输入其他应用程序的文件，可做如下操作：

1）单击快速访问工具栏上的“打开”按钮，或选择“文件”→“打开”命令。

2）在“打开”对话框中的“文件类型”下拉列表框中选择要输入的文件类型。

3）浏览到所需的文件，单击“打开”按钮。

4）如果文件中有曲面，这些曲面以如下方式读入：

① 如果文件中有不可见曲面，则它们作为曲面特征输入并添加到 FeatureManager 设计树中。

② 如果曲面代表多个闭环实体，则该实体作为新零件文件中的基体特征出现。

如果要将 SOLIDWORKS 文件输出为其他文件类型，可做如下操作：

1）打开要输出的文件。

2）选择“文件”→“另存为”命令。

3）在“另存为”对话框中的“文件类型”下拉列表框中选择要输出的文件类型。

4）浏览输出文件要存放的文件夹。

5）单击“确定”按钮即可。

7.5 综合实例——底座

在零件建模过程中应用连接尺寸、方程式驱动和系列零件设计表，生成如图 7-15 所示的底座。

本案例视频内容：“X：\动画演示\第 7 章\底座 .mp4”。

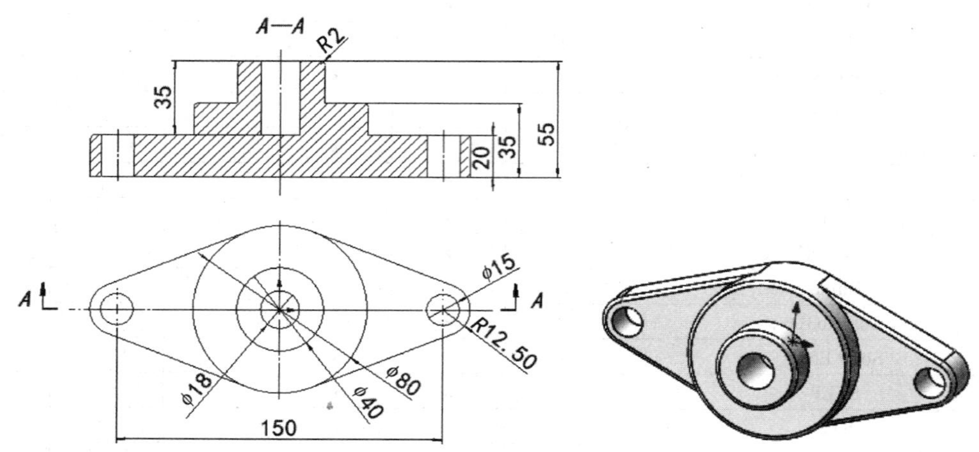

图 7-15　底座

1. 建立新的零件文件

单击快速访问工具栏中的“新建”按钮，在弹出的“新建 SOLIDWORKS 文件”对话框中单击“零件”按钮，然后单击“确定”按钮，创建一个新的零件文件。

2. 生成基体拉伸特征 1

（1）绘制草图

1）在 FeatureManager 设计树中选择“前视基准面”，单击“草图”控制面板上的“草图绘制”按钮，进入草图绘制环境。

2）单击“草图”控制面板上的“中心线”按钮，绘制两条通过原点的中心线。

3）单击“草图”控制面板上的“圆”按钮和“直线”按钮，绘制草图轮廓。

4）单击“草图”控制面板上的“剪裁实体”按钮和“镜向实体”按钮，对草图轮廓进行修剪和镜向。

5）单击“草图”控制面板上的“智能尺寸”按钮，对草图轮廓进行尺寸标注，如

图 7-16 所示。

（2）创建拉伸特征

1）单击“特征”控制面板中的“拉伸凸台 / 基体”按钮，或选择“插入”→“凸台 / 基体”→“拉伸”命令，弹出“凸台 - 拉伸”属性管理器。

2）在“方向 1”栏中设定拉伸的“终止条件”为“给定深度”，在“深度”微调框中设置拉伸深度为 20.00mm。

3）单击“确定”按钮，生成拉伸 1 特征，如图 7-17 所示。

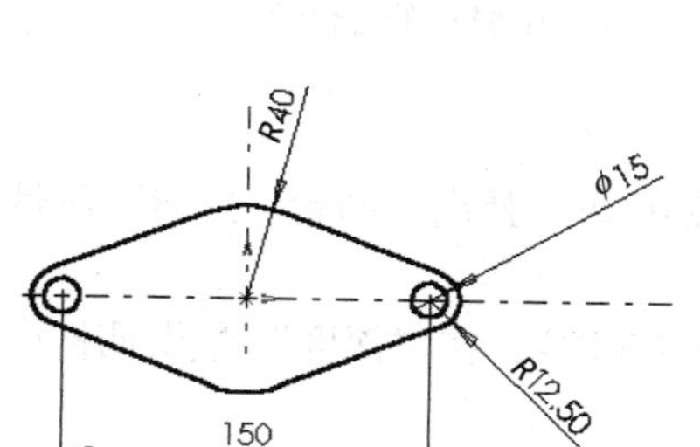

图 7-16 绘制草图并标注尺寸

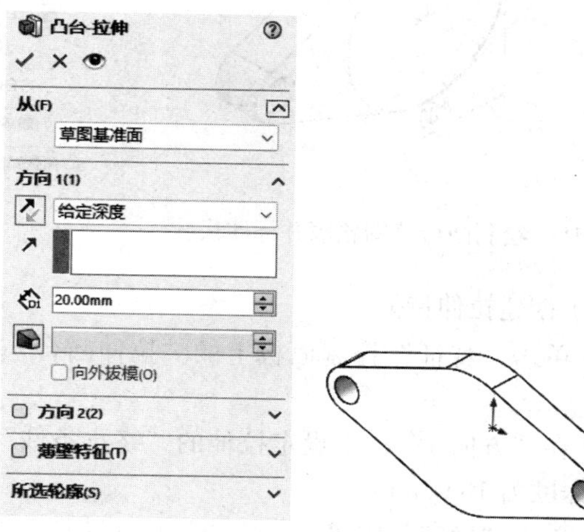

图 7-17 生成拉伸 1 特征

3. 生成基体拉伸特征 2

（1）绘制草图

1）选择拉伸 1 特征的顶面作为基准面，单击“草图”控制面板上的“草图绘制”按钮，在其上打开一张草图。

2）单击“草图”控制面板上的“圆”按钮，绘制一个圆作为凸台草图轮廓并标注尺寸，如图 7-18 所示。

（2）创建拉伸特征

1）单击“特征”控制面板上的“拉伸凸台 / 基体”按钮，弹出“凸台 - 拉伸”属性管理器。

2）在“方向 1”栏中设定拉伸的“终止条件”为“给定深度”，在“深度”微调框中设定拉伸深度为 15.00mm。

3）单击“确定”按钮，生成拉伸 2 特征，如图 7-19 所示。

4. 生成基体拉伸特征 3

（1）绘制草图

1）选择拉伸 2 顶面作为基准面，单击“草图”控制面板上的“草图绘制”按钮，在其上打开一张草图。

2）单击“草图”控制面板上的“圆”按钮，绘制一个圆作为拉伸 3 草图轮廓并标注尺寸，如图 7-20 所示。

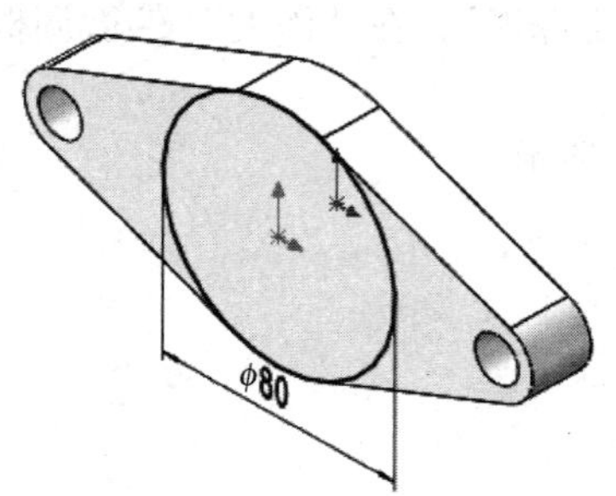

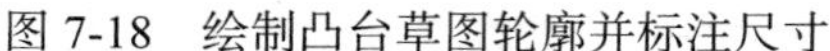
图 7-18　绘制凸台草图轮廓并标注尺寸

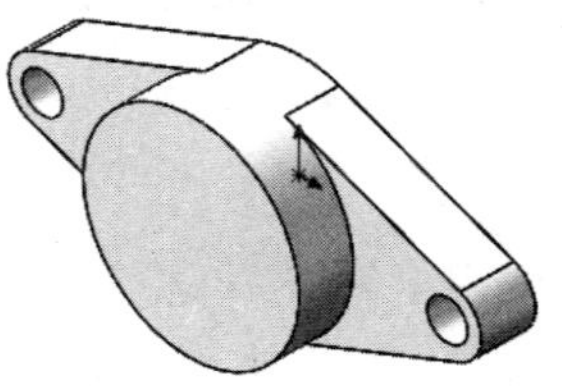
图 7-19　生成拉伸 2 特征

（2）创建拉伸特征

1）单击“特征”控制面板上的“拉伸凸台 / 基体”按钮，弹出“凸台 - 拉伸”属性管理器。

2）在“方向 1”栏中设定拉伸的“终止条件”为“给定深度”，在“深度”微调框中设定拉伸深度为 18.00mm。

3）单击“确定”按钮，生成拉伸 3 特征，如图 7-21 所示。

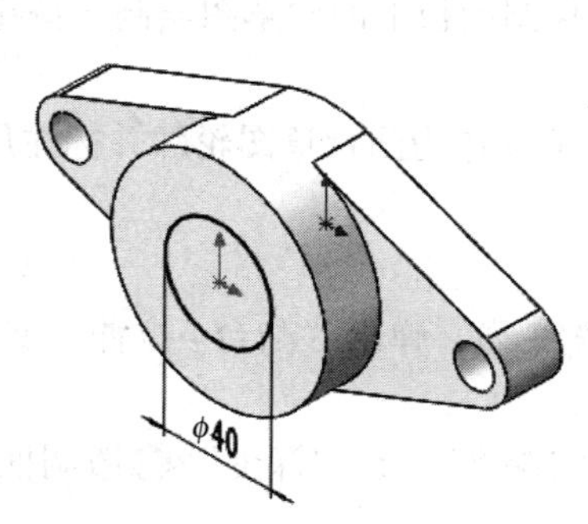

图 7-20　绘制拉伸 3 草图轮廓并标注尺寸

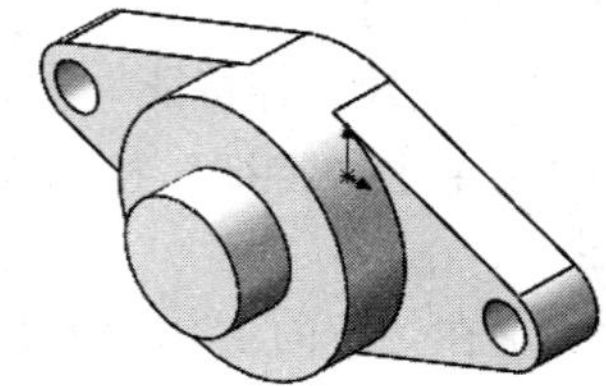
图 7-21　生成拉伸 3 特征

5. 生成基体拉伸切除特征

（1）绘制草图

1）选择拉伸 3 顶面作为基准面，单击“草图”控制面板上的“草图绘制”按钮，在其上打开一张草图。

2）单击“草图”控制面板上的“圆”按钮，绘制一个圆作为拉伸切除草图轮廓并标注尺寸，如图 7-22 所示。

（2）创建拉伸切除特征

1）单击“特征”控制面板上的“拉伸切除”按钮，或选择“插入”→“切除”→“拉伸”命令，弹出“切除 - 拉伸”属性管理器。

2）设置切除的“终止条件”为“给定深度”，在“深度”微调框中设定拉伸深度为 33.00mm。

3）单击“确定”按钮，生成切除 - 拉伸 1 特征，如图 7-23 所示。

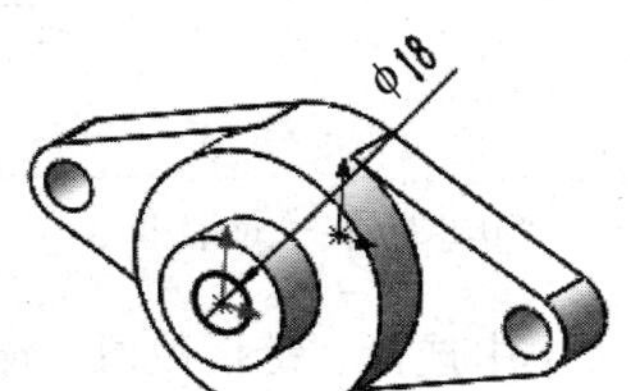

图 7-22　绘制拉伸切除草图轮廓并标注尺寸

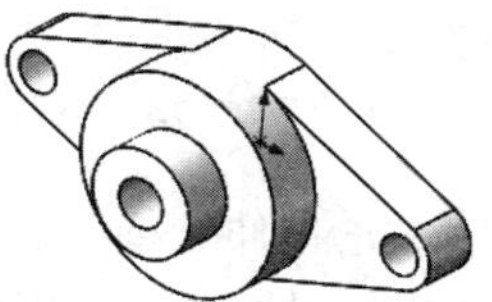

图 7-23　生成切除 - 拉伸 1 特征

6. 生成圆角特征

1）单击“特征”控制面板上的“圆角”按钮，或选择“插入”→“特征”→“圆角”命令。

2）在“圆角”属性管理器中选择“圆角类型”为“固定大小圆角”，并在“半径”微调框中设置半径值为 2.00mm。

3）单击“边线、面、特征和环”右侧的显示框，然后在其右侧的绘图区中选择圆角边线，如图 7-24 所示。

4）单击“确定”按钮，生成等半径圆角特征。

7. 保存文件

单击快速访问工具栏中的“保存”按钮，或者选择“文件”→“保存”命令。将草图保存，名为“底座 .sldprt”。至此，该零件模型的建模工作就基本完成了。

8. 为零件添加连接尺寸

1）在 FeatureManager 设计树中右击“注解”文件夹，然后在弹出的快捷菜单中选择“显示特征尺寸”命令。这时，在绘图区中零件的所有特征尺寸都显示出来。

2）右击拉伸 1 特征的深度尺寸（20.00mm），在弹出的快捷菜单中选择“链接数值”命令。

3）在“共享数值”对话框中的“名称”中输入 depth 作为尺寸变量名，如图 7-25 所示。单击“确定”按钮，关闭该对话框。

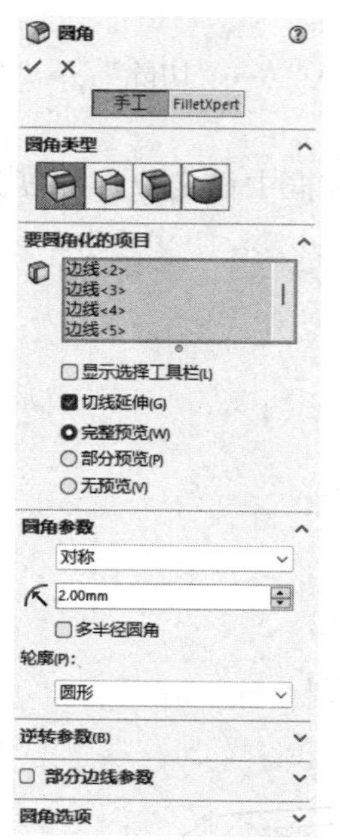

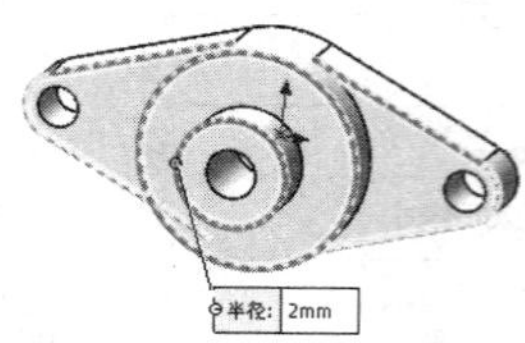

图 7-24　选择圆角边线

共享数值

数值(V): 20.00mm

名称(N) depth

确定

取消

帮助(H)

图 7-25　“共享数值”对话框

4）右击拉伸 3 特征的深度尺寸（18.00mm），在弹出的快捷菜单中选择“链接数值”命令。

5）在“共享数值”对话框的“名称”下拉列表框中选择变量名称 depth，然后单击“确定”按钮，关闭该对话框。

6）拉伸 3 特征的深度尺寸已经由 18.00mm 变为 20.00mm，这两个尺寸已经连接起来了。只要改变其中的一个尺寸值，另一个尺寸就会做相应的改变。

9. 在模型中建立驱动尺寸方程式

1）选择“工具”→“方程式”命令。

2）在弹出的“方程式、整体变量及尺寸”对话框中单击“方程式视图”按钮，在方程式栏中单击。

3）在绘图区中单击第一个要在方程式中使用的尺寸值——切除 - 拉伸 1 特征的深度尺寸（33mm）。

4）单击“数值 / 方程式”栏，然后在绘图区中单击拉伸 2 特征的深度尺寸。

5）按 + 键，然后在绘图区中单击拉伸 1 特征的深度尺寸。

此时在“数值 / 方程式”栏中形成的方程式为：D1@ 切除 - 拉伸 1 = D1@ 凸台 - 拉伸 2 +depth@ 凸台 - 拉伸 1。

6）单击“确定”按钮，切除 - 拉伸 1 特征的深度尺寸已经由 33mm 变为了 35mm。

7）用同样的方法添加如下方程式（尺寸名称对应的尺寸如图 7-26 所示）：

➢ D1@ 草图 2 = 2 * D4@ 草图 1

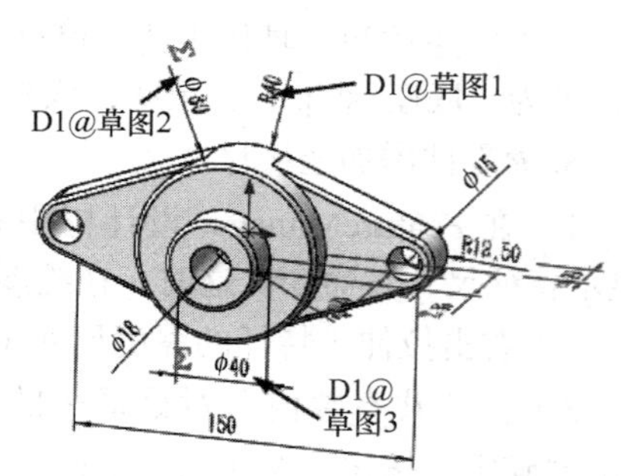

图 7-26　定义的尺寸名称与对应的尺寸

➢ D1@ 草图 3 = D1@ 草图 2 / 2

8）“方程式、整体变量及尺寸”对话框如图 7-27 所示。单击“确定”按钮，关闭该对话框。

10. 创建系列零件设计表

利用这个零件模型建立一个系列零件设计表，从而可以方便地得到一系列大小相同、形状相似的零件。

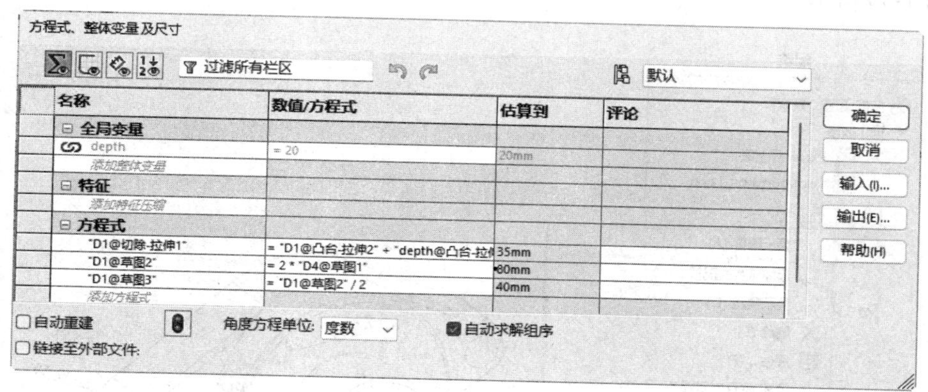

图 7-27　“方程式、整体变量及尺寸”对话框

1）选择“插入”→“表格”→“Excel 设计表”命令，在弹出的属性管理器中选择“空白”。

2）选择插入 Excel 工作表中的 B2 单元格，在绘图区中双击名称“D1@ 草图 1”的尺寸（R40 mm）。

3）选择插入 Excel 工作表中的 C2 单元格，在绘图区中双击名称“depth@ 凸台 - 拉伸 1”的尺寸（20mm）。

4）选择插入 Excel 工作表中的 D2 单元格，在绘图区中双击名称“D1@ 凸台 - 拉伸 2”的尺寸（15mm）。

5）在 A 列（单元格 A4、A5 等）中输入要生成的型号名称“A1”“A2”“A3”。

6）在对应的单元格中输入该型号对应控制尺寸的尺寸值，如图 7-28 所示。

7）完成向工作表中添加信息后，在表格外单击将其关闭。

8）系统会显示一条提示信息（见图 7-29），列出所生成的型号。

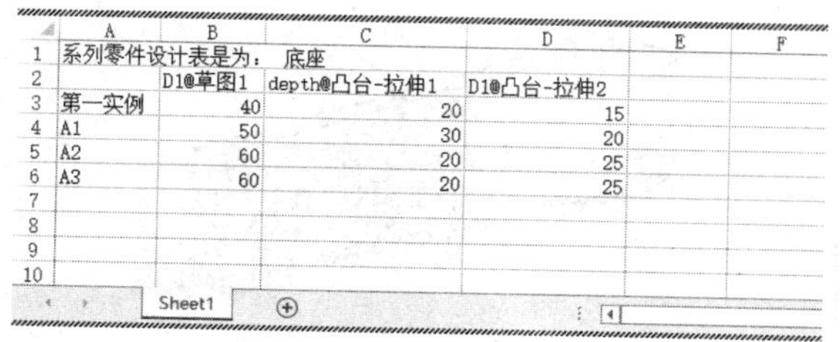

	A	B	C	D	E	F
1	系列零件设计表是为:	底座				
2		D1@草图1	depth@凸台-拉伸1	D1@凸台-拉伸2		
3	第一实例	40	20	15		
4	A1	50	30	20		
5	A2	60	20	25		
6	A3	60	20	25		
7						
8						
9						
10						

Sheet1

图 7-28　建立的系列零件设计表

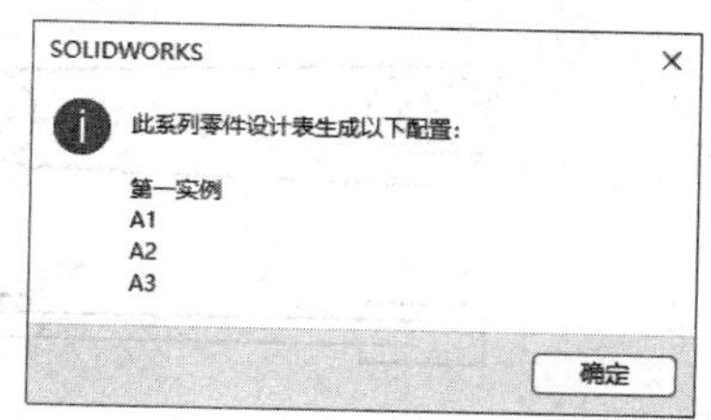

图 7-29　信息对话框

9）单击“确定”按钮，关闭该对话框。

将生成的系列零件设计表应用于零件设计中，生成多个尺寸不同、形状相似的零件。

1）单击 SOLIDWORKS 窗口左边面板顶部的 ConfigurationManager 图标。

2）在 ConfigurationManager 设计树中显示了该模型中 Excel 设计表生成的所有型号。

3）右击要应用的“A1”，在弹出的快捷菜单中选择“显示配置”命令。

4）系统将按照系列零件设计表中该型号的模型尺寸重建模型，模型的尺寸相应发生了变化，如图 7-30 所示。

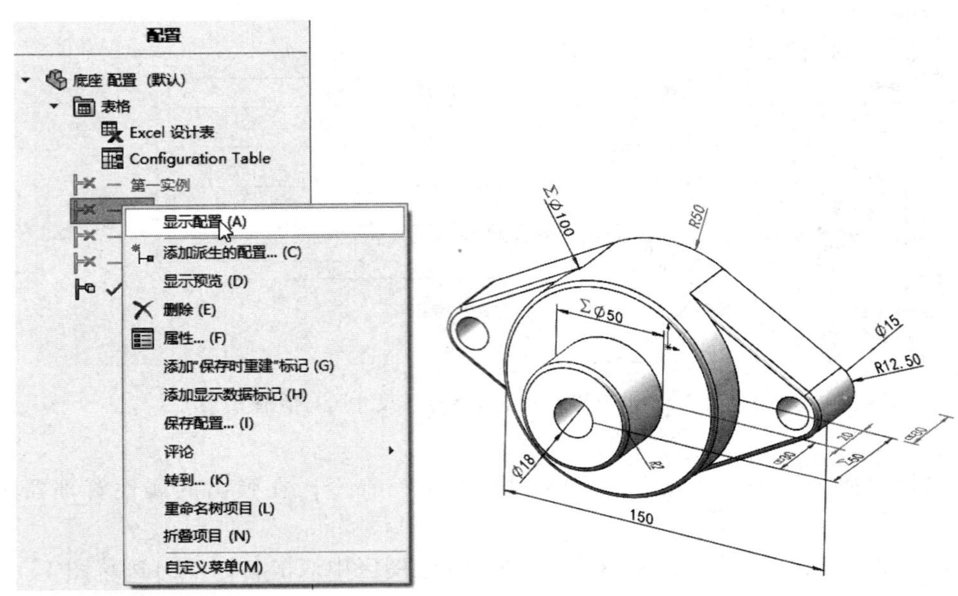

图 7-30　A1 型号的零件

11. 保存文件

单击快速访问工具栏中的“保存”按钮，将零件连同系列零件设计表一起保存。

7.6 思考练习

在零件建模过程中应用方程式驱动和系列零件设计表，生成如图 7-31 所示连杆。

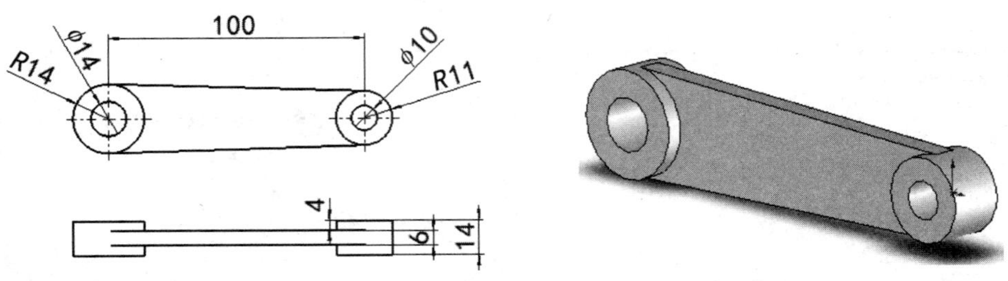

图 7-31　连杆

第 8 章

装配零件

装配体是由许多零部件组合生成的复杂体。它表达的是部件（或机器）的工作原理和装配关系，在进行设计、装配、检查、安装和维修过程中都非常重要。装配体中的零部件可以包括独立的零件和其他装配体（称为子装配体）。

- 建立装配体
- 定位零部件
- 智慧组装配合方式
- 装配体检查
- 动画制作

8.1 基本概念

在零件设计完成后，可根据要求进行零件装配。零件之间的装配关系实际上就是零件之间的位置约束关系。可以把一个大型的零件装配模型看作是由多个子装配体组成，因而在创建大型的零件装配模型时，可先创建各子装配体，在子装配完成后，再将各子装配体按照它们之间的相互位置关系进行装配，最终创建一个大型的零件装配模型。图 8-1 所示为利用 SOLIDWORKS 设计的装卸车装配体模型。

8.1.1 设计方法

装配体是在一个 SOLIDWORKS 文件中两个或多个零件的组合。用户可以使用配合关系来确定零件的位置和方向，自下而上地设计一个装配体，也可以自上而下地进行设计，或者两种方法结合使用。

图 8-1 装卸车装配体模型

所谓自下而上的设计方法，就是先生成零件并将其插入装配体中，然后根据设计要求配合零件。该方法是比较传统的方法，因为零件是独立设计的，所以可以让设计者更加专注于单个零件的设计工作，而不用考虑控制零件大小和尺寸的参考关系等复杂概念。

自上而下的设计方法是从装配体开始设计工作，用户可以使用一个零件的几何体来帮助定义另一个零件，或生成组装零件后才添加加工特征。该方法可以将草图布局作为设计的开端，首先定义固定的零件位置、基准面等，然后参考这些定义来设计零件。

8.1.2 零件装配步骤

进行零件装配时，必须合理选取第一个装配零件。该零件应满足如下两个条件：

1）是整个装配体模型中最为关键的零件。

2）用户在以后的工作中不会删除该零件。

通常零件的装配步骤（采用自下而上的设计方法）如下：

1）建立一个装配体文件（.sldasm），进入零件装配模式。

2）调入第一个零件模型。默认情况下，装配体中的第一个零件是固定的，但用户可以随时将其解除固定。

3）调入其他与装配体有关的零件模型或子装配体。

4）分析零件之间的装配关系，并建立零件之间的装配关系。

5）检查零部件之间的干涉关系。

6）全部零件装配完毕后，将装配体模型保存。

注意

当用户将一个零部件（单个零件或子装配体）放入装配体中时，这个零部件文件会与装配体文件形成链接。虽然零部件出现在装配体中，但零部件的数据还保持在源零部件文件中。对零部件文件所进行的任何改变都会更新装配体。

8.2 建立装配体

装配体为一个文件，在此文件中，零件、特征以及其他装配体（子装配体）是配合在一起的。零件和子装配体位于不同的文件内。例如，活塞是一个在活塞装配体内与其他零件（如连杆或室）相配合的零件，此活塞装配体又可以在发动机装配体中用作子装配体。

8.2.1 添加零部件

要插入零部件到装配体中，首先要新建一个或打开现有的装配体文件。如果要新建一个装配体文件，可做如下操作：

1）选择“文件”→“新建”命令，或单击快速访问工具栏上的“新建”按钮。

2）在弹出的“新建 SOLIDWORKS 文件”对话框中选择“装配体”，如图 8-2 所示。

3）单击“确定”按钮，即可进入新建装配体文件的编辑状态。

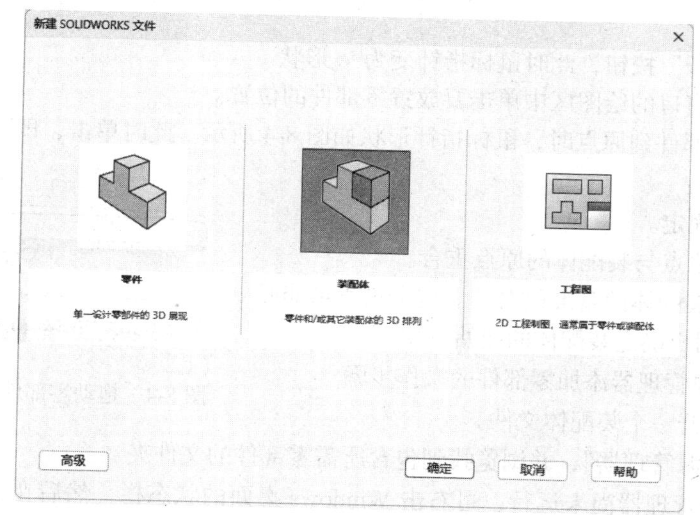

图 8-2　选择“装配体”

在 SOLIDWORKS 中，装配体文件的扩展名为 .sldasm。如果要打开已有的装配体文件，可做如下操作：

1）选择“文件”→“打开”，或单击快速访问工具栏上的“打开”按钮。

2）在“打开”对话框中选择扩展名为 .sldasm 的文件即可。

SOLIDWORKS 2024 提供了多种将零部件添加到新的或现有的装配体中的方法，这里介绍几种常用的方法。

（1）使用菜单命令添加零件或子装配体的操作步骤

1）保持装配体处于打开状态，选择“插入”→“零部件”→“现有零件 / 装配体”命令。

2）在“插入零部件”属性管理器中单击“浏览”按钮，打开“打开”对话框。

3）在“打开”对话框（见图 8-3）中浏览并找到包含所需插入装配体的零部件文件的文件夹，然后选择要装配的文件。

图 8-3 “打开”对话框

4）单击“打开”按钮，此时鼠标指针变为形状。

5）在装配体窗口的绘图区中单击要放置零部件的位置。

6）当拖动零部件到原点时，鼠标指针形状如图 8-4 所示。此时单击，即可确定零部件在装配体中具有的状态：

① 零部件被固定。

② 零部件的原点与装配体的原点重合。

③ 零部件和装配体的基准面对齐。这个过程虽非必要，但可以帮助用户确定装配体的起始方位。

图 8-4 拖动零部件时的鼠标指针形状

（2）使用资源管理器添加零部件的操作步骤

1）新建或打开一个装配体文件。

2）打开“资源管理器”，并浏览找到包含所需零部件的文件夹。

3）如果资源管理器尚未运行，可右击 Windows 桌面的状态栏，然后在弹出的快捷菜单中选择“横向平铺窗口”或“纵向平铺窗口”命令，使 SOLIDWORKS 和资源管理器同时可见。

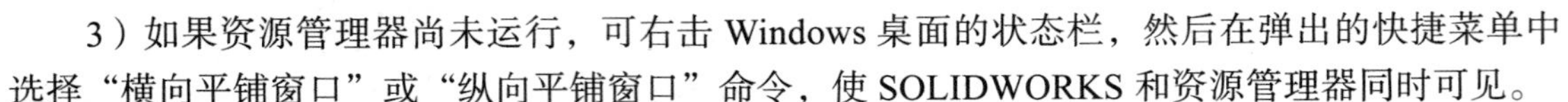

4）从“资源管理器”窗口中拖动文件图标，此时鼠标指针变为形状。

5）将其放置在装配体窗口的绘图区。

（3）使用文件探索器添加零部件的操作步骤

1）单击 Solidworks 软件界面右侧任务窗格中的“文件探索器”按钮。

2）浏览并找到需要添加的零部件的位置。

3）将其拖动到装配体窗口的绘图区。

此外，还可以从打开的零件文件窗口中将零部件添加到装配体中。

8.2.2 删除零部件

如果要从装配体文件中删除零部件，可做如下操作：

1）在绘图区或 FeatureManager 设计树中选择要删除的零部件。

2）按 Delete 键，或选择“编辑”→“删除”命令。

3）此时系统弹出“确认删除”对话框，如图 8-5 所示。单击“是”按钮，将会从装配体中删除该零部件（并不影响原零件）及其所有相关的项目（配合和爆炸步骤等）。

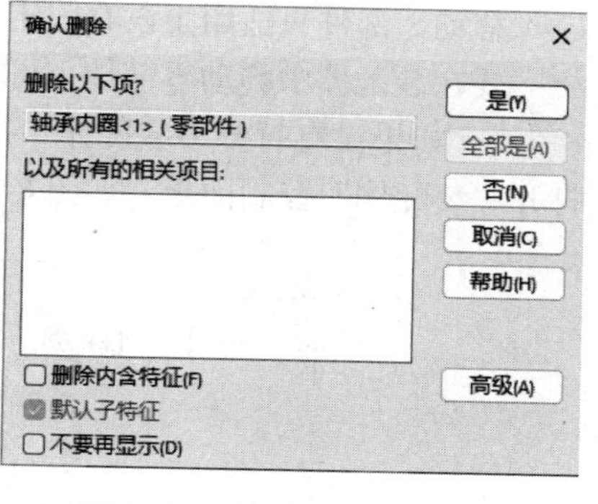

图 8-5 “确认删除”对话框

8.2.3 替换零部件

可以对装配体及其零部件在设计周期中进行多次修改，尤其是在多用户环境下，可由几个用户处理单个的零件和子装配体。更新装配体有一种更加安全有效的方法，即根据需要替换零部件。这种方法基于原零部件与替换零部件之间的差别，配合和关联特征可以完全不受影响。

替换零部件的操作步骤如下：

1）选择“文件”→“替换”命令，在弹出的“替换”属性管理器中的“选择”栏中单击“要替换的零部件”右侧的显示框，然后在绘图区中选择要替换的零部件，如图 8-6 所示。

2）单击“浏览”按钮，在弹出的“打开”对话框中选择替换的零部件。

3）如果选择了“选项”栏中的“匹配名称”单选按钮，则系统会尝试将旧的零部件配置与替换零部件的配置匹配。

4）如果选择“重新附加配合”复选框，则系统将现有配合重新附加到替换零部件中。

5）单击“确定”按钮✔，完成零部件的替换。

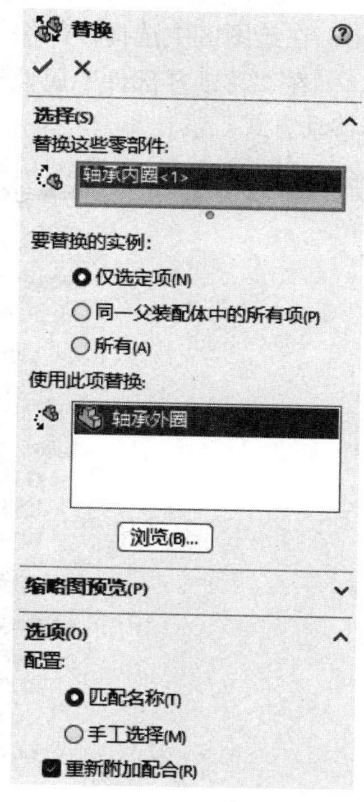

图 8-6 “替换”属性管理器

8.3 定位零部件

在零部件放入装配体中后，用户可以移动、旋转零部件或固定它的位置，用这些方式大致确定零部件的位置，然后再使用配合关系来精确地定位零部件。

8.3.1 固定零部件

当一个零部件被固定后，它就不能相对于装配体原点移动了。默认情况下，装配体中的第一个零件是固定的。如果装配体中至少有一个零部件被固定下来，它就可以为其余零部件提供参考，防止其他零部件在添加配合关系时意外移动。

要固定零部件，只要在 FeatureManager 设计树或绘图区中右击要固定的零部件，在弹出的快捷菜单中选择“固定”命令即可。如果要解除固定关系，只要在快捷菜单中选择“浮动”命令即可。

当一个零部件被固定后，在 FeatureManager 设计树中的该零部件名称之前出现字符“(f)”，表明该零部件已被固定。

8.3.2 移动零部件

移动零部件只适用于没有固定关系且没有被添加完全配合关系的零部件。

要在装配体中移动零部件，可做如下操作：

1）如果没有打开“装配体”控制面板，可选择“视图”→“工具栏”→“装配体”命令，打开“装配体”控制面板，如图 8-7 所示。

图 8-7 “装配体”控制面板

2）单击“装配体”控制面板上的“移动零部件”按钮，或选择“工具”→“零部件”→“移动”命令，此时弹出“移动零部件”属性管理器，并且鼠标指针变为形状。

3）在绘图区中选择零部件。按住 Ctrl 键可以一次选择多个零部件。

4）在“移动零部件”属性管理器（见图 8-8）中“移动”栏内的“移动”下拉列表框中选择移动方式。

图 8-8 “移动零部件”属性管理器

①“自由拖动”：选择零部件并沿任意方向拖动。

②“沿装配体 XYZ”：选择零部件并沿装配体的 X、Y 或 Z 方向拖动。绘图区中会显示坐标系以帮助确定方向。

③“沿实体”：选择实体，然后选择零部件并沿该实体拖动。如果实体是一条直线、边线或轴，则所移动的零部件具有一个自由度。如果实体是一个基准面或平面，则所移动的零部件具有两个自由度。

④“由 Delta XYZ”：选择零部件，在“移动零部件”属性管理器中输入 X 值、Y 值或 Z 值，则零部件按照指定的数值移动。

⑤“到 XYZ 位置”：选择零部件的一点，在“移动零部件”属性管理器中输入 X、Y 或 Z 坐标，则零部件的点将移动到指定坐标。如果选择的项目不是顶点或点，则零部件的原点会被置于所指定的坐标处。

5）单击“确定”按钮✔，完成零部件的移动。

8.3.3 旋转零部件

用户无法旋转一个位置已经固定或完全定义了配合关系的零部件。

要旋转一个零部件，可做如下操作：

1）单击“装配体”控制面板上“移动零部件”下拉列表中的“旋转零部件”按钮，或选择“工具”→“零部件”→“旋转”命令，此时弹出“旋转零部件”属性管理器，并且鼠标指针变为形状。

2）在绘图区中选择一个或多个零部件。

3）从“旋转零部件”属性管理器（见图 8-9）中“旋转”栏的下拉列表框中选择旋转方式。

①“自由拖动”：选择零部件并沿任意方向拖动旋转。

②“对于实体”：选择一条直线、边线或轴，然后围绕所选实体旋转零部件。

③“由 Delta XYZ”：选择零部件，在“旋转零部件”属性管理器中输入 X、Y、Z 的值，然后零部件将按照指定的角度分别绕 X 轴、Y 轴和 Z 轴旋转。

4）单击“确定”按钮✔，完成旋转零部件的操作。

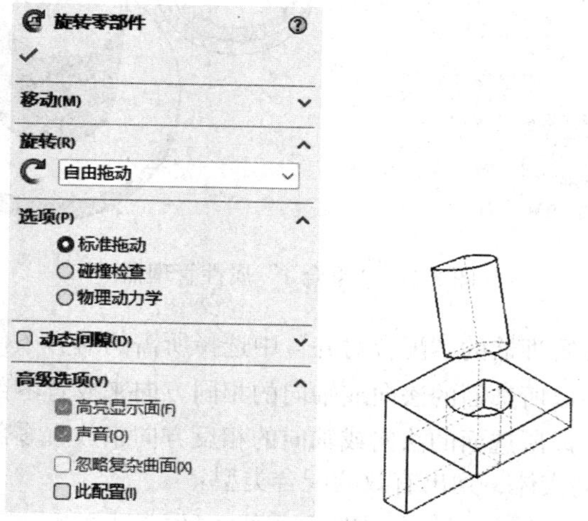

图 8-9 “旋转零部件”属性管理器

8.3.4 添加配合关系

使用配合关系，可相对于其他零部件来精确地定位零部件，还可定义零部件如何相对于其他的零部件移动和旋转。只有添加了完整的配合关系，才算完成了装配体模型。

要为零部件添加配合关系，可做如下操作：

1）单击“装配体”控制面板上的“配合”按钮，或选择“插入”→“配合”命令。

2）在绘图区中的零部件上选择要配合的实体，所选实体将出现在“配合”属性管理器中的“要配合的实体” 右侧的显示框中，系统自动进行配合，“配合”属性管理器将变成“重合 1”属性管理器，如图 8-10 所示。

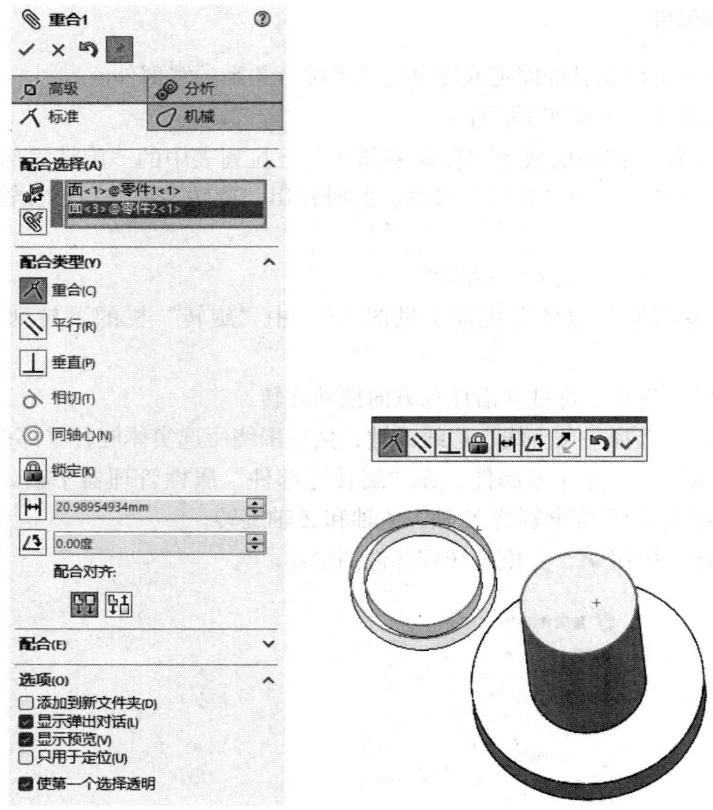

图 8-10 “重合 1”属性管理器

3）在“重合 1”属性管理器的“配合对齐”中选择所需的对齐条件。

①“同向对齐”：以所选面的法向或轴向的相同方向来放置零部件。

②“反向对齐”：以所选面的法向或轴向的相反方向来放置零部件。

4）系统将根据所选的实体，列出有效的配合类型：

重合：面与面、面与直线（轴）、直线与直线（轴）、点与面、点与直线之间重合。

平行：面与面、面与直线（轴）、直线与直线（轴）、曲线与曲线之间平行。

垂直：面与面、直线（轴）与面之间垂直。

同轴心：圆柱与圆柱、圆柱与圆锥、圆形与圆弧边线之间具有相同的轴。

5）单击相应的配合类型按钮，选择配合类型。

6）如果配合不正确，可单击“撤销”按钮，然后根据需要修改选项。

7）单击“确定”按钮，完成配合关系的添加。

当在装配体中建立配合关系后，配合关系会在 FeatureManager 设计树中以图标表示。

8.3.5 删除配合关系

如果装配体中的某个配合关系有错误，用户可以随时将它从装配体中删除掉。

要删除配合关系，可做如下操作：

1）在 FeatureManager 设计树中右击想要删除的配合关系。

2）在弹出的快捷菜单中选择“删除”命令，或按 Delete 键。

3）在“确认删除”对话框（见图 8-11）中单击“是”按钮，即可完成配合关系的删除。

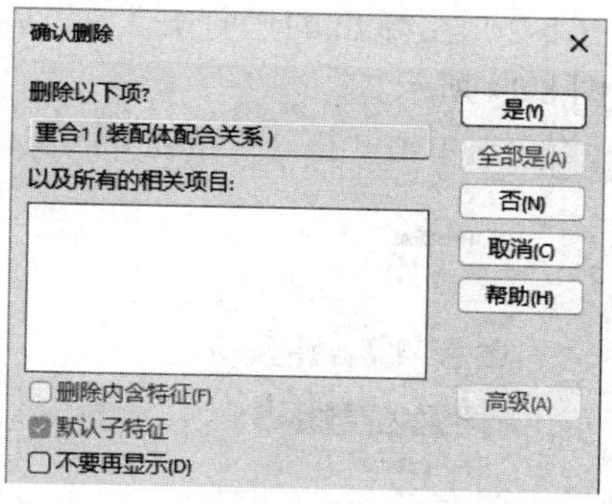

图 8-11 “确认删除”对话框

8.3.6 修改配合关系

用户可以像重新定义特征一样，对已经存在的配合关系进行修改。

要修改配合关系，可做如下操作：

1）在 FeatureManager 设计树中右击要修改的配合关系。

2）在弹出的快捷菜单中选择“编辑特征”命令。

3）在“配合”属性管理器中改变所需选项。

4）如果要替换配合实体，可在“要配合的实体”右侧的要配合实体显示框中删除原来的实体，然后重新选择实体。

5）单击“确定”按钮，完成配合关系的重新定义。

8.3.7 实例——盒子

装配如图 8-12 所示的盒子。

本案例视频内容：“X：\动画演示\第 8 章\盒子 .mp4”。

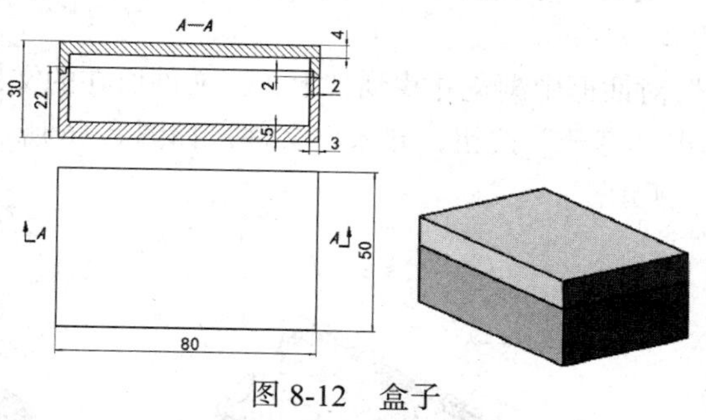

图 8-12 盒子

1. 新建文件

单击快速访问工具栏中的“新建”按钮，弹出“新建 SOLIDWORKS 文件”对话框。在对话框中选择“装配体”按钮，单击“确定”按钮，进入新建的装配体编辑模式。

2. 导入文件

（1）导入下盖

1）在弹出如图 8-13 所示的“开始装配体”属性管理器中单击“要插入的零件 / 装配体”

栏中的“浏览”按钮。

2）在弹出的“打开”对话框中找到“下盖”文件所在的文件夹，选择该文件，如图 8-14 所示。

3）单击“打开”按钮导入文件，在装配体界面任意位置单击并放置，如图 8-15 所示。

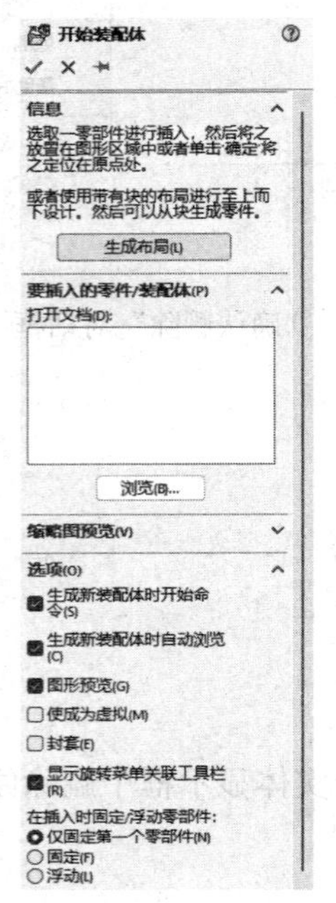

图 8-13 “开始装配体”属性管理器

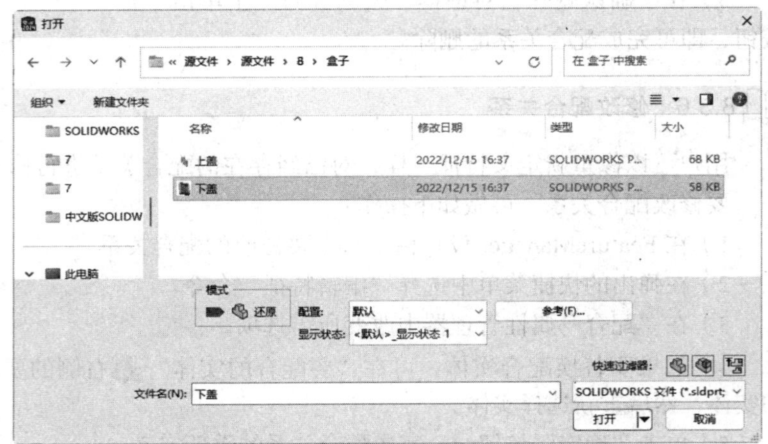

图 8-14 选择“下盖”文件

（2）导入上盖

1）单击“装配体”控制面板中的“插入零部件”按钮，自动弹出“插入零部件”属性管理器中和“打开”对话框。

2）在弹出的“打开”对话框中浏览并找到“上盖”文件所在的文件夹。

3）选择该文件，单击“打开”按钮，导入该文件，如图 8-16 所示，在装配体界面任意位置单击并放置，如图 8-17 所示。

图 8-15 导入下盖

图 8-16 导入上盖

图 8-17 导入上、下盖

3. 装配

1）单击“装配体”控制面板中的“配合”按钮，系统弹出如图 8-18 所示的“配合”属性管理器。选取图 8-19 中的面 1 和面 2，设置“配合类型”为“重合”，单击“确定”按钮，添加“重合”配合关系，结果如图 8-20 所示。

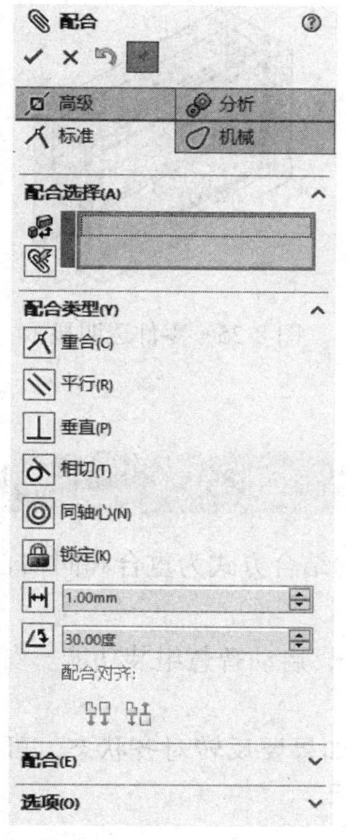

图 8-18 “配合”属性管理器

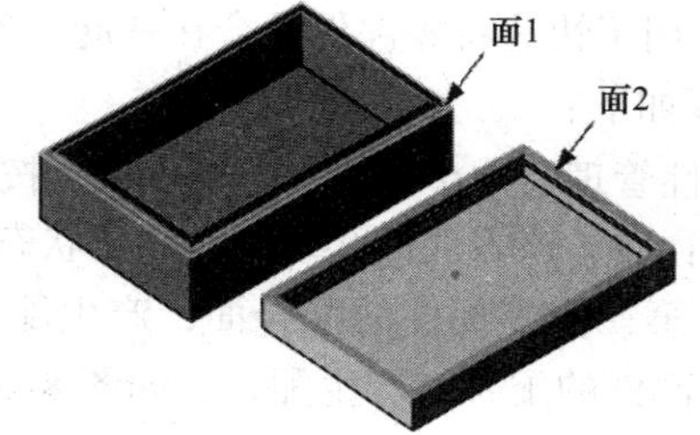

图 8-19 选择配合平面 1

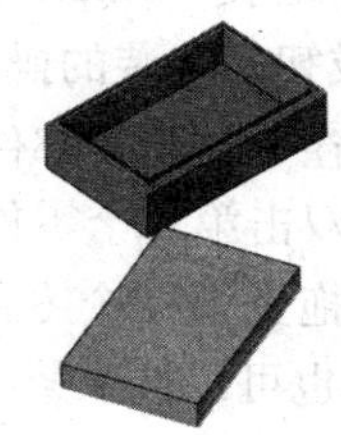

图 8-20 “重合”配合结果 1

2）选取图 8-21 中的面 1 和面 2，设置“配合类型”为“重合”，单击“确定”按钮，添加“重合”配合关系，结果如图 8-22 所示。

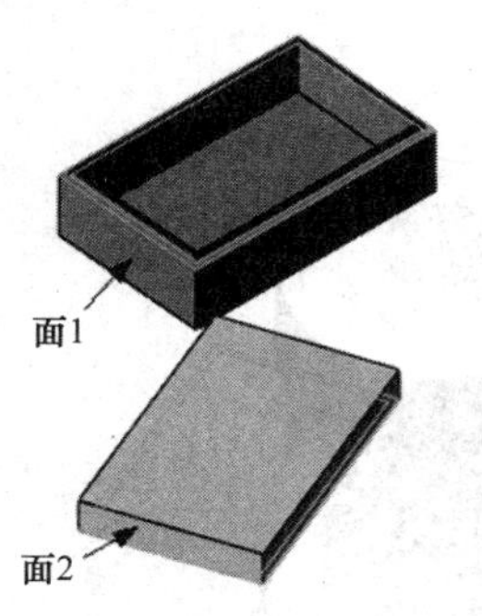

图 8-21 选择配合平面 2

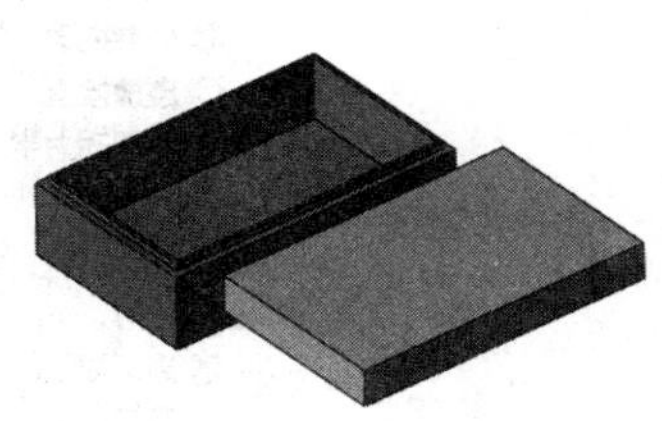

图 8-22 “重合”配合结果 2

3）选取图 8-23 中的面 1 和面 2，设置配合类型为“重合”，单击“确定”按钮，添加“重合”配合关系，结果如图 8-24 所示。

4. 零件透明显示

1）在 FeatureManager 设计树中选择下盖，右击，在弹出的快捷菜单中选择“更改透明度”

按钮，将零件透明化。

2）对上盖进行相同操作。零件透明显示，如图 8-25 所示。

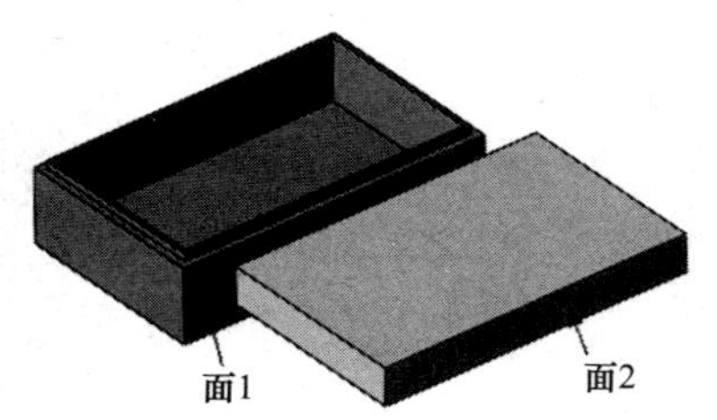

图 8-23　选择配合平面 3

图 8-24　“重合”配合结果 3

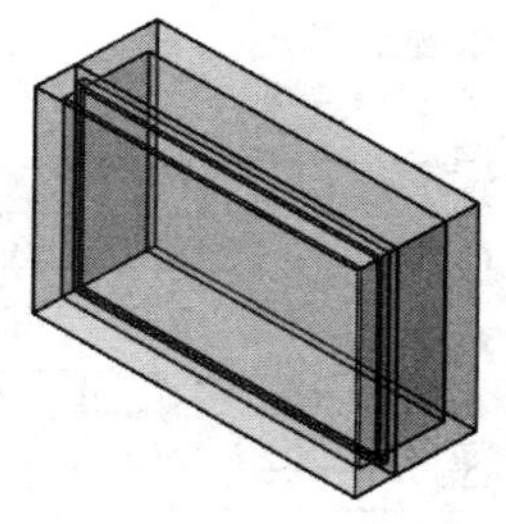

图 8-25　零件透明显示

8.4 智慧组装配合方式

智慧组装（SmartMates）用于快速将零部件结合在一起，使用的结合方式为重合和同轴心。生成智慧组装的操作步骤如下：

1）在“移动零部件”属性管理器中单击“SmartMates”按钮，启动智慧组装功能。

2）双击第一个零件的结合面（该零部件必须为非固定状态）。

3）拖曳第一个零部件至第二个零部件的配合面，产生配合。如果要反转对齐状态，可按 Tab 键，也可以选取第二个零部件的配合面产生配合，如图 8-26 所示。

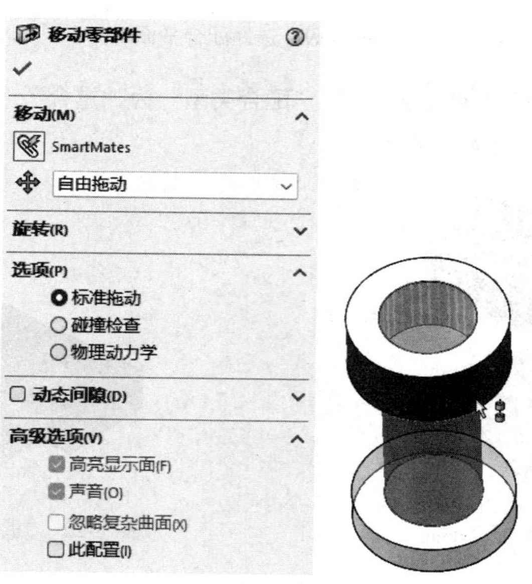

图 8-26　智慧组装零件

智慧组装支持以下几种配合实体和对应的配合类型：

1）两个线性边线间的重合关系，当推理到这种配合类型后，鼠标指针变为形状。

2）两个平面间的重合关系，当推理到这种配合类型后，鼠标指针变为形状。

3）两个顶点之间的重合关系，当推理到这种配合类型后，鼠标指针变为形状。

4）两个圆锥面、两个轴或一个圆锥面和一个轴之间的同心关系，当推理到这种配合类型后，鼠标指针变为形状。

5）两条圆形边线之间的同轴心或重合关系，当推理到这种配合类型后，鼠标指针变为形状。

8.5 装配体检查

在一个复杂的装配体中，如果用视觉来检查零部件之间是否有干涉的情况是件困难的事。SOLIDWORKS 可以在零部件之间进行干涉检查，并且能查看所检查到的干涉，可以检查与整个装配体或所选的零部件组之间的碰撞与冲突。

8.5.1 干涉检查

要在装配体的零部件之间进行干涉检查，可做如下操作：

1）单击“评估”控制面板上的“干涉检查”按钮，或选择“工具”→“评估”→“干涉检查”命令。

2）在弹出的“干涉检查”属性管理器中单击“所选零部件”显示框，在装配体中选择两个或多个零部件，或在 FeatureManager 设计树中选择零部件。所选择的零部件会显示在“干涉检查”属性管理器中，如图 8-27 所示。

3）选择“视重合为干涉”复选框，则重合的实体（接触或重叠的面、边线或顶点）也被列为干涉的情形，否则将忽略接触或重叠的实体。

4）单击“计算”按钮。如果存在干涉，在“结果”显示框中会列出发生的干涉。

5）在绘图区中对应的干涉会被高亮度显示，在“干涉检查”属性管理器中还会列出相关零部件的名称。

6）单击“确定”按钮，关闭该属性管理器，绘图区中高亮度显示的干涉也被解除。

说 明

如果在特征管理器设计树中选择了顶层装配体，则对该装配体中所有的零部件都会进行干涉检查。

8.5.2 碰撞检查

碰撞检查用来检查整个装配体或所选的零部件组之间的碰撞关系，利用此工具可以发现所选零部件之间的碰撞。

要检查装配体与零部件之间的碰撞，可做如下操作：

1）单击“装配体”控制面板上的“移动零部件”按钮或“旋转零部件”按钮。

2）选择“移动零部件”属性管理器或“旋转零部件”属性管理器“选项”栏中的“碰撞检查”单选按钮，如图 8-28 所示。

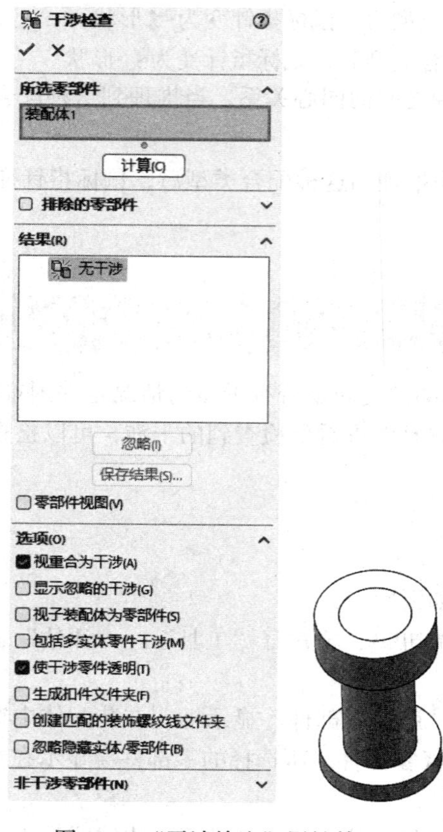

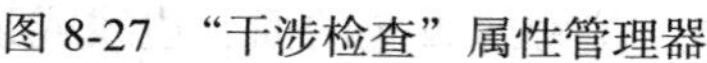
图 8-27 “干涉检查”属性管理器

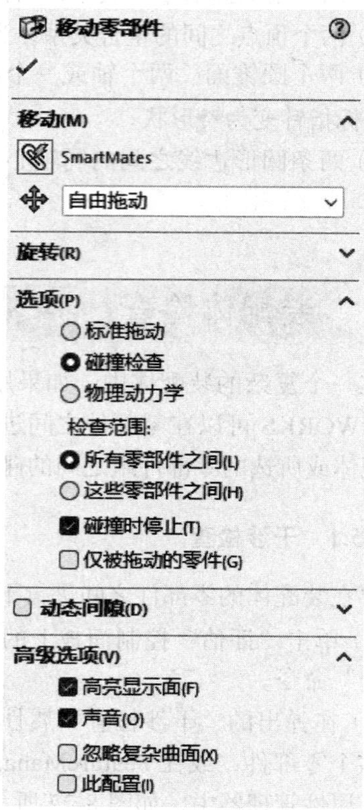

图 8-28 选择“碰撞检查”选项

3）指定检查范围。

①“所有零部件之间”：如果移动的零部件接触到装配体中任何其他的零部件，都会检查出碰撞。

②“这些零部件之间”：选择该单选按钮后，在绘图区中指定零部件，这些零部件将会出现在“所选项目”图标右侧的显示框中。如果移动的零部件接触到该显示框中的零部件，就会检查出碰撞。

4）如果选择“仅被拖动的零件”复选框，将只检查与移动的零部件之间的碰撞。

5）如果选择“碰撞时停止”复选框，则停止零部件的运动以阻止其接触到任何其他实体。

6）单击“确定”按钮✔，完成碰撞检查。

8.5.3 物理动力学

物理动力学是碰撞检查中的一个选项，它允许用户以现实的方式查看装配体零部件的移动。启用物理动力学后，当移动一个零部件时，此零部件就会向与其接触的零部件施加一个力，结果就会在接触的零部件所允许的自由度范围内移动和旋转接触的零部件；当碰撞时，移动的零部件就会在其允许的自由度范围内旋转或向约束的或部分约束的零部件相反的方向滑动，使移动得以继续。“物理动力学”选项如图 8-29 所示。

对于只有几个自由度的装配体，运用物理动力学的效果最佳，并且也最具有意义。

要使用物理动力移动零部件，可做如下操作：

1）单击“装配体”控制面板上的“移动零部件”按钮或“旋转零部件”按钮。

2）在“移动零部件”属性管理器或“旋转零部件”属性管理器的“选项”中选择“物理动力学”单选按钮。

3）移动“敏感度”滑块来更改物理动力学检查碰撞所使用的灵敏度。当调到最大的灵敏度时，零部件每移动 0.02mm，软件就检查一次碰撞。当调到最小灵敏度时，检查间距为 20mm。

4）在绘图区中拖动零部件。当物理动力学检测到一碰撞时，将在碰撞的零部件之间添加一个互相抵触的力；当两个零部件相互接触时，力就会起作用；当两个零部件不接触时，力将被移除。

5）单击“确定”按钮，完成物理动力学的碰撞检查。

当以物理动力学方式移动零部件时，一个质心符号将出现在零部件的质心位置。如果单击质心符号并移动零部件，将在零部件的质心位置添加一个力。如果在质心外移动零部件，将会给零部件应用一个动量臂，使零部件可以在允许的自由度内旋转。

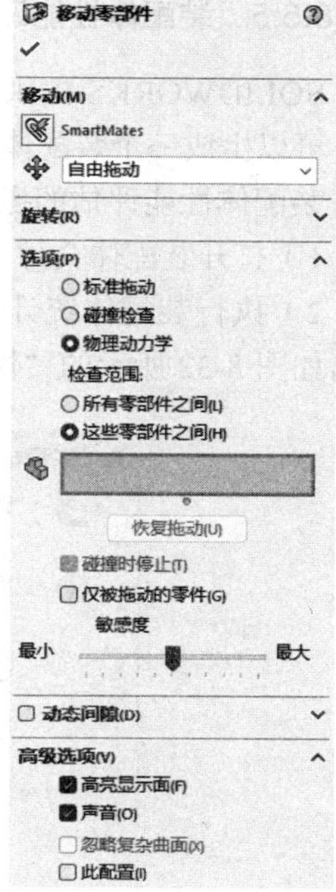

图 8-29 “物理动力学”选项

8.5.4 动态间隙的检测

用户可以在移动或旋转零部件时动态检查零部件之间的间隙值。当移动或旋转零部件时，系统会出现一个动态尺寸线，指示所选零部件之间的最小距离。

要检查零部件之间的动态间隙，可做如下操作：

1）单击“装配体”控制面板上的“移动零部件”按钮或“旋转零部件”按钮。

2）在“移动零部件”属性管理器 或“旋转零部件”属性管理器中选择“动态间隙”复选框。

3）单击“检查间隙范围”中的第一个显示框（见图 8-30），然后在绘图区中选择要检查的零部件。

4）单击“在指定间隙停止”按钮，然后在右侧的微调框中指定一个数值。当所选零部件之间的距离小于该数值时，将停止移动零部件。

5）单击“恢复拖动”按钮。

6）在绘图区中拖动所选的零部件时，间隙尺寸将在绘图区中动态更新，如图 8-31 所示。

7）单击“确定”按钮，完成动态间隙的检查。

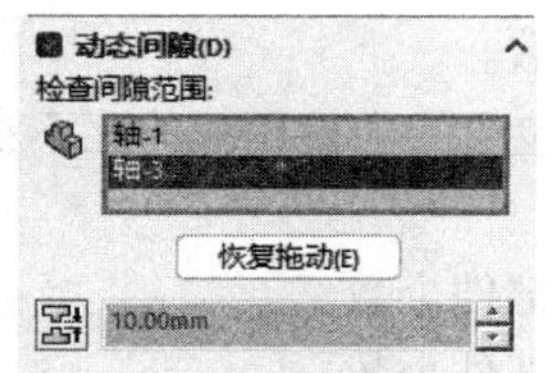

图 8-30 “检查间隙范围”显示框

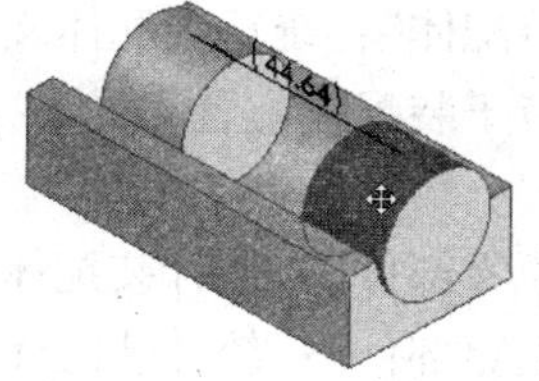

图 8-31 间隙尺寸的动态更新

8.5.5 装配体性能评估

SOLIDWORKS 提供了对装配体进行统计报告的功能，即装配体性能评估。通过装配体统计，可以生成一个装配体文件的统计资料。

装配体性能评估的操作步骤如下：

1）打开装配体文件。

2）执行装配体统计命令。选择“工具”→“评估”→“性能评估”菜单命令，此时系统弹出如图 8-32 所示的“性能评估”对话框。

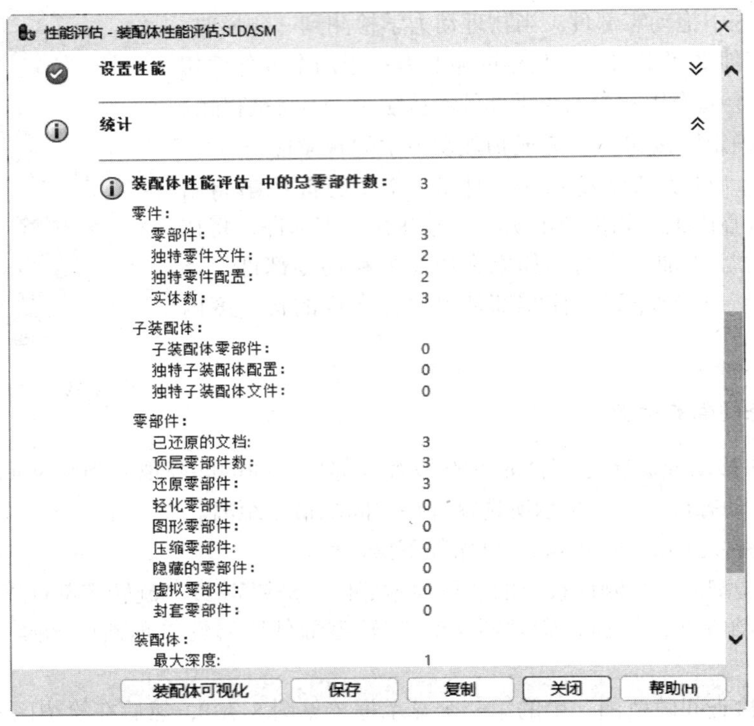

图 8-32 “性能评估”对话框

3）确认统计结果。单击“性能评估”对话框中的“关闭”按钮，关闭该对话框。

从“性能评估”对话框中可以查看装配体文件的统计资料。该对话框中各项的含义如下：

1）“零件”：统计的零件数包括装配体中所有的零件，无论是否被压缩，但被压缩的子装配体中的零部件不包括在统计中。

2）“独特零件文件 / 配置”：仅统计未被压缩的互不相同的零件。

3）“子装配体”：统计装配体文件中包含的子装配体个数。

4）“独特子装配体配置 / 文件”：仅统计装配体文件中包含的未被压缩的互不相同的子装配体个数。

5）“还原零部件”：统计装配体文件处于还原状态的零部件个数。

6）“压缩零部件”：统计装配体文件处于压缩状态的零部件个数。

7）“顶层配合”：统计最高层装配体文件中所包含的配合关系的个数。

8.6 爆炸视图

在零部件装配体完成后，为了在制造、维修及销售中直观地分析各个零部件之间的相互关系，可以将装配体按照零部件的配合关系来产生爆炸视图。装配体爆炸以后，用户不可以对装配体添加新的配合关系。

8.6.1 生成爆炸视图

爆炸视图可以很形象地查看装配体中各个零部件的配合关系，常称为系统立体图。爆炸视图通常用于介绍零件的组装流程、仪器的操作手册及产品使用说明书中。

生成爆炸视图的操作步骤如下：

1）打开一个装配体文件。

2）执行“插入”→“爆炸视图”菜单命令，此时系统弹出如图 8-33 所示的“爆炸”属性管理器。单击该属性管理器中“爆炸步骤”“添加阶梯”及“选项”右上折叠按钮，将其展开。

3）在“添加阶梯”栏中的“爆炸步骤零部件”显示框中选择要爆炸的零件，此时装配体中被选中的零件将亮显，并且出现一个设置移动方向的坐标。

4）单击坐标的某一方向，确定要爆炸的方向，然后在“添加阶梯”栏中的“爆炸距离”文本框中输入爆炸的距离值，如图 8-34 所示。

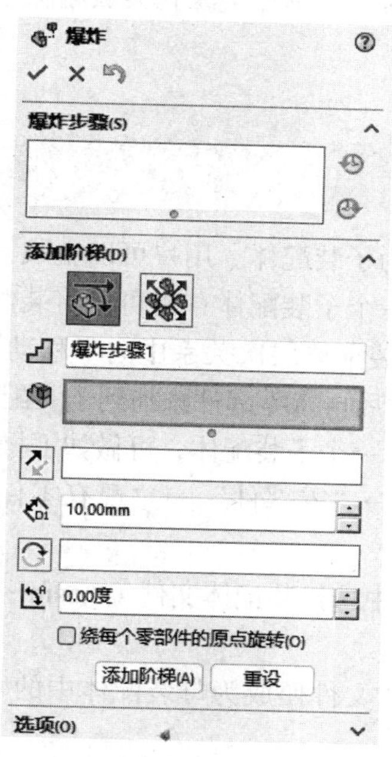

图 8-33 “爆炸”属性管理器

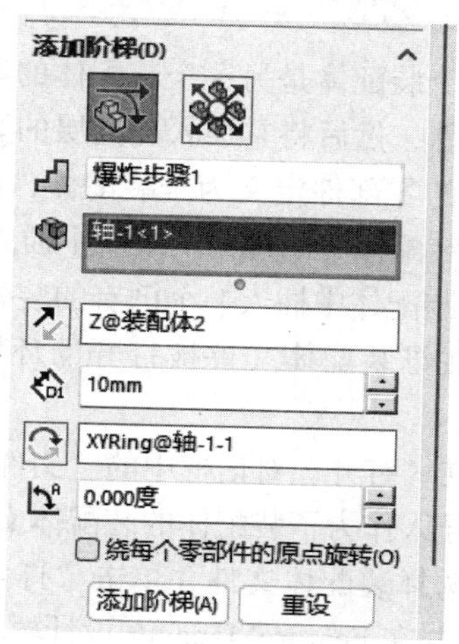

图 8-34 设置添加阶梯参数

5）单击“添加阶梯”按钮，即可观测视图中预览的爆炸效果；单击“爆炸方向”前面的“反向”图标，可以反方向调整爆炸视图。单击“完成”按钮，第一个零件爆炸完成。并且在“爆炸步骤”显示框中生成“爆炸步骤 1”。

6）重复步骤 3）~ 5），完成其他零部件的爆炸。

在生成爆炸视图时，建议对每一个零件在每一个方向上的爆炸设置为一个爆炸步骤。如果一个零件需要在三个方向上爆炸，建议使用三个爆炸步骤，这样可以很方便地修改爆炸视图。

8.6.2 编辑爆炸视图

装配体爆炸后，可以利用“爆炸”属性管理器进行编辑，也可以添加新的爆炸步骤。

编辑爆炸视图的操作步骤如下：

1）打开一个装配体文件的爆炸视图。

2）右击 FeatureManager 设计树中要编辑的爆炸视图，在弹出的快捷菜单中选择“编辑特征”选项，此时系统弹出“爆炸”属性管理器。

3）右击“爆炸步骤”显示框中的“爆炸步骤 1”，在弹出的快捷菜单中选择“编辑步骤”选项，此时“爆炸步骤 1”的爆炸设置出现在“在编辑爆炸步骤 1”栏中。

4）修改“在编辑爆炸步骤 1”栏中的距离参数，或者拖动视图中要爆炸的零部件，然后单击“完成”按钮，即可完成对爆炸视图的修改。

5）在“爆炸步骤 1”的快捷菜单中选择“删除”选项，该爆炸步骤就会被删除，零部件恢复到爆炸前的配合状态。

8.7 子装配体

当某个装配体是另一个装配体的零部件时，则称它为子装配体。用户可以生成一个单独的装配体文件，然后将它插入更高层的装配体，使其成为一个子装配体；也可以将装配体中的一组组装好的零部件定义为子装配体，再将该组零部件在装配体层次关系中向下移动一个层次；还可以在装配体中的任何一层次中插入空的子装配体，然后再将零部件添加到子装配体中。

要在装配体中插入一个已有的装配体文件，使其成为一个子装配体，可做如下操作：

1）在母装配体文件被打开的环境下选择“插入”→“零部件”→“现有零件 / 装配体”命令。

2）在“打开”对话框中的“文件类型”下拉列表框中选择装配体文件（*.asm；*.sldasm）。

3）导入作为子装配体的装配体文件所在的目录。

4）选择装配体文件并单击“打开”按钮，该装配体文件便成为母装配体中的一个子装配体文件，并在 FeatureManager 设计树中列出。

要将装配体中的一组组装好的零部件定义为子装配体，可做如下操作：

1）在 FeatureManager 设计树中按住 Ctrl 键，然后选择要作为子装配体的多个零部件（这些零部件中至少有一个已经组装好）。

2）在一个所选的零部件上右击，在弹出的快捷菜单中选择“生成新子装配体”命令。

3）弹出“新建 SOLIDWORKS 文件”对话框，选择“装配体”，单击“确定”按钮。

4）单击快速访问工具栏中的“另保存”按钮，定义子装配体的文件名和保存的目录。

5）单击“保存”按钮，将新的装配体文件保存在指定的文件夹中。

8.8 动画制作

8.8.1 运动算例

运动算例是装配体模型运动的图形模拟。用户可将诸如光源和相机透视图之类的视觉属性融合到运动算例中。运动算例不更改装配体模型或其属性。

1. 新建运动算例

1）新建一个零件文件或装配体文件，在 SOLIDWORKS 界面的左下方会出现“运动算例”标签。右击“运动算例”标签，在弹出的快捷菜单中选择“生成新运动算例”选项，即可自动生成新的运动算例。

2）打开装配体文件，单击“装配体”控制面板上的“新建运动算例”按钮，在左下方自动生成新的运动算例。

2. 运动算例 MotionManager 简介

单击“运动算例 1”标签，弹出“运动算例 1”MotionManager，如图 8-35 所示。

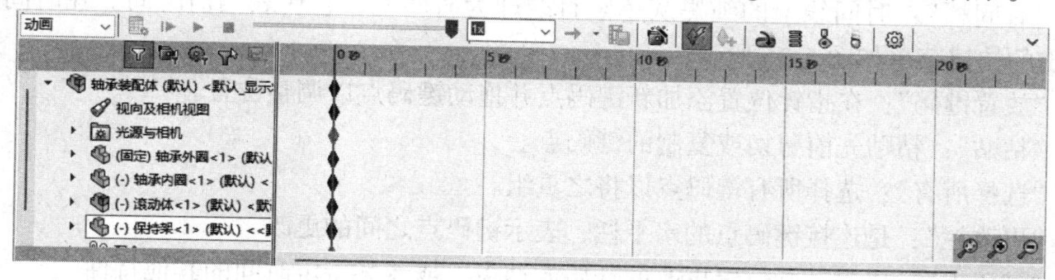

图 8-35 “运动算例 1”MotionManager

（1）MotionManager 工具

1）“算例类型”：选取运动类型的逼真度，包括动画和基本运动。

2）“计算”：单击此按钮，部件的视像属性将会随着动画的进程而变化。

3）“从头播放”：重设定部件并播放模拟。在计算模拟后使用。

4）“播放”：从当前时间栏位置播放模拟。

5）“停止”：停止播放模拟。

6）“播放速度”：设定播放速度乘数或总的播放持续时间。

7）“播放模式”：包括“正常”、“循环”和“往复”。正常即一次性从头到尾播放；循环即从头到尾反复播放；往复即从头到尾连续播放，然后从尾反放。

8）“保存动画”：将动画保存为 AVI 或其他类型。

9）“动画向导”：在当前时间栏位置插入视图旋转或爆炸 / 解除爆炸。

10）“自动解码”：单击该按钮，在移动或更改零部件时自动放置新键码。再次单击，可切换该选项。

11）“添加 / 更新键码”：单击以添加新键码或更新现有键码的属性。

12）“马达” ：移动零部件似乎由马达驱动。

13）“弹簧” ：在两个零部件之间添加一弹簧。

14）“接触” ：定义选定零部件之间的接触。

15）“引力” ：给算例添加引力。

16）运动算例属性：为运动算例指定模拟属性。

17）“无过滤” ：显示所有项。

18）“过滤动画” ：显示在动画过程中移动或更改的项目。

19）“过滤驱动” ：显示引发运动或其他更改的项目。

20）“过滤选定” ：显示选中项。

21）“过滤结果” ：显示模拟结果项目。

22）“放大” ：放大时间线以将关键点和时间栏更精确定位。

23）“缩小” ：缩小时间线以在窗口中显示更大时间间隔。

24）整屏显示全图 ：放大或缩小时间线以全部显示关键点。

（2）MotionManager 界面

1）“时间线”：时间线是动画的时间界面。时间线位于 MotionManager 设计树的右方。时间线显示运动算例中动画事件的时间和类型。时间线被竖直网格线均分，这些网络线对应于表示时间的数字标记。数字标记从 00：00：00 开始。时标依赖于窗口大小和缩放等级。

2）“时间栏”：时间线上的纯黑灰色竖直线即为时间栏，它代表当前时间。在时间栏上右击，弹出的快捷菜单如图 8-36 所示。

①“放置键码”：在指针位置添加新键码点并拖动键码点以调整位置。

②“粘贴”：粘贴先前剪切或复制的键码点。

③“选择所有”：选择所有键码点以将之重组。

3）“更改栏”：是连接键码点的水平栏，表示键码点之间的更改。

4）“键码点”：代表动画位置更改的开始或结束，或者某特定时间的其他特性。

5）“关键帧”：是键码点之间可以为任何时间长度的区域。其定义装配体零部件运动或视觉属性更改所发生的时间。

MotionManager 界面上的图标和更改栏功能如图 8-37 所示。

图 8-36 “时间栏”快捷菜单

图标和更改栏	更改栏功能
	总动画持续时间
	视向及相机视图
	选取了禁用观阅键码播放
	驱动运动
	从动运动
	爆炸
	外观
	配合尺寸
	任何零部件或配合键码
	任何压缩的键码
	位置还未解出
	位置不能到达
	隐藏的子关系

图 8-37 图标和更改栏功能

8.8.2 动画向导

单击“运动算例 1”MotionManager 上的“动画向导”图标按钮，弹出“选择动画类型”对话框，如图 8-38 所示。

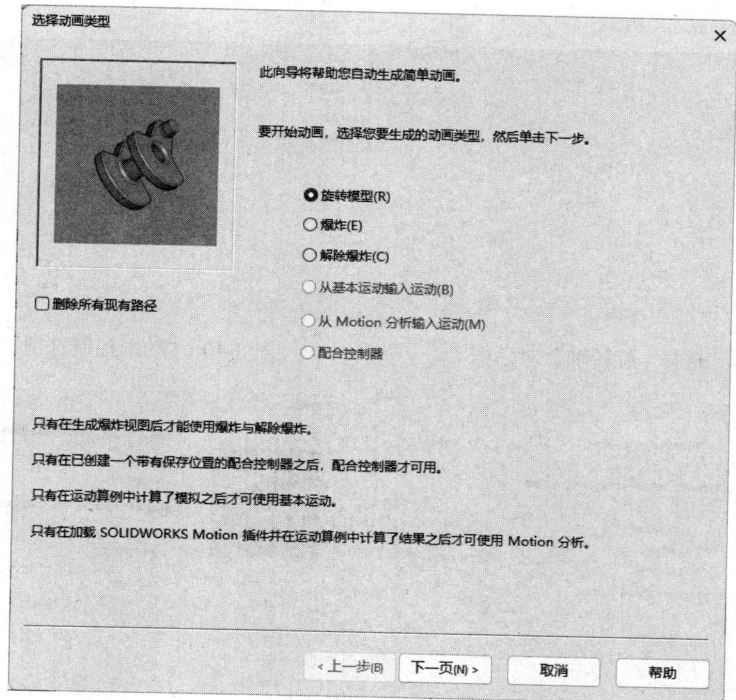

图 8-38 “选择动画类型”对话框

1. 旋转

1）打开零件文件。

2）在“选择动画类型”对话框中选择“旋转模型”单选按钮，单击“下一页”按钮。

3）弹出“选择 - 旋转轴”对话框，如图 8-39 所示。选择旋转轴，设置旋转次数和旋转方向，单击“下一页”按钮。

4）弹出“动画控制选项”对话框，如图 8-40 所示。设置时间长度，单击“完成”按钮。

5）单击“运动算例 1”MotionManager 上的“播放”图标按钮▶，播放动画。

2. 爆炸 / 解除爆炸

1）打开装配体文件。

2）创建装配体的爆炸视图。

3）单击“运动算例 1”MotionManager 上的“动画向导”图标按钮，弹出“选择动画类型”对话框，如图 8-41 所示。

4）在“选择动画类型”对话框中选择“爆炸”单选按钮，单击“下一页”按钮。

5）弹出“动画控制选项”对话框，如图 8-42 所示。在该对话框中设置时间长度，单击“完成”按钮。

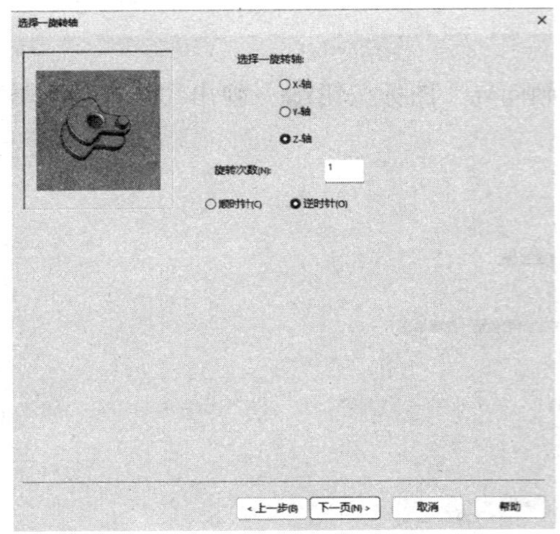

图 8-39 “选择 - 旋转轴”对话框

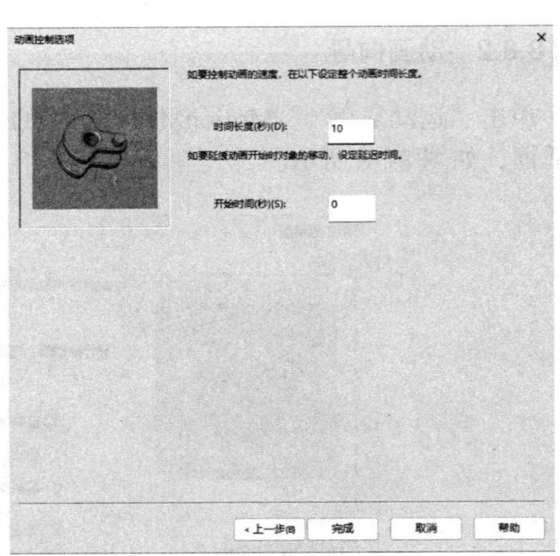

图 8-40 “动画控制选项”对话框

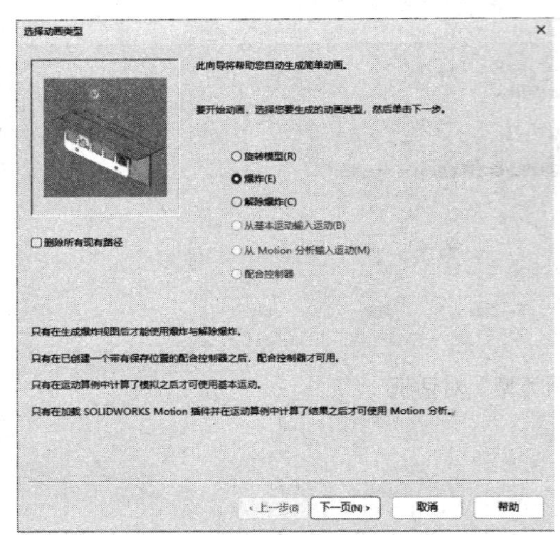

图 8-41 “选择动画类型”对话框

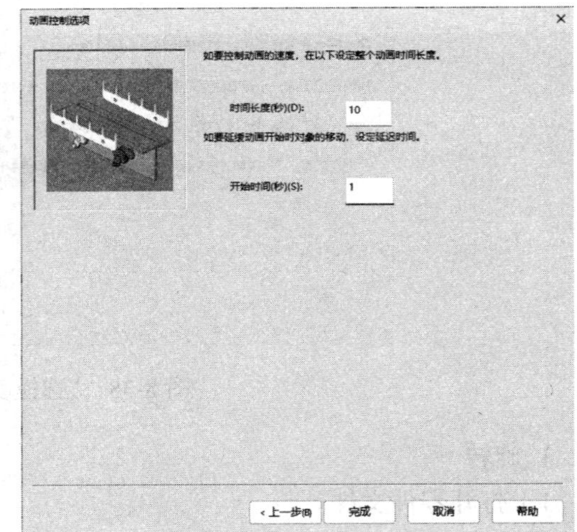

图 8-42 “动画控制选项”对话框

6）单击“运动算例 1”MotionManager 上的“播放”图标按钮 ▶，播放爆炸视图动画。

7）在“选择动画类型”对话框中选择“解除爆炸”单选按钮。

8）单击“运动算例 1”MotionManager 上“播放”图标按钮 ▶，解除爆炸视图动画。

8.8.3 动画

使用动画来生成使用插值以在装配体中指定零件点到点运动的简单动画。可使用动画将基于马达的动画应用到装配体零部件。

可以通过以下方式来生成动画运动算例：

1）通过拖动时间栏并移动零部件生成基本动画。

2）使用动画向导生成动画或给现有运动算例添加旋转、爆炸或解除爆炸效果（在运动分析算例中无法使用）。

3）生成基于相机的动画。

4）使用马达或其他模拟单元驱动。

1. 基于关键帧动画

沿时间线拖动时间栏到某一时间关键点，然后移动零部件到目标位置。MotionManager 将零部件从其初始位置移动到用户以特定时间而指定的位置。

沿时间线移动时间栏为装配体位置中的下一更改定义时间。

在绘图区中将装配体零部件移动到对应于时间栏键码点处装配体位置的位置。

创建步骤如下：

1）打开一个装配体或一个零件。

2）拖动时间线到一定位置，在视图中创建动作。

3）在时间线上创建键码。

4）重复步骤 2）和 3）创建动作，单击 MotionManager 上的“播放”图标按钮▶，播放动画。

2. 基于马达的动画

运动算例马达模拟作用于实体上的运动，似乎由马达所应用。操作步骤如下：

1）执行命令。单击 MotionManager 上的“马达”图标按钮，弹出“马达”属性管理器，如图 8-43 所示。

2）设置马达类型。在“马达”属性管理器“马达类型”栏中选择“旋转马达”或“线性马达”。

3）选择零部件和方向。在“马达”属性管理器的“零部件 / 方向”栏中选择要做动画的表面或零件，可以通过“反向”按钮来调节。

4）选择运动类型。在“马达”属性管理器“运动”栏中的“类型”下拉列表框中选择运动类型，如等速、距离、振荡、线段和表达式等。

①“等速”：马达速度为常量。输入速度值。

②“距离”：马达以设定的距离和时间帧运行。为位移、开始时间及持续时间输入值，如图 8-44 所示。

③“振荡”：为振幅和频率输入值，如图 8-45 所示。

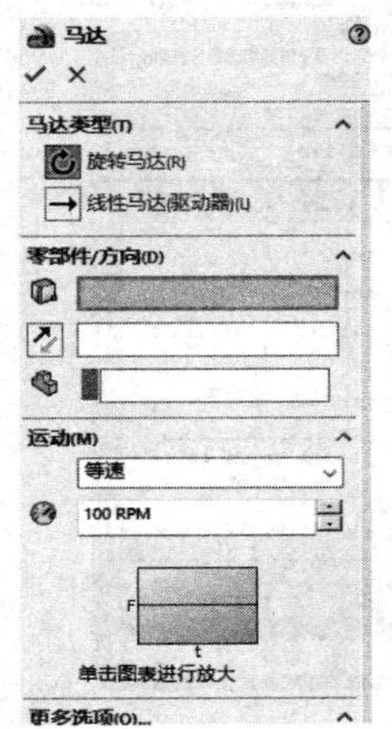

图 8-43 “马达”属性管理器

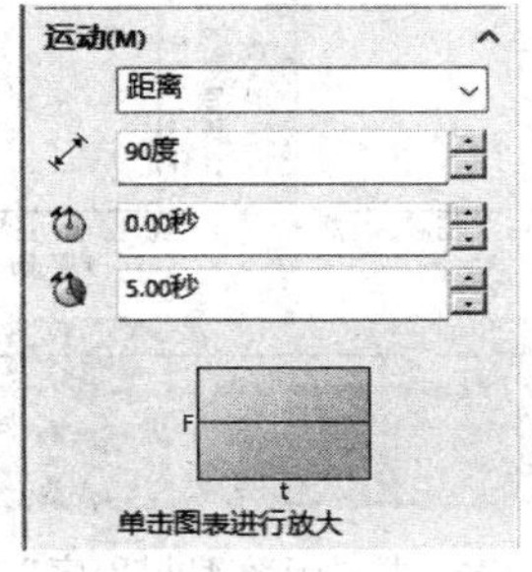

图 8-44 “距离”运动类型

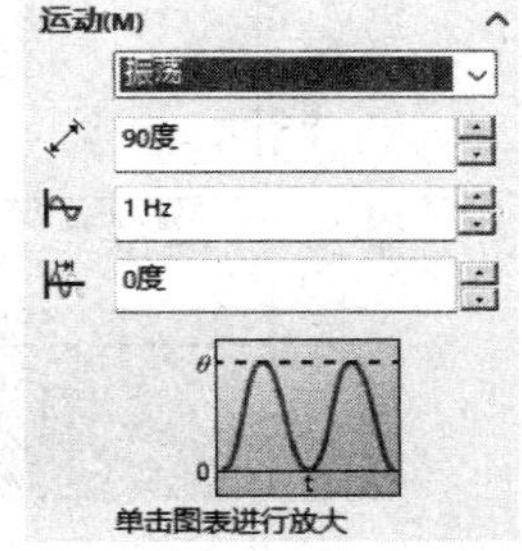

图 8-45 “振荡”运动类型

④“线段”：选定线段（位移、速度、加速度），为插值时间和数值设定值。线段“函数编制程序”对话框如图 8-46 所示。

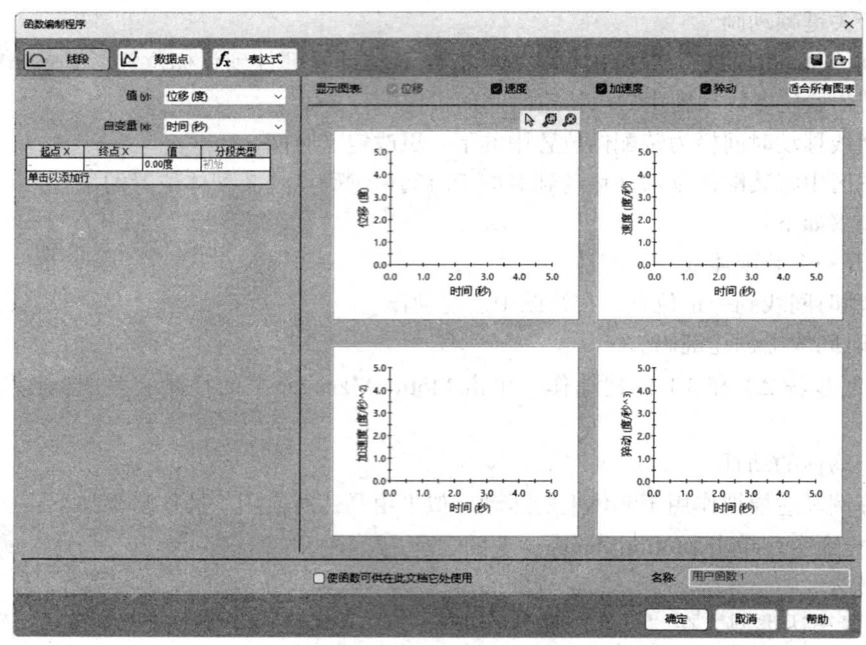

图 8-46　线段“函数编制程序”对话框

⑤“表达式”：选取马达运动表达式所应用的变量（位移、速度、加速度）。表达式“函数编制程序”对话框如图 8-47 所示。

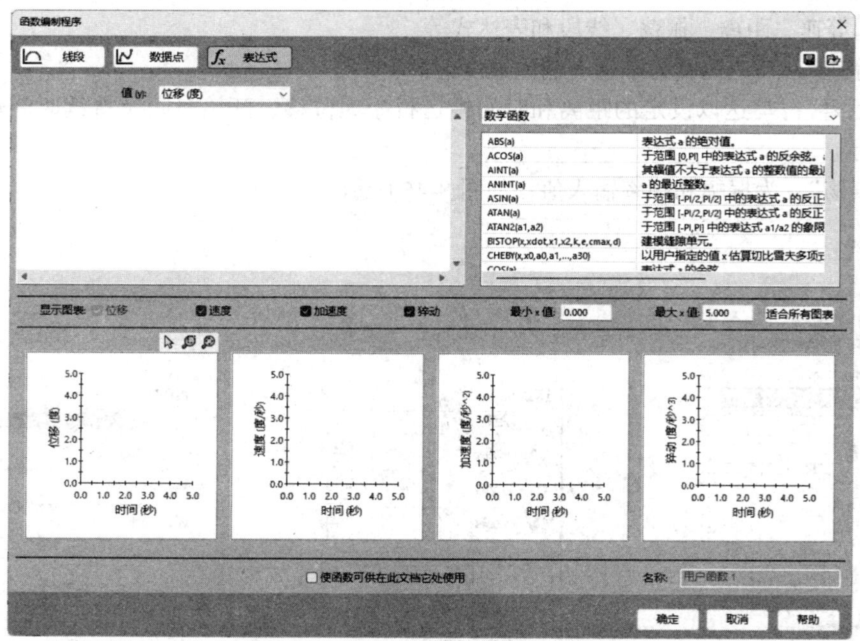

图 8-47　表达式“函数编制程序”对话框

5）确认动画。单击“马达”属性管理器中的“确定”按钮✔，动画设置完毕。

3. 基于相机橇的动画

基于相机橇的动画，即通过生成一假零部件作为相机橇，然后将相机附加到相机橇上的草图实体来生成基于相机的动画。基于相机橇的动画有以下几种：

1）沿模型或通过模型移动相机。

2）观看一解除爆炸或爆炸的装配体。

3）导览虚拟建筑。

4）隐藏假零部件以只在动画过程中观看相机视图。

使用假零部件生成相机橇动画的操作步骤如下：

1）创建一相机橇。

2）添加相机，将之附加到相机橇，然后定位相机橇。

3）右击视向及相机视图（MotionManager 设计树），然后切换禁用观阅键码生成以使图标更改。

4）在“视图”工具栏上选择适当的工具，以在左侧显示相机橇，在右侧显示装配体零部件。

5）为动画中的每个时间点重复这些步骤以设定动画序列：

① 在时间线中拖动时间栏。

② 在绘图区中将相机橇拖到新位置。

6）重复步骤 4）、5），直到完成相机橇的路径为止。

7）在 FeatureManager 设计树中右击相机橇，然后选择隐藏。

8）在第一个视向及相机视图键码点处（时间 00：00：00）右击时间线。

9）选取视图方向，然后选取相机。

10）单击 MotionManager 中的“从头播放”按钮。

下面介绍如何创建相机橇。操作步骤如下：

1）生成一假零部件作为相机橇。

2）打开一装配体并将相机橇（假零部件）插入到装配体中。

3）将相机橇远离模型定位，从而包容用户移动装配体时零部件的位置。

4）在相机橇侧面和模型之间添加一平行配合。

5）在相机橇正面和模型正面之间添加一平行配合。

6）使用前视图将相机橇相对于模型大致置中。

7）保存此装配体。

下面介绍如何添加相机并定位相机橇。操作步骤如下：

1）打开包括相机橇的装配体文件。

2）单击“视图（前导）”工具栏中的前视图。

3）在 MotionManager 中右击“SOLIDWORKS 光源”按钮，然后选择添加相机。

4）荧屏分割成视口，相机显示在“相机”属性管理器中。

5）在“相机”属性管理器中的目标点下单击选择的目标。

6）在绘图区中选择一草图实体并用来将目标点附加到相机橇。

7）在“相机”属性管理器中的相机位置下单击选择的位置。

8）在绘图区中选择一草图实体并用来指定相机位置。

9）拖动视野以通过使用视口作为参考来进行拍照。

10）在“相机”属性管理器中的相机旋转下单击，通过选择设定卷数。

11）在绘图区中选择一个面，以在拖动相机橇来生成路径时防止相机滑动。

8.8.4 基本运动

在计算运动时需考虑质量。基本运动计算相当快，所以可将其用来生成基于物理模拟的演示性动画。

1）在 MotionManager 中选择算例类型为基本运动。

2）在 MotionManager 中选择工具以包括模拟单元，如马达、弹簧、接触及引力。

3）设置好参数后，单击 MotionManager 中的“计算”图标按钮，以计算模拟。

4）单击 MotionManager 中的“从头播放”图标按钮，从头播放模拟。

8.8.5 保存动画

单击“运动算例 1”MotionManager 上的“保存动画”图标，弹出“保存动画到文件”对话框，如图 8-48 所示。

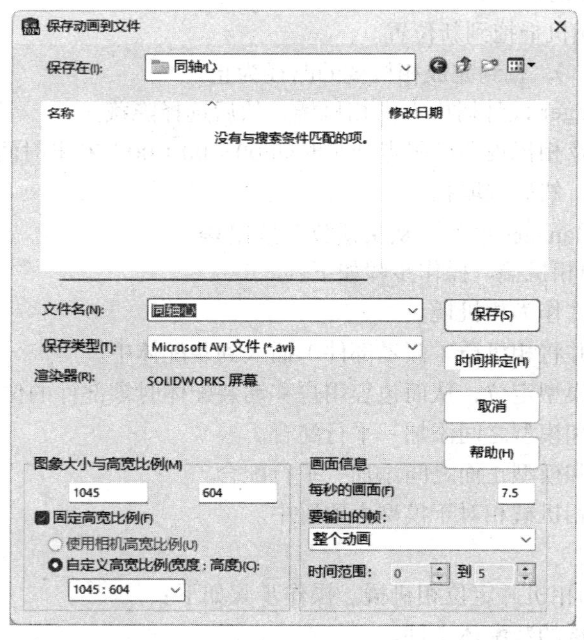

图 8-48 “保存动画到文件”对话框

（1）保存类型　包括 Microsoft.AVI（*.avi）文件、Flash 视频（*.flv）、MP4 视频（*.mp4）、一系列 Windows 位图（*.bmp）、JPEG 系列（*.jpg）、便携式网络图像（PNG）系列（*.png）、一系列 Truevision Targas（*.tag）和加有标记的图像文件格式系列（*.tif）。其中，一系列 Windows 位图 .bmp、JPEG 系列（*.jpg）、便携式网络图像（PNG）系列（*.png）和一系列 Truevision Targas.TAG 是静止图像系列。

（2）渲染器　SOLIDWORKS 屏幕，制作荧屏动画的副本。

（3）图像大小与高宽比例

1）"固定高宽比例"：在变更宽度或高度时保留图像的原有比例。

2）"使用相机高宽比例"：在至少定义了一个相机时可用。

3）"自定义高宽比例"：选择或输入新的比例。调整此比例，可以在输出中使用不同的视野显示模型。

（4）画面信息

1）"每秒的画面"：为每秒的画面输入数值。

2）"整个动画"：保存整个动画。

3）"时间范围"：要保存部分动画，可选择时间范围并输入开始和结束数值的秒数（如 3.5 ~ 15s）。

8.9 综合实例——轴承 6315 装配体

本实例通过生成轴承 6315 装配体模型的全过程（零件创建、装配模型、模型分析），全面复习前面章节中的内容。轴承包括 3 个基本零件，即轴承外圈、轴承内圈、滚动体和保持架。图 8-49 所示为轴承 6315 的装配体模型。

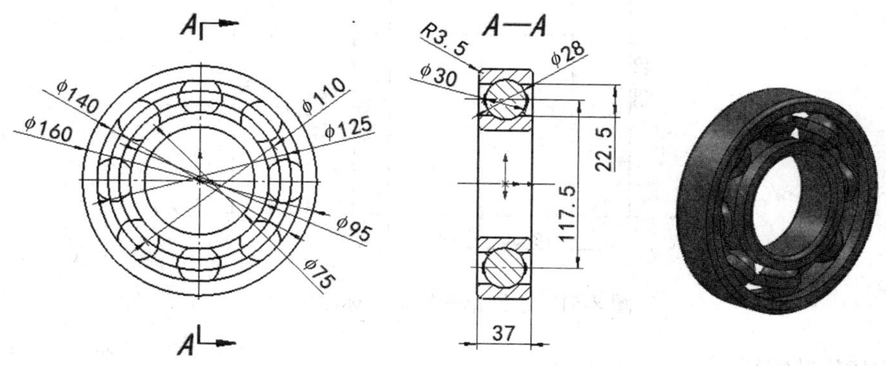

图 8-49　轴承 6315 的装配体模型

8.9.1 创建轴承 6315 的内圈和外圈

本节绘制如图 8-50 所示的轴承内圈和外圈。

本案例视频内容："X：\动画演示\第 8 章\轴承内外圈 .mp4"。

1. 建立新的零件文件

单击快速访问工具栏上的"新建"按钮，在弹出的"新建 SOLIDWORKS 文件"对话框中依次单击"零件"按钮和"确定"按钮，即可创建一个新的零件文件。

2. 生成旋转基体特征

（1）绘制草图

1）在 FeatureManager 设计树中选择"前视基准面"作为绘制图形的基准面，单击"草图"

控制面板中的“草图绘制”按钮，进入草图绘制环境。

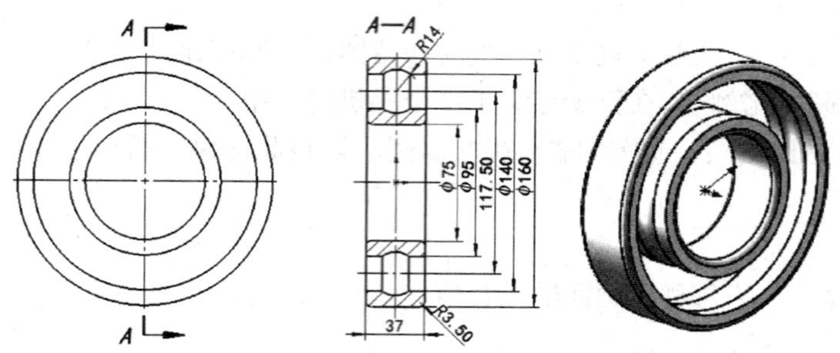

图 8-50 轴承内圈和外圈

2）利用草图绘制工具绘制生成基体旋转特征的草图轮廓并标注尺寸，如图 8-51 所示。

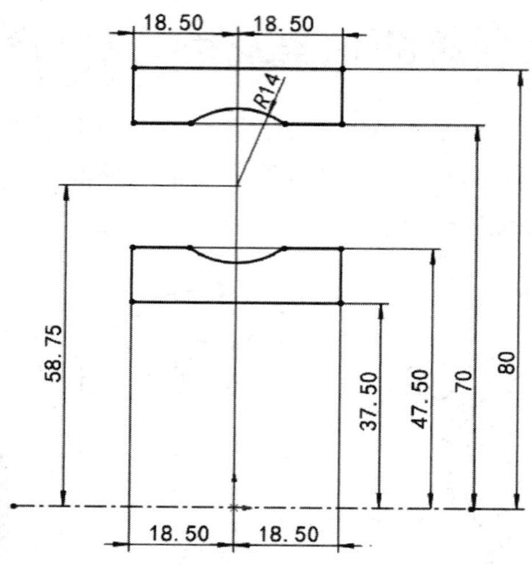

图 8-51 绘制草图轮廓并标注尺寸

（2）创建旋转特征

1）单击“特征”控制面板上的“旋转凸台 / 基体”按钮，或选择“插入”→“凸台 / 基体”→“旋转”命令，弹出“旋转”属性管理器。

2）在“旋转”属性管理器中设置“旋转类型”为“给定深度”，在“角度”文本框中设置旋转角度为 360.00 度，如图 8-52 所示。

3）单击“确定”按钮，生成旋转特征，如图 8-53 所示。

3. 生成圆角特征

（1）创建轴承外圈圆角

1）单击“特征”控制面板上的“圆角”按钮，或选择“插入”→“特征”→“圆角”命令，弹出“圆角”属性管理器。

2）指定“圆角类型”为“固定大小圆角”，在“半径”文本框中设置圆角半径为 3.50mm，选择轴承外圈的外边线，如图 8-54 所示。

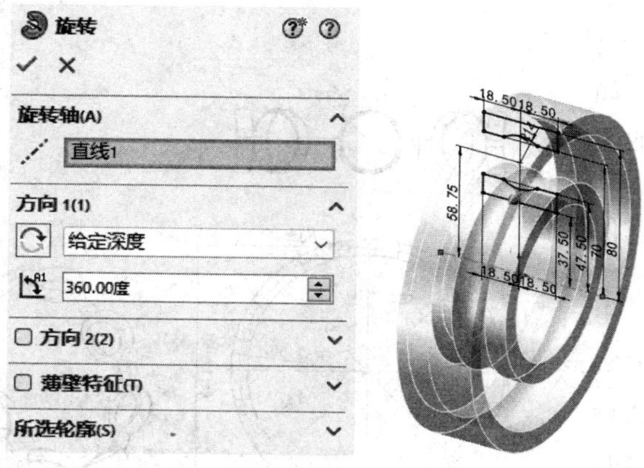

图 8-52　设置旋转参数

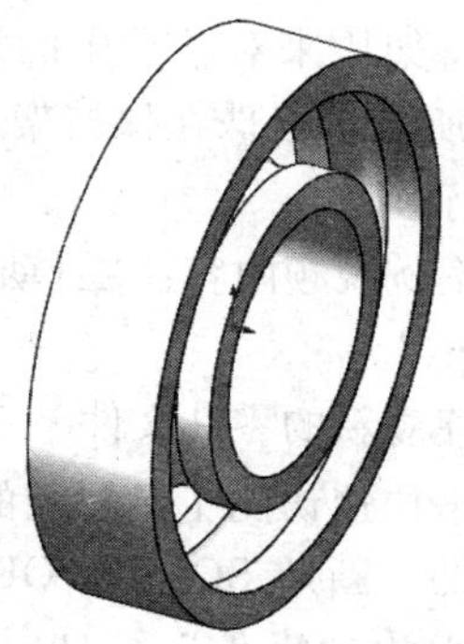

图 8-53　生成旋转特征

3）单击“确定”按钮✔，创建轴承外圈圆角，如图 8-55 所示。

（2）创建轴承内圈圆角

采用同样的方法对轴承内圈的内边线进行圆角操作，其圆角半径为 3.50mm，创建轴承内圈圆角，如图 8-56 所示。

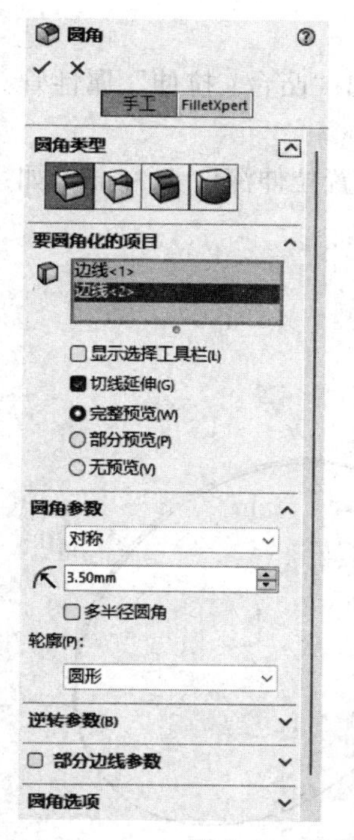

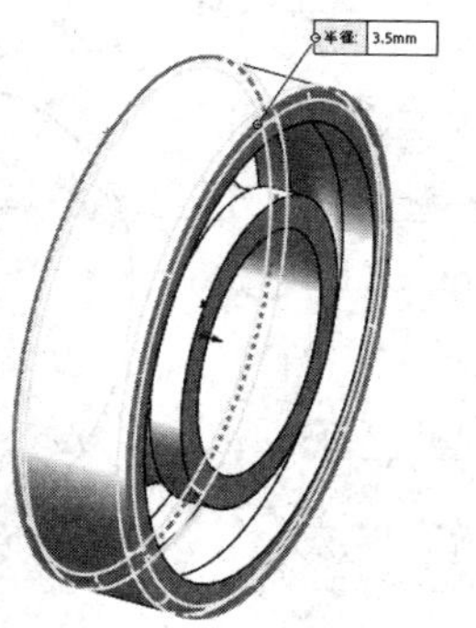

图 8-54　设置圆角参数

图 8-55　创建轴承外圈圆角

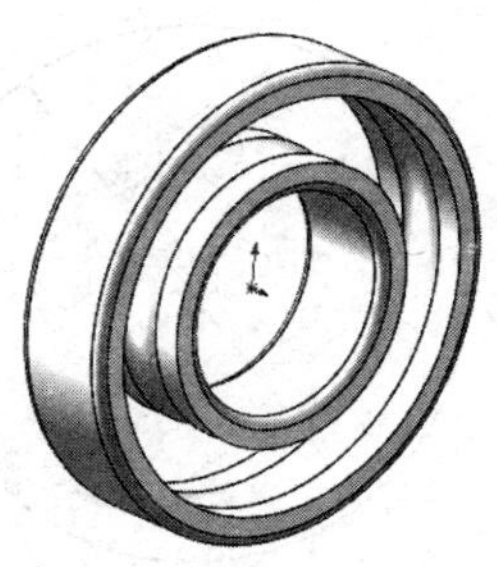

图 8-56　创建轴承内圈圆角

4. 保存文件

单击快速访问工具栏中的“保存”按钮，将零件保存为“轴承 6315 内外圈 .sldprt”。

8.9.2 创建轴承 6315 的保持架

保持架用来对轴承中的滚珠进行限位，如图 8-57 所示。滚珠在保持架和轴承内外圈的约束下进行滚动。

本案例视频内容:“X:\动画演示\第 8 章\保持架 .mp4”。

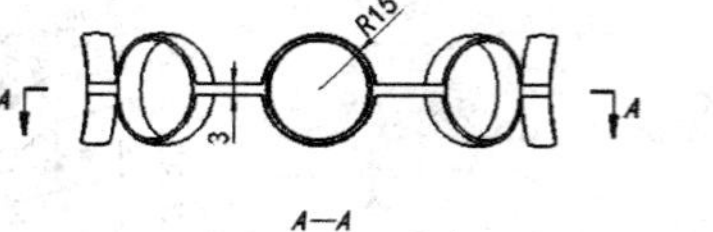

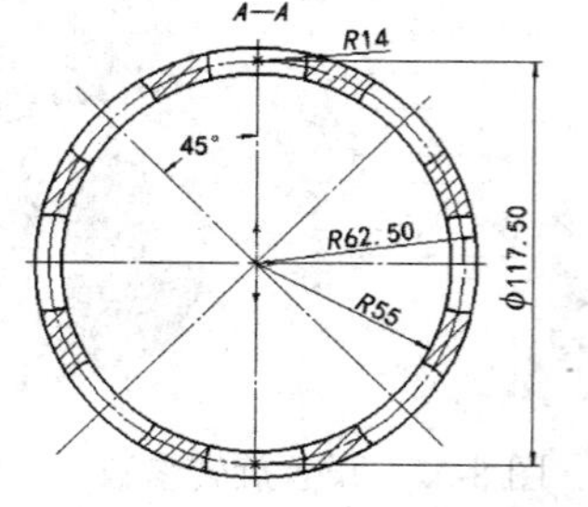

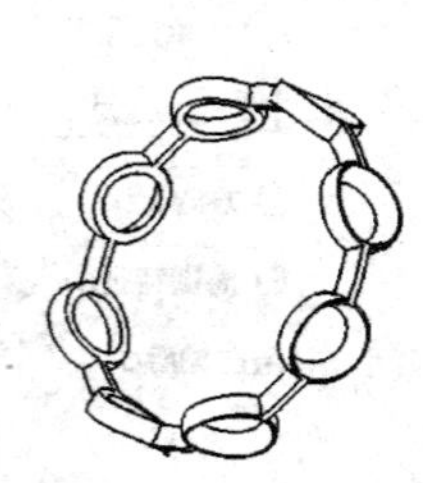

图 8-57　保持架

1. 建立新的零件文件

单击快速访问工具栏上的“新建”按钮，在弹出的“新建 SOLIDWORKS 文件”对话框中依次单击“零件”按钮和“确定”按钮，即可创建一个新的零件文件。

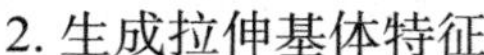

2. 生成拉伸基体特征

（1）绘制草图

1）在 FeatureManager 设计树中选择“前视基准面”作为绘制图形的基准面，单击“草图”控制面板中的“草图绘制”按钮，进入草图绘制环境。

2）利用草图绘制工具，以坐标原点为圆心，绘制一个直径为 160mm 的圆，作为凸台拉伸特征的草图轮廓，如图 8-58 所示。

（2）创建拉伸凸台特征

1）单击“特征”控制面板上的“拉伸凸台 / 基体”按钮，弹出“凸台 - 拉伸”属性管理器。

2）设置“终止条件”为“两侧对称”，在“深度”文本框中设置拉伸深度为 3mm，如图 8-59 所示。

3）单击“确定”按钮，创建凸台拉伸特征，如图 8-60 所示。

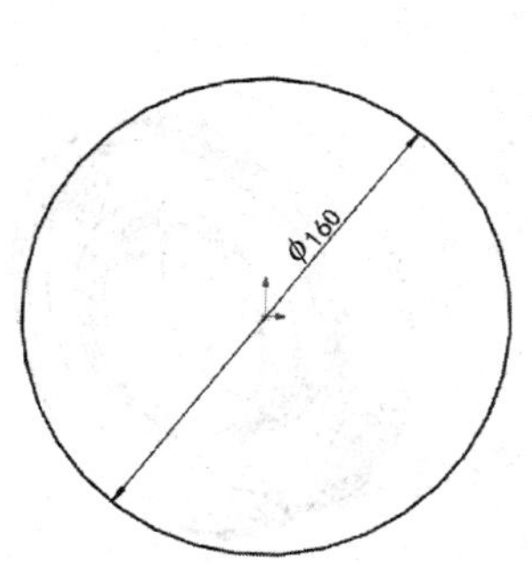

图 8-58　绘制凸台拉伸草图

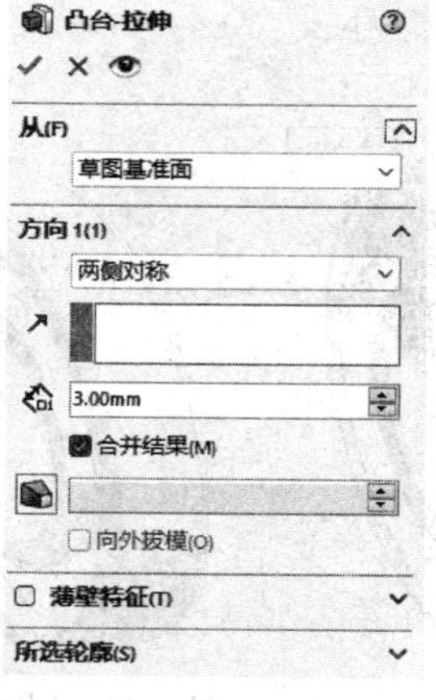

图 8-59　设置拉伸参数

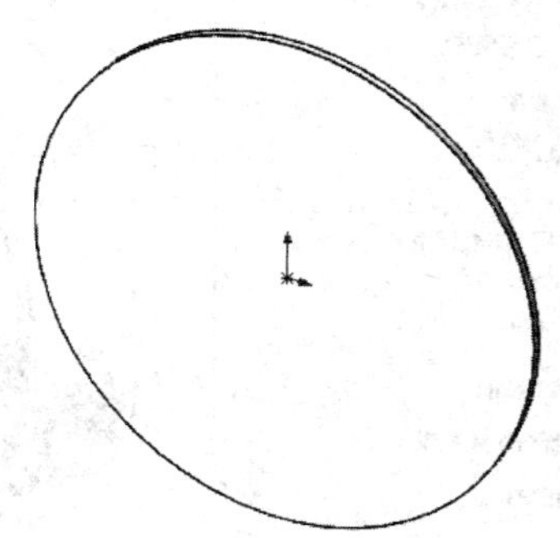

图 8-60　创建凸台拉伸特征

3. 生成旋转实体特征

（1）绘制草图

1）在 FeatureManager 设计树中选择“上视基准面”作为绘制图形的基准面，单击“草图”

控制面板中的“草图绘制”按钮，进入草图绘制环境。

2）利用草图绘制工具绘制旋转特征的草图轮廓，如图 8-61 所示。

（2）创建旋转凸台特征

1）单击“特征”控制面板上的“旋转凸台 / 基体”按钮，弹出“旋转”属性管理器。

2）默认选择中心线为旋转轴，旋转角度为 360.00 度，如图 8-62 所示。

3）单击“确定”按钮，创建旋转凸台特征，如图 8-63 所示。

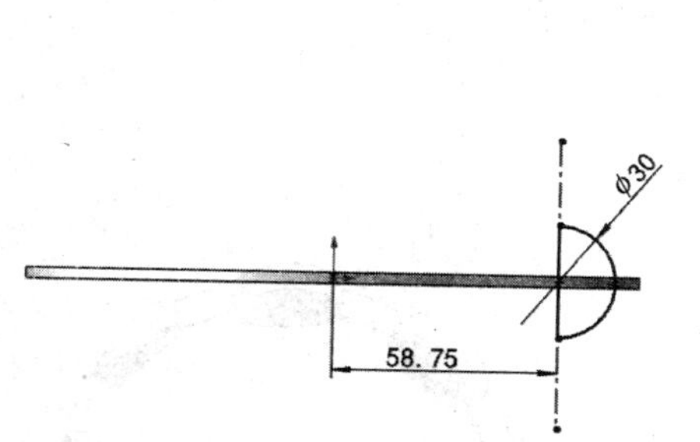

图 8-61 绘制旋转草图

图 8-62 设置旋转参数

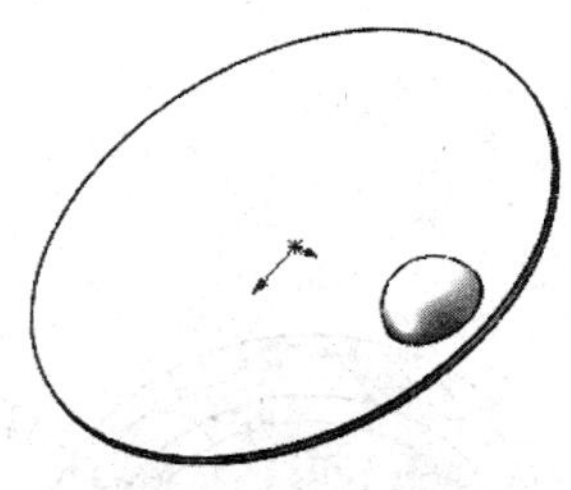

图 8-63 创建旋转凸台特征

4. 生成圆周阵列特征

1）单击菜单栏中的“视图”→“隐藏 / 显示”→“临时轴”命令，显示临时轴。

2）单击“特征”控制面板上的“圆周阵列”按钮，弹出“阵列（圆周）1”属性管理器。

3）在“阵列轴”显示框中选择临时轴为阵列轴，在“实例数”中设置阵列数为 8。

4）在“要阵列的特征”显示框中选择“旋转 1”特征，然后在绘图区中可以观察预览情况，如图 8-64 所示。

5）单击“确定”按钮，生成圆周阵列球体特征，如图 8-65 所示。

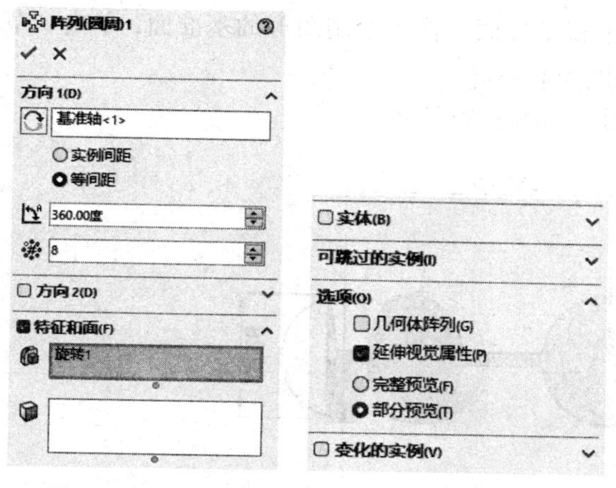

图 8-64 设置“阵列（圆周）1”属性管理器

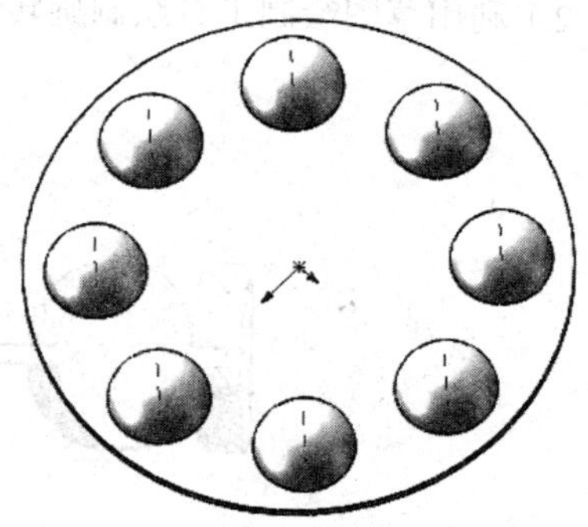

图 8-65 圆周阵列球体特征

5. 生成基体拉伸切除特征

（1）绘制草图

1）选择生成的拉伸体平面，单击“草图”控制面板上的“草图绘制”按钮，在其上建立新的草图。

2）单击“草图”控制面板上的“圆”按钮，绘制一个以原点为圆心、直径为 125mm 的圆，再绘制一个以原点为圆心、直径为 110mm 的圆，如图 8-66 所示。

（2）创建拉伸切除特征

1）单击“特征”控制面板上的“拉伸切除”按钮，弹出“切除 - 拉伸”属性管理器。

2）设置拉伸切除的“终止条件”为“两侧对称”、设置切除深度为 80.00mm，勾选“反侧切除”复选框，如图 8-67 所示。

3）单击“确定”按钮，生成拉伸切除特征，如图 8-68 所示。

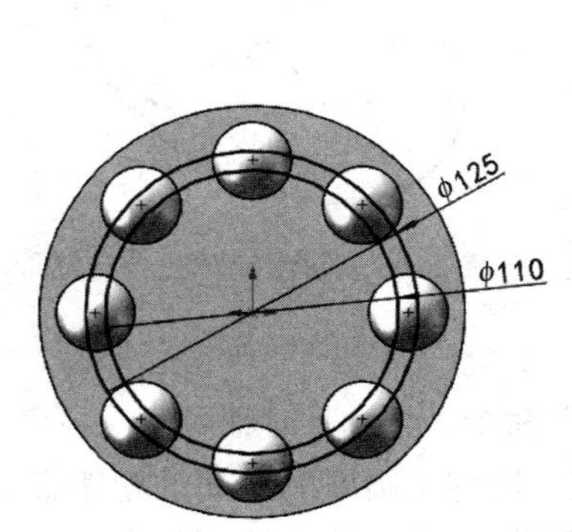

图 8-66　绘制草图

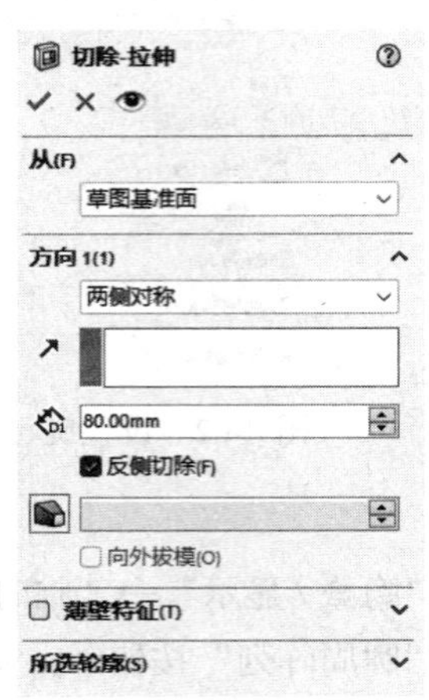

图 8-67　设置切除拉伸参数

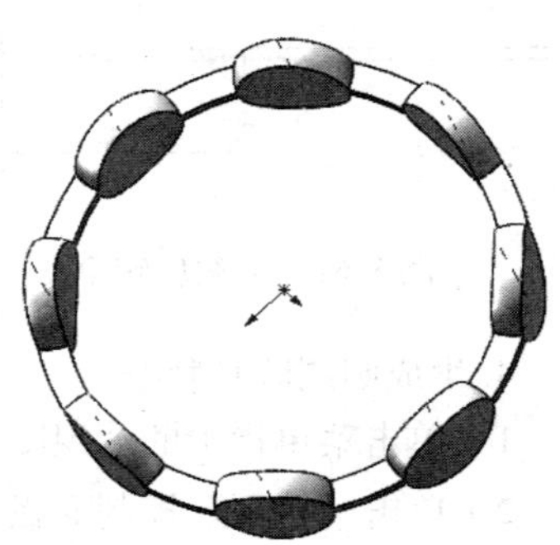

图 8-68　切除拉伸实体

6. 旋转切除实体

（1）绘制草图

1）在 FeatureManager 设计树中选择“上视基准面”作为绘制图形的基准面，单击“草图”控制面板中的“草图绘制”按钮，进入草图绘制环境。

2）利用草图绘制工具绘制旋转切除草图，如图 8-69 所示。

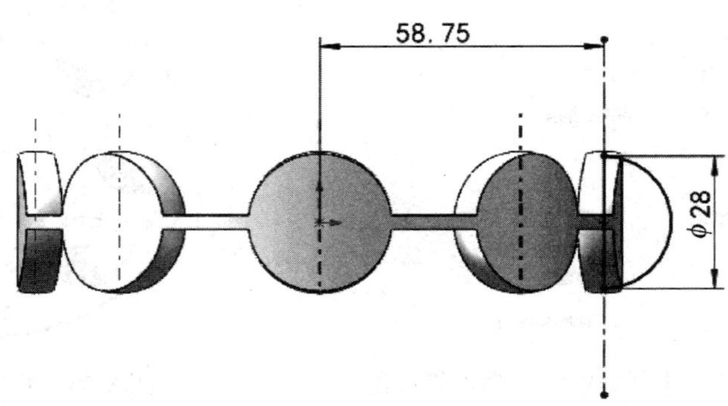

图 8-69　绘制旋转切除草图

（2）创建旋转切除特征

1）单击“特征”控制面板上的“旋转切除”按钮，弹出“切除 - 旋转”属性管理器。

2）设置中心线为默认旋转轴，如图 8-70 所示。

3）单击“确定”按钮✔，生成旋转切除特征，如图 8-71 所示。

图 8-70 设置旋转切除参数

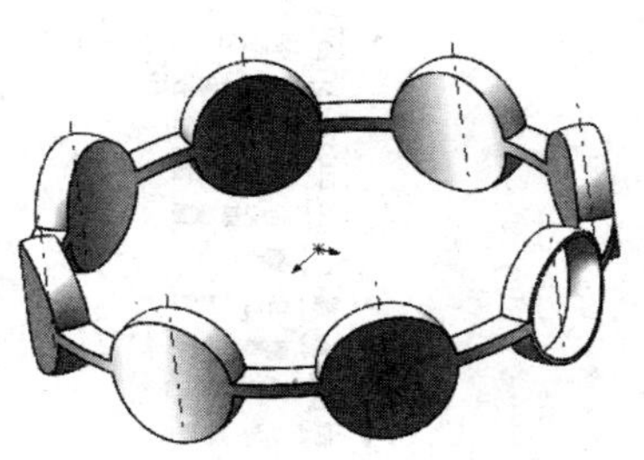

图 8-71 旋转切除实体

7. 圆周阵列旋转切除实体

1）单击“特征”控制面板上的“圆周阵列”按钮，弹出“阵列（圆周）2”属性管理器。

2）在“阵列轴”显示框中选择临时轴为阵列轴，在“实例数”中设置阵列数为 8。

3）在“要阵列的特征”显示框中选择生成的旋转切除实体，如图 8-72 所示。

4）单击“确定”按钮✔，生成圆周阵列旋转切除实体，如图 8-73 所示。

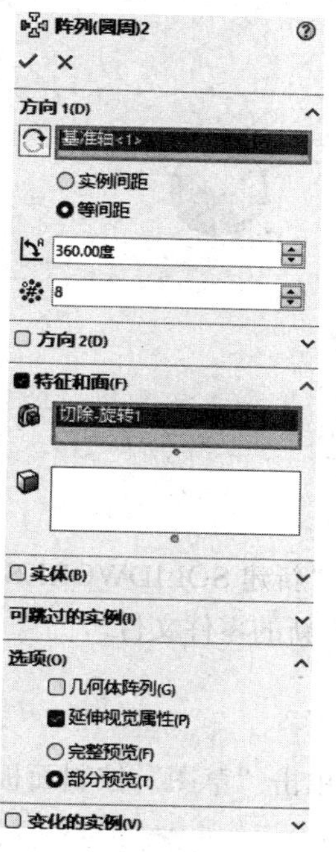

图 8-72 设置“阵列（圆周）2”属性管理器

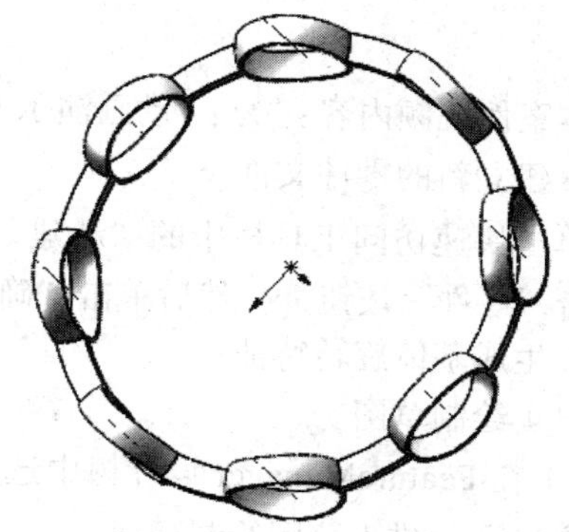

图 8-73 圆周阵列旋转切除实体

8. 保存文件

单击快速访问工具栏中的“保存”按钮，将零件保存为“保持架 .sldprt”。

保持架的最终效果如图 8-74 所示。从 FeatureManager 设计树中可以清晰地看到整个零件的建模过程。

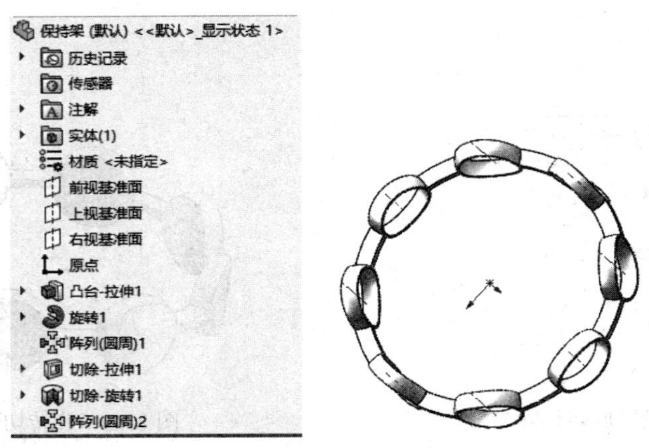

图 8-74　保持架的最终效果

8.9.3　创建轴承 6315 的滚珠

滚动体实际上是一个子装配体，首先制作该子装配体中用到的零件——滚珠，如图 8-75 所示。

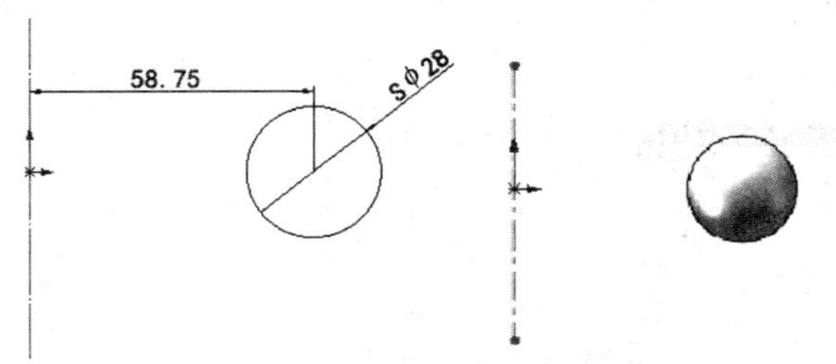

图 8-75　滚珠

本案例视频内容："X：\ 动画演示 \ 第 8 章 \ 滚珠 .mp4"。

1. 建立新的零件文件

单击快速访问工具栏中的"新建"按钮，在弹出的"新建 SOLIDWORKS 文件"对话框中单击"零件"按钮，然后单击"确定"按钮，创建一个新的零件文件。

2. 生成基体旋转特征

（1）绘制草图

1）在 FeatureManager 设计树中选择"前视基准面"，单击"草图"控制面板上的"草图绘制"按钮，进入草图绘制环境。

2）利用草图绘制工具绘制生成基体旋转特征的草图轮廓并标注尺寸，如图 8-76 所示。

（2）创建旋转特征

1）单击"特征"控制面板上的"旋转凸台 / 基体"按钮，或选择"插入"→"凸台 / 基体”→“旋转”命令，弹出“旋转”属性管理器。

2）选择图 8-76 中的中心线为旋转轴。

3）在“旋转”属性管理器中设置“旋转类型”为“给定深度”，在“角度”文本框中设置旋转角度为 360.00 度。

4）单击“确定”按钮，创建旋转特征。

3. 绘制装配体中的阵列轴

1）在 FeatureManager 设计树中选择“前视基准面”，单击“草图”控制面板上的“草图绘制”按钮，进入草图绘制环境。

2）单击“草图”控制面板上的“中心线”按钮，再绘制一条过原点的竖直中心线（此中心线将作为装配体中的阵列轴，在零件状态中没有其他的作用）。

4. 保存文件

单击快速访问工具栏中的“保存”按钮，将零件保存为“滚珠 .sldprt”，滚珠最终效果如图 8-77 所示。

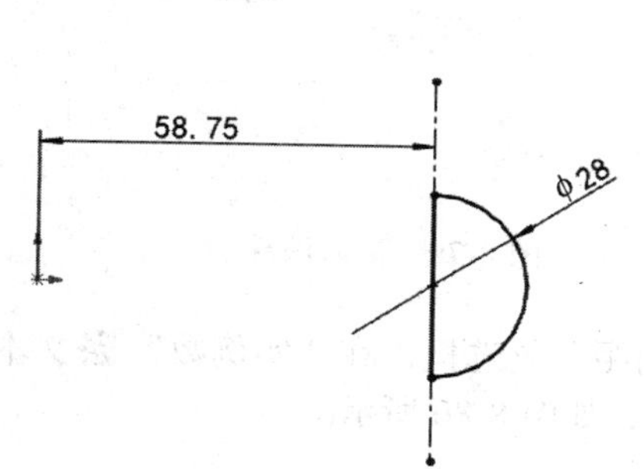

图 8-76　绘制旋转草图轮廓并标注尺寸

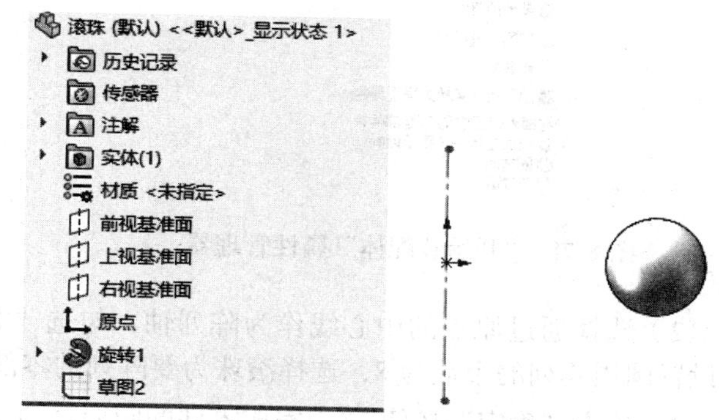

图 8-77　滚珠最终效果

8.9.4　创建滚珠装配体

下面利用滚珠制作滚珠装配体。

本案例视频内容：“X：\动画演示\第 8 章\滚珠装配体 .mp4”。

1. 建立新的体装配文件

单击快速访问工具栏中的“新建”按钮，在弹出的“新建 SOLIDWORKS 文件”对话框中单击“装配体”按钮，单击“确定”按钮，创建一个新的装配文件，系统会弹出“开始装配体”属性管理器，如图 8-78 所示。

2. 装配滚珠

1）在弹出的“开始装配体”属性管理器中选择“滚珠”。

2）单击菜单栏中的“视图”→“显示 / 隐藏”→“原点”，显示装配体的原点。

3）单击“确定”按钮，将“滚珠 .sldprt”零件插入到装配体中，如图 8-79 所示。

3. 圆周阵列滚珠

1）单击“装配体”控制面板上的“圆周零部件阵列”按钮，弹出“圆周阵列”属性管理器。

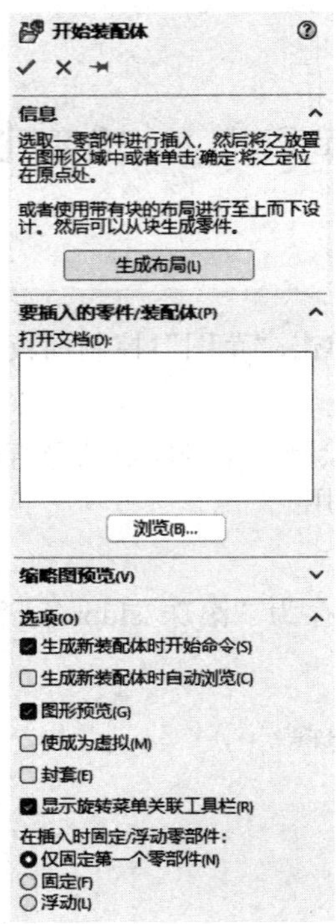

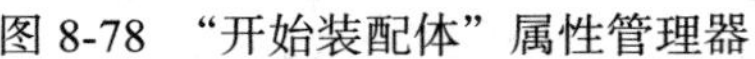
图 8-78 “开始装配体”属性管理器

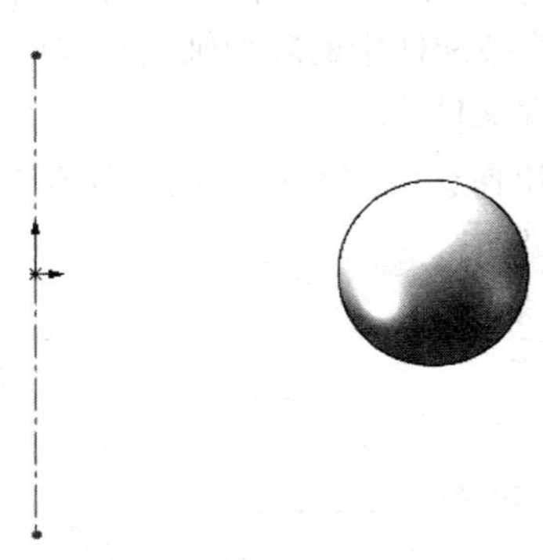
图 8-79 插入滚珠

2）选择通过原点的中心线作为阵列轴，勾选“等间距”复选框，在“实例数”文本框中设置圆周阵列的个数为 8，选择滚珠为要阵列的零部件，如图 8-80 所示。

3）单击“确定”按钮，完成零件的圆周阵列。

4. 保存文件

单击快速访问工具栏中的“保存”按钮，将文件保存为“滚珠装配体 .sldasm”，得到的滚珠装配体最终效果如图 8-81 所示。

图 8-80 圆周阵列参数设置

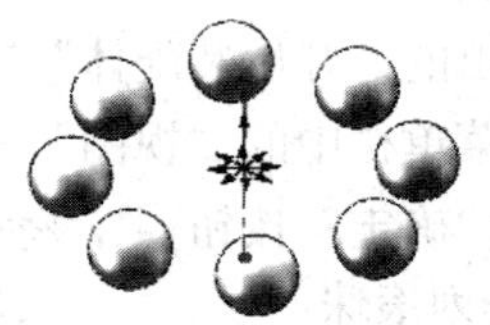
图 8-81 滚珠装配体的最终效果

8.9.5 轴承 6315 的装配

前面已经创建了深沟球轴承的内、外圈，滚动体和保持架，下面为这些零件添加装配体约束，将它们装配为完整的部件。

本案例视频内容："X：\动画演示\第 8 章\轴承 6315.mp4"。

1. 建立新的装配体文件

1）单击快速访问工具栏中的"新建"按钮，在弹出的"新建 SOLIDWORKS 文件"对话框（见图 8-82）中单击"装配体"按钮。

2）单击"确定"按钮，创建一个新的装配文件，系统会弹出"开始装配体"属性管理器，如图 8-83 所示。

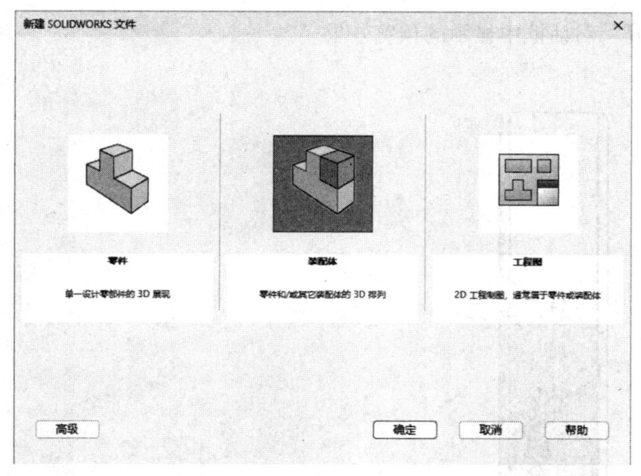

图 8-82 "新建 SOLIDWORKS 文件"对话框

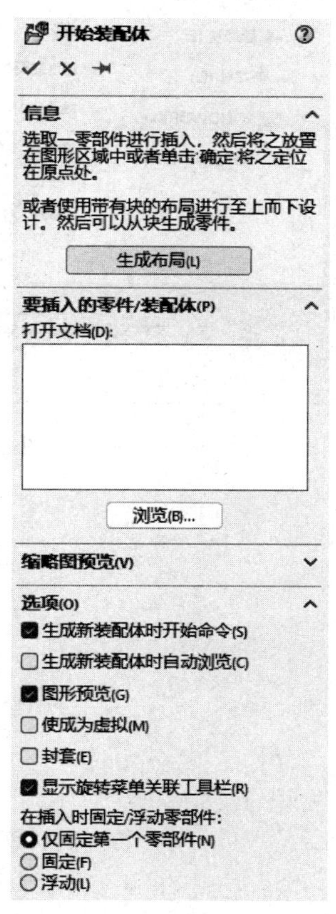

图 8-83 "开始装配体"属性管理器

2. 插入零部件

1）在弹出的"开始装配体"属性管理器中单击"浏览"按钮，在弹出的"打开"对话框中找到零件"轴承 6315 内外圈 .sldprt"，这时该对话框的浏览区中将显示零部件的预览结果，如图 8-84 所示。在"打开"对话框中单击"打开"按钮，系统进入装配界面。

2）将零件"轴承 6315 内外圈 .sldprt"插入到装配体中，当鼠标指针变为形状时单击。使轴承外圈的基准面和装配体基准面重合，此时的零件如图 8-85 所示。从中可以看到"轴承

6315 内外圈”零件的位置被固定。

3）单击“装配体”控制面板中的“插入零部件”按钮，系统会弹出“插入零部件”属性管理器。单击“浏览”按钮，在弹出的“打开”对话框中选择“保持架”和“滚珠装配体”，将其插入装配界面中，如图 8-86 所示。

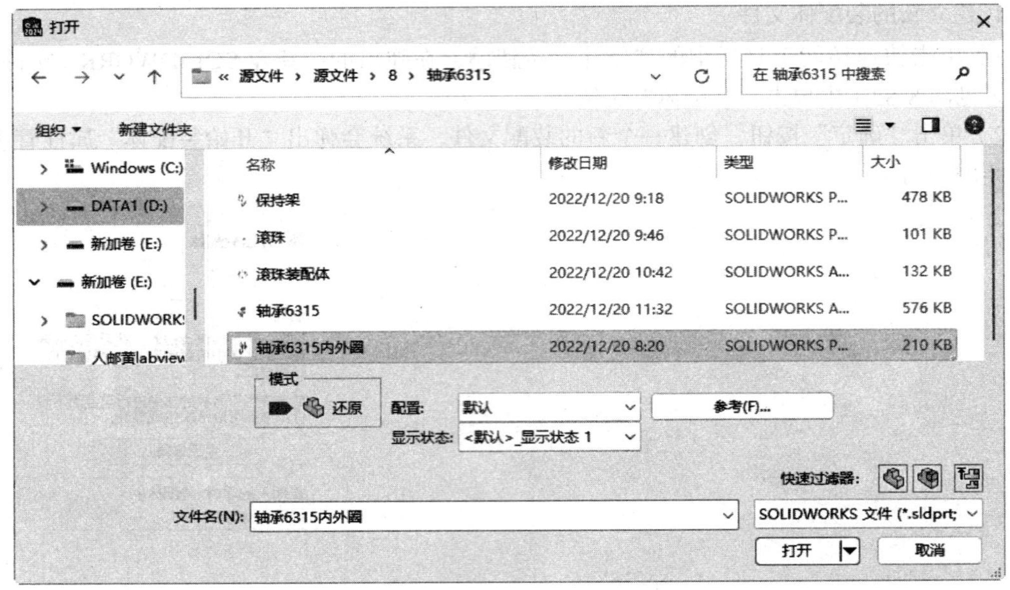

图 8-84 “打开”对话框中显示的预览效果

图 8-85 固定的“轴承 6315 内外圈”模型

3. 移动零部件

1）单击“装配体”控制面板上的“移动零部件”按钮，弹出“移动零部件”属性管理器，并且光标变为形状。

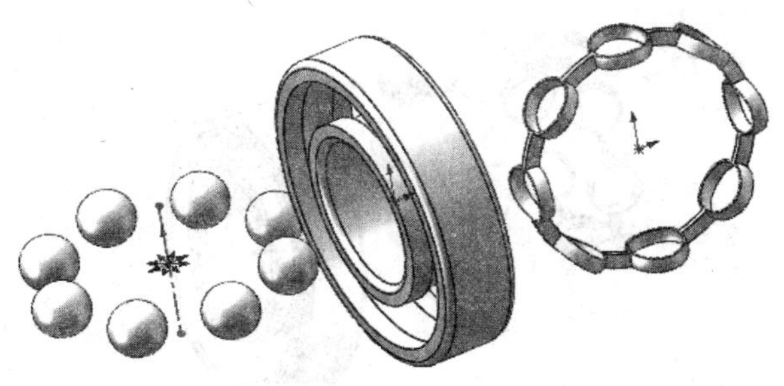

图 8-86　插入零部件后的装配体

2）在绘图区选择一个或多个零部件。按住 <Ctrl> 键可以一次选择多个零部件。

3）在如图 8-87 所示的“移动零部件”属性管理器的“移动”下拉列表框中选择任意一种移动方式。

4）单击“确定”按钮，完成零部件的移动。

4. 旋转零部件

1）单击“装配体”控制面板上的“旋转零部件”按钮，弹出“旋转零部件”属性管理器，并且鼠标指针变为形状。

2）在绘图区选择一个或多个零部件。

3）在如图 8-88 所示的“旋转零部件”属性管理器的“旋转”下拉列表框中选择任意一种旋转方式。

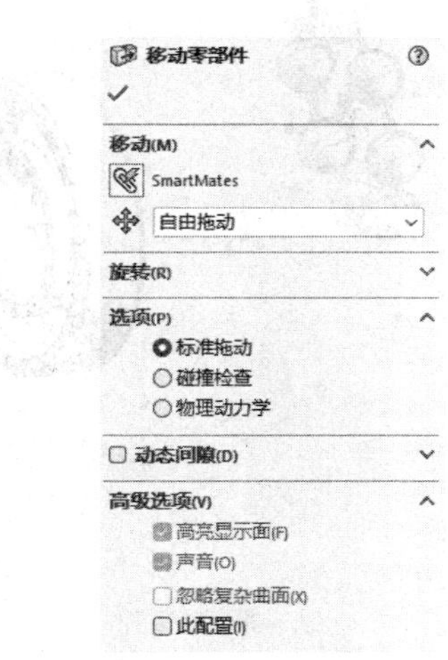

图 8-87　“移动零部件”属性管理器

图 8-88　“旋转零部件”属性管理器

4）单击“确定”按钮，完成旋转零部件的操作。

移动和旋转零部件后，将装配体中的零件调整到合适的位置，如图 8-89 所示。

5. 装配保持架和滚动体

1）单击“装配体”控制面板中的“配合”按钮，系统会弹出“配合”属性管理器，如图 8-90 所示。

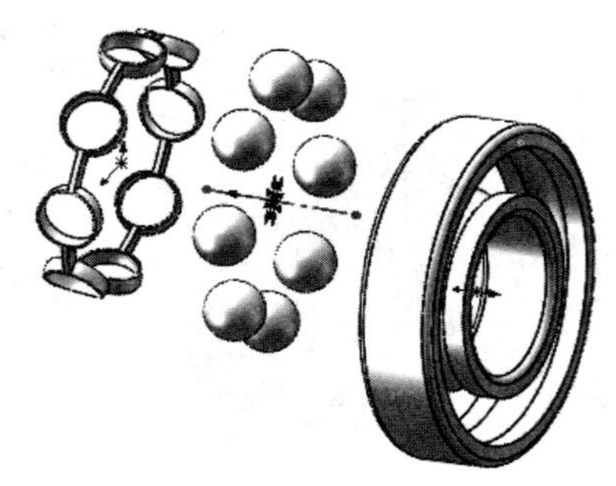

图 8-89　在装配体中调整零件到合适的位置

2）在绘图区中选择保持架的中心轴和滚珠装配体的中心轴。

3）在“配合”属性管理器中自动选择“配合类型”为“重合”，“配合”属性管理器变为“重合 1”属性管理器，如图 8-91 所示。

图 8-90　“配合”属性管理器

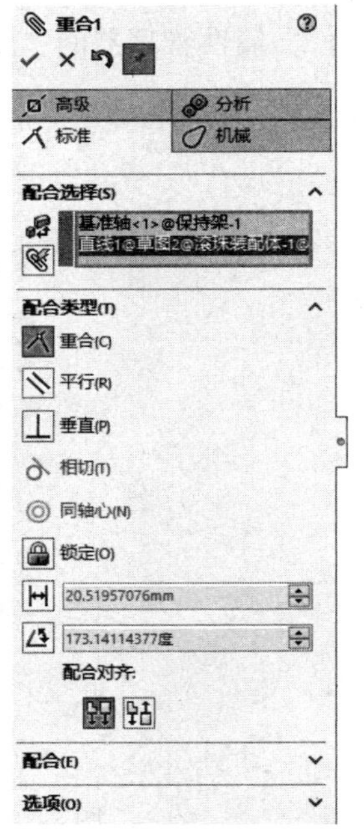

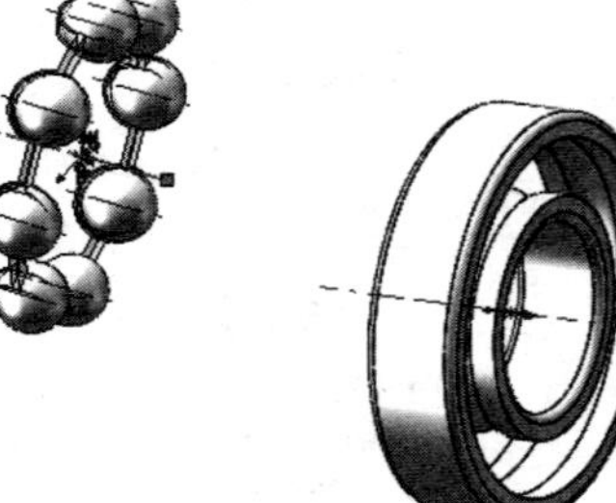

图 8-91　选择配合实体

4）单击“确定”按钮✔，添加“重合”配合关系。

5）选择保持架的“前视基准面”和滚珠装配体的“上视基准面”，选择“配合类型”为“重合”。

6）单击“确定”按钮✔，添加“重合”配合关系。

7）选择保持架的“右视基准面”和滚珠装配体的“前视基准面”。

8）单击“确定”按钮✓，添加“重合”配合关系。

至此，滚珠装配体和保持架的装配就完成了，装配好的滚珠装配体和保持架如图 8-92 所示。

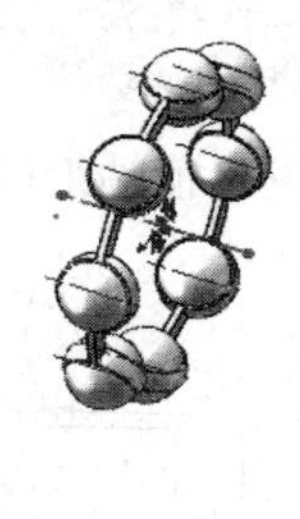
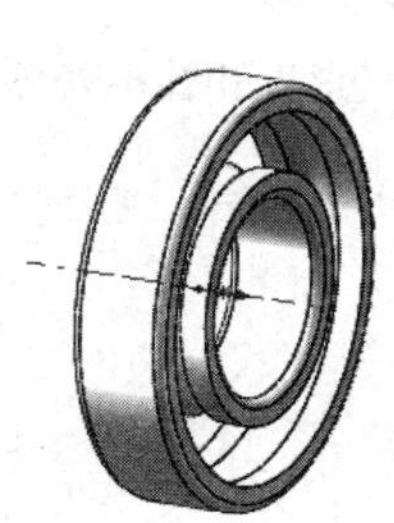

图 8-92 装配好的滚珠装配体和保持架

6. 装配保持架和轴承内、外圈

1）单击“装配体”控制面板中的“配合”按钮，系统会弹出“配合”属性管理器。

2）选择保持架的“前视基准面”和轴承 6315 内外圈的“右视基准面”，选择配合类型为“重合”。

3）单击“确定”按钮✓，添加“重合”配合关系，如图 8-93 所示。

4）对轴承内外圈的中心轴和滚珠装配体的中心轴，选择配合类型为“重合”。

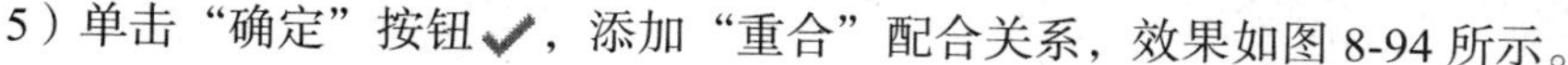

5）单击“确定”按钮✓，添加“重合”配合关系，效果如图 8-94 所示。

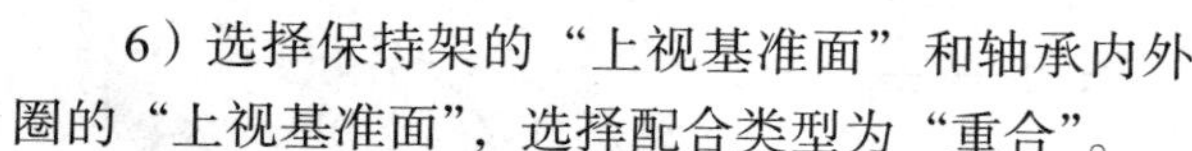

图 8-93 基准面重合后的效果

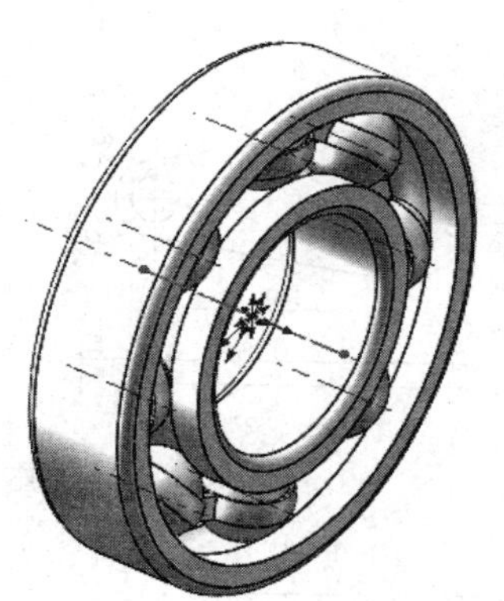

图 8-94 中心轴同轴后的效果

6）选择保持架的“上视基准面”和轴承内外圈的“上视基准面”，选择配合类型为“重合”。

7）单击“确定”按钮✓，添加“重合”配合关系。

7. 保存文件

1）单击快速访问工具栏中的“保存”按钮，将零件保存为“轴承 6315.sldasm”。

2）单击菜单栏中的“视图”→“隐藏 / 显示”→“隐藏所有类型”命令，将所有草图或参考轴等元素隐藏起来，完全定义好装配关系的轴承 6315 装配体如图 8-95 所示。

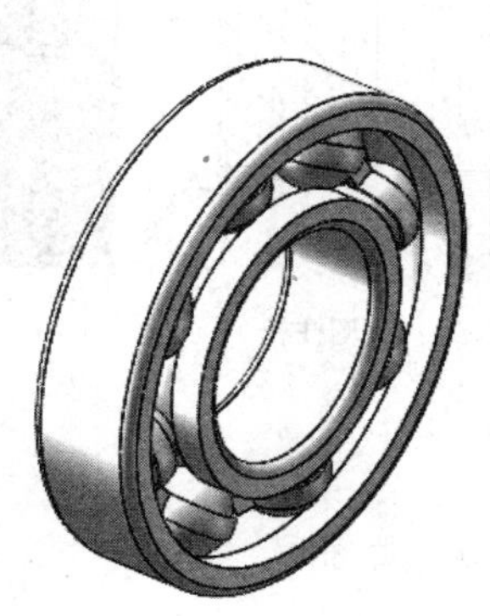

图 8-95 完全定义好装配关系的装配体轴承 6315

8.10 思考练习

创建如图 8-96 所示的手柄轴组件装配图，各零件图如图 8-97 所示。

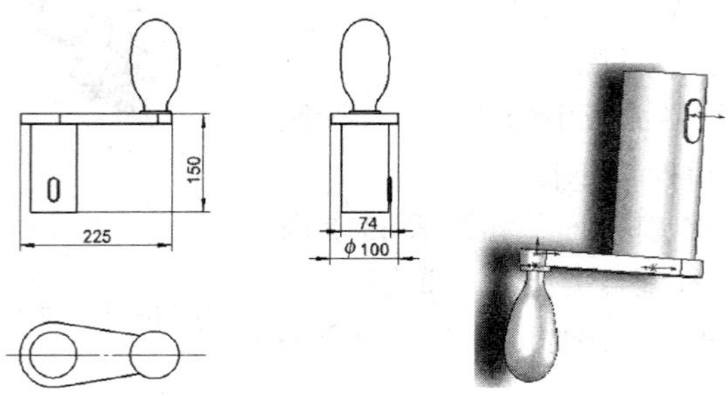

图 8-96 手柄轴组件装配图

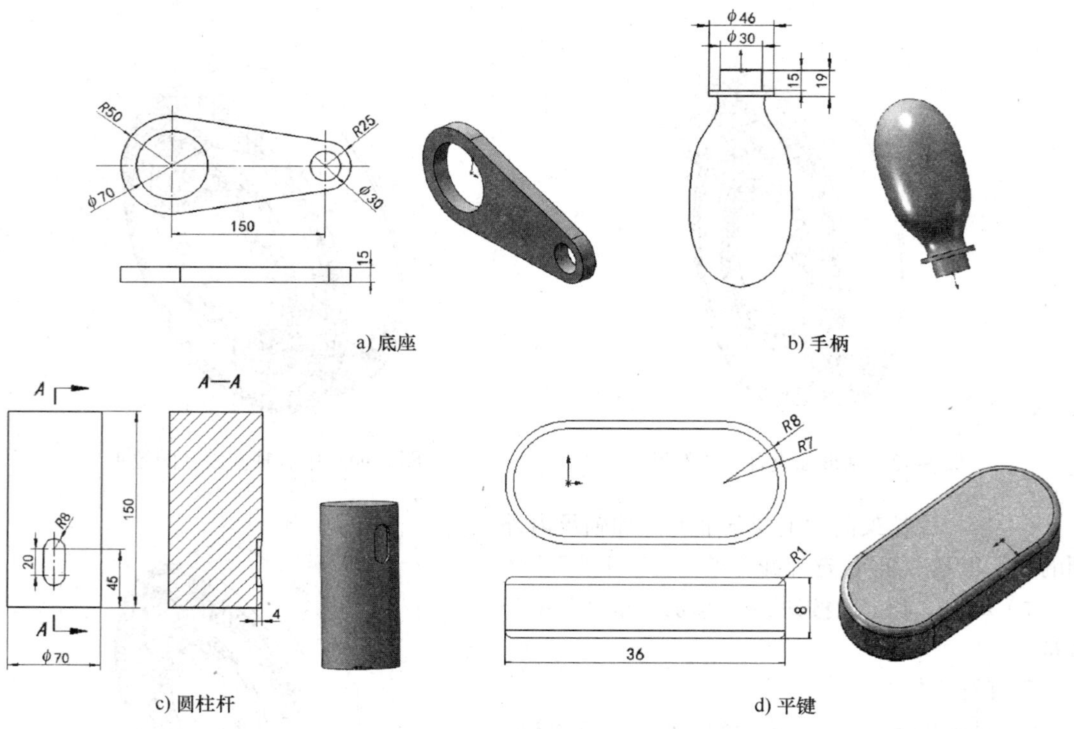

图 8-97 零件图

第 9 章

生成工程图

工程设计中的工程图是用来指导生产的主要技术文件，它通过一组具有规定表达方式且标注了尺寸、表面粗糙度符号及公差配合的二维多面正投影图来指导机械加工。SOLIDWORKS 可以使用二维几何绘制生成工程图，也可将三维零件图或装配体图转变成二维工程图，然后通过增加相关注解完成整体工程图的设计。

- 工程图的生成方法
- 定义图纸格式
- 标准三视图的生成
- 模型视图的生成
- 派生视图的生成
- 操作视图
- 注解的标注

9.1 工程图的生成方法

默认情况下，SOLIDWORKS 系统在工程图和零件或装配体三维模型之间提供全相关的功能，全相关意味着无论什么时候修改零件或装配体的三维模型，所有相关的工程视图将自动更新，以反映零件或装配体的形状和尺寸变化；反之，当在一个工程图中修改一个零件或装配体尺寸时，系统也将自动地将相关的其他工程视图及三维零件或装配体中的相应尺寸加以更新。

在安装 SOLIDWORKS 时，可以设定工程图与三维模型间的单向链接关系，这样当在工程图中对尺寸进行修改时，三维模型并不更新。如果要改变此选项的话，只有重新安装一次软件。

此外，SOLIDWORKS 系统提供了多种类型的图形文件输出格式，包括最常用的 DWG 和 DXF 格式，以及其他几种常用的标准格式。

工程图包含一个或多个由零件或装配体生成的视图。在生成工程图之前，必须先保存与它有关的零件或装配体的三维模型。

要生成新的工程图，可做如下操作：

1）单击快速访问工具栏中的“新建”按钮，或选择“文件”→“新建”命令。

2）在“新建 SOLIDWORKS 文件”对话框中选择“工程图”图标，如图 9-1 所示。

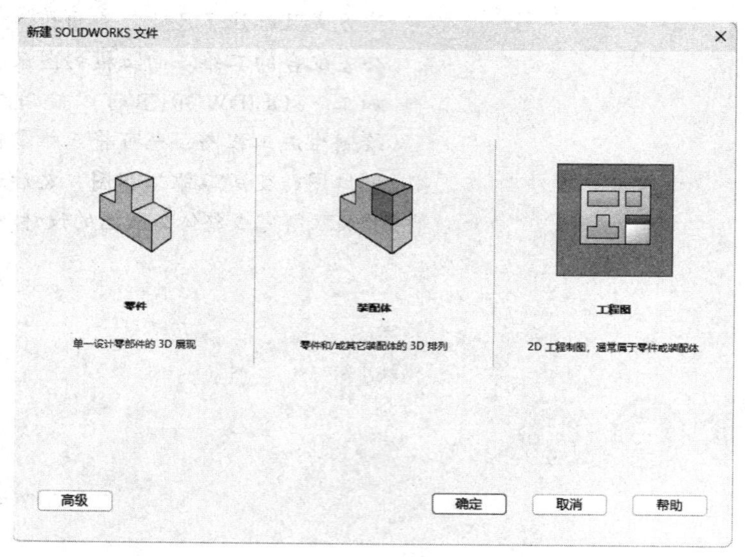

图 9-1 选择“工程图”图标

3）单击“确定”按钮，系统弹出如图 9-2 所示的提示对话框，单击“确定”按钮。

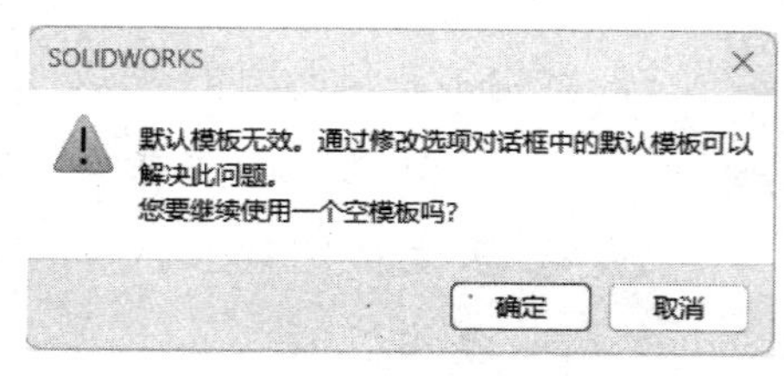

图 9-2 提示对话框

4）在弹出的“图纸格式/大小”对话框（见图 9-3）中选择图纸格式。

①“标准图纸大小”：在列表框中选择一个标准图纸大小的图纸格式。

②“自定义图纸大小”：在“宽度”和“高度”

文本框中输入设置图纸大小的数值。

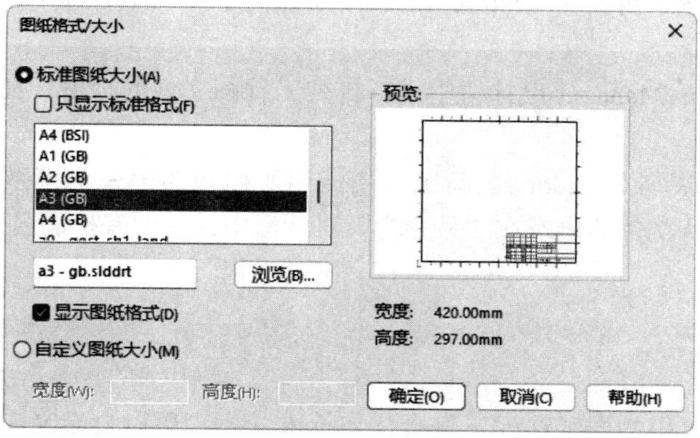

图 9-3　选择图纸格式

如果要选择已有的图纸格式，则单击“浏览”按钮，导航到所需的图纸格式文件。

5）单击“确定”按钮，进入工程图编辑状态。

工程图窗口（见图 9-4）中也包括设计树，它与零件和装配体窗口中的设计树相似，包括项目层次关系的清单。每张图纸有一个图标，每张图纸下有图纸格式和每个视图的图标。项目图标旁边的符号 ▸ 表示它包含相关的项目，单击它将展开所有的项目并显示其内容。

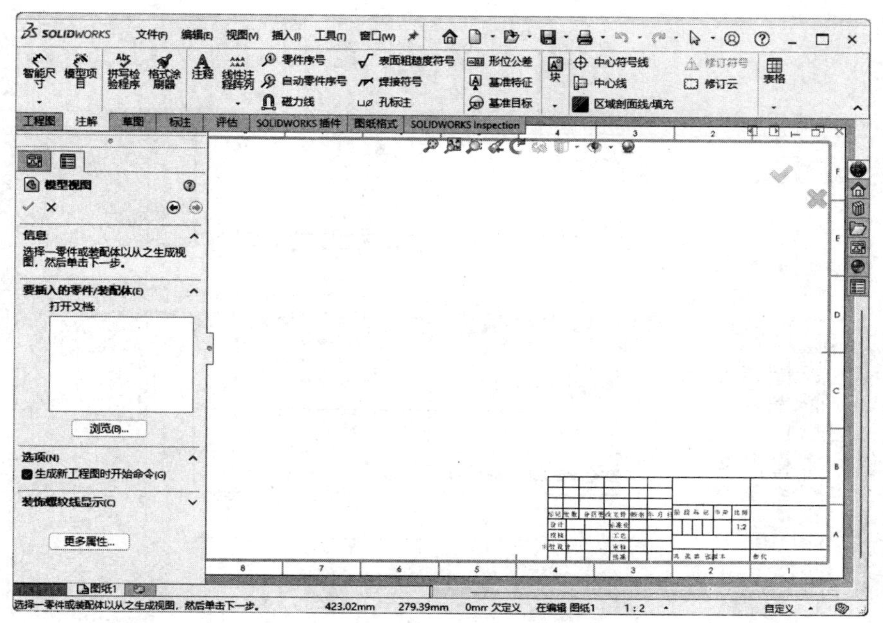

图 9-4　工程图窗口

标准视图包含视图中显示的零件和装配体的特征清单。派生的视图（如局部视图或剖视图）包含不同的特定视图的项目（如局部视图图标和剖切线等）。

工程图窗口的顶部和左侧有标尺，标尺会报告图纸中光标的位置。选择“视图”→“用户界面”→“标尺”命令可以打开或关闭标尺。

如果要放大到视图，可右击 FeatureManager 设计树中的视图名称，在弹出的快捷菜单中选择“放大所选范围”命令。

用户可以在 FeatureManager 设计树中重新排列工程图文件的顺序，在绘图区中拖动工程图到指定的位置。

工程图文件的扩展名为 .slddrw。新工程图使用所插入的第一个模型的名称。保存工程图时，模型名称作为默认文件名出现在“另存为”对话框中，并带有扩展名 .slddrw。

9.2 定义图纸格式

SOLIDWORKS 提供的图纸格式不符合任何标准，用户可以自定义工程图纸格式以符合本单位的标准格式。

要定义工程图纸格式，可做如下操作：

1）右击工程图纸上的空白区域，或者右击 FeatureManager 设计树中的图纸格式图标。

2）在弹出的快捷菜单中选择“编辑图纸格式”命令。

3）双击标题栏中的文字即可修改文字。同时，在“注释”属性管理器的“文字格式”栏（见图 9-5）中可以修改对齐方式、文字旋转角度和字体等属性。

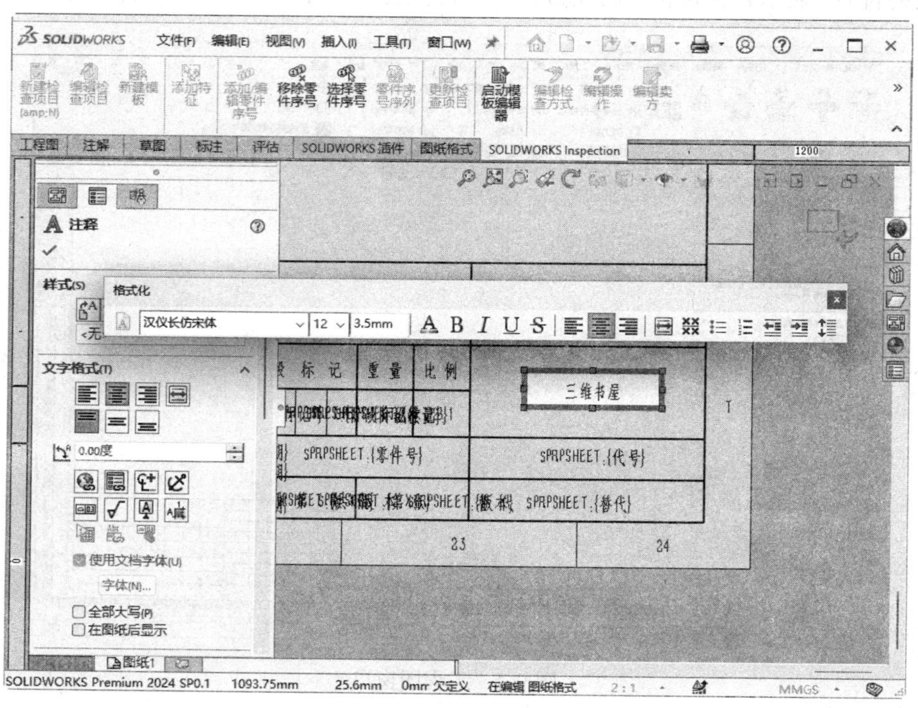

图 9-5 “注释”属性管理器

4）如果要移动线条或文字，可单击该项目后将其拖动到新的位置。

5）如果要添加线条，则单击“草图”操作面板上的“直线”按钮，然后绘制线条。编辑完后，单击绘图区右上方的图标，退出图纸格式编辑。

6）在 FeatureManager 设计树中右击“图纸”图标，在弹出的快捷菜单中选择“属性”命令。

7）在弹出的“图纸属性”对话框（见图 9-6）中进行如下设置：

① 在“名称”文本框中输入图纸的标题。

② 在“标准图纸大小”列表框中选择一种标准纸张（如 A4、B5 等）。如果选择了“自定义图纸大小”，则在下方的“宽度”和“高度”文本框中指定纸张的大小。

③ 在“比例”文本框中指定图纸上所有视图的默认比例。

8）单击“浏览”按钮可以使用其他图纸格式。

① 在“投影类型”栏中选择“第一视角”或“第三视角”。

② 在“下一视图标号”文本框中指定下一个视图要使用的英文字母代号。

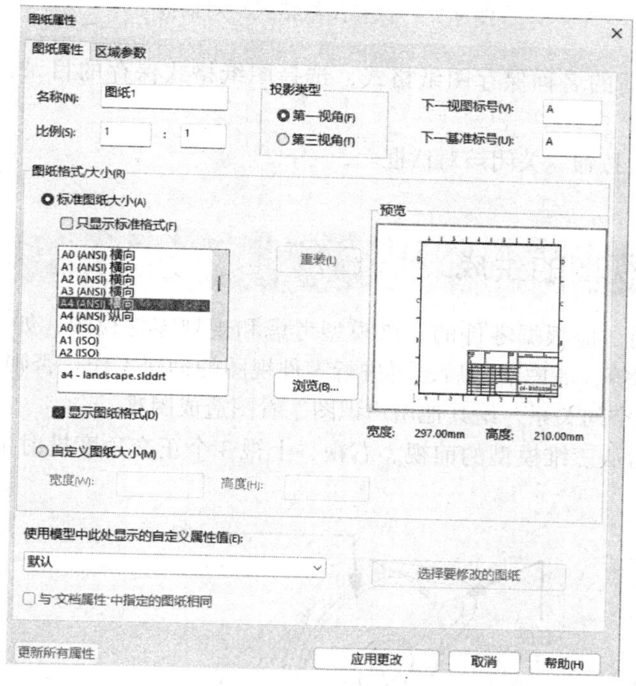

图 9-6 “图纸属性”对话框

③ 在“下一基准标号”文本框中指定下一个基准标号要使用的英文字母代号。

如果图纸上显示了多个三维模型文件，可在“使用模型中此处显示的自定义属性值”下拉列表框中选择一个视图，工程图将使用该视图包含模型的自定义属性。

9）单击“应用更改”按钮，关闭该对话框。

要保存图纸格式，可做如下操作：

1）选择“文件”→“保存图纸格式”命令，系统会弹出“保存图纸格式”对话框，如图 9-7 所示。

2）如果要替换 SOLIDWORKS 提供的标准图纸格式，在列表框中选择一种图纸格式。单击“保存”按钮。图纸格式将被保存在安装目录 \data 下。

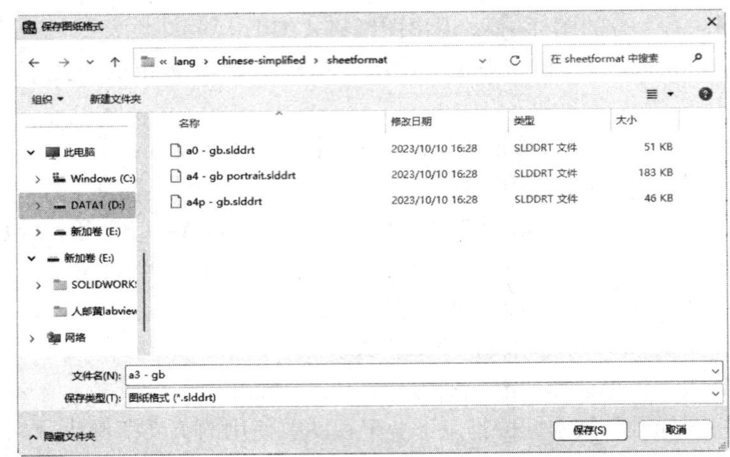

图 9-7 “保存图纸格式”对话框

3）如果要使用新的名称保存图纸格式，选择图纸格式保存的目录，然后输入图纸格式名称。

4）单击“保存”按钮，关闭该对话框。

9.3 标准三视图的生成

在创建工程图前，应根据零件的三维模型考虑和规划零件视图，如工程图由几个视图组成，是否需要剖视图等，考虑清楚后，再进行零件视图的创建工作。否则，可能创建的视图不能很好地表达零件的空间关系，给其他用户识图、看图造成困难。

标准三视图是指从三维模型的前视、右视、上视 3 个正交角度投射生成的 3 个正交视图，如图 9-8 所示。

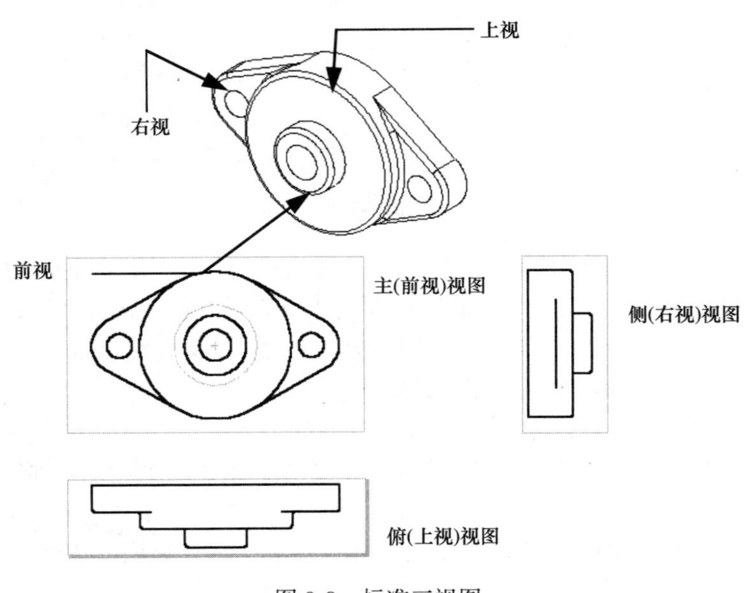

图 9-8 标准三视图

在标准三视图中，主视图与俯视图及侧视图有固定的对齐关系。俯视图可以竖直移动，侧视图可以水平移动。SOLIDWORKS 生成标准三视图的方法有多种，这里只介绍常用的两种方法。

用标准方法生成标准三视图的操作如下：

1）打开零件或装配体文件，或打开包含所需模型视图的工程图文件。

2）新建一张工程图。

3）单击“工程图”控制面板上的“标准三视图”按钮，或选择“插入”→“工程图视图”→“标准三视图”命令，此时鼠标指针变为形状。

4）在“标准三视图”属性管理器的“信息”栏中提供了 3 种选择模型的方法：

① 选择一个包含模型的视图。

② 从另一窗口的设计树中选择模型。

③ 从另一窗口的绘图区中选择模型。

5）选择“窗口”命令，进入零件或装配体文件中。

6）利用步骤 4）中的一种方法选择模型，系统会自动回到工程图文件中，并将三视图放置在工程图中。

如果不打开零件或装配体模型文件，用标准方法生成标准三视图的操作如下：

1）新建一张工程图。

2）单击“工程图”控制面板上的“标准三视图”按钮，或选择“插入”→“工程图视图”→“标准三视图”命令。

3）在弹出的“标准三视图”属性管理器中浏览到所需的模型文件，单击“打开”按钮，标准三视图便会放置在绘图区中。

9.4 模型视图的生成

标准三视图是最基本也是最常用的工程图，它所提供的视角十分固定，有时不能很好地描述模型的实际情况。SOLIDWORKS 提供的模型视图解决了这个问题。通过在标准三视图中插入模型视图，可以从不同的角度生成工程图。

要插入模型视图，可做如下操作：

1）单击“工程图”控制面板上的“模型视图”按钮，或选择“插入”→“工程图视图”→“模型”命令。

2）和生成标准三视图中选择模型的方法一样，在零件或装配体文件中选择一个模型。

3）当回到工程图文件中时，鼠标指针变为形状，用鼠标拖动一个视图方框表示模型视图的大小。

4）在“模型视图”属性管理器的“方向”栏中选择视图的投射方向。

5）在工程图中放置模型视图，如图 9-9 所示。

6）如果要更改模型视图的投射方向，则单击“方向”栏中的视图方向。

7）如果要更改模型视图的显示比例，则选择“使用自定义比例”复选框，然后输入显示比例。

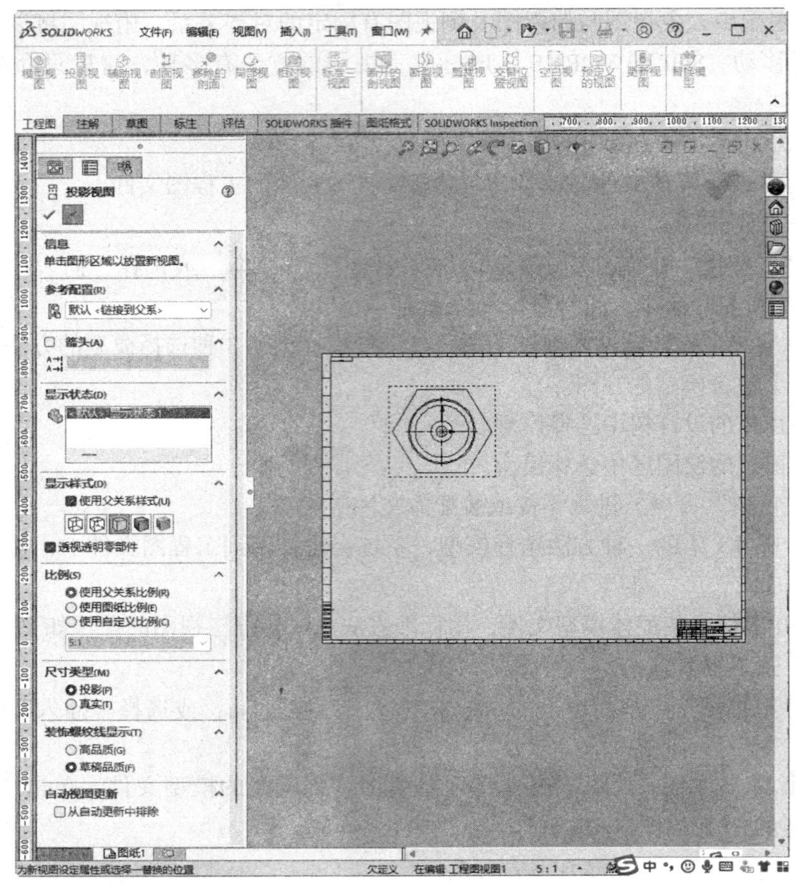

图 9-9 放置模型视图

8）单击“确定”按钮✔，完成模型视图的插入。

9.5 派生视图的生成

派生视图是指从标准三视图、模型视图或其他派生视图中派生出来的视图，包括剖视图、辅助视图、局部视图和投影视图等。

9.5.1 剖视图

剖视图是指用一条剖切线分割工程图中的一个视图，然后从垂直于生成的剖面方向投射得到的视图，如图 9-10 所示。

要生成一个剖视图，可做如下操作：

1）打开要生成剖视图的工程图。

2）单击“工程图”控制面板上的“剖面视图”按钮，或选择“插入”→“工程图视图”→“剖面视图”命令。

3）弹出“剖面视图辅助”属性管理器，如图 9-11 所示。在该属性管理器中选择切割线类型。

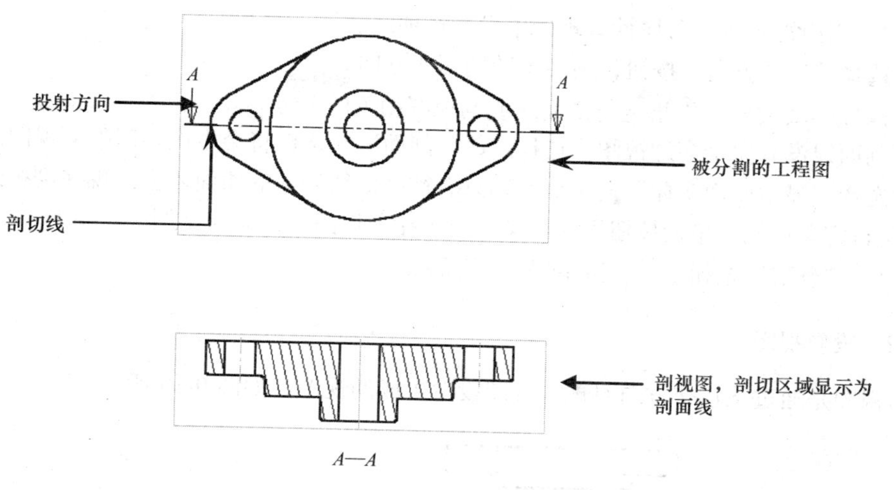

图 9-10 剖面视图举例

4）将切割线放置在视图中要剖切的位置，单击“确定”按钮✔，弹出“剖面视图 A-A”属性管理器，系统会在垂直于剖切线的方向出现一个方框，表示剖视图的大小。拖动这个方框到适当的位置，释放鼠标，即可将剖视图放置在工程图中，生成的剖视图如图 9-12 所示。

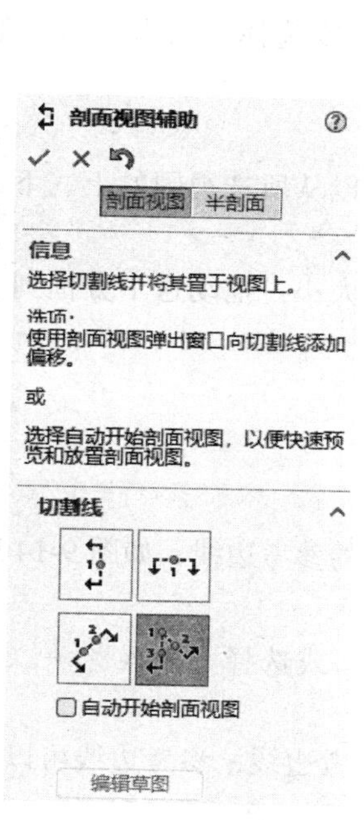

图 9-11 “剖面视图辅助”属性管理器

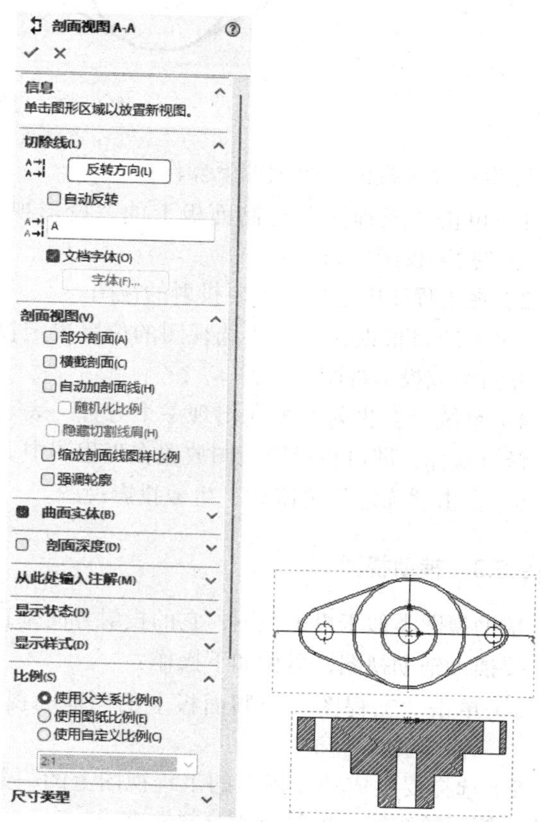

图 9-12 “剖面视图 A-A”属性管理器和剖视图

5）在“剖面视图 A-A”属性管理器中设置选项。

如果选择“反转方向”按钮，则会反转剖切的方向。

在“标号”文本框中指定与剖面线或剖视图相关的字母。

如果剖面线没有完全穿过视图，选择“部分剖面”复选框将会生成局部剖面视图。

如果选择“显示曲面实体”复选框，则只有被剖面线切除的曲面才会出现在剖视图上。

“使用自定义比例”单选按钮用来定义剖视图在工程图中的显示比例。

6）单击“确定”按钮✓，完成剖视图的插入。

9.5.2 投影视图

投影视图是通过从正交方向对现有视图投射生成的视图，如图 9-13 所示。

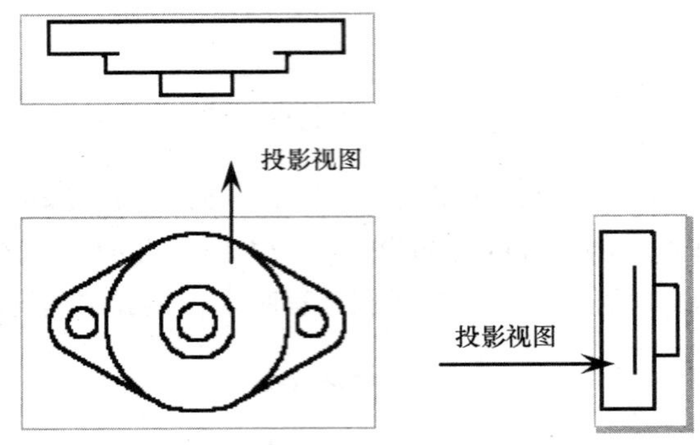

图 9-13　投影视图

要生成投影视图，可做如下操作：

1）单击“工程图”控制面板上的“投影视图”按钮，或选择“插入”→“工程图视图”→“投影视图”命令。

2）在工程图中选择一个要投射的视图。

3）系统将根据光标在所选视图的位置决定投射方向。可以从所选视图的上、下、左、右四个方向生成投影视图。

4）系统会在投射的方向出现一个方框，表示投影视图的大小。拖动这个方框到适当的位置，释放鼠标，即可将投影视图放置在工程图中。

5）单击“确定”按钮✓，生成投影视图。

9.5.3 辅助视图

辅助视图类似于投影视图，它的投射方向垂直于所选视图的参考边线，如图 9-14 所示。

要插入辅助视图，可做如下操作：

1）单击“工程图”控制面板上的“辅助视图”按钮，或选择“插入”→“工程图视图”→“辅助视图”命令。

2）选择要生成辅助视图的工程视图上的一条直线作为参考边线，参考边线可以是零件的边线、侧影轮廓线、轴线或所绘制的直线。

3）系统会在与参考边线垂直的方向出现一个方框，表示辅助视图的大小。拖动这个方框到适当的位置，单击鼠标，即可将辅助视图放置在工程图中。

4）在“辅助视图”属性管理器（见图 9-15）中设置选项。

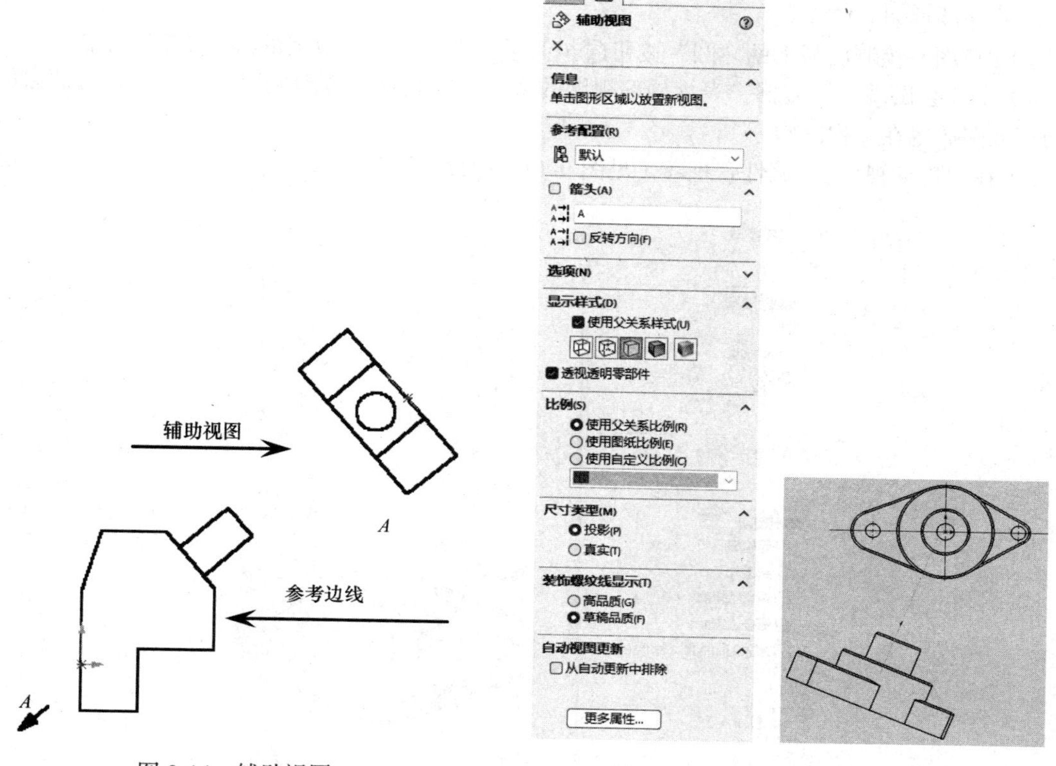

图 9-14　辅助视图　　图 9-15　“辅助视图”属性管理器

在“标号”文本框中指定与剖面线或剖视图相关的字母。

如果选择“反转方向”复选框，则会反转剖切的方向。

5）单击“确定”按钮，生成辅助视图。

9.5.4　局部视图

可以在工程图中生成一个局部视图，来放大显示视图中的某个部分，如图 9-16 所示。局部视图可以是正交视图、三维视图或剖视图。

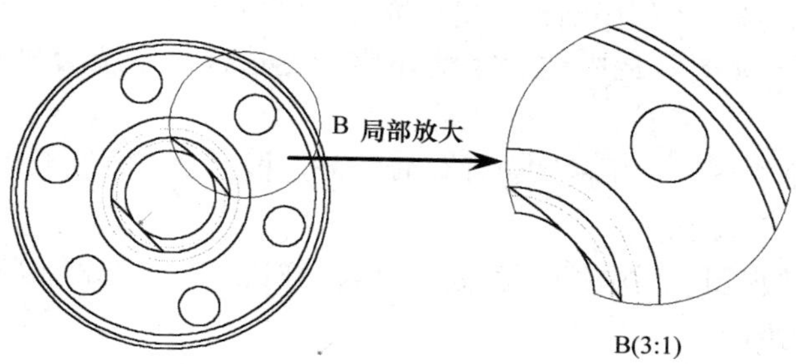

图 9-16　局部视图

要生成局部视图，可做如下操作：

1）打开要生成局部视图的工程图。

2）单击“工程图”控制面板上的“局部视图”按钮，或选择“插入”→“工程图视图”→“局部视图”命令。

3）“草图”控制面板上的“圆”按钮被激活。利用它在要放大的区域绘制一个圆。

4）系统会出现一个方框，表示局部视图的大小。拖动这个方框到适当的位置，释放鼠标，则局部视图放置在工程图中。

5）在“局部视图 I”属性管理器（见图 9-17）中设置选项。

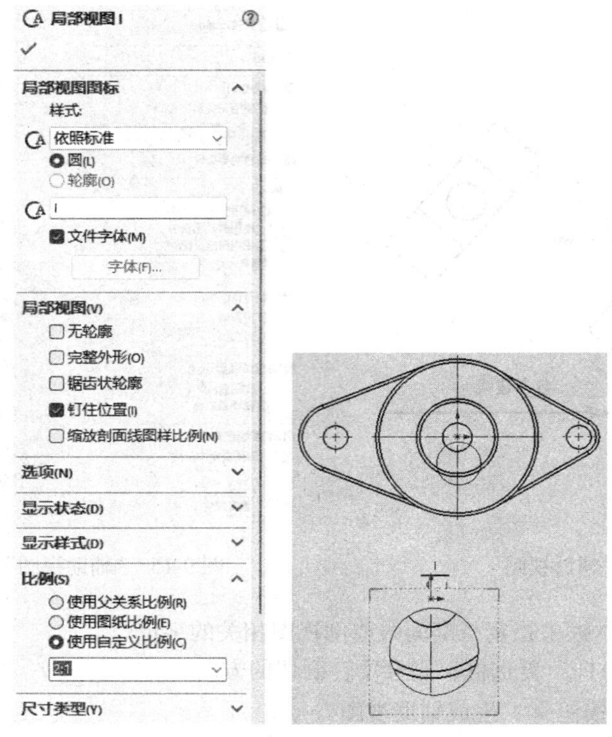

图 9-17 “局部视图 I”属性管理器

①“样式”：在该下拉列表框中选择局部视图图标的样式，有“依照标准”“断裂圆”“带引线”“无引线”和“相连”5 种样式。

②“标号”：在此文本框中输入与局部视图相关的字母。

如果选择了“局部视图”栏中的“完整外形”复选框，系统会显示局部视图中的轮廓外形。

如果选择了“局部视图”栏中的“钉住位置”复选框，则在改变派生局部视图的视图大小时，局部视图将不会改变大小。

如果选择了“局部视图”栏中的“缩放剖面线图样比例”复选框，将根据局部视图的比例来缩放剖面线图样的比例。

6）单击“确定”按钮，生成局部视图。

此外，局部视图中的放大区域还可以是其他任何的闭合图形。方法是首先绘制用作放大区域的闭合图形，然后再单击“局部视图”按钮，其余的步骤与前面生成局部视图的相同。

9.5.5 断裂视图

工程图中有一些截面相同的长杆件（如长轴、螺纹杆等），这些零件在某个方向的尺寸比其他方向的尺寸大很多，而且截面没有变化，因此可以利用断裂视图将零件用较大比例显示在工程图上，如图 9-18 所示。

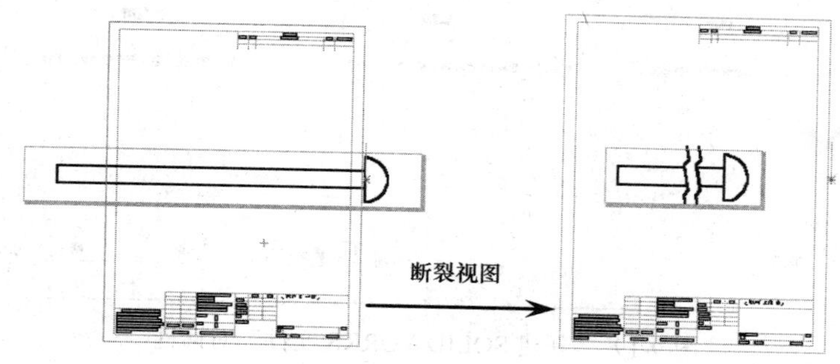

图 9-18 断裂视图

要生成断裂视图，可做如下操作：

1）选择要生成断裂视图的工程视图。

2）单击“工程图”控制面板中的“断裂视图”按钮，或选择“插入”→“工程图视图”→“断裂视图”命令，此时两条折断线出现在视图中。可以添加多组折断线到一个视图中，但所有折断线必须为同一个方向。

3）将折断线拖动到希望生成断裂视图的位置。

此时，折断线之间的工程图都被删除，折断线之间的尺寸变为悬空状态。如果要修改折断线的形状，可右击折断线，在弹出的快捷菜单中选择一种折断线样式，如直线切断、曲线切断、锯齿线切断和小锯齿线切断。

9.5.6 实例——底座工程图

本案例视频内容：“X：\动画演示\第 9 章\底座工程图 .mp4”。

1. 建立新的工程图文件

1）单击快速访问工具栏中的“新建”按钮，或选择“文件”→“新建”命令，弹出如图 9-19 所示的“新建 SOLIDWORKS 文件”对话框。

2）单击“工程图”图标按钮，单击“确定”按钮，建立一个工程图文件。

3）弹出如图 9-20 所示的“图纸格式 / 大小”对话框，在列表框中选择“A3 横向”，单击“确定”按钮，设置图纸格式，如图 9-21 所示。

2. 安排工程视图

（1）生成标准三视图

1）单击“工程图”控制面板中的“模型视图”按钮，弹出如图 9-22 所示的“模型视图”属性管理器。

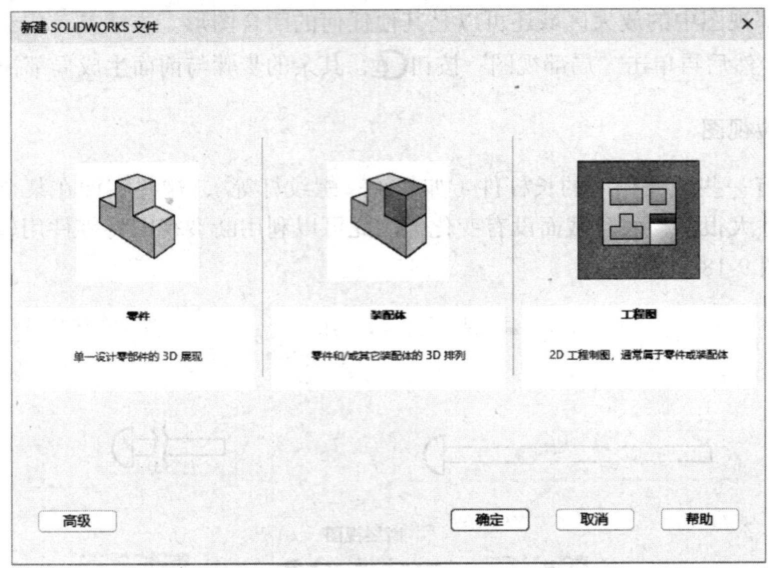

图 9-19 “新建 SOLIDWORKS 文件”对话框

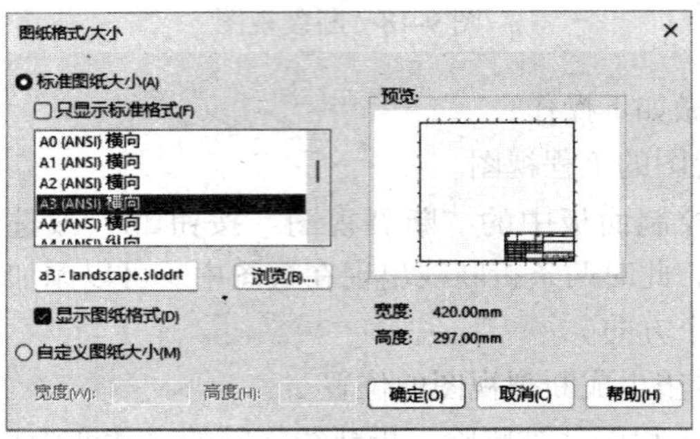

图 9-20 “图纸格式 / 大小”对话框

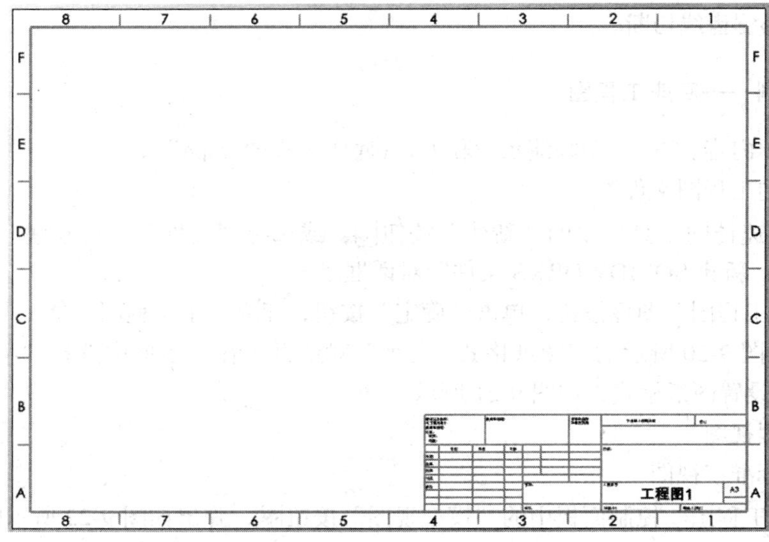

图 9-21 设置图纸格式

2）在弹出的“模型视图”属性管理器中单击“浏览”按钮，系统弹出如图 9-23 所示的“打开”对话框。在该对话框中选择“底座 .sldprt”，单击“打开”按钮。

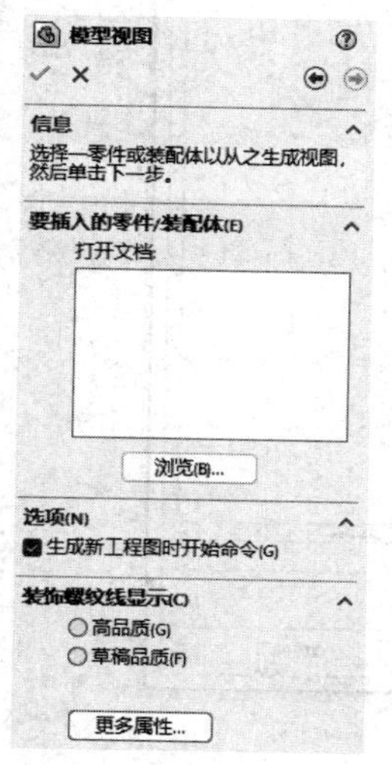

图 9-22 “模型视图”属性管理器

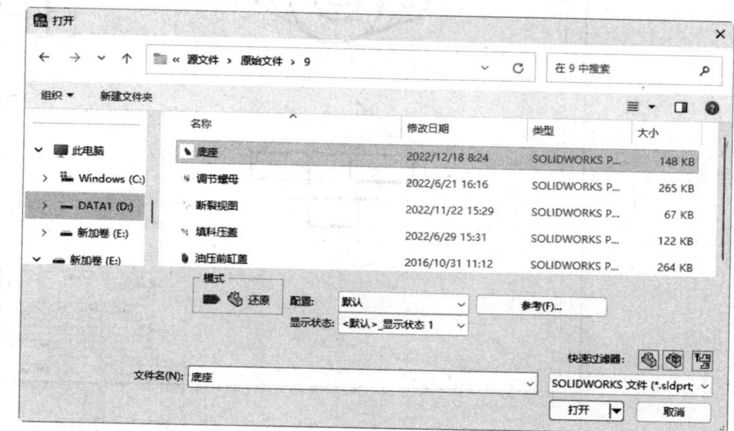

图 9-23 “打开”对话框

3）在图形编辑窗口中出现矩形图框，如图 9-24 所示。

4）在“方向”栏中，勾选“生成多视图”复选框，选择视图方向为“前视”“左视”和“上视”，选择“使用自定义比例”单选按钮，在下拉列表中选择 1∶2，如图 9-25 所示。单击“确定”按钮，放置视图，拖动视图，调整视图位置，如图 9-26 所示。

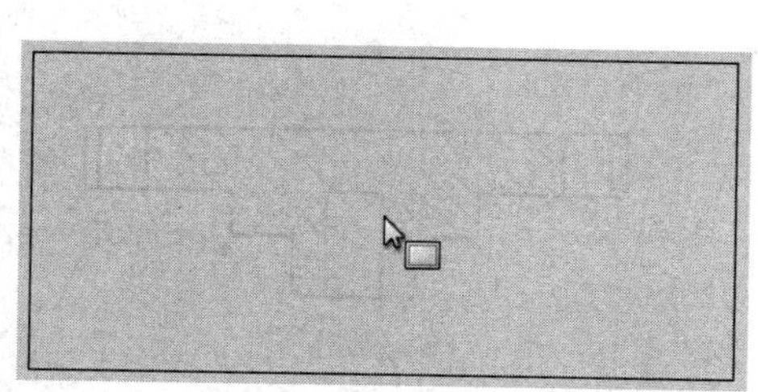

图 9-24 矩形图框

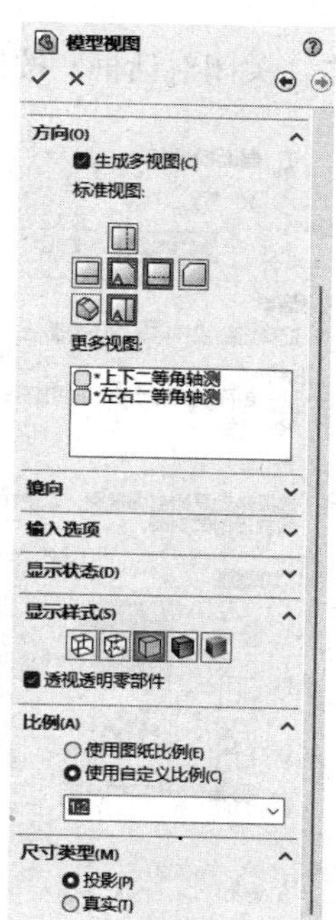

图 9-25 设置模型视图参数

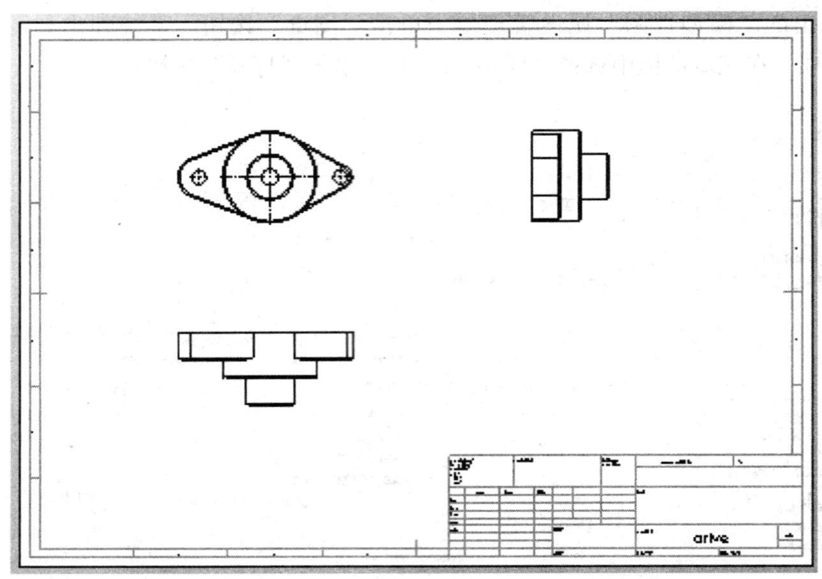

图 9-26　插入标准三视图

（2）创建剖视图

1）单击“工程图”控制面板中的“剖视图”按钮，弹出如图 9-27 所示的“剖面视图辅助”属性管理器。

2）单击“水平”按钮，同时在视图中确定前视图圆心处为剖切线位置，系统会弹出“剖面视图 A-A”属性管理器，单击“反转方向”按钮，并使剖切方向朝下，向下拖动放置生成的剖视图。

3）单击“关闭对话框”按钮，完成剖视图的插入，双击文本修改，如图 9-28 所示。

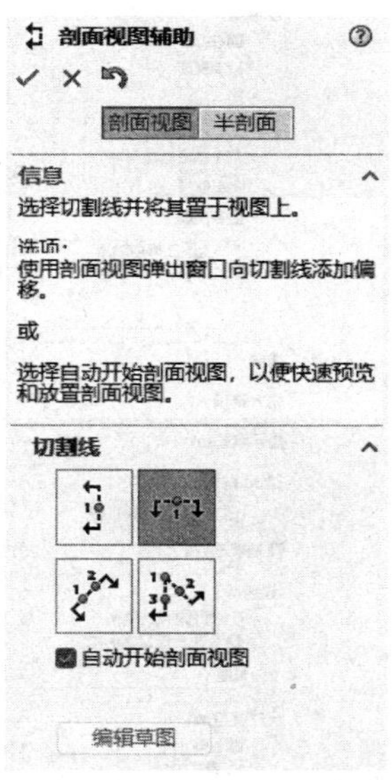

图 9-27　“剖面视图辅助”属性管理器

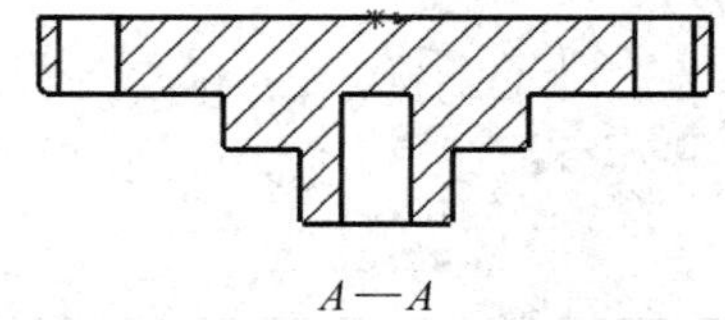

图 9-28　剖视图

（3）插入模型视图

1）单击“工程图”控制面板中的“模型视图”按钮，弹出“模型视图”属性管理器。

2）选择零件底座模型，在“方向”栏选择视图方向为“等轴测”，选择“使用自定义比例”单选按钮，在下拉列表中选择 1 : 2，拖动视图到适当的位置。

3）单击“关闭对话框”按钮，完成模型视图的插入，如图 9-29 所示。

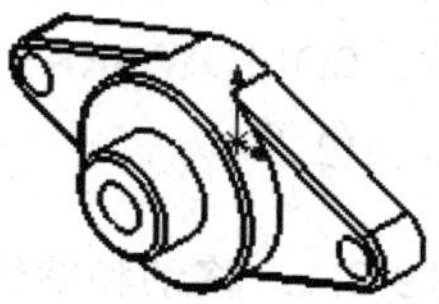

图 9-29　插入模型视图

（4）标注尺寸

1）单击“注解”控制面板中的“模型项目”按钮，弹出“模型项目”属性管理器。

2）勾选“将项目输入到所有视图”和“消除重复”复选框，如图 9-30 所示。

3）单击“确定”按钮，关闭该属性管理器，此时尺寸标注被输入到最能清楚体现其所描述特征的视图上。因为在步骤 2）中选择了“消除重复”复选框，所以只输入每个尺寸的一个实例。

4）将尺寸拖动到所需的位置。

3. 保存文件

单击“保存”按钮，将工程图文件保存为“底座 .slddrw”。最后的效果如图 9-31 所示。

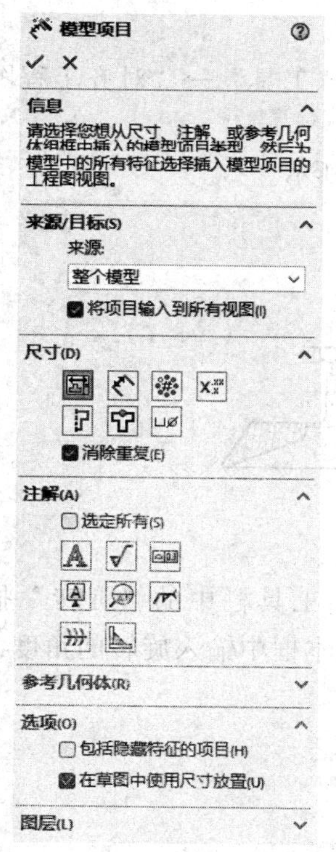

图 9-30　设置“模型项目”属性管理器

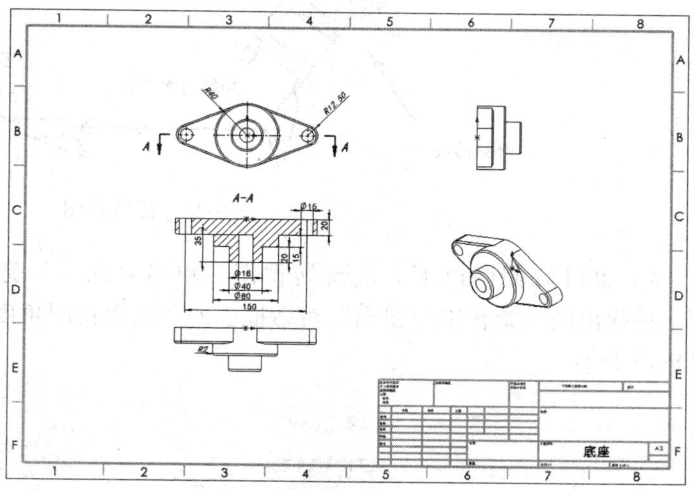

图 9-31　最后的效果

9.6 操作视图

在 9.5 节中的派生视图中，许多视图的生成位置和角度都受到其他条件的限制（如辅助视图的位置与参考边线相垂直）。有时，用户需要自己任意调节视图的位置和角度，以及显示和隐藏，SOLIDWORKS 就提供了这项功能。此外，SOLIDWORKS 还可以更改工程图中的线型、线条颜色等。

9.6.1 移动和旋转视图

当鼠标指针移到视图边界上时，鼠标指针变为形状，表示可以拖动该视图。如果移动的视图与其他视图没有对齐或约束关系，可以拖动它到任意的位置。

如果视图与其他视图之间有对齐或约束关系，若要任意移动视图应做如下操作：

1）单击要移动的视图。

2）选择“工具”→“对齐工程图视图”→“解除对齐关系”命令。

3）单击该视图，即可以拖动它到任意的位置。

SOLIDWORKS 提供了两种旋转视图的方法：一种是绕着所选边线旋转视图，另一种是绕视图中心点以任意角度旋转视图。

绕边线旋转视图的操作步骤如下：

1）在工程图中选择一条直线。

2）选择“工具”→“对齐工程图视图”→“水平边线”或“工具”→“对齐工程图视图”→“竖直边线”命令。

3）视图将旋转，直到所选边线为水平或竖直状态，如图 9-32 所示。

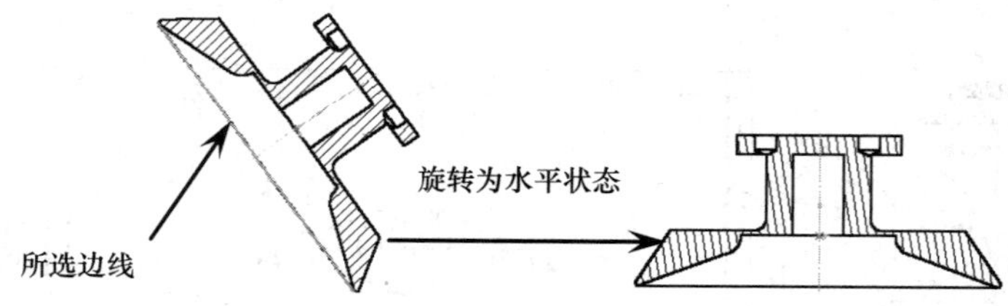

图 9-32　旋转视图

4）也可以使用以下方法旋转视图：单击“视图（前导）”工具栏中的“旋转”按钮，在弹出的“旋转工程视图”对话框中的“工程视图角度”文本框中输入旋转的角度，如图 9-33 所示。

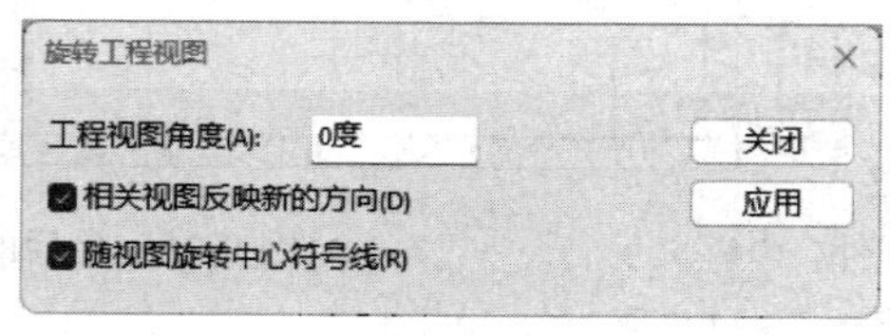

图 9-33　设置工程视图旋转角度

5）使用鼠标直接旋转视图。如果在“旋转工程视图”对话框中选择了“相关视图反映新的方向”复选框，则与该视图相关的视图将随着该视图的旋转做相应的旋转。

6）如果选择了“随视图旋转中心符号线”复选框，则中心符号线将随视图一起旋转。

9.6.2 显示和隐藏视图

在编辑工程图时，可以使用“隐藏视图”命令来隐藏一个视图。隐藏视图后，可以使用“显示视图”命令再次显示此视图。当用户隐藏了具有从属视图（如局部、剖面或辅助视图等）的父视图时，可以选择是否一并隐藏这些从属视图。再次显示父视图或其中一个从属视图时，同样可选择是否显示相关的其他视图。

要隐藏或显示视图，可做如下操作：

1）在 FeatureManager 设计树或绘图区中右击要隐藏的视图。

2）在弹出的快捷菜单中选择“隐藏”命令，隐藏所选视图。

3）如果要再次显示被隐藏的视图，则右击被隐藏的视图，在弹出的快捷菜单中选择“显示”命令。

9.6.3 更改零部件的线型

在装配体中为了区别不同的零件，可以改变每一个零件边线的线型。

要改变零件边线的线型，可做如下操作：

1）在工程视图中右击要改变线型的零件中的任一视图。

2）在弹出的快捷菜单中选择“零部件线型”命令，系统弹出“零部件线型”对话框，如图 9-34 所示。

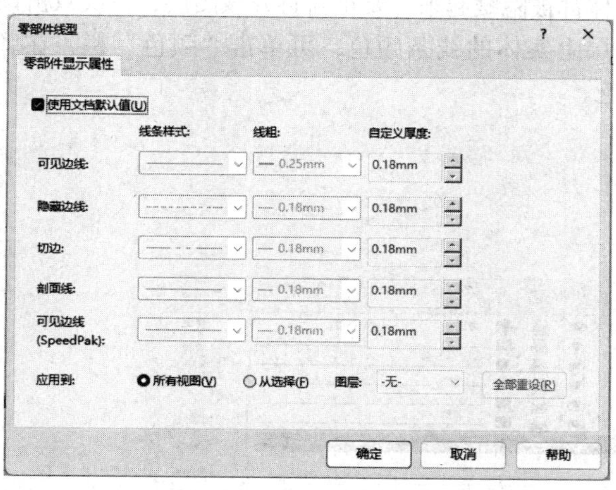

图 9-34 “零部件线型”对话框

3）取消选择“使用文档默认值”复选框。

4）在“边线类型”列表框中选择一个边线样式。

5）在对应的“线条样式”和“线粗”下拉列表框中选择线条样式和线条粗细。

6）重复步骤 4）、5），直到为所有的边线类型设定完毕线型。

7）如果选择“从选择”单选按钮，则会将此边线类型设定应用到该零件视图和它的从属视图中。

8）如果选择“所有视图”单选按钮，则将此边线类型设定应用到该零件的所有视图。

9）如果零件在图层中，可以在“图层”下拉列表框中改变零件边线的图层。

10）单击“确定”按钮，关闭该对话框，边线类型设定完毕。

9.6.4 图层

图层是一种管理素材的方法。可以将图层看作是重叠在一起的透明塑料纸，假如某一图层上没有任何可视元素，就可以透过该层看到下一层的图像。用户可以在每个图层上生成新的实体，然后指定实体的颜色、线条粗细和线型，还可以将标注尺寸、注解等项目放置在单一图层上，避免它们与工程图实体之间的干涉。SOLIDWORKS 还可以隐藏图层，或将实体从一个图层上移动到另一图层。

要建立图层，可做如下操作：

1）选择“视图”→“工具栏”→“图层”命令，打开“图层”工具栏，如图 9-35 所示。

图 9-35 “图层”工具栏

2）单击“图层”工具栏中的“图层属性”按钮，打开“图层”对话框，如图 9-36 所示。

3）在“图层”对话框中单击“新建”按钮，则在对话框中建立一个新的图层。

4）双击“名称”栏中指定图层的名称。

5）双击“说明”栏，然后输入该图层的说明文字。

6）在“开关”栏中有一个眼睛图标，要隐藏该图层，可双击该图标，此时眼睛变为灰色，则图层上的所有实体都被隐藏起来。要重新打开该图层，再次双击该眼睛图标即可。

7）如果要指定图层上实体的线条颜色，可单击“颜色”栏，在弹出的“颜色”对话框（见图 9-37）中选择颜色。

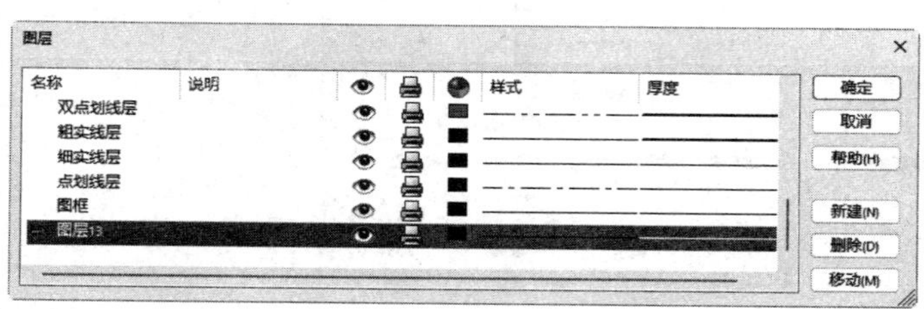

图 9-36 “图层”对话框

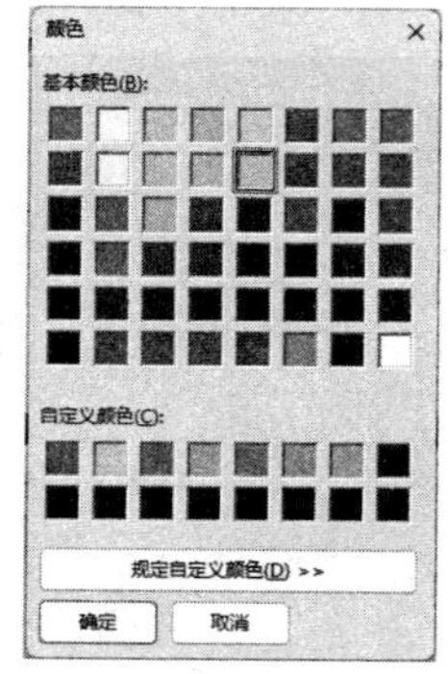

图 9-37 “颜色”对话框

8）如果要指定图层上实体的线条样式或厚度，则单击“样式”或“厚度”栏，然后从弹出的清单中选择想要的样式或厚度。

9）如果建立了多个图层，可以使用“移动”按钮来重新排列图层的顺序。

10）单击“确定”按钮，关闭该对话框。

建立了多个图层后，只要在“图层”工具栏中的图层下拉列表框中选择图层，就可以导航到任意的图层。

9.7 注解的标注

如果在三维零件模型或装配体中添加了尺寸、注释或符号，则在将三维模型转换为二维工程图的过程中，系统会将这些尺寸、注释等一起添加到图样中。在工程图中，用户可以添加必要的参考尺寸、注解等，这些注解和参考尺寸不会影响零件或装配体文件。

工程图中的尺寸标注是与模型相关联的，模型中的更改会反映在工程图中。通常用户会在生成每个零件特征时生成尺寸，然后将这些尺寸插入各个工程视图中。在模型中更改尺寸会更新工程图，反之，在工程图中更改插入的尺寸也会更改模型。用户可以在工程图文件中添加尺寸，但这些尺寸是参考尺寸，并且是从动尺寸。参考尺寸显示模型的测量值，但并不驱动模型，也不能更改其数值，但当更改模型时，参考尺寸会相应更新。当压缩特征时，特征的参考尺寸也随之被压缩。默认情况下，插入的尺寸显示为黑色，包括零件或装配体文件中显示为蓝色的尺寸（如拉伸深度），参考尺寸显示为灰色并带有括号。

9.7.1 注释

为了更好地说明工程图，有时要用到注释，如图 9-38 所示。注释可以包括简单的文字、符号或超文本链接。

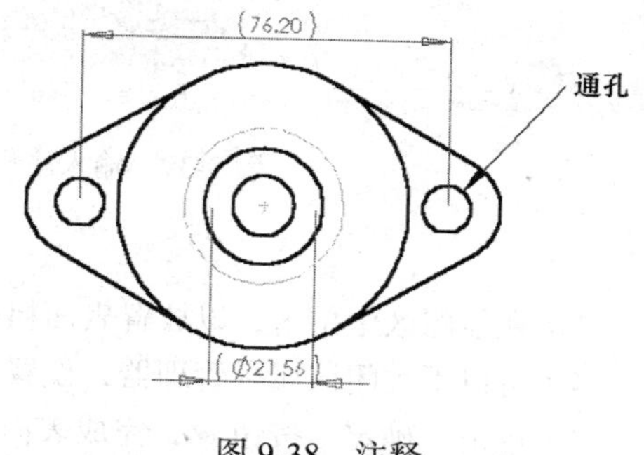

图 9-38　注释

要生成注释，可做如下操作：

1）单击“注解”控制面板上的“注释”按钮 A，或选择“插入”→“注解”→“注释”命令。

2）在“注释”属性管理器的“引线”栏中选择引导注释的引线和箭头类型。

3）在“注释”属性管理器的“文字格式”栏中设置注释文字的格式。

4）拖动鼠标指针到要注释的位置，释放鼠标。

5）在绘图区中输入注释文字，如图 9-39 所示。

6）单击“确定”按钮✔，完成注释的添加。

9.7.2 表面粗糙度

表面粗糙度符号用来表示加工表面上的微观几何形状特性。表面粗糙度对于机械零件表面的耐磨性、疲劳强度、配合性能、密封性、流体阻力以及外观质量等都有很大的影响。

要插入表面粗糙度符号，可做如下操作：

1）单击“注解”控制面板上的表面粗糙度符号按钮√，或选择“插入”→“注解”→“表面粗糙度符号”命令。

2）在弹出的“表面粗糙度”属性管理器中设置表面粗糙度的属性，如图 9-40 所示。

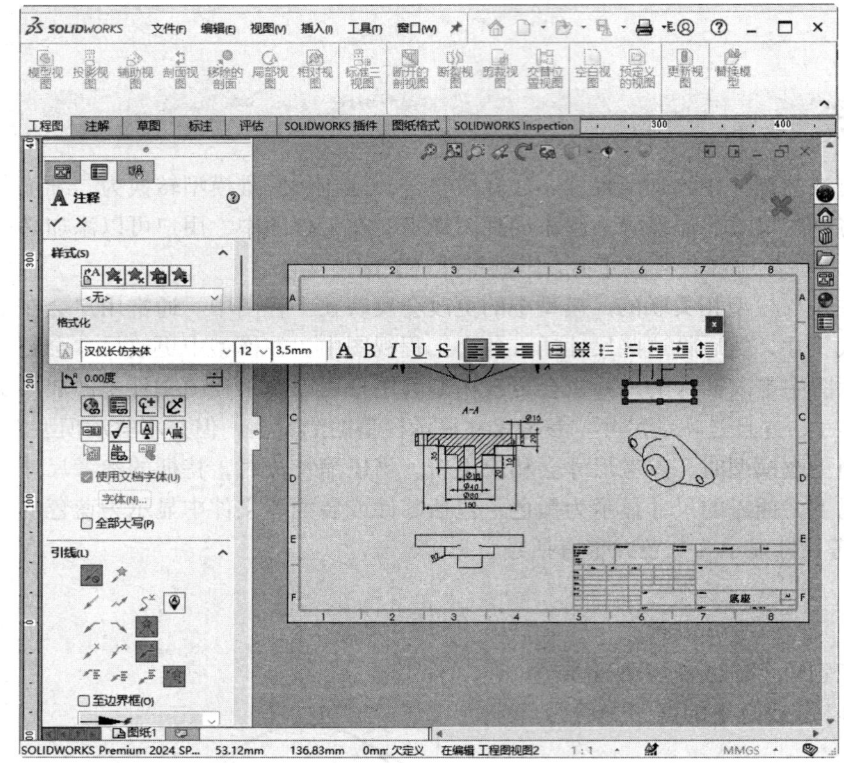

图 9-39　输入注释文字

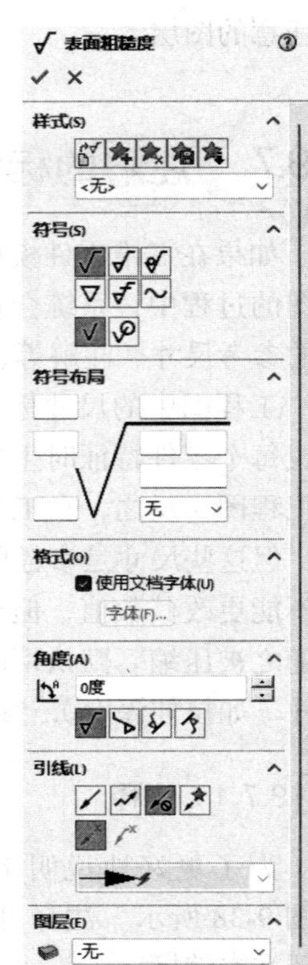

图 9-40　设置表面粗糙度的属性

3）在绘图区中单击，以放置表面粗糙度符号。

4）可以不关闭该属性管理器，设置多个表面粗糙度符号到图形上。

5）单击“确定”按钮✔，完成表面粗糙度的标注。

9.7.3　几何公差

几何公差（见图 9-41）是机械加工中一项非常重要的基础，尤其在精密机器和仪表的加工中，几何公差是评定产品质量的重要技术指标。它对于在高速、高压、高温、重载等条件下工作的产品零件的精度、性能和寿命等有较大的影响。

要进行几何公差的标注，可做如下操作：

1）单击“注解”控制面板上的“几何公差”按钮，或选择“插入”→“注解”→“形位公差”命令，系统弹出“几何公差”属性对话框。

2）在绘图区中单击，以放置几何公差。

3）在弹出的下拉面板中选择几何公差符号，如图 9-42 所示。

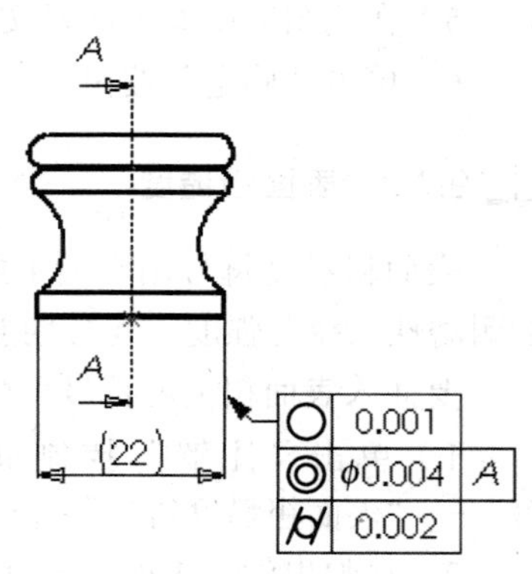

图 9-41　几何公差

4）在弹出“公差”对话框中输入几何公差值，单击“完成”，如图 9-43 所示。

5）单击“公差”文本框右侧的添加按钮，在弹出的快捷菜单中选择“基准”选项，在弹出的对话框中设置基准符号，单击“完成”，如图 9-44 所示。

6）单击“确定”按钮，完成几何公差的标注。

图 9-42　选择几何公差符号

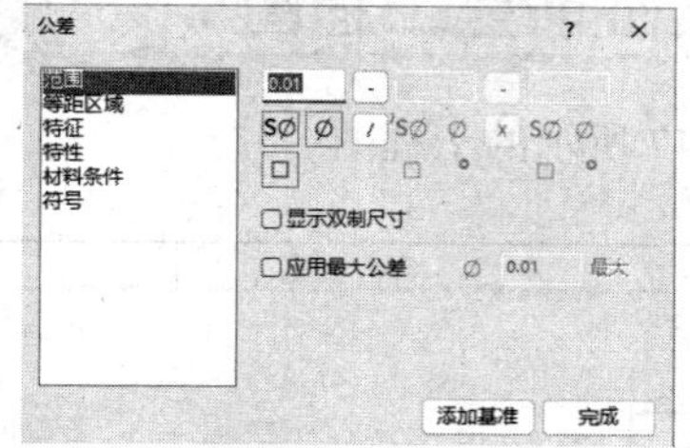

图 9-43　设置公差值

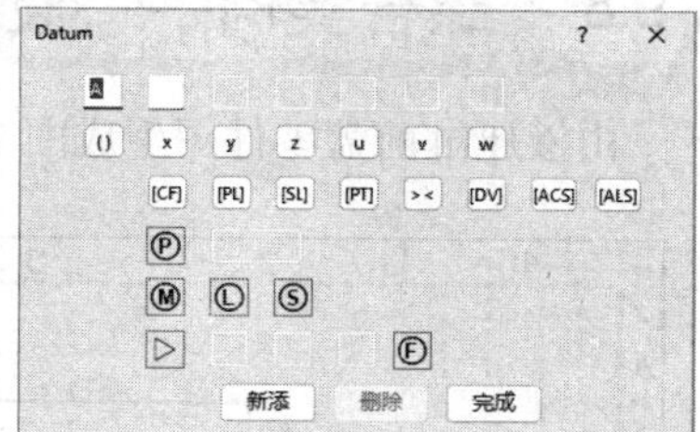

图 9-44　设置基准符号

9.7.4　基准特征符号

基准特征符号（见图 9-45）用来表示模型平面或参考基准面。

要插入基准特征符号，可做如下操作：

1）单击“注解”控制面板上的“基准特征”按钮，或选择“插入”→“注解”→“基准特征符号”命令。

2）在“基准特征”属性管理器（见图 9-46）中设置属性。

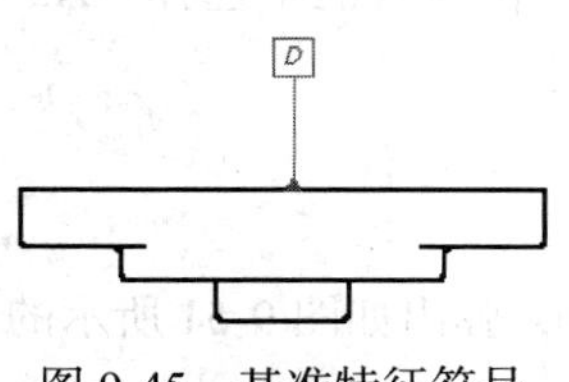

图 9-45　基准特征符号

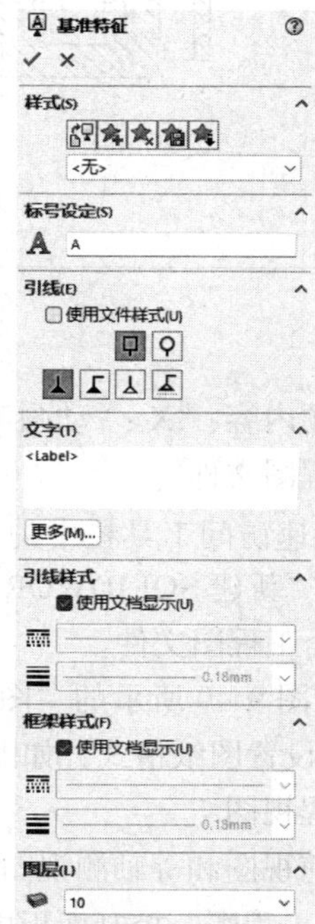

图 9-46　“基准特征”属性管理器

3）在绘图区中单击，以放置基准特征符号。

4）可以不关闭该属性管理器，设置多个基准特征符号到图形上。

5）单击“确定”按钮✔，完成基准特征符号的标注。

9.8 综合实例——液压缸前盖工程图

由液压缸前盖零件图生成图 9-47 所示的工程图。

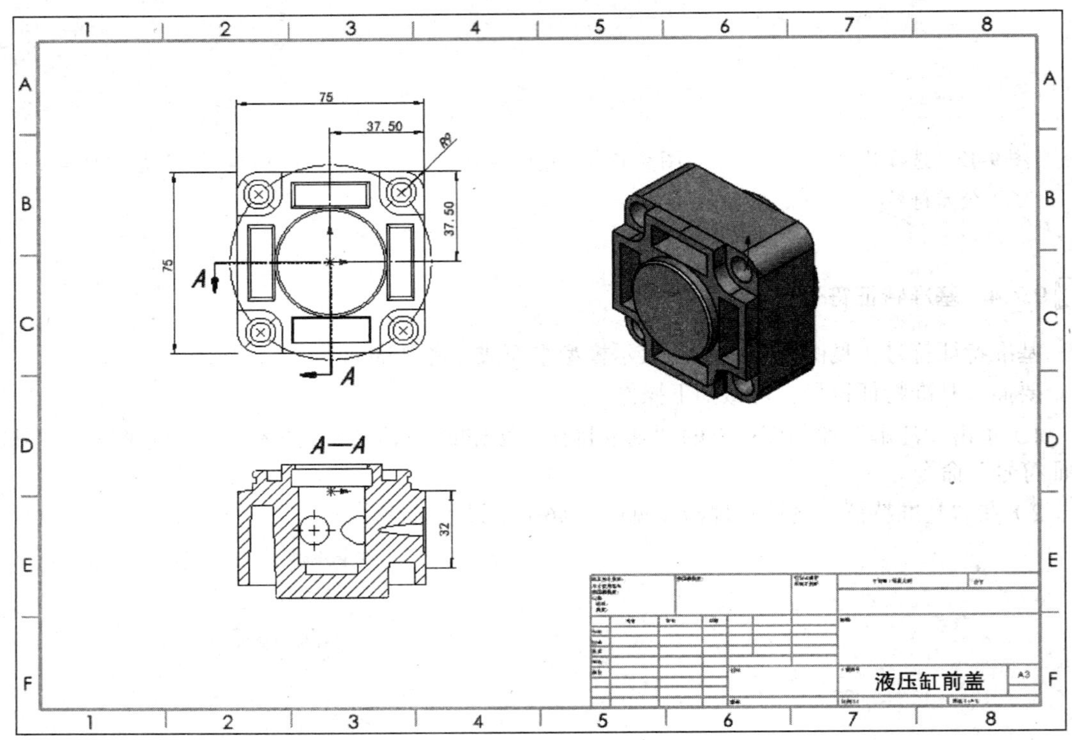

图 9-47　液压缸前盖工程图

本案例视频内容：“X：\ 动画演示 \ 第 9 章 \ 液压缸前盖工程图 .mp4”。

1. 新建工程图文件

1）单击快速访问工具栏中的“新建”按钮，或选择“文件”→“新建”命令，弹出如图 9-48 所示的“新建 SOLIDWORKS 文件”对话框。单击“工程图”图标按钮，单击“确定”按钮，建立一个工程图文件。

2）弹出如图 9-49 所示的“图纸格式 / 大小”对话框，在列表框中选择“A3 横向”，单击“确定”按钮，设置图纸格式，如图 9-50 所示。

2. 安排工程视图

（1）插入前视图和等轴测视图

1）单击“工程图”控制面板中的“模型视图”按钮，弹出如图 9-51 所示的“模型视图”属性管理器。

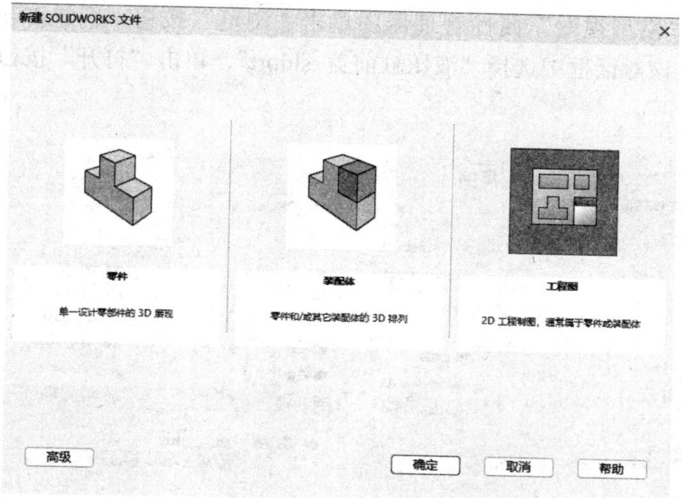

图 9-48 “新建 SOLIDWORKS 文件”对话框

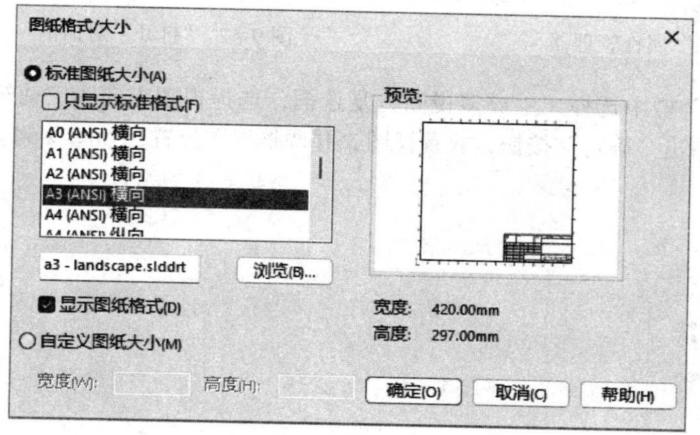

图 9-49 “图纸格式 / 大小”对话框

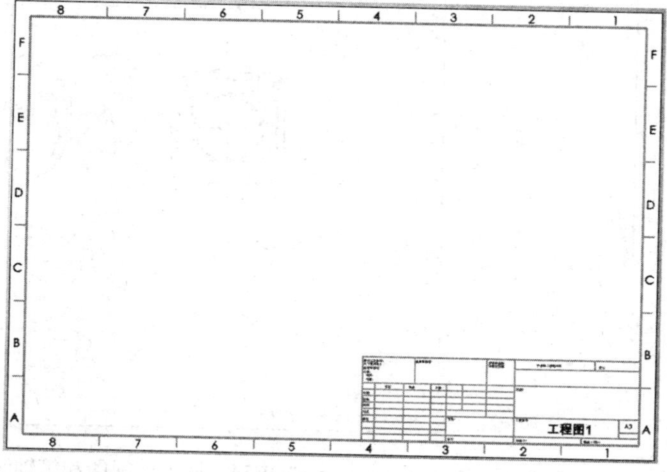

图 9-50 设置图纸格式

2）在弹出的“模型视图”属性管理器中单击“浏览”按钮，系统弹出如图 9-52 所示的“打开”对话框。在该对话框中选择“液压缸前盖 .sldprt”，单击“打开”按钮。

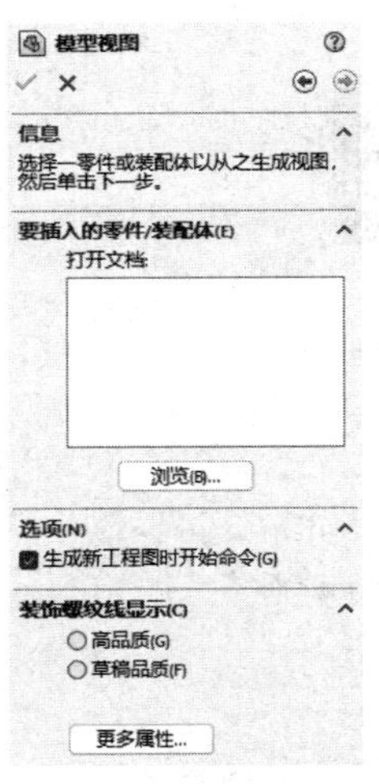

图 9-51 “模型视图”属性管理器

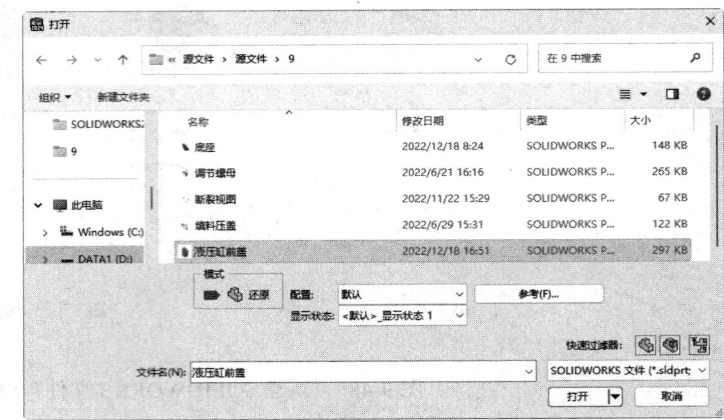

图 9-52 “打开”对话框

3）在“方向”栏中选择“生成多视图”复选框，选择视图方向为“前视”和“等轴测”，如图 9-53 所示。单击“确定”按钮，放置视图，并调整视图位置，如图 9-54 所示。

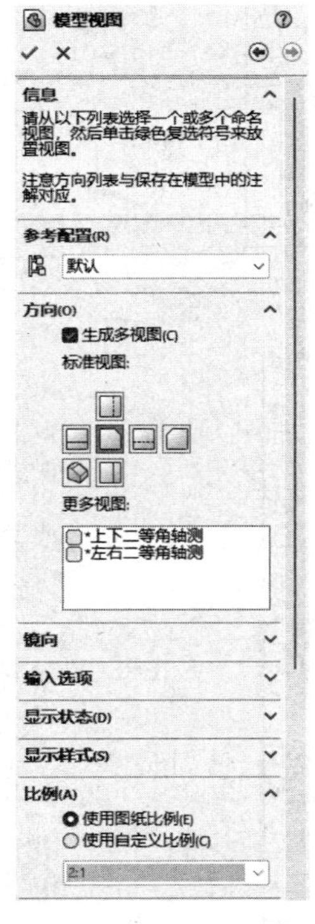

图 9-53 选择视图方向

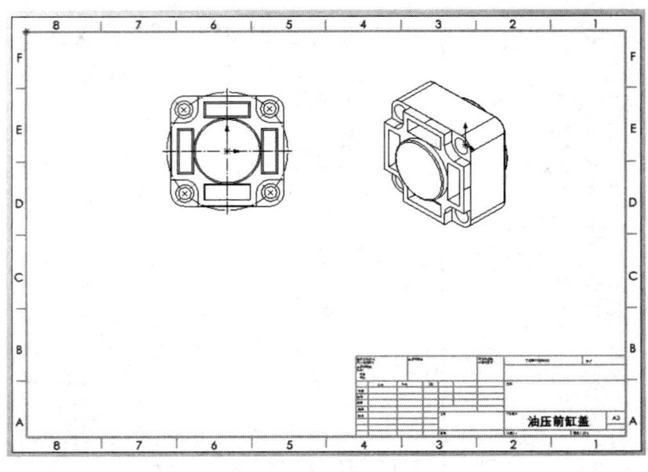

图 9-54 插入前视图和等轴测视图

4）双击等轴测视图，弹出如图 9-55 所示的“工程图视图 2”属性管理器，在“显示样式”栏中单击“带边线上色”按钮，如图 9-56 所示。

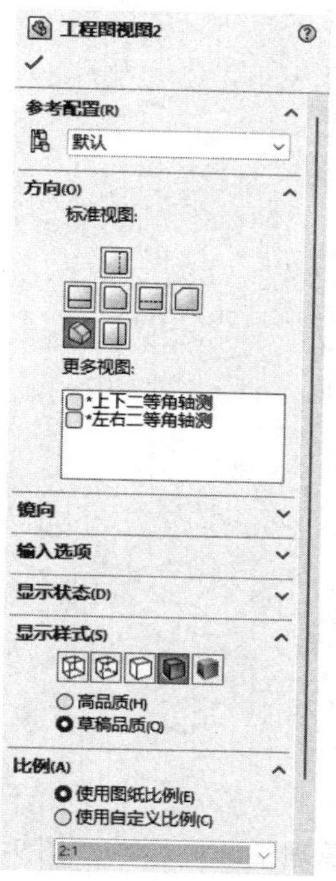

图 9-55 “工程图视图 2”属性管理器

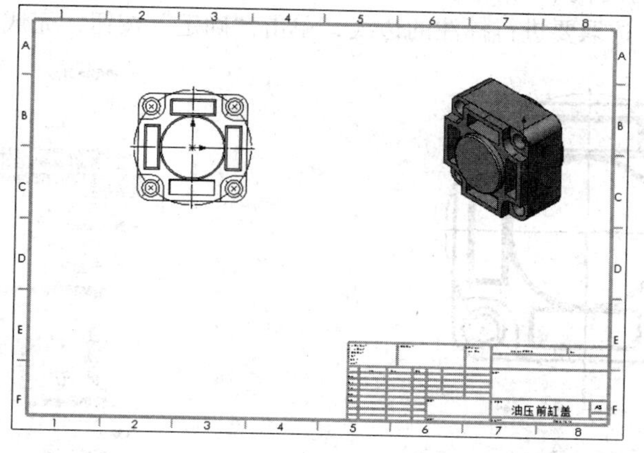

图 9-56 设置等轴测视图的显示样式

（2）插入剖视图

1）单击“工程图”控制面板中的“剖面视图”按钮，弹出如图 9-57 所示的“剖面视图辅助”属性管理器。

2）单击“对齐”按钮，在视图中确定切割线位置，系统会弹出如图 9-58 所示的“剖面视图 A-A”属性管理器。单击“反转方向”按钮，并使剖切方向朝下，向下拖动放置生成的剖视图，如图 9-59 所示。

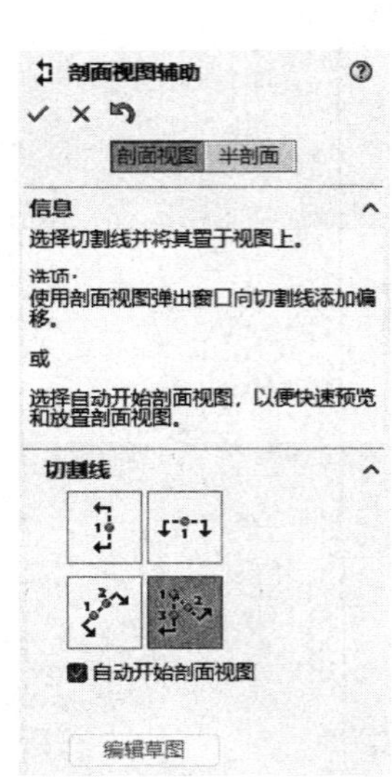

图 9-57 “剖面视图辅助”属性管理器

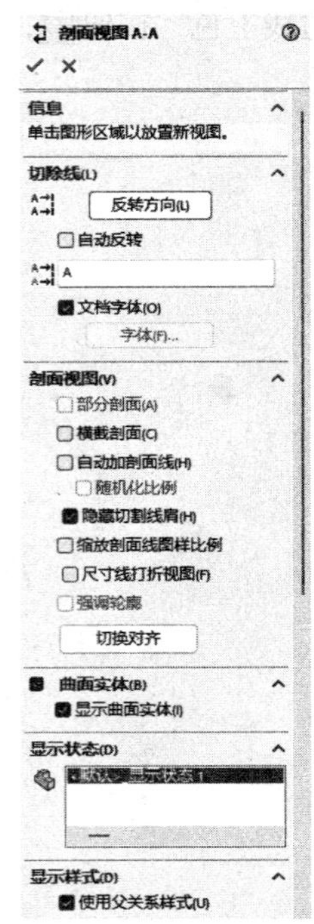

图 9-58 “剖面视图 A-A”属性管理器

3. 显示标注尺寸

单击“注解”控制面板中的“模型项目”按钮，弹出如图 9-60 所示的“模型项目”属性管理器。在前视图中选取要进行标注的边线，单击“确定”按钮，完成尺寸标注。

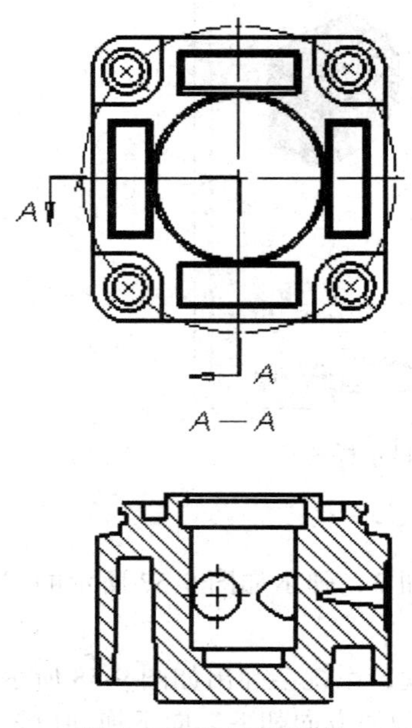

图 9-59 放置剖视图

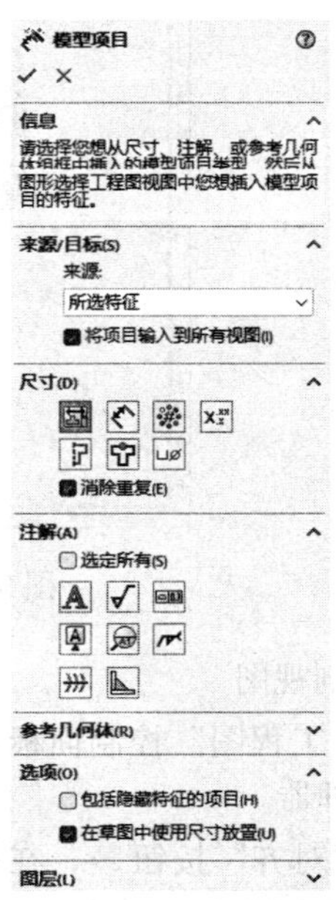

图 9-60 “模型项目”属性管理器

9.9 思考练习

1. 怎样自定义图纸格式？
2. 怎样建立工程图文件模板？
3. 视图怎样进行对齐？
4. 注解怎样进行对齐？
5. 标准视图和派生视图有什么区别？

第 10 章

综合实例——减速器

本章主要介绍减速器装配体组成零件的绘制方法和装配过程。减速器装配体主要由大透盖、大齿轮低速轴、通气螺塞、下箱体、上箱盖等零部件组成。

- 大透盖
- 大齿轮
- 低速轴
- 通气螺塞
- 减速器下箱体
- 减速器上箱盖
- 减速器装配

10.1 大透盖

本案例在大闷盖的基础上生成如图 10-1 所示的大透盖（有孔轴承盖）。

本案例视频内容："X：\ 动画演示 \ 第 10 章 \ 大透盖 .mp4"。

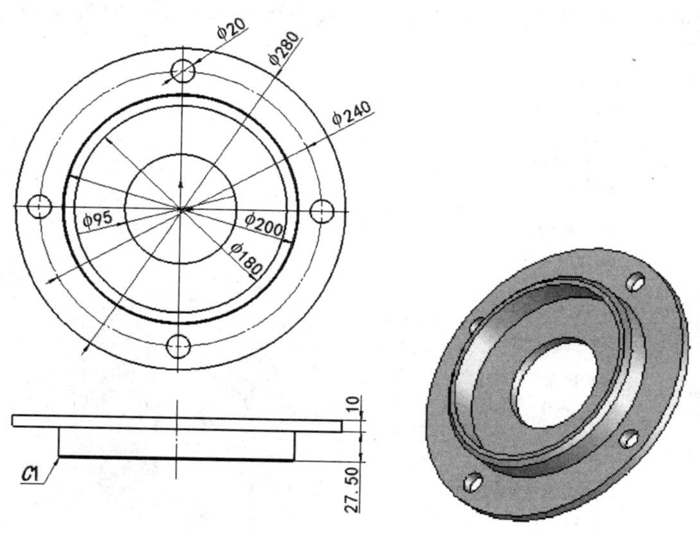

图 10-1 大透盖

1. 打开文件

启动 SOLIDWORKS 2024，执行"文件"→"打开"菜单命令，在弹出的"打开"对话框中选择前面所创建的"大闷盖 .sldprt"，单击"打开"按钮，如图 10-2 所示。

图 10-2 打开已存在的零件

2. 拉伸切除实体

（1）绘制草图

1）设置基准面。单击大闷盖实体大端面，单击“草图”控制面板上的“草图绘制”按钮，进入草图绘制环境。

2）单击“草图”控制面板中的“圆”按钮，在草绘平面上绘制以大闷盖中心为圆心的圆，系统弹出“圆形”属性管理器，在“半径”中输入圆的半径值为 47.5，如图 10-3 所示。

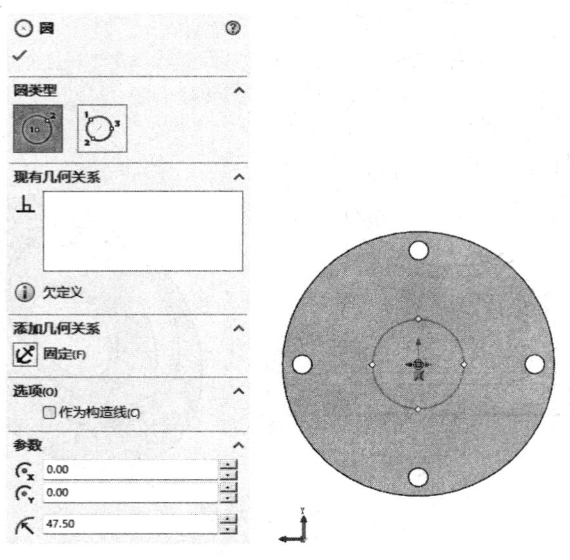

图 10-3　绘制草图

（2）切除拉伸实体

1）单击“特征”控制面板中的“拉伸切除”按钮，系统弹出“切除 - 拉伸”属性管理器。

2）设置“终止条件”为“完全贯穿”，如图 10-4 所示。

3）其他选项保持系统默认设置，单击“确定”按钮，完成拉伸切除，如图 10-5 所示。

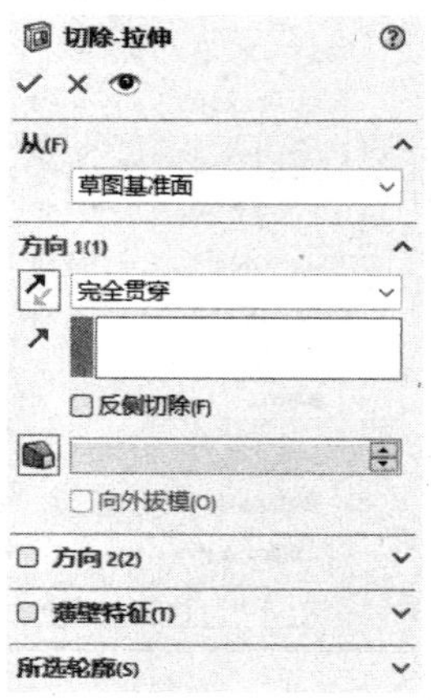

图 10-4　设置“切除 - 拉伸”属性管理器

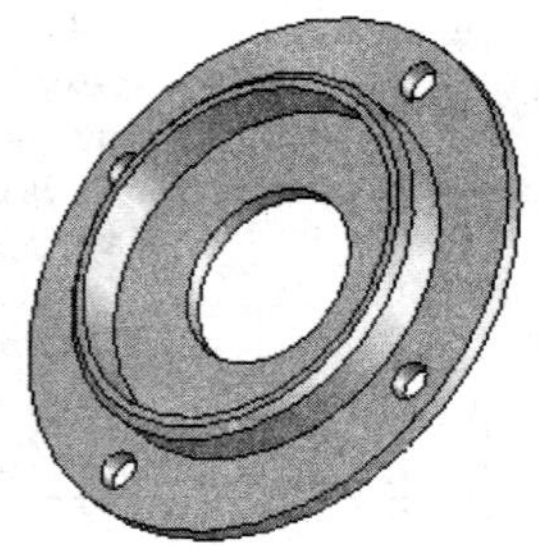

图 10-5　切除拉伸实体

3. 保存文件

单击菜单栏中的“文件”→“另存为”命令，将零件文件保存为“大透盖 .sldprt”。

10.2 大齿轮

绘制减速器的大齿轮，如图 10-6 所示。首先绘制拉伸实体，然后绘制其中一个轮齿，接着进行圆周阵列，最后绘制切除实体并进行镜向。

本案例视频内容：“X：\ 动画演示 \ 第 10 章 \ 大齿轮 .mp4”。

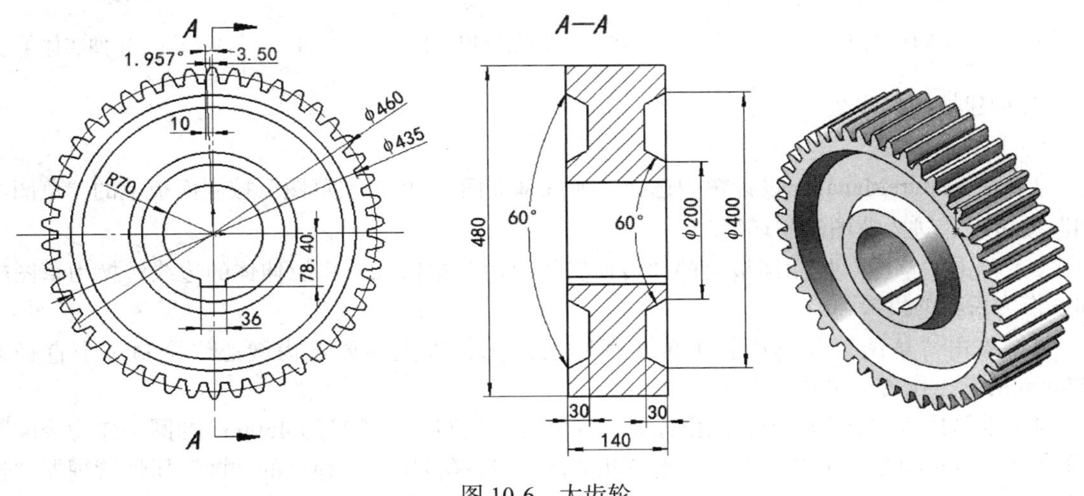

图 10-6　大齿轮

1. 建立新的零件文件

启动 SOLIDWORKS 2024，单击快速访问工具栏中的“新建”按钮，在弹出的“新建 SOLIDWORKS 文件”对话框中选择“零件”按钮，然后单击“确定”按钮，创建一个新的零件文件。

2. 创建拉伸实体 1

（1）绘制草图

1）在 FeatureManager 设计树中选择“前视基准面”，单击“草图”控制面板上的“草图绘制”按钮，进入草图绘制环境。

2）单击“草图”控制面板上的“圆”按钮和“智能尺寸”按钮，以原点为圆心，绘制直径为 435mm 的圆，即草绘 1，如图 10-7 所示。

（2）拉伸实体 1

1）单击“特征”控制面板上的“拉伸凸台 / 基体”按钮，系统弹出“凸台 - 拉伸”属性管理器。

2）在“深度”文本框中输入 140.00mm，如图 10-8 所示。

3）单击“确定”按钮，拉伸实体 1，如图 10-9 所示。

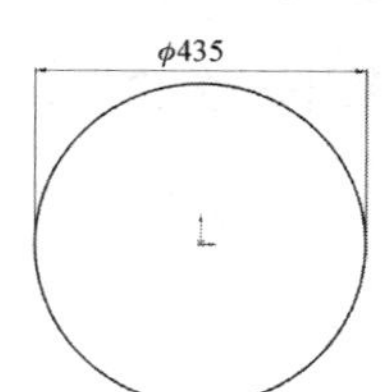

图 10-7　绘制草图 1

图 10-8　设置拉伸属性

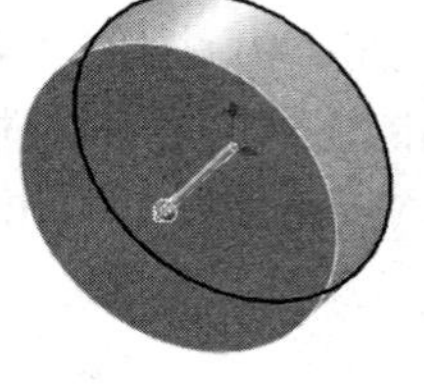

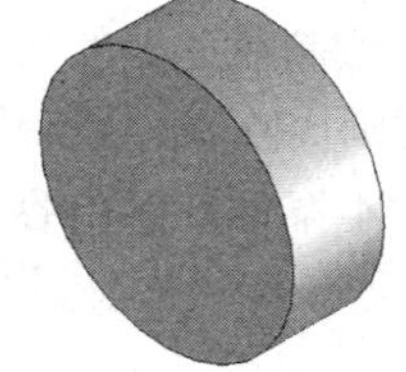

图 10-9　拉伸实体 1

3. 创建拉伸实体 2

（1）绘制草图

1）在 FeatureManager 设计树中选择“前视基准面”，单击“草图”控制面板上的“草图绘制”按钮，进入草图绘制环境。

2）单击“草图”控制面板上的“转换实体引用”按钮，将拉伸体的边线转换为草图轮廓，作为齿轮的齿根圆。

3）单击“草图”控制面板上的“圆”按钮，以坐标原点为圆心，绘制一个直径为 480mm 的圆，作为齿顶圆。

4）重复执行“圆”命令，以坐标原点为圆心，绘制一个直径为 460mm 的圆，作为分度圆（分度圆在齿轮中是一个非常重要的参考几何体）。选择该圆，在弹出的“圆”属性管理器“选项”栏中选择“作为构造线”复选框，将其作为构造线。从图 10-10 中可以看出，分度圆呈点画线。

5）单击“草图”控制面板上的“中心线”按钮，绘制一条通过原点竖直向上的中心线和一条斜中心线。

6）单击“草图”控制面板上的“智能尺寸”按钮，标注两条中心线之间的角度，在“修改”对话框中输入夹角的角度为 1.957°，如图 10-11 所示，单击“保存当前的数值并退出此对话框”按钮。

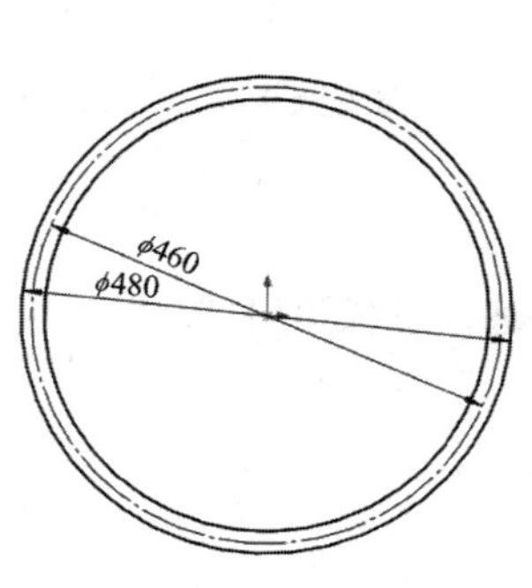

图 10-10　绘制草图 2

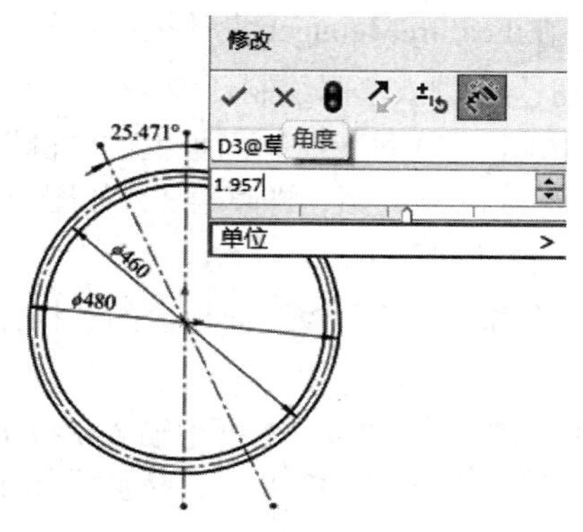

图 10-11　标注尺寸

7）修改角度单位。此时在图中可以看到显示的角度是1.96°，这样的结果并非标注错误，而是在“文件属性”对话框中对标注文字进行了有效数字的设定。选择菜单栏中的“工具”→“选项”命令，在弹出的“文档属性（D）- 单位”对话框中选择“文档属性”选项卡，单击左侧的“单位”选项，设定标注单位的属性，如图10-12所示。在“角度”类型“小数”栏中将“小数位数”设置为“.123”，从而在文件中显示角度单位小数点后的3位数字。单击“确定”按钮，关闭对话框，此时的草图如图10-13所示。

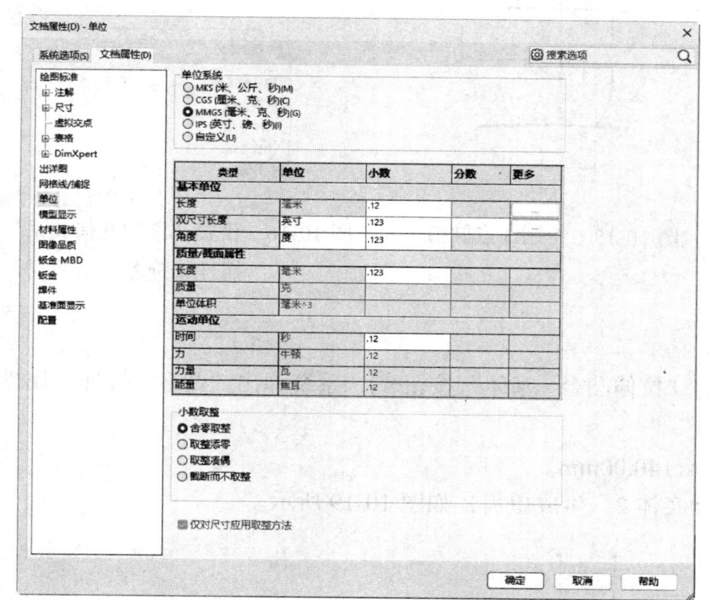

图10-12　设定标注单位的属性

图10-13　修改角度单位后的草图

8）单击“草图”控制面板上的“点”按钮▪，在分度圆和与通过原点的竖直中心线成1.957°的中心线的交点上绘制一点。

9）单击“草图”控制面板上的“中心线”按钮，绘制两条竖直中心线并标注尺寸，如图10-14所示。

10）单击“草图”控制面板上的“3点圆弧”按钮，选择与原点相距10mm的竖直中心线和齿根圆的交点为起点，选择适当点为中点，选择与原点相距3.5mm的竖直中心线和齿顶圆的交点为终点，绘制3点圆弧，如图10-15所示。

11）单击“草图”控制面板上的“添加几何关系”按钮，选择步骤10）中绘制的3点圆弧和步骤8）中绘制的交点，在“添加几何关系”属性管理器中添加“重合”约束，将3点圆弧完全定义，其颜色变为黑色，从而确定其半径，如图10-16所示。

12）镜向图形。按住Ctrl键，选择3点圆弧和通过原点的竖直中心线，单击“草图”控制面板上的“镜向实体”按钮，将3点圆弧以竖直中心线为镜向轴进行镜向复制，如图10-17所示。

13）剪裁图形。单击“草图”控制面板上的“剪裁实体”按钮，将齿形草图的多余线条裁剪掉，如图10-18所示。

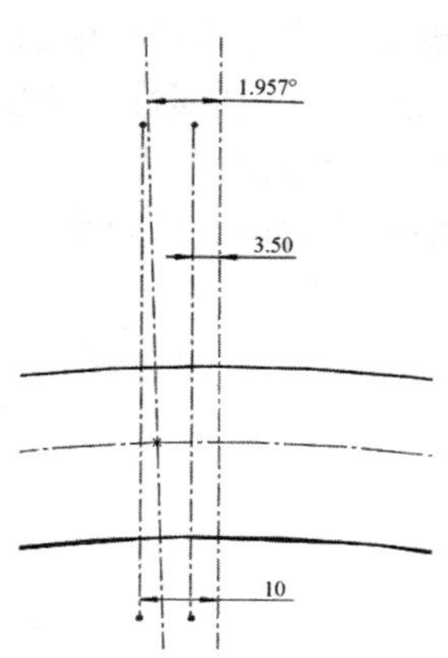

图 10-14　绘制中心线并标注尺寸

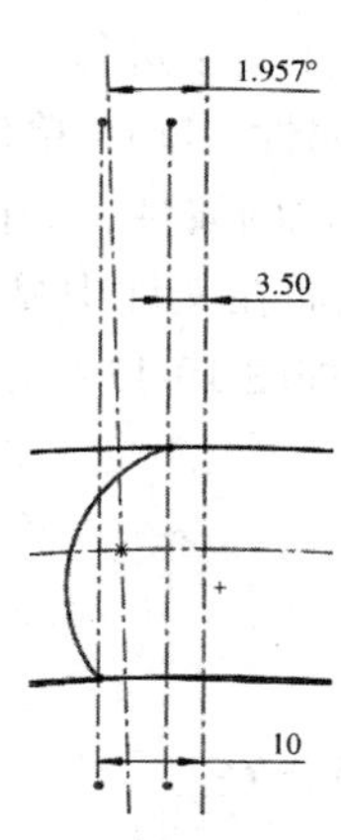

图 10-15　绘制 3 点圆弧

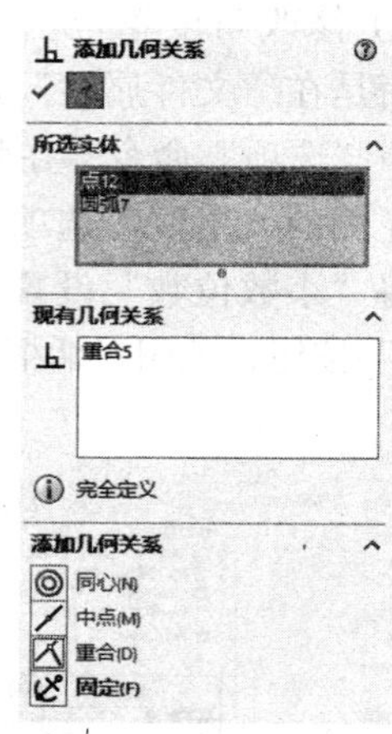

图 10-16　设置“添加几何关系”属性管理器

（2）拉伸实体 2

1）单击“特征”控制面板上的“拉伸凸台 / 基体”按钮，系统弹出“凸台 - 拉伸”属性管理器。

2）在“深度”文本框中输入 140.00mm。

3）单击“确定”按钮，拉伸实体 2，生成单齿，如图 10-19 所示。

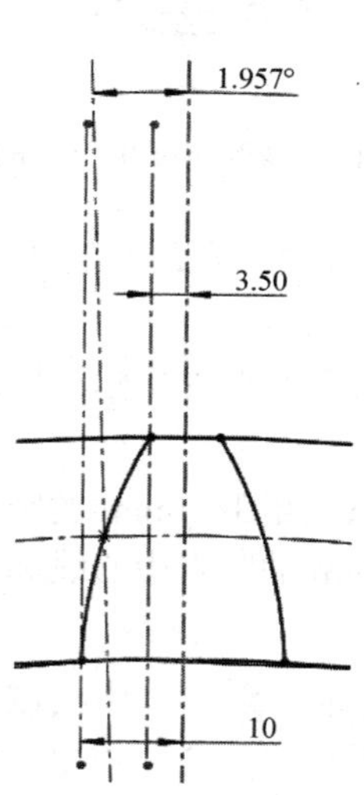

图 10-17　镜向图形

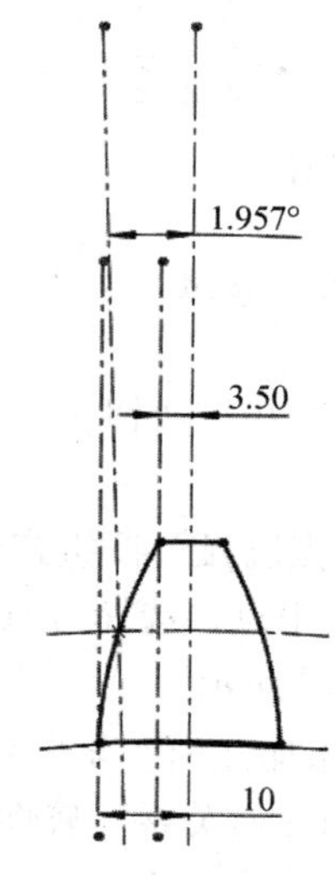

图 10-18　剪裁图形

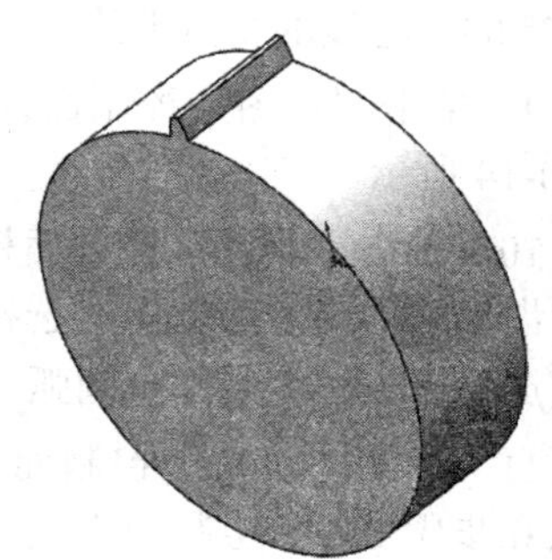
图 10-19　拉伸实体 2

4. 圆周阵列实体

1）选择“视图”→“隐藏 / 显示”→“临时轴”命令，显示出零件实体的临时轴。

2）单击“特征”控制面板上的“圆周阵列”按钮，弹出“阵列（圆周）1”属性管理器，如图 10-20 所示。

3）选择“阵列轴”为圆柱基体的临时轴，在“实例数”文本框中输入 46，选择“等间距”单选按钮。

4）在“要阵列的特征”显示框中选择齿形实体，即“凸台-拉伸2”特征，进行圆周阵列。

5）单击“确定”按钮✔，再将临时轴隐藏，如图10-21所示。

5. 创建切除拉伸实体

（1）绘制草图

1）选择图10-21中的圆柱齿轮端面，单击“草图”控制面板上的“草图绘制”按钮，进入草图绘制环境。

2）利用草图工具，在基准面上绘制如图10-22所示的草图3，将其作为切除拉伸草图。

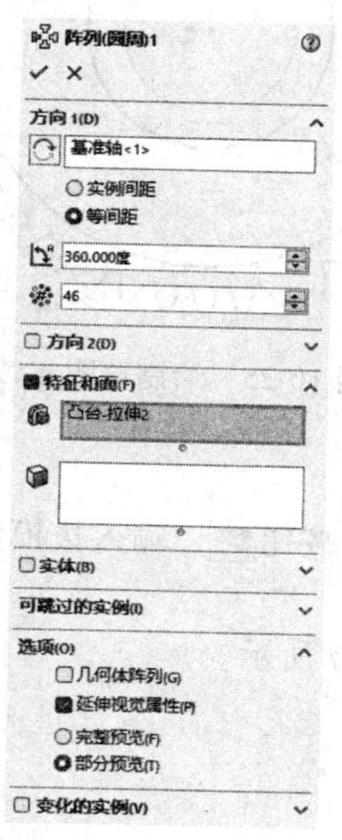

图10-20 “阵列（圆周）1”属性管理器

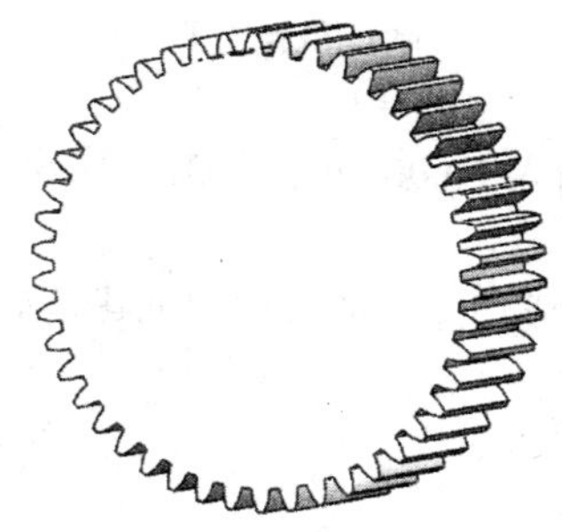

图10-21 圆周阵列实体

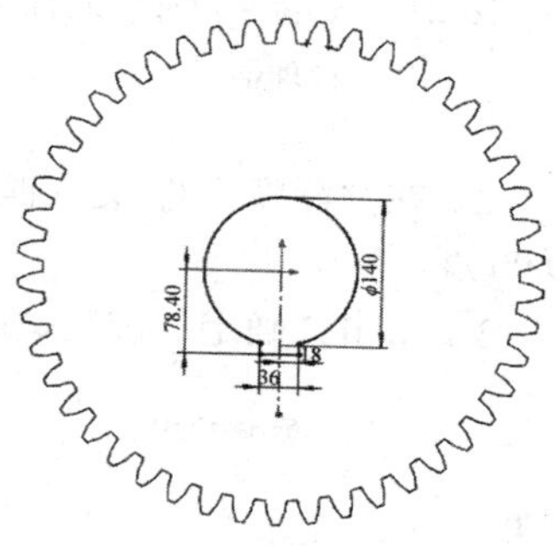

图10-22 绘制草图3

（2）切除拉伸实体

1）单击“特征”控制面板上的“拉伸切除”按钮，弹出“切除-拉伸”属性管理器，如图10-23所示。

2）设置切除“终止条件”为“完全贯穿”。

3）单击“确定”按钮✔，切除拉伸实体，得到的圆柱齿轮如图10-24所示。

6. 创建另一切除拉伸实体

（1）绘制草图

1）选择图10-24中的圆柱齿轮端面，单击“草图”控制面板上的“草图绘制”按钮，进入草图绘制环境。

2）单击“草图”控制面板上的“圆”按钮，绘制两个以原点为圆心、直径分别为200mm和400mm的圆作为切除的草图轮廓，即草图4，如图10-25所示。

（2）创建切除拉伸实体

1）单击“特征”控制面板上的“拉伸切除”按钮，系统弹出“切除-拉伸”属性管理器，如图 10-26 所示。

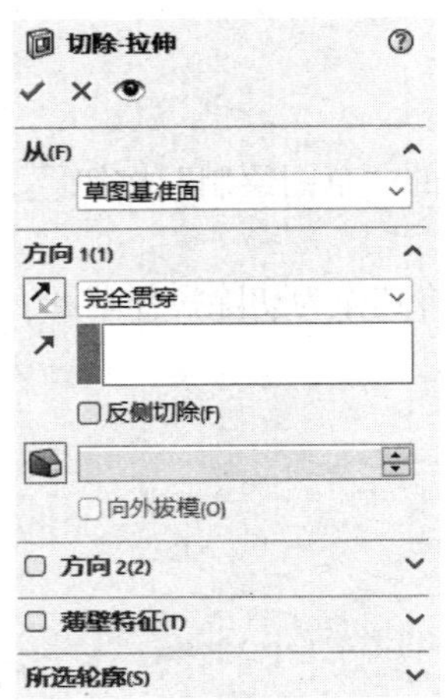

图 10-23 “切除 - 拉伸”属性管理器

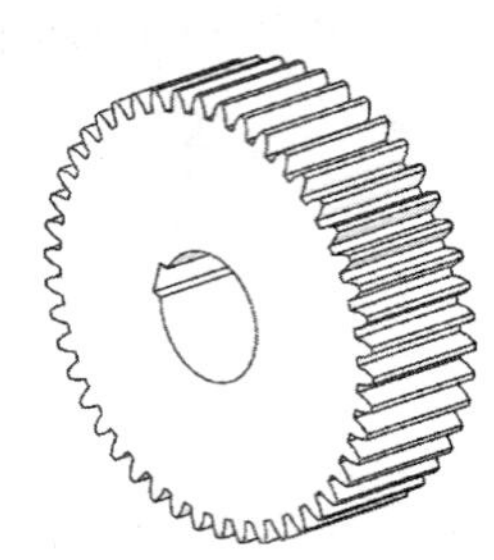

图 10-24 切除拉伸实体（圆柱齿轮）

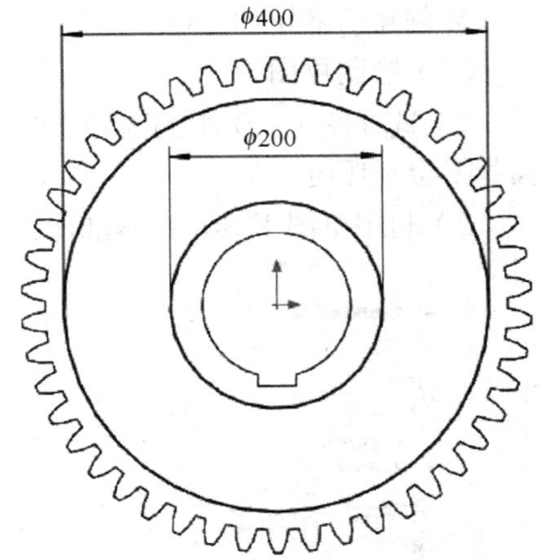

图 10-25 绘制草图 4

2）在“深度”文本框中输入 30.00mm，单击“拔模开 / 关”按钮，输入拔模角度为 30.00 度。

3）单击“确定”按钮，完成切除拉伸实体的创建，如图 10-27 所示。

图 10-26 “切除 - 拉伸”属性管理器

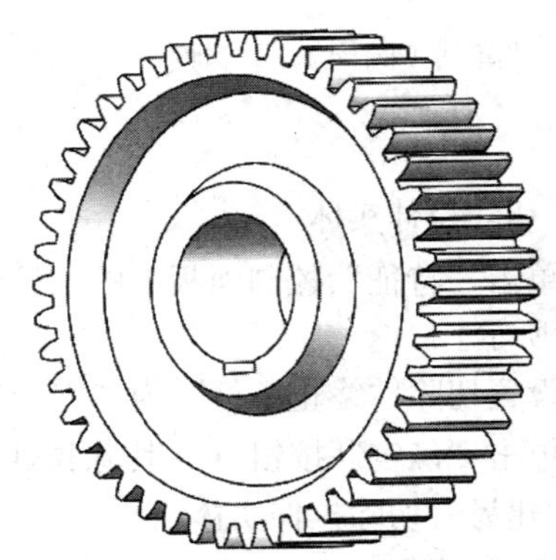

图 10-27 切除拉伸实体

7. 创建基准面

1）在 FeatureManager 设计树中选择“前视基准面”，单击“特征”控制面板上的“基准面”按钮，弹出“基准面”属性管理器。

2）在“偏移距离”文本框中输入 70.00mm，如图 10-28 所示。

3）单击“确定”按钮，创建的基准面如图 10-29 所示。

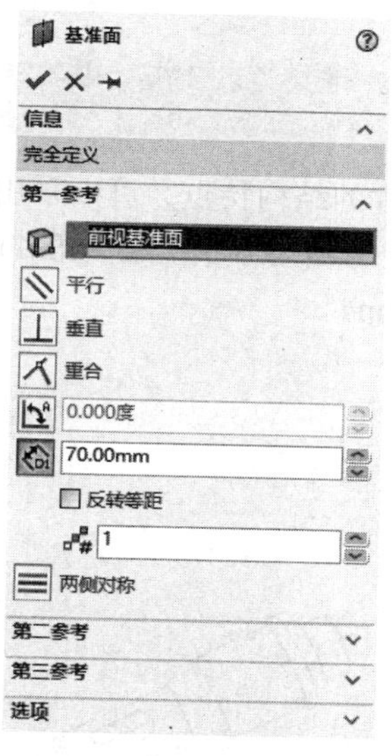

图 10-28　设置等距基准面

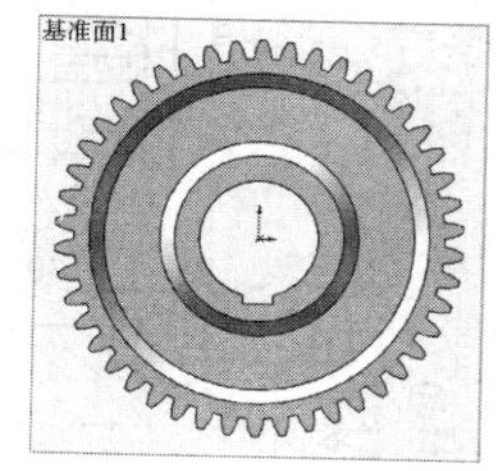

图 10-29　创建的基准面

8. 镜向实体

1）单击“特征”控制面板上的“镜向”按钮，系统弹出“镜向”属性管理器。

2）选择“基准面 1”作为镜向面，在绘图区或模型树中选择要镜向的特征，即“切除 - 拉伸 2”，如图 10-30 所示。

3）单击“确定”按钮，完成特征的镜向。

9. 保存文件

单击快速访问工具栏中的“保存”按钮，打开“另存为”对话框。在“文件名”文本框中输入“大齿轮”名称，最后单击“保存”按钮，保存文件，效果如图 10-31 所示。

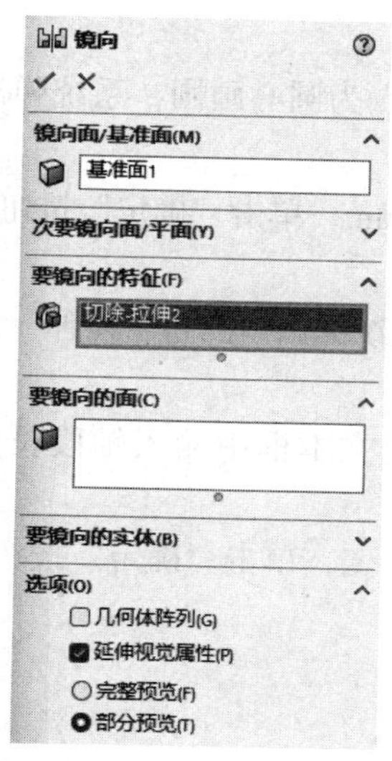

图 10-30　设置镜向特征属性

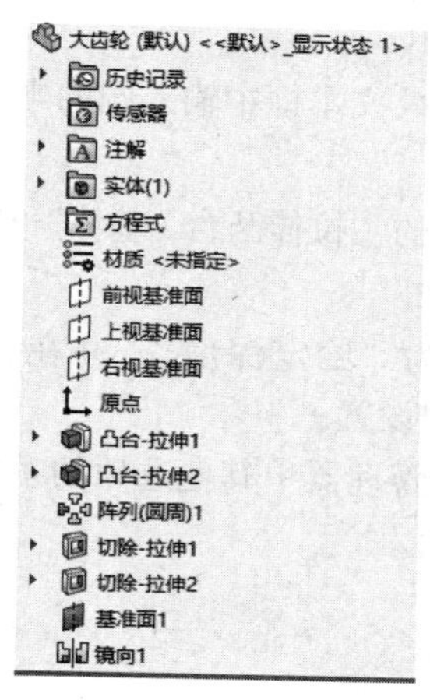

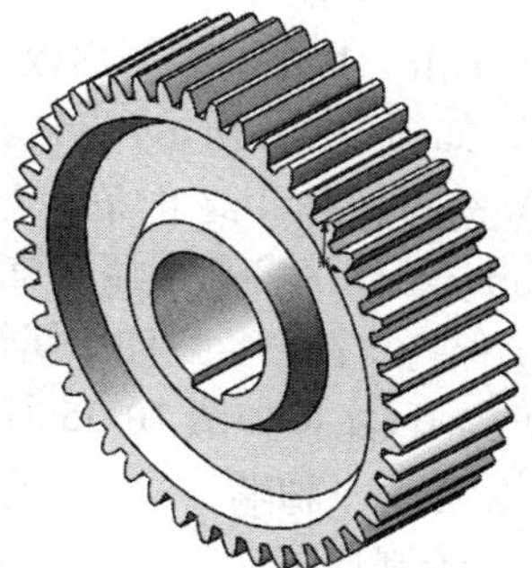

图 10-31　镜向完成后的效果

10.3 低速轴

绘制减速器的低速轴，如图 10-32 所示。根据轴类零件的结构特点，可以采用拉伸命令生成轴体基本轮廓，采用切除命令生成键槽，并利用倒角命令与圆角命令生成倒角和圆角结构。

本案例视频内容："X：\ 动画演示 \ 第 10 章 \ 低速轴 .mp4"

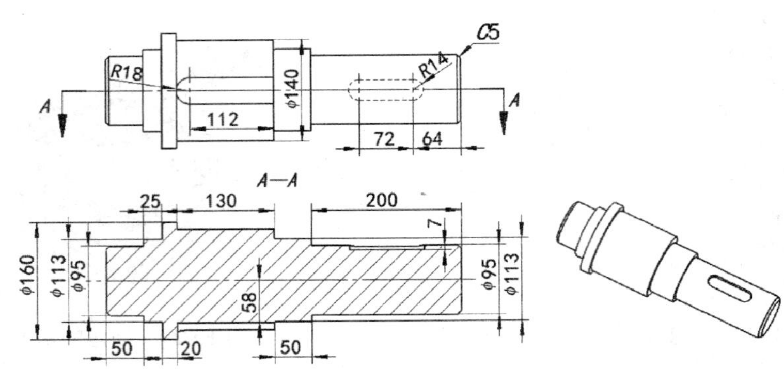

图 10-32　减速器的低速轴

1. 建立新的零件文件

启动 SOLIDWORKS 2024，单击快速访问工具栏中的"新建"按钮，在弹出的"新建 SOLIDWORKS 文件"对话框中单击"零件"按钮，然后单击"确定"按钮，创建一个新的零件文件。

2. 创建拉伸凸台

（1）绘制草图

1）在 FeatureManager 设计树中选择"前视基准面"，单击"草图"控制面板上的"草图绘制"按钮，进入草图绘制环境。

2）单击"草图"控制面板中的"圆"按钮，以系统坐标原点为圆心画圆，系统弹出的"圆"属性管理器，如图 10-33 所示。

3）在"参数"栏的"半径"文本框中输入圆的半径值 47.50mm，单击"确定"按钮。

（2）拉伸基体

1）单击"特征"控制面板中的"拉伸凸台 / 基体"按钮，系统弹出"凸台 - 拉伸"属性管理器，如图 10-34 所示。

2）选择拉伸"终止条件"为"给定深度"，并在"深度"文本框中输入轴段长度值 50.00mm，绘图区将高亮显示拉伸设置。

3）保持"凸台 - 拉伸"属性管理器中其他选项的系统默认值不变，单击"确定"按钮。拉伸后的轴段实体如图 10-35 所示。

3. 创建另一轴端

（1）绘制草图

1）选择上面完成的轴段端面作为草图绘制平面，单击"草图"控制面板上的"草图绘制"按钮，进入草图绘制环境。

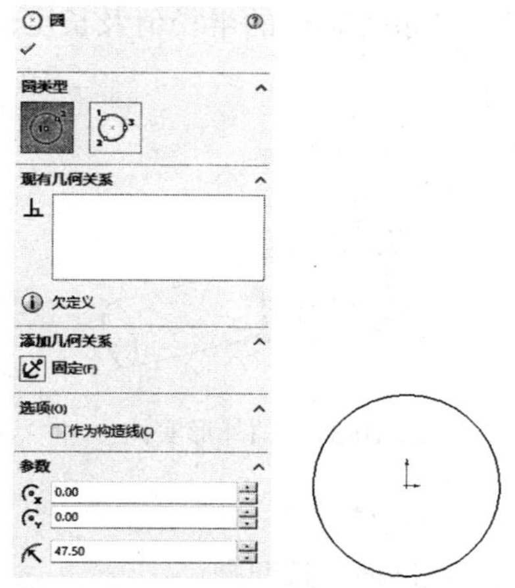

图 10-33 “圆”属性管理器

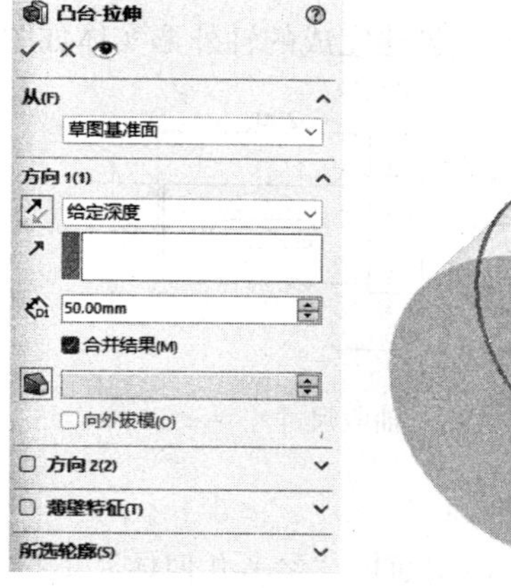

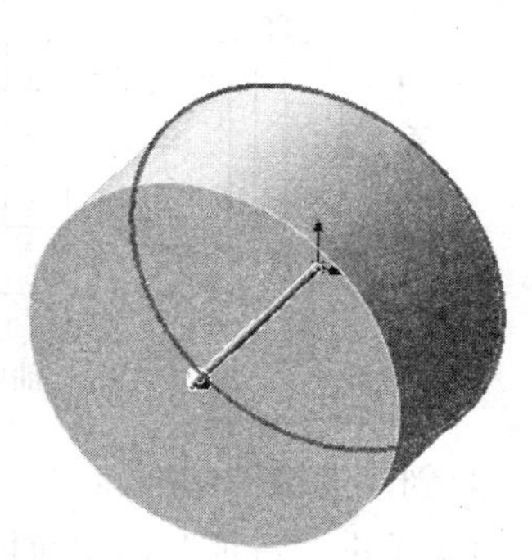

图 10-34 “凸台 - 拉伸”属性管理器

2）单击“草图”控制面板中的“圆”按钮，以系统坐标原点为圆心画圆，系统弹出“圆”属性管理器，如图 10-36 所示。在“参数”栏的“半径”文本框中输入圆的半径值 56.50mm，单击“确定”按钮。

（2）拉伸基体

1）单击“特征”控制面板中的“拉伸凸台 / 基体”按钮，弹出“凸台 - 拉伸”属性管理器。

2）选择拉伸“终止条件”为“给定深度”，并在“深度”文本框中输入轴段长度值 25.00mm。

3）单击“确定”按钮，完成第二轴段的创建，如图 10-37 所示。

图 10-35 拉伸后的轴段实体

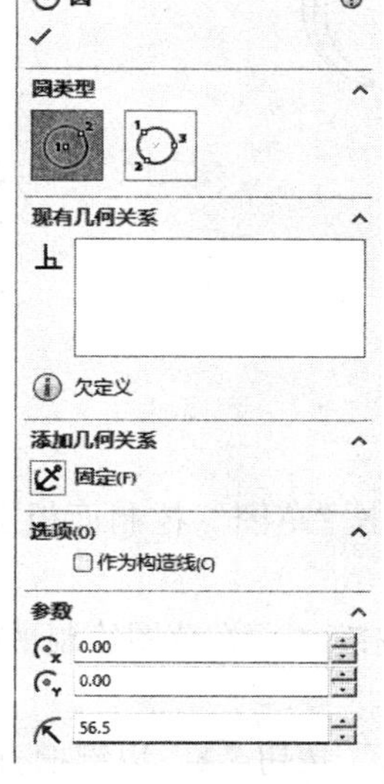

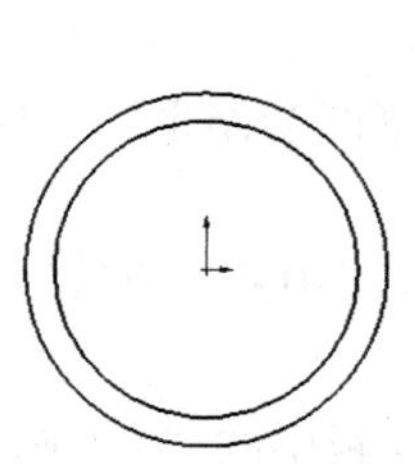

图 10-36 “圆”属性管理器

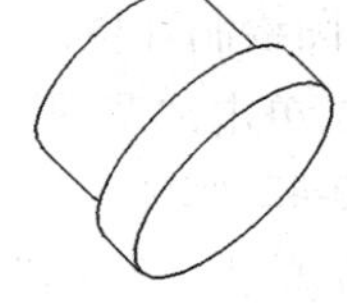

图 10-37 创建的第二轴段

4）重复步骤（1）和步骤（2），按图 10-38 所示依次设置其余各轴段的半径值及长度值，创建阶梯轴的剩余部分。创建完成的轴外形实体如图 10-39 所示。

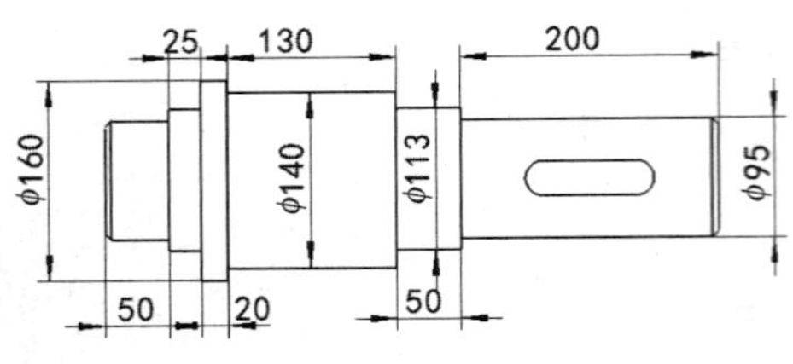

图 10-38　轴段尺寸

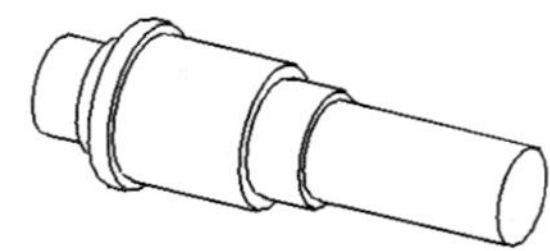

图 10-39　轴外形实体

4. 创建大键槽基准面

1）单击“特征”控制面板“参考几何体”下拉菜单中的“基准面”按钮。

2）系统弹出“基准面”属性管理器。选择“上视基准面”作为创建基准面的参考平面，在“等距距离”文本框中输入偏移距离值 70.00mm，如图 10-40 所示。

3）单击“确定”按钮，完成基准面 1 的创建，如图 10-41 所示。

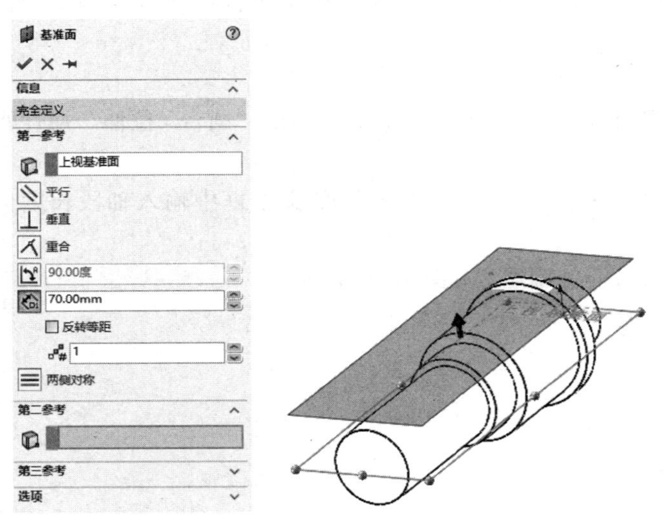

图 10-40　设置偏移距离

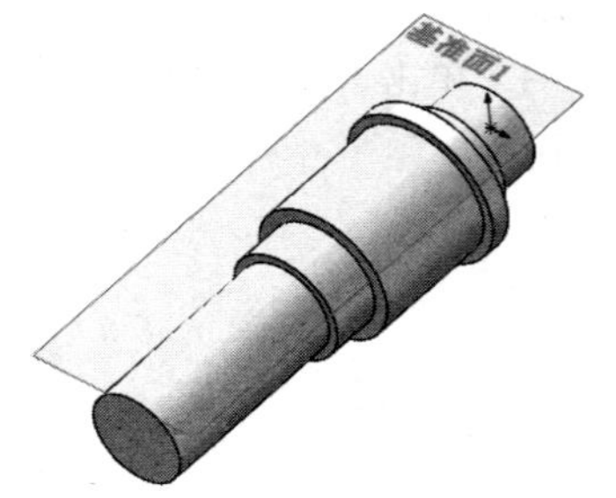

图 10-41　创建的基准面 1

5. 创建大键槽

（1）绘制草图

1）选择基准面 1 作为草图绘制平面，单击“草图”控制面板上的“草图绘制”按钮，进入草图绘制环境。

2）单击“草图”控制面板中的“直线”按钮，在草图绘制平面绘制键槽直线部分轮廓，如图 10-42 所示。

3）单击“草图”控制面板中的“3 点圆弧”按钮，以键槽直线轮廓线的两端点为圆弧起点和终点，绘制与键槽两直线边相切的圆弧，如图 10-43 所示。

4）单击“草图”控制面板上的“智能尺寸”按钮，对草图进行尺寸标注，如图 10-44 所示。

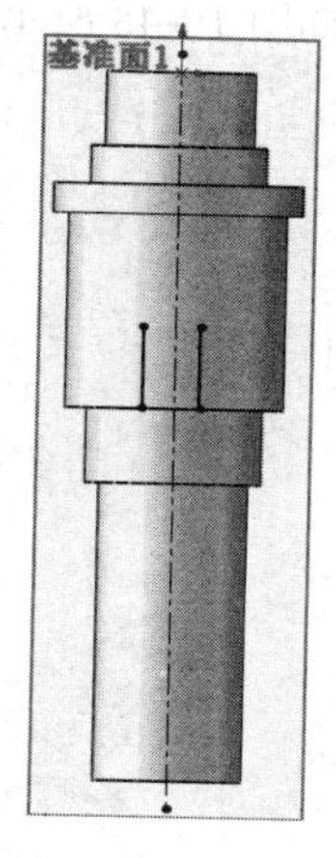

图 10-42　绘制键槽直线部分轮廓

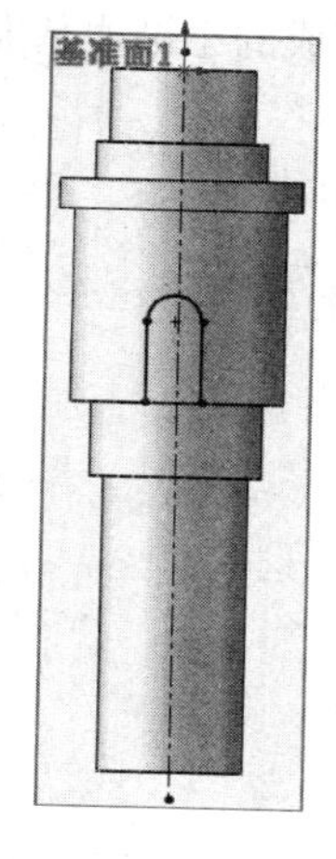

图 10-43　绘制键槽圆弧

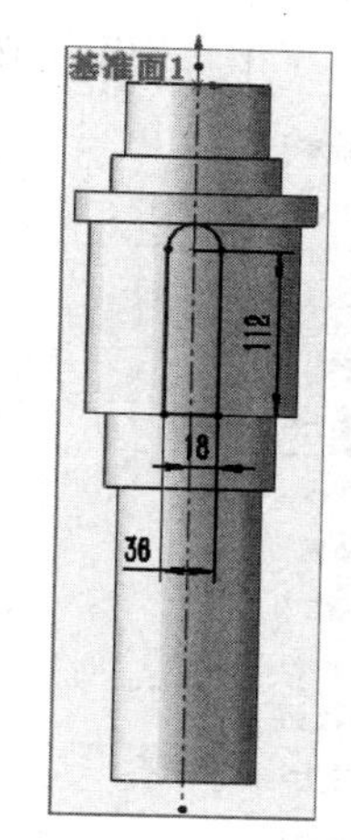

图 10-44　标注草图尺寸

（2）切除实体

1）单击“特征”控制面板中的“拉伸切除”按钮，弹出“切除 - 拉伸”属性管理器，如图 10-45 所示。

2）选择切除“终止条件”为“给定深度”，并在“深度”文本框中设置切除深度值为 12.00mm。

3）单击“确定”按钮，完成大键槽的创建，如图 10-46 所示。

图 10-45　“切除 - 拉伸”属性管理器

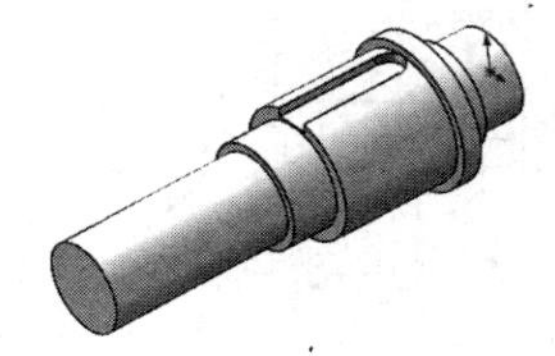

图 10-46　创建的大键槽

6. 创建小键槽基准面

1）单击“特征”控制面板“参考几何体”下拉菜单中的“基准面”按钮，系统弹出“基准面”属性管理器，如图 10-47 所示。

2）选择“上视基准面”作为创建基准面的参考平面，在“等距距离”文本框中输入偏移距离值 47.50mm，勾选“反转等距”复选框。

3）单击“确定”按钮✔，创建完成的小键槽基准面（基准面 2）如图 10-48 所示。

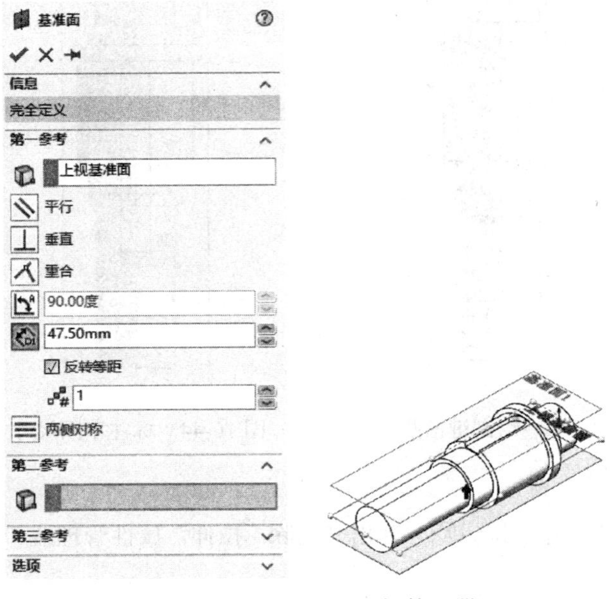

图 10-47 “基准面”属性管理器

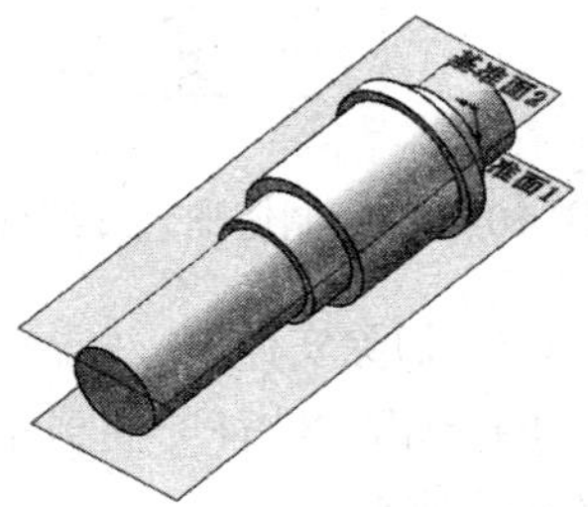

图 10-48 创建的基准面 2

7. 创建小键槽

（1）绘制草图

1）选择基准面 2 作为草图绘制平面，单击“草图”控制面板上的“草图绘制”按钮，进入草图绘制环境。

2）用草图绘制工具绘制小键槽切除拉伸特征草图轮廓，如图 10-49 所示。

（2）创建小键槽

1）单击“特征”控制面板中的“拉伸切除”按钮，在“深度”文本框中输入 7.00mm。

2）单击“确定”按钮✔，完成小键槽的创建，如图 10-50 所示。

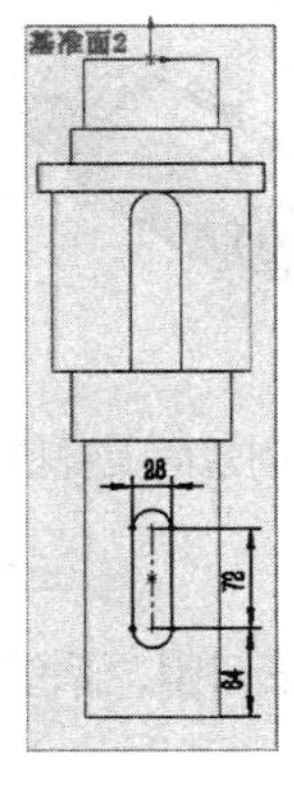

图 10-49 绘制小键槽切除拉伸特征草图轮廓

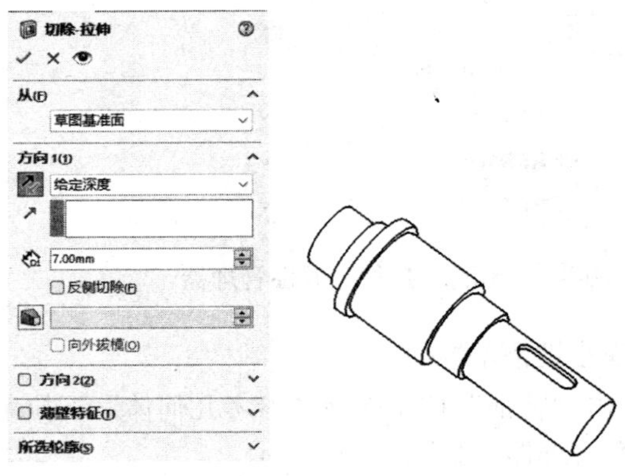

图 10-50 创建小键槽

8. 创建倒角

1）单击“特征”控制面板中的“倒角”按钮，系统弹出“倒角”属性管理器，如图 10-51 所示。

2）单击“角度距离”按钮，并输入距离值 5.00mm、角度值 45.00 度。在绘图区选择低速轴两外侧端面边线，系统将高亮显示边线及倒角设置。

3）单击“确定”按钮✔，完成倒角特征的创建，如图 10-52 所示。

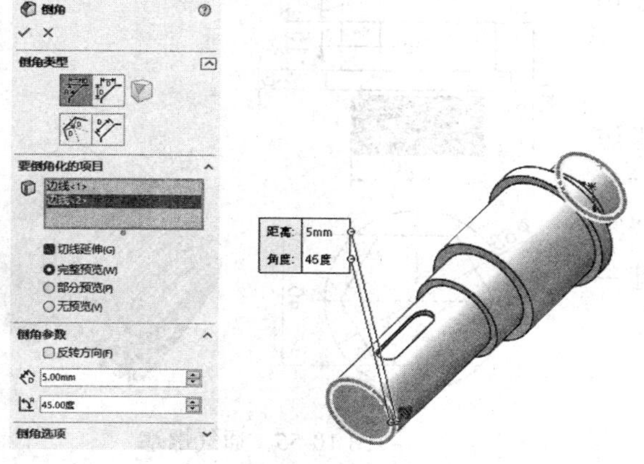

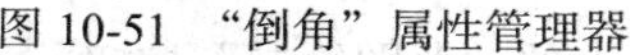

图 10-51 “倒角”属性管理器

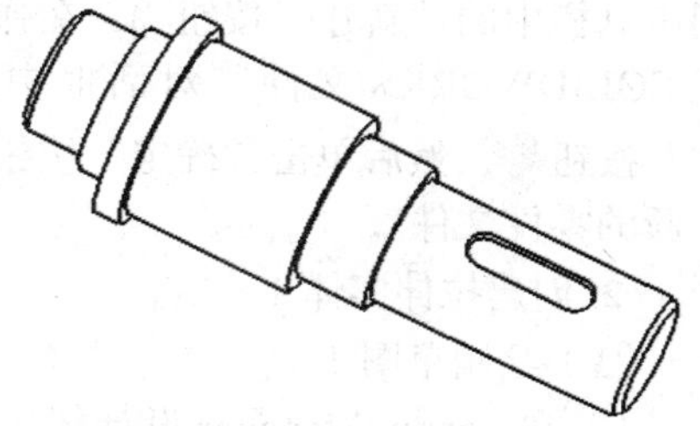

图 10-52 创建的倒角特征

9. 创建圆角

1）单击“特征”控制面板中的“圆角”按钮，系统弹出“圆角”属性管理器，如图 10-53 所示。

2）选择“固定大小圆角”按钮，并输入半径值 1.00mm。在绘图区选择轴的轴肩底边线，系统将在绘图区高亮显示用户选择。

3）单击“确定”按钮✔，完成圆角特征的创建，如图 10-54 所示。

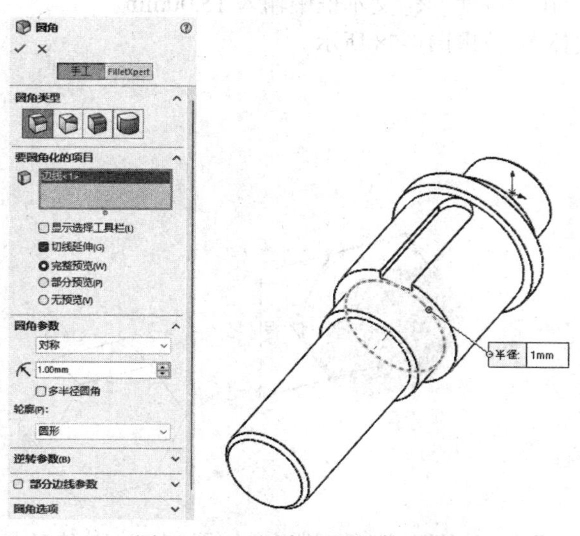

图 10-53 “圆角”属性管理器

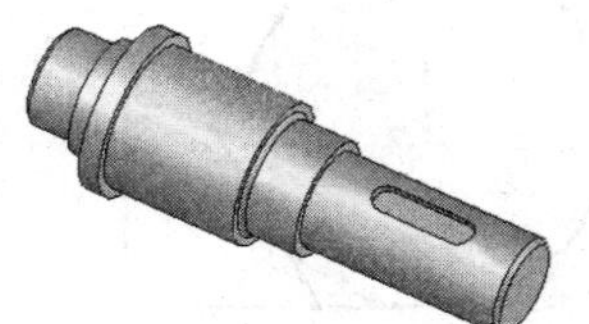

图 10-54 创建的圆角特征

10. 保存文件

单击快速访问工具栏中的“保存”按钮，将零件保存为“低速轴 .sldprt”。

10.4 通气螺塞

绘制如图 10-55 所示的减速器的通气螺塞。

本案例视频内容：“X：\动画演示\第 10 章\通气螺塞 .mp4”。

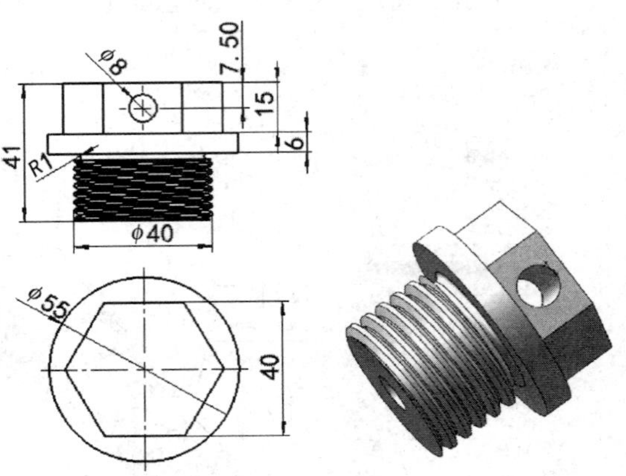

图 10-55 通气螺塞

1. 建立新的零件文件

启动 SOLIDWORKS 2024，单击快速访问工具栏中的“新建”按钮，在弹出的“新建 SOLIDWORKS 文件”对话框中单击“零件”按钮，然后单击“确定”按钮，创建一个新的零件文件。

2. 创建拉伸实体 1

（1）绘制草图 1

1）在 FeatureManager 设计树中选择“前视基准面”作为绘图基准面，单击“草图”控制面板上的“草图绘制”按钮，进入草图绘制环境。

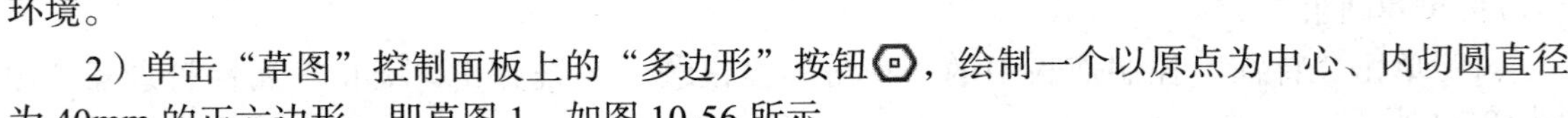

2）单击“草图”控制面板上的“多边形”按钮，绘制一个以原点为中心、内切圆直径为 40mm 的正六边形，即草图 1，如图 10-56 所示。

（2）拉伸实体 1

1）单击“特征”控制面板上的“拉伸凸台 / 基体”按钮，系统弹出如图 10-57 所示的“凸台 - 拉伸”属性管理器。

2）设置“终止条件”为“给定深度”，在“深度”文本框中输入 15.00mm。

3）单击“确定”按钮，生成拉伸实体 1，如图 10-58 所示。

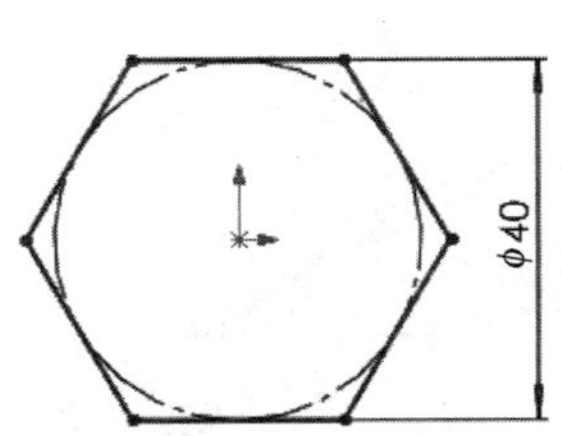

图 10-56 绘制草图 1

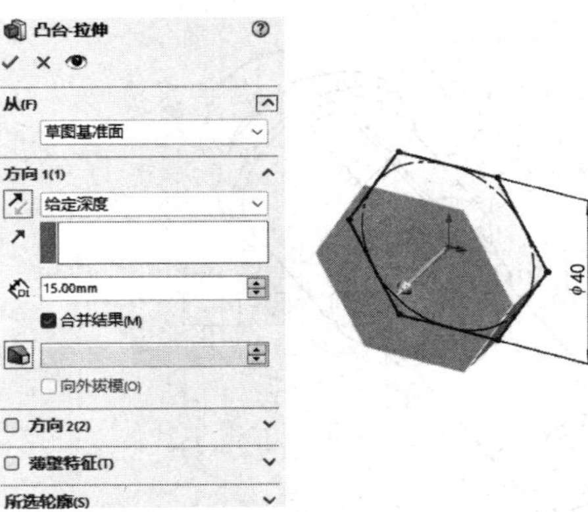

图 10-57 “凸台 - 拉伸”属性管理器

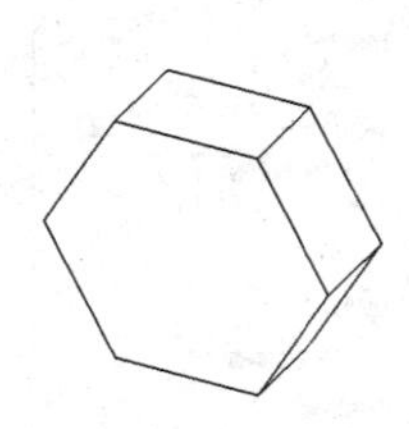

图 10-58 拉伸实体 1

3. 创建拉伸实体 2

（1）绘制草图 2

1）选择拉伸实体 1 的上表面，然后单击“视图（前导）”工具栏“视图定向”下拉菜单中的“正视于”按钮，将该表面作为绘图基准面，然后单击“草图”控制面板上的“草图绘制”按钮，进入草图绘制环境。

2）单击“草图”控制面板中的“圆”按钮，绘制一个以原点为圆心、直径为 ϕ55mm 的圆，即草图 2，如图 10-59 所示。

（2）拉伸实体 2

1）单击“特征”控制面板上的“拉伸凸台 / 基体”按钮，系统弹出如图 10-60 所示的“凸台 - 拉伸”属性管理器。

2）设置“终止条件”为“给定深度”，在“深度”文本框中输入 6.00mm。

3）单击“确定”按钮，生成拉伸实体 2，如图 10-61 所示。

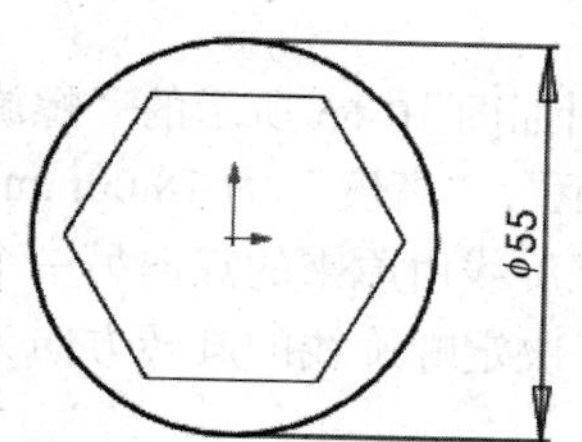

图 10-59　绘制草图 2

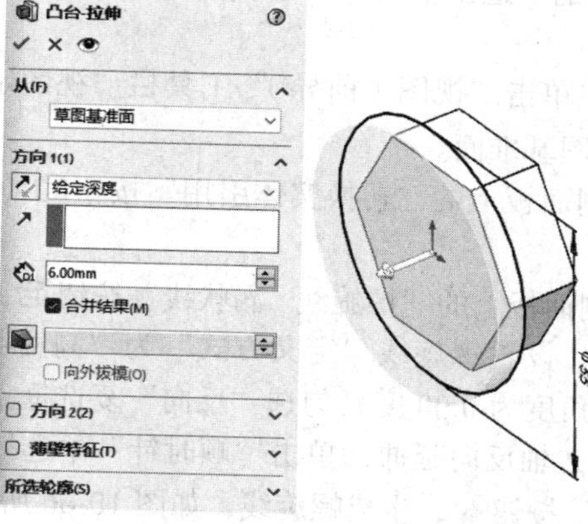

图 10-60　“凸台 - 拉伸”属性管理器

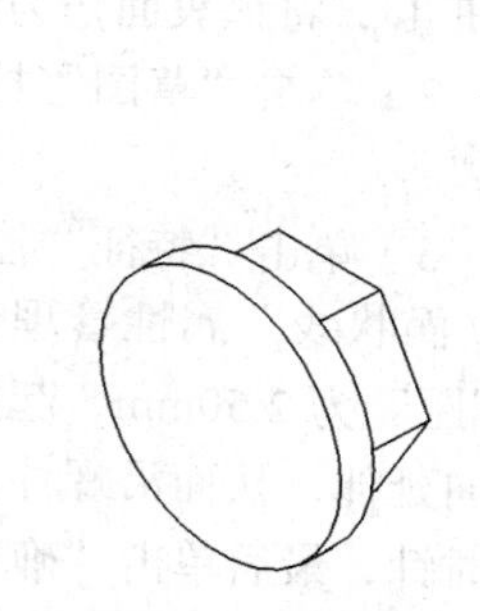

图 10-61　拉伸实体 2

4. 创建拉伸实体 3

（1）绘制草图 3

1）选择圆柱体的端面，然后单击“视图（前导）”工具栏“视图定向”下拉列表中的“正视于”按钮，将该表面作为绘图基准面，然后单击“草图”控制面板上的“草图绘制”按钮，进入草图绘制环境。

2）单击“草图”控制面板中的“圆”按钮，绘制一个以原点为圆心、直径为 ϕ40mm 的圆，即草图 3，如图 10-62 所示。

（2）拉伸实体 3

1）单击“特征”控制面板上的“拉伸凸台 / 基体”按钮，系统弹出“凸台 - 拉伸”属性管理器。

2）设置“终止条件”为“给定深度”，在“深度”文本框中输入 20mm。

3）单击“确定”按钮，生成拉伸实体 3，如图 10-63 所示。

5. 创建螺纹

（1）绘制切除轮廓

1）在 FeatureManager 设计树中选择“上视基准面”作为绘图基准面，然后单击“标准视图”工具栏中的“正视于”按钮，将该表面作为绘图基准面。

2）单击“草图”控制面板上的“直线”按钮，绘制切除轮廓，并标注尺寸，即草图 4，如图 10-64 所示。

图 10-62　绘制草图 3　　图 10-63　拉伸实体 3　　图 10-64　绘制草图 4

3）单击绘图区右上方的“退出草图”按钮，退出草图绘制环境。

（2）绘制螺旋线

1）选择螺柱的底面，单击“视图（前导）”工具栏“视图定向”下拉菜单中的“正视于”按钮，将该表面作为绘图基准面。

2）单击“草图”控制面板上的“转换实体引用”按钮，将该底面的轮廓圆转换为草图轮廓。

3）单击“特征”控制面板上的“螺旋线 / 涡状线”按钮，弹出如图 10-65 所示的“螺旋线 / 涡状线”属性管理器。设置螺旋线“定义方式”为“高度和螺距”，“高度”为 18.00mm，“螺距”为 2.50mm，起始角度为 0.00 度；勾选“反向”复选框，使螺旋线由原来的点向另一个方向延伸，从而沿螺柱向 Z 轴反向延伸；单击“顺时针”单选按钮，决定螺旋线的旋转方向为顺时针，最后单击“确定”按钮，生成螺旋线，如图 10-66 所示。

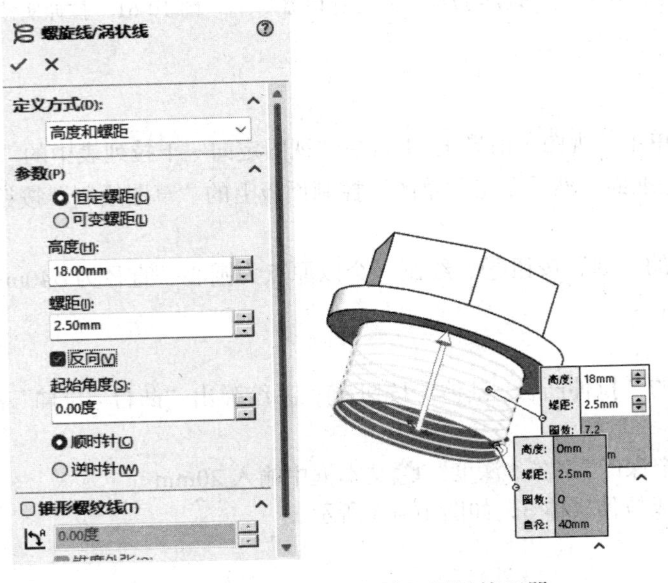

图 10-65　“螺旋线 / 涡状线”属性管理器

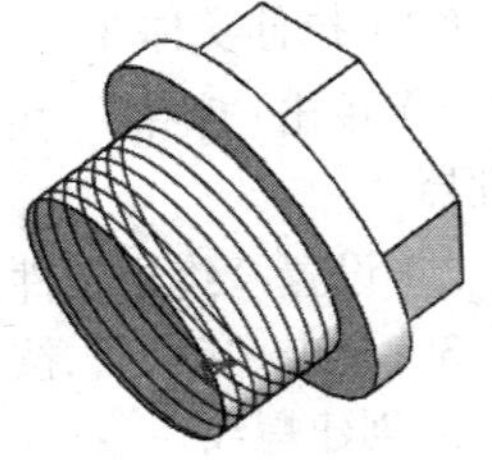

图 10-66　生成螺旋线

（3）生成螺纹

1）单击“特征”控制面板上的“扫描切除”按钮，弹出如图10-67所示的“切除-扫描”属性管理器。

2）在“轮廓”右侧的显示框中选择绘图区中的牙型草图，在“路径”右侧的显示框中选择螺旋线作为路径草图。

3）单击“确定”按钮，生成的螺纹如图10-68所示。

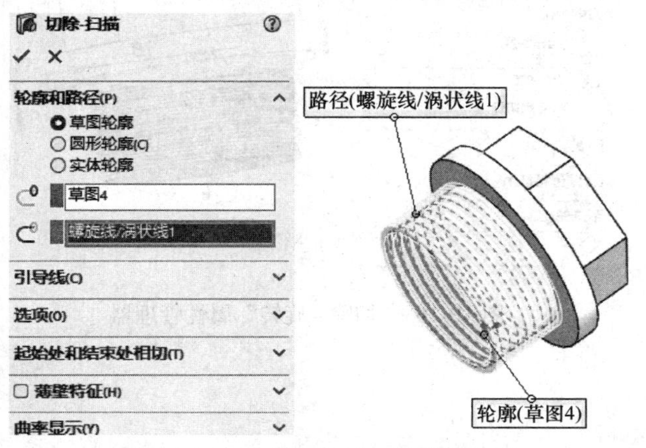

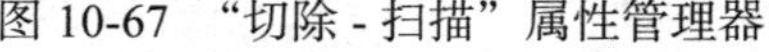

图10-67 “切除-扫描”属性管理器

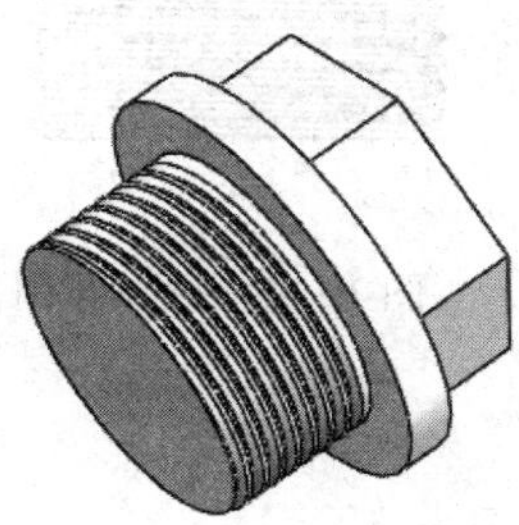

图10-68 生成的螺纹

6. 生成退刀槽

（1）绘制草图

1）在FeatureManager设计树中选择“上视基准面”作为绘图基准面，然后单击“视图（前导）”工具栏“视图定向”下拉菜单中的“正视于”按钮，将该表面作为绘图基准面，单击“草图”控制面板上的“草图绘制”按钮，进入草图绘制环境。

2）单击“草图”控制面板上的“中心线”按钮，绘制一条通过原点的竖直中心线，作为切除-旋转特征的旋转轴。

3）单击“草图”控制面板上的“边角矩形”按钮，并对其进行标注，绘制草图5，如图10-69所示。

（2）旋转切除实体

1）单击“特征”控制面板中的“旋转切除”按钮，弹出如图10-70所示的“切除-旋转”属性管理器，选项保持系统默认设置。

2）单击“确定”按钮，旋转切除实体，生成退刀槽，如图10-71所示。

7. 创建圆角

1）单击“特征”控制面板上的“圆角”按钮，弹出如图10-72所示的“圆角”属性管理器。

2）选择退刀槽的两条边线为圆角边，设置圆角“半径”为1.00mm。

3）单击“确定”按钮，创建圆角，如图10-73所示。

8. 创建通气孔

（1）绘制草图

1）选择六棱柱的一个侧面，然后单击“视图（前导）”工具栏中的“正视于”按钮，将该表面作为绘图基准面，单击“草图”控制面板上的“草图绘制”按钮，进入草图绘制环境。

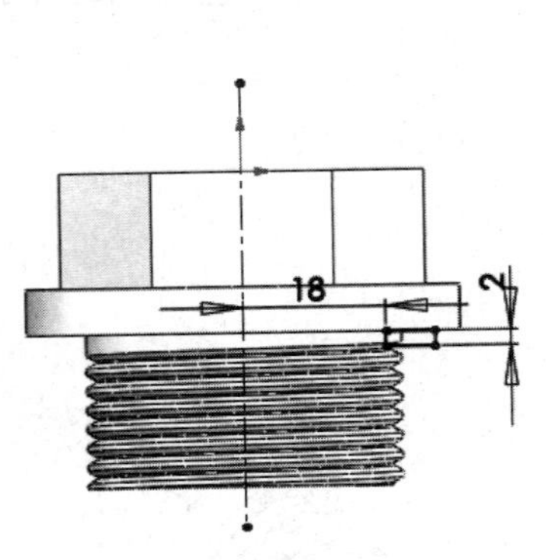

图 10-69　绘制草图 5

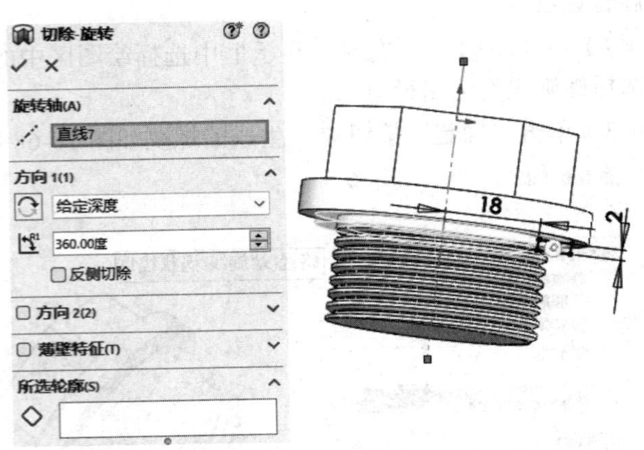

图 10-70　“切除 - 旋转”属性管理器

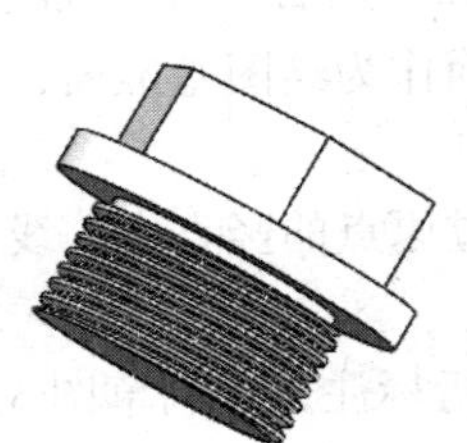

图 10-71　旋转切除实体

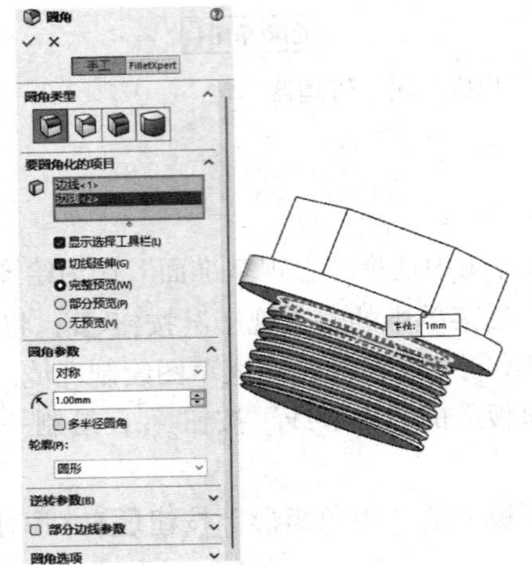

图 10-72　“圆角”属性管理器

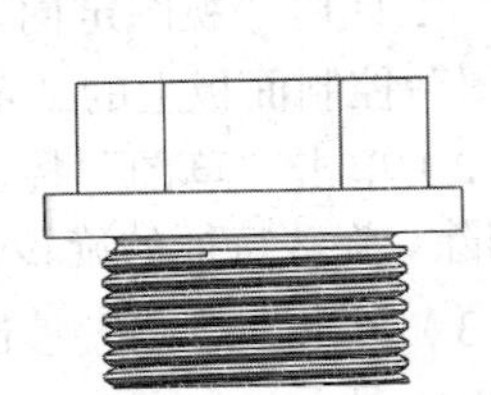

图 10-73　创建圆角

2）在绘图基准面上绘制一个以点（−7.5，0）为圆心、直径为 ϕ8mm 的圆，作为通气孔 1 草图，如图 10-74 所示。

（2）切除拉伸实体 1

1）单击“特征”控制面板上的“拉伸切除”按钮，系统弹出如图 10-75 所示的“切除 - 拉伸”属性管理器。

2）在“终止条件”下拉列表框中选择“完全贯穿”，其余选项保持系统默认设置。

3）单击“确定”按钮，切除拉伸实体 1，如图 10-76 所示。

9. 创建另一通气孔

（1）绘制草图

1）选择螺柱的底面，然后单击“视图（前导）”工具栏中的“正视于”按钮，将该表面作为绘图基准面，单击“草图”控制面板上的“草图绘制”按钮，进入草图绘制环境。

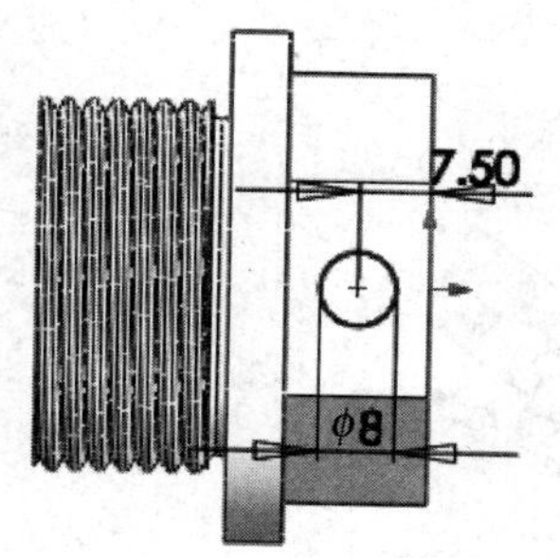

图 10-74 绘制通气孔 1 草图

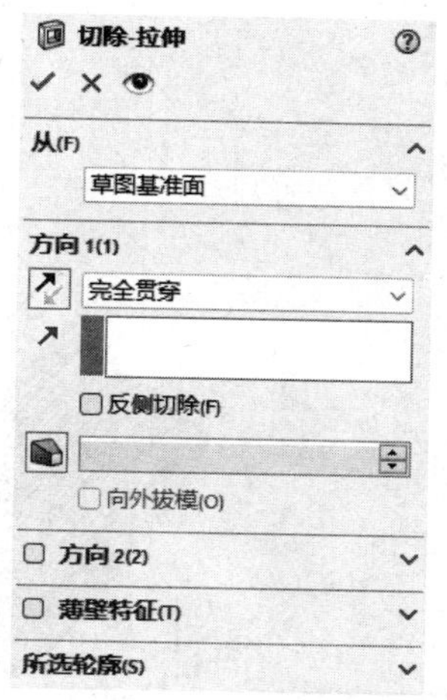

图 10-75 “切除 - 拉伸”属性管理器

图 10-76 切除拉伸实体 1

2）在绘图基准面上绘制一个以原点为圆心、直径为 ϕ8mm 的圆，作为通气孔 2 草图，如图 10-77 所示。

（2）切除拉伸实体 2

1）单击“特征”控制面板上的“拉伸切除”按钮，系统弹出如图 10-78 所示的“切除 - 拉伸”属性管理器。

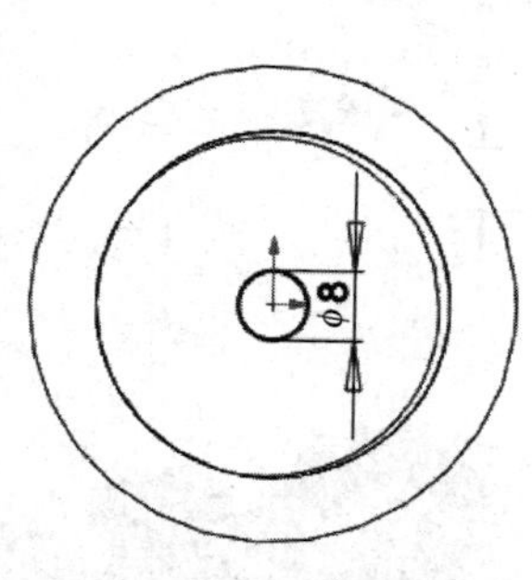

图 10-77 绘制通气孔 2 草图

图 10-78 “切除 - 拉伸”属性管理器

2）在“终止条件”下拉列表中选择“成形到下一面”，选择六棱柱上的通气孔。

3）单击“确定”按钮。

10. 保存文件

选择“文件”→“保存”命令，将零件文件保存为“通气螺塞 .sldprt”，最后的效果如图 10-79 所示。

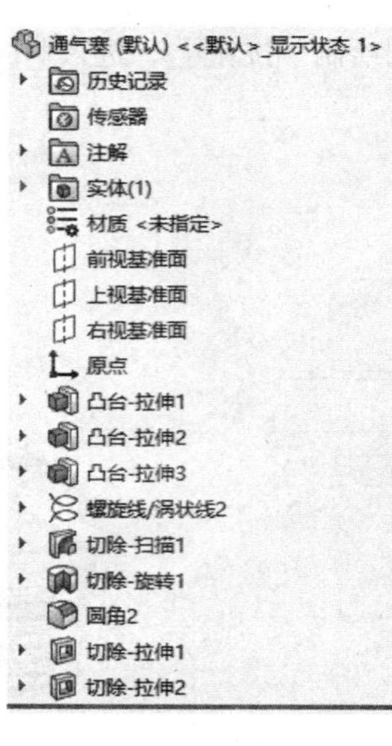

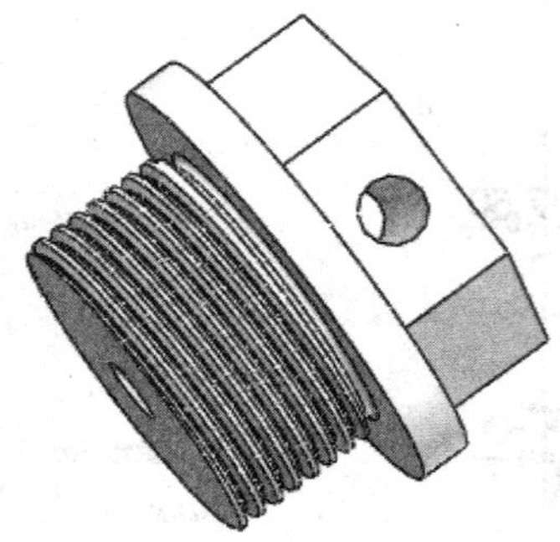

图 10-79　通气螺塞的最后效果

10.5 减速器下箱体

绘制减速器的下箱体，如图 10-80 所示。

本案例视频内容："X：\动画演示\第 10 章\减速器下箱体 .mp4"。

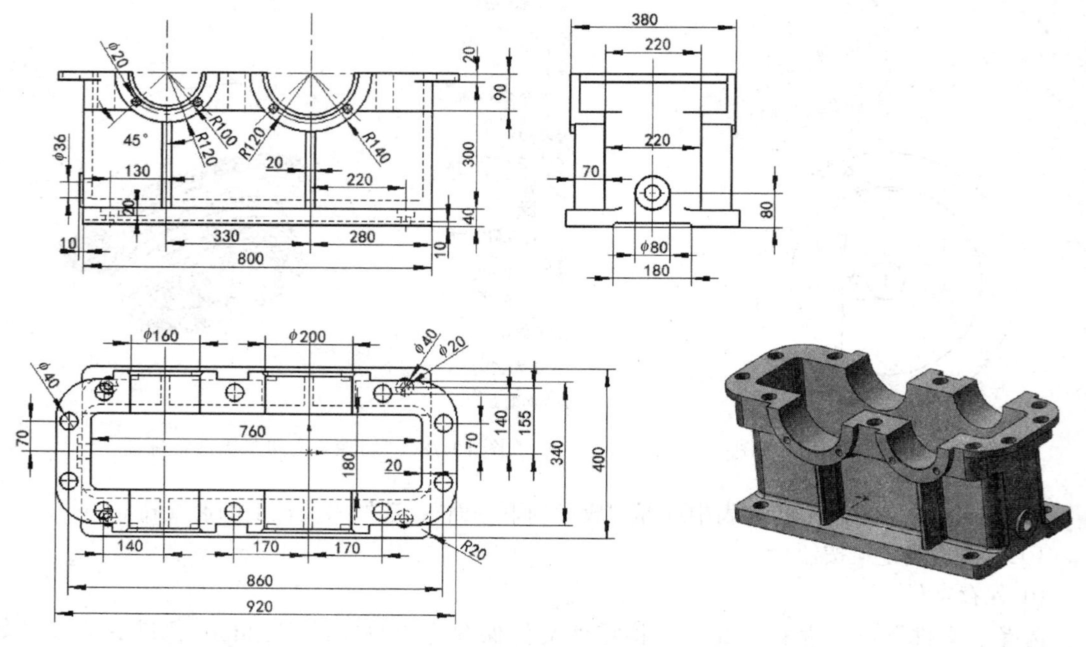

图 10-80　减速器下箱体

10.5.1 创建下箱体外形

1. 建立新的零件文件

启动 SOLIDWORKS 2024，单击快速访问工具栏中的“新建”按钮，在弹出的“新建 SOLIDWORKS 文件”对话框中单击“零件”按钮，然后单击“确定”按钮，创建一个新的零件文件。

2. 绘制草图

（1）绘制矩形　在 FeatureManager 设计树中选择“前视基准面”作为绘图基准面，单击“草图”控制面板上的“草图绘制”按钮，进入草图绘制环境。单击“草图”控制面板中的“边角矩形”按钮，绘制矩形轮廓，标注智能尺寸，如图 10-81 所示。

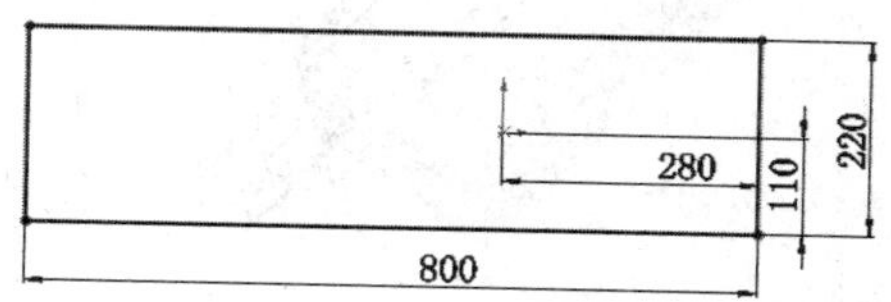

图 10-81　绘制矩形并标注尺寸

（2）生成圆角

1）单击“草图”控制面板中的“绘制圆角”按钮，系统弹出“绘制圆角”属性管理器。

2）在“圆角参数”栏的圆角“半径”文本框中输入 40.00mm。单击草图中矩形的四个顶角边，完成草图的圆角操作，如图 10-82 所示。

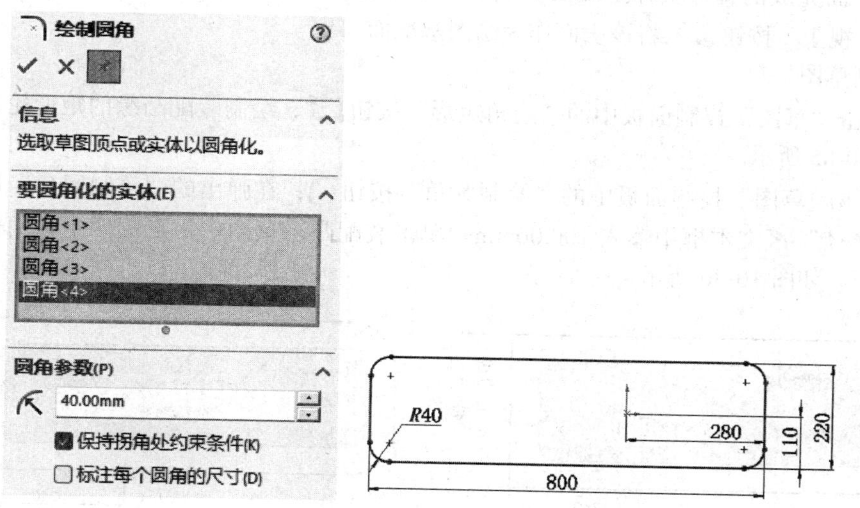

图 10-82　生成草图圆角

3. 拉伸实体

1）单击菜单栏中的“插入”→“凸台 / 基体”→“拉伸”命令，或单击“特征”控制面板中的“拉伸凸台 / 基体”按钮，系统弹出“凸台 - 拉伸”属性管理器。

2）在“深度”文本框中输入 300.00mm，如图 10-83 所示。

3）单击“确定”按钮✔，拉伸后的箱体实体如图 10-84 所示。

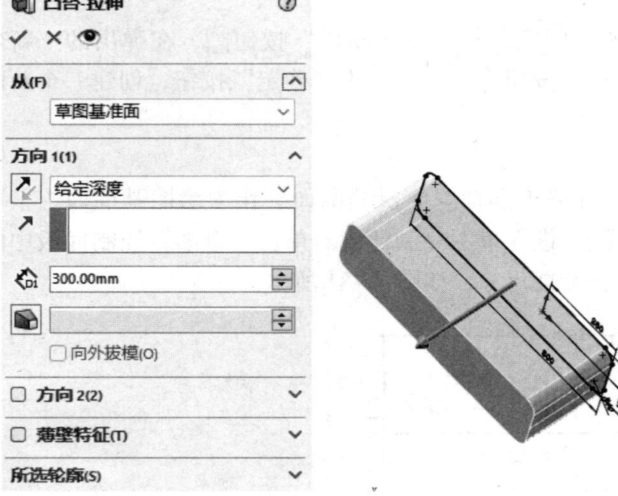

图 10-83　设置拉伸参数

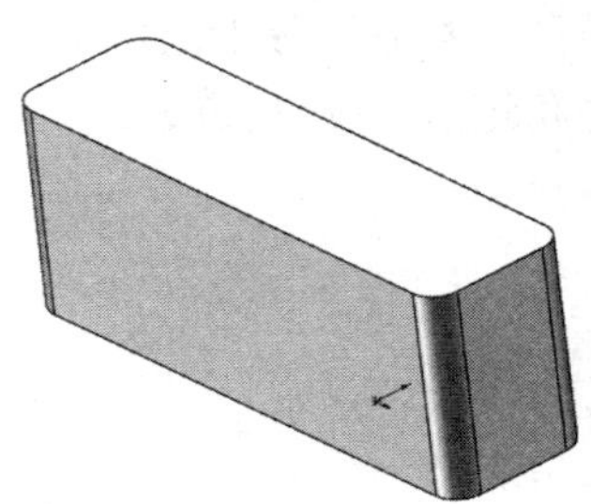

图 10-84　拉伸后的箱体实体

10.5.2　创建装配凸缘

1. 设置基准面

选择上面完成的箱体实体上端面，然后单击“视图（前导）”工具栏“视图定向”下拉菜单中的“正视于”按钮，将该表面作为绘图基准面。

2. 绘制草图

1）单击“草图”控制面板中的“边角矩形”按钮，绘制装配凸缘的矩形轮廓并标注尺寸，如图 10-85 所示。

2）单击“草图”控制面板中的“绘制圆角”按钮，在弹出的“绘制圆角”属性管理器中圆角“半径”文本框中输入 100.00mm。单击装配凸缘草图中矩形的四个顶角边，创建草图圆角特征，如图 10-86 所示。

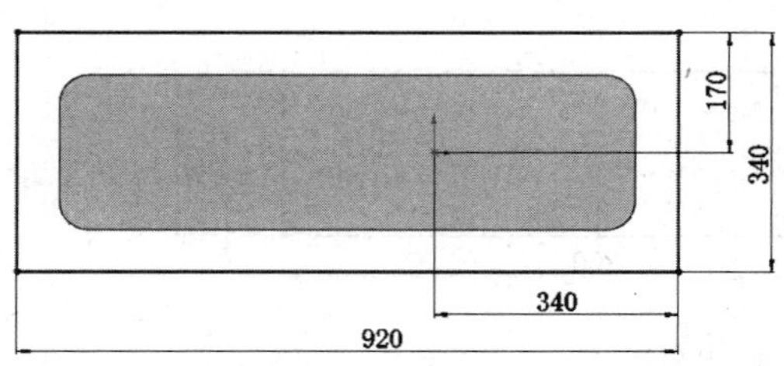

图 10-85　绘制矩形轮廓并标注尺寸

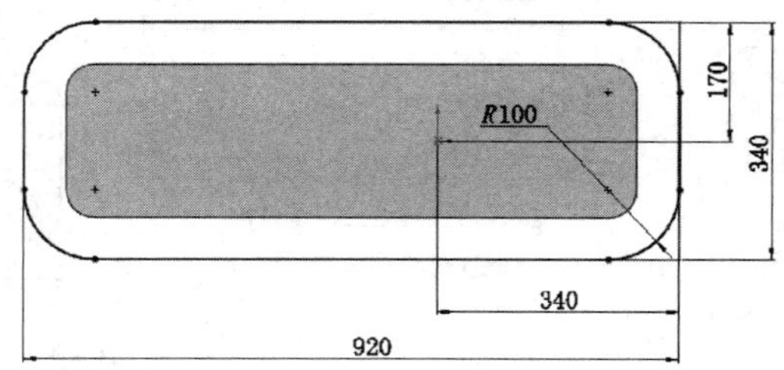

图 10-86　创建草图圆角特征

3. 创建拉伸实体

1）单击“特征”控制面板中的“拉伸凸台 / 基体”按钮，系统弹出“凸台 - 拉伸”属性管理器。

2）在“深度”文本框中输入 20.00mm。

3）单击“确定”按钮，创建拉伸实体，如图 10-87 所示。

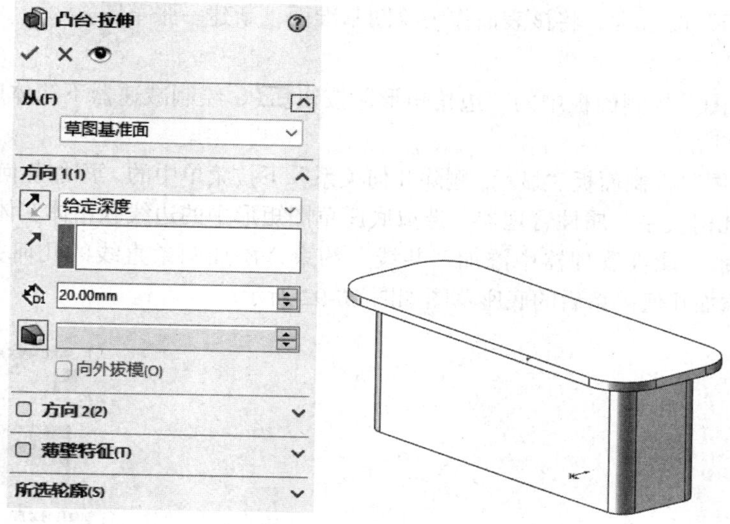

图 10-87 创建拉伸实体

4. 创建抽壳

1）选择下箱体装配凸缘的上表面，单击“特征”控制面板中的“抽壳”按钮，系统弹出“抽壳 1”属性管理器。

2）在“厚度”文本框中输入 20.00mm，保持其他选项的系统默认值不变，如图 10-88 所示。

3）单击“确定”按钮，创建的装配凸缘如图 10-89 所示。

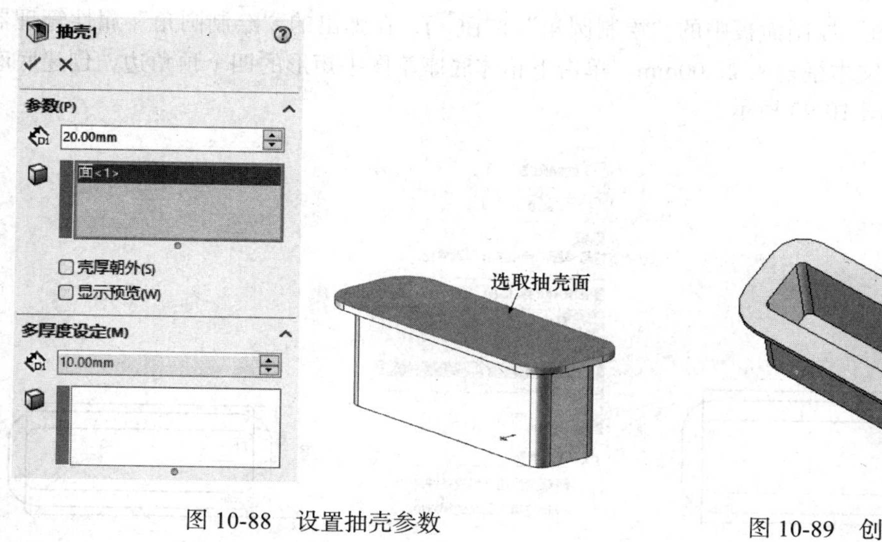

图 10-88 设置抽壳参数

图 10-89 创建的装配凸缘

10.5.3　创建下箱体底座

1. 设置基准面

选择前面所完成的箱体实体下端面，然后单击“视图（前导）”工具栏“视图定向”下拉菜单中的“正视于”按钮，将该表面作为绘图基准面，新建一张草图。

2. 绘制草图

1）单击“草图”控制面板中的“边角矩形”按钮，绘制减速器下箱体底座草图并标注尺寸，如图 10-90 所示。

2）单击“草图”控制面板“显示 / 删除几何关系”下拉菜单中的“添加几何关系”按钮，系统弹出“添加几何关系”属性管理器。选取底座草图矩形中的边线和箱体实体的内侧轮廓线，在“添加几何关系”属性管理器中添加“共线”约束，添加两条直线的几何关系为共线，如图 10-91 所示。添加几何关系后的底座草图如图 10-92 所示。

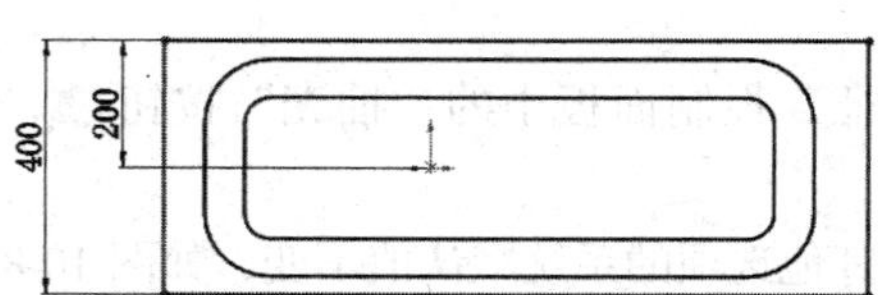

图 10-90　绘制减速器下箱体底座草图并标注尺寸

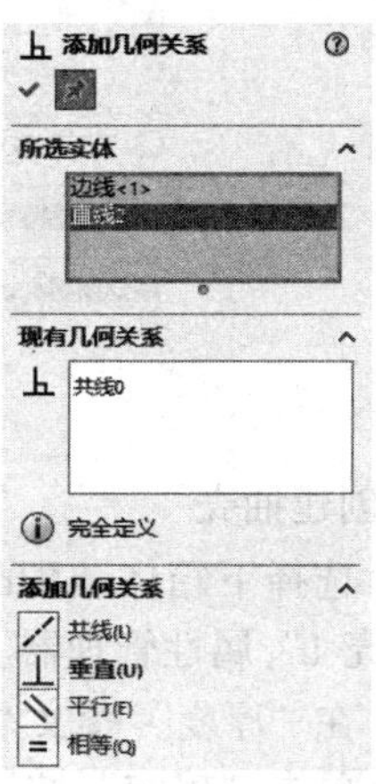

图 10-91　添加几何关系

3）单击“草图”控制面板中的“绘制圆角”按钮，在弹出的“绘制圆角”属性管理器中圆角“半径”文本框输入 20.00mm。单击下箱体底座草图中矩形的四个顶角边，创建底座草图圆角特征，如图 10-93 所示。

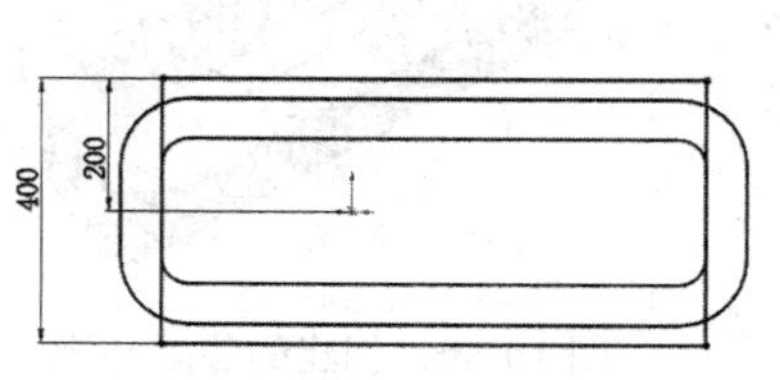

图 10-92　添加几何关系后的底座草图

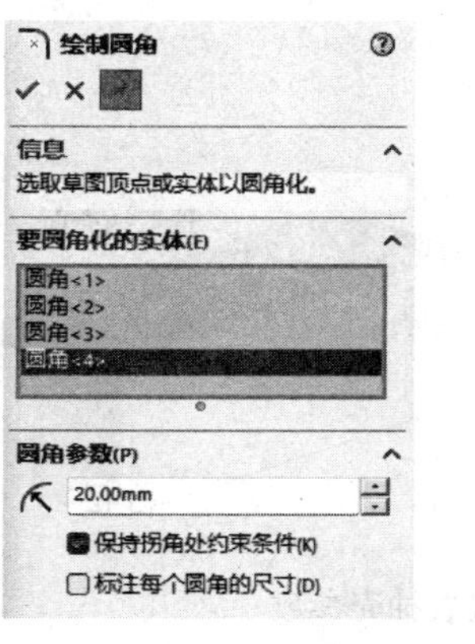

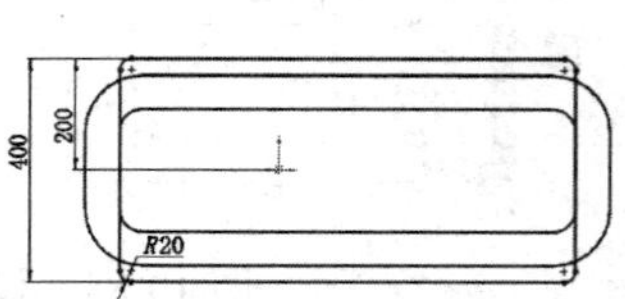

图 10-93　创建底座草图圆角特征

3. 创建拉伸实体

1）单击“特征”控制面板中的“拉伸凸台 / 基体”按钮，系统弹出“凸台 - 拉伸”属性管理器。

2）在“深度”文本框中输入 40.00mm。

3）单击“确定”按钮，完成下箱体底座基体的创建，如图 10-94 所示。

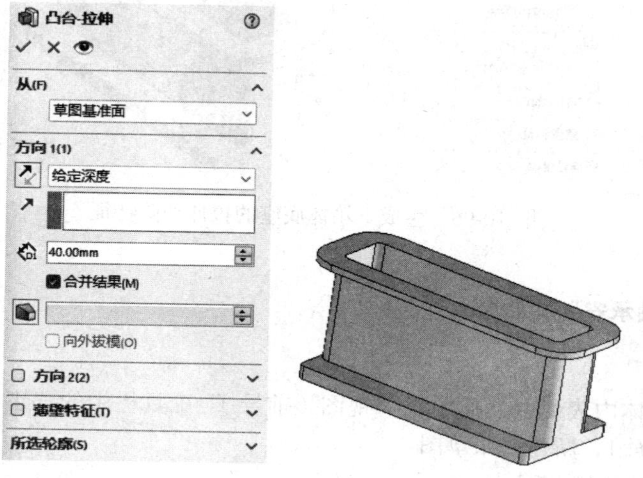

图 10-94 创建下箱体底座基体

10.5.4 创建箱体底座槽

1. 设置基准面

选择下箱体底侧表面，然后单击“视图（前导）”工具栏“视图定向”下拉菜单中的“正视于”按钮，将该表面作为绘图基准面。

2. 绘制草图

1）绘制草图轮廓。单击“草图”控制面板中的“中心线”按钮、“直线”按钮和“切线弧”按钮，绘制草图并标注尺寸，如图 10-95 所示。

2）单击“草图”控制面板中的“添加几何关系”按钮，使草图底边与底座的下边线共线，圆弧圆心在底座的下边线上。

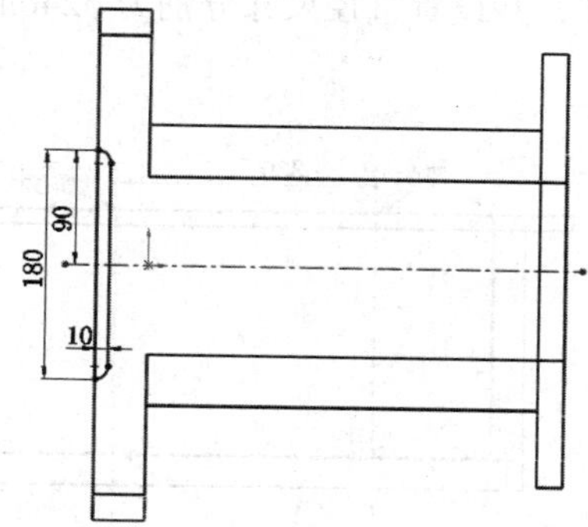

图 10-95 绘制草图并标注尺寸

3. 创建拉伸切除特征

1）单击“特征”控制面板中的“拉伸切除”按钮，系统弹出“切除 - 拉伸”属性管理器。

2）设置切除方式为“完全贯穿”。

3）单击“确定”按钮，完成实体拉伸切除的创建，生成下箱体底座的拉伸切除特征，如图 10-96 所示。

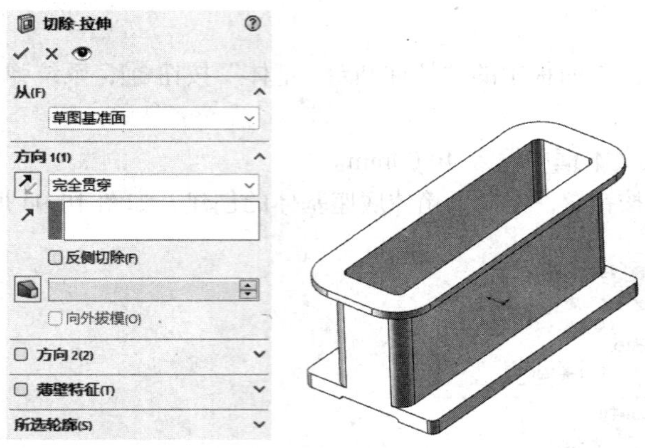

图 10-96 生成下箱体底座的拉伸切除特征

10.5.5 创建轴承安装孔凸台

1. 设置基准面 1

选择下箱体壳体内表面，然后单击“视图（前导）”工具栏中的“正视于”按钮，将该表面作为绘图基准面 1，新建一张草图。

2. 绘制轴承安装凸缘草图

1）单击“草图”控制面板中的“中心线”按钮，绘制两条中心线作为草图绘制基准。其中，一条通过下箱体中心，垂直于装配凸缘表面，另一条中心线与第一条中心线平行，并标注尺寸，如图 10-97 所示。

2）单击“草图”控制面板中的“圆”按钮，分别以图 10-97 中的圆心 1、圆心 2 为圆心画圆，并设置直径尺寸分别为 ϕ240mm、ϕ280mm，如图 10-98 所示。

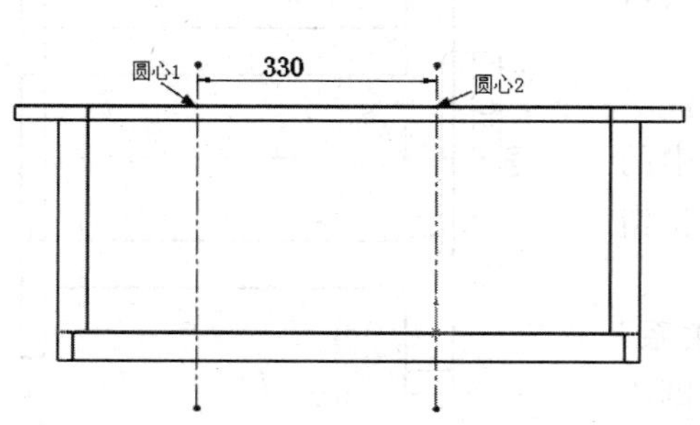

图 10-97 绘制草图的基准中心线并标注尺寸

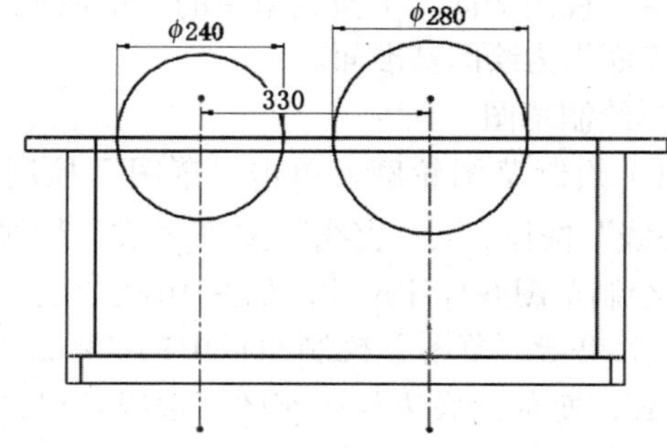

图 10-98 绘制两个圆

3）单击“草图”控制面板中的“直线”按钮，在草图绘制平面上绘制两条直线，直线的端点分别为大、小圆弧端点。

4）单击“草图”控制面板中的“剪裁实体”按钮，单击上半圆，裁剪掉多余部分，只余下半圆，作为轴承安装孔凸缘草图轮廓如图 10-99 所示。

3. 创建拉伸实体 1

1）单击“特征”控制面板中的“拉伸凸台 / 基体”按钮，弹出“凸台 - 拉伸”属性管理器。

2）在“深度”文本框中输入 100.00mm。

3）单击“确定”按钮，完成轴承安装孔凸缘的创建，如图 10-100 所示。

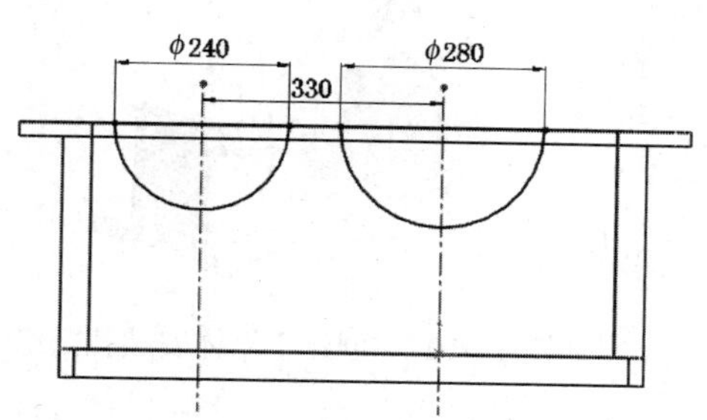

图 10-99　绘制轴承安装孔凸缘草图轮廓

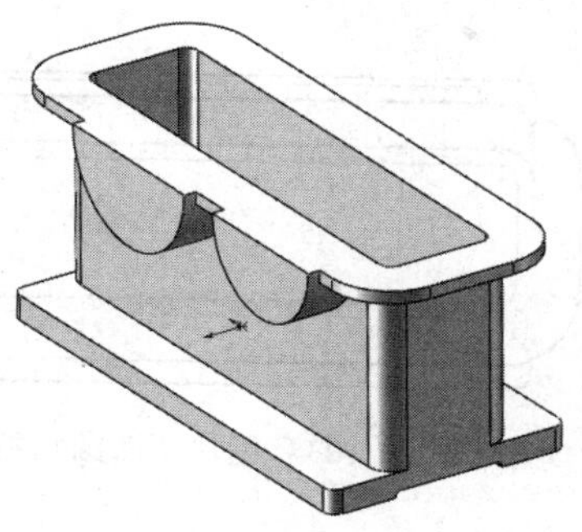

图 10-100　创建轴承安装孔凸缘

4. 设置基准面 2

选择下箱体装配凸缘上表面，然后单击“视图（前导）”工具栏中的“正视于”按钮，将该表面作为绘图基准面 2，新建一张草图。

5. 绘制安装孔凸台草图

1）单击“草图”控制面板中的“边角矩形”按钮，绘制箱盖安装孔凸台的矩形轮廓。

2）添加几何关系使草图矩形中的上底边“直线 1”与下箱体外边线“边线 1”共线，“直线 2”与“边线 2”共线，“直线 3”与“边线 3”共线，“直线 4”与“边线 4”共线。如图 10-101 所示。

3）单击“草图”控制面板中的“圆”按钮，捕捉下箱体外轮廓线圆角的圆心，并以此为圆心绘制两个圆，设置圆的半径尺寸为 *R*40mm，单击“确定”按钮，如图 10-102 所示。

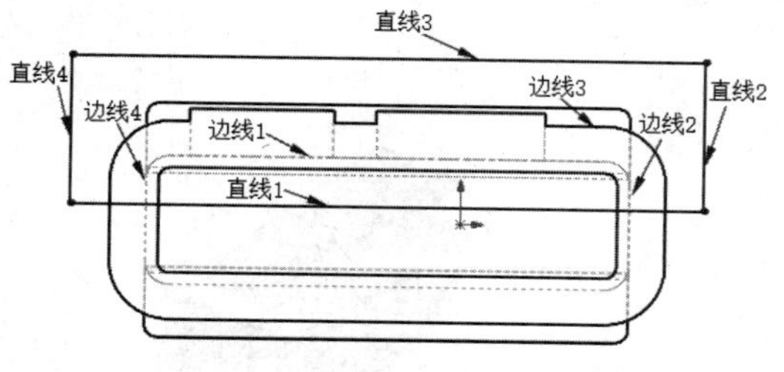

图 10-101　绘制矩形并添加几何关系

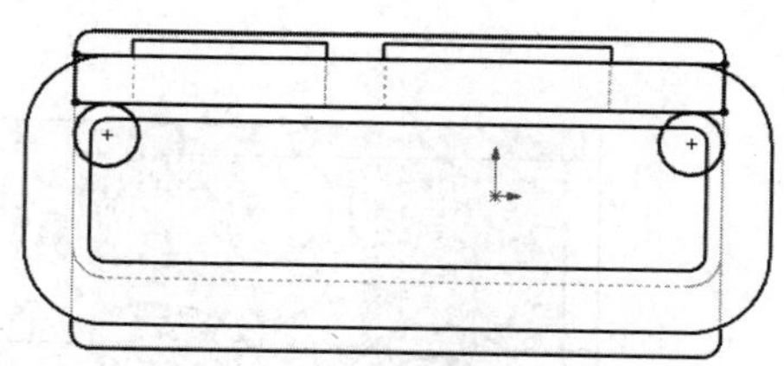

图 10-102　绘制安装孔凸台草图

4）单击“草图”控制面板中的“延伸实体”按钮和“剪裁实体”按钮，延伸竖直线至圆，并裁剪掉多余部分。

5）单击“草图”控制面板中的“绘制圆角”按钮，在弹出的“绘制圆角”属性管理器的圆角“半径”文本框中输入 40.00mm，单击安装孔凸缘草图中矩形上面的两个顶角边，创建草图圆角特征，如图 10-103 所示。

6. 创建拉伸实体 2

1）单击“特征”控制面板中的“拉伸凸台 / 基体”按钮，系统弹出“凸台 - 拉伸”属性管理器。

2）单击“反向”按钮，在“深度”文本框中输入 90.00mm。

3）单击“确定”按钮，完成下箱体安装孔凸缘的创建，如图 10-104 所示。

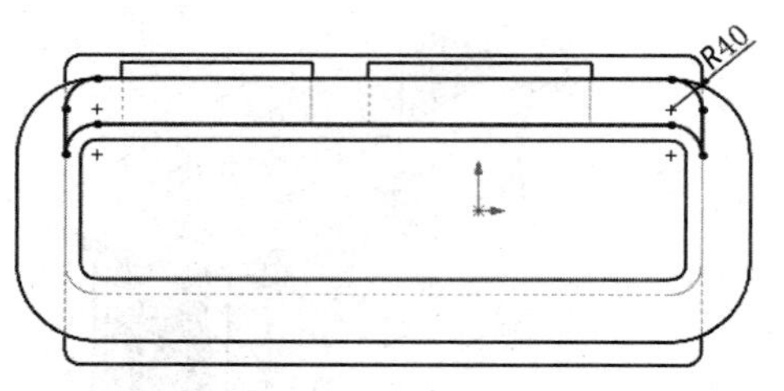

图 10-103　创建草图圆角特征

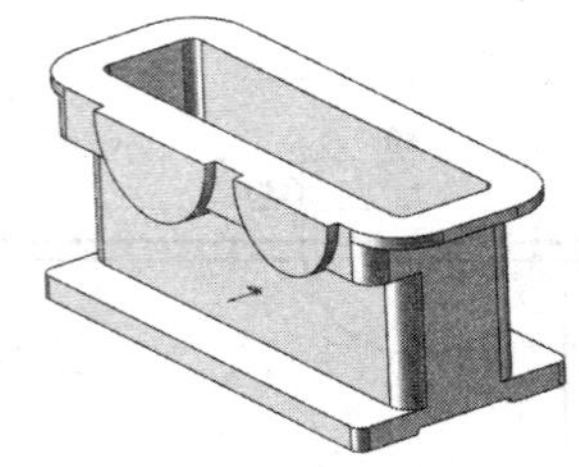

图 10-104　创建下箱体安装孔凸缘

10.5.6　创建轴承安装孔

1. 创建基准面

选择轴承安装凸缘外表面，然后单击“视图（前导）”工具栏中的“正视于”按钮，将该表面作为绘图基准面，新建一张草图。

2. 绘制轴承安装孔草图

单击“草图”控制面板中的“圆”按钮，分别以轴承安装凸缘的圆心为圆心画圆，并设置直径尺寸分别为 ϕ160mm、ϕ200mm，单击“确定”按钮，如图 10-105 所示。

3. 创建切除拉伸实体

1）单击“特征”控制面板中的“拉伸切除”按钮，系统弹出“切除 - 拉伸”属性管理器。

2）在“深度”文本框中输入 120.00mm。

3）单击“确定”按钮，完成轴承安装孔的创建，如图 10-106 所示。

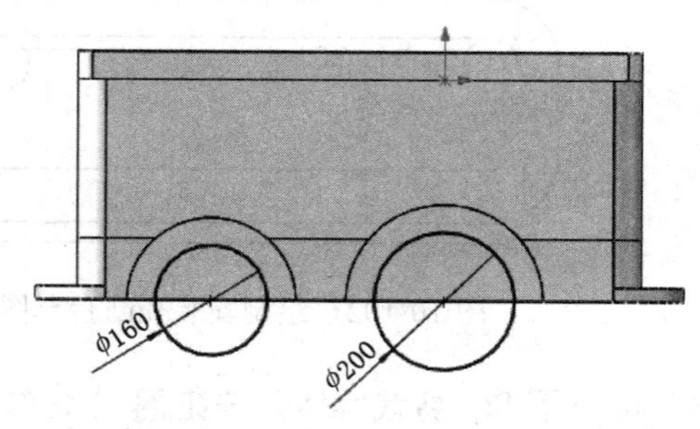

图 10-105　绘制轴承安装孔草图

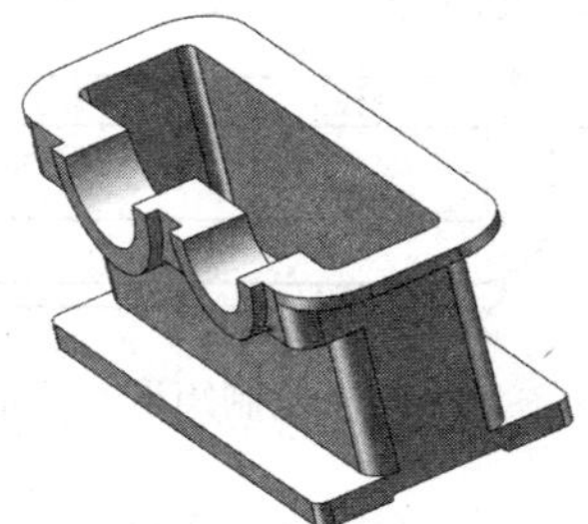

图 10-106　创建轴承安装孔

10.5.7　创建与上箱盖的装配孔

1. 设置基准面 1

选择下箱体装配凸缘上表面，然后单击“视图（前导）”工具栏“视图定向”下拉菜单中的“正视于”按钮，将该表面作为绘图基准面，新建一张草图。

2. 绘制装配孔草图

单击“草图”控制面板中的“圆”按钮，在草图绘制平面上绘制装配孔草图并标注尺寸，如图 10-107 所示。

3. 创建切除拉伸实体 1

1）单击“特征”控制面板中的“拉伸切除”按钮，系统弹出“切除 - 拉伸”属性管理器。

2）在“深度”文本框中输入 100.00mm。

3）单击“确定”按钮，完成实体拉伸切除的创建，如图 10-108 所示。

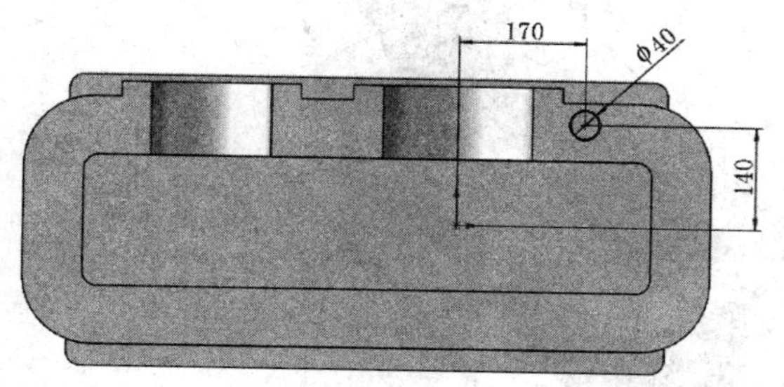

图 10-107　绘制装配孔草图并标注尺寸

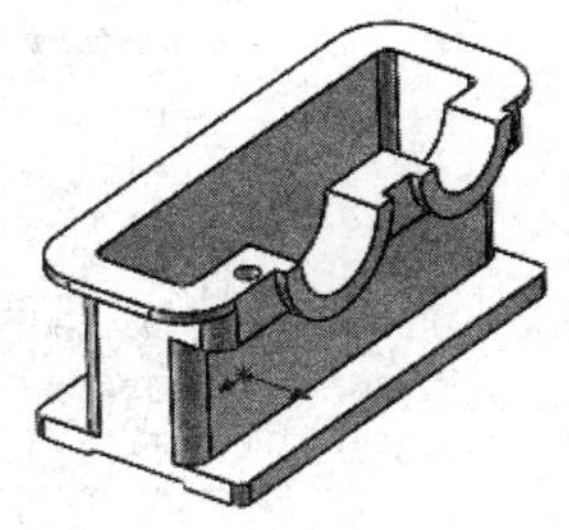

图 10-108　创建切除拉伸实体

4. 镜向特征 1

1）单击“特征”控制面板中的“镜向”按钮，弹出“镜向”属性管理器。

2）选择 FeatureManager 设计树中的“右视基准面”为镜向面，选择装配孔为要镜向的特征，如图 10-109 所示。

3）单击“确定”按钮，完成镜向装配孔特征 1 的创建，如图 10-110 所示。

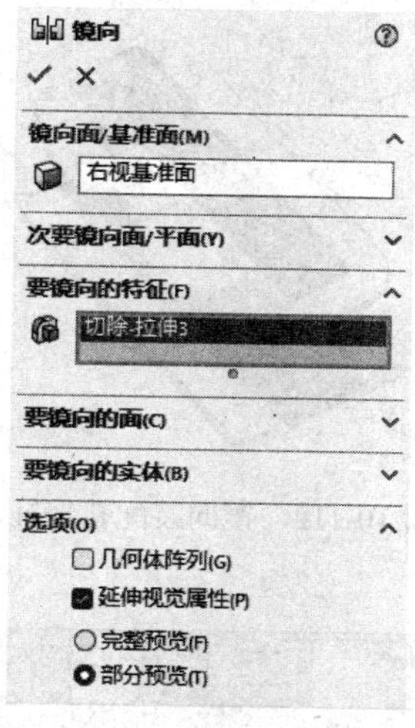

图 10-109　设置镜向参数

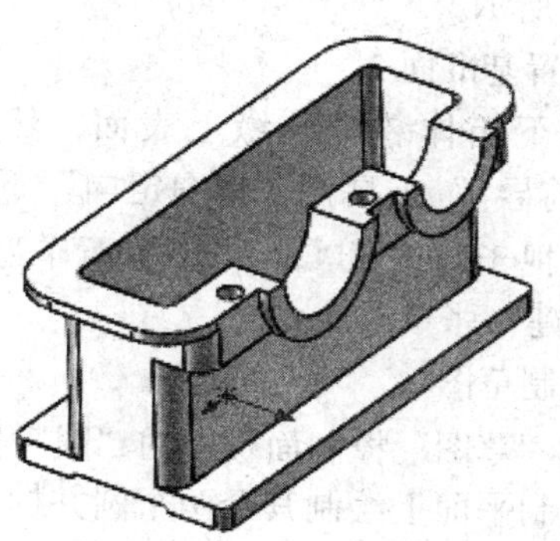

图 10-110　镜向装配孔特征 1

5. 创建镜向基准面

1）单击“特征”控制面板“参考几何体”下拉菜单中的“基准面”按钮，系统弹出

“基准面”属性管理器。

2）选择“右视基准面”为创建基准面的参考面，并在“偏移距离”文本框中输入偏移距离为 320.00mm，同时选择“反转等距”复选框。

3）单击“确定”按钮，完成镜向基准面的创建。系统默认该基准面为“基准面 1”，如图 10-111 所示。

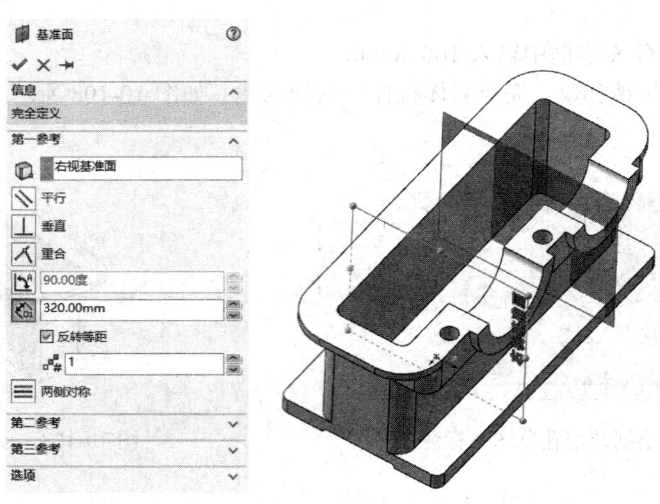

图 10-111　创建镜向基准面

6. 镜向特征 2

1）单击“特征”控制面板中的“镜向”按钮，弹出“镜向”属性管理器。

2）选择“基准面 1”为镜向面，选择镜向后的装配孔特征为要镜向的特征。

3）单击“确定”按钮，完成镜向装配孔特征 2 的创建，并隐藏基准面 1，如图 10-112 所示。

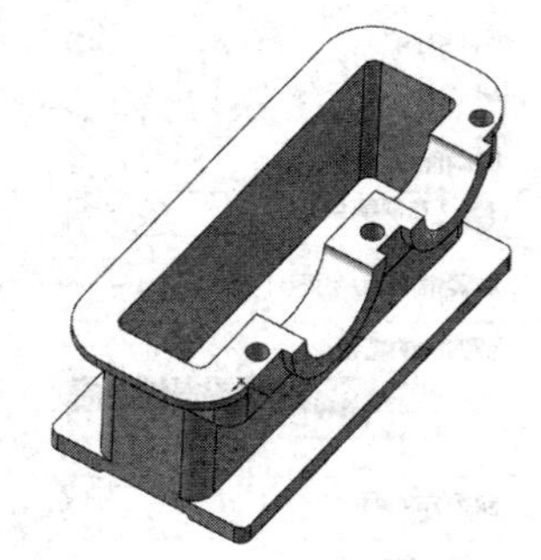

图 10-112　镜向装配孔特征 2

7. 设置基准面 2

选择下箱体装配凸缘上表面，然后单击“视图（前导）”工具栏“视图定向”下拉菜单中的“正视于”按钮，将该表面作为绘图基准面，新建一张草图。

8. 绘制草图

单击“草图”控制面板中的“圆”按钮，在草图绘制平面上绘制其余两个圆并标注尺寸，如图 10-113 所示。

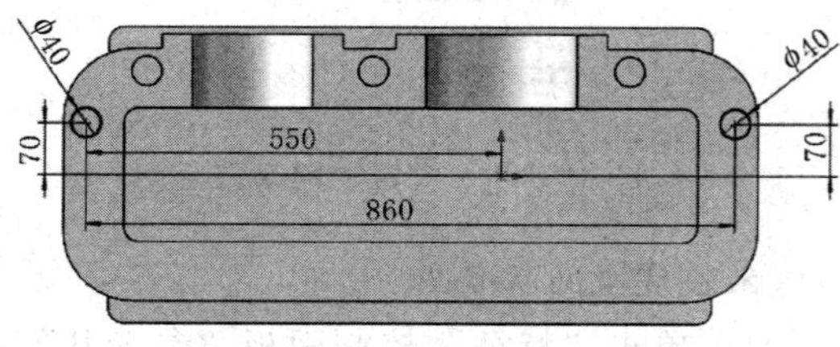

图 10-113　绘制圆并标注尺寸

9. 创建切除拉伸实体 2

1）单击“特征”控制面板中的“拉伸切除”按钮，系统弹出“切除 - 拉伸”属性管理器。

2）设置切除“终止条件”为“完全贯穿”。

3）单击“确定”按钮✔，完成与上箱盖装配孔的创建，如图 10-114 所示。

10.5.8 创建大轴承盖安装孔

1. 设置基准面

选择下箱体轴承安装孔凸缘外表面，然后单击“视图（前导）”工具栏“视图定向”下拉菜单中的“正视于”按钮，将该表面作为绘图基准面，新建一张草图。

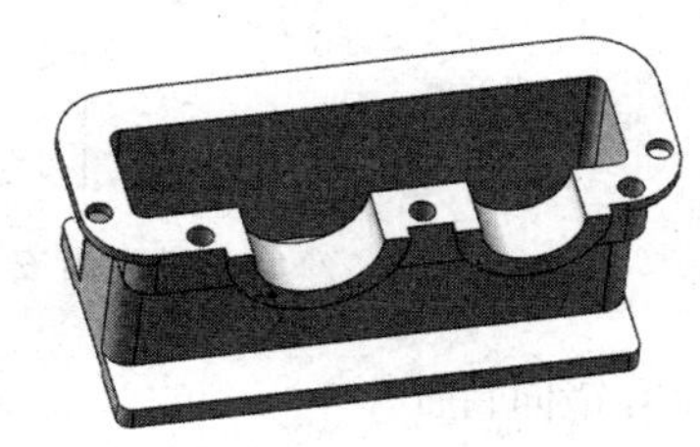

图 10-114 创建与上箱盖的装配孔

2. 绘制大轴承盖安装孔草图

1）单击“草图”控制面板中的“圆”按钮，系统弹出“圆”属性管理器。选择“作为构造线”复选框，以大轴承安装孔凸缘的圆心为圆心画圆，并设置直径尺寸为 ϕ240mm，如图 10-115 所示。

2）单击“草图”控制面板中的“中心线”按钮，绘制一条过大轴承安装孔圆心的垂直中心线，过大轴承安装孔绘制另一条中心线，与垂直中心线呈 45°，如图 10-116 所示。

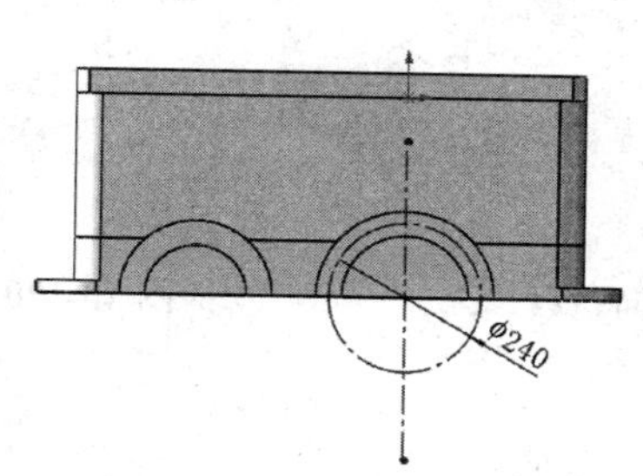

图 10-115 绘制圆

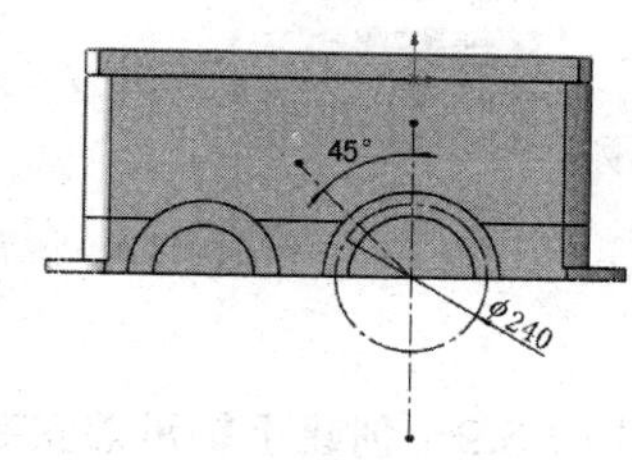

图 10-116 绘制 45° 中心线

3）单击“草图”控制面板中的“圆”按钮，绘制大轴承盖安装孔草图，直径为 20mm，如图 10-117 所示。

3. 创建切除拉伸实体

1）单击“特征”控制面板中的“拉伸切除”按钮，系统弹出“切除 - 拉伸”属性管理器。

2）在“深度”文本框中输入 20.00mm。

3）单击“确定”按钮✔，完成大轴承盖安装孔特征 1 的创建，如图 10-118 所示。

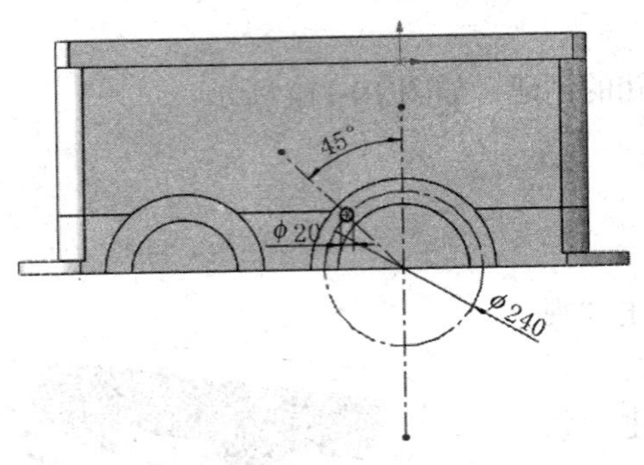

图 10-117　绘制大轴承盖安装孔草图

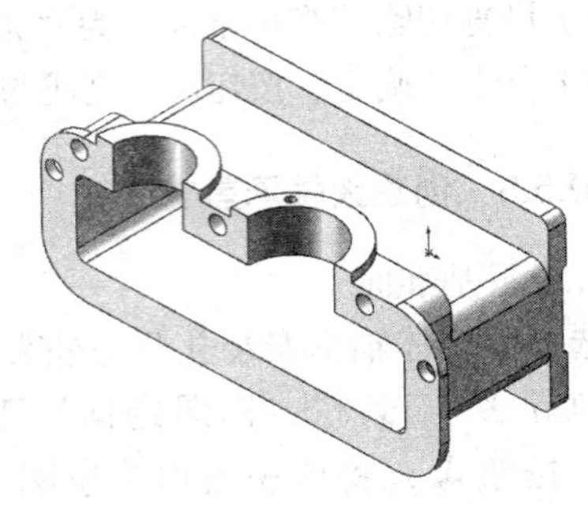

图 10-118　创建大轴承盖安装孔特征 1

4. 镜向特征

1）单击“特征”控制面板中的“镜向”按钮，系统弹出“镜向”属性管理器。

2）选择大轴承盖安装孔为镜向特征；选择“右视基准面”为镜向基准面，如图 10-119 所示。

3）单击“确定”按钮，完成大轴承盖安装孔镜向特征 2 的创建，如图 10-120 所示。

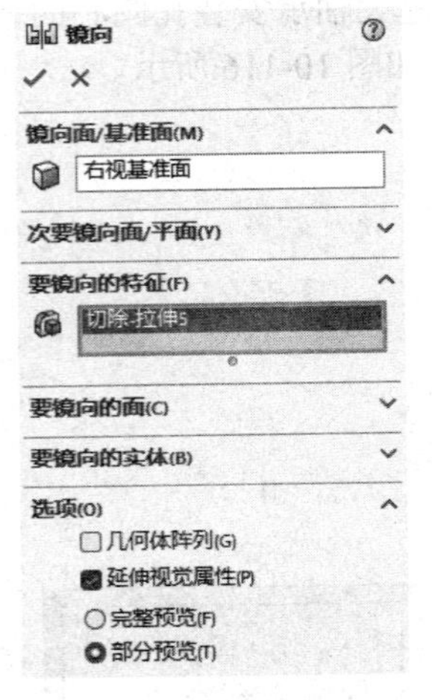

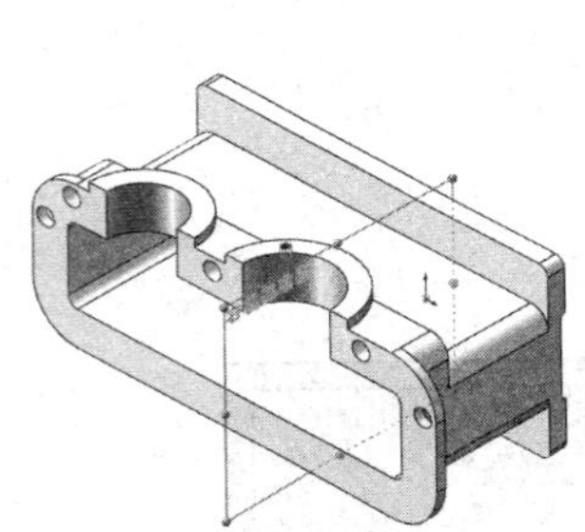

图 10-119　设置镜向参数

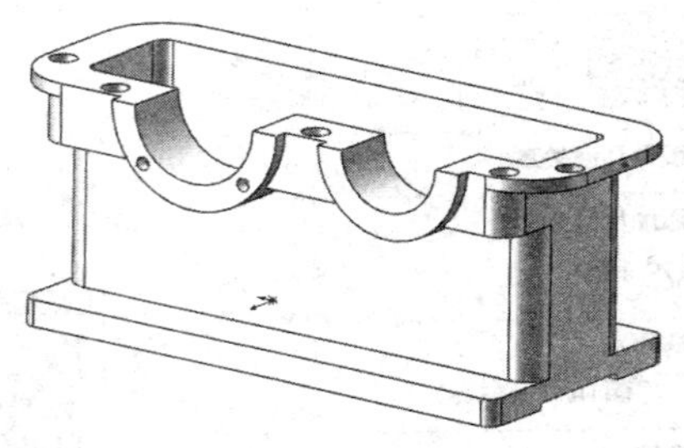

图 10-120　创建大轴承盖安装孔特征 2

10.5.9　创建小轴承盖安装孔

1. 设置基准面

选择下箱体轴承安装孔凸缘外表面，然后单击“视图（前导）”工具栏“视图定向”下拉菜单中的“正视于”按钮，将该表面作为绘图基准面，新建一张草图。

2. 绘制小轴承盖安装孔草图

1）单击“草图”控制面板中的“圆”按钮，系统弹出“圆”属性管理器。选择“作为构造线”复选框，以小轴承安装孔凸缘的圆心为圆心画圆，并设置直径尺寸为 200mm。

2）单击“草图”控制面板中的“中心线”按钮，绘制一条过小轴承安装孔圆心的垂直中心线，过小轴承安装孔中心绘制另一条中心线，与垂直中心线呈 45°，如图 10-121 所示。

3）单击“草图”控制面板中的“圆”按钮，在弹出的“圆”属性管理器中设置小轴承盖安装孔的直径为ϕ20mm，绘制小轴承盖安装孔草图，如图10-121所示。

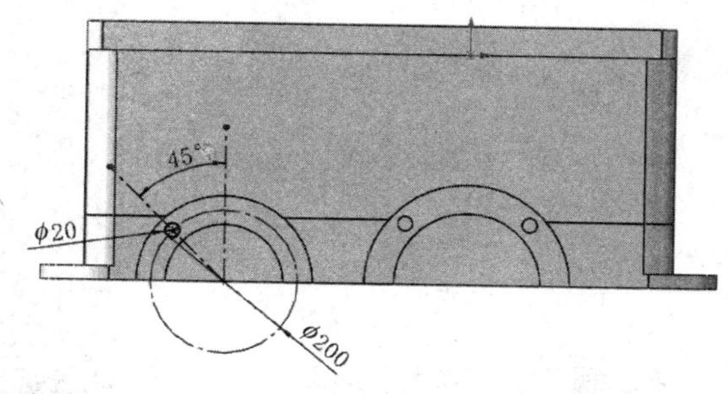

图10-121 绘制小轴承盖安装孔草图

3. 创建切除拉伸实体

1）单击“特征”控制面板中的“拉伸切除”按钮，系统弹出“切除-拉伸”属性管理器。

2）在“深度”文本框中输入20.00mm。

3）单击“确定”按钮，完成小轴承盖安装孔的创建，如图10-122所示。

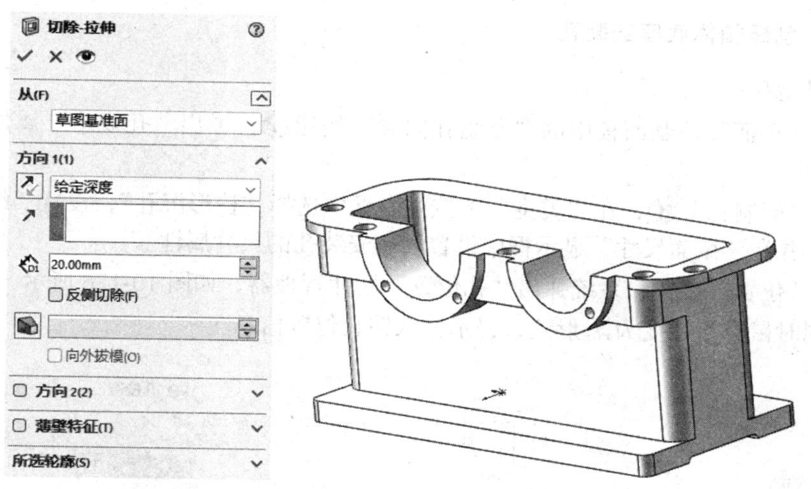

图10-122 创建小轴承盖安装孔

4. 创建镜向基准面

1）单击“特征”控制面板“参考几何体”下拉菜单中的“基准面”按钮，系统弹出“基准面”属性管理器。

2）选择“右视基准面”为创建基准面的参考面，并在“偏移距离”文本框中输入偏移距离为330.00mm，同时选择“反转等距”复选框。

3）单击“确定”按钮，完成基准面2的创建。

5. 镜向孔特征

1）单击“特征”控制面板中的“镜向”按钮，系统弹出“镜向”属性管理器。

2）选择小轴承盖安装孔为镜向特征，选择“基准面2”为镜向基准面，如图10-123所示。

3）单击“确定”按钮✔，完成小轴承盖安装孔特征的创建，如图 10-124 所示。

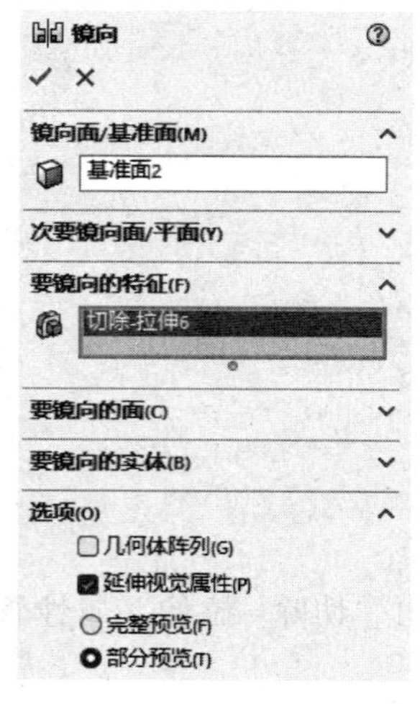

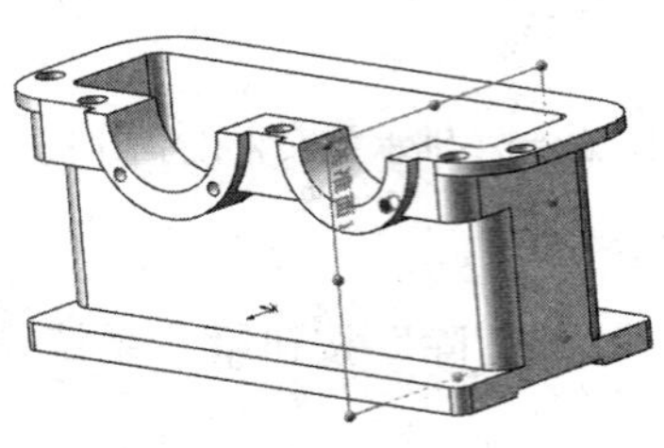

图 10-123　镜向孔特征

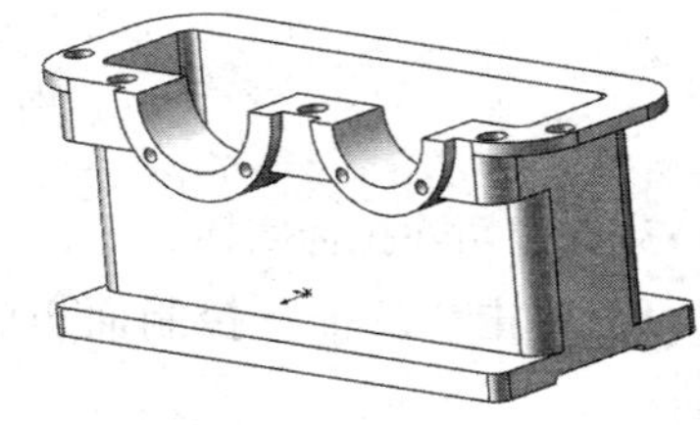

图 10-124　创建小轴承盖安装孔特征

10.5.10　创建箱体底座安装孔

1. 创建异型孔

1）单击“特征”控制面板中的“异型孔向导”按钮，弹出“孔规格”属性管理器，如图 10-125 所示。

2）选择“旧制孔”，在“类型”下拉列表框中选择“柱形沉孔”，设置“终止条件”为“给定深度”，并在“截面尺寸”显示框中设置底座安装孔的尺寸属性。

3）单击“位置”按钮，系统弹出“孔位置”属性管理器，如图 10-126 所示。单击“3D 草图”按钮，同时鼠标指针变为形式，提示输入钻孔位置信息。

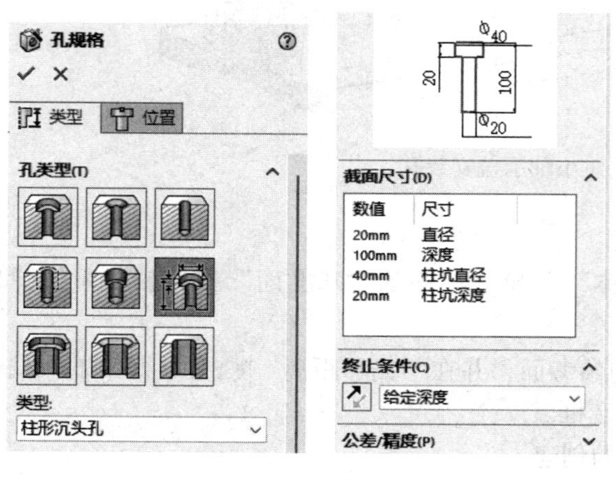

图 10-125　“孔规格”属性管理器

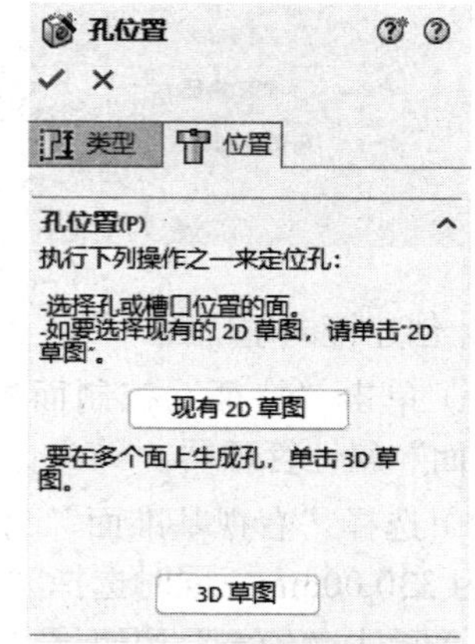

图 10-126　“孔位置”属性管理器

4）单击下箱体底座上表面，并设置钻孔位置的定位尺寸，如图 10-127 所示。

5）单击“确定”按钮✔，完成底座安装孔的创建，如图 10-128 所示。

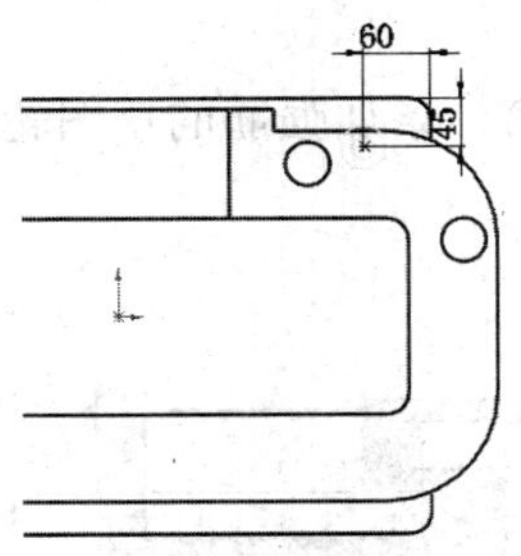

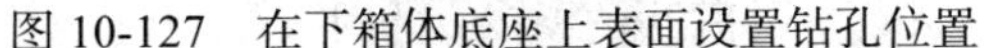
图 10-127　在下箱体底座上表面设置钻孔位置

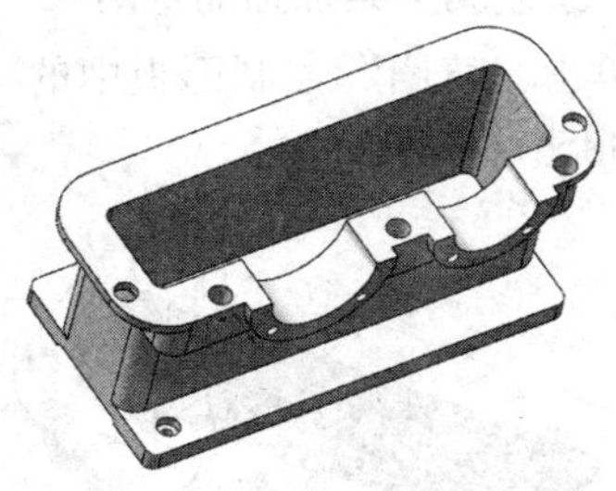
图 10-128　创建底座安装孔

2. 创建镜向基准面

1）单击“特征”控制面板“参考几何体”下拉菜单中的“基准面”按钮▮。

2）选择箱体的外侧面为参考面，在弹出的“基准面”属性管理器中单击“偏移距离”按钮⧉，输入距离值为 400.00mm，选择“反转等距”复选框。

3）单击“确定”按钮✔，完成基准面 3 的创建，如图 10-129 所示。

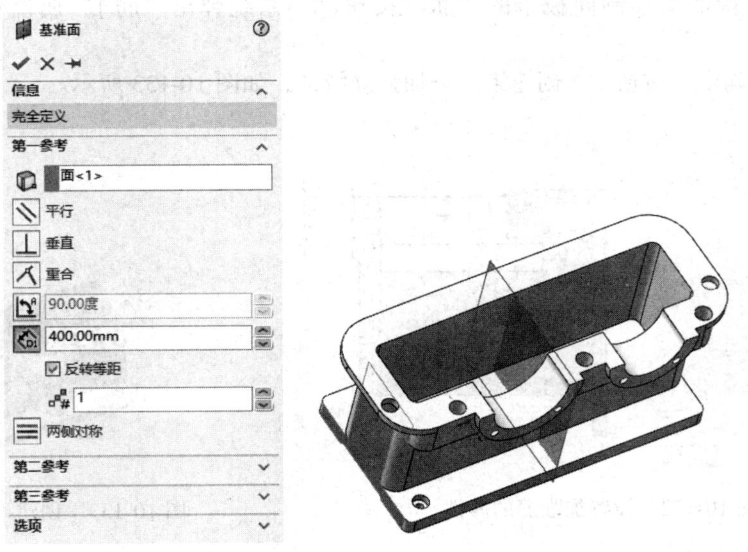

图 10-129　创建基准面 3

3. 镜向孔特征

1）单击“特征”控制面板中的“镜向”按钮▶◀，弹出“镜向”属性管理器。

2）选择下箱体底座安装孔为镜向特征；选择“基准面 3”为镜向基准面。

3）单击“确定”按钮✔，完成箱体底座安装孔的创建，隐藏基准面 3，如图 10-130 所示。

10.5.11　创建下箱体加强筋

1. 设置基准面 1

在 FeatureManager 设计树中选择“右视基准面”作为绘图基准面，然后单击“视图（前导）”工具栏“视图定向”下拉菜单中的“正视于”按钮⤓，将该表面作为绘图基准面。

2. 绘制第一条加强筋草图

单击“草图”控制面板中的“直线”按钮，绘制第一条加强筋的草图轮廓，并标注尺寸，如图 10-131 所示。

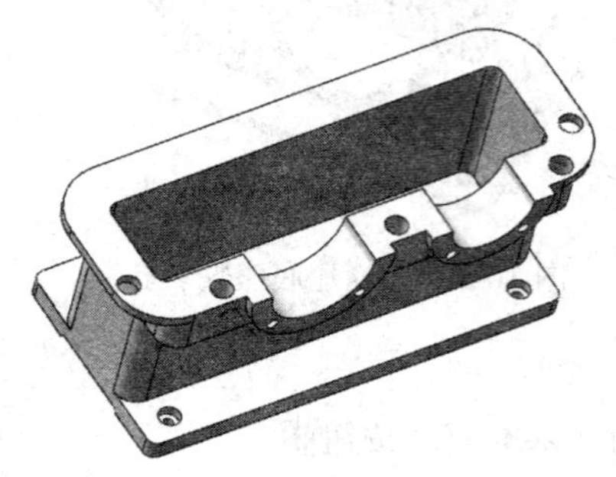

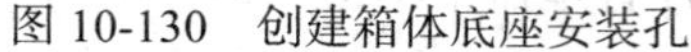

图 10-130　创建箱体底座安装孔

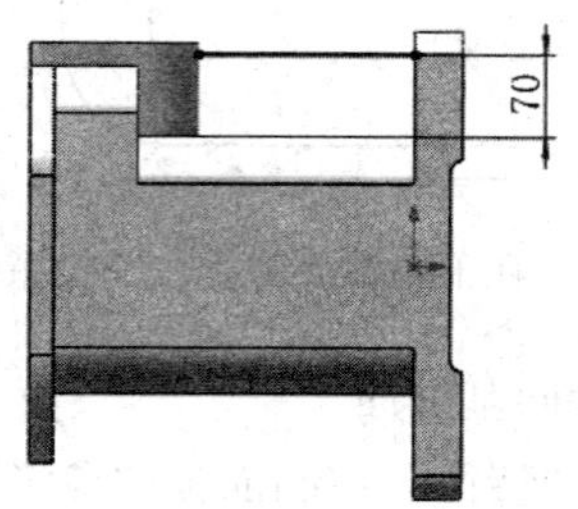

图 10-131　绘制第一条加强筋的草图轮廓并标注尺寸

3. 创建第一条加强筋

1）单击“特征”控制面板中的“筋”按钮，系统弹出“筋 1”属性管理器。设置如图 10-132 所示。

2）单击“确定”按钮，创建第一条加强筋特征，如图 10-133 所示。

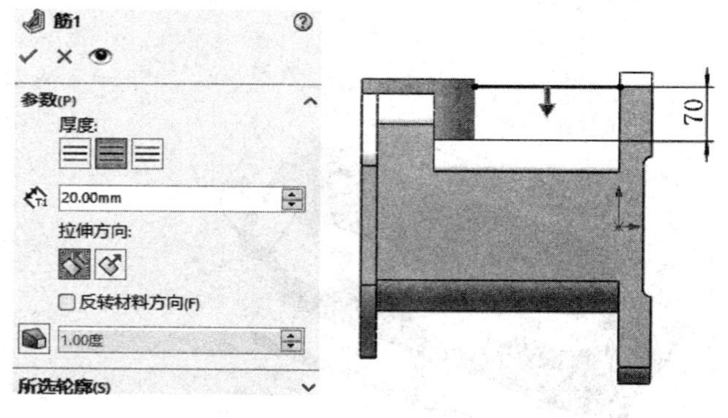

图 10-132　设置加强筋的属性

图 10-133　创建第一条加强筋特征

4. 设置基准面 2

在 FeatureManager 设计树中选择“基准面 2”作为绘图基准面，然后单击“视图（前导）”工具栏“视图定向”下拉菜单中的“正视于”按钮，将该表面作为绘图基准面。

5. 绘制第二条加强筋草图

单击“草图”控制面板中的“直线”按钮，绘制第二条加强筋的草图轮廓，并标注尺寸，如图 10-134 所示。

6. 创建第二条加强筋

1）单击“特征”控制面板中的“筋”按钮，系统弹出“筋 1”属性管理器。

2）单击“确定”按钮，创建第二条加强筋特征，如图 10-135 所示。

7. 镜向特征

1）单击“特征”控制面板中的“镜向”按钮，弹出“镜向”属性管理器。

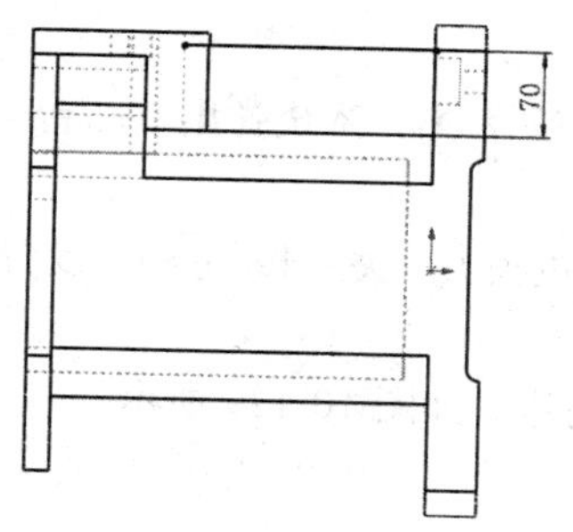

图 10-134 绘制第二条加强筋草图轮廓并标注尺寸

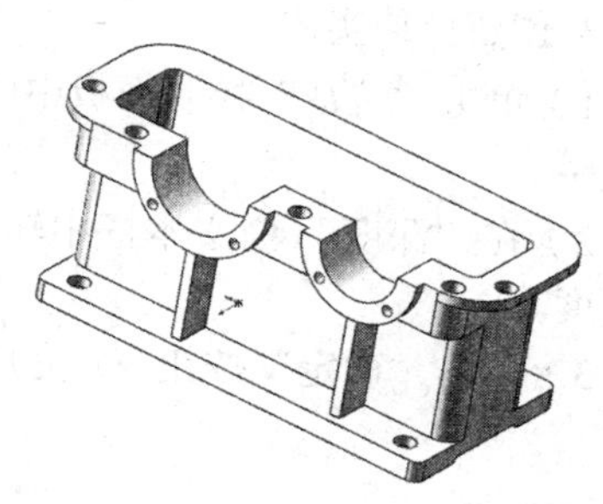

图 10-135 创建第二条加强筋特征

2）选择筋等特征为镜向特征，选择“上视基准面”为镜向基准面，如图 10-136 所示。

3）单击“确定”按钮✔，完成镜向特征的创建。减速器下箱体全部主体特征如图 10-137 所示。

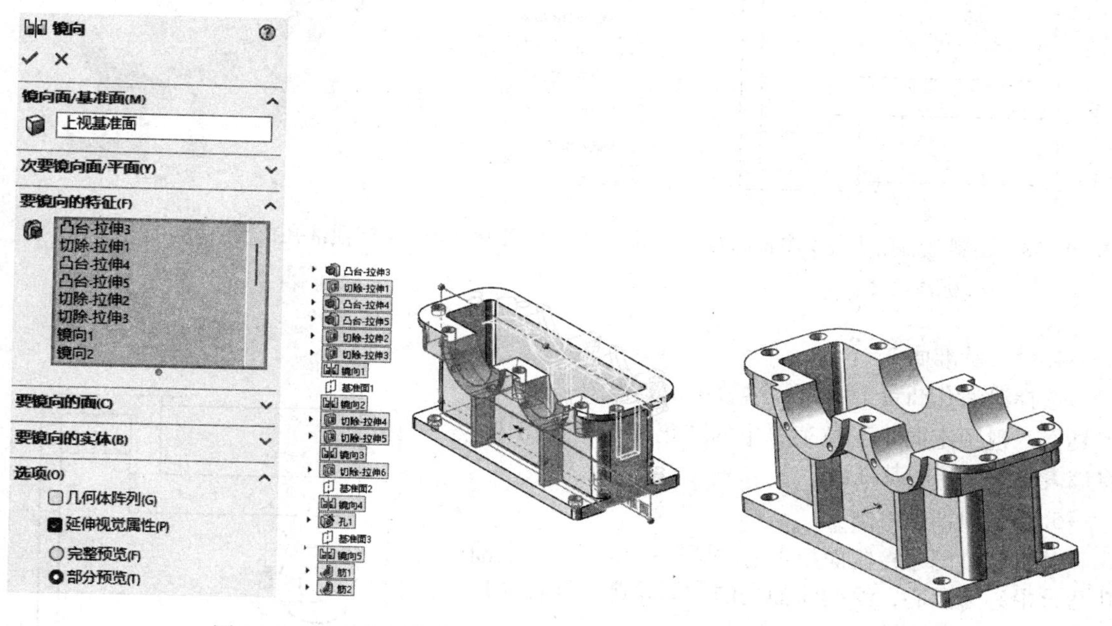

图 10-136 设置镜向参数

图 10-137 减速器下箱体全部主体特征

10.5.12 创建泄油孔

1. 设置基准面 1

设置选择下箱体的侧端面，然后单击“视图（前导）”工具栏“视图定向”下拉菜单中的“正视于”按钮，将该表面作为绘图基准面。

2. 绘制泄油孔凸台草图

单击“草图”控制面板中的“圆”按钮，绘制泄油孔凸台的草图轮廓，并标注尺寸，如图 10-138 所示。

3. 创建拉伸实体

1）单击“特征”控制面板中的“拉伸凸台 / 基体”按钮，系统弹出“凸台 - 拉伸”属性管理器。

2）在“深度”文本框中输入 10.00mm。单击“拔模开 / 关”按钮，设置拔模角度为 5.00 度。

3）单击“确定”按钮，完成泄油孔拔模凸台的创建，如图 10-139 所示。

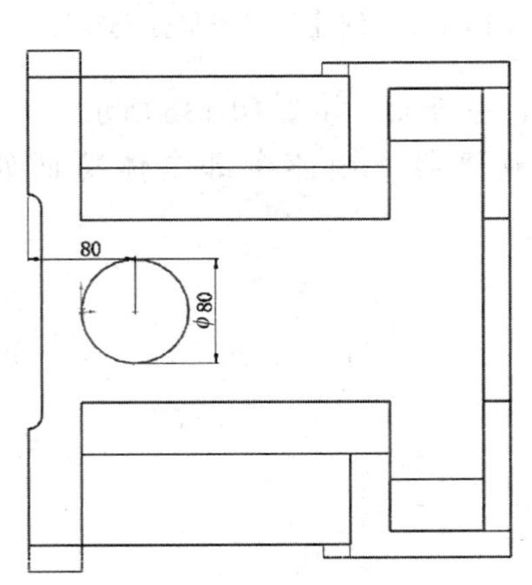

图 10-138　绘制泄油孔凸台草图轮廓并标注尺寸

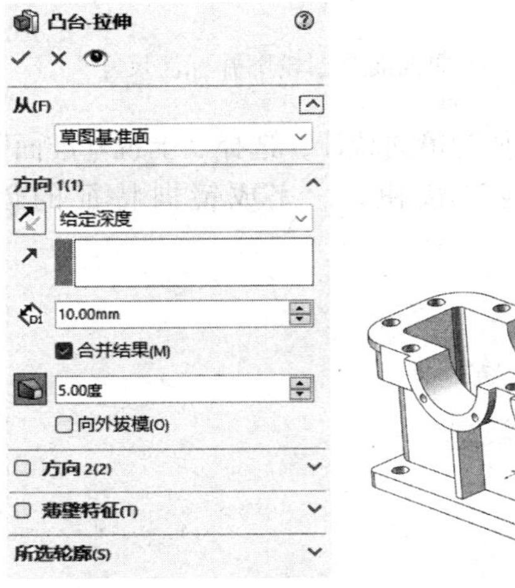

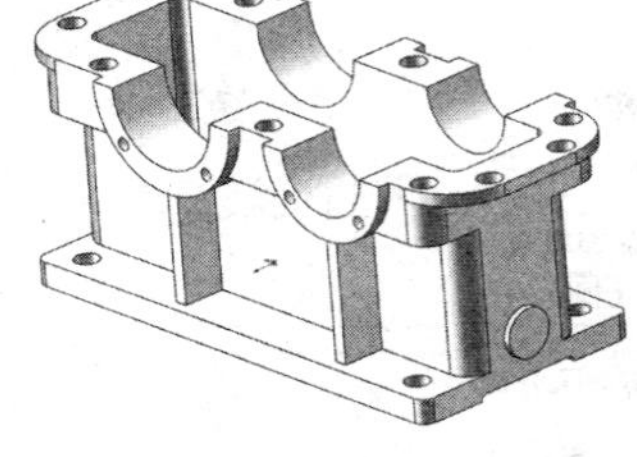

图 10-139　创建泄油孔拔模凸台

4. 设置基准面 2

选择泄油孔凸台上表面，然后单击“视图（前导）”工具栏“视图定向”下拉菜单中的“正视于”按钮，将该表面作为绘图基准面。

5. 绘制泄油孔草图

单击“草图”控制面板中的“圆”按钮，以泄油孔凸台中心为圆心，绘制泄油孔的草图轮廓，并标注尺寸，如图 10-140 所示。

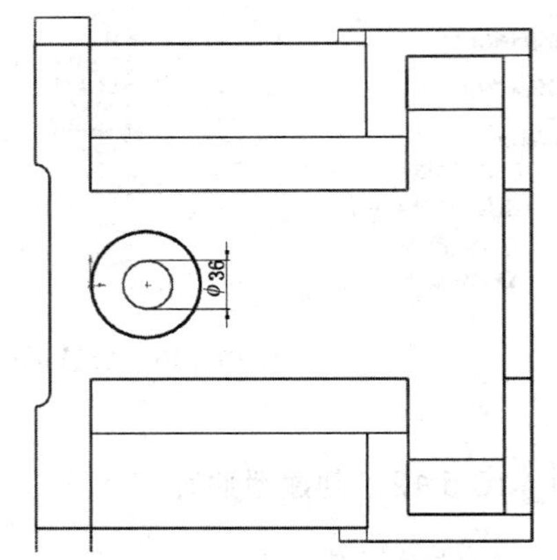

图 10-140　绘制泄油孔的草图轮廓并标注尺寸

6. 创建切除拉伸实体

1）单击“特征”控制面板中的“切除拉伸”按钮，系统弹出“切除 - 拉伸”属性管理器。

2）设置“拉伸类型”为“成形到下一面”，绘图区高亮显示“拉伸切除”的方向，如图 10-141 所示。

3）单击“确定”按钮，完成泄油孔特征的创建，如图 10-142 所示。

7. 创建倒角特征

1）单击“特征”控制面板中的“倒角”按钮，弹出“倒角”属性管理器。

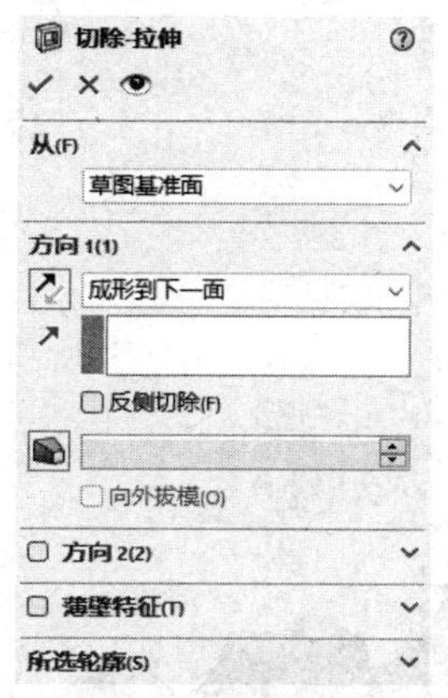

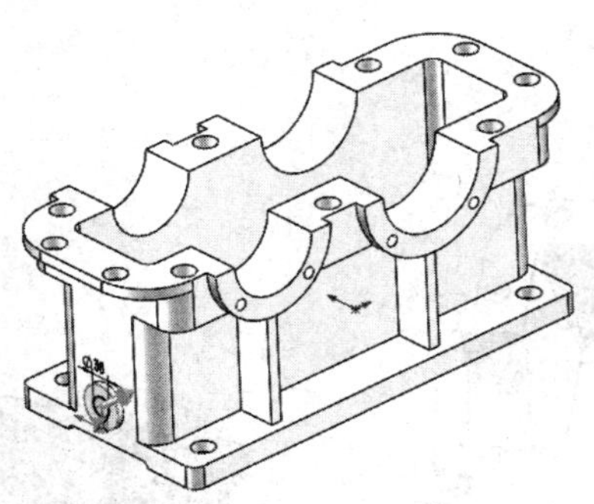

图 10-141　设置切除 - 拉伸参数

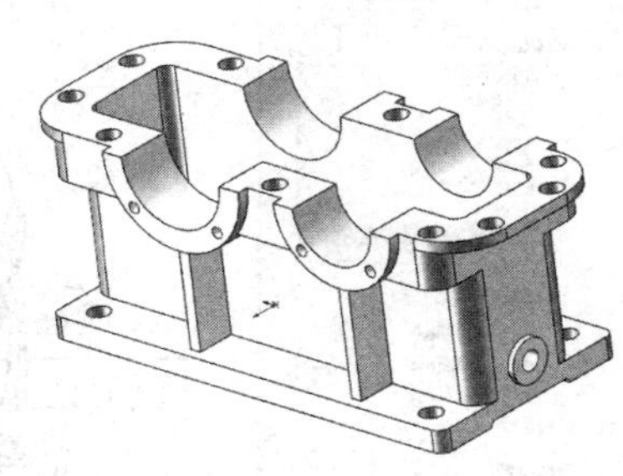

图 10-142　创建泄油孔特征

2）选择“角度距离”倒角类型，输入“倒角距离”为 10.00mm，设置“倒角角度”为 45.00 度，选择生成倒角特征的轴承安装孔外边线，如图 10-143 所示。

3）单击“确定”按钮，完成下箱体倒角特征的创建，如图 10-144 所示。

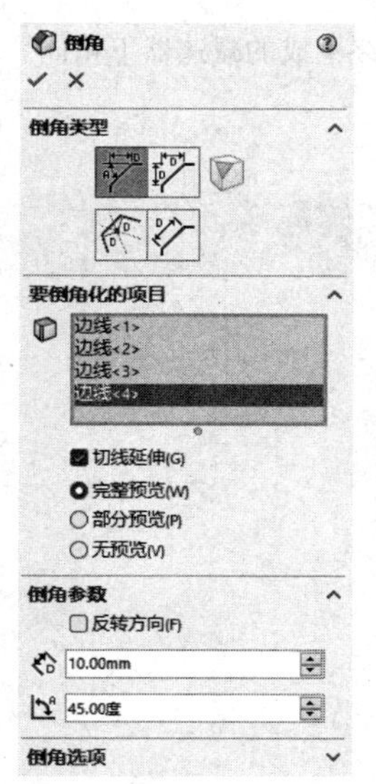

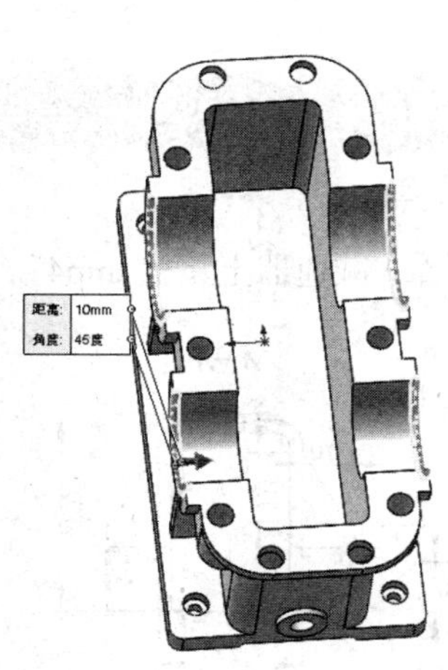

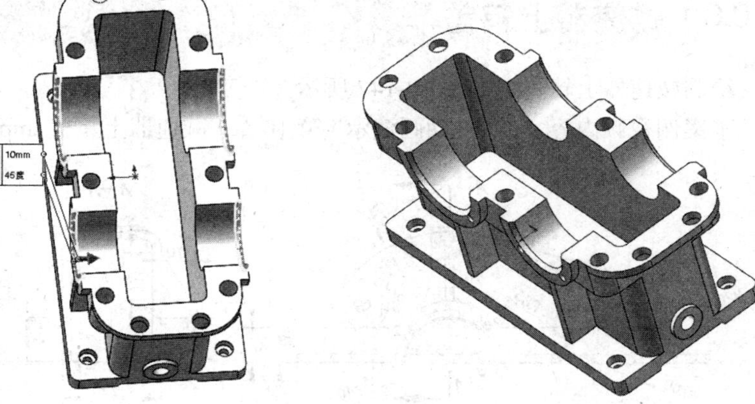

图 10-143　设置倒角特征

图 10-144　创建下箱体的倒角特征

8. 创建圆角特征

1）单击“特征”控制面板中的“圆角”按钮，弹出“圆角”属性管理器。

2）选择下箱体筋特征的外边线为倒圆角边，设置圆角“半径”为 5.00mm。

3）单击“确定”按钮，完成下箱体筋圆角特征的创建，如图 10-145 所示。

其他各处铸造圆角的创建与此类似，在此不再一一赘述。最终生成的减速器下箱体如图 10-146 所示。

9. 保存文件

单击菜单栏中的“文件”→“保存”命令，将零件文件保存为“下箱体 . sldprt”。

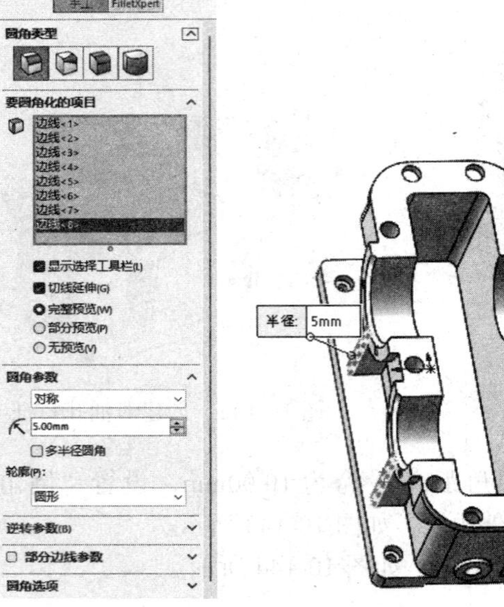

图 10-145　创建下箱体筋圆角特征

图 10-146　最终生成的减速器下箱体

10.6 减速器上箱盖

绘制减速器上箱盖，如图 10-147 所示。

本案例视频内容："X：\动画演示\第 10 章\减速器上箱盖 .mp4"。

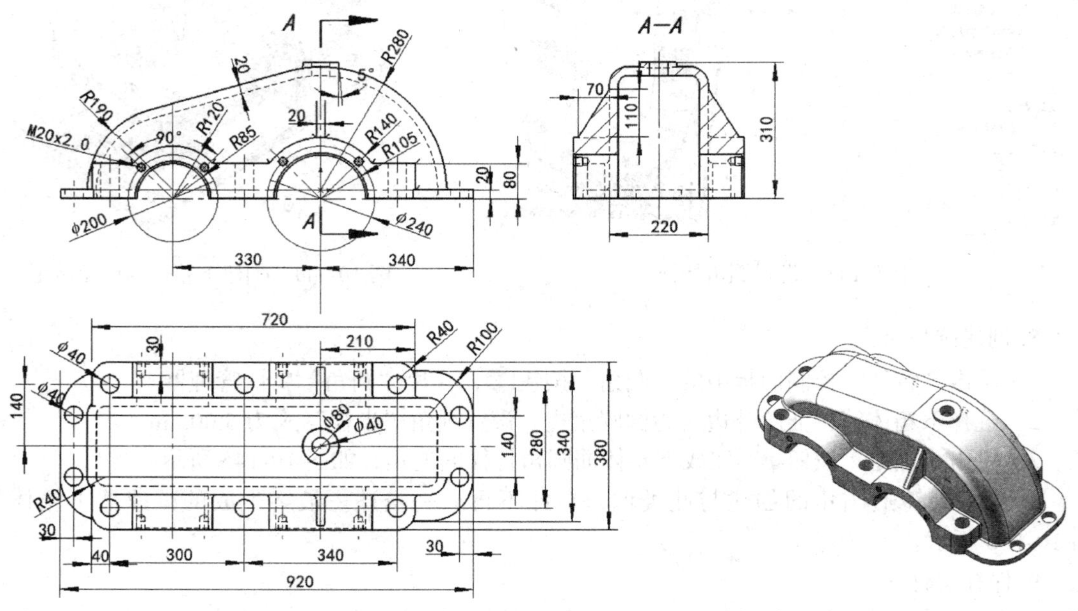

图 10-147　减速器上箱盖

10.6.1 创建上箱盖外形

1. 新建文件

启动 SOLIDWORKS 2024，单击快速访问工具栏中的“新建”按钮，在弹出的“新建 SOLIDWORKS 文件”对话框中单击“零件”按钮，然后单击“确定”按钮，创建一个新的零件文件。

2. 绘制草图

1）绘制中心线。在 FeatureManager 设计树中选择“前视基准面”作为绘图基准面，单击“草图”控制面板上的“中心线”按钮，绘制中心线并标注尺寸，如图 10-148 所示。

2）绘制圆。单击“草图”控制面板上的“圆”按钮，在草图绘制平面上绘制两个圆。大圆圆心与系统坐标原点重合，小圆圆心则与 Step1 中所确定的中心重合。

3）标注尺寸。单击“草图”控制面板上的“智能尺寸”按钮，标注圆的外形尺寸，如图 10-149 所示。

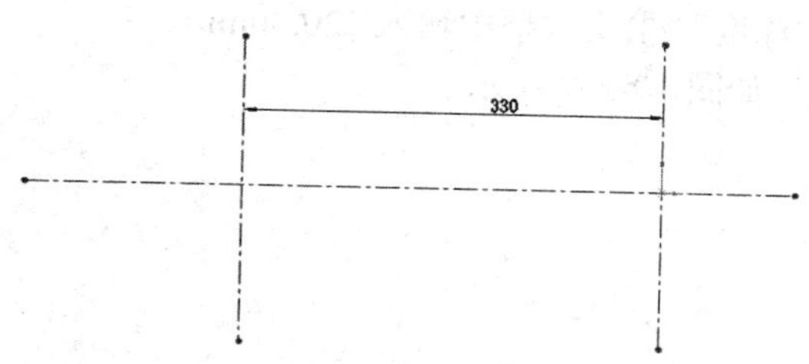

图 10-148 绘制中心线并标注尺寸

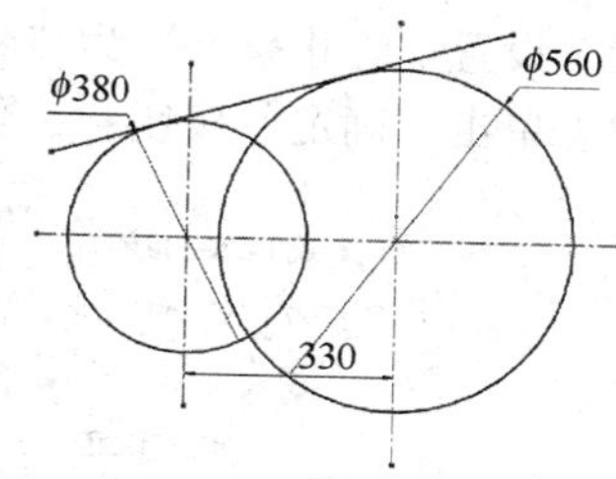

图 10-149 绘制圆并标注尺寸

4）绘制直线 1。单击“草图”控制面板上的“直线”按钮，在草图绘制平面上绘制一条直线并与前面所创建的两个圆相交，如图 10-150 所示。

5）添加几何关系。单击“草图”控制面板中的“添加几何关系”按钮，系统弹出“添加几何关系”属性管理器。选择上步绘制的直线 1 与小圆，添加“相切”关系；同理，添加直线 1 与大圆的几何关系为“相切”，单击“确定”按钮，如图 10-151 所示。

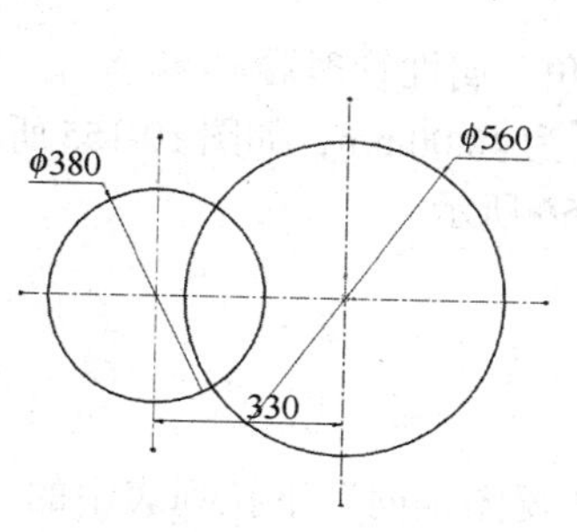

图 10-150 绘制直线 1

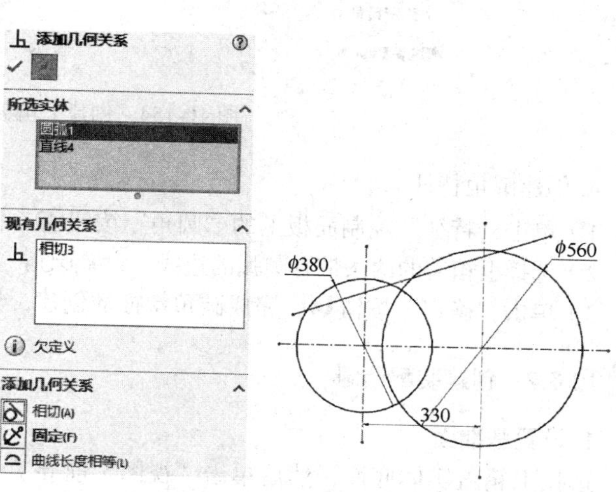

图 10-151 添加几何关系

6）剪裁草图。单击“草图”控制面板中的“剪裁实体”按钮，剪裁掉草图中的多余图形，剪裁后的上箱盖草图轮廓如图 10-152 所示。

7）绘制直线 2。单击“草图”控制面板上的“直线”按钮，在草图绘制平面上绘制一条直线 2，直线的两个端点分别为圆弧与水平中心线的两个交点，如图 10-153 所示。

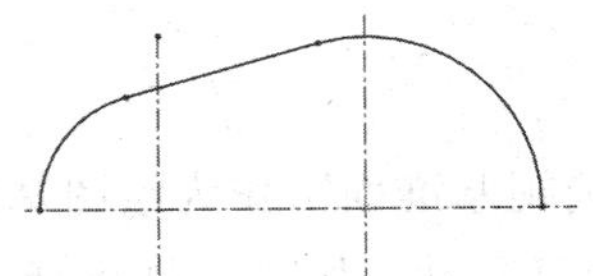

图 10-152　剪裁后的上箱盖草图轮廓

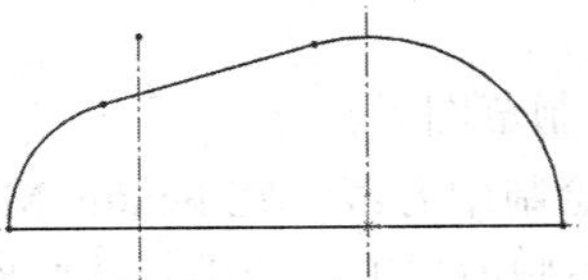

图 10-153　绘制直线 2

3. 拉伸实体

1）单击“特征”控制面板上的“拉伸凸台 / 基体”按钮，系统弹出“凸台 - 拉伸”属性管理器。

2）设置“终止条件”为“两侧对称”，在“深度”文本框中输入 220.00mm。

3）单击“确定”按钮，创建上箱盖外形，如图 10-154 所示。

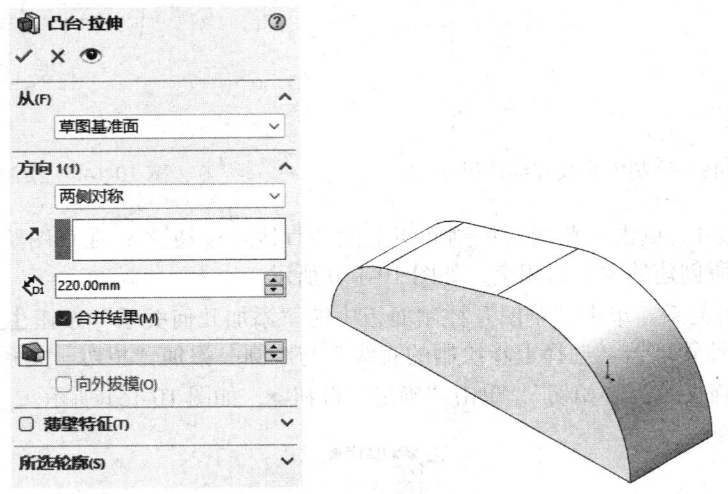

图 10-154　创建上箱盖外形

4. 创建圆角特征

1）单击“特征”控制面板上的“圆角”按钮，弹出“圆角”属性管理器。

2）选择上箱盖的两条带有圆弧的边线，设置圆角“半径”为 40.00mm，如图 10-155 所示。

3）单击“确定”按钮，完成圆角特征的创建，如图 10-156 所示。

10.6.2　创建装配凸缘

1. 设置基准面

选择上箱盖实体底面，然后单击“视图（前导）”工具栏“视图定向”下拉列表中的“正视于”按钮，将该表面作为绘图基准面。

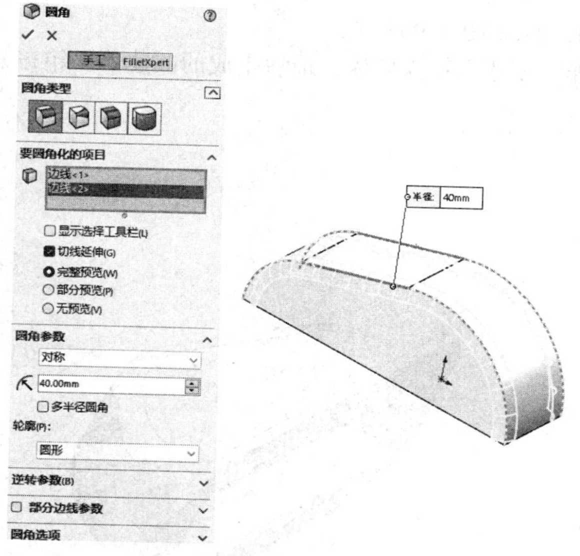

图 10-155　设置圆角特征参数

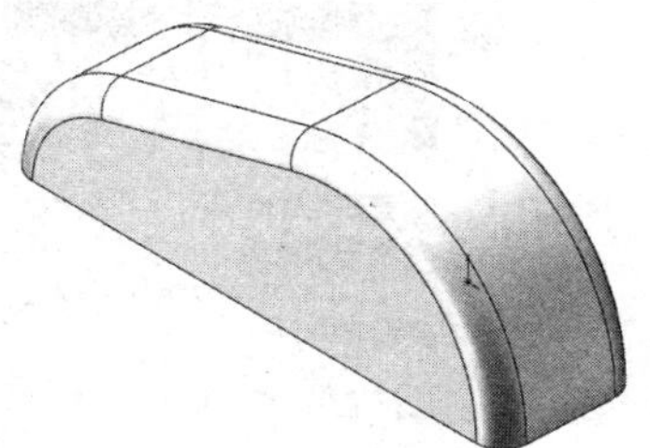
图 10-156　创建圆角特征

2. 绘制装配凸缘草图

1）绘制中心线。单击“草图”控制面板上的“中心线”按钮，在草图绘制平面上绘制两条以系统坐标原点为交点的互相垂直的中心线。

2）绘制矩形。单击“草图”控制面板上的“边角矩形”按钮，绘制装配凸缘的矩形轮廓并标注尺寸，如图 10-157 所示。

3）绘制圆角。单击“草图”控制面板上的“绘制圆角”按钮，在弹出的“绘制圆角”属性管理器中输入圆角“半径”为 100.00mm。单击装配凸缘草图中矩形的 4 个顶角边，创建草图圆角特征，如图 10-157 所示。

3. 拉伸实体

1）单击“特征”控制面板上的“拉伸凸台/基体”按钮，系统弹出“凸台-拉伸”属性管理器。

2）在“深度”文本框中输入 20.00mm。

3）单击“确定”按钮，生成上箱盖装配凸缘，如图 10-158 所示。

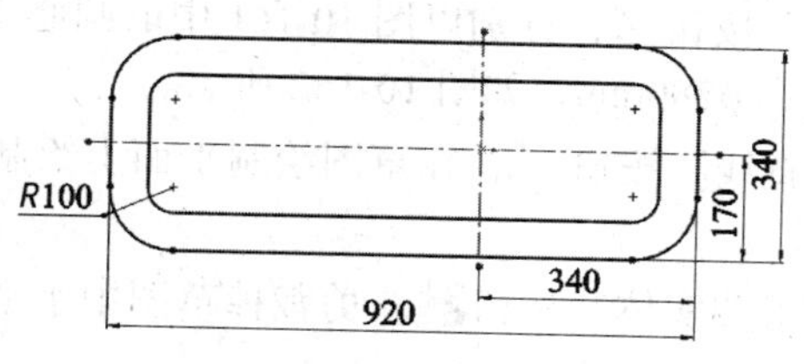

图 10-157　绘制矩形并倒圆

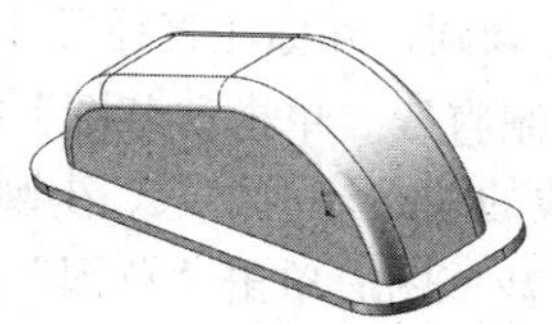
图 10-158　生成上箱盖装配凸缘

4. 创建抽壳特征

1）选择上箱盖装配凸缘的下表面，单击“特征”控制面板上的“抽壳”按钮，系统弹出“抽壳 2”属性管理器。

2）在“厚度”文本框中输入 20.00mm，如图 10-159 所示。

3）单击“确定”按钮，完成抽壳操作，创建上箱盖腔体，最后生成的减速器上箱盖初步轮廓如图 10-160 所示。

图 10-159　设置抽壳参数

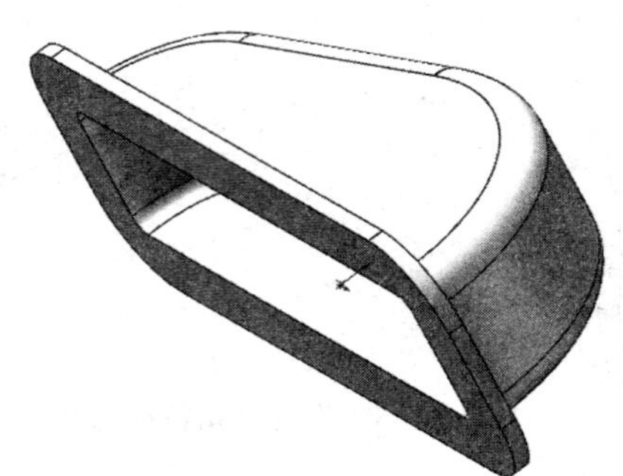

图 10-160　上箱盖初步轮廓

10.6.3　创建轴承安装孔凸台

1. 设置基准面

单击“视图（前导）”工具栏“视图定向”下拉菜单中的“正视于”按钮，将该表面作为绘制图基准面，新建一张草图。

2. 绘制轴承安装孔草图

1）绘制中心线。单击“草图”控制面板上的“中心线”按钮，绘制两条中心线，一条通过系统坐标原点，垂直于上箱盖装配凸缘下表面；另一条中心线与第一条中心线平行。

2）单击“草图”控制面板中的“智能尺寸”按钮，标注距离尺寸为 330mm。

3）绘制第三条中心线，并与上箱盖装配凸缘底边线重合（可以通过添加几何关系来保证），如图 10-161 所示。

4）绘制圆。单击“草图”控制面板上的“圆”按钮，分别以图 10-161 中的圆心 1、圆心 2 为圆心画圆，并标注直径尺寸分别为 ϕ240mm 和 ϕ280mm，如图 10-162 所示。

5）绘制直线。单击“草图”控制面板上的“直线”按钮，在草图绘制平面上绘制两条直线，直线的端点分别为大、小圆弧端点。

6）剪裁草图。单击“草图”控制面板中的“剪裁实体”按钮，剪裁掉草图中水平中心线以下的半圆，如图 10-163 所示。

3. 拉伸实体

1）单击“特征”控制面板上的“拉伸凸台 / 基体”按钮，系统弹出“切除 - 拉伸”属性管理器。

2）在“深度”文本框中输入 100.00mm。

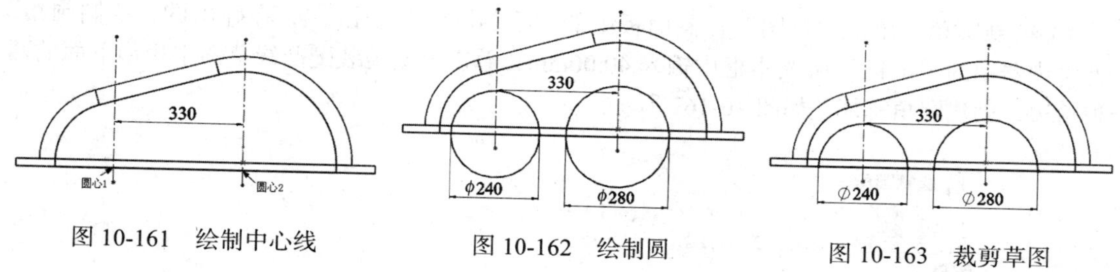

图 10-161　绘制中心线　　图 10-162　绘制圆　　图 10-163　裁剪草图

3）单击"确定"按钮✔，创建上箱盖轴承安装孔凸台，如图 10-164 所示。

10.6.4 创建上箱盖装配凸缘

1. 设置基准面

选择上箱盖装配凸缘下表面，然后单击"视图（前导）"工具栏"视图定向"下拉菜单中的"正视于"按钮，将该表面作为绘图基准面，新建一张草图。

2. 绘制上箱盖装配凸缘草图

1）绘制矩形。单击"草图"控制面板上的"边角矩形"按钮，绘制上箱盖装配凸缘的矩形轮廓，并标注尺寸，如图 10-165 所示。

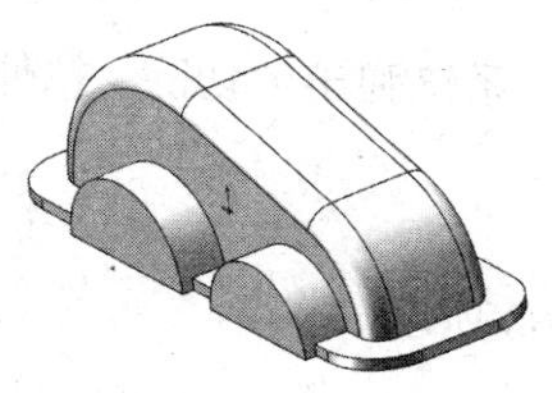

图 10-164　创建上箱盖轴承安装孔凸台

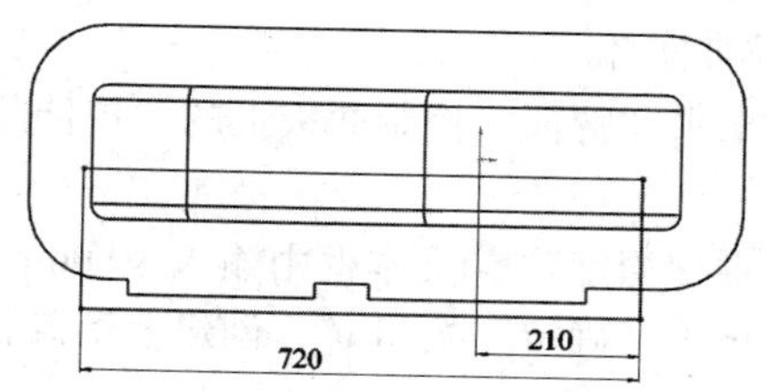

图 10-165　绘制上箱盖装配凸缘草图轮廓并标注尺寸

2）添加几何关系。单击"草图"控制面板中的"添加几何关系"按钮，系统弹出"添加几何关系"属性管理器。选择上箱盖装配凸缘草图矩形下边与轴承安装孔凸台边线，添加"共线"关系。类似地，添加上箱盖装配凸缘草图矩形上边与上箱盖内腔表面边线的几何关系为"共线"，单击"确定"按钮✔，如图 10-166 所示。

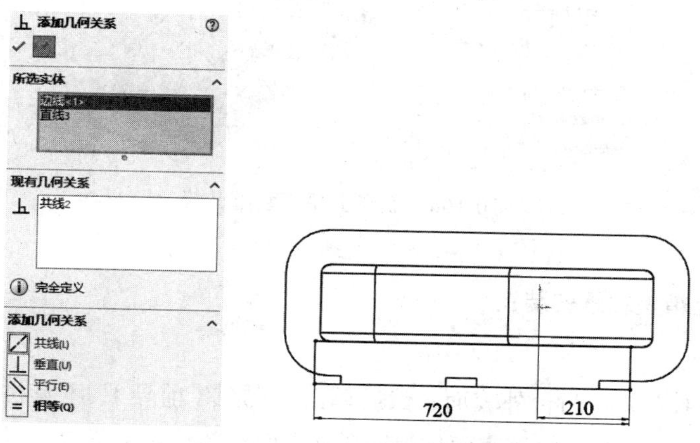

图 10-166　添加几何关系

3）绘制圆角。单击“草图”控制面板中的“绘制圆角”按钮，在弹出的“绘制圆角”属性管理器中的“半径”文本框中输入 40.00mm，单击上箱盖装配凸缘草图中矩形下面的两个顶角边，创建圆角特征，如图 10-167 所示。

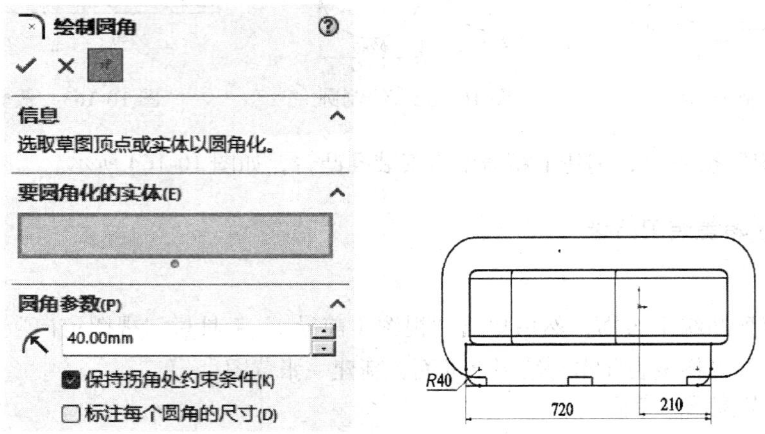

图 10-167　创建圆角特征

3. 拉伸实体

1）单击“特征”控制面板上的“拉伸凸台 / 基体”按钮，系统弹出“切除 - 拉伸”属性管理器。

2）在“深度”文本框中输入 80.00mm。

3）单击“确定”按钮，创建上箱盖装配凸缘，如图 10-168 所示。

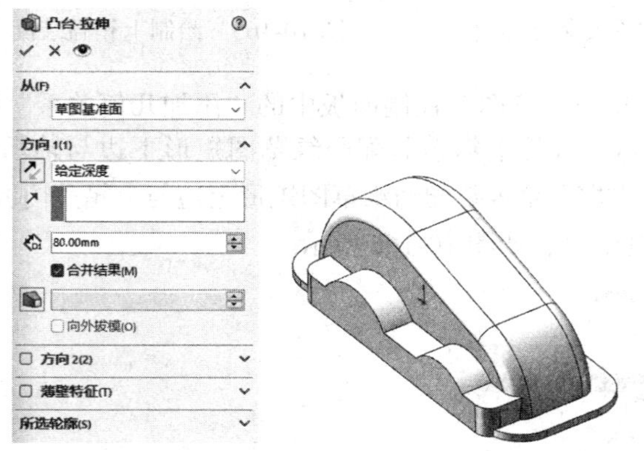

图 10-168　创建上箱盖装配凸缘

10.6.5　绘制上箱盖轴承安装孔

1. 设置基准面

选择上箱盖轴承安装孔凸台外表面，然后单击“视图（前导）”工具栏“视图定向”下拉菜单中的“正视于”按钮，将该表面作为绘图基准面，新建一张草图。

2. 绘制草图

单击“草图”控制面板中的“圆”按钮，捕捉上箱盖轴承安装孔两个半圆凸台的圆心，并以这两个圆心为圆心绘制两个圆，然后标注直径尺寸分别为ϕ200mm 和ϕ160mm，如图 10-169 所示。

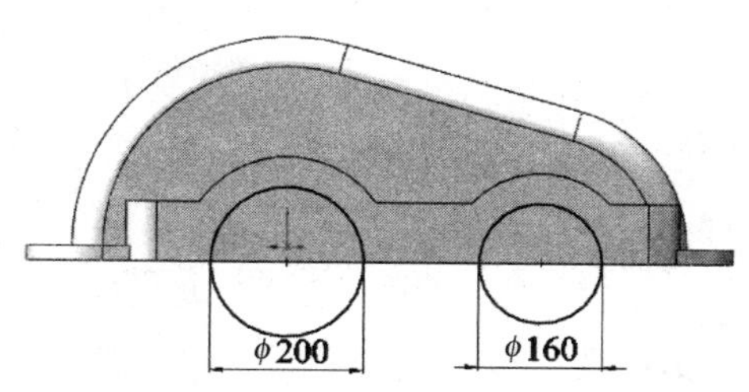

图 10-169　绘制圆并标注尺寸

3. 切除拉伸实体

1）单击“特征”控制面板上的“拉伸切除”按钮，系统弹出“切除 - 拉伸”属性管理器。

2）在“深度”文本框中输入 100.00mm，如图 10-170 所示。

3）单击“确定”按钮，完成实体拉伸切除的创建。拉伸切除后的上箱盖如图 10-171 所示。

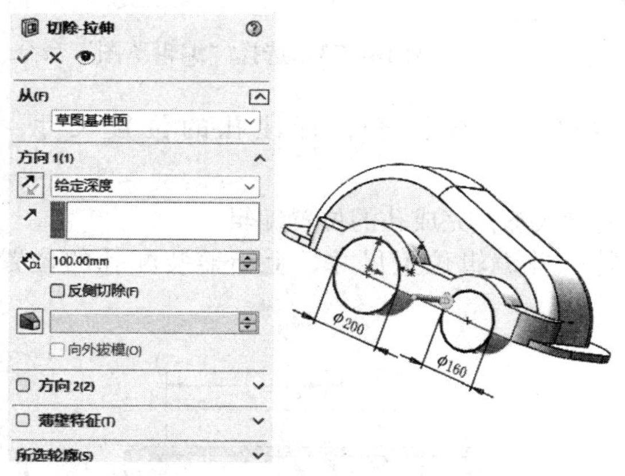

图 10-170　设置切除 - 拉伸参数

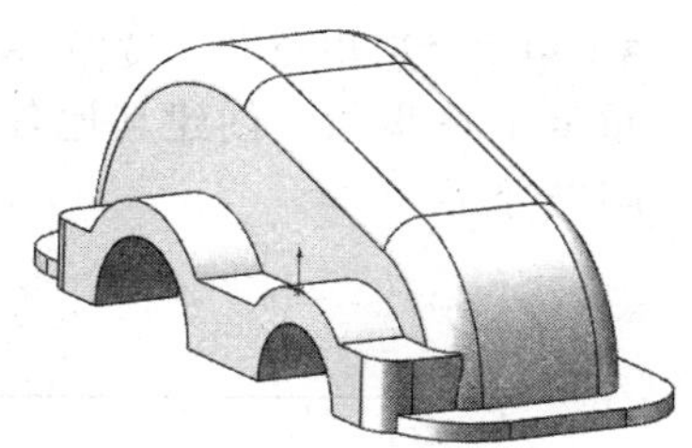

图 10-171　拉伸切除后的上箱盖

10.6.6　创建上箱盖装配孔

1. 设置基准面

选择上箱盖装配凸缘下表面，然后单击“视图（前导）”工具栏“视图定向”下拉菜单中的“正视于”按钮，将该表面作为绘图基准面，新建一张草图。

2. 创建简单孔

1）选择“插入”→“特征”→“简单直孔”命令，系统弹出“孔”属性管理器。

2）设置钻孔“终止条件”为“完全贯穿”，在“孔直径”文本框中输入直径为 40.00mm。

3）单击“确定”按钮，系统自动进行切除操作，创建简单孔特征，如图 10-172 所示。

3. 编辑钻孔位置

1）在模型树中右击步骤 2 所创建的孔特征，在弹出的快捷菜单中选择“编辑草图”命令，如图 10-173 所示。

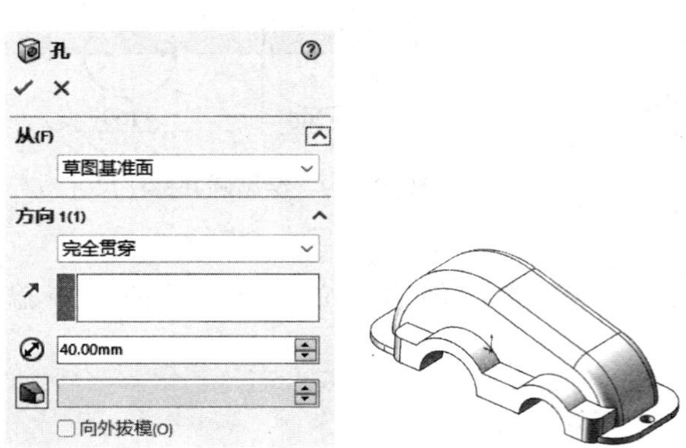

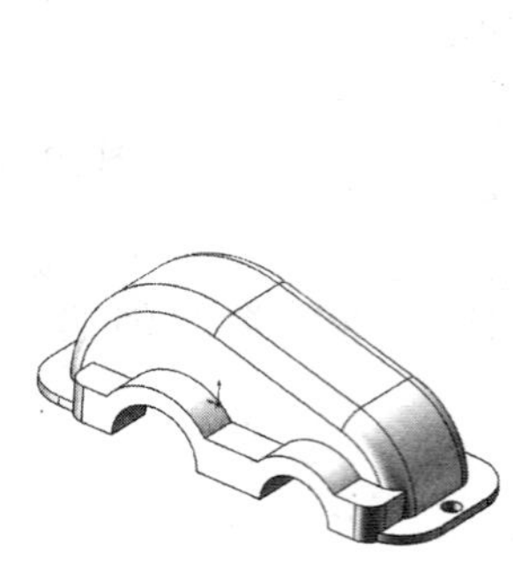

图 10-172　创建简单孔特征

图 10-173　选择“编辑草图”命令

2）单击“草图”控制面板上的“智能尺寸”按钮，标注孔的位置尺寸，如图 10-174 所示。

3）单击“退出草图”按钮，退出草图编辑状态，完成孔的位置编辑。

重复上述步骤，创建其他各箱体装配孔特征并编辑位置尺寸，上箱盖装配孔的位置如图 10-175 所示。

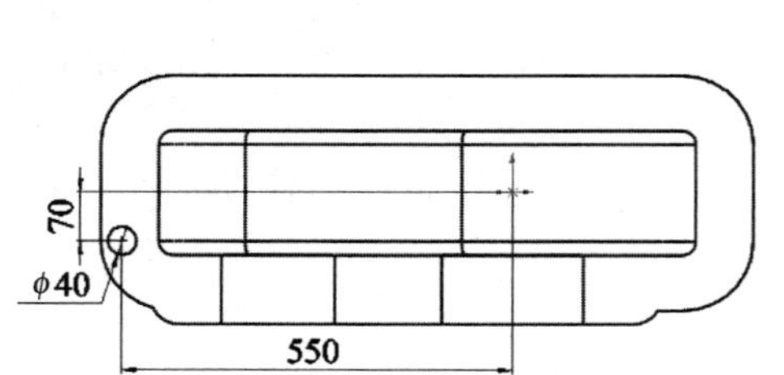

图 10-174　标注孔的位置尺寸

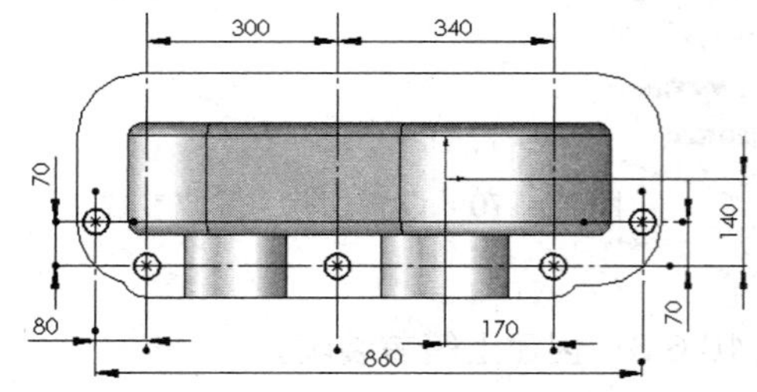

图 10-175　上箱盖装配孔的位置

装配孔完成后的上箱盖外形如图 10-176 所示。

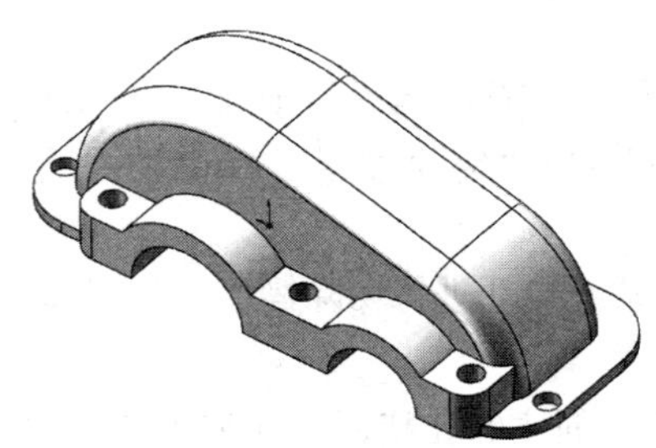

图 10-176　装配孔完成后的上箱盖外形

10.6.7 创建轴承盖螺纹孔

1. 设置基准面

选择上箱盖轴承安装孔凸台外表面，然后单击“视图（前导）”工具栏“视图定向”下拉菜单中的“正视于”按钮，将该表面作为孔放置面。

2. 创建螺纹孔

1）单击“特征”控制面板上的“异型孔向导”按钮，系统弹出“孔规格”属性管理器。在该属性管理器中，选择“孔类型”为“螺纹孔”，并在“标准”下拉列表框中选择国际标准“ISO”，“大小”下拉列表框中选择“M20×2.0”，在“螺纹线”栏“深度”文本框中设置螺纹深度为20.00mm，其余选项保持系统默认设置，如图10-177所示。

2）单击“位置”按钮，系统弹出“孔位置”属性管理器，如图10-178所示。在孔放置面上放置孔，利用草图工具定义孔的放置位置，如图10-179所示。

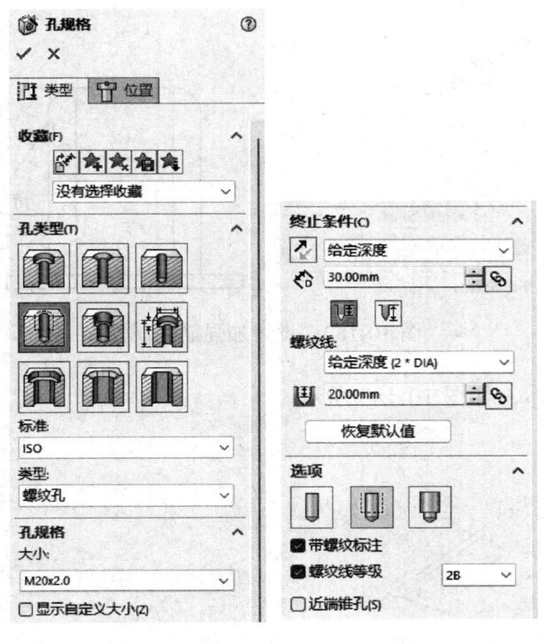

图10-177　设置“孔规格”属性管理器参数

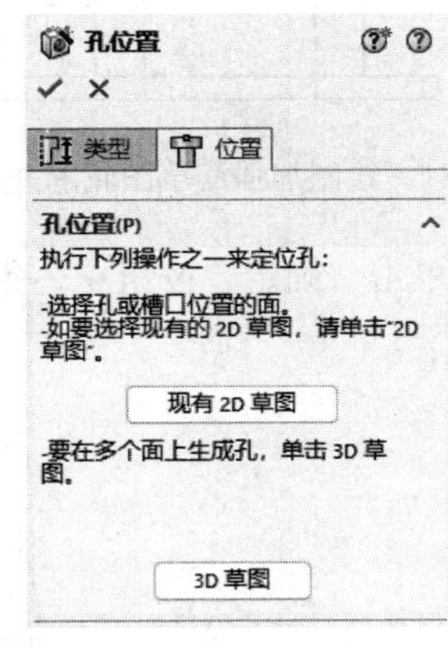

图10-178　“孔位置”属性管理器

3）单击“确定”按钮，完成螺纹孔的创建，如图10-180所示。

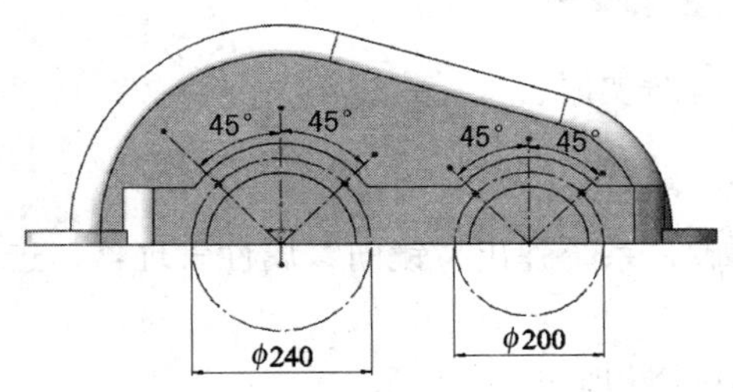

图10-179　定义孔的放置位置

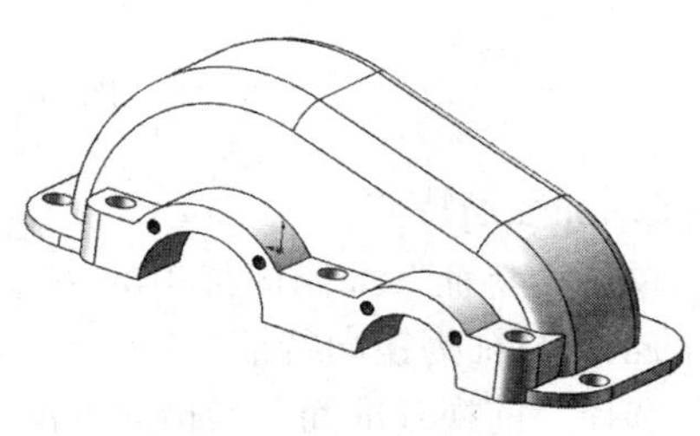

图10-180　创建螺纹孔

10.6.8 创建上箱盖加强筋

1. 设置基准面

在 FeatureManager 设计树中选择“右视基准面”，然后单击“视图（前导）”工具栏“视图定向”下拉菜单中的“正视于”按钮，将该表面作为绘图基准面。

2. 绘制草图

单击“草图”控制面板上的“直线”按钮，绘制加强筋的草图轮廓，并标注尺寸，如图 10-181 所示。

3. 创建加强筋实体

1）单击“特征”控制面板中的“筋”按钮，弹出“筋”属性管理器。设置如图 10-182 所示。

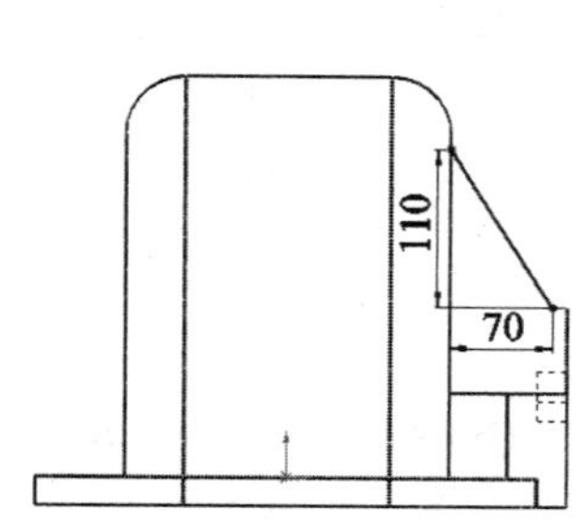

图 10-181　绘制加强筋草图轮廓并标注尺寸

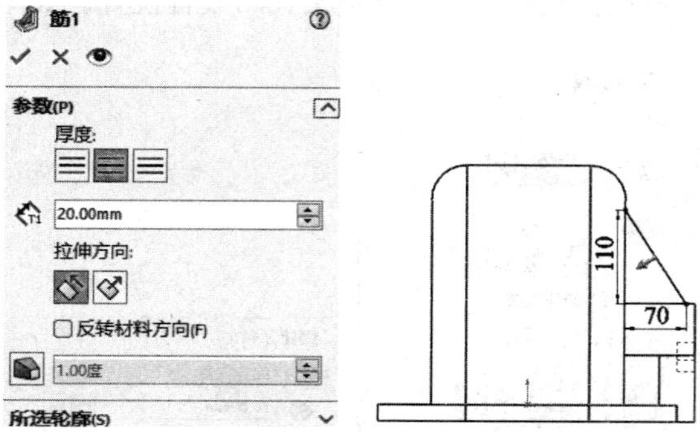

图 10-182　设置加强筋的属性

2）单击“确定”按钮，创建加强筋实体，如图 10-183 所示。

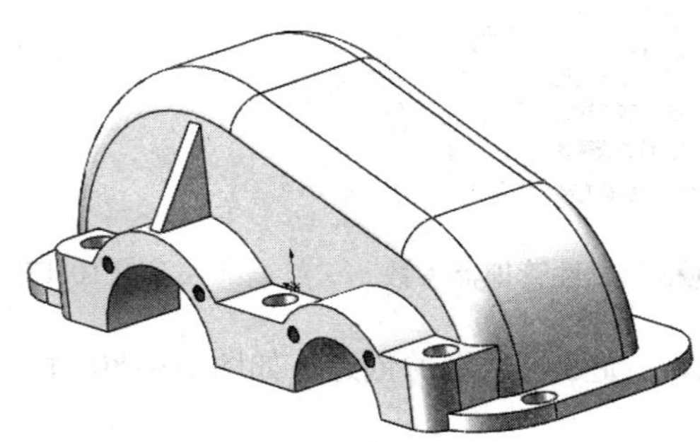

图 10-183　创建加强筋实体

4. 镜向加强筋特征

1）单击“特征”控制面板中的“镜向”按钮，系统弹出“镜向”属性管理器，选择前面绘制的全部特征为镜向特征。

2）选择“前视基准面”为镜向基准面，如图 10-184 所示。

3）单击“确定”按钮，完成镜向加强筋特征的创建，如图 10-185 所示。

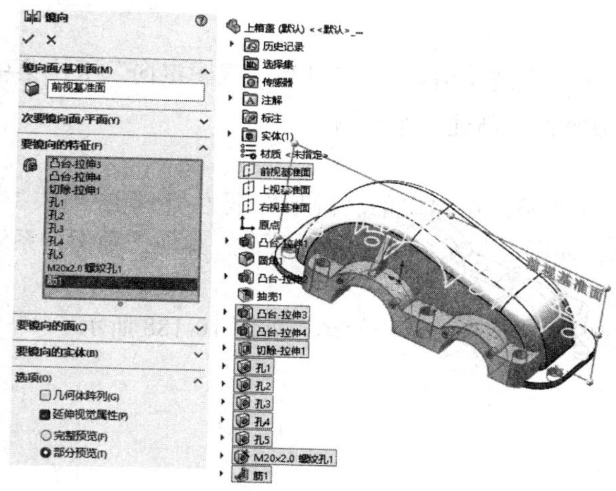

图 10-184　选择加强筋特征及镜向基准面

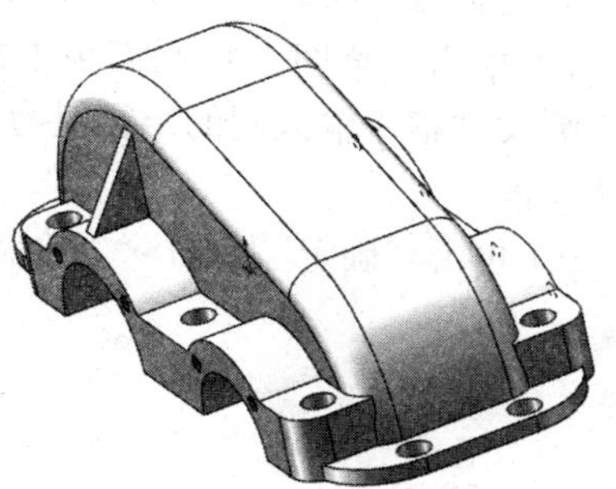

图 10-185　镜向加强筋特征

10.6.9　创建通气螺塞安装孔

1. 创建基准面

1）单击“特征”控制面板上的“基准面”按钮，系统弹出“基准面”属性管理器。

2）在“参考实体”中选择“上视基准面”，在“偏移距离”文本框中输入 290.00mm，其他选项保持系统默认设置，如图 10-186 所示。

3）单击“确定”按钮，完成通气螺塞安装孔草图绘制基准面的创建，如图 10-187 所示。

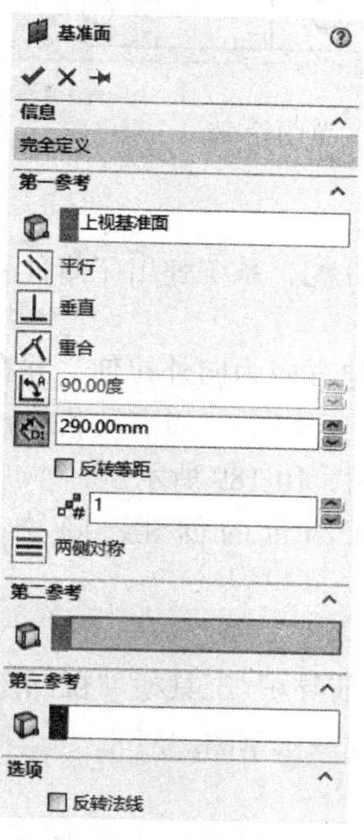

图 10-186　设置“基准面”属性管理器

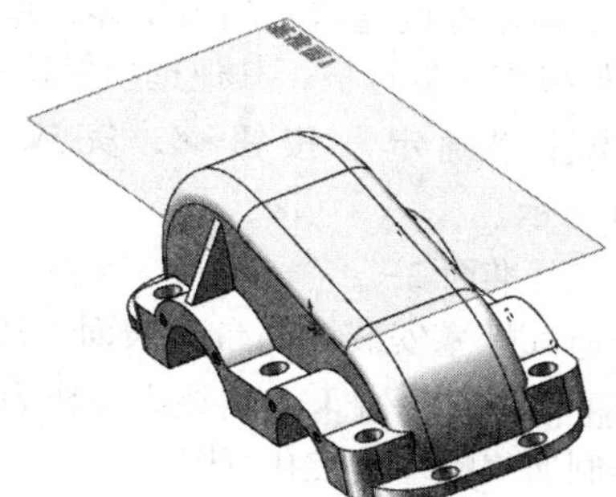

图 10-187　创建基准面

2. 设置基准面 1

选择图 10-187 中的“基准面 1”，然后单击“视图（前导）”工具栏“视图定向”下拉菜单中的“正视于”按钮，将该表面作为绘图基准面，新建一张草图。

3. 绘制通气螺塞安装孔凸台草图

1）单击“草图”控制面板上的“圆”按钮，在弹出的“圆形”属性管理器中的“半径”文本框中输入圆的半径值为 40.00mm，使圆心与系统坐标原点重合，其他选项保持系统默认设置。

2）单击“确定”按钮，绘制通气螺塞安装孔凸台的草图轮廓，如图 10-188 所示。

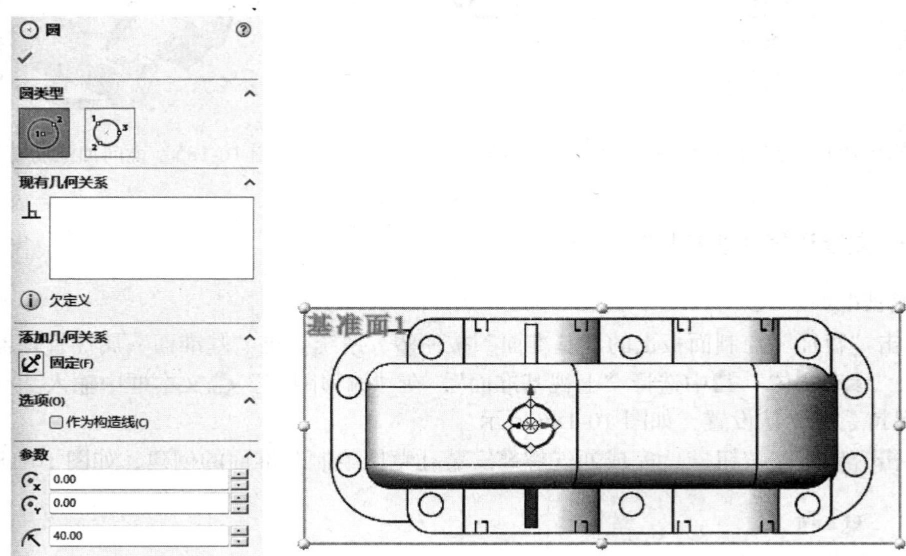

图 10-188　绘制通气螺塞安装孔凸台的草图轮廓

4. 拉伸实体

1）单击“特征”控制面板上的“拉伸凸台 / 基体”按钮，系统弹出“凸台 - 拉伸”属性管理器。

2）设置拉伸“终止条件”为“成形到实体”，选择拉伸方向为向外拉伸，并在“实体 / 曲面实体”显示框内选取上箱盖实体，单击“拔模开 / 关”按钮，设置拔模角度为 5.00 度，勾选“向外拔模”复选框，其他选项保持系统默认设置，如图 10-189 所示。

3）单击“确定”按钮，完成通气螺塞安装孔凸台的创建，隐藏基准面，如图 10-190 所示。

5. 设置基准面 2

选择通气螺塞安装孔凸台上表面，然后单击“视图（前导）”工具栏“视图定向”下拉列表中的“正视于”按钮，将该表面作为绘图基准面，新建一张草图。

6. 绘制通气螺塞安装孔草图

单击“草图”控制面板上的“圆”按钮，以通气螺塞安装孔凸台中心为圆心绘制安装孔的草图轮廓，并设置通气螺塞安装孔的半径为 20mm，如图 10-191 所示。

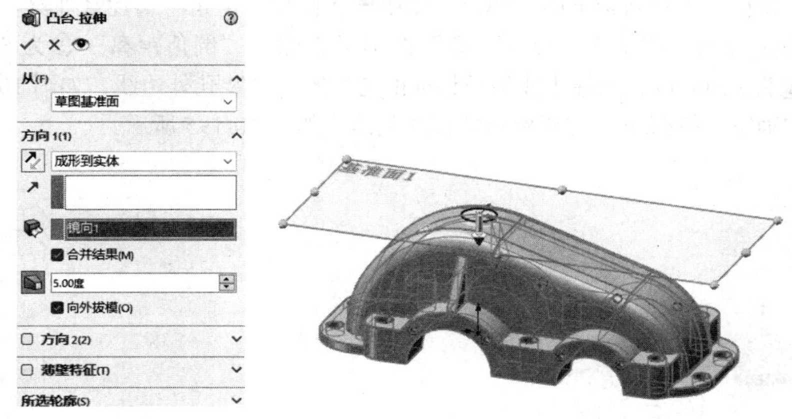

图 10-189　设置凸台 - 拉伸参数

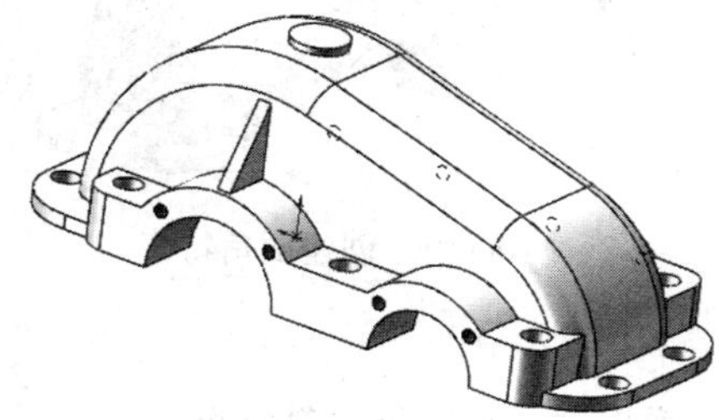

图 10-190　创建通气螺塞安装凸台

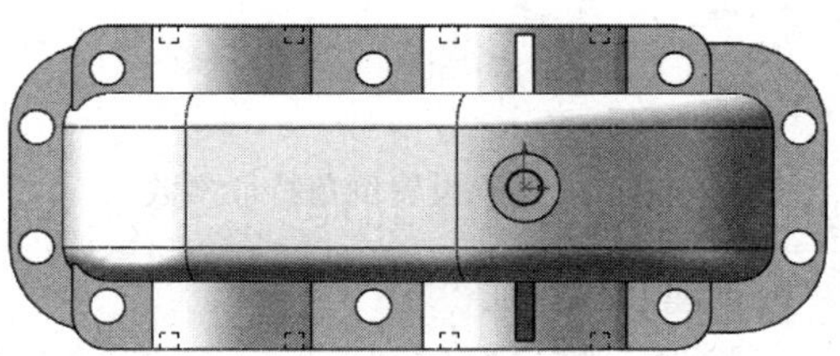

图 10-191　绘制通气螺塞安装孔草图轮廓

7. 切除拉伸实体

1）单击“特征”控制面板上的“拉伸切除”按钮，系统弹出“切除 - 拉伸”属性管理器。

2）设置“拉伸类型”为“完全贯穿”，绘图区高亮显示“拉伸切除”的方向，如图 10-192 所示。

3）单击“确定”按钮✔，完成通气螺塞安装孔特征的创建，如图 10-193 所示。

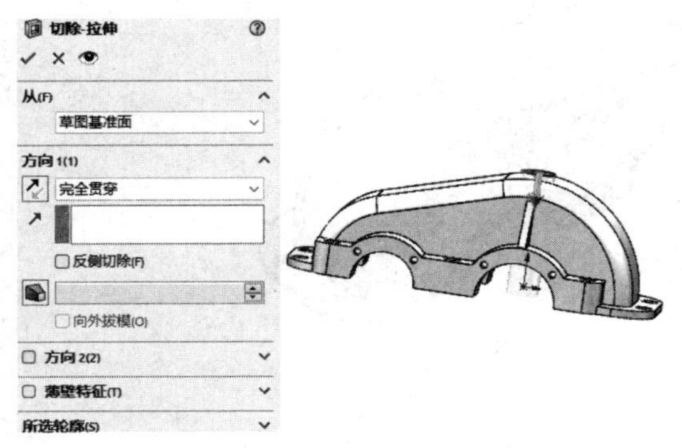

图 10-192　设置“切除 - 拉伸”属性管理器

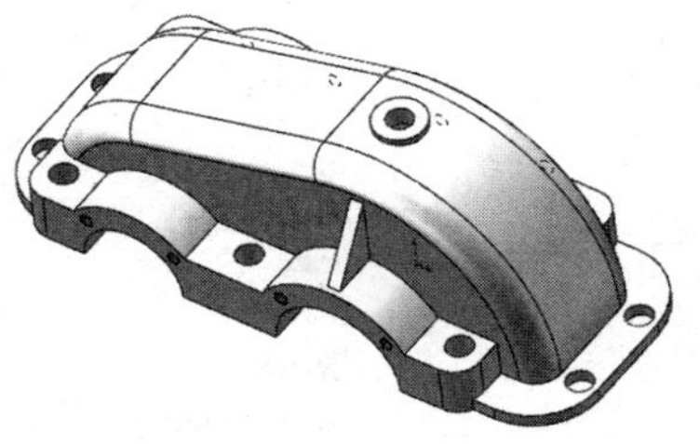

图 10-193　创建通气螺塞安装孔特征

8. 创建倒角特征

1）单击“特征”控制面板上的“倒角”按钮，弹出“倒角”属性管理器。

2）在“倒角类型”中单击“角度距离”按钮，输入“倒角距离”为5.00mm，设置“倒角角度”为45.00度，选择生成倒角特征的通气螺塞安装孔外边线，如图10-194所示。

3）单击“确定”按钮，完成倒角特征的创建，如图10-195所示。

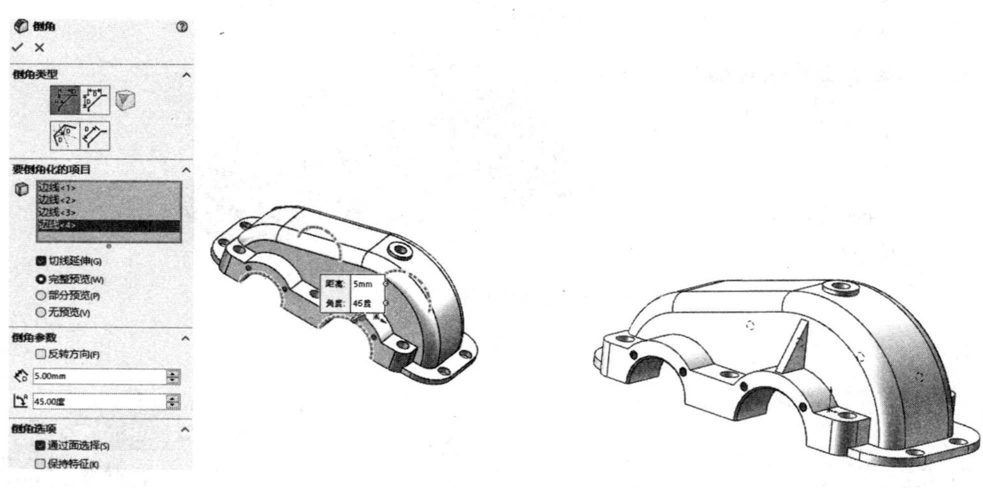

图10-194 设置倒角特征参数

图10-195 创建倒角特征

9. 创建圆角特征

1）单击“特征”控制面板上的“圆角”按钮，弹出“圆角”属性管理器。

2）选择上箱盖加强筋特征的外边线为倒圆角边，设置圆角“半径”为5.00mm，如图10-196所示。

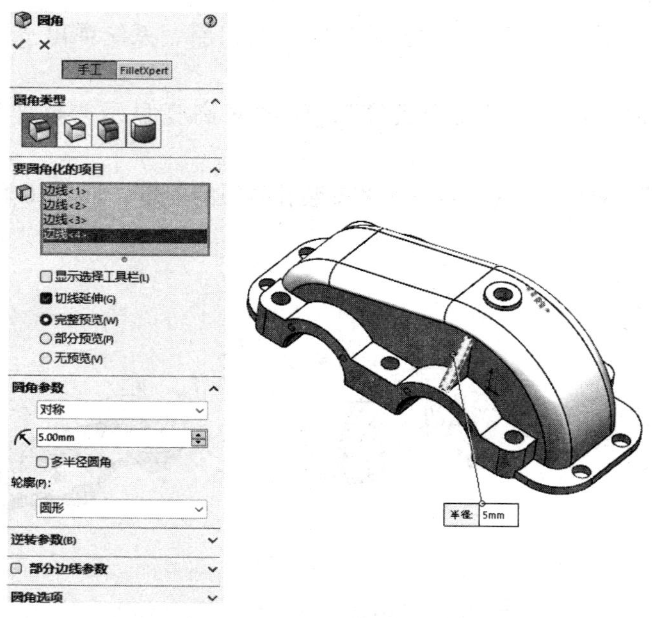

图10-196 设置圆角特征参数

3）单击“确定”按钮✔，完成上箱盖加强筋圆角特征的创建，如图 10-197 所示。

其他各处铸造圆角的创建与此类似，在此不再一一赘述。最终生成的减速器上箱盖效果如图 10-198 所示。

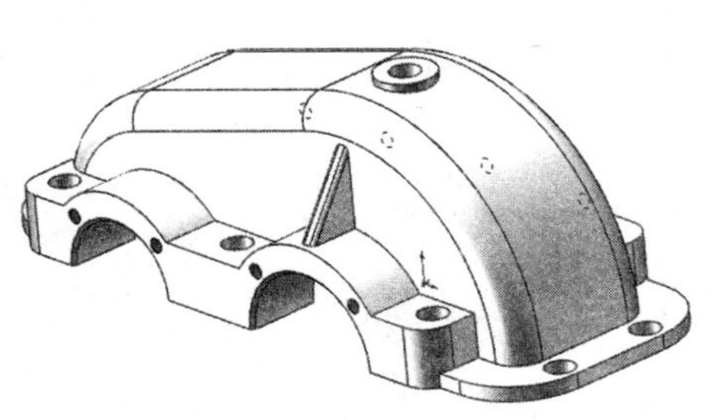

图 10-197 创建上箱盖筋圆角特征

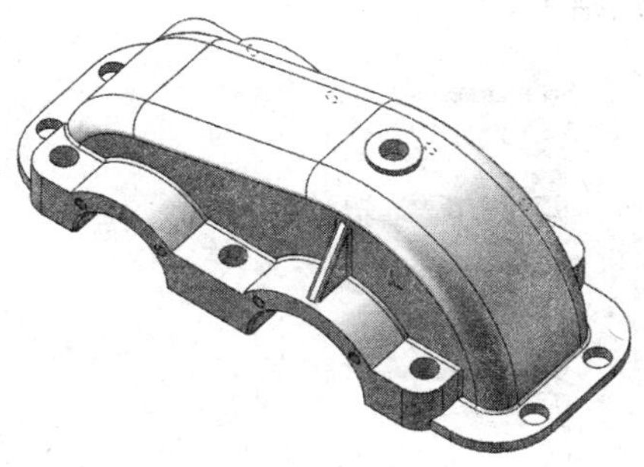

图 10-198 减速器上箱盖效果

10. 保存文件

单击菜单栏中的“文件”→“保存”命令，将零件文件保存为“上箱盖 .sldprt”。

10.7 减速器装配

减速器装配体如图 10-199 所示。首先创建一个装配体文件，然后依次插入减速器装配体的零部件，最后添加配合并调整视图方向。

本案例视频内容：“X：\动画演示\第 10 章\减速器装配体 .mp4”。

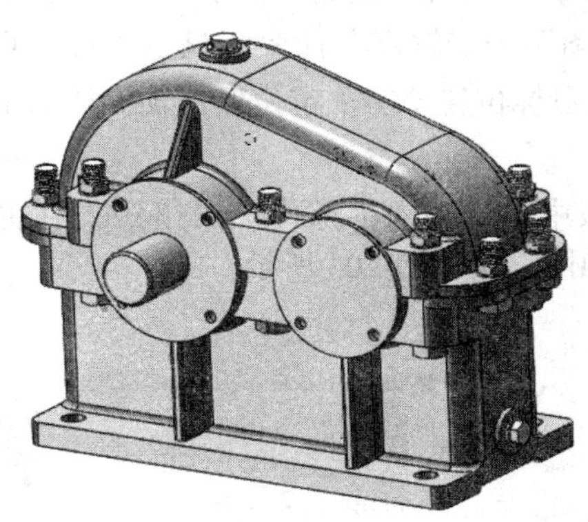

图 10-199 减速器装配体

10.7.1 低速轴组件

1. 新建文件

单击快速访问工具栏中的“新建”按钮，在弹出的“新建 SOLIDWORKS 文件”对话框中单击“装配体”按钮，单击“确定”按钮，创建一个新的装配体文件，系统弹出“开始装配体”属性管理器，如图 10-200 所示。

2. 定位低速轴

1）单击“开始装配体”属性管理器中的“浏览”按钮，系统弹出“打开”对话框。

2）选择 10.3 节创建的“低速轴”，如图 10-201 所示，这时对话框的浏览区中将显示零件的预览结果。

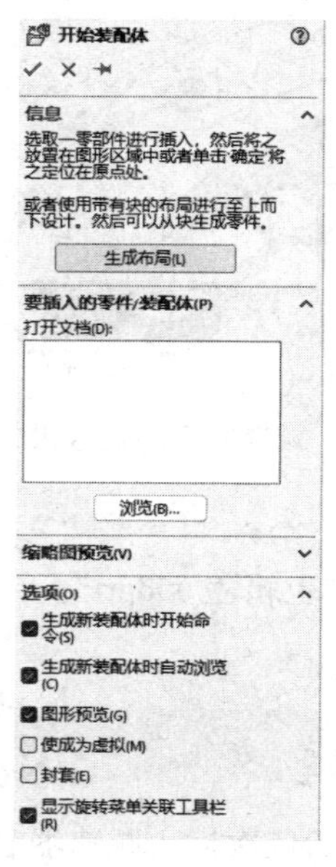

图 10-200 “开始装配体”对话框

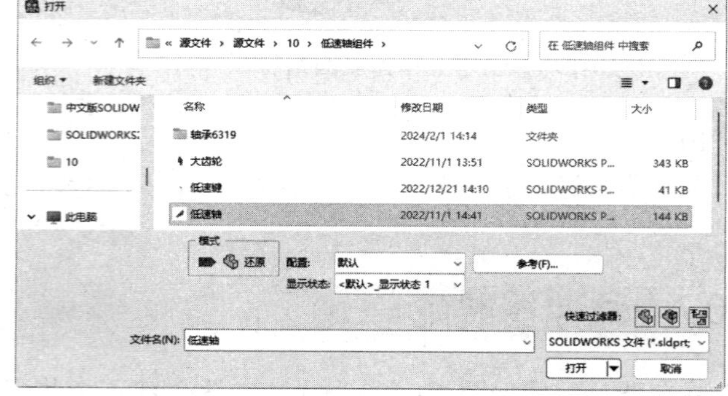

图 10-201 打开所选装配零件

3）在“打开”对话框中单击“打开”按钮，系统进入装配界面，鼠标指针变为形状。

4）单击菜单栏中的“视图”→“原点”命令，显示坐标原点，将鼠标指针移动至原点位置，鼠标指针变为形状。在目标位置单击，定位低速轴，如图 10-202 所示。

3. 插入键

单击“装配体”控制面板中的“插入零部件”按钮，在弹出的“打开”对话框中选择“低速键”，将其插入装配界面中，如图 10-203 所示。

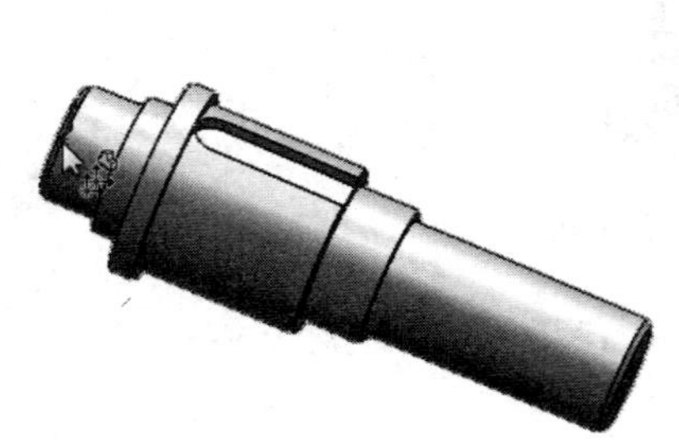

图 10-202 定位低速轴

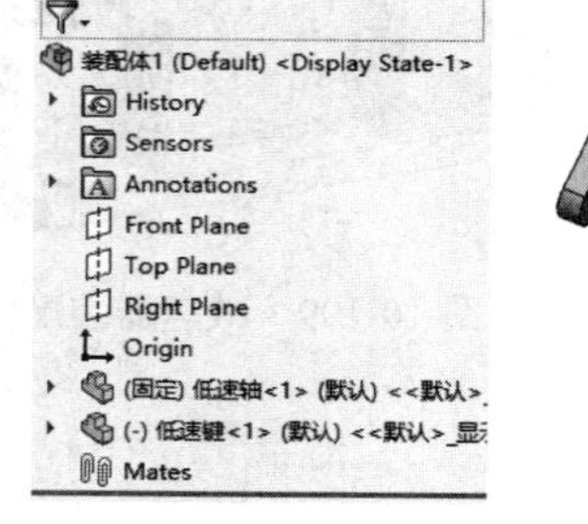

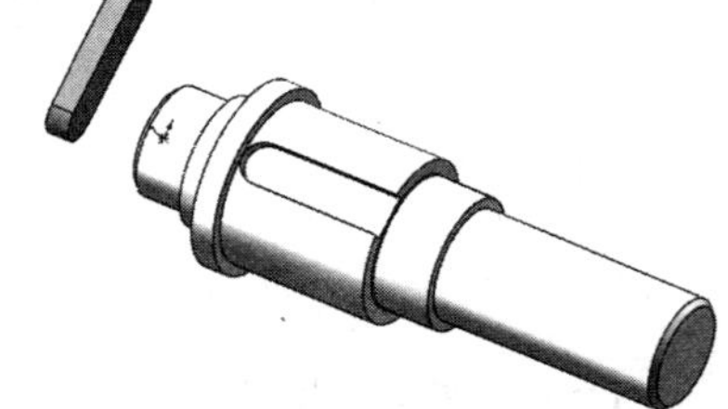

图 10-203 插入键到装配体

4. 添加配合关系

1）单击“装配体”控制面板中的“配合”按钮，系统弹出“配合”属性管理器，如图 10-204 所示。在属性管理器中显示一系列标准配合。

2）选择低速键的上表面和键槽的上表面为配合面，如图 10-205 所示。在“配合”属性管理器中系统自动选择“重合”按钮，单击“确定”按钮，“配合”属性管理器变为“重合1”属性管理器，如图 10-206 所示。

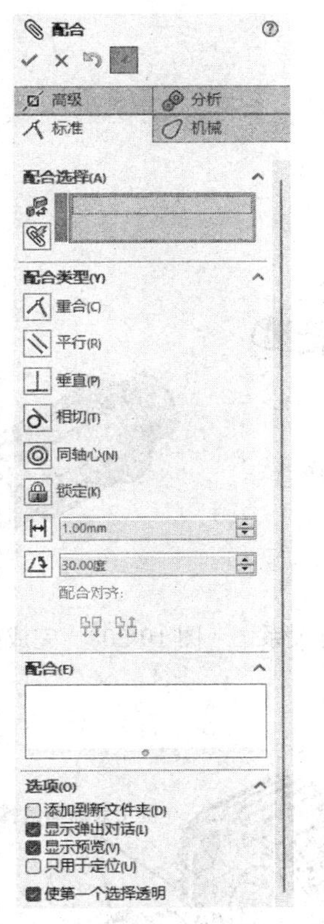

图 10-204 “配合”属性管理器

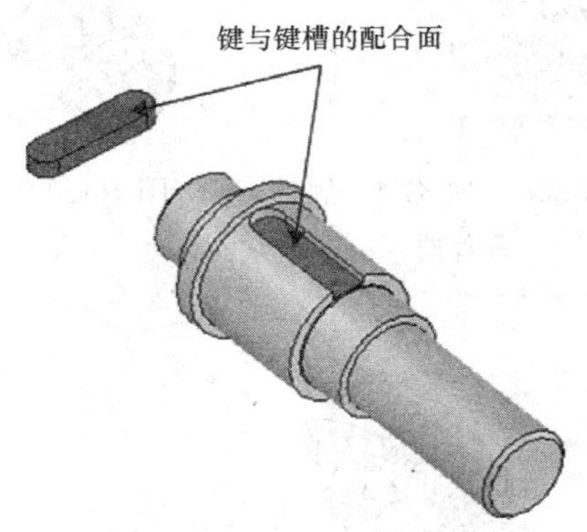

图 10-205 选择配合面

3）重复上述操作，分别选择键的侧面与键槽的侧面重合，选择键的曲面端与键槽的曲面重合，如图 10-207 所示。

4）单击“确定”按钮，完成的轴 - 键配合如图 10-208 所示。

5. 齿轮 - 轴 - 键配合

（1）插入“大齿轮” 单击“装配体”控制面板中的“插入零部件”按钮，在弹出的“打开”对话框中选择“大齿轮”，将其插入装配体中，如图 10-209 所示。

（2）添加配合关系

1）单击“装配体”控制面板中的“配合”按钮，选择大齿轮键槽底面、轴 - 键组件中键的上表面为配合面，如图 10-210 所示，并添加“重合”关系。

2）选择大齿轮键槽侧面与轴 - 键组合件中键的侧面为配合面，并添加“重合”关系，如图 10-211 所示。

3）单击“确定”按钮，大齿轮按装配关系变动后的位置如图 10-212 所示。

4）选择大齿轮前端面与轴肩后端面为配合面，如图 10-213 所示，并添加“配合对齐”关系。

图 10-206 “重合 1”属性管理器

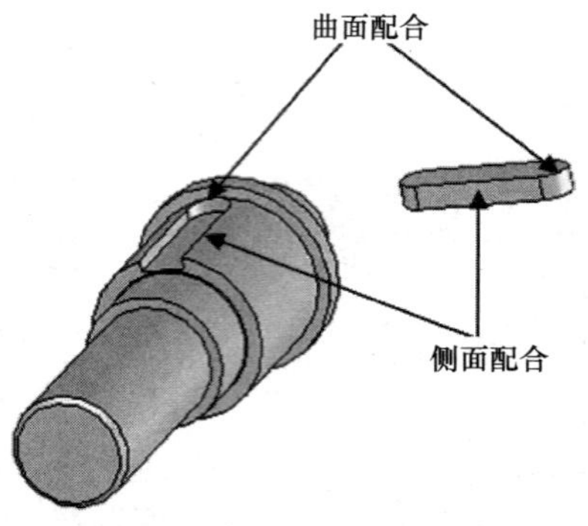

图 10-207 添加“重合”配合关系

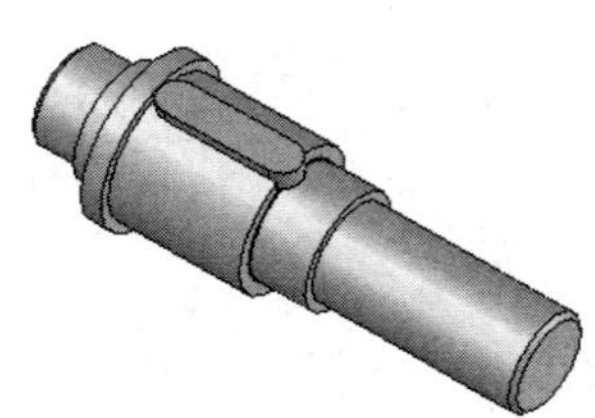

图 10-208 完成的轴 - 键配合

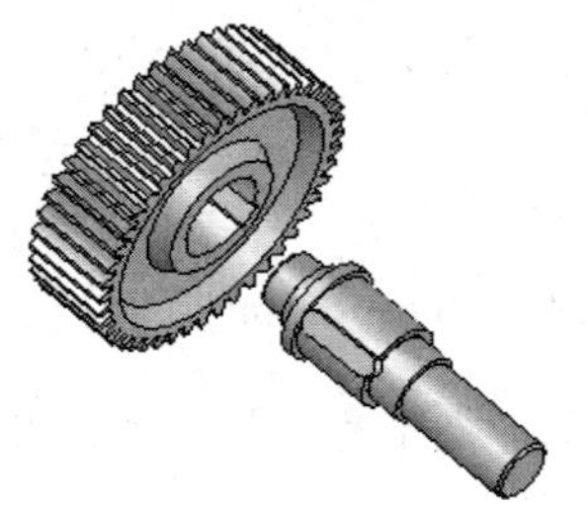

图 10-209 插入“大齿轮”到装配体

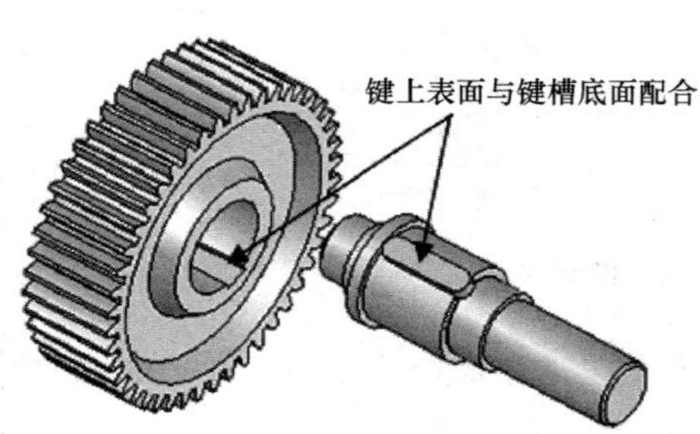

图 10-210 选择配合面 1

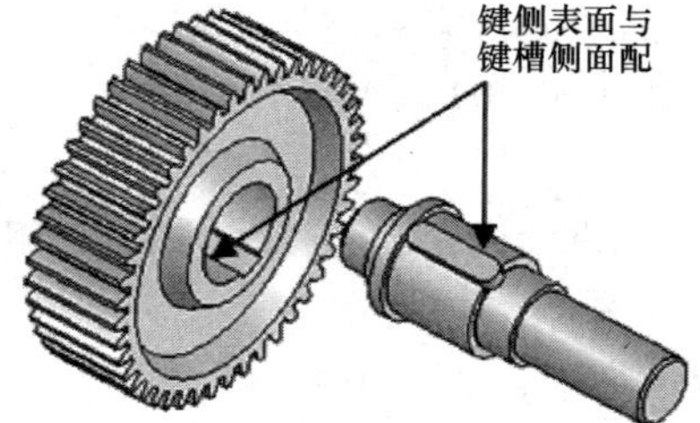

图 10-211 选择配合面并添加“重合”配合关系

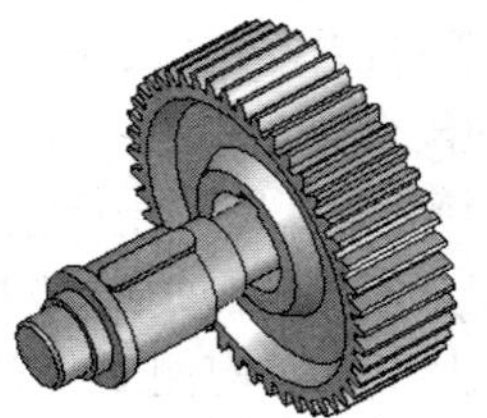

图 10-212 大齿轮按装配关系变动后的位置

5）单击“确定”按钮✔，完成大齿轮的装配，如图 10-214 所示。

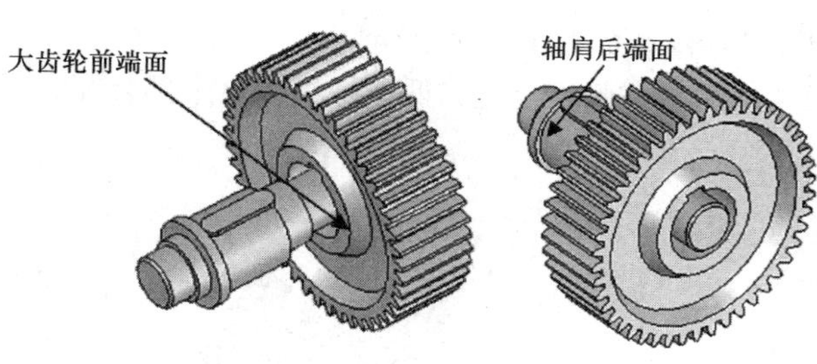

图 10-213　选择配合面 2

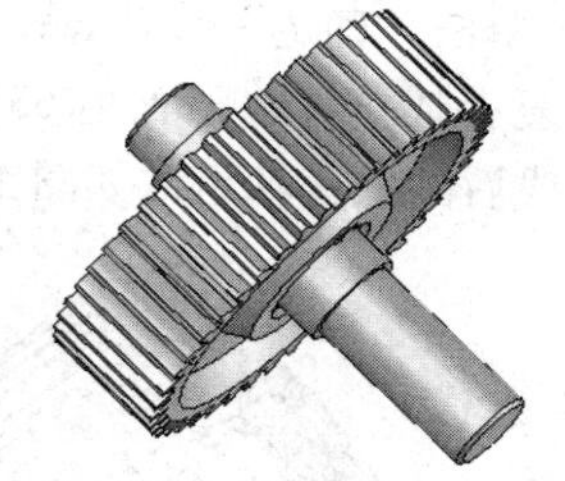

图 10-214　装配完成后的大齿轴

6. 轴 - 轴承配合

（1）插入轴承　单击“装配体”控制面板中的“插入零部件”按钮，在弹出的“打开”对话框中选择“轴承 6319”，将其插入装配体中，如图 10-215 所示。

（2）添加配合关系

1）单击“装配体”控制面板中的“配合”按钮，选择轴承孔内表面、轴段外表面为配合面，如图 10-216 所示，并添加“同轴心”关系。

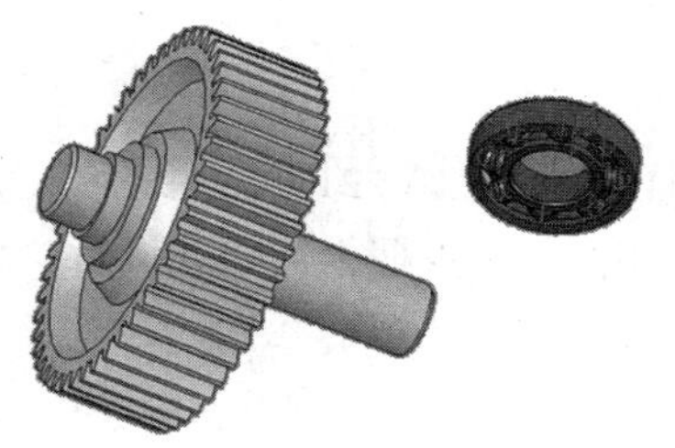

图 10-215　插入轴承 6319 到装配体

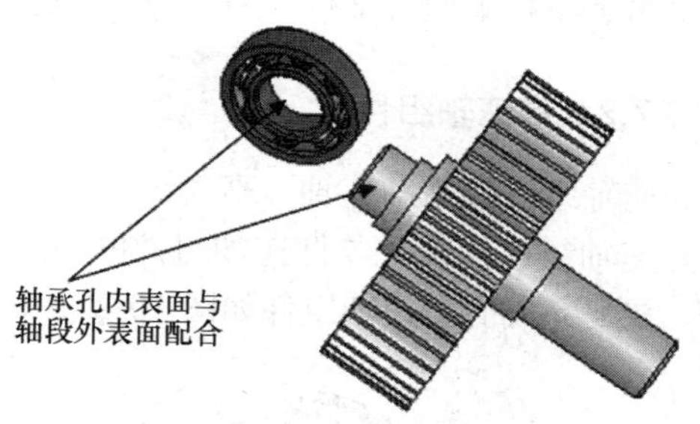

图 10-216　选择配合面 1

2）单击“确定”按钮，轴承 6319 移至与低速轴同轴心位置，如图 10-217 所示。

3）选择配合面为轴承内圈端面与轴的侧端面，如图 10-218 所示，并添加“重合”关系。

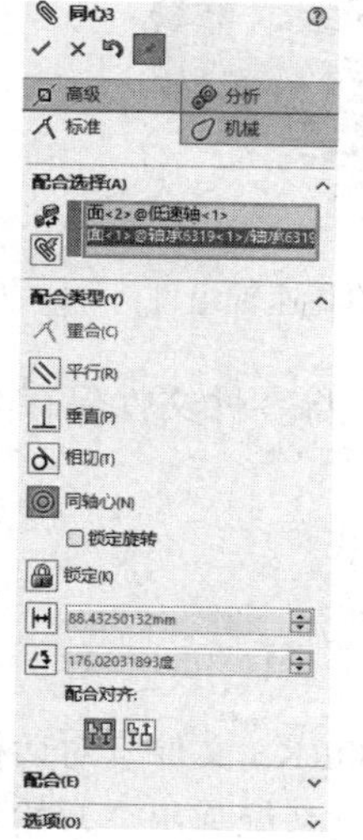

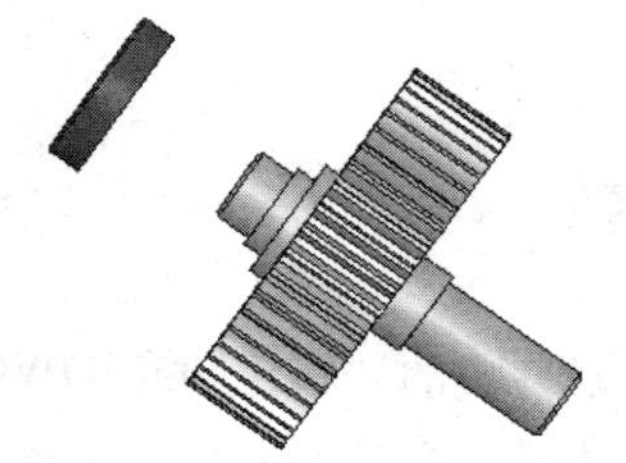

图 10-217　添加“同轴心”关系

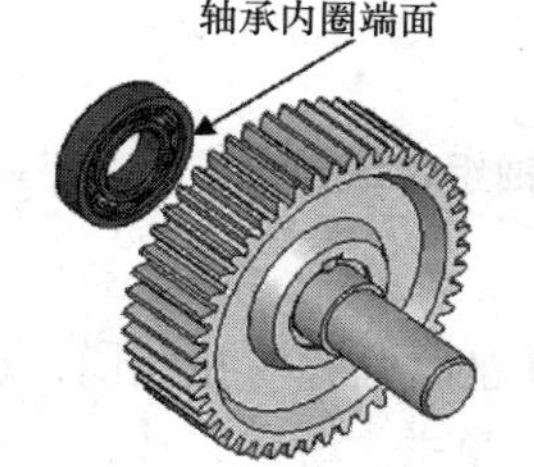

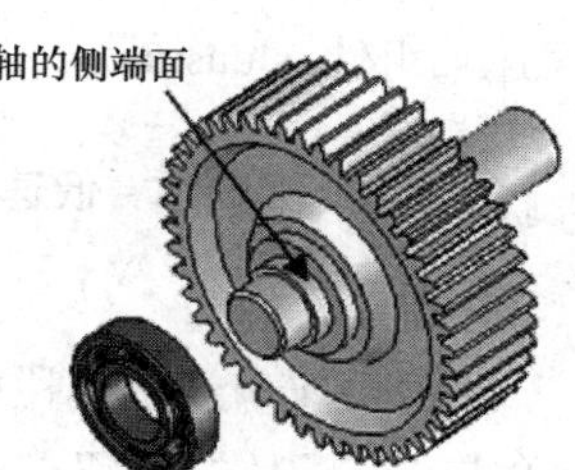

图 10-218　选择配合面 2

4）单击“确定”按钮✔，完成后的轴 - 轴承配合如图 10-219 所示。

重复上述步骤，将轴承 6319 安装在低速轴的另一侧。至此，低速轴组件已全部装配完成，装配完成后的低速轴组件如图 10-220 所示。

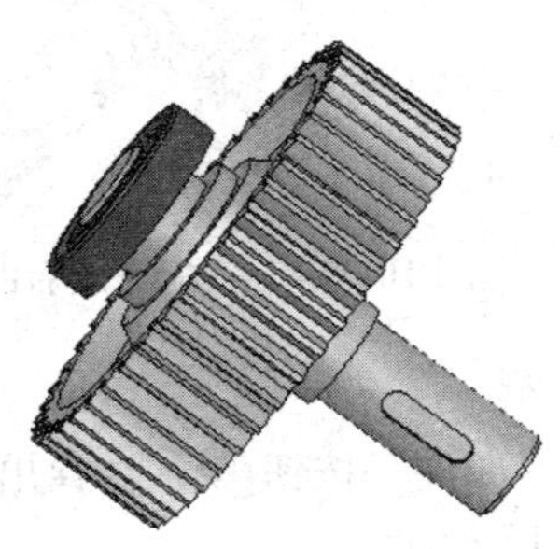

图 10-219　完成后的轴 - 轴承配合

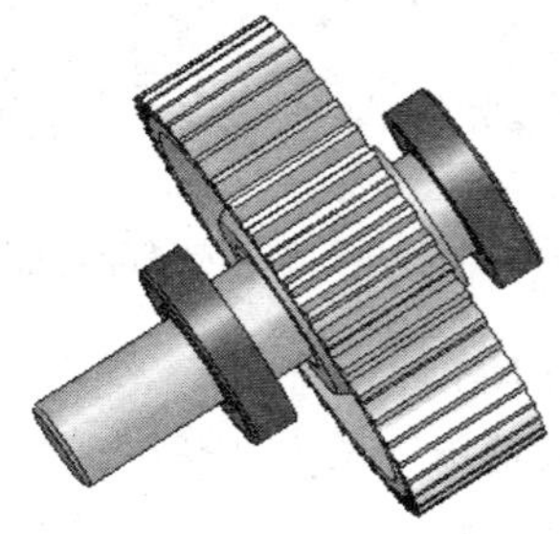

图 10-220　装配完成后的低速轴组件

7. 保存文件。

单击菜单栏中的“文件”→“保存”命令，将零件文件保存为“低速轴组件 .sldasm”。

10.7.2　高速轴组件

高速轴组件包括高速轴、高速键、小齿轮及轴承 6315（见图 10-221）。

高速轴组件的装配与低速轴组件的装配过程与方法相同，可参照上面讲述进行，在此不再赘述。装配完成的高速轴组件如图 10-222 所示。

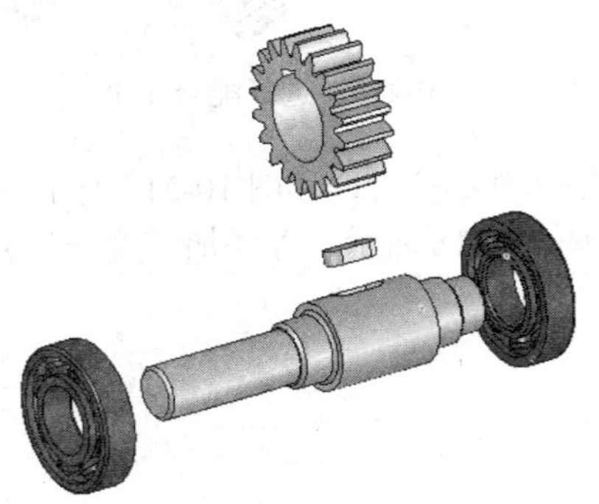

图 10-221　高速轴组件

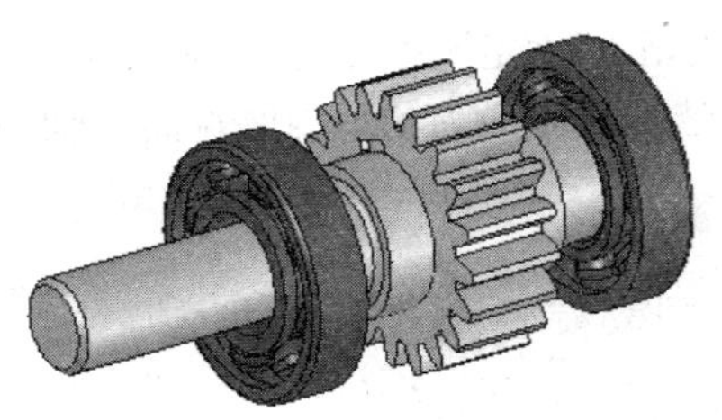

图 10-222　装配完成的高速轴组件

装配完成后，保存文件，单击菜单栏中的“文件”→“保存”命令，将零件文件保存为“高速轴组件 .sldasm”。

10.7.3　下箱体 - 低速轴组件装配

1. 新建文件

单击快速访问工具栏中的“新建”按钮，在弹出的“新建 SOLIDWORKS 文件”对话框中单击“装配体”按钮，单击“确定”按钮，创建一个新的装配体文件，系统弹出“开始装配体”属性管理器，如图 10-223 所示。

2. 定位下箱体

1）单击“开始装配体”属性管理器中的“浏览”按钮，系统弹出“打开”对话框。选择前面创建的“下箱体”，如图 10-224 所示，这时对话框的浏览区中将显示零件的预览结果。

2）在“打开”对话框中单击“打开”按钮，系统进入装配界面，鼠标指针变为形状。单击菜单栏中的“视图”→“原点”命令，显示坐标原点，将鼠标指针移动至原点位置，鼠标指针变为形状，在目标位置单击，定位下箱体到系统坐标原点，如图 10-225 所示。

3. 装配低速轴组件

单击“装配体”控制面板中的“插入零部件”按钮，在弹出的“打开”对话框中选择“低速轴组件”，将其插入装配体中，如图 10-226 所示。

4. 添加配合关系

1）单击“装配体”控制面板中的“配合”按钮，选择低速轴中轴承外表面、下箱体轴承孔内表面为配合面，如图 10-227 所示。

2）添加“同轴心”配合关系，单击“确定”按钮，低速轴组件移至同轴心位置，如图 10-228 所示。

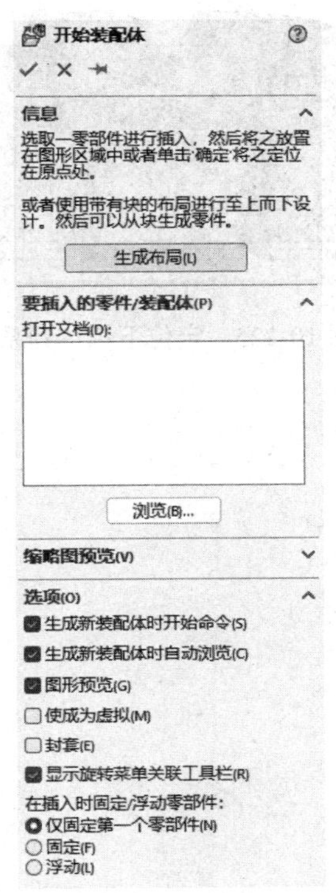

图 10-223 “开始装配体”属性管理器

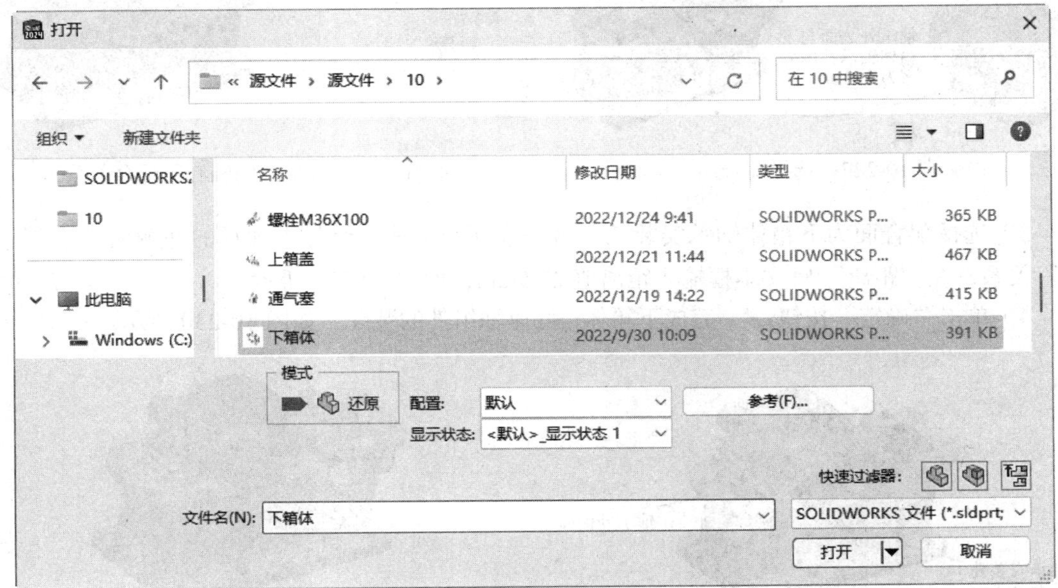

图 10-224 选择“下箱体”

图 10-225　定位下箱体到系统坐标原点

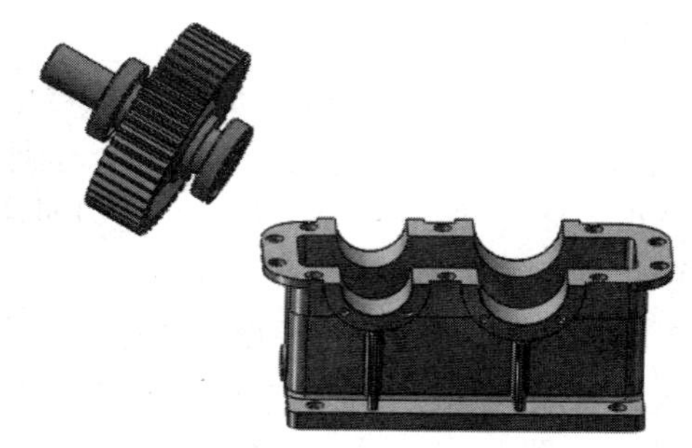

图 10-226　插入低速轴组件到装配体

轴承外表面与下箱体轴承孔内表面为配合面

图 10-227　选择配合面

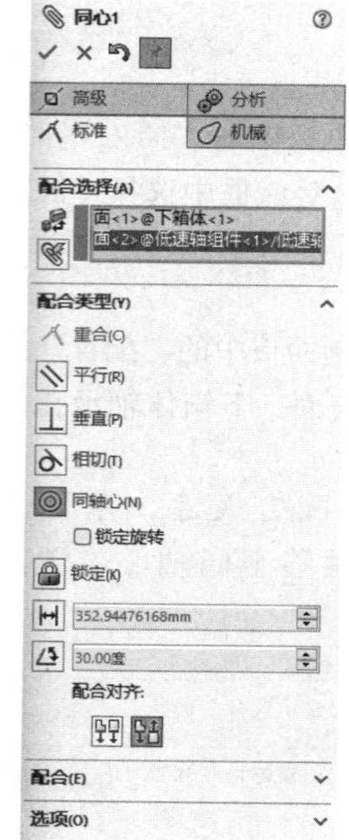

图 10-228　添加“同轴心”配合关系

3）选择配合面为下箱体轴承安装孔凸台外表面与低速轴组件中轴承的外侧面，添加“距离”关系，在“距离”文本框输入距离值 27.5mm，如图 10-229 所示。

4）单击“确定”按钮，完成下箱体 - 低速轴组件的装配，如图 10-230 所示。

图 10-229　选择配合面并添加配合关系

图 10-230　装配完成后的下箱体 - 低速轴组件

10.7.4 下箱体 - 高速轴组件装配

1. 插入高速轴组件

单击“装配体”控制面板中的“插入零部件”按钮，在弹出的“打开”对话框中选择“高速轴组件”，将其插入装配体中，如图 10-231 所示。

2. 添加配合关系

1）单击“装配体”控制面板中的“配合”按钮，选择轴承 6315 外表面、下箱体小轴承孔内表面为配合面，如图 10-232 所示。

图 10-231 插入高速轴组件到装配体

图 10-232 选择配合面

2）添加“同轴心”关系，单击“确定”按钮，高速轴组件移至同轴心位置，如图 10-233 所示。

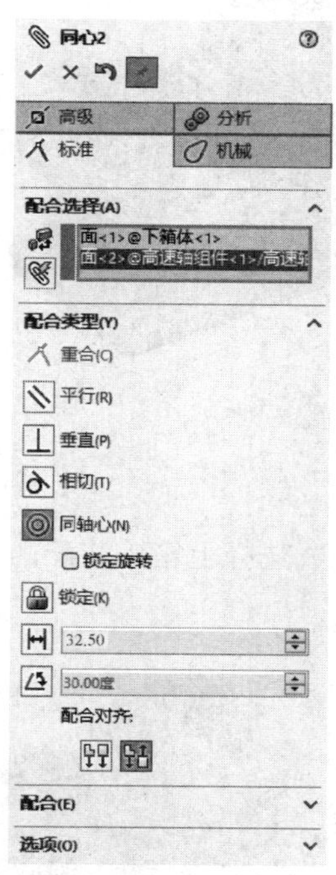

图 10-233 添加“同轴心”配合关系

3）选择下箱体小轴承安装孔凸台外表面与高速轴组件中轴承 6315 的外侧面为配合面，添加“距离”关系，在“距离”文本框中输入距离值 32.5mm，如图 10-234 所示。

4）单击“确定”按钮，装配完成后的下箱体 - 高速轴组件如图 10-235 所示。

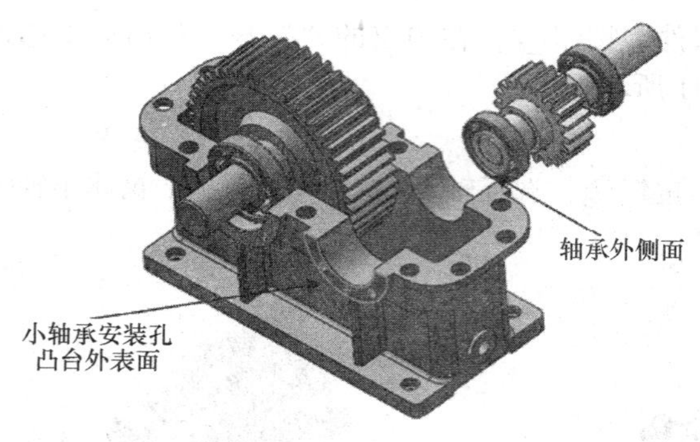

图 10-234　选择配合面并添加配合关系

图 10-235　装配完成后的下箱体 - 高速轴组件

10.7.5　上箱盖 - 下箱体装配

1. 插入上箱盖

单击“装配体”控制面板中的“插入零部件”按钮，在弹出的“打开”对话框中选择“上箱盖”，将其插入装配体中，如图 10-236 所示。

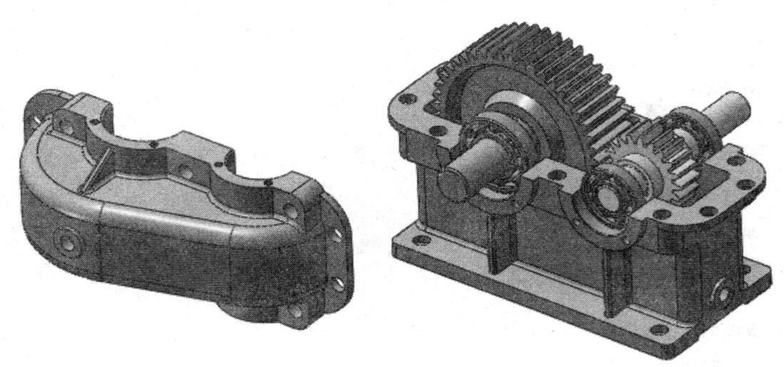

图 10-236　插入上箱盖到装配体

2. 添加配合关系

1）单击“装配体”控制面板中的“配合”按钮，选择上箱盖装配凸缘下表面、下箱体上表面为配合面，如图 10-237 所示。

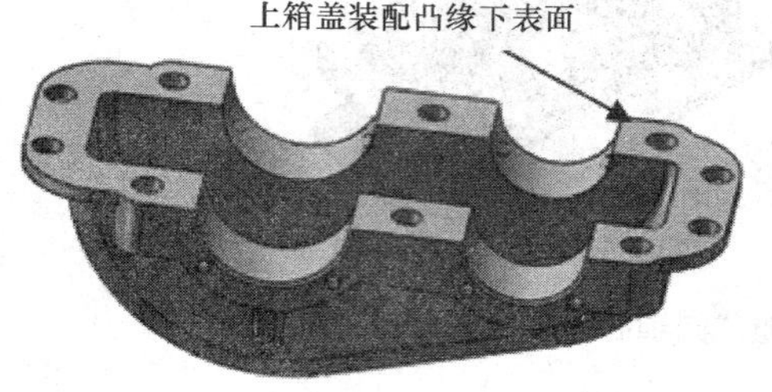

图 10-237　选择配合面

2）添加“重合”关系，单击“确定”按钮✔，上箱盖移至与下箱体配合面重合位置，如图 10-238 所示。

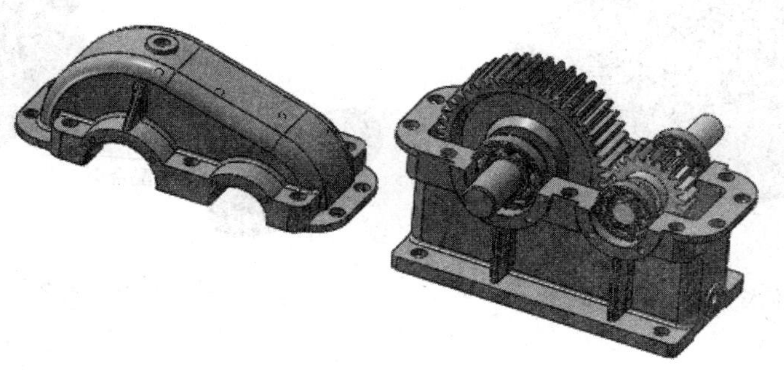

图 10-238 添加“重合”配合关系

3）分别选择下箱体侧面与上箱盖侧面、下箱体前端面与上箱盖前端面为配合面，并添加“重合”关系，如图 10-239 所示。

4）单击“确定”按钮✔，完成上箱盖 - 下箱体的装配，如图 10-240 所示。

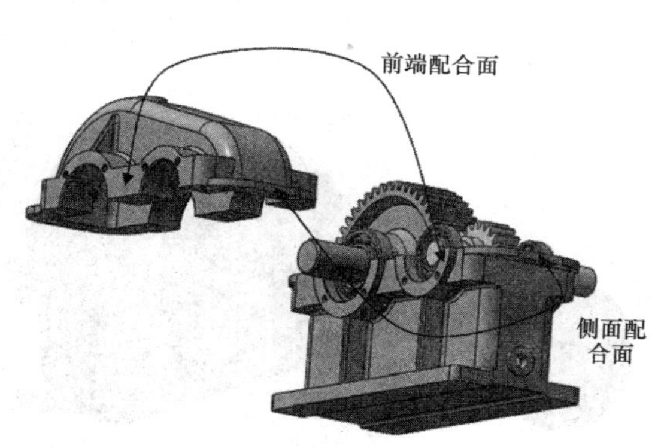

图 10-239 选择配合面并添加配合关系

图 10-240 装配完成后的上箱盖 - 下箱体

10.7.6 轴承盖装配

1. 插入大闷盖

单击“装配体”控制面板中的“插入零部件”按钮，在弹出的“打开”对话框中选择“大闷盖”，将其插入装配体中，如图 10-241 所示。

2. 添加配合关系

1）单击“装配体”控制面板中的“配合”按钮，选择大闷盖小端外表面、下箱体大轴承孔内表面为配合面 1，如图 10-242 所示。

2）添加“同轴心”关系，单击“确定”按钮✔，大闷盖移至同轴心位置，如图 10-243 所示。

3）选择下箱体大轴承安装孔凸台外表面与大闷盖大端内表面的为配合面，如图 10-244 所示。

图 10-241　插入大闷盖到装配体

图 10-242　选择配合面 1

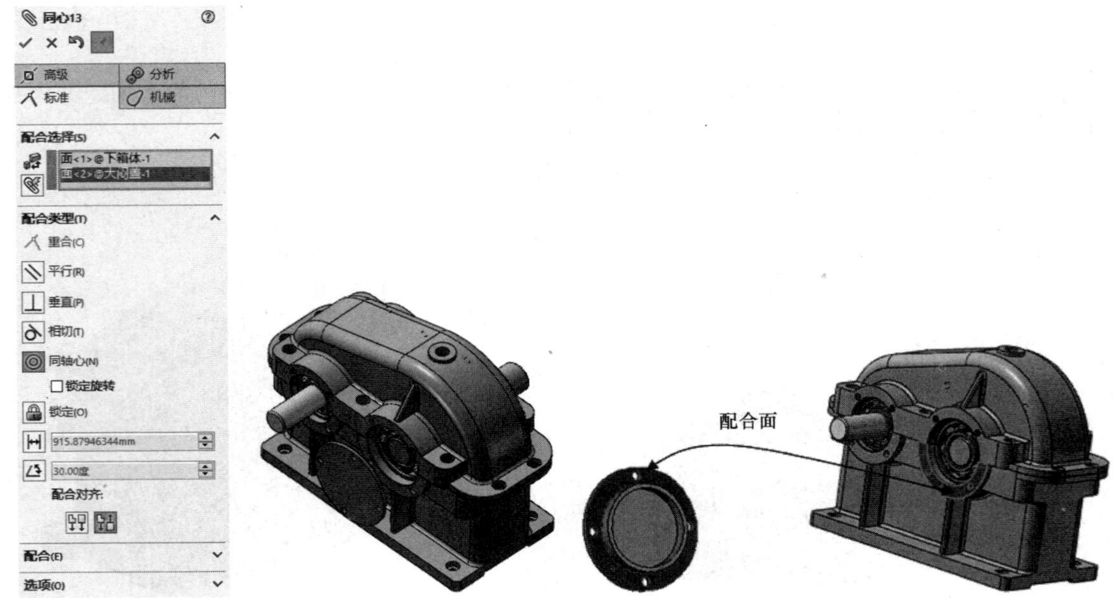

图 10-243　添加“同轴心”配合关系

图 10-244　选择配合面 2

4）添加“重合”关系，单击“确定”按钮✔，效果如图 10-245 所示。

5）选择大闷盖上的一个安装孔与变速箱侧面一个螺纹孔为配合面 2，添加“同轴心”关系。

6）单击“确定”按钮✔，完成大闷盖的装配。

其他各轴承盖的装配方法相同，在此不再讲述。轴承盖装配的最后效果如图 10-246 所示。

10.7.7　紧固件装配

1. 插入螺栓

单击“装配体”控制面板中的“插入零部件”按钮，在弹出的“打开”对话框中选择“螺栓 M36”，在装配界面的图形窗口中的任一位置单击，插入螺栓，如图 10-247 所示。

2. 添加配合关系

1）单击“装配体”控制面板中的“配合”按钮，选择螺栓 M36 螺纹外表面、上箱盖装配孔内表面为配合面，如图 10-248 所示。

图 10-245 添加“重合”配合关系效果

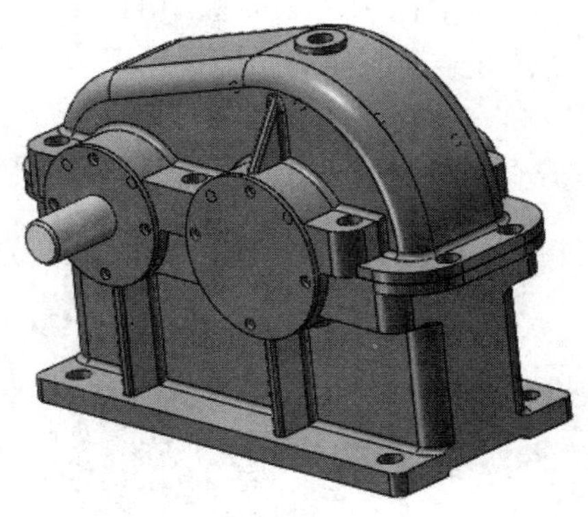
图 10-246 轴承盖装配的最后效果

图 10-247 插入螺栓 M36

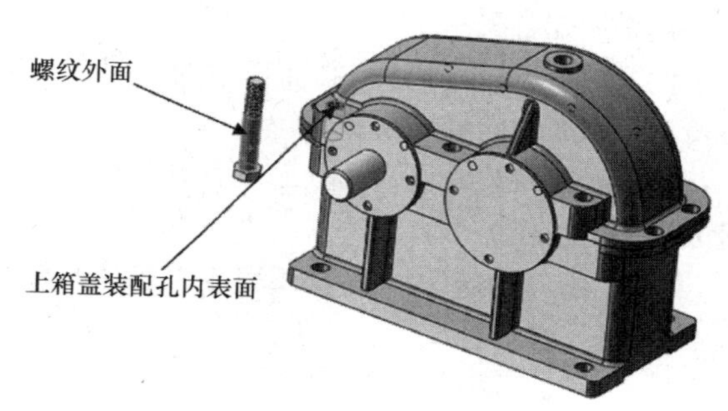

图 10-248 选择配合面

2）添加“同轴心”关系，单击“确定”按钮✓，螺栓 M36 移至同轴心位置，如图 10-249 所示。

3）选择下箱体凸缘下表面与螺栓头上表面为配合面，添加“重合”关系，如图 10-250 所示。

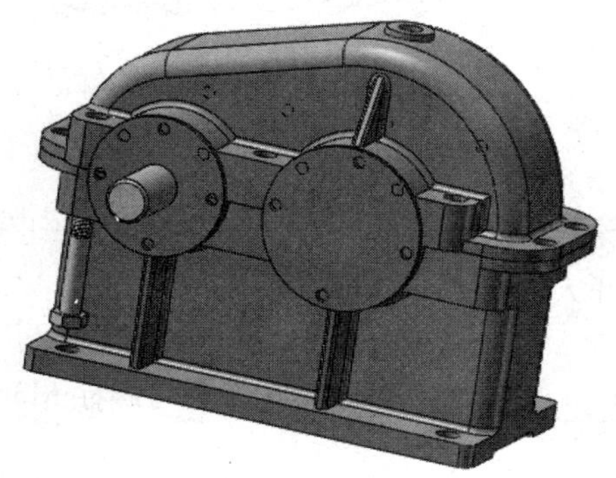
图 10-249 添加“同轴心”配合关系

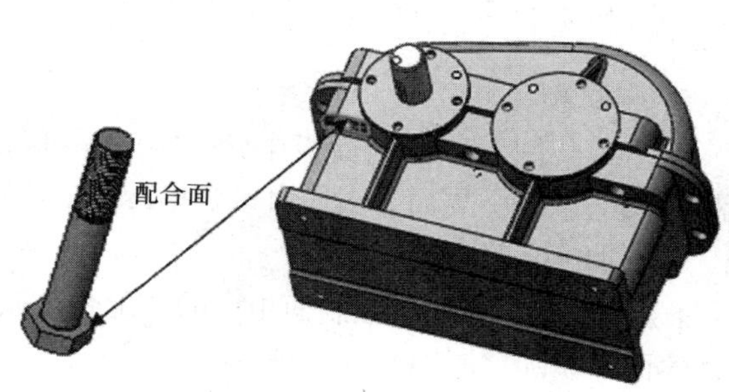

图 10-250 选择配合面并添加配合关系

4）单击“确定”按钮✓，完成螺栓的安装，如图 10-251 所示。

3. 插入大垫片

单击“装配体”控制面板中的“插入零部件”按钮，在弹出的“打开”对话框中选择“大垫片”，在装配界面的图形窗口中的任一位置单击，插入大垫片，如图 10-252 所示。

图 10-251　完成螺栓的安装

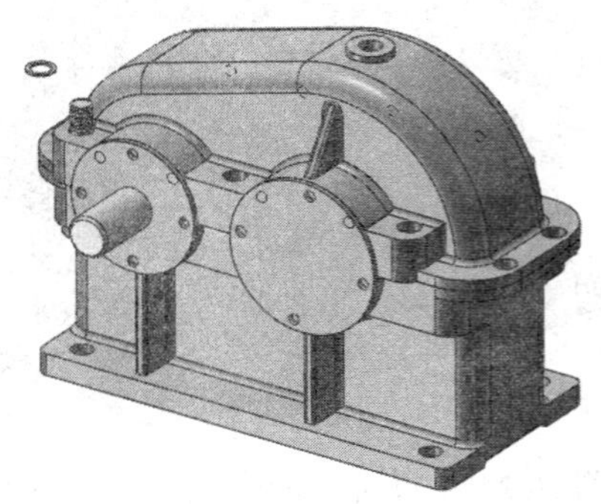

图 10-252　插入大垫片

4. 添加配合关系 1

1）单击“装配体”控制面板中的“配合”按钮，选择大垫片内孔表面与螺栓 M36 螺杆外表面，添加“同轴心”关系。

2）选择大垫片下表面与上箱盖装配凸缘上表面为配合面，添加“重合”关系 1，如图 10-253 所示。

3）单击“确定”按钮，完成大垫片的装配，如图 10-254 所示。

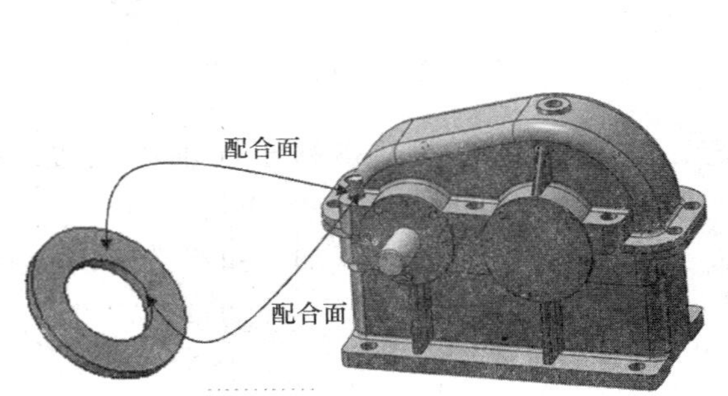

图 10-253　选择配合面并添加配合关系 1

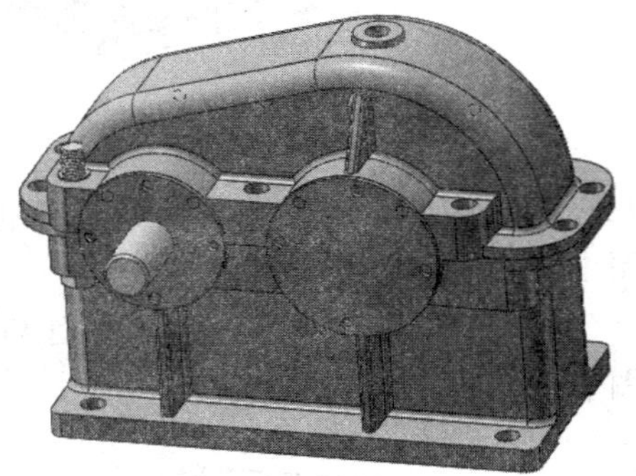

图 10-254　完成大垫片的装配

5. 插入螺母

单击“装配体”控制面板中的“插入零部件”按钮，在弹出的“打开”对话框中选择“螺母 M36”，装配界面的图形窗口中单击任一位置，插入螺母，如图 10-255 所示。

6. 添加配合关系 2

1）单击“装配体”控制面板中的“配合”按钮，选择螺母 M36 内孔表面与螺栓 M36 螺杆外表面，添加“同轴心”关系。

2）选择螺母 M36 下表面与大垫片上表面为配合面，添加“重合”关系 2，如图 10-256 所示。

3）单击“确定”按钮✓，完成螺母 M36 的装配，如图 10-257 所示。

仿照上述步骤，可以完成其他紧固件的装配。完成紧固件装配后的变速箱如图 10-258 所示。

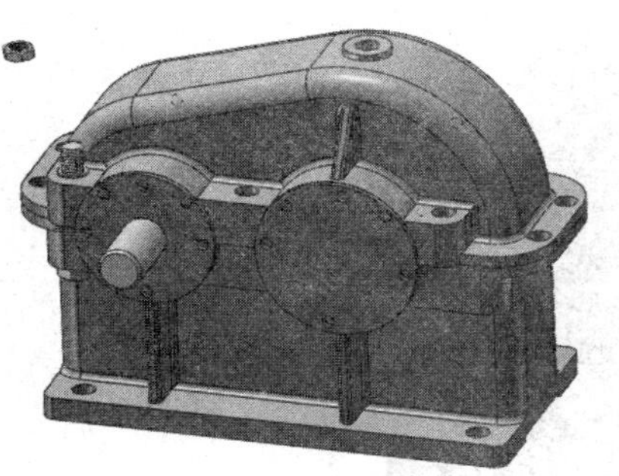

图 10-255 插入螺母 M36

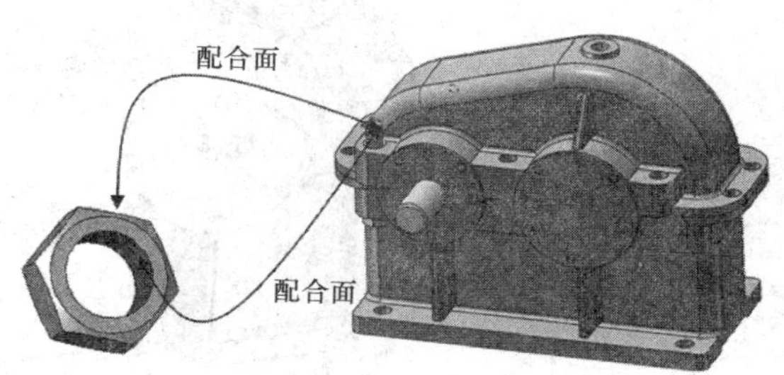

图 10-256 选择配合面并添加配合关系 2

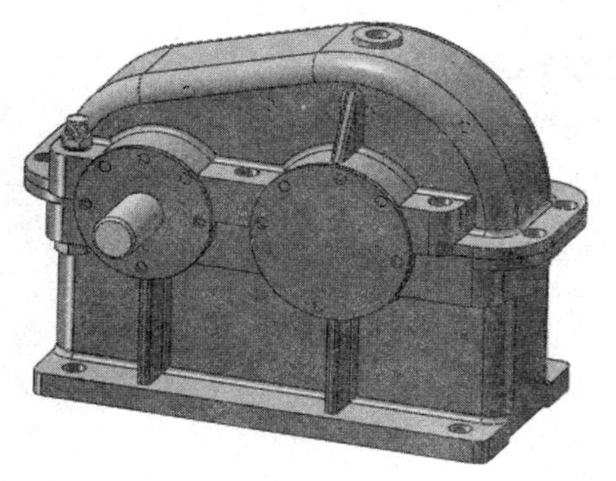

图 10-257 完成螺母 M36 的装配

图 10-258 完成紧固件装配后的减速器

10.7.8 油塞和通气螺塞的安装

油塞和通气螺塞的安装较为简单，可仿照前面讲述的螺栓的安装步骤进行。图 10-259 和图 10-260 所示为通气螺塞、油塞安装中所使用的配合面。

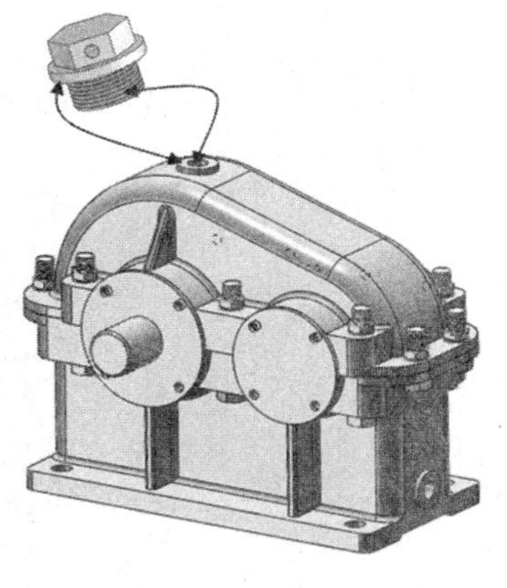

图 10-259 通气螺塞与上箱盖的配合面

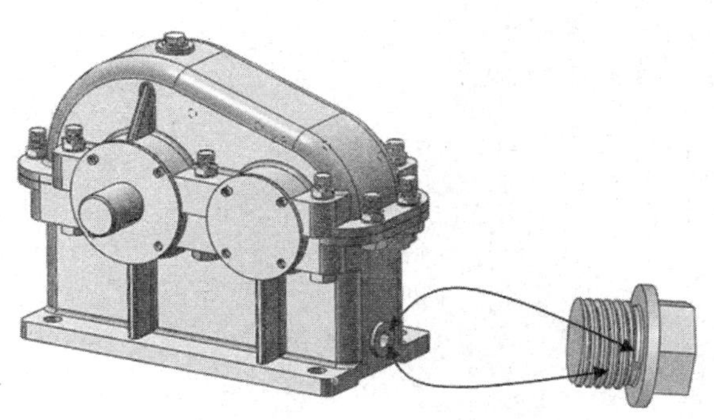

图 10-260 油塞与下箱体的配合面

装配完成的减速器如图 10-261 所示。

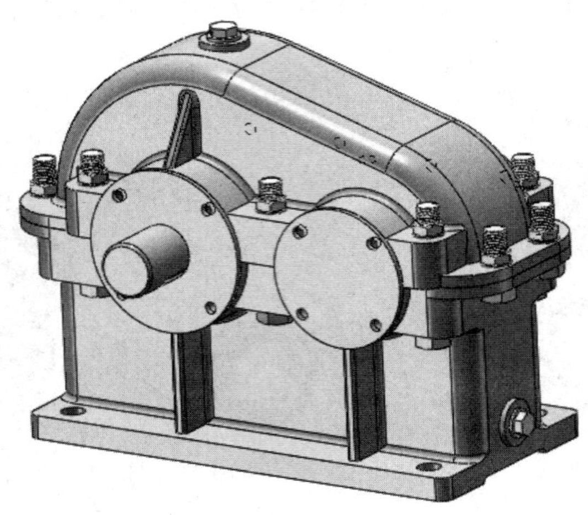

图 10-261　装配完成的减速器